"十三五"江苏省高等学校重点教材（编号：2018-1-176）

机械制造技术基础

第3版

○ 主　编　吉卫喜
○ 副主编　徐　杰　居志兰
○ 参　编　程　峰　张朝阳　彭　威

中国教育出版传媒集团

高等教育出版社·北京

内容简介

本书是"十三五"江苏省高等学校重点教材,是根据机械工程创新人才培养要求,面向我国智能制造主攻方向,按照智能为主导、制造是主体的"智改数转"的改革思路编写而成的。本书在第2版的基础上进行了较大幅度的修订,在继承传统制造基础理论的同时更新了智能制造的知识点,使全书的内容系统及知识体系更趋完善。全书内容编排以切削理论为基础,加工装备为保障,制造工艺为方法,精度与质量控制为措施,先进制造技术为手段,智能制造为目标,是一本体系完整、案例新颖、内容精炼的全新教材。

本书内容包括绪论,金属切削原理与刀具,机械加工方法及装备,机床夹具设计原理,机械加工质量及控制,工艺规程设计,精密、超精密加工与特种加工,现代制造技术。每章均附有思考题与习题。

本书可作为普通高等学校机械工程、智能制造及相关专业的专业课教材,也可供高等职业院校机械设计制造类专业选用,还可供制造企业的工程技术人员学习参考。

图书在版编目(CIP)数据

机械制造技术基础 / 吉卫喜主编 . --3 版 . --北京:高等教育出版社,2024.1

ISBN 978-7-04-061362-9

Ⅰ.①机… Ⅱ.①吉… Ⅲ.①机械制造工艺-高等学校-教材 Ⅳ.①TH16

中国国家版本馆 CIP 数据核字(2023)第 213669 号

Jixie Zhizao Jishu Jichu

| 策划编辑 | 庚 欣 | 责任编辑 | 庚 欣 | 封面设计 | 张申申、贺雅馨 | 版式设计 | 李彩丽 |
| 责任绘图 | 杨伟露 | 责任校对 | 高 歌 | 责任印制 | 刁 毅 | | |

出版发行	高等教育出版社		网 址	http://www.hep.edu.cn
社 址	北京市西城区德外大街 4 号			http://www.hep.com.cn
邮政编码	100120		网上订购	http://www.hepmall.com.cn
印 刷	河北鑫彩博图印刷有限公司			http://www.hepmall.com
开 本	787 mm×1092 mm 1/16			http://www.hepmall.cn
印 张	29.25		版 次	2008 年 6 月第 1 版
字 数	700 千字			2024 年 1 月第 3 版
购书热线	010-58581118		印 次	2024 年 1 月第 1 次印刷
咨询电话	400-810-0598		定 价	49.00 元

第 3 版前言

本书为"十三五"江苏省高等学校重点教材，是在第 2 版的基础上，按照变革、先进、继承、实用的修订原则，面向智能制造发展方向精心修订而成的。

本次修订总结了近年来的教学实践经验，以培养适应新时代要求、具备爱国情怀和工程素养的机械工程人才为目标，以引领、变革、融合、智能为指导思想，并吸取了兄弟院校的使用意见和建议，在内容编排上遵循认知规律。

主要修订内容如下。第 1 章绪论介绍了课程的起源、发展、现状和未来，以及制造技术对产业和社会发展的推动作用；结合制造业面临的"智改数转"转型升级，阐述了我国机械制造业发展的现状、机遇与挑战，介绍了制造业的发展趋势。第 2 章在金属切削基本理论的基础上增加了切削过程状态监测的基本知识和智能切削理论，更加切合制造业对人才专业知识的需求；增强了金属切削理论与过程控制知识的系统性、先进性。第 3 章调整了机床的组成与部件、数控机床、加工中心、复合机床、数控机床通信与联网等内容，并将原第 2 章磨削内容调整到本章。第 4 章增加了加工中心夹具、零点定位夹具的知识，使读者更好地认识与理解在智能制造环境下对机床夹具的要求。第 5 章增加了在多源（设备、工艺、工件）多工序加工环境下加工质量数据的采集、分析，以及数字化加工过程质量控制理论方法等内容。第 6 章增加了智能制造工艺设计方法，通过典型零件结构特点与技术要求分析，阐述智能制造工艺设计方法，以培养学生分析和解决数字化生产过程问题的能力。第 7 章增加了精密、超精密磨削，水射流加工等特种制造技术的介绍。第 8 章增加了智能制造技术、智能车间、智能工厂以及先进制造模式等知识内容。修订中还对全书的思考题与习题进行了适当的增减。

本书由江南大学吉卫喜任主编，航天工程大学徐杰、南通大学居志兰任副主编。具体分工：第 1、7 章由吉卫喜编写，第 2 章由徐杰编写，第 3 章由江南大学程峰编写，第 4 章由居志兰编写，第 5 章由江南大学彭威编写，第 6 章由居志兰、吉卫喜编写，第 8 章由江南大学张朝阳编写，江南大学周建华对部分内容及标准、符号等进行了校对，全书由吉卫喜统稿。

由于编者水平有限，错误、疏漏之处在所难免，恳请广大读者多提宝贵意见。

联系方式：ji_weixi@126.com

编　者

2023 年 3 月于江南大学

目录

第1章　绪论 ……………………… 1

1.1　制造业、机械制造业与制造
　　　技术 …………………………… 1

1.2　我国机械制造业的现状、面临的
　　　机遇与挑战 …………………… 2

1.3　制造业的发展趋势 …………… 3

1.4　本课程的内容和要求 ………… 5

第2章　金属切削原理与刀具 …… 7

2.1　金属切削基本知识 …………… 7

　2.1.1　切削运动与切削要素 …… 7

　2.1.2　常用刀具的结构与几何角度 … 11

　2.1.3　金属切削原理 ………… 20

　2.1.4　刀具材料 ……………… 26

2.2　金属切削过程的物理现象及
　　　规律 ………………………… 31

　2.2.1　切削力与切削功率 …… 31

　2.2.2　切削热与切削温度 …… 38

　2.2.3　刀具磨损及刀具寿命 … 42

2.3　金属切削过程控制 ………… 47

　2.3.1　切削加工条件的合理选择 … 47

　2.3.2　切削过程的状态监测 … 56

思考题与习题 …………………… 67

第3章　机械加工方法及装备 …… 69

3.1　金属切削机床概述 ………… 69

　3.1.1　金属切削机床的分类与
　　　　　型号编制 ……………… 69

　3.1.2　机床的组成与部件 …… 74

　3.1.3　机床的运动分析 ……… 85

3.2　车床与车削 ………………… 89

　3.2.1　卧式车床的工艺范围及其
　　　　　组成 …………………… 89

　3.2.2　CA6140型卧式车床的传动
　　　　　系统 …………………… 91

　3.2.3　CA6140型卧式车床主要部件
　　　　　结构 ………………… 100

　3.2.4　车刀 …………………… 105

3.3　铣床与铣削 ………………… 106

　3.3.1　铣削加工 ……………… 106

　3.3.2　铣床的主要部件结构 … 109

　3.3.3　铣削刀具 ……………… 111

3.4　磨床与磨削 ………………… 113

　3.4.1　磨削加工 ……………… 113

　3.4.2　磨床的主要部件结构 … 115

　3.4.3　砂轮 …………………… 117

　3.4.4　高效磨削简介 ………… 120

3.5　齿轮加工机床与齿轮加工
　　　刀具 ……………………… 121

　3.5.1　圆柱齿轮的结构特点与技术
　　　　　要求 ………………… 121

　3.5.2　齿轮加工方法概述 …… 122

　3.5.3　滚齿加工 ……………… 124

　3.5.4　插齿加工 ……………… 131

　3.5.5　剃齿加工 ……………… 134

　3.5.6　珩齿和磨齿加工 ……… 136

　3.5.7　圆柱齿轮齿部加工工艺方案
　　　　　选择 ………………… 137

3.6　数控机床与数控加工 ……… 138

　3.6.1　数控车床 ……………… 138

　3.6.2　加工中心 ……………… 140

　3.6.3　复合机床 ……………… 143

　3.6.4　混合机床 ……………… 144

　3.6.5　数控机床通信与联网 … 146

3.7 钻床与钻削 ·············· 147
3.7.1 钻床 ················ 147
3.7.2 钻削刀具 ············ 148
3.8 镗床与镗削 ·············· 150
3.8.1 镗削加工 ············ 150
3.8.2 镗床 ················ 151
3.8.3 镗刀 ················ 151
3.9 拉床与拉削 ·············· 152
3.9.1 拉削 ················ 152
3.9.2 拉床 ················ 153
3.9.3 拉刀 ················ 154
思考题与习题 ················ 154

第4章 机床夹具设计原理 ·········· 157
4.1 概述 ··················· 157
4.1.1 机床夹具的定义及组成 157
4.1.2 机床夹具的作用 ······· 158
4.1.3 机床夹具的分类 ······· 159
4.1.4 机床夹具的发展方向 ··· 160
4.2 工件在夹具中的定位 ······· 160
4.2.1 工件的安装 ·········· 160
4.2.2 定位原理 ············ 162
4.2.3 定位方法与定位元件 ··· 167
4.2.4 定位误差的分析与计算 ·· 173
4.3 工件在夹具中的夹紧 ······· 180
4.3.1 夹紧装置的组成和要求 ·· 180
4.3.2 夹紧力的确定 ········· 180
4.3.3 典型夹紧机构 ········· 183
4.3.4 夹紧的动力装置 ······· 187
4.4 典型机床夹具 ············ 189
4.4.1 钻床夹具 ············ 189
4.4.2 铣床夹具 ············ 193
4.4.3 车床夹具 ············ 194
4.5 现代机床夹具 ············ 195
4.5.1 自动线夹具 ·········· 196
4.5.2 组合夹具 ············ 198
4.5.3 可调夹具 ············ 202
4.5.4 拼拆式夹具 ·········· 206
4.5.5 数控机床夹具 ········· 206

4.5.6 加工中心夹具 ········· 208
4.5.7 零点定位夹具 ········· 214
4.6 机床夹具设计方法 ········· 220
4.6.1 机床夹具设计要求 ····· 220
4.6.2 机床夹具设计的内容及步骤 ······ 220
思考题与习题 ················ 222
第5章 机械加工质量及控制 ········ 226
5.1 机械加工精度概述 ········· 226
5.1.1 加工精度与加工误差 ··· 226
5.1.2 加工经济精度 ········· 226
5.1.3 获得加工精度的方法 ··· 227
5.1.4 原始误差 ············ 228
5.2 工艺系统的几何误差 ······· 230
5.2.1 原理误差 ············ 230
5.2.2 机床的几何误差 ······· 230
5.2.3 工艺系统其他几何误差 ·· 235
5.3 工艺系统受力变形引起的
误差 ··················· 237
5.3.1 工艺系统受力变形现象 ·· 237
5.3.2 机床部件的刚度及其特点 238
5.3.3 工艺系统的刚度 ······· 239
5.3.4 工艺系统受力变形对加工精度的
影响 ················ 240
5.3.5 减小工艺系统受力变形的
措施 ················ 244
5.4 工艺系统热变形引起的加工
误差 ··················· 245
5.4.1 概述 ················ 245
5.4.2 机床热变形对加工精度的
影响 ················ 246
5.4.3 工件热变形对加工精度的
影响 ················ 247
5.4.4 刀具热变形对加工精度的
影响 ················ 248
5.4.5 减少工艺系统热变形的主要
途径 ················ 249
5.5 工件残余应力引起的加工
误差 ··················· 251
5.5.1 产生残余应力的原因及所引起

的加工误差 ·············· 251
5.5.2 减少或消除残余应力的措施 ······ 253
5.6 数控机床加工误差概述 ··· 253
5.6.1 数控机床重复定位精度的
影响 ·················· 254
5.6.2 检测装置的影响 ·········· 254
5.6.3 数控机床刀具系统误差 ··· 254
5.7 提高加工精度的工艺措施 ··· 255
5.8 加工误差的综合分析 ······ 257
5.8.1 加工误差的性质 ·········· 257
5.8.2 加工误差的统计分析法 ··· 258
5.9 加工质量数据采集及分析 ··· 266
5.9.1 加工质量数据采集 ······ 266
5.9.2 加工质量数据分析方法 ··· 268
5.9.3 数字化加工过程质量控制 ··· 272
5.10 机械加工表面质量 ······ 274
5.10.1 表面质量的内容 ·········· 274
5.10.2 表面质量对零件使用性能的
影响 ·················· 275
5.10.3 影响加工表面粗糙度的主要
因素及其控制 ··· 276
5.10.4 影响工件表面层物理、力学
性能的主要因素及其控制 ··· 278
5.10.5 机械加工中的振动 ······ 284
思考题与习题 ·············· 290

第6章 工艺规程设计 ·············· 295
6.1 概述 ·············· 295
6.1.1 生产过程与工艺过程 ··· 295
6.1.2 机械加工工艺过程的组成 ··· 295
6.1.3 生产纲领与生产类型 ··· 297
6.1.4 机械加工工艺规程 ··· 299
6.2 机械加工工艺规程设计 ··· 301
6.2.1 零件的结构工艺性分析 ··· 301
6.2.2 毛坯的选择 ·········· 303
6.2.3 定位基准的选择 ·········· 306
6.2.4 机械加工工艺路线的拟定 ··· 310
6.2.5 加工余量及工序尺寸的确定 ··· 316
6.2.6 工艺过程的生产率 ······ 319

6.2.7 工艺方案的技术经济分析 ··· 322
6.2.8 编制工艺规程文件 ······ 324
6.3 工艺尺寸链 ·············· 327
6.3.1 尺寸链的基本概念 ······ 327
6.3.2 尺寸链计算的基本公式 ··· 328
6.3.3 工艺过程尺寸链的分析与
计算 ·················· 331
6.4 数控加工的工艺设计 ······ 337
6.4.1 数控加工工艺内容的选择 ··· 338
6.4.2 数控加工工艺性分析 ··· 338
6.4.3 数控加工工艺路线的设计 ··· 340
6.4.4 数控加工工序的设计 ··· 341
6.4.5 数控加工专用技术文件的
编写 ·················· 344
6.5 制订机械加工工艺规程实例 ··· 345
6.5.1 主轴类零件机械加工工艺
规程的制订 ··· 345
6.5.2 箱体类零件机械加工工艺规程的
制订 ·················· 353
6.5.3 智能制造工艺 ·········· 359
6.6 计算机辅助工艺规程设计
原理 ·············· 362
6.6.1 成组技术 ·········· 362
6.6.2 计算机辅助工艺规程设计 ··· 364
6.7 机器装配工艺规程设计 ··· 368
6.7.1 装配精度与装配尺寸链 ··· 368
6.7.2 保证装配精度的方法 ··· 370
6.7.3 装配工艺规程制订 ······ 377
思考题与习题 ·············· 382
第7章 精密、超精密加工与特种
加工 ·············· 387
7.1 精密、超精密加工技术 ··· 387
7.1.1 概述 ·········· 388
7.1.2 金刚石刀具的超精密切削 ··· 390
7.1.3 精密、超精密磨削 ··· 401
7.1.4 光整加工 ·········· 404
7.2 特种加工技术 ·········· 407
7.2.1 概述 ·········· 407

7.2.2 电火花加工及电火花线切割
加工 …………………… 409
7.2.3 电解加工 ……………… 415
7.2.4 激光加工 ……………… 419
7.2.5 超声加工 ……………… 423
7.2.6 水射流加工 …………… 426
思考题与习题 …………………… 429
第8章 现代制造技术 …………… 431
8.1 快速成形制造技术 ……… 431
8.1.1 RP&M 技术的原理及主要
方法 …………………… 431
8.1.2 RP&M 技术的应用 ……… 432
8.2 微机械制造技术 ………… 433
8.2.1 对微机械的认识 ……… 433
8.2.2 微机械的制造工艺 …… 434
8.3 计算机集成制造系统 …… 436

8.3.1 计算机集成制造系统概述 ……… 436
8.3.2 计算机集成制造系统的组成 …… 438
8.4 智能制造技术 …………… 441
8.4.1 智能制造概述 ………… 441
8.4.2 智能制造发展历程 …… 442
8.4.3 智能车间 ……………… 445
8.4.4 智能工厂 ……………… 446
8.5 先进制造模式 …………… 449
8.5.1 先进制造模式概述 …… 449
8.5.2 精益生产 ……………… 450
8.5.3 敏捷制造 ……………… 451
8.5.4 云制造 ………………… 452
8.5.5 绿色制造 ……………… 453
思考题与习题 …………………… 454
参考文献 …………………………… 456

第1章

绪　论

1.1　制造业、机械制造业与制造技术

制造业是将可用资源、能源与信息通过制造过程，转化为可供人们使用或利用的工业品或生活消费品的行业。人类的生产工具、消费产品、科研设备、武器装备等等，都离不开制造业，制造业是工业的心脏，是国民经济产业的核心。制造业通过对各种各样的原材料进行加工处理，生产出机械、电子、化工、食品、航空航天等不同行业的，为用户所需要的最终产品。制造业的发展水平是一个国家国民经济和综合实力的象征。制造业是实现工业化的保障和原动力，是实现工业现代化的水之源、木之本，没有强大制造业的国家不可能成为经济强国。

机械制造业包括机械产品设计、制造、装配、销售、售后服务及后续处理等，其中还包括对零件的加工技术、加工工艺及其工艺装备的设计制造。机械制造业担负着为国民经济建设提供生产装备的重任，为各行业提供各种生产手段，机械制造业水平的高低直接决定着国民经济中其他产业竞争力的强弱，以及运行的质量和效益。机械制造业也是国家安全的重要基础，可为国防提供各种所需的武器装备；机械制造业还是高科技产业发展的重要基础，为高科技的发展提供各种研究和生产设备。总之，机械制造业的发展不仅影响和制约着国民经济与制造业的发展，而且还直接影响和制约着国防工业和高科技的发展，进而影响到国家的安全和综合国力。

制造技术是按照人的需求，运用主观掌握的知识和技能，操纵可以利用的客观物质工具和采用有效的方法，使原材料转化为物质产品所实施的方法的总和，是生产力的主要体现。制造技术、投资和熟练的劳动力可创造新的企业、新的市场和新的就业。

制造技术涉及面较广，机械、电子、冶金、建筑、水利、信息、农业和交通运输等各个行业都要有制造技术的支持。制造技术具有普遍性和基础性，同时也具有特殊性和专业性。制造技术的发展经历了工匠手艺、设计工艺到制造系统三个重要阶段。生产发展和社会分工，形成了不同的制造单元技术，产生了包括设计、加工、装配、检验、维修、设备、工具和工装等多个直接或间接生产部门，加工方法也从传统的车、铣、钻、刨、磨发展到电加工、超

声加工、电子束加工、离子束加工、激光加工等多种特种加工方法。

1.2　我国机械制造业的现状、面临的机遇与挑战

1. 发展现状

机械工业已经成为我国工业中产品门类比较齐全且具有相当规模和一定技术基础的支柱产业之一。改革开放以来，机械工业引进了大量的国外先进技术，目前这些技术大部分已投入批量生产，加上国内自行研究开发的成果，使机械产品的结构正向着合理化方向发展，对市场的适应能力也明显增强。企业通过对引进技术的消化吸收、技术改造、工艺创新和全面质量管理，使制造技术水平有了较大提高，一批先进的制造技术在生产中得到应用和普及，一大批重点骨干企业在关键工序中增加了先进、精密、高效的关键设备。此外，科技体制改革不断深化，很多高校、研究院所已进入经济建设的主战场，发挥的作用越来越大。

中国的机械制造技术还存在着一些问题，如技术开发能力和技术创新能力薄弱，发展后劲不足；对引进技术的消化吸收仍停留在掌握已有技术、实现国产化的层次上，没有上升到形成产品自主开发能力和技术创新能力的高度；企业技术开发经费投入不足，缺乏将科技成果转化为现实生产力的有效、健全的机制，企业没有真正成为研发主体。此外，社会对制造技术在整个国民经济建设和整个科技开发体系中的地位认识不足。

多年来，我们在对待产品的设计和制造上是"重设计、轻制造"，对设计资料要求保密，而对制造技术和制造工艺则不设防也不重视；把设计工作看得很高尚，而认为制造工作是苦力等。这是观念上的重大误区。在工业发达国家的制造业中，由于激烈的市场竞争，对设计和制造的关系有不同的观点。对于产品，设计固然重要，但除了一些属于国家机密的设计受到严格保密外，任何产品只要一进入市场，竞争对手就很容易从产品本身充分地了解其设计，因而制造水平、制造技术和制造工艺的竞争可能更为激烈。在现代市场竞争中，一般认为产品有五项要素：产品的功能（F）、交货时间（T）、质量（Q）、价格（C）和服务（S），虽然它们取决于设计、制造和管理的综合因素，但其核心则是制造技术。例如，以发动机制造著称的劳斯莱斯公司的资料表明，使飞机发动机转子叶片的加工精度由 $60\ \mu m$ 提高到 $12\ \mu m$，加工表面粗糙度由 $Ra0.5\ \mu m$ 降低到 $Ra0.2\ \mu m$，则发动机的压缩效率会明显改善；又如，当传动齿轮的齿形及齿距误差从 $3\sim6\ \mu m$ 降低到 $1\ \mu m$，可使单位齿轮箱重量所能传递的转矩提高近一倍；再如，在国际市场上，线切割机床的精度相差一个数量级，其市场价格也相差一个数量级。

近年来，随着科学技术的迅速发展和制造环境的变化，尤其是以计算机和信息技术为代表的高科技的广泛应用，为当代制造业的发展提供了众多手段，促使制造业在生产技术、生产方式、生产规模等方面发生了重大转变，高科技与传统制造技术相结合而形成的先进制造技术也引起了各国的高度重视。

2. 面临的机遇与挑战

中国已连续多年成为世界第一制造大国，但对外技术依存度却超过50%，"智造"强国急需技术支撑。至2025年，我国新一代信息技术产业人才缺口预测达950万人，高档数控机床

和机器人领域人才缺口达 450 万人。人才是技术创新的基础,是实现技术创新的长久动力。在校生如何在智能制造时代下把握机遇,发展自己,这既是挑战,同时也是重要的发展机遇。

当前,全球已进入一个创新密集和新兴产业快速发展的新时代。新一轮科技革命的酝酿和发展,将使我国制造业面临一个技术上赶超、结构上转型升级的重大机遇。我国具有大市场的优势,使得先进制造技术在我国有着更为广阔的市场空间,容易形成规模经济,降低研发成本,并实现产业化。持续快速增长的国内市场将为我国制造业发展提供最有力的支撑。

随着我国汽车工业、国防军工、航空航天、清洁能源、高速铁路、大型船舶工程、IT 产业、生物医药产业、"新基建"等战略新兴产业成为机械制造产业的主体,加工对象的材料多样化、结构复杂化,加工精度要求不断提高,生产率持续提升,引起高端制造装备需求的明显变化,机床消费更趋精密化、高档化、成套化、智能化,产品升级空间广阔。高端装备制造业也是我国制造业发展中的薄弱环节,高端装备制造业发展滞后已成为制约经济、技术、国防的瓶颈。2018 年,习近平总书记在两院院士大会上将工业母机列为"七大瓶颈"之首。相信通过国家战略重视、产业政策支持以及产业链补链强链专项行动,必将会给我国高端装备制造产业开辟广阔的发展空间。我国的机械制造业应该利用好这个难得的机遇,实现全行业的调整与振兴,将我国建设成为世界机械制造的一个重要基地。

随着计算机技术、信息技术、自动化技术在制造业中的广泛应用,先进制造技术发展迅速。近年来,在我国大力推进先进制造技术的发展与应用,已得到社会的共识,先进制造技术已被列为国家重点科技发展领域,并将企业实施技术改造列为重点。因此,要加强企业自主创新和技术发展,使企业真正成为研究开发投入的主体、技术创新活动的主体、创新成果应用的主体,形成以企业为主体、市场为导向、产学研相结合的技术创新体系,形成合力,共同作用于企业技术创新的全过程。

1.3 制造业的发展趋势

制造业在我国工业化进程中始终扮演着相当重要的角色,未来二十年,中国制造业的发展仍将成为国民经济的重要推动力。一直以来"大而不强"的中国制造业已经站在了转型升级的关键节点上,如何促进"中国制造"向"中国智造"转变,加速发展先进制造技术刻不容缓。在这样的大趋势下,可以预见,制造业的发展趋势有以下几方面。

1. 信息化、数字化趋势

信息、物质和能量是制造系统的三要素。随着计算机、自动化与通信网络技术在制造系统中的应用,信息的作用越来越重要。产品制造过程中的信息投入,已成为决定产品成本的主要因素。制造过程的实质是对制造过程中各种信息资源的采集、输入、加工和处理的全过程,最终形成的产品可看作是信息的物质表现。

以计算机技术、网络技术、通信技术等为代表的信息技术与管理科学、制造技术的交叉、融和、发展与应用,改变了传统资本密集型、设备密集型、技术密集型的生产与管理模式,而向信息密集型和知识密集型转变，使制造技术产生了质的飞跃，这也是制造企业、制造系统与生产过程、生产系统不断实现数字化的必然趋势。数字化包含了数字设计、数字控制和数字管理三大部分。对制造设备而言，其控制参数均为数字化信号。对制造企业而言，各种信息（如产品信息、工艺信息、物料信息以及知识和技能等）均以数字形式通过网络在企业内传递，在对资源信息进行分析、规划与重组的基础上，可实现对产品设计和产品功能的仿真，对加工过程与生产组织过程的仿真，进行快速原型制造，从而实现生产过程的快速重组与对市场的快速响应，以满足客户个性化要求。在数字制造环境下，可以形成数字化制造网络，企业、车间、设备、员工、经销商乃至市场均可成为网上的一个"节点"，在产品设计、制造、销售和服务的过程中，围绕产品所赋予的数字信息彼此交互，迅速协同设计并制造出相应的产品。

2. 智能化趋势

智能制造为制造业的设计、制造、服务等各环节及其集成带来根本性的变革，给产业发展和分工格局带来深刻影响。与传统的制造系统相比，智能制造具有高效自治、人机一体和网络集成的特征。当前，智能制造在全球范围内快速发展，已成为制造业的重要发展趋势。智能制造也正是我国制造业"换道超车"的重大历史机遇。

智能制造是指制造产品的过程智能化，制造产品的工具智能化。实现智能制造要有知识库、动态传感、自主决策三大要素。具体是指在产品设计和制造过程中具有感知、分析、决策和执行功能的制造系统的总称，是在现代传感技术、网络技术、自动化技术基础之上，智能技术与制造装备的深度融合与集成。

智能制造系统基于数字化制造技术，利用知识表达处理、智能优化和智能数控加工方法，使制造系统稳定、高效、高质地生产出理想的产品。智能制造系统处理的对象是知识，处理的方法是建立数学模型。智能制造是通过技术进步提高劳动生产力的创新驱动，可有效地实现经济发展动力的转换。

3. 高技术化趋势

（1）切削加工技术的研究　切削加工是机械制造的基础方法，切削加工约占机械加工总量的95%。目前陶瓷轴承主轴的转速已达 15 000～50 000 r/min，采用直流电动机的数控进给速度可达每分钟数十米，高速磨削的切削速度可达 100～150 m/s。今后还需要研究新的刀具材料，研究切（磨）削机理，提高刀具的可靠性和切削效率，研制柔性自动化所用的刀具系统和刀具在线监测系统等。

（2）精密、超精密加工技术研究　精密、超精密加工技术在高科技领域和现代武器制造中占有非常重要的地位，目前中小型超精密机床的发展已经比较成熟和稳定，美、英等国还研制出了有代表性的大型超精密机床，可完成超精密车削、磨削和坐标测量等工作，机床的分辨率可达 0.7 nm，是现代机床的最高水平。这方面的研究工作主要有微细加工技术、电子束加工技术、纳米表面加工技术等。

（3）先进制造技术的研究　先进制造技术是机械制造重要的发展方向之一，是在传统制造技术基础上不断吸收机械、电子、信息、材料、能源和现代管理等方面的成果，并将其综合应用于产品设计、制造、检测、管理、销售、使用、服务的全过程，以实现优质、高效、低耗、清洁、灵活的生产，提高对动态市场的适应能力和产品竞争能力的制造技术总称，也是取得理想技术经济效果的制造技术的总称。目前，CAD/CAM 一体化、先进制造工艺、制造自动化技术，包括数控机床、加工中心（MC）、柔性制造单元（FMC）、柔性制造系统（FMS）等，在一些国家已经得到生产应用，而先进制造系统，包括计算机集成制造系统（CIMS）、敏捷制造系统（AMS）、智能制造系统（IMS）、精益生产（LP）以及并行工程（CE）等正处于研究和试用阶段。先进制造技术的研究已经取得显著成效，今后必将迅速发展和推广应用。

4. 服务化趋势

服务型制造是制造企业为适应技术发展与市场变革，更好地满足用户需求，增强市场竞争力，通过采用先进技术及优化创新生产组织形式、运营管理方式和商业模式而形成的一种新型产业形态。服务型制造兼具先进制造业和现代服务业的特征，新一代信息技术的成熟和产业化更为服务型制造的发展与模式创新提供了广阔的空间，服务型制造已成为引领制造业升级的重要力量。

服务型制造推动制造企业将设计研发、加工制造等环节积累的技术和资源向服务领域延伸，以降低企业的利润波动，提高企业的附加价值和利润率。传统的"以产品为中心"正在转变为"以用户为中心"。一种大规模定制（mass customized manufacturing）模式正在确立，在这种模式下，借助于分布式、网络化的制造系统，以大批量生产条件生产不同需求的产品，既可以满足用户的个性化要求，又能实现高效率和高效益生产，实现高质量、低价格的目标。今天，制造业所考虑的不只是产品的设计与生产，而是包括市场调查、产品开发或改进、生产制造、销售、售后服务直到产品的整个生命周期，体现了制造业全方位地为用户服务、为社会服务的宗旨。

5. 可持续发展趋势

制造业将原料变为产品的过程中消耗了大量资源，并对环境造成污染。产品的生命周期日益缩短，废弃物日益增多，资源枯竭，生态平衡破坏，这些问题已严重阻碍了社会经济的可持续发展。绿色制造技术就是从产品构思、设计、制造、销售、使用与维修直到回收、再制造各阶段，都必须充分考虑环境保护。不仅要保护自然环境，还要保护社会环境、生产环境，保护生产者的身心健康。绿色制造技术要求产品与用户的工作、生活环境相适应，给人以精神享受，体现了物质文明、精神文明与环境文明的高度交融。这方面的研究内容主要有建立绿色产品、绿色制造系统模型，建立绿色产品评价体系，解决机械设备和国防装备再制造中的关键技术问题以及电磁污染问题等。

1.4 本课程的内容和要求

机械制造技术基础是机械工程专业的一门专业基础课程。课程主要介绍金属切削的机理、基本规律、参数及其选用，机床、刀具、夹具的基础知识，机械加工工艺和机器装配工艺的基本知识及设计方法，机械加工精度和表面质量的基本理论及其控制方法，典型的现代制造技术等。

通过本课程的学习，学生能从技术与经济紧密结合的角度出发，围绕加工质量和交货期这个目标，将所学的、孤立的切削理论和刀具、夹具、量具、机床等工艺装备联系起来，提高机械制造技术的整体观念，掌握整个制造系统的规划设计、选择优化和运作监控的基本知识，能在宏观和全局上对生产活动和生产组织有清楚的认识，而不仅仅局限于单个工序及其优化的知识；掌握机械制造过程中各种常用的加工方法和制造工艺，以及与之有关的加工质量的分析与控制方法等。

金属切削理论和机械制造工艺理论具有很强的实践性，初学者会感到有一定的难度。生产原理与管理模式没有足够的实践基础也很难准确地把握与理解。因此，在学习本课程时必须加强实践性环节，即通过生产实习、课程实验、课程设计、现场教学及工厂调研等来加深对所学内容的理解，并在理论与实践的结合中培养分析和解决实际问题的能力。

第2章

金属切削原理与刀具

在机械制造业中，制造工艺涵盖铸造、塑性成形、连接成形、表面工程、传统加工（机械加工）和非传统加工（特种加工）等。传统的切削加工工艺是指在机床上通过刀具在工艺指导下完成材料去除的加工方法，如车削、铣削、钻孔和磨削等，在机械制造所有工艺中所占的比重最大。金属切削作为基础制造工艺承担着绝大多数的基础零部件的最终加工制造任务。为了提升金属切削加工的质量、效率与效益，必须扎实掌握金属切削的基本知识，深入理解金属切削过程中的物理现象及规律，充分了解金属切削过程控制的方法与关键技术，本章主要介绍这些相关内容。

2.1 金属切削基本知识

2.1.1 切削运动与切削要素

切削运动由主运动与进给运动组成，切削运动速度矢量v_e可由主运动速度和进给运动速度表达，即$v_e = v_c + v_f$，如图2.1所示。

1. 切削运动

（1）主运动

主运动是切除多余金属层所必需的最基本的运动，是刀具与工件间主要的相对运动。它使刀具切削刃及其邻近的刀具表面切入工件材料，使被切削层转变为切屑，从而形成工件的新表面。在切削运动中，主运动速度最高、消耗功率最大。主运动在切削过程中只能有一个，主运动可以由刀具完成，也可以由工件完成；主运动可以是直线运动，也可以是旋转运动。如车削外圆时，工件的旋转运动是主

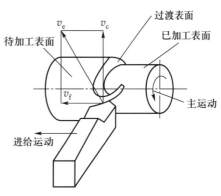

图 2.1 外圆切削运动和切削表面

运动，如图 2.1 所示。

（2）进给运动

进给运动是使多余材料不断投入切削，从而加工出完整表面所需的运动，是刀具与工件间附加的相对运动。一般情况下，进给运动速度较低、消耗功率较小，是形成已加工表面的辅助运动。进给运动可以有一个或几个；可由刀具完成，也可由工件完成；可以是间歇的，也可以是连续的。几种常见加工方法的切削运动和加工表面如图 2.2 所示，图中"已"代表已加工表面，"待"代表待加工表面，"过渡"代表过渡表面。

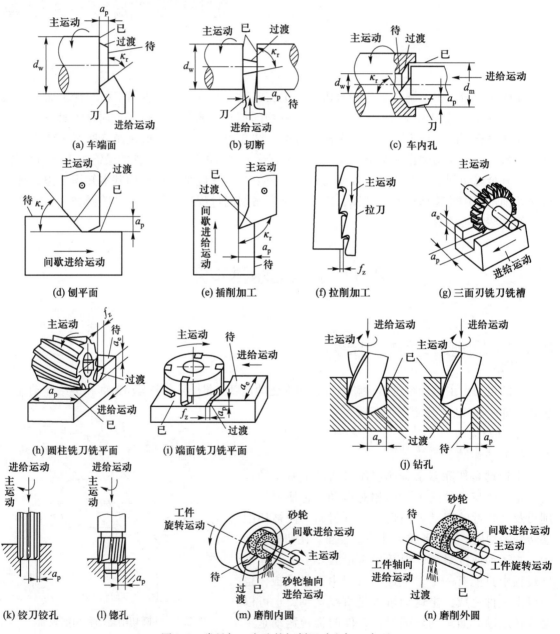

图 2.2 常见加工方法的切削运动和加工表面

2. 切削表面与切削要素

（1）切削过程中的工件表面

车削加工是最常见的、典型的切削加工方法，现以车削为例。车削加工过程中工件上有三个不断变化着的表面（图 2.1）。

1）待加工表面　工件上有待切除的表面。

2）已加工表面　工件上经刀具切削后产生的新表面。

3）过渡表面（或称加工表面）　工件上切削刃正在切削的表面。它是待加工表面和已加工表面之间的过渡表面。

（2）切削要素

切削要素主要指切削用量要素和由加工余量变成切屑的切削层参数。

1）切削用量要素

① 切削速度 v_c　外圆车削的切削速度为

$$v_c = \frac{\pi d_w n}{1\,000} \qquad (2.1)$$

式中　v_c——切削速度，m/min；

d_w——工件待加工表面的直径，mm；

n——工件的转速，r/min。

② 进给量 f　是指刀具在进给运动方向上相对工件的位移量。当主运动是回转运动时，进给量指工件或刀具每回转一周，两者沿进给方向的相对位移量，单位为 mm/r；当主运动是直线运动时，进给量指刀具或工件每往复直线运动一次，两者沿进给方向的相对位移量，单位为 mm/双行程或 mm/单行程；对于多齿的旋转刀具（如铣刀、切齿刀），常用每齿进给量 f_z，单位为 mm/z 或 mm/齿，它与进给量 f 的关系为

$$f = z f_z \qquad (2.2)$$

式中　z——刀齿齿数。

车削时进给速度 v_f 可由下式计算：

$$v_f = fn \qquad (2.3)$$

式中　v_f——进给速度，mm/min；

f——进给量，mm/r；

n——主运动转速，r/min。

铣削时进给速度为

$$v_f = fn = z f_z n \qquad (2.4)$$

③ 背吃刀量 a_p　待加工表面和已加工表面间的垂直距离。由图 2.3 可知，车削外圆时

$$a_p = (d_w - d_m)/2 \qquad (2.5)$$

式中　a_p——背吃刀量，mm；

d_w——工件加工前（待加工表面）直径，mm；

d_m——工件加工后（已加工表面）直径，mm。

v_c、f、a_p 称为切削用量三要素。在金属切削过程中，切削用量三要素选配得是否合理，将影响切削效率。通常用三要素的乘积作为衡量指标，称为材料切除率，用 Q_z 表示，单位为

mm^3/min，即

$$Q_z = 1\,000v_c fa_p \tag{2.6}$$

2）切削层参数

切削层是指一个刀刃正在切削的工件材料层。切削层参数是指切削层厚度、宽度和面积。它们与切削用量 f、a_p 有关(图2.3)。

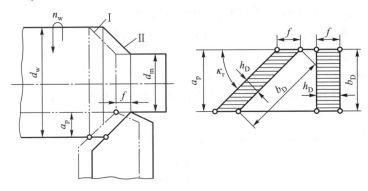

图 2.3　车削时的切削层参数

① 切削厚度 h_D　垂直于正在加工的表面(过渡表面)度量的切削层参数。
② 切削宽度 b_D　平行于正在加工的表面(过渡表面)度量的切削层参数。
③ 切削面积 A_D　在切削层参数平面内度量的横截面积。

切削用量要素与切削层参数的关系如下：

$$h_D = f\sin\kappa_r \tag{2.7}$$

$$b_D = a_p/\sin\kappa_r \tag{2.8}$$

$$A_D = h_D b_D = a_p f \tag{2.9}$$

从上述公式中可看出，h_D、b_D 均与主偏角 κ_r 有关，但切削面积 A_D 只与 h_D、b_D 或 f、a_p 有关。

3. 切削方式的划分

(1) 自由切削与非自由切削

在切削过程中，如果刀具只有一条直线刀刃参加切削工作，这种情况称为自由切削。其主要特点是刀刃上各点切屑流出方向大致相同，被切材料的变形基本上发生在二维平面内。宽刃刨刀由于主切削刃长度大于工件宽度，没有其他刀刃参加切削，且主刀刃上各点切屑流出方向基本上都是沿着刀刃的法向，属于自由切削。

若刀具上的切削刃是曲线，或有几条切削刃都参加切削并且同时完成整个切削过程，称之为非自由切削。其主要特征是各个刀刃的交接处切下的材料互相影响和干扰，材料的变形更为复杂，且发生在三维空间内。如外圆车削时，除主切削刃外，还有副切削刃同时参加切削，属于非自由切削。多刃刀具切削大都属于非自由切削。

(2) 直角切削与斜角切削

直角切削是指刀具主切削刃的刃倾角 $\lambda_s = 0$ 的切削，此时主切削刃与切削速度方向垂直，所以也称为正交切削。

斜角切削是指刀具主切削刃的刃倾角 $\lambda_s \neq 0$ 的切削，此时主切削刃与切削速度方向不成直角。在斜角切削方式下，无论是在自由切削还是在非自由切削，主切削刃上的切屑流出方向都将偏离其法线方向。

实际加工中，大多数切削属于斜角切削，但为了研究问题方便，一般假定采用直角切削。

2.1.2 常用刀具的结构与几何角度

1. 车刀

（1）车刀的结构

刀具由工作部分和非工作部分构成。以普通外圆车刀（图 2.4）为例，车刀的工作部分只由切削部分构成，非工作部分就是车刀的柄部（或刀杆）。从图 2.4 中可看出，刀具切削部分由一个刀尖、两个刀刃、三个刀面构成。

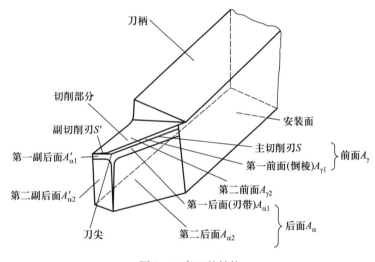

图 2.4　车刀的结构

1）刀面

① 前面 A_γ　切屑流过的刀面。

② 主后面 A_α　与工件过渡表面相对的刀面，简称后面。

③ 副后面 A'_α　与工件已加工的表面相对的刀面。

2）刀刃

① 主切削刃 S　前面与主后面的交线。

② 副切削刃 S'　前面与副后面的交线。

3）刀尖

三个刀面的交点，也可理解为主、副切削刃交汇的一小段切削刃。在实际应用中，为增加刀尖的强度与耐磨性，一般在刀尖处磨出直线或圆弧形的过渡刃。

（2）车刀的标注角度

刀具标注角度是为刀具设计、制造、刃磨和测量时所使用的几何参数，它们是确定刀具切削部分几何形状的重要参数。用于定义和规定刀具角度的各基准坐标面称为参考系,参考系可分为刀具静止参考系和刀具工作参考系两类。

1)刀具静止参考系

在设计、制造、刃磨和测量时,用于定义刀具几何参数的参考系称为刀具静止参考系或标注角度参考系。在该参考系中定义的角度称为刀具的标注角度。静止参考系中最常用的是正交平面参考系(图 2.5),其他参考系有法平面参考系(图 2.5)、假定工作平面参考系(图 2.9)等。

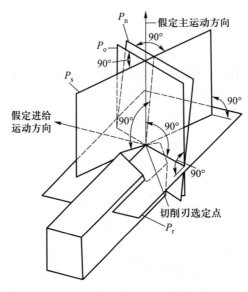

图 2.5　正交平面参考系与法平面参考系

正交平面参考系由三个相互垂直的参考平面构成:

① 基面 P_r　通过切削刃上选定点,垂直于该点切削速度方向的平面。对于车刀,通常平行于车刀的安装面(底面)。

② 切削平面 P_s　通过切削刃上选定点,垂直于基面并与主切削刃相切的平面。

③ 正交平面 P_o　通过切削刃上选定点,同时与基面和切削平面垂直的平面。它垂直于主切削刃在基面内的投影。

2)刀具的标注角度

① 基面中标注的刀具角度

在基面上可看到刀具切削部分(前面、主切削刃和副切削刃)的正投影,因此可在基面内标注或测量主切削刃和副切削刃的偏斜程度。

主偏角 κ_r　主切削刃在基面上的投影与进给运动速度 v_f 方向之间的夹角。

副偏角 κ_r'　副切削刃在基面上的投影与进给运动速度 v_f 反方向之间的夹角。

刀尖角 ε_r　主、副切削刃在基面上投影的夹角,它是派生角度。

从图 2.6 中可看出

$$\varepsilon_r = 180° - (\kappa_r + \kappa_r') \tag{2.10}$$

上式是标注角度是否正确的验证公式之一。

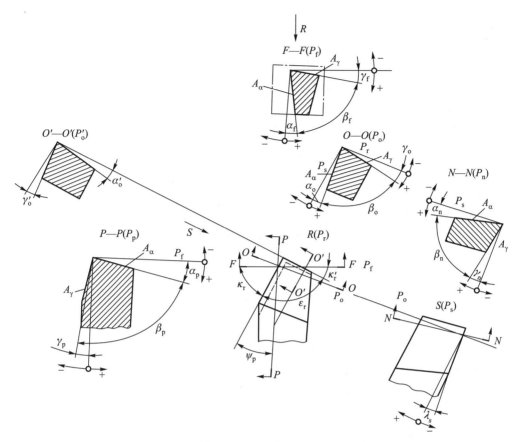

图 2.6 刀具的标注角度

主切削刃和副切削刃之间的过渡刃参数将改变刀尖的几何形状。用刀尖圆弧半径 r_ε 描述，当 $r_\varepsilon = 0$ 时为尖角过渡，当 $r_\varepsilon > 0$ 时为圆角过渡；直线过渡时用 $\kappa_{r\varepsilon}$ 和 b_ε 参数描述（图 2.7）。

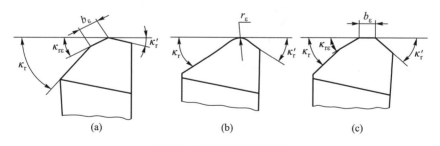

图 2.7 各种刀尖和过渡刃

② 切削平面中标注的刀具角度

在切削平面上可描述刀具刃口的倾斜程度，即主切削刃与基面之间的夹角，定义为刃倾角 λ_s，在切削平面内标注或测量。

③ 正交平面中标注的刀具角度

前角 γ_o 前面与基面之间的夹角。

后角 α_o　后面与切削平面之间的夹角。

楔角 β_o　前面与后面之间的夹角，它是个派生角。楔角与前角、后角有如下的关系：

$$\beta_o = 90° - (\gamma_o + \alpha_o) \tag{2.11}$$

上式也是判断标注角度是否正确的验证公式之一。

④ 刀具角度正负的判断

前角 γ_o、后角 α_o、刃倾角 λ_s 有正、负之分。当刀具前面和切削平面夹角大于90°时 γ_o 为负，反之为正；当刀具后面和基面夹角大于90°时 α_o 为负，反之为正，如图2.8a所示。当主切削刃与基面平行时 $\lambda_s = 0°$，当刀尖点相对基面处于主切削刃上的最高点时 $\lambda_s > 0°$，反之 $\lambda_s \leqslant 0°$，如图2.8b所示。

3）其他刀具标注参考系

① 法平面 P_n 与法平面参考系　通过切削刃上选定点并垂直于切削刃的平面，称为法平面（图2.5）。P_r、P_s、P_n 组成的参考系称为法平面参考系。刀具角度标注见图2.6。

② 假定工作平面 P_f-背平面 P_p 参考系　通过切削刃上选定点并垂直于该点基面，且其方位平行于假定进给运动方向的平面，称为假定工作平面（图2.9）。通过切削刃上选定点并垂直于该点基面和假定工作平面的平面，称为背平面（图2.9）。P_r、P_f、P_p 组成的参考系称为假定工作平面-背平面参考系。刀具角度标注见图2.6。

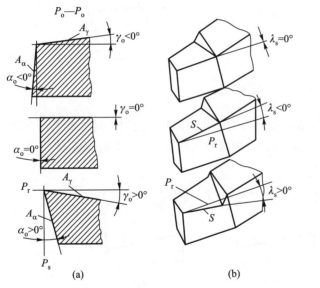

图2.8　角度正负的判断

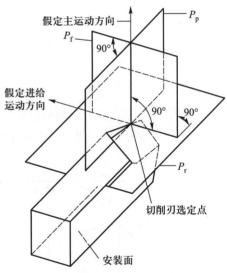

图2.9　假定工作平面-背平面参考系

4）刀具角度的换算

刀具在设计、制造、刃磨和检验时，需要对不同参考系内的刀具角度进行换算。一般根据正交平面参考系的标注角度值换算出其他参考系内相应的标注角度值，具体换算方法可查阅有关手册。

（3）车刀的工作角度

车刀标注角度是在不考虑进给运动和刀具安装位置影响的条件下标注的。在实际切削条件下，车刀角度的标注参考系会发生变化，从而需要引入一个工作参考系来进行描述。刀具在工作参考系中确定的角度称为刀具的工作角度。由于合成切削运动会改变基面的方位，刀具安装位置的变化也会改变参考平面的方位，因此在工作参考系中，刀具标注角度会发生变化。

1）车刀工作参考系的建立

工作参考系是以合成切削运动速度 v_e 的方向或刀具安装位置条件来确定基面 P_{re}。由于工作基面的变化，工作切削平面 P_{se} 也发生变化，导致工作前角 γ_{oe}、工作后角 α_{oe} 变化。

① 工作基面 P_{re}　通过切削刃上的选定点，垂直于合成切削运动速度方向的平面。

② 工作切削平面 P_{se}　通过切削刃上的选定点，与切削刃相切且垂直于工作基面的平面。

③ 工作正交平面 P_{oe}　通过切削刃上的选定点，同时垂直于工作基面、工作切削平面的平面。

2）车刀工作角度的分析

① 纵向进给运动对工作前、后角的影响　纵向进给车外圆时，合成切削运动产生的加工轨迹是阿基米德螺旋线，从而使工作前角 γ_{oe} 增大、工作后角 α_{oe} 减小，如图 2.10 所示。

车削梯形螺纹时，由于合成切削运动速度方向的变化，使加工表面倾斜于螺旋面螺纹升角 T，使左、右切削刃的工作角度发生变化。为保证左、右螺纹加工表面质量一致，车刀安装时应调整一个安装角 θ，如图 2.11 所示。

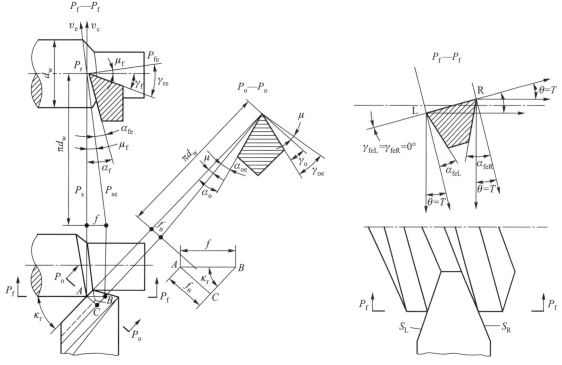

图 2.10　纵向进给运动对工作角度的影响　　　　图 2.11　梯形螺纹车刀工作角度分析

② 车刀具安装位置对车刀工作角度的影响　如图 2.12 所示，用刃倾角 $\lambda_s=0°$ 的车刀车削外圆时，由于车刀的刀尖高于工件中心，使其基面和切削平面的位置发生变化，工作前角 γ_{oe} 增大，而工作后角 α_{oe} 减小。若切削刃低于工件中心，则工作角度的变化情况正好相反。加工

内表面时,情况与加工外表面时相反。

③ 刀杆安装偏斜对工作主、副偏角的影响 如图2.13所示,当刀杆中心线与进给运动方向不垂直且逆时针转动 G 角时,工作主偏角将增大,工作副偏角将减小。

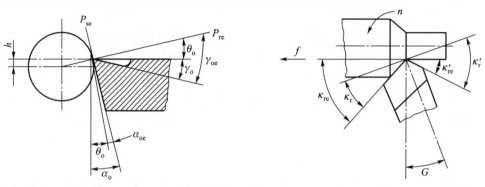

图2.12 刀尖安装高低对工作角度的影响 　图2.13 刀杆安装偏斜对工作主、副偏角的影响

2. 铣刀

铣刀的种类、形状较多,但都可以归纳为圆柱铣刀和面铣刀两种基本形式。铣刀的每个刀齿可以看成一把简单的车刀,不同的是工作时铣刀回转,同时工作的刀齿较多。下面通过对一个铣刀刀齿进行分析,来了解整个铣刀的几何角度。

（1）圆柱铣刀

如图2.14a所示,为了便于制造,螺旋齿圆柱铣刀建立了正交平面参考系和法平面参考系,前角常使用法前角 γ_n,规定在法平面 P_n 内测量。后角规定在正交平面 P_o 内测量。此时假定工作平面 P_f 与 P_o 重合,则 $\gamma_o = \gamma_f$,$\alpha_o = \alpha_f$。图2.14b中 β 为圆柱铣刀的螺旋角,也是其刃倾角。

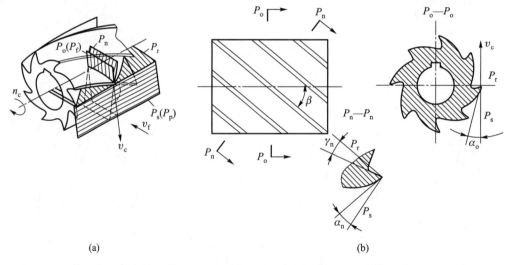

(a) (b)

图2.14 螺旋齿圆柱铣刀标注角度参考系及其角度

（2）面铣刀

面铣刀一般采用机械夹固式结构,每个刀齿安装在刀体之前,相当于一把 γ_o、λ_s 等于零的车刀。为了获得所需的切削角度,使刀齿在刀体中径向倾斜 γ_f 角、轴向倾斜 γ_p 角。面铣刀

需要建立正交平面参考系和假定工作平面参考系(图 2.15a),前角和后角除规定在正交平面 P_o 内测量外,还规定在背平面 P_p、假定工作平面 P_f 内表示(图 2.15b)。

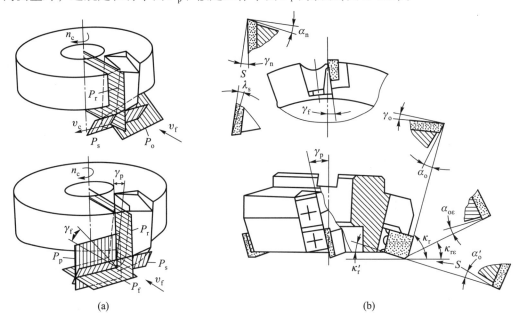

(a)　　　　　　　　　　(b)

图 2.15　硬质合金面铣刀标注角度参考系及其角度

3. 麻花钻

(1) 结构

麻花钻由柄部、颈部和工作部分三个部分组成,如图 2.16 所示。

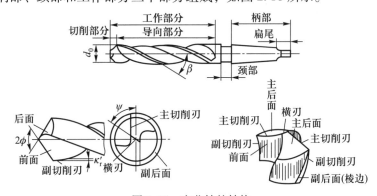

图 2.16　麻花钻的结构

柄部是麻花钻的夹持部分,用于与机床连接,并在钻孔时传递转矩和轴向力。工作部分有两条对称的螺旋槽,由切削部分和导向部分组成。切削部分由两个前面、两个后面、两个副后面组成。螺旋槽的螺旋面形为麻花钻的前面,与工件过渡表面(孔底)相对的端部曲面为后面,与工件已加工表面相对的两条棱边为副后面。螺旋槽与后面的两条交线为主切削刃。棱边与螺旋槽的两条交线为副切削刃,两后面在钻心处的交线构成了横刃。导向部分有两条棱边即刃带,形成副偏角 κ_r'。

（2）麻花钻的几何角度

1）螺旋角 β 麻花钻棱边螺旋线展开成的直线与钻头轴线的夹角（图2.17）。由于螺旋槽上各点的导程相同，因而麻花钻主切削刃上不同半径处的螺旋角不同，即螺旋角从外缘到钻心逐渐减小。螺旋角实际上是麻花钻假定工作平面内的进给前角。螺旋角越大，进给前角越大，麻花钻越锋利，也有利于排屑。但螺旋角过大会削弱麻花钻的强度和散热条件，使磨损加剧。一般标准高速钢麻花钻的螺旋角为 $18° \sim 30°$。

2）顶角 2ϕ、主偏角 κ_r、端面刃倾角 λ_{st} 钻头的顶角为两条主切削刃在与其平行的轴向平面内投影之间的夹角（图2.17）。标准麻花钻的 $2\phi=118°$，此时主切削刃是直线。主偏角 κ_r 是在主切削刃上选定点的基面内度量的假定工作平面与切削平面之间的夹角，也可以说是主切削刃在基面内的投影与进给方向之间的夹角。由于主切削刃上各点的基面不同，因此，主切削刃上各点的主偏角也是变化的，越接近钻心，主偏角越小。端面刃倾角 λ_{st} 为主切削刃选定点的基面与主切削刃在端平面内投影的夹角。主切削刃上各点的端面刃倾角也是变化的，越接近钻心，端面刃倾角越大。规定端面刃倾角为负值。

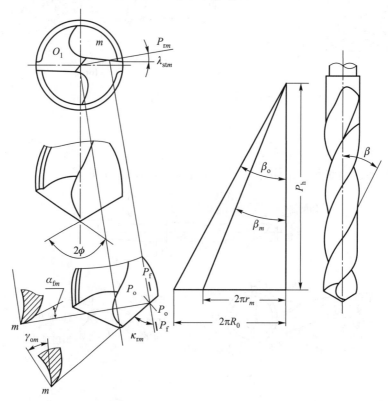

图 2.17 麻花钻的几何角度

3）前角 γ_o 麻花钻的前角是在正交平面 P_o 内测量的前面与基面的夹角（图2.17）。由于钻头的前面是螺旋面，且各点处的基面和正交平面的位置亦不相同，故主切削刃上各点的前角也是不相同的。由外缘向中心逐渐减小，对于标准麻花钻，前角由 $30°$ 逐渐变为 $-30°$。主切削刃上各点的前角分布极不合理，这是麻花钻的主要缺陷之一。

4）后角 α_f 后角 α_f 是在假定工作平面（即以麻花钻轴线为轴的圆柱面的切平面）内测量

的切削平面与主后面之间的夹角。主切削刃上任一点 m 处的后角用 α_{fm} 表示。通常麻花钻的后角是指切削刃最外缘处的后角,标准麻花钻的后角一般为 8°~20°。

5) 横刃角度 横刃角度包括横刃斜角、横刃前角与横刃后角(图 2.18)。横刃斜角 ψ 为横刃与主切削刃在麻花钻端平面内投影之间的夹角。标准麻花钻的 $\psi = 50°~55°$。横刃前角为负值,标准麻花钻的 $\gamma_{o\psi} = -60°~-54°$。横刃后角为较大的正值,标准麻花钻的 $\alpha_{o\psi} = 30°~36°$。

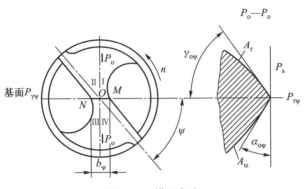

图 2.18 横刃角度

综上所述,麻花钻的几何角度有些是制造确定的,如螺旋角,使用者不便改变;有些是刃磨确定的,使用者可以根据需要进行调整,如顶角、后角和横刃角度;有些是制造和刃磨两个因素共同决定的,如主偏角、端面刃倾角和前角。

由于标准麻花钻存在切削刃长、前角变化大、螺旋槽排屑不畅、横刃部分切削条件很差等结构问题,实际生产中,为了提高钻孔的精度和生产率,常常将标准麻花钻按特定的方式刃磨成"群钻"使用,如图 2.19 所示。

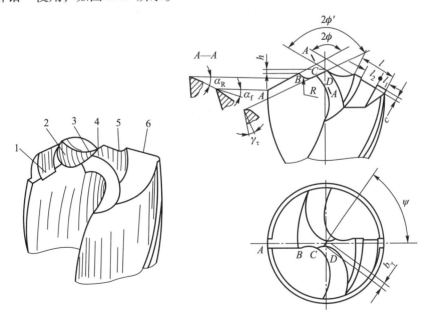

1—分屑槽;2—月牙槽;3—内直刃;4—横刃;5—圆弧刃;6—外直刃

图 2.19 群钻结构与几何参数

2.1.3　金属切削原理

金属切削过程是通过切削运动刀具从工件表面切除多余的金属层，形成加工表面的过程；也是工件的切削层在刀具前面挤压下产生塑性变形，形成切屑而被切下来的过程。

1. 切削变形区的划分及切屑的形成过程

（1）切削变形区的划分

实验研究发现，切削塑性金属形成切屑的过程类似于金属材料受挤压作用，产生塑性变形，进而产生剪切滑移的变形过程。

材料力学实验可证明，对金属试件挤压（图 2.20a），最大剪应力与最大主应力之间大致成 45°角。借助于该实验模型，可建立二维切削（刨削）的模型（图 2.20b）。刀具切削时与挤压很相似，只是切削时，由于 DB 线下方金属材料的阻碍，切削层不能沿 CB 方向滑移。这是一种近似的分析。

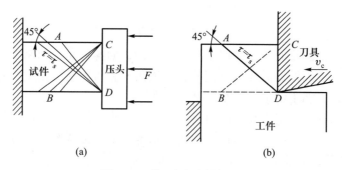

图 2.20　挤压与切削的比较

根据实验时的切削层变形图可绘制如图 2.21 所示的切削变形模型，金属切削过程中的流线就是被切削金属的某一点在切削过程中流动的轨迹，其变形大致可分为三个变形区。

1）第 I 变形区　如图 2.21 所示，塑性变形从始滑移面 OA 开始至终滑移面 OM 终了，之间形成 AOM 塑性变形区，由于塑性变形的主要特点是晶格间的剪切滑移，所以 AOM 叫剪切区，也称为第 I 变形区。由于 OA、OM 之间距离仅为 0.02～0.2 mm，所以用 OM 滑移线来代替第 I 变形区，并称 OM 为剪切面，用 P_{φ} 表示。剪切面 P_{φ} 与切削速度（主运动）方向之间的夹角称为剪切角，用 φ 表示，φ 为 40°～50°。

2）第 II 变形区　切屑沿刀具前面排出时会进一步受到前面的阻碍，在刀具和切屑界面之间存在强烈的挤压和摩擦，使切屑底部靠近前面处的金属发生"纤维化"的二次变形。这部分区域称为第 II 变形区。

3）第 III 变形区　已加工表面与刀具后面挤压、摩擦形成的变形区域，称为第 III 变形区。由于刀具刃口不可能绝对锋利，钝圆半径的存在使切削层参数中的切削厚度不可能完全切除，会有很小一部分被挤压到已加工表面，与刀具后面发生摩擦，并进一步产生弹、塑性变形，从而影响已加工表面质量。

这三个变形区汇聚在切削刃附近，应力集中而复杂，被切削层金属在此处离开本体形成

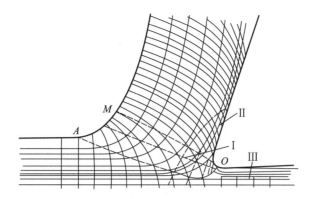

图 2.21　金属切削过程中的滑移线、流线与三个变形区示意图

切屑，只有很少部分留在已加工表面。切削刃对切削层的切除与已加工表面的形成有直接影响。因此，除了研究三个变形区外，还需要研究刃口处的应力状态。

（2）切屑的形成过程

切屑的形成过程是被切削层金属受到刀具前面的挤压作用，迫使其产生弹性变形，当剪应力达到金属材料屈服强度时，产生塑性变形的切削变形过程。

如图 2.22 所示，随着切削运动的进行，切削层金属中某考察点 P 逐渐趋近切削刃，首先 P 点到达 OA 线上点 1 的位置（OA，OB，$\cdots$，OM 线为等剪应力曲线），若通过等剪应力曲线 OA，其剪应力达到金属材料屈服强度 τ_s，此时产生塑性变形，点 1 向前移动的同时也沿滑移线 OA 滑移，其合成运动将使点 1 流动到点 2，未能到达点 $2'$。$22'$ 为其滑移量。同样 P 点也未能到达滑移线 OC、OM 上的 $3'$、$4'$ 点，而是沿 3、4 点从前面流出，$33'$ 和 $44'$ 也

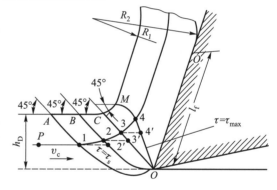

图 2.22　第 I 变形区金属的滑移

称为滑移量。由于塑性变形过程中的加工硬化现象，材料的屈服强度逐渐提高。随着滑移的不断产生，剪应力也将逐渐增加，即当 P 点不断向 1、2、3……各点移动时，它所受到的剪应力不断增加，直到 4 点位置时，其流动方向才与刀具前面平行，不再产生塑性变形而沿 OM 线滑移。切屑形成过程的速率很快，时间很短，第 I 变形区 OA、OM 之间空间窄小，所以在第 I 变形区中，切削变形的主要特征是切削层金属沿滑移面的剪切变形，并伴有加工硬化现象。

切削层金属沿滑移面的剪切变形，从金属晶体结构来看就是沿晶格中晶面所进行的滑移。金属材料的晶粒可假定为圆形颗粒。晶粒在到达始滑移线 OA 之前仅产生弹性变形，晶粒不呈方向性，仍为圆形。晶粒进入第 I 变形区后，因受剪应力作用产生滑移，致使晶粒变为椭圆形。椭圆的长轴方向就是晶粒伸长的方向或金属纤维化的方向，它与剪切面的方向不重合，两者之间成一夹角 ψ（图 2.23）。

2. 前面上的挤压、摩擦与积屑瘤

切削层金属经第 I 变形区后变成切屑沿刀具前面流出，由于受到前面的挤压和摩擦作用，

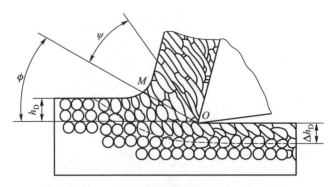

图 2.23 滑移与晶粒的伸长

将继续产生剧烈的二次变形，刀具与切屑界面之间由摩擦产生的热量使切削区附近温度升高。越靠近前面的切屑底层纤维化现象越严重，切屑的流动会出现滞流层，产生积屑瘤。

（1）作用在切屑上的力

刀具与切屑之间的作用力分析如图 2.24 所示，在直角自由切削（此时，金属层的变形为二维变形，即不同主剖面的变形均相同）的前提下，作用在切屑上的力有前面对其作用的法向力 F_n 和摩擦力 F_f，剪切面上的剪切力 F_s 和法向力 F_{ns}。两对力的合力分别为 F_r 和 F_r'。假设这两个合力相互平衡（严格地讲，这两个合力不共线，有一个使切屑弯曲的力矩），F_r 称为切屑形成力，ϕ 是剪切角，β 是 F_n 与 F_r 之间的夹角（称为摩擦角），γ_o 是刀具前角。

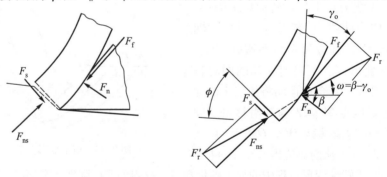

(a) 切屑受到的来自工件和刀具的作用力　　　　(b) 切屑作为隔离体的受力分析

图 2.24 刀具与切屑之间的作用力分析

（2）前面上的挤压、摩擦

在切削塑性金属的过程中，当切屑沿刀具前面流过时，处于高压（2~3 GPa）高温（900 ℃左右）状态，切屑的底部与前面发生黏结现象，俗称冷焊。黏结时，它们之间不再是一般的摩擦概念。刀具与切屑间摩擦情况及前面正应力 σ 与剪应力 τ 的分布曲线如图 2.25 所示。

刀具与切屑接触面间有两个摩擦区域：黏结（内摩擦）区和滑动（外摩擦）区。在黏结区，切屑的底层与前面呈现冷焊状态，切屑与前面之间不是一般的外摩擦，这时切屑底层的流速要比上层缓慢得多，从而在切屑底部形成一个滞流层。所谓"内摩擦"就是指滞流层与上层流屑层内部之间的摩擦，这种内摩擦也就是金属内部的剪切滑移。其摩擦力的大小与材料的流动应力特性及黏结面积的大小有关。切屑离开黏结区后进入滑动区。在该区域内刀具与切

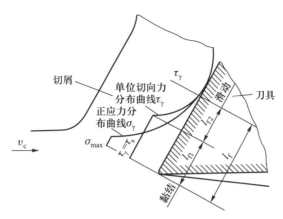

图 2.25 切屑和前面摩擦情况示意图

屑间的摩擦仅为外摩擦。因此，在金属切削过程中，不能简单地沿用公式 $\mu = \tan\beta$ 来描述刀具与切屑界面之间的摩擦情况。刀具与切屑界面之间的摩擦系数 μ 应为内摩擦区摩擦系数 μ_1 与外摩擦区摩擦系数 μ_2 综合作用的结果。

（3）积屑瘤

在中、低速切削塑性金属材料时，常在刀具前面刃口处黏结一些工件材料，形成一块硬度很高的楔块（通常为工件材料硬度的 2~3 倍），它能够代替刀刃完成切削工作，这种楔块称为积屑瘤。

产生积屑瘤（图 2.26）是由上述的滞流层金属不断堆积的结果，积屑瘤的产生有利于减少刀具磨损，提高刀具寿命，同时使刀具工作前角增大（积屑瘤前角可达 30°左右）有利于减小切削力和切削变形。但积屑瘤的形成过程是一个极不稳定的过程，在使用硬质合金刀具时，一旦积屑瘤发生破裂、脱落等现象，就会导致硬质合金刀具的非正常黏结磨损，影响刀具寿命。积屑瘤经常性的整体（或部分）脱落、再生，也会导致切削力的变化和振动的产生，由它堆积成的钝圆弧刃口造成挤压和过切现象，使加工精度降低。积屑瘤脱落后黏附在已加工表面会增加表面粗糙度值，影响已加工表面质量。此外，由于积屑瘤轮廓形状不规则，切削刃上各点积屑瘤的伸出量各不相同（图 2.27），这样会影响零件加工的尺寸精度以及表面粗糙度。

图 2.26 积屑瘤

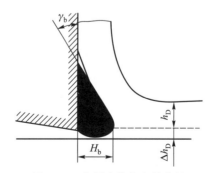

图 2.27 积屑瘤前角和伸出量

在实际生产中，对钢、铝合金和铜等塑性金属进行中速车、钻、铰、拉削和螺纹加工时，常会出现积屑瘤。一般情况下，积屑瘤对切削加工过程的影响是不利的，在精加工时应尽可能避免积屑瘤的产生，但在粗加工时，有时可充分利用积屑瘤。

切削实验和生产实践表明，切削中碳钢时，温度在 $300 \sim 380$ ℃时积屑瘤的高度最大，温度超过 $500 \sim 600$ ℃时积屑瘤消失。在生产中常采取以下措施来抑制或消除积屑瘤：

1）采用低速或高速切削，避开容易产生积屑瘤的切削速度区间。以切削 45 钢为例，在低速 ($v_c < 3$ m/min) 和较高速度 ($v_c \geqslant 60$ m/min) 范围内，摩擦系数都较小，故不易形成积屑瘤。

2）可通过预先热处理，适当提高工件材料的硬度。

3）提高刀具的刃磨质量，适当增大刀具前角。

4）采用高润滑性的切削液等途径，使摩擦和黏结减少，防止积屑瘤的产生。

3. 切削变形程度的表示方法

切削变形程度大小有两种常用表示方法：变形系数和相对滑移。

（1）变形系数

如图 2.28 所示，在金属切削加工过程中，刀具切下的切屑厚度 h_{ch} 通常都要大于工件上切削层厚度 h_D，而切屑长度 l_{ch} 却小于工件上切削层的长度 l_c。切屑厚度 h_{ch} 与切削层厚度 h_D 之比称为厚度变形系数，用 Λ_h 表示；而切削层长度 l_c 与切屑长度 l_{ch} 之比称为长度变形系数，用 Λ_l 表示。

$$\Lambda_h = \frac{h_{ch}}{h_D} \tag{2.12}$$

$$\Lambda_l = \frac{l_c}{l_{ch}} \tag{2.13}$$

变形系数是通过切屑形成前后的外形尺寸变化来度量切削变形的大小。由于工件上切削层变成切屑后宽度的变化很小，根据体积不变原理，则

$$\Lambda_h = \Lambda_l = \Lambda \tag{2.14}$$

变形系数 Λ 大于1。它比较直观地反映了切削变形的程度，且较容易测量。变形系数越大，切屑越厚越短，切削变形越大。这个方法简便但粗略，不能反映切削变形的全部情况，难以进行准确的定量描述。

（2）相对滑移

金属切削过程中，切削变形的主要形式是剪切滑移，使用相对滑移来衡量变形程度更为合理。由图 2.29 可知，当切削层单元平行四边形 OHNM 产生剪切变形为 OGPM 时，沿剪切面

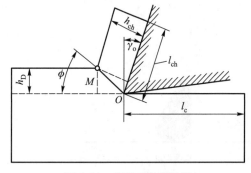

图 2.28　变形系数的计算

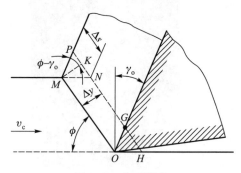

图 2.29　相对滑移

NH 产生的滑移量 Δs 与单元层高 Δy 之比即为相对滑移 ε：

$$\varepsilon = \frac{\Delta s}{\Delta y} \tag{2.15}$$

4. 切屑的类型与控制

（1）切屑的类型

在切削层金属转变为切屑的过程中，会形成多种多样的切屑形态。国家标准（GB/T 16461—2016）把屑形分成带状、管状、盘旋状、环形螺旋状、锥形螺旋状、弧形、单元、针状切屑等。归纳起来，可分为以下四大种类（图 2.30）。

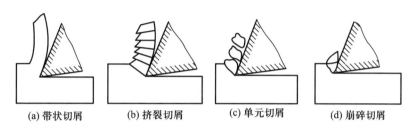

(a) 带状切屑　　(b) 挤裂切屑　　(c) 单元切屑　　(d) 崩碎切屑

图 2.30　切屑类型

1）带状切屑（图 2.30a）　最常见的屑形之一，刀具与切屑接触面是光滑的，外表面是毛茸状的，肉眼很难看出片层条纹，感觉是平整的。一般在加工塑性金属，且切削厚度较小、切削速度较高、刀具前角较大时，会得到此类切屑。它最大的优点是切削过程平稳，切削力波动范围小，已加工表面粗糙度值小。缺点是经常转变成紊乱状切屑缠绕在刀具或工件上，影响加工过程。

2）挤裂（节状）切屑（图 2.30b）　刀具与切屑接触面有裂纹，外表面是锯齿形。大多在低速、大进给时产生。

3）单元（粒状）切屑（图 2.30c）　在挤裂切屑产生的前提下，当进一步降低切削速度、增大进给量、减小前角时，则出现单元切屑。

4）崩碎切屑（图 2.30d）　切削脆性金属（铸铁）时，将产生呈不规则细粒状的切屑。产生这种切屑会使切削过程不平稳，易损坏刀具，使已加工表面粗糙。工件材料越是脆硬，进给量越大，越容易产生这种切屑。

（2）切屑的控制

1）切屑的形状　影响切屑的处理和运输的主要因素是切屑的形状，随着工件材料、刀具几何形状和切削用量的差异，所生成的切屑的形状也会不同。实际生产中产生的切屑形状大体有带状屑、C 形屑、崩碎屑、螺卷屑、长紧卷屑、发条状卷屑和宝塔状卷屑等，如图 2.31 所示。一般不希望产生带状切屑，而 C 形屑不会缠绕工件或刀具，也不易伤人，是一种比较好的屑形。但 C 形屑多数是碰撞在车刀后面或工件表面上折断的，切屑高频率的碰撞和折断会影响切削过程的平稳性，对工件已加工表面的表面粗糙度也有一定的影响。所以，精车时一般多希望形成螺卷屑，宝塔状卷屑也是一种较好的屑形。

2）卷屑与断屑　卷屑的基本原理：设法使切屑沿刀具前面流出时，受到一个额外的作用力，在该力的作用下使切屑产生一个附加的变形而弯曲。通常在刀具前面上磨出适当的卷屑槽以产生卷屑。

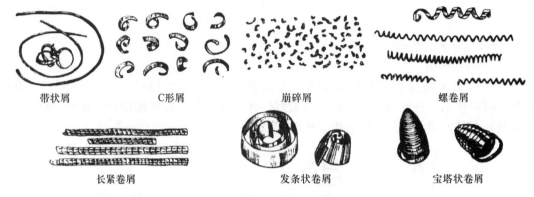

图2.31 切屑的各种形状

断屑的基本方法：使卷曲后的切屑与工件或刀具后面相碰，使切屑根部的拉应力越来越大，使切屑完全折断。

2.1.4 刀具材料

1. 刀具材料的性能要求

在切削过程中，刀具切削部分承受高温、高压以及强烈的摩擦、冲击和振动，所以刀具切削部分材料的性能应满足以下基本要求。

（1）高的硬度和耐磨性 刀具要从工件上切去多余的金属，其硬度要大于工件材料的硬度，常温下硬度须在60 HRC以上，并要求耐磨性好。

（2）足够的强度和韧性 在切削过程中，刀具要承受切削力、冲击和振动，刀具材料必须有足够的抗弯强度和冲击韧度，以避免崩刃和折断。

（3）高的耐热性与化学稳定性 耐热性是指刀具材料在高温下保持硬度、耐磨性、强度和韧性的能力。刀具材料耐热性好，则允许高的切削速度，且抵抗塑性变形的能力强。化学稳定性是指刀具材料在高温下不易和工件材料及周围介质发生化学反应的能力。化学稳定性越好，刀具的磨损越慢。

（4）良好的工艺性和经济性 刀具材料应在锻造、焊接、热处理、磨削等加工中具有良好的工艺性；要有好的导热性，以利于切削热的传导，降低切削区的温度，延长刀具寿命。刀具材料应便于刀具的制造，资源丰富，价格低廉。

2. 常用刀具材料

目前常用的刀具材料有工具钢(包括碳素工具钢、合金工具钢和高速钢)、硬质合金[有钨钴类硬质合金、钨钛钴类硬质合金、钨钛钽（铌）类硬质合金和镍钼钛类硬质合金]、陶瓷和超硬材料，一般机械加工使用最多的是高速钢和硬质合金。各类刀具材料的主要物理、力学性能见表2.1。

表 2.1 各类刀具材料的主要物理、力学性能

材料种类		相对密度	硬度/HRC (HRA) [HV]	抗弯强度 σ_{bb}/GPa	冲击韧度 a_K/ (MJ/m²)	热导率 λ/ [W/(m·K)]	耐热性/℃	切削速度 大致比值
工具钢	碳素工具钢	7.6~7.8	60~65 (81.2~84)	2.16	—	≈41.87	200~250	0.32~0.4
	合金工具钢	7.7~7.9	60~65 (81.2~84)	2.35	—	≈41.87	300~400	0.48~0.6
	高速钢	8.0~8.8	63~70 (83~86.6)	1.96~4.41	0.098~0.588	16.75~25.1	600~700	1~1.2
硬质合金	钨钴类	14.3~15.3	(89~91.5)	1.08~2.16	0.019~0.059	75.4~87.9	800	3.2~4.8
	钨钛钴类	9.35~13.2	(89~92.5)	0.882~1.37	0.0029~ 0.0068	20.9~62.8	900	4~4.8
	含有碳化 钼、铌类	—	—	—	—	—	1000~1100	6~10
	碳化钛基类	5.56~6.3	(92~93.3)	0.78~1.08	—	—	1100	6~10
陶瓷	氧化铝陶瓷	3.6~4.7	(91~95)	0.44~0.686	0.0049~ 0.0117	4.19~20.93	1200	8~12
	氧化铝碳化 物混合陶瓷			0.71~0.88			1100	6~10
	氮化硅陶瓷	3.26	[5000]	0.735~0.83	—	37.68	1300	—
超硬材料	立方氮化硼	3.44~3.49	[8000~ 9000]	≈0.294	—	75.55	1400~1500	—
	人造金刚石	3.17~3.56	[10000]	0.21~0.48	—	146.54	700~800	≈25

（1）高速钢

高速钢是含有 W、Mo、Cr、V 等合金元素的高合金工具钢。实际生产中也称为锋钢、白钢。

1）高速钢的特点与分类

高速钢所允许的切削速度比碳素工具钢及合金工具钢高 1~3 倍，热处理后硬度可达 62~66 HRC，抗弯强度约 3.3 GPa，有较好的热稳定性、耐磨性、耐热性。切削温度在 500~650 ℃时仍能进行切削。由于热处理变形小、能锻易磨，所以特别适合于制造结构和刃形复杂的刀具，如成形车刀、铣刀、钻头、切齿刀、螺纹刀具和拉刀等，是应用最广的刀具材料之一。

2）常用高速钢的牌号与性能

高速钢按切削性能可分为普通高速钢、高性能高速钢和粉末冶金高速钢。常用高速钢的牌号与性能见表 2.2。

表 2.2 常用高速钢的牌号与性能

类别		牌　号	硬度/HRC	抗弯强度/GPa	冲击韧度/（MJ/m²）	高温硬度/HRC（600 ℃）	磨削性能
普通高速钢		W18Cr4V	62~66	≈3.34	0.294	48.5	好，普通刚玉砂轮能磨
		W6Mo5Cr4V2	62~66	≈4.6	≈0.5	47~48	较 W18Cr4V 差一些，普通刚玉砂轮能磨
		W14Cr4VMn-RE	64~66	≈4	≈0.25	48.5	好，与 W18Cr4V 相近
高性能高速钢	高碳	9W18Cr4V	67~68	≈3	≈0.2	51	好，用普通刚玉砂轮能磨
	高钒	W12Cr4V4Mo	63~66	≈3.2	≈0.25	51	差
	超硬	W6Mo5Cr4V2Al	68~69	≈3.43	≈0.3	55	较 W18Cr4V 差一些
		W10Mo4Cr4V3Al	68~69	≈3	≈0.25	54	较差
		W6Mo5Cr4V5SiNbAl	66~68	≈3.6	≈0.27	51	差
		W12Cr4V3Mo3Co5Si	69~70	≈2.5	≈0.11	54	差
		W2Mo9Cr4VCo8	66~70	≈2.75	≈0.25	55	好，普通刚玉砂轮能磨

① 普通高速钢　普通高速钢的特点是工艺性能好，具有较高的硬度、强度、耐磨性和韧性。可用于制造各种刃形复杂的刀具。切削普通钢料时的切削速度通常不高于 40~60 m/min。普通高速钢又分为钨系高速钢和钨钼系高速钢两类。

钨系高速钢的典型牌号有 W18Cr4V（简称 W18），C 含量为 0.7%~0.8%（未注明含量百分数为质量百分数），W 含量为 18%、Cr 含量为 4%、V 含量为 1%。此类高速钢综合性能好，使用普遍，可制造包括复杂刀具在内的各种刀具。

钨钼系高速钢的典型牌号有 W6Mo5Cr4V2，C 含量为 0.8%~0.9%，W 含量为 6%、Mo 含量为 5%、Cr 含量为 4%、V 含量为 2%。具有碳化物分布均匀、抗弯强度与韧性好、热塑性好的特点，改善了刃磨工艺性。可用于制造热轧刀具，如热轧钻头等，适合于制造尺寸较大、承受冲击的较大的刀具。其主要缺点是可磨削性略低于 W18Cr4V。

② 高性能高速钢　高性能高速钢是指在普通高速钢成分中增加碳、钒、钴或铝等合金元素，使其常温硬度可达 67~70 HRC，耐磨性与热稳定性进一步提高。可以用于加工不锈钢、高温合金、耐热钢和高强度钢等难加工材料。典型牌号有钴高速钢 W2Mo9Cr4VCo8（简称 M42）、铝高速钢 W6Mo5Cr4V2Al（简称 501）。

③ 粉末冶金高速钢　粉末冶金高速钢是用高压氩气或纯氮气雾化熔融的高速钢钢水而得到细小的高速钢粉末，然后再热压锻轧制成。由于结晶组织细小均匀，因而具有良好的物理、力学性能（强度、韧性分别是熔炼高速钢的 2~3 倍）、良好的刃磨性，淬火变形小（各向同性）。由于碳化物颗粒均匀，分布的表面较大，耐磨性提高了 20%~30%。适用于制造精密刀具、大尺寸刀具（滚刀、插齿刀）、复杂成形刀具、拉刀等。

(2) 硬质合金

1) 硬质合金的特点与分类

硬质合金是由高硬度和高熔点的金属碳化物（WC、TiC、TaC、NbC 等）和金属黏结剂（Co、Mo、Ni 等）用粉末冶金工艺制成的。硬质合金是目前最主要的刀具材料之一，由于其常温硬度很高，除磨削外，其他切削加工工艺性差，主要用于制造简单刀具。

硬质合金按其化学成分与使用性能分为四类：钨钴类（WC+Co）、钨钛钴类（WC+TiC+Co）、添加稀有金属碳化物类[WC+TiC+TaC（NbC）+Co]及碳化钛基类（TiC+WC+Ni+Mo）。

2) 常用硬质合金的牌号与性能

① 钨钴类硬质合金（YG 类）　常用的牌号有 YG3、YG6X 和 YG8 等。YG 代表钨钴类硬质合金，后面的数字表示 Co 的含量，如 YG3 表示 Co 含量为 3%。这类硬质合金有粗晶粒、中晶粒、细晶粒、超细晶粒之分。在 Co 含量相同时，一般细晶粒（YG6X）比中晶粒（YG6）的硬度、耐磨性要高一些，但抗弯强度、韧性则低一些。合金中钴含量越高韧性越好，适合于粗加工，钴含量低的用于精加工。YG 类硬质合金有较好的韧性、磨削性、导热性，适合于加工产生崩碎切屑及有冲击载荷的脆性金属材料。

② 钨钛钴类硬质合金（YT 类）　常用的牌号有 YT5、YT14、YT15 和 YT30 等。YT 代表钨钛钴类硬质合金，后面的数字表示 TiC 的含量，如 YT15 表示 TiC 含量为 15%。它以 WC 为基体，添加 TiC，用 Co 作黏结剂烧结而成。合金中 TiC 含量高，Co 含量就低，其硬度、耐磨性和耐热性进一步提高，但抗弯强度、导热性，特别是冲击韧性明显下降，适合于精加工。合金中 Co 含量越高，韧性越好，适合于粗加工。

③ 添加稀有金属碳化物类[钨钛钽（铌）类]硬质合金（YW 类）　在 YG、YT 类硬质合金中加入 TaC 或 NbC，这样可提高抗弯强度、疲劳强度、冲击韧性、抗氧化能力、耐磨性和高温硬度等。这类硬质合金既适用于加工脆性材料，又适用于加工塑性材料。

④ 碳化钛基类硬质合金（YN 类）　它以镍、钼作为黏结剂，具有较好的切削性能，因此允许采用较高的切削速度。主要用于碳钢、合金钢等金属材料连续切削时的精加工。

为改善硬质合金的性能，满足生产发展的需要，近年来已研制出了一些新型硬质合金，如细晶粒、超细晶粒硬质合金。在这类硬质合金中，细晶粒合金平均粒度在 1.5 μm 左右，超细晶粒合金平均粒度在 0.2~1 μm 之间。由于组织细化，黏结面积增加，提高了整体的综合强度和硬度，可减少中低速切削时的崩刃现象。

常用硬质合金的牌号与性能见表 2.3。

(3) 其他刀具材料

1) 陶瓷刀具

陶瓷刀具材料是以氧化铝（Al_2O_3）或以氮化硅（Si_3N_4）为基体，再添加少量金属，在高温下烧结而成的一种刀具材料。其优点是硬度高，常温下可达 91~95 HRA，耐磨性、耐高温性能好，在 1 200 ℃高温下仍能进行切削；有良好的化学稳定性和抗氧化性，与金属的亲和力小，抗黏结和抗扩散能力强；切削速度比硬质合金刀具高 2~5 倍。缺点是脆性大、抗弯强度低、冲击韧性差、易崩刃，所以使用范围受到限制，可用于淬硬钢、冷硬铸铁类零件的车削、铣削加工。

表 2.3 常用硬质合金牌号、性能

类型	牌号	成分/% w_WC	w_TiC	w_TaC w_NbC	w_Co	w_其他	物理力学性能 密度/(g/cm³)	热导率/[W/(m·K)]	硬度/HRA(HRC)	抗弯强度/GPa	使用性能 加工材料类别	耐磨性 韧性 切削速度 进给量	类	别
钨钴类	YG3	97	—	—	3	—	14.9~15.3	87.92	91(78)	1.08	短切屑的黑色金属，有色金属，非金属材料	↑ ↑ ↑ ↓	K类	K01
	YG6X	93.5	—	0.5	6	—	14.6~15.0	79.6	91(78)	1.37				K05
	YG6	94	—	—	6	—	14.6~15.0	79.6	89.5(75)	1.42				K10
	YG8	92	—	—	8	—	14.5~14.9	75.36	89(74)	1.47				K20
钨钛钴类	YT30	66	30	—	4	—	9.3~9.7	20.93	92.5(80.5)	0.88	长切屑的黑色金属	↑ ↑ ↑ ↓	P类	P01
	YT15	79	15	—	6	—	11~11.7	33.49	91(78)	1.13				P10
	YT14	78	14	—	8	—	11.2~12.0	33.49	90.5(77)	1.2				P20
	YT5	85	5	—	10	—	12.5~13.2	62.80	89(74)	1.37				P30
添加钽(铌)类	YG6A(YA6)	91	—	5	6	—	14.6~15.0	—	91.5(79)	1.37	长切屑或短切屑的黑色金属和有色金属	—	KM类	K10
	YG8N	91	—	<1	8	—	14.5~14.9	—	89.5(75)	1.47				K10
	YW1	84	6	4	6	—	12.8~13.3	—	91.5(79)	1.18				M10
	YW2	82	6	4	8	—	12.6~13.3	—	90.5(77)	1.32				M20
碳化钛基类	YN05	8	71	—	—	Ni17 Mo14	5.9	—	93.3(82)	0.78~0.93	长切屑的黑色金属	—	P类	P01
	YN10	15	62	1	—	Ni12 Mo10	6.3	—	92(80)	1.08				P01

注：Y—硬质合金；G—钴；T—钛；X—细颗粒合金；C—粗颗粒合金；A—含 TaC(NbC) 的 YG 类合金；W—通用合金；N—不含钴，用镍作黏结剂的合金。

2）金刚石

金刚石分天然和人造两种，都是碳的同素异形体。是在高温、高压下由石墨转化而成。由于硬度极高（可达 10 000 HV），耐磨性好，切削刃口锋利，刃部表面摩擦系数较小，不易产生黏结或积屑瘤。可用于加工硬质合金、陶瓷等高硬度材料，也可加工高硬度的非金属材料，如石材、压缩木材、玻璃等，还可加工有色金属，如铝硅合金，以及一些难加工的复合材料的精加工或超精加工。

金刚石刀具的缺点是热稳定性差，切削温度不能超过 700~800 ℃，强度低，脆性大，对振动敏感，只宜微量切削，与铁有强烈的化学亲和力，不能用于加工钢材。

3）立方氮化硼

立方氮化硼（CBN）是一种人工合成的新型刀具材料，它由六方氮化硼在高温、高压下加入催化剂转化而成。立方氮化硼刀具的硬度与耐磨性仅次于金刚石；热稳定性好，耐热温度高达 1 400 ℃；化学惰性大，与铁系金属在 1 300 ℃时不易起化学反应；导热性好，摩擦系数小。可用于高温合金、冷硬铸铁、淬硬钢等难加工材料的加工。

4）涂层刀具材料

根据涂层刀具基体材料的不同，涂层刀具分为硬质合金涂层刀具、高速钢涂层刀具以及陶瓷和超硬材料的涂层刀具。

硬涂层刀具是在韧性较好的刀具基体上涂覆一层耐磨性好的难熔金属化合物，既能提高刀具材料的耐磨性，又不降低其韧性。常用的涂层材料有 TiC、TiN、Al_2O_3 及其复合材料等，涂层厚度随刀具材料不同而异。

2.2　金属切削过程的物理现象及规律

2.2.1　切削力与切削功率

切削力是金属切削过程的重要物理现象之一，是设计和使用机床、刀具、夹具以及在自动化生产中实施质量监控不可缺少的要素之一。切削力的大小直接影响切削功率、切削热及刀具寿命，进而影响加工质量和生产率。研究并掌握切削力的规律、计算和实验方法，对实际生产具有重要意义。

1. 切削力的来源与分解

（1）切削力的来源

切削过程中刀具施加于工件，使工件材料产生变形并使多余材料变为切屑所需的力，被称为切削力。切削力来自于金属切削过程中克服被加工材料的弹、塑性变形抗力和摩擦阻力。摩擦阻力包括刀具前面与切屑底面、刀具后面与已加工表面之间的摩擦力。这些力的总和构成了作用在刀具上的合力 F。如图 2.32 所示，在直角自由切削时，作用于刀具前面的弹、塑性变形抗力为 $F_{n\gamma}$，刀具与切屑间的摩擦力为 $F_{f\gamma}$，其合力记为 F_{γ}；作用于刀具后面的弹、塑性变形抗力为 $F_{n\alpha}$，刀具与已加工表面之间的摩擦力为 $F_{f\alpha}$，其合力记为 F_{α}。切削合力 F 为

$$F = \sqrt{F_\gamma^2 + F_\alpha^2} \tag{2.16}$$

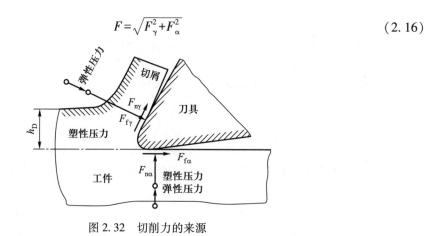

图 2.32　切削力的来源

要使得切削得以顺利进行，切削力必须克服上述抗力，因此切削力来源于克服切削抗力。

（2）切削力的分解

在实际应用中，为便于机床、工装的设计及工艺系统的分析，通常将合力 F 分解为相互垂直的三个分力：切削力 F_c、进给力 F_f、背向力 F_p（图 2.33）。

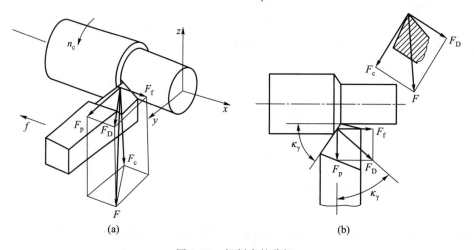

图 2.33　切削力的分解

1）切削力 F_c　总切削力在主运动方向的分力，是计算机床切削功率、选配机床电动机、校核机床主轴、设计机床部件及计算刀具强度等必不可少的参数。

2）背向力 F_p　总切削力在垂直于工作平面方向的分力，是进行加工精度分析、计算工艺系统刚度以及分析工艺系统振动时所必需的参数。

3）进给力 F_f　总切削力在进给方向的分力，是设计、校核机床进给机构，计算机床进给功率不可缺少的参数。

一般情况下，在三个分力中切削力 F_c 最大，进给力 F_f 次之，背向力 F_p 最小且不消耗功率。根据实验，当 $\kappa_r = 45°$、$\lambda_s = 0°$、$\gamma_o \approx 15°$ 时，各分力之间的近似关系为

$$F_f = (0.4 \sim 0.5) F_c \tag{2.17}$$

$$F_p = (0.3 \sim 0.4) F_c \qquad (2.18)$$

虽然上述公式由外圆车削得出，但同样适用于铣削、钻削等其他加工方式。随着刀具几何参数、刀具材料以及切削用量的不同，F_p、F_f 相对于 F_c 的比值在一定的范围内变化。由图 2.33 可得

$$F = \sqrt{F_c^2 + F_D^2} = \sqrt{F_c^2 + F_p^2 + F_f^2} \qquad (2.19)$$

式中：F_D 为推力，是总切削力在切削层尺寸平面内的投影，也是背向力 F_p 与进给力 F_f 的合力。它们之间的关系如下：

$$F_f = F_D \sin \kappa_r \qquad (2.20)$$

$$F_p = F_D \cos \kappa_r \qquad (2.21)$$

由上式可知，主偏角 κ_r 的大小影响 F_p 和 F_f 的配置。在进行细长轴、丝杠等工件车削时，只要采用大的主偏角，就可以使背向力大大减小，防止工件由于弯曲变形而产生的直线度误差。当工艺系统刚性较差时，应尽可能使用主偏角大的刀具进行切削。

2. 切削功率

切削功率 P_c 用于核算加工成本和计算能量消耗，并在设计机床时根据它来选择机床主电动机功率。

主运动消耗的切削功率 P_c（单位为 kW）为

$$P_c = \frac{F_c v_c}{60} \times 10^{-3} \qquad (2.22)$$

式中　F_c——切削力，N；

v_c——切削速度，m/min。

根据求出的切削功率 P_c，就可计算机床主电动机功率 P_E

$$P_E = P_c / \eta_m \qquad (2.23)$$

式中　η_m——机床传动效率，一般取 $\eta_m = 0.75 \sim 0.85$。

3. 切削力测定和切削力实验公式

（1）切削力测定

测力仪是测量切削力的主要仪器，其种类很多，目前常用的是电阻应变片式测力仪和压电式测力仪。下面介绍电阻应变片式测力仪的测量原理（图 2.34）。

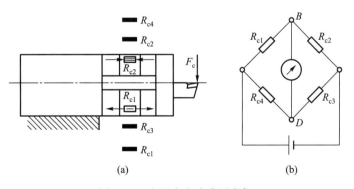

图 2.34　电阻应变片式测力仪

电阻应变片式测力仪的工作原理是在测力仪的弹性元件上面粘贴 R_{c2} 和 R_{c4}，下面粘贴 R_{c1} 和 R_{c3}，然后将电阻应变片连接成电桥。设电桥各臂的电阻分别为 R_{c1}、R_{c2}、R_{c3} 和 R_{c4}。当电桥平衡时，则 B 和 D 两点间的电位差为零，电流表中没有电流通过。在切削力 F_c 的作用下，电阻应变片随弹性元件变形，从而改变其电阻值：顶部的电阻应变片 R_{c2} 和 R_{c4} 在张力作用下长度增大，截面积缩小，电阻值增大；底部的 R_{c1} 和 R_{c3} 在压力作用下长度缩短，截面积加大，电阻值减小。电桥的平衡条件受到破坏，于是 B 和 D 两点间产生电位差，通过二次仪表可将这两点间的电流、电压或电功率的数值放大、显示和记录下来。这几个电参数与切削力成正比，经过机械标定和电标定，可以得到电参数与切削力之间的标定曲线。测力时，只要知道电参数，便能从标定曲线上查得切削力的数值，或者采用计算机辅助直接获得各分力与总切削力的数值。在进给方向和切削背向安装测力电桥，同理可获得这两个方向的作用力 F_p 和 F_f。

（2）切削力实验公式

切削力的计算有理论公式和实验公式。理论公式通常供定性分析用，一般使用实验公式计算切削力。常用的实验公式分为两类：一类是用指数公式计算，另一类是按单位切削力进行计算。在金属切削中广泛应用指数公式计算切削力。不同的加工方式和加工条件下切削力计算的指数公式可在切削用量手册中查得。车削时的切削分力及切削功率的计算公式见表 2.4（其中 K_{F_c}、K_{F_p}、K_{F_f} 为相应的修正系数，其值可由切削用量手册查得）。

表 2.4 车削时的切削分力及切削功率的计算公式

计算公式		
切削力 F_c	$F_c = 9.81 C_{F_c} a_p^{x_{F_c}} f^{y_{F_c}} v_c^{n_{F_c}} K_{F_c}$	式中 F_c 的单位为 N；
背向力 F_p	$F_p = 9.81 C_{F_p} a_p^{x_{F_p}} f^{y_{F_p}} v_c^{n_{F_p}} K_{F_p}$	P_c 的单位为 kW；
进给力 F_f	$F_f = 9.81 C_{F_f} a_p^{x_{F_f}} f^{y_{F_f}} v_c^{n_{F_f}} K_{F_f}$	v_c 的单位为 m/min。
切削功率 P_c	$P_c = \dfrac{F_c v_c}{60} \times 10^{-3}$	

公式中的系数和指数

加工材料	刀具材料	加工形式	切削力 F_c				背向力 F_p				进给力 F_f			
			C_{F_c}	x_{F_c}	y_{F_c}	n_{F_c}	C_{F_p}	x_{F_p}	y_{F_p}	n_{F_p}	C_{F_f}	x_{F_f}	y_{F_f}	n_{F_f}
结构钢及铸钢 $\sigma_b = 0.637$ GPa	硬质合金	外圆纵车、横车及镗孔	270	1.0	0.75	-0.15	199	0.9	0.6	-0.3	294	1.0	0.5	-0.4
		切槽及切断	367	0.72	0.8	0	142	0.73	0.67	0	—	—	—	—
		切螺纹	133	—	1.7	0.71	—	—	—	—	—	—	—	—
	高速钢	外圆纵车、横车及镗孔	180	1.0	0.75	0	94	0.9	0.75	0	54	1.2	0.65	0
		切槽及切断	222	1.0	1.0	0	—	—	—	—	—	—	—	—
		成形车削	191	1.0	0.75	0	—	—	—	—	—	—	—	—

公式中的系数和指数

加工材料	刀具材料	加工形式	切削力 F_c				背向力 F_p				进给力 F_f			
			C_{F_c}	x_{F_c}	y_{F_c}	n_{F_c}	C_{F_p}	x_{F_p}	y_{F_p}	n_{F_p}	C_{F_f}	x_{F_f}	y_{F_f}	n_{F_f}
不锈钢 06Cr18Ni11Ti,（旧牌号 1Cr18Ni9Ti）≤187 HBW	硬质合金	外圆纵车、横车及镗孔	204	1.0	0.75	0	—	—	—	—	—	—	—	—
灰铸铁 190 HBW	硬质合金	外圆纵车、横车及镗孔	92	1.0	0.75	0	54	0.9	0.75	0	46	1.0	0.4	0
		切螺纹	103	—	1.8	0.82	—	—	—	—	—	—	—	—
	高速钢	外圆纵车、横车及镗孔	114	1.0	0.75	0	119	0.9	0.75	0	51	1.2	0.65	0
		切槽及切断	158	1.0	1.0	0	—	—	—	—	—	—	—	—
可锻铸铁 170 HBW	硬质合金	外圆纵车、横车及镗孔	81	1.0	0.75	0	43	0.9	0.75	0	38	1.0	0.4	0
	高速钢	外圆纵车、横车及镗孔	100	1.0	0.75	0	88	0.9	0.75	0	40	1.2	0.65	0
		切槽及切断	139	1.0	1.0	0	—	—	—	—	—	—	—	—
中等硬度不均质铜合金 120 HBW	高速钢	外圆纵车、横车及镗孔	55	1.0	0.66	0	—	—	—	—	—	—	—	—
		切槽及切断	75	1.0	1.0	0	—	—	—	—	—	—	—	—
铝及铝硅合金	高速钢	外圆纵车、横车及镗孔	40	1.0	0.75	0	—	—	—	—	—	—	—	—
		切槽及切断	50	1.0	1.0	0	—	—	—	—	—	—	—	—

注：1. 成形车削背吃刀量不大、形状不复杂的轮廓时，切削力减少 10%~15%。

2. 切螺纹时切削力按下式计算：

$$F_c = \frac{9.81 C_{F_c} P^{y_{F_c}}}{N_o^{n_{F_c}}}$$

式中　P——螺距；

N_o——进给次数。

例 2.1　用 YT15 硬质合金车刀纵车外圆，材料为结构钢，$\sigma_b = 0.637$ GPa；车刀几何参数：$\gamma_o = 10°$，$\kappa_r = 45°$，$\lambda_s = 0°$；切削用量：$a_p = 4$ mm，$v_c = 100$ m/min，$f = 0.4$ mm/r。试计算切削力 F_c、F_p、F_f 以及切削功率 P_c。

解　由表 2-4 查出的系数和指数，由切削用量手册查得 K_{F_c}、K_{F_p}、K_{F_f} 均为 1，并代入切削力计算指数公式：

$$F_c = 9.81 C_{F_c} a_p^{x_{F_c}} f^{y_{F_c}} v_c^{n_{F_c}} K_{F_c} = 9.81 \times 270 \times 4^{1.0} \times 0.4^{0.75} \times 100^{-0.15} \times 1 \ \mathrm{N} = 2\ 670.8 \ \mathrm{N}$$

$$F_p = 9.81 C_{F_p} a_p^{x_{F_p}} f^{y_{F_p}} v_c^{n_{F_p}} K_{F_p} = 9.81 \times 199 \times 4^{0.9} \times 0.4^{0.60} \times 100^{-0.3} \times 1 \ \mathrm{N} = 985.4 \ \mathrm{N}$$

$$F_f = 9.81 C_{F_f} a_p^{x_{F_f}} f^{y_{F_f}} v_c^{n_{F_f}} K_{F_f} = 9.81 \times 294 \times 4^{1.0} \times 0.4^{0.5} \times 100^{-0.4} \times 1 \ \mathrm{N} = 1\ 156.4 \ \mathrm{N}$$

$$P_c = \frac{F_c v_c}{60} \times 10^{-3} = \frac{2\ 670.8 \ \mathrm{N} \times 100 \ \mathrm{m/min}}{60} \times 10^{-3} \approx 4.5 \ \mathrm{kW}$$

如果已知单位切削力，也可以计算切削力和切削功率。单位切削力是指切削层单位面积上的切削力，用 k_c（单位为 $\mathrm{N/mm^2}$）表示：

$$k_c = \frac{F_c}{A_D} = \frac{F_c}{a_p f} = \frac{F_c}{h_D b_D} \tag{2.24}$$

式中　F_c——主切削力，N；

A_D——切削面积，$\mathrm{mm^2}$；

a_p——背吃刀量，mm；

f——进给量，mm/r；

h_D——切削厚度，mm；

b_D——切削宽度，mm。

实验表明，不同被加工材料的单位切削力不同，即使是相同材料，在不同切削条件下单位切削力 k_c 也不相同。因此，在应用 k_c 的实验值计算切削力和切削功率时，应根据不同切削条件，通过修正系数加以修正，有关修正系数可参见相关手册。表 2.5 为硬质合金外圆车刀切削常用金属的单位切削力和单位切削功率。

若已知单位切削力 k_c，在切削用量要素选定后，就可方便地按下式求出切削力：

$$F_c = k_c a_p f \tag{2.25}$$

单位切削功率是指单位时间内切除单位体积材料所需要的切削功率，用 p_s 表示：

$$p_s = \frac{P_c}{Q_z} \tag{2.26}$$

式中　P_c——切削功率，kW：

$$P_c = \frac{F_c v_c}{60 \times 10^3} = \frac{k_c a_p f v_c}{60 \times 10^3}$$

Q_z——材料切除率，即单位时间内所切除材料的体积，$\mathrm{mm^3/min}$；

$$Q_z \approx 1000 v_c f a_p$$

将 P_c 和 Q_z 代入式(2.26)，得

$$p_s = \frac{k_c a_p f v_c \times 10^{-3}}{60 v_c a_p f \times 10^3} = \frac{k_c}{60} \times 10^{-6} \tag{2.27}$$

若已知单位切削力 k_c，即可求得单位切削功率 p_s。

表 2.5 硬质合金外圆车刀切削常用金属的单位切削力和单位切削功率($f=0.3$ mm/r)

加工材料				实验条件		单位切削力	单位切削功率
名称	牌号	制造热处理状态	硬度/HBW	车刀几何参数	切削用量范围	$k_c/($ N/mm$^2)$	$p_s/[$ kW/(mm^3/s)$]$
碳素结构钢、合金结构钢	Q235AF	热轧或正火	134~137	$\gamma_o=15°$ $\kappa_r=75°$ $\lambda_s=0°$ $b_{\gamma 1}=0$ mm 车刀前面带卷屑槽	$a_p=1\sim5$ mm $f=0.1\sim0.5$ mm/r $v_c=90\sim105$ m/min	1 884	1 884×10^{-6}
	45		187			1 962	1 962×10^{-6}
	40Cr		212			1 962	1 962×10^{-6}
	45	调质	229	$b_{\gamma 1}=0.2$ mm $\gamma_{o1}=-20°$ 其余同上		2 305	2 305×10^{-6}
	40Cr		285			2 305	2 305×10^{-6}
不锈钢	06Cr18Ni11Ti	淬火回火	170~179	$\gamma_o=20°$ 其余同上		2 453	2 453×10^{-6}
灰铸铁	HT200	退火	170	车刀前面无卷屑槽,其余同上	$a_p=2\sim10$ mm $f=0.1\sim0.5$ mm/r $v_c=70\sim80$ m/min	1 118	1 118×10^{-6}
可锻铸铁	KTH300-06	退火	170	车刀前面带卷屑槽,其余同上		1 344	1 344×10^{-6}

进给量 f 对单位切削力和单位切削功率的修正系数 $K_{f_{k_c}}$、$K_{f_{p_s}}$

f	0.1	0.15	0.2	0.25	0.3	0.35	0.4	0.45	0.5	0.6
$K_{f_{k_c}}$、$K_{f_{p_s}}$	1.18	1.11	1.06	1.03	1	0.97	0.96	0.94	0.925	0.9

4. 影响切削力的因素

(1) 工件材料

材料的强度、硬度越高,剪切屈服强度也越高,切削力越大。在强度、硬度相近的情况下,材料的塑性、韧性越大,刀具前面上的平均摩擦系数越大,切削力也就越大。例如不锈钢 06Cr18Ni11Ti 的强度、硬度与 45 钢相近,但其延伸率是 45 钢的 4 倍,加工硬化能力强。因此切削不锈钢要比切削 45 钢的切削力大 25% 左右。铝、铜等有色金属虽然塑性很好,但其加工硬化能力差,所以切削力小。加工铸铁时,由于其强度和塑性均比钢小很多,而且产生的崩碎切屑与刀具前面的接触面积小,摩擦抗力小,所以切削力比加工钢小。

(2) 切削用量

1) 进给量 f 和背吃刀量 a_p 进给量 f 和背吃刀量 a_p 增加,则切削力 F_c 增加,但两者影响程度是不同的。当进给量 f 增大时,切削功增大(表 2.4),切削力也相应增大;另一方面,进给量 f 增大时,由于切削宽度 b_D 不变,切削厚度 h_D 增大($h_D = f\sin\kappa_r$),使变形系数 Λ_h 减小(式 2.12),摩擦系数也降低,又会使切削力减小。这正反两方面作用的结果是切削力的增大与 f 不成正比。而背吃刀量 a_p 增大时,切削厚度 h_D 不变,而切削宽度 b_D 增大($b_D = a_p/\sin\kappa_r$),切削刃上的切削负荷也随之增大,即切削变形抗力和刀具前面上的摩擦力均成正比的增加,切削力也随之增大。

在实际生产中，可应用这个规律来提高生产率。相同的切削层横截面积有相同的切削效率，但增大进给量与增大背吃刀量相比，前者既使切削力减小又使切削功率减小，如果消耗相同的机床功率，则允许选用更大的进给量，可以一次切除更多的金属层材料。

2）切削速度 v_c 在切削塑性金属材料时，切削速度 v_c 对变形系数 Λ_h 和切削力 F_c 的影响规律是一致的，即由积屑瘤的变化周期及刀具与切屑界面上的摩擦系数的变化情况决定的。

以车削 45 钢为例，由实验可知，当切削速度在 5~20 m/min 区域内增加时，积屑瘤高度增加，切削力减小；切削速度继续在 20~35 m/min 范围内增加，积屑瘤逐渐消失，切削力增加；在切削速度大于 35 m/min 时，由于切削温度上升，摩擦系数减小，变形系数 Λ_h 减小，切削力下降。一般切削速度超过 90 m/min 时，切削力无明显变化。

在切削脆性金属工件材料时，因塑性变形很小，刀具与切屑界面上的摩擦系数也很小，所以切削速度 v_c 对切削力 F_c 无明显的影响。

在实际生产中，如果刀具材料和机床性能许可，采用高速切削既能提高生产率，又能减小切削力。

（3）刀具几何参数

前角 γ_o 增大时，若后角不变，刀具容易切入工件，有助于减小切削变形，使变形抗力减小，所以切削力减小。此外，前角的增大导致剪切角 φ 增大，并促使切削变形减小，从而使切削力减小。一般加工塑性大的材料时，增大前角则总切削力明显减小；而加工脆性材料时，增大前角对减小总切削力的作用不显著。

负倒棱参数大大提高了正前角刀具的刃口强度，但同时也增加了负倒棱前角（负前角）参加切削的比例，负前角的绝对值越大，切削变形程度越大，则切削力越大。

主偏角 κ_r 的大小会影响切削厚度 $h_D (h_D = f \sin \kappa_r)$，其次可改变 F_p、F_f 的比值。在进给量 f 和背吃刀量 a_p 保持不变的前提下，主偏角增大，切削厚度 h_D 增大，切削变形减小，使切削力减小；但当主偏角进一步增加至 60°~90°时，刀尖圆弧半径 r_ε 在切削刃上占切削宽度的比例增加，使切屑流出时挤压加剧，切削力逐渐增大。一般 $\kappa_r = 60°~75°$ 时能减小切削力 F_c 和背向力 F_p，因此主偏角为 75°的车刀在生产中得到广泛应用。

刀尖圆弧半径 r_ε 增大，则切削刃圆弧部分的长度增长，切削变形增大，使切削力增大。此外，r_ε 增大，整个主切削刃上各点主偏角的平均值减小，从而使 F_p 增大、F_f 减小。

（4）刀具磨损

刀具后面磨损后，作用在后面上的法向力 $F_{n\alpha}$ 和摩擦力 $F_{f\alpha}$ 都增大，故切削力 F_c、背向力 F_p 增大。

（5）刀具材料及切削液

刀具材料对切削力的影响是由刀具材料与工件材料之间的亲和力和摩擦系数等因素决定的。若两者之间的摩擦系数小，则切削力小。切削过程中采用切削液可减小刀具、工件与切屑接触面间的摩擦系数，有利于减小切削力。

2.2.2　切削热与切削温度

金属切削过程中的另一个重要的物理现象就是切削热和由它产生的切削温度。切削热使加工工艺系统中的机床、刀具、夹具及工件产生热变形，不但影响刀具寿命，而且影响工件的加工精度和表面质量。因此，研究切削热的产生和切削温度的变化规律，对科学控制金属切削过程具有重要意义。

1. 切削热的产生与传导

金属切削过程的三个变形区就是产生切削热的三个热源(图 2.35)。在这三个变形区中，刀具克服金属弹、塑性变形抗力所做的功和克服摩擦抗力所做的功绝大部分转化为切削热。在切削过程中，单位时间内所产生的热量，等于在主切削力单位时间内所做的功，其表达式为

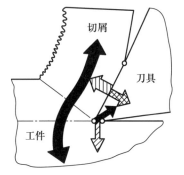

$$Q = F_c v_c \qquad (2.28)$$

式中　Q——单位时间内产生的热量，J；

　　　F_c——主切削力，N；

　　　v_c——切削速度，m/min。

图 2.35　切削热的产生与传导

切削热向切屑、工件、刀具以及周围的介质传导，使它们的温度升高，从而导致切削区内的切削温度升高。

影响切削热传导的主要因素是工件和刀具材料的导热系数，以及周围介质的状况。工件材料的导热系数高，由切屑和工件传导出去的热量就多，切削区温度就低，但整个工件的温升较快。刀具材料的导热系数高，则切削区的热量容易从刀具传出去，也能降低切削区的温度。采用冷却性能好的切削液能使切削区的温度显著下降，如果采用喷雾冷却法，使雾状的切削液在切削区受热汽化，能吸收大量的热量。热量传导还与切削速度有关，切削速度增加时，由摩擦生成的热量增多，但切屑带走的热量增加，工件和刀具中的热量减少，这样有利于金属切削过程的进行。

不同的加工方法，由切屑、工件、刀具和周围介质传导的切削热的比例是不同的，如钻削时，切屑和刀具带走的热量较少，而主要依靠工件传导切削热。

2. 切削温度的测定方法

切削温度的测定方法很多，有热电偶法、热辐射法、远红外法和热敏涂色法等。但目前比较常用的简单可靠的测量方法是热电偶法，包括自然热电偶法(图 2.36a)和人工热电偶法(图 2.36b、c)。

自然热电偶法是利用工件材料和刀具材料化学成分的不同而构成热电偶的两极，并分别连接测量仪表，组成测量电路，刀具切削工件的切削区产生高温形成热端，切削区外为热电偶冷端，冷、热端之间热电势由仪表(毫伏计)测定。切削温度越高，测得的热电势越大，它们之间的对应关系可利用专用装置经标定得到。

人工热电偶法是将两种预先经过标定的金属丝组成热电偶，热电偶的热端焊接在刀具或工件需要测定温度的指定点上，冷端通过导线串联在电位差计或毫伏表上。根据仪表的指示值和热电偶标定曲线，可测得指定点的温度。

3. 影响切削温度的因素

(1) 工件材料

在工件材料的物理、力学性能中，对切削温度影响较大的是强度、硬度及导热系数。材

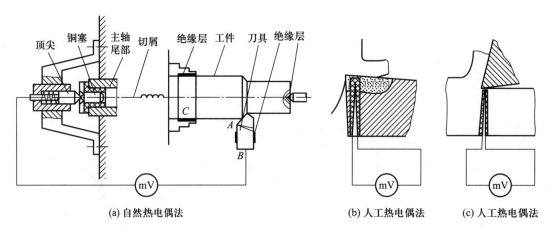

图 2.36　热电偶测量装置

料的强度、硬度越高加工硬化能力越强，切削抗力越大，消耗的功越多，产生的热量就越多；导热系数越小，传导的热量越少，切削区的切削温度就越高。

（2）切削用量

切削用量对切削温度的影响可以用实验公式来说明，通过自然热电偶法得到的实验公式为

$$\theta = C_\theta v_c^{z_\theta} f^{y_\theta} a_p^{x_\theta} \qquad (2.29)$$

式中　　θ——实验测得的刀具前面切削区的平均温度，℃；

　　　　C_θ——切削温度系数，主要取决于加工方法和刀具材料；

z_θ、y_θ、x_θ——分别为影响因素切削速度、进给量、背吃刀量的指数。

由实验得到的高速钢和硬质合金刀具切削中碳钢时的 C_θ、z_θ、y_θ、x_θ 见表 2.6。

表 2.6　切削温度的系数及指数

刀具材料	加工方法	C_θ	z_θ			y_θ	x_θ
			$f=0.10$ mm/r	$f=0.20$ mm/r	$f=0.30$ mm/r		
高速钢	车削	140~170					
	铣削	80		0.35~0.45		0.20~0.30	0.08~0.10
	钻削	150					
硬质合金	车削	320	0.41	0.31	0.26	0.15	0.05

由式（2.29）和表 2.6 可看出：

1）三个影响指数值均小于 1，说明切削速度、进给量、背吃刀量对切削温度的影响均是非线性的；

2）三个影响指数 $z_\theta > y_\theta > x_\theta$，说明切削速度对切削温度的影响最大，背吃刀量对切削温度的影响最小。

这是因为 v_c、a_p 和 f 增加，切削变形功和摩擦功增大，故切削温度升高。v_c 增加使摩擦生热增多；f 增加时切削变形增加较少，故热量增加不多，此外增大了刀具与切屑之间的接触

面积，改善了散热条件；a_p 增加使切削宽度增加，增大了散热面积，所以对切削温度影响最小。

在实际生产中，增加 v_c、a_p 和 f 均能提高生产率，但为了减少刀具磨损，延长刀具寿命，减小对工件加工精度的影响，可先考虑增大 a_p，然后再考虑增大 f；在刀具材料与机床性能允许的条件下，应尽可能提高 v_c，以进行高效率、高质量的切削。

（3）刀具几何参数

1）前角 γ_o 前角增大，塑性变形和摩擦减少，使切削温度下降（图 2.37）。当前角增加过大时，刀具切削部分的楔角过小，热容、散热体积减小，切削温度反而升高。因此应合理选配前角。

2）主偏角 κ_r 主偏角增大，使切削刃工作接触长度减小，切削宽度 b_D 减小，散热条件变差，故切削温度 θ 升高（图 2.38）。

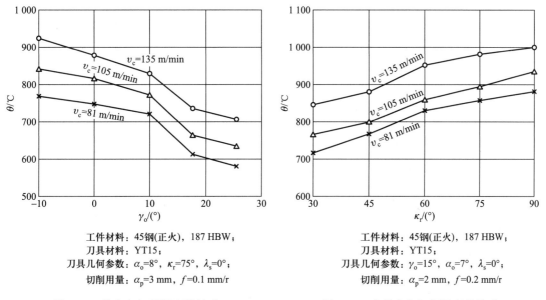

工件材料：45钢(正火)，187 HBW；
刀具材料：YT15；
刀具几何参数：$\alpha_o=8°$，$\kappa_r=75°$，$\lambda_s=0°$；
切削用量：$a_p=3$ mm，$f=0.1$ mm/r

图 2.37　前角与切削温度的关系

工件材料：45钢(正火)，187 HBW；
刀具材料：YT15；
刀具几何参数：$\gamma_o=15°$，$\alpha_o=7°$，$\lambda_s=0°$；
切削用量：$a_p=2$ mm，$f=0.2$ mm/r

图 2.38　主偏角与切削温度的关系

（4）刀具磨损

刀具主后面磨损时，后角减小，后面与工件间摩擦加剧。刃口磨损时，切屑形成过程的塑性变形加剧，使切削温度上升。

（5）切削液

切削液的润滑功能能降低摩擦系数，减少切削热的产生，它还能吸收大量的切削热，所以采用切削液是降低切削温度的重要措施。

4. 切削温度对切削加工过程的影响

切削温度是指切削过程中切削区的温度。切削温度的高低取决于切削热的多少和传导的快慢。切削温度的升高对切削加工过程的影响主要有以下几方面：

（1）对工件材料物理、力学性能的影响

金属切削时虽然切削温度很高，但对工件材料的物理、力学性能影响并不大。实验表明，工件材料预热至 500~800 ℃ 后进行切削，切削力明显减小。但高速切削时，切削温度可达800~900 ℃，切削力减小得并不多。在生产中，对难加工材料可进行加热切削。

（2）对刀具材料的影响

高速钢刀具材料的耐热性为 600 ℃ 左右，超过该温度刀具失效。硬质合金刀具材料耐热性好，在 800~1 000 ℃ 高温时强度反而更高，韧性更好。因此，适当提高切削温度可防止硬质合金刀具崩刃，延长刀具寿命。

（3）对工件尺寸精度的影响

切削温度的变化对工件尺寸精度的影响特别大，特别是在精密加工和超精密加工时，影响更为突出。例如车削工件外圆时，工件受热膨胀，外圆直径发生变化，切削后冷却至室温，工件直径变小，不能达到精度要求。刀杆受热伸长，切削时的实际切削深度增加，使工件直径变小。因此，控制切削温度是保证加工精度的有效措施。

（4）利用切削温度自动控制切削用量

大量实验表明，对给定的刀具材料、工件材料，以不同的切削用量加工时，都可以得到一个最佳的切削温度范围，它使刀具磨损程度最低，加工精度稳定。因此，可用切削温度作为控制信号，自动控制机床转速或进给量，以提高生产率和工件表面质量。

2.2.3 刀具磨损及刀具寿命

刀具切除工件余量的同时，本身也逐渐被磨损。当磨损到一定程度时，如不及时重磨、换刀或刀片转位，刀具便丧失切削能力，从而使加工质量无法保证，产生不良后果。刀具磨损是切削加工中急需解决的问题之一。

1. 刀具磨损的形式

刀具磨损的形式分为正常磨损和非正常磨损两类。

（1）正常磨损

正常磨损是指随着切削时间增加逐渐扩大的磨损。图 2.39 为正常磨损的刀具形态，包括以下几种磨损形式：

1）前面磨损　前面磨损又称月牙洼磨损。在切削速度较高、切削厚度较大（一般 $h_D > 0.5$ mm）的情况下加工塑性金属时，刀具前面与切屑产生剧烈摩擦，前面上经常会磨出一个月牙洼，最大深度用 KT 表示，宽度用 KB 表示（图 2.39a、b）。

2）后面磨损　在切削脆性材料或 $h_D < 0.1$ mm 的塑性金属时，刀具后面和过渡表面之间存在强烈的摩擦，远比前面上的摩擦严重。因此，在后面上毗邻切削刃的地方很快被磨出小棱面，这种磨损称为后面磨损。后面磨损可划分为三个区域：刀尖磨损 C 区，在刀尖附近，因强度低、散热条件差、温度集中造成，磨损量为 VC；中间磨损 B 区，在切削刃的中间位置，磨损量为 VB，局部出现最大磨损量 VB_{max}；边界磨损 N 区，在切削刃与待加工表面相交处，因高温氧化，表面硬化层作用造成最大磨损量 VN（图 2.39b）。

3）前面和后面同时磨损　一般以中等切削用量切削塑性金属材料时会出现这种形式的磨损。

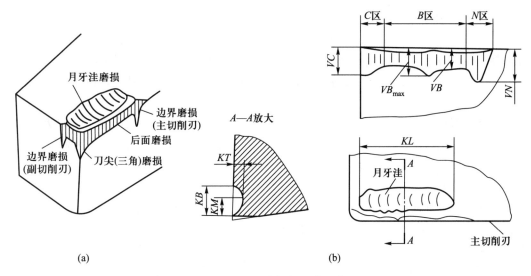

(a)　　　　　　　　　　　　　　(b)

图 2.39　刀具磨损的正常形态

（2）非正常磨损

刀具的非正常磨损是指在切削过程中，刀具的磨损量尚未达到磨钝标准值就突然无法正常使用，即刀具发生破损。刀具破损的主要形式有以下几种：

1）脆性破损　在振动、冲击切削条件的作用下，刀具尚未发生明显磨损（$VB \leqslant 0.1$ mm），但切削部分却出现了刀刃微崩或刀尖崩碎、刀片或刀具折断、表层剥落、热裂纹等现象，使刀具不能继续工作，这种破损称为脆性破损。用脆性大的刀具（如硬质合金、陶瓷、立方氮化硼、金刚石刀具等）切削高硬度的工件材料，以及在铣、刨等断续切削加工情况下，容易发生刀具破损。

2）塑性破损　切削时，刀具由于高温高压的作用，使刀具前、后面的材料发生塑性变形，刀具丧失切削能力，这种破损称为塑性破损。高速钢刀具比硬质合金刀具更容易发生此类破损。

2. 刀具磨损的原因

切削过程中，刀具与切屑、工件之间接触的表面经常是新形成的表面，其表面间接触压力非常大，常常超过工件材料的屈服强度，接触面的温度很高，因此刀具磨损经常是机械、热、化学三种效应综合作用的结果。造成刀具磨损有以下几种原因：

（1）磨料磨损

在工件材料中存在氧化物、碳化物和氮化物等硬质点，在铸、锻工件表面存在着硬夹杂物以及积屑瘤的碎片等，这些硬度极高的微小硬质点可在刀具表面刻划出沟纹，致使刀具磨损，称为磨料磨损。

（2）黏结磨损

切削时，切屑、工件与刀具前、后面之间存在很大的压力和强烈的摩擦，使接触点产生塑性变形而出现黏结现象，即切屑黏结在刀具前面上。由于切屑在滑动过程中产生剪切破坏，带走刀具材料或使切削刃和前面小块剥落，称为黏结磨损。

（3）扩散磨损

在高温作用下，工件与刀具材料中的合金元素在固态下相互扩散置换造成的刀具磨损，称为扩散磨损。刀具材料中的 C、Co、W 易扩散到切屑和工件中，工件中的 Fe 也会扩散到刀具中，这样就改变了原来材料的成分与结构，使刀具材料变得脆弱，从而加剧了刀具的磨损。

（4）氧化磨损

硬质合金刀具在切削温度达 700~800 ℃时，空气中的氧便与硬质合金中的钴及碳化钨、碳化钛等发生氧化作用，产生硬度和强度较低的氧化膜。切削时，工件表层的氧化皮、冷硬层及硬杂质对氧化膜产生连续摩擦作用，使氧化膜脱落，形成氧化磨损。

（5）相变磨损

当切削温度达到或超过刀具材料的相变温度时，刀具材料中的金相组织将发生变化，硬度显著下降，引起的刀具的相变磨损。造成高速钢刀具失效的主要原因就是在 600 ℃切削时发生的相变磨损。

3. 刀具磨损过程及磨钝标准

（1）刀具磨损过程

切削实验证明，刀具正常磨损过程一般分三个阶段（图 2.40）：

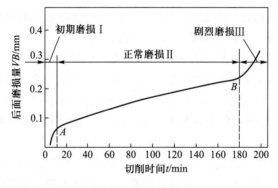

图 2.40　刀具的磨损过程

1）初期磨损阶段 I　在该阶段中，新刃磨的刀具刚投入使用，其后面与过渡表面之间的实际接触面积很小，表面压强很大，因此磨损速度很快，磨损曲线在该阶段斜率较大。一般经研磨的刀具，初期磨损阶段时间较短。

2）正常磨损阶段 II　经过初期磨损阶段后，刀具后面上表面粗糙度值减小，与过渡表面的实际接触面积增大，接触压强减小，磨损速度缓慢。磨损量与切削时间成正比，曲线斜率较小，持续的时间最长。曲线斜率的大小表示刀具正常工作时的磨损强度。

3）剧烈磨损阶段 III　当刀具后面上的磨损量（磨损宽度）VB 增大到一定数值时，摩擦加剧，切削力、切削热及切削温度急剧上升，使刀具材料的切削性能迅速下降，以至于刀具产生大幅度磨损或破损而完全丧失切削功能。因此，当刀具磨损达到剧烈磨损阶段之前，刀具必须更换、转位或重磨，否则将损坏刀具，降低加工表面质量，损伤机床设备。

（2）刀具的磨钝标准

刀具磨损值达到规定的磨损限度就应该重磨或更换切削刃（或更换刀片），而不能继续使用，这个规定的磨损限度就是磨钝标准。

在评定刀具材料切削性能和实验研究时，一般以刀具后面的磨损量来制订磨钝标准，国际标准化组织规定以 1/2 背吃刀量处后面上测得的磨损带宽度 VB 作为刀具磨钝标准。在自动化生产中使用的精加工刀具，一般以工件径向的刀具磨损量 NB 为刀具的磨钝标准（图 2.41）。磨钝标准的具体数值可从切削用量手册中查得。

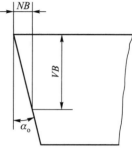

图 2.41 车刀的磨损量

4. 刀具寿命

（1）刀具寿命的定义

刀具寿命是指一把刃磨好的新刀从投入使用直至达到磨钝标准所经历的实际切削时间。对于可重磨刀具，刀具寿命是指刀具两次刃磨之间的实际切削时间；从第一次投入使用直至完全报废时所经历的实际切削时间，称为刀具总寿命。

对不重磨刀具，刀具总寿命等于刀具寿命；对可重磨刀具，刀具总寿命等于刀具的平均寿命与刃磨次数的乘积。刀具总寿命与刀具寿命是两个不同的概念。

对刀具磨损机理的研究表明，切削速度是影响刀具磨损的主要因素。在正常的切削速度范围内，取不同的切削速度进行刀具寿命实验，这样可在规定的刀具磨钝标准下找到多组（T-v_c）数据，经数据处理和回归分析后可得

$$v_c T^m = C_0 \tag{2.30}$$

式中　v_c——切削速度，m/min；

　　T——刀具寿命，min；

　　m——指数，表示 T-v_c 间的影响程度；

　　C_0——系数，与刀具、工件材料和切削条件有关。

上式为刀具寿命方程式。在双对数坐标系中，该方程为一直线，m 就是该直线的斜率（图 2.42）。m 值越大，切削速度对刀具寿命的影响越小，这表明耐热性高的刀具材料在高速切削时仍有较高的刀具寿命。总之，切削速度对刀具寿命的影响极大。

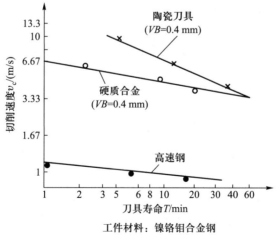

图 2.42 不同刀具材料的寿命曲线

（2）刀具寿命与切削用量要素的关系

刀具寿命 T 与切削用量的一般关系可用下式表示：

$$T = \frac{C_T}{v_c^x f^y a_p^z} \tag{2.31}$$

式中　　C_T——刀具寿命系数，与刀具、工件材料和切削条件有关；

x、y、z——指数，分别表示切削用量要素对刀具寿命的影响程度（一般 $x>y>z$）；

例如，用 YT5 硬质合金车刀切削 $\sigma_b = 0.637$ GPa 的碳钢时，$f>0.7$ mm/r，切削用量与刀具寿命的关系为

$$T = \frac{C_T}{v_c^5 f^{2.25} a_p^{0.75}} \tag{2.32}$$

$$v_c = \frac{C_v}{T^{0.2} f^{0.45} a_p^{0.15}} \tag{2.33}$$

式中　　C_v——切削速度系数，与切削条件有关，其大小可查阅有关切削用量手册。

从上式可看出，切削速度对刀具寿命的影响最大，进给量次之，背吃刀量影响最小。这与三者对切削温度的影响顺序完全一致。

（3）刀具寿命的选择原则

刀具磨损到磨钝标准后即需要重磨或换刀。在自动线、多刀切削及大批量生产中，一般都要求定时换刀。确定合理的刀具寿命一般有两种方法：一是以单位时间内加工工件的数量为最多，或以加工每个工件的时间为最少的原则确定的刀具寿命，即最大生产率寿命，用 T_p 表示；二是以单件工序成本为最低的原则来确定刀具寿命，即经济寿命，用 T_c 表示。一般情况下多采用经济寿命，只有当生产任务急迫或生产中出现不平衡的薄弱环节时，才选用最大生产率寿命。机夹可转位刀具因其换刀时间短，刀具成本低而被广泛应用，机夹可转位刀具的经济寿命已非常接近最大生产率寿命，切削速度大大提高。

（4）影响刀具寿命的因素

刀具寿命除了上述切削用量的影响外，还受下列因素的影响：

1）刀具几何参数　合理选择刀具几何参数能提高刀具寿命。刀具几何参数中对刀具寿命影响较大的是前角和主偏角。

增大前角，可使切削力减小，切削温度降低，刀具寿命提高，但前角太大，刀具强度降低，散热差，导致刀具寿命降低。因此，应选取合理的刀具前角，以获得高的刀具寿命。

减小主偏角、副偏角，增大刀尖圆弧半径，可提高刀具强度和降低切削温度，均能提高刀具寿命。

2）刀具材料　刀具材料是影响刀具寿命的重要因素，合理选用刀具材料、采用涂层刀具材料和使用新型刀具材料都可改善和提高刀具的切削性能，是提高刀具寿命和提高切削速度的重要途径之一。

3）工件材料　工件材料的物理、力学性能也是影响刀具寿命的重要因素，工件材料的强度、硬度和韧性越高，延伸率越小，切削时切削温度升高得越多，刀具寿命降低。

2.3 金属切削过程控制

2.3.1 切削加工条件的合理选择

1. 工件材料的可切削加工性

工件材料的可切削加工性是指对某一工件材料切削加工时的难易程度，它直接影响金属切削加工过程。在生产实际中，金属切削加工的具体情况和要求不同，切削加工的难易程度也有所不同。例如，粗加工时，要求刀具磨损慢和生产率高；而在精加工时，则要求能获得高的加工精度和较小的表面粗糙度值。显然，切削加工难易的含义是不同的。此外，普通机床与自动化机床，单件小批与成批大量生产，单刀切削与多刀切削等，都使切削加工性的衡量标准不同。不锈钢在普通车床上加工并不难，但在自动化生产线上断屑困难，属难加工材料。因此，评价工件材料的可切削加工性只能是一个相对指标。

（1）工件材料切削加工性的评定指标

在实际生产中，一般用相对加工性 K_v 来衡量工件材料的可切削加工性。通常以 $\sigma_b = 0.637$ GPa 的 45 钢的 v_{60}（刀具寿命为 60 min 时所允许的切削速度）为基准，写作 $(v_{60})_j$。将其他工件材料的 v_{60} 与之相比，其比值即为相对加工性 K_v，即

$$K_v = v_{60} / (v_{60})_j \tag{2.34}$$

当 $K_v > 1$ 时，该材料比 45 钢容易切削，例如有色金属，$K_v > 3$，属易切削材料；当 $K_v < 1$ 时，该材料比 45 钢难切削，例如高锰钢、钛合金，$K_v \leqslant 0.5$，均属难加工材料。

（2）改善工件材料切削加工性的途径

要改善工件材料的切削加工性，可通过热处理方法，改变材料的金相组织和物理、力学性能，也可通过调整材料的化学成分等途径。生产实际中，热处理是常用的处理方法。例如，高碳钢和工具钢，采用球化退火改网状、片状的渗碳组织为球状渗碳组织。热轧中碳钢经过正火使其内部组织均匀，表皮硬度降低。低碳钢通过正火或冷拔以适当降低塑性，提高硬度。铸铁件进行退火，降低表层硬度，消除内部应力，以便于切削加工。

2. 切削液

在金属切削加工过程中，合理使用切削液能有效减小切削力，降低切削温度，增加刀具寿命，减小工艺系统热变形，提高加工精度，保证加工表面质量。选用高性能切削液也是改善一些难加工材料切削性能的重要途径。

（1）切削液的作用

1）冷却作用　切削液通过液体的热传导作用，把切削区内刀具、工件和切屑上大量的切削热带走，以降低切削温度，减小工艺系统的热变形。

2）润滑作用　切削液的润滑作用在于减小前面与切屑、后面与工件之间的摩擦。它渗透到刀具、切屑和加工表面之间，其中带油脂的极性分子吸附在刀具新的前、后面上，形成物理性润滑膜。若与添加剂中的化学物质产生化学反应，还可形成化学吸附膜，从而在高温条

件下能减少黏结和刀具磨损,减小加工表面粗糙度值,提高刀具寿命。

3) 清洗和排屑作用 切削液能对黏附在工件、刀具和机床表面的切屑和磨粒起清洗作用,在精密加工、磨削加工和自动线加工中,切削液的清洗作用尤为重要。深孔加工则完全依靠高压切削液排屑。

4) 防锈作用 切削液中加入防锈添加剂,使金属表面发生化学反应生成保护膜,起到防锈、防蚀作用。

切削液应具有稳定性好、不污染环境、不损害人体健康、配制容易、价廉等特点。

(2) 切削液的分类

生产中常用的切削液可分为三大类:水溶液、乳化液、切削油。

1) 水溶液 水溶液的主要成分是水,冷却性能好,但润滑性差,易锈蚀金属。必须加入一定的添加剂(硝酸钠、碳酸钠、聚二乙酸),使其具有良好的防锈性能和润滑性能。

2) 乳化液 乳化液是用乳化油加水稀释搅拌后形成的乳白色液体。乳化油是由矿物油、乳化剂及添加剂配制而成的。乳化液具有良好的冷却作用,常用于粗加工和普通磨削加工中;高浓度乳化液起润滑作用为主,常用于精加工和用复杂刀具加工中。

3) 切削油 切削油的主要成分是矿物油,少数采用动植物油或复合油。纯矿物油不能在摩擦界面上形成坚固的润滑膜,润滑效果一般,常加入极压添加剂(硫、氯、磷等)和防锈添加剂,以提高其润滑性能和防锈性能。矿物油包括全损耗系统用油、轻柴油和煤油等,主要用于切削速度较低的精加工、有色金属加工和易切钢加工。全损耗系统用油的润滑作用较好,常用于普通精车和螺纹精加工中。煤油的渗透作用和冲洗作用较好,常用于精加工铝合金、精刨铸铁和用高速钢铰刀铰孔,能降低加工表面粗糙度值,提高刀具寿命。

(3) 切削液的选择和使用

1) 按工件材料选用 一般加工钢等塑性材料时,需要用切削液;加工铸铁等脆性材料时,不用切削液。但在精加工铸铁及铜、铝等有色金属及其合金时,可用10%~20%的乳化液,加工铸铁时还可用煤油。难加工材料可选用极压切削油或极压乳化液,能使刀具寿命提高几倍,加工表面粗糙度值减小。

2) 按刀具材料选用 由于高速钢刀具耐热性差,粗加工时应选用以冷却作用为主的切削液,以降低切削温度;精加工时(包括铰削、拉削、螺纹加工、剃齿等),应使用润滑性能好的极压切削油或高浓度的极压乳化液,以提高加工表面质量。硬质合金刀具由于耐热性好,一般不用切削液,必要时也可采用低浓度乳化液或水溶液,但必须连续充分供应,否则冷热不均会导致内应力增大,热裂效应增强。

3) 按加工方法选用 对半封闭、封闭状态的钻孔、铰孔、攻螺纹及拉削加工,冷却与排屑是主要问题,一般选用极压乳化液或极压切削油,以对切削区进行冷却、润滑和对切屑冲洗。磨削加工时,由于磨削区温度很高,磨屑会破坏已磨削表面的质量,为此要求切削液具有良好的冷却、清洗、排屑和防锈性能,一般选用乳化液。

切削液的施加方法通常有浇注法、高压冷却法以及喷雾冷却法等。

3. 刀具几何参数的合理选择

刀具几何参数包括刀具角度、刀面的结构和形状、切削刃的形式等。合理的刀具几何参数是在保证加工质量的条件下,获得最高刀具寿命的几何参数。刀具几何参数选配是否合理,对加工精度、表面质量、生产率以及经济性等均有较大影响。

（1）刀具角度的作用及其选择

1）前角

① 作用　合理的前角可使刀具锋利，切削变形和切削力减小，切削温度降低，而且有足够的刀具寿命和较好的加工表面质量；否则，结果相反。

② 选择原则　一般在保证加工质量和足够刀具寿命的前提下，尽可能选取大的前角。

具体选择时，首先应根据工件材料选配。切削塑性材料时，为减小塑性变形，在保证足够的刀具强度的前提下，尽可能选择大的前角；工件材料塑性越大，选取前角越大，切削铸铁等脆性材料时，应选取较小的前角。其次应考虑刀具切削部分的材料。高速钢的抗弯强度和冲击韧性高于硬质合金，故高速钢刀具前角可大于硬质合金刀具；陶瓷刀具的脆性大于前两者，故其前角应最小。此外还应考虑加工要求。粗加工时，特别是工件表面有硬皮、形状误差较大和断续切削时，前角应取小值；精加工时，前角应取大值；成形刀具为减小刃形误差，前角应取小值。

2）后角

① 作用　后角的大小会影响工件表面质量、加工精度、切削刃锋利程度、刀尖的强度以及刀具寿命等。适当大的后角可减少后面与过渡表面之间的摩擦，减少刀具磨损；后角增大，切削刃钝圆半径减小，在小进给量时可避免或减小切削刃的挤压，有助于提高表面质量。

② 选择原则　首先，粗加工时因切削力大，容易产生振动和冲击，为保证切削刃的强度，后角应取小值；精加工时，为保证已加工表面的质量，后角应取较大值。例如在切削45钢时，粗车取 $\alpha_{o}=4°\sim7°$，精车取 $\alpha_{o}=6°\sim10°$。其次，加工塑性和韧性大的材料时，工件已加工表面的弹性恢复大，为减少摩擦，后角应取大值；加工脆性材料时，为保证刀具强度，一般选较小的后角。此外，高速钢刀具的后角可比同类型的硬质合金刀具后角稍大些，一般大 $2°\sim3°$。

副后角的作用主要是减少副后面与已加工表面之间的摩擦。其大小一般与后角相同，也可略小些。

3）主偏角与副偏角

① 作用　主偏角、副偏角的大小均影响加工表面的表面粗糙度值，影响切削层的形状以及切削分力的大小和比例，对刀尖强度、断屑与排屑、散热条件等均有直接影响。

② 主偏角的选择原则　粗加工时，主偏角应选大些，以减振、防崩刃；精加工时，主偏角可选小些，以降低表面粗糙度值；工件材料强度、硬度高时，主偏角应取小些（切削冷硬铸铁和淬硬钢时 κ_{r} 取 $15°$），以改善散热条件，提高刀具寿命；工艺系统刚性好时，应取较小的主偏角，刚性差时应取较大的主偏角。例如车削细长轴时常取 $\kappa_{r}\geqslant90°$，以减小背向力。

③ 副偏角的选择原则　在工艺系统刚性允许的条件下，副偏角常选取较小的值，一般 $\kappa_{r}'=5°\sim10°$，最大不超过 $15°$；精加工刀具 κ_{r}' 应更小，必要时可磨出 $\kappa_{r}'=0$ 的修光刃。

4）刃倾角

① 作用　刃倾角的大小会影响排屑方向（图2.43），切削刃的强度、锋利程度以及工件的变形和工艺系统的振动等。

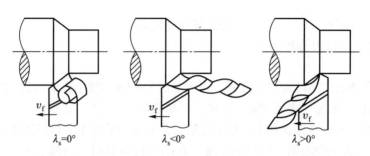

图 2.43 刃倾角影响排屑方向

② 选择原则 一般根据工件材料及加工要求选择。加工一般钢料或铸铁时，粗加工时为保证刀具有足够的强度，通常取 $\lambda_s = 0° \sim -5°$，若有冲击负荷，取 $\lambda_s = -5° \sim -15°$；精加工时为使切屑不流向已加工表面使其划伤，取 $\lambda_s = 0° \sim 5°$。如有加工余量不均匀、断续表面、剧烈冲击等情况，应选取绝对值较大的负刃倾角。进行微量($a_p = 5 \sim 10 \ \mu m$)精细切削时，λ_s 取 $45° \sim 75°$。切削淬硬钢、高强度钢等难加工材料时，取 $\lambda_s = -20° \sim -30°$。

（2）刀具几何参数选择举例

已知：工件材料为中碳钢的细长轴，加工设备为卧式车床。

加工要求：粗车外圆。

刀具几何参数的选择与分析：

1）根据工件材料选配 YT15 刀具材料。

工件材料的切削加工性较好，切削过程中要解决的主要问题是防止工件产生弯曲变形。为此，要尽量减小背向力，车削时使用跟刀架和弹性顶尖，采用反向进给法，以增强工艺系统的刚性，防止振动的产生。

2）刀具几何参数选择(图 2.44)。

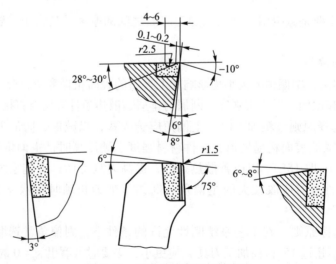

图 2.44 反向进给车细长轴车刀

① 为减小背向力，取 $\gamma_o = 28° \sim 30°$，$\kappa_r = 75°$。

② 由于前角较大，为使刃口有足够的强度，应修磨出负倒棱，取 $b_{\gamma1} = 0.5 \sim 1.0$ mm，$\gamma_{o1} = -10°$。此时后角不能过大，取 $\alpha_o = 6°$，副后角取 $\alpha'_o = 8°$。刃倾角也不能过大，取 $\lambda_s = 3°$。

③ 由于主偏角较大，为使刀尖有足够的强度，采用修圆刀尖，取 $r_\varepsilon = 1.5 \sim 2$ mm。

④ 为保证有效断屑，刀具前面磨出卷屑槽，槽宽 $L_{Bn} = 4 \sim 6$ mm，槽圆弧半径 $r_{Bn} = 2.5$ mm。

4. 切削用量的合理选择

切削用量三要素是机床调整与控制的重要参数，其数值合理与否，对加工质量、加工效率以及生产成本等均有重要影响。

（1）合理切削用量及其选择

1）合理切削用量　合理切削用量是指使刀具的切削性能和机床的动力性能得到充分发挥，并在保证加工质量的前提下，获得高生产率和低加工成本的切削用量。

2）选择切削用量考虑的因素

① 切削加工生产率　在切削加工中，材料切除率与切削用量三要素 v_c、f、a_p 均保持线性关系，其中任一参数增大，都可使生产率提高。但由于刀具寿命的制约，当任一参数增大时，其他两参数必须减小。因此，在制订切削用量时，使三要素获得最佳组合，此时的高生产率才是合理的。

② 刀具寿命　切削用量三要素对刀具寿命影响的大小，依次为 v_c、f、a_p。因此，从保证合理的刀具寿命出发，在确定切削用量时，应先采用尽可能大的背吃刀量；然后再选用大的进给量；最后按确定的刀具寿命用式(2.34)求出切削速度(也可查阅切削用量手册)。

③ 加工表面粗糙度　精加工时，增大进给量将增大加工表面粗糙度值。这是精加工时抑制生产率提高的主要因素。

在多刀切削或使用组合刀具切削时，应将各刀具允许切削用量中最低的参数作为调整机床的参数。对自动线加工，各工位加工工序的切削用量要按生产节拍进行平衡。

3）切削用量制订的步骤(以车削为例)

① 背吃刀量的选择　背吃刀量根据加工余量确定。粗加工时，尽量一次走刀切除全部余量，在中等功率机床上，背吃刀量可达 $8 \sim 10$ mm。若遇到加工余量太大，机床功率和刀具强度不许可，工艺系统刚性不足(如加工薄壁或细长轴工件)，加工余量极不均匀(引起很大振动)，冲击较大的断续切削等情况，可分几次走刀。如分两次走刀，第一次的背吃刀量可取加工余量的 $2/3 \sim 3/4$，第二次的背吃刀量相应取小些，以保证精加工刀具的寿命，以及高的加工精度和低的表面粗糙度值。半精加工时，背吃刀量可取 $0.5 \sim 2$ mm。精加工时，背吃刀量可取 $0.1 \sim 0.4$ mm。

② 进给量的选择　粗加工时，进给量的选取主要考虑刀杆、刀片、工件以及机床进给机构等的强度、刚度的限制。表 2.7 为在上述限制下，硬质合金刀具加工外圆及端面时的粗车进给量。

表 2.7　硬质合金车刀粗车外圆及端面的进给量

工件材料	车刀刀杆尺寸 /mm	工件直径 /mm	背吃刀量 a_p/mm				
			≤3	>3~5	>5~8	>8~12	>12
			进给量 f/(mm/r)				
碳素结构钢、合金结构钢及耐热钢	16×25	20	0.3~0.4	—	—	—	—
		40	0.4~0.5	0.3~0.4	—	—	—
		60	0.5~0.7	0.4~0.6	0.3~0.5	—	—
		100	0.6~0.9	0.5~0.7	0.5~0.6	0.4~0.5	—
		140	0.8~1.2	0.7~1.0	0.6~0.8	0.5~0.6	—
	20×30 25×25	20	0.3~0.4	—	—	—	—
		40	0.4~0.5	0.3~0.4	—	—	—
		60	0.6~0.7	0.5~0.7	0.4~0.6	—	—
		100	0.8~1.0	0.7~0.9	0.5~0.7	0.4~0.7	—
		140	1.2~1.4	1.0~1.2	0.8~1.0	0.6~0.9	0.4~0.6
铸铁及铜合金	16×25	40	0.4~0.5	—	—	—	—
		60	0.6~0.8	0.5~0.8	0.4~0.6	—	—
		100	0.8~1.2	0.7~1.0	0.6~0.8	0.5~0.7	—
		400	1.0~1.4	1.0~1.2	0.8~1.0	0.6~0.8	—
	20×30 25×25	40	0.4~0.5	—	—	—	—
		60	0.6~0.9	0.5~0.8	0.4~0.7	—	—
		100	0.9~1.3	0.8~1.2	0.7~1.0	0.5~0.8	—
		400	1.2~1.8	1.2~1.6	1.0~1.3	0.9~1.1	0.7~0.9

半精加工、精加工时，按工件表面粗糙度要求，可依据表 2.8 选择进给量。

表 2.8　按表面粗糙度选择进给量的参考值

工件材料	表面粗糙度/μm	切削速度范围/(m/min)	刀尖圆弧半径 r_ε /mm		
			0.5	1.0	2.0
			进给量 f/(mm/r)		
铸铁、青铜、铝合金	Ra 10~5	不限	0.25~0.40	0.40~0.50	0.50~0.60
	Ra 5~2.5		0.15~0.20	0.25~0.40	0.40~0.60
	Ra 2.5~1.25		0.10~0.15	0.15~0.20	0.20~0.35
碳钢及合金钢	Ra 10~5	≤50	0.30~0.50	0.45~0.60	0.55~0.70
		>50	0.40~0.55	0.55~0.65	0.65~0.70
	Ra 5~2.5	≤50	0.18~0.25	0.25~0.30	0.30~0.40
		>50	0.25~0.30	0.30~0.35	0.35~0.50
	Ra 2.5~1.25	≤50	0.10	0.11~0.15	0.15~0.22
		50~100	0.11~0.15	0.16~0.25	0.25~0.35
		>100	0.16~0.20	0.20~0.25	0.25~0.35

③ 切削速度的选择　根据已选定的背吃刀量 a_p、进给量 f 和刀具寿命 T，可按下述公式计算切削速度 v_c。

$$v_c = \frac{C_v}{T^m a_p^{x_v} f^{y_v}} K_v \qquad (2.35)$$

式中，C_v、x_v、y_v 及 m 的值见表 2.9，加工其他材料和用其他切削加工方法加工时的系数及指数可由切削用量手册查出。式中 K_v 为切削速度的修正系数，是工件材料、毛坯表面状态、刀具材料、加工方式、主偏角、副偏角、刀尖圆弧半径、刀杆尺寸等对切削速度影响的修正系数的乘积，其值可由切削用量手册查出。

表 2.9　外圆车削时切削速度公式中的系数和指数

工 件 材 料	刀 具 材 料	进给量 $f/(\text{mm/r})$	公式中的系数和指数			
			C_v	x_v	y_v	m
碳素结构钢 $\sigma_b = 0.65\ \text{GPa}$	YT15 （不用切削液）	≤0.30	291	0.15	0.20	0.20
		>0.30~0.70	242		0.35	
		>0.70	235		0.45	
	W18Cr4V W6Mo5Cr4V2 （用切削液）	≤0.25	67.2	0.25	0.33	0.125
		>0.25	43		0.66	
灰铸铁 190 HBW	YG6 （不用切削液）	≤0.40	189.8	0.15	0.20	0.20
		>0.40	158		0.40	

切削速度确定后，计算机床转速 n，

$$n = \frac{1\,000 v_c}{\pi d_w} \qquad (2.36)$$

式中　n——机床转速，r/min；

　　　d_w——工件未加工前的直径，mm。

切削速度也可以根据表 2.10 来选定，在选取时应注意，一般粗加工时选小值，精加工时取大值。

表 2.10　硬质合金外圆车刀切削速度参考值

工 件 材 料	热处理状态	$a_p = 0.3\sim2$ mm $f = 0.08\sim0.3$ mm/r	$a_p = 2\sim6$ mm $f = 0.3\sim0.6$ mm/r	$a_p = 6\sim10$ mm $f = 0.6\sim1$ mm/r
		$v_c/(\text{m/s})$		
低碳钢 易切钢	热轧	2.33~3.0	1.67~2.0	1.17~1.5
中碳钢	热轧	2.17~2.67	1.5~1.83	1.0~1.33
	调质	1.67~2.17	1.17~1.5	0.83~1.17

续表

工 件 材 料	热处理状态	$a_p = 0.3 \sim 2$ mm	$a_p = 2 \sim 6$ mm	$a_p = 6 \sim 10$ mm
		$f = 0.08 \sim 0.3$ mm/r	$f = 0.3 \sim 0.6$ mm/r	$f = 0.6 \sim 1$ mm/r
		$v_c/(\text{m/s})$		
合金结构钢	热轧	$1.67 \sim 2.17$	$1.17 \sim 1.5$	$0.83 \sim 1.17$
	调质	$1.33 \sim 1.83$	$0.83 \sim 1.17$	$0.67 \sim 1.0$
工具钢	退火	$1.5 \sim 2.0$	$1.0 \sim 1.33$	$0.83 \sim 1.17$
不锈钢		$1.17 \sim 1.33$	$1.0 \sim 1.17$	$0.83 \sim 1.0$
高锰钢			$0.17 \sim 0.33$	
铜及铜合金		$3.33 \sim 4.17$	$2.0 \sim 0.30$	$1.5 \sim 2.0$
铝及铝合金		$5.1 \sim 10.0$	$3.33 \sim 6.67$	$2.5 \sim 5.0$
铸铝合金		$1.67 \sim 3.0$	$1.33 \sim 2.5$	$1.0 \sim 1.67$

注：切削钢及灰铸铁时刀具寿命为 60~90 min。

所选定的转速按机床说明书最后确定。在实际生产中，选择切削速度的一般原则是：粗加工时由于 a_p、f 比精加工时大，所以 v_c 选得较低些，精加工时 v_c 选得较高些，应尽量避免积屑瘤产生的区域；工件材料的切削加工性越差，v_c 选得越低；刀具材料的切削性能越好，v_c 选择得越高。此外，断续切削时，为减少冲击和热应力，应适当降低切削速度，避开易发生自激振动的临界速度；加工大件、薄壁件、细长件以及带氧化皮的工件时，应选较低的切削速度；在切削用量选定后，应校验机床功率，如果超载可采取降低切削速度的方法减小切削功率。

4）切削用量选择举例

例 2.2 已知：工件材料为 45 钢（热轧），$\sigma_b = 0.637$ GPa；毛坯尺寸 $\phi50$ mm×350 mm，装夹如图 2.45 所示。加工要求：外圆车削至 $\phi44$ mm，表面粗糙度为 Ra 3.2 μm，加工长度 300 mm。机床采用 CA6140 型卧式车床。刀具为焊接式硬质合金外圆车刀，刀片材料为 YT15，刀杆截面尺寸为 16 mm×25 mm；几何参数为 $\gamma_o = 15°$，$\alpha_o = 8°$，$\kappa_r = 75°$，$\kappa_r' = 10°$，$\lambda_s = 6°$，$r_\varepsilon = 1$ mm，$b_{\gamma1}' = 0.3$ mm，$\gamma_{o1} = -10°$。试确定车削外圆的切削用量。

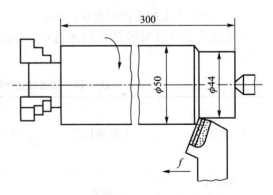

图 2.45 外圆车削尺寸图

解 因表面粗糙度有一定要求，所以分粗车、半精车两个工步加工。

① 粗车工步

a. 确定背吃刀量 a_p　因单边加工余量为 3 mm，所以粗车取 $a_{p1} = 2.5$ mm。

b. 确定进给量 f 根据工件材料、直径大小，刀杆截面尺寸及已定的粗车背吃刀量 a_{p1}，从表 2.7 中查得 $f = 0.4 \sim 0.5 \ \text{mm/r}$。按机床操作说明书中实际的进给量，取 $f = 0.51 \ \text{mm/r}$。

c. 确定切削速度 切削速度可由式 (2.35) 计算 (切削速度计算法略) 得 $v_c = 90 \ \text{m/min}$，也可根据已知条件查切削用量手册。然后由式 (2.36) 计算机床主轴转速

$$n = \frac{1\,000 v_c}{\pi d_w} = \frac{1\,000 \times 90}{3.14 \times 50} \ \text{r/min} = 573 \ \text{r/min}$$

按机床说明书选取实际的机床主轴转速为 $n = 560 \ \text{r/min}$，故实际的切削速度为

$$v_c = \frac{\pi d_w n}{1\,000} = \frac{3.14 \times 50 \times 560}{1\,000} \ \text{m/min} = 87.9 \ \text{m/min}$$

d. 校验机床功率 （略）。

最终选配的粗车切削用量为 $v_c = 87.9 \ \text{m/min}$，$f = 0.51 \ \text{mm/r}$，$a_p = 2.5 \ \text{mm}$。

② 半精车工步

a. 确定背吃刀量 a_p 取 $a_{p2} = 0.5 \ \text{mm}$。

b. 确定进给量 f 根据表面粗糙度 $Ra \ 3.2 \ \mu\text{m}$，刀尖圆弧半径 1 mm，从表 2.8 中查得 (预设 $v_c > 50 \ \text{m/min}$) $f = 0.30 \sim 0.35 \ \text{mm/r}$。按机床说明书上实际的进给量，确定 $f = 0.30 \ \text{mm/r}$。

c. 确定切削速度 根据已知条件和已确定的 a_p、f 值，从表 2.10 中查得 $v_c = 2.17 \sim 2.67 \ \text{m/s}$ (130~160 m/min)，现取 $v_c = 130 \ \text{m/min}$。然后计算出机床主轴转速为

$$n = \frac{1\,000 \times 130}{\pi (50-5)} \ \text{r/min} = 920 \ \text{r/min}$$

按说明书选取机床主轴实际转速为 900 r/min，故实际切削速度为

$$v_c = \frac{\pi (50-5) \times 900}{1\,000} \ \text{m/min} = 127.2 \ \text{m/min}$$

最终选配的半精车切削用量为：$v_c = 127.2 \ \text{m/min}$，$f = 0.3 \ \text{mm/r}$，$a_p = 0.5 \ \text{mm}$。

（2）提高切削用量的途径

1）采用切削性能更好的新型刀具材料 例如，在 $a_p = 1 \ \text{mm}$、$f = 0.18 \ \text{mm/r}$ 的条件下，车削 350~400 HBW 的高强度钢时，若用普通高速钢车刀，可选择切削速度 $v_c = 15 \ \text{m/min}$；用硬质合金车刀，切削速度可提高到 $v_c = 76 \ \text{m/min}$；用涂层硬质合金车刀，切削速度可选择 $v_c = 130 \ \text{m/min}$；用陶瓷刀具，可选择切削速度 $v_c = 335 \ \text{m/min}$。

2）改善工件材料的切削加工性 例如，在 $a_p = 4 \ \text{mm}$，$f = 0.4 \ \text{mm/r}$ 的条件下，用硬质合金刀具车削 70~225 HBW 的中碳钢时，可选择切削速度 $v_c = 100 \ \text{m/min}$，而加工同样硬度的易切钢时，可选择切削速度 $v_c = 125 \ \text{m/min}$。

3）改进刀具结构和选配合理刀具几何参数 例如，采用可转位车刀比采用焊接式车刀，切削速度可提高 15%~30%；采用良好的断屑装置也是提高切削效率的有效方法。

4）提高刀具的制造和刃磨质量 例如，采用金刚石砂轮代替碳化硅砂轮刃磨硬质合金刀具，刃磨后不会出现裂纹和烧伤，刀具寿命可提高 50%~100%。

5）采用新型的、性能好的切削液和高效的冷却方法 例如，可采用含有极压添加剂的切削液以及喷雾冷却法等。

2.3.2　切削过程的状态监测

1. 切削过程状态监测概述

随着电子技术的发展和大规模制造的需要,目前的切削加工机床多为 CNC(computer numerical control)机床,能够接收以 G 代码为主要形式的信息输入,进而自动控制各部件的相对运动,制造出满足设计要求的零件。

当前,全球制造业正在经历工业革命 4.0(IR 4.0)的重大变革,进入了利用信息化技术促进产业变革的工业 4.0 时代。工业 4.0 要求制造业充分利用物联信息系统(cyber-physical system,CPS)将生产中的供应、制造、销售信息数据化、智慧化,以建立一个高度灵活的个性化和数字化的产品与服务的生产模式。为实现这一目标,生产过程中环境、人、机器、设备和产品的实时通信与交互必须是畅通且广泛存在的。对于制造业的基础工艺——切削加工而言,其工艺过程的信息互通也必须由传统的单向输入向智能化的双向传输进化,即要求加工设备应具备向制造系统实时反馈自身状态的能力。更进一步地,加工设备应能够根据自身状态的判断,自适应地调节工作参数、工作流程,策略性地以最佳路径完成目标任务,实现智能化的切削加工工艺。

当前的切削加工工艺从工业 4.0 的角度看,总体上处于传统切削加工工艺与智能化切削加工工艺之间的状态,即在 CNC 的基础上实现了切削过程的监测与反馈,但距离完整的智能切削加工还有很多问题需要解决。切削过程的状态监测(cutting process condition monitoring),是指通过传感器获得切削加工过程中的物理信号,运用信息技术进行转换、处理和分析,进而得到切削加工系统各要素的实时状态。

由前文内容可知,切削过程中的物理现象与切削过程的状态紧密相关,通过对切削过程中的物理现象的研究与分析可以得到切削过程的状态,因此就需要各种传感器分别测量切削过程中的各种物理信号。从切削过程中获得的物理量信号的数据是巨量的,与切削过程状态高度相关的关键信息隐藏在巨量数据之中,所以需要运用信息技术对信号数据进行转换、处理和分析。获得被加工零件、切削过程、刀具以及机床或其关键部件的实时状态是切削过程状态监测的主要目的。被加工零件的状态,包括其完成度、加工精度以及表面质量等,是工艺过程关注的核心。切削过程状态准确而迅速的判断,如及时发现断刀、颤振等非正常情况,并提示中断或调整切削过程,可以减少事故和经济损失。刀具以及机床或其关键部件的状态也会对加工过程的质量、效率产生直接的影响,例如,刀具的磨损或破损、机床主轴超常的回转误差都会影响零件的加工精度,所以它们的状态也是切削过程状态监测关注的重点。

2. 切削过程状态监测的关键技术

切削过程状态监测的基本流程和关键技术如图 2.46 所示。

切削过程状态监测的基本流程:各传感器获得切削过程中的各种物理信号;对信号进行基本处理;得到数字化的信号数据,进一步在计算机上进行处理分析;对信号数据进行特征提取操作,对于数据特征数目较多的,可以进行特征选择以减少特征数目;得到特征数据集之后,运用决策方法,建立信号特征与切削过程状态之间的关联。在此基础上,再进行切削加工时,获得的新信号将按以上流程处理得到信号的特征,将其输入决策方法,就可以得到

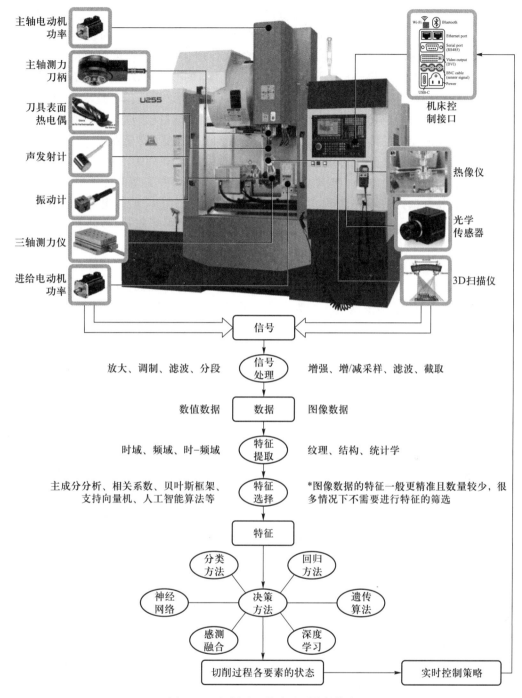

图 2.46 切削过程状态监测关键技术

实际切削过程的状态输出。如果智能切削系统具备了实时控制的能力，就可以根据切削过程状态，通过实时控制策略系统得到控制方案，再反馈给加工设备控制系统，对加工过程进行实时调控。

根据传感器测得的物理信号与反映切削过程状态的物理量之间的转换关系，可以将状态监测分为直接型（direct）和间接型（indirect）。比如，常用于描述刀具磨损的表面形态的物理量为 VB，如果采用摄像机对刀具主后面成像，通过图像处理和数值计算可以直接测得 VB 的大小，这种物理信号（图像）中已经包含了目标物理量（长度）的监测方法即为直接型；如果采用切削力传感器测得切削力信号，再对切削力信号进行处理分析，运用信息技术间接得到 VB 的大小，这种物理信号（电信号）经过处理转换才能得到目标物理量（长度）的监测方法即为间接型。两种监测类型所使用的传感器也被称为直接型传感器和间接型传感器。

常用的直接型传感器是光学传感器（optical sensor），如光学 CCD 传感器、3D 扫描仪等；间接型传感器有测力仪、热电偶、振动计、电流传感器等。两种类型的传感器对应的信号处理、特征提取和特征选择的方法也不一样。间接型传感器输出的一般是电信号（electrical signal），需要通过放大（amplification）、滤波（filtering）等处理，再经过模/数转换（analog-digital conversion，ADC）之后得到数值数据，一般为数值序列，对其进行时域、频域和时-频域分析，再通过统计学方法运算就可以进行信号的特征提取（feature extraction）。如果有多个传感器或传感器有多路输出，或者生成的特征数量较多，一般还要进行特征选择（feature selection）。而光学传感器的输出一般是图像数据，常为二维结构型数据构成的帧（frame），需要经过变换（conversion）、分割（segmentation）、增强（enhancement）等预处理（preprocessing）步骤，再通过纹理（texture）、结构（structural）和统计学的（statistical）描述符（descriptor）的运算进行特征提取。一般光学传感器信号数据的特征数量较少，可不需要进行特征选择操作。

在获得信号的特征数据集（signal feature data set）之后，就可以运用各种决策方法（decision making methods）建立一个关联信号特征与切削过程状态的数学模型。常用的决策方法有人工神经网络（artificial neural network，ANN）、遗传算法（genetic algorithm，GA）、感测融合（sensor fusion）、深度学习（deep learning）等等。

针对不同的切削过程状态监测的对象（monitoring scope），需要选择不同的传感器或传感器组合，并选择不同的信号处理、特征提取、特征选择和决策方法，还需要进行多次切削实验以获得足够的数据。随着信息技术的发展，计算机的数据存储能力和运算能力大幅提升，传感器信号数据无须进行特征提取即可直接输入的感测融合、深度学习等方法逐渐得到广泛应用。

智能切削加工还必须具备依据切削过程状态监测的结果进行实时反馈控制的功能，即要求加工设备能够自主生成实时控制策略，并将控制命令通过设备的控制接口输入控制系统。目前很少有加工设备具备这样的能力，实际中多是由设备的操作者做出决策并采取措施。

3. 常用的物理量与传感器

切削加工过程不是简单的几何变形过程，而是典型的力-热强耦合的物理过程，切削刀具与被加工材料之间存在复杂的界面摩擦学行为，切削加工系统是典型的多体动力学系统，材料变形过程呈现高应变、高应变率和局域化特征，切削区温度梯度大，切削过程中的物理量的非线性和时变特征非常明显。实践中常用的物理量包括切削力、切削振动、切削温度、切削功率（主轴电流）、声发射及表面形态等，这些物理量由传感器测得的信号经过处理分析得到。下面介绍几种切削过程状态监测中常用的物理量和所用传感器。

（1）切削力

在切削加工领域，切削力对切削状态的变化具有高灵敏度和快速响应特性，被认为是最能描述切削过程状态的物理量。当然，这里的切削力指的是广义的力，还包括如钻削、铣削等过程的主轴扭矩。用于测量切削力和扭矩的传感器称为测力仪（dynamometer），它通常将施加在传感器结构体上的力或扭转载荷转换成弹性元件的变形，再采用传感元件将变形量转换为电信号。两种主要的传感器类型是压电式（piezoelectric）和应变式（strain gauge）。一般来说，压电式测力仪的响应频率更高，应变式测力仪则更为经济。测力仪获得的电信号经过滤波、模数转换、量纲转化等过程就可以得到切削力。图 2.47 为一种三轴测力仪应用于铣削过程切削力的测量。

图 2.47 三轴测力仪用于铣削过程切削力测量

（2）切削振动

切削过程中产生的振动可分为两类，与切削过程有关的振动和与切削过程无关的振动。与切削过程无关的振动包括由其他机器或机器部件引起的强迫振动，例如通过基础传递的振动，由旋转部件的不平衡、往复部件的惯性力和驱动器误差引起的振动等。与切削过程有关的振动则可以显示出切削过程的一些特性，例如断续切削。切削过程中切削力的变化可能是由于工件材料的不均匀性和性能的变化造成的。而切削过程中刀具与工件相互作用的条件的变化对切削振动的产生有明显影响，产生的颤振（chatter，特殊自激振动）是切削加工中最受关注的振动类型，对工件表面粗糙度和刀具寿命有重要影响。颤振主要是由于特定主轴转动频率下工件表面与刀具相互作用产生的波状再生，以及工件与刀具在切削平面上同时发生两个方向相对振动的模态耦合引起的。加速度计（accelerometer）常用于获取切削振动信号。图 2.48 为将加速度计安装在刀架上，用来测量车削过程的切削振动。

（3）切削温度

刀具磨损与切削温度相关性较高，此外切削温度还会影响切屑形态，而且较高的切削温度会降低刀具强度、增加扩散磨损，所以切削温度也是切削过程状态监测的重要物理量。由于切削温度的梯度大，不能只在某一点上描述，因此切削温度的测量复杂且困难。为了控制测量系统的成本以达到最佳费效比，目前一般都采用接触式测温技术。热电偶（thermocouple）是常用的测量切削温度的元件，它简单可靠、成本低、安装方便，需要的电路也简单廉价，

图 2.48　用加速度计测量车削过程的切削振动

既可安装在工件上，也可安装在切削刀具上。如用硬质合金刀具车削碳钢时，以工件和刀具作为热电偶的两个电极，它们之间的接触区域（切削区）的温度就可以由电极间的电势获得；进一步地，通过对比两种材料在接触区域的混合情况的标定数据，可以推测出刀具和工件材料之间的材料扩散情况，即刀具的扩散磨损情况。为了更好地测量切削区的温度，也出现了在刀尖处设置热电偶的尝试。如图 2.49 所示，通过刻蚀法在刀尖附近制作细槽，然后在细槽内涂覆 Al_2O_3 绝缘层，再喷涂 Cr 金属层，在测温点附近控制产生 Al_2O_3 绝缘层缺口，即可使 Cr 电极和刀具基体的 WC-Co 形成热电偶的两极，进而测得刀尖附近的切削温度。

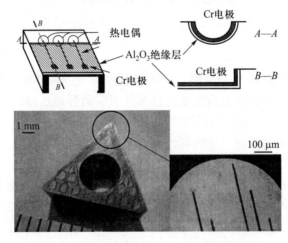

图 2.49　刻蚀法制作热电偶式测温智能刀具

（4）切削功率

在车削、铣削、钻削等切削加工过程中，主切削力（力矩）与主轴功率密切相关，所以通过测量电动机的相关参数，如电动机功率或电流，可以实现加工功率和机床驱动条件的测量，进而判断切削过程的状态。切削功率的测量一般不会干扰切削加工且技术上较容易实现，现代的数字化伺服电机驱动器可以直接输出电动机的功率，不具备这一功能的设备也可通过加装电动机电流传感器来实现（图 2.50）。

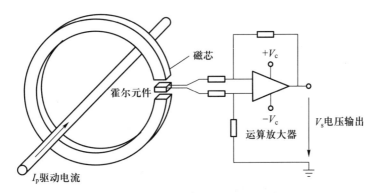

图 2.50 电动机电流传感器原理

基于功率测量，将切削过程状态监测软件无缝集成到 CNC 控制系统中，并通过人机界面（human machine interface，HMI）为用户提供专用的监控界面，已经在很多机床上得到应用。更进一步的，基于自适应控制优化（adaptive control optimise，ACO）和自适应控制约束（adaptive control constraint，ACC）的算法也已经实现。当然，还需要对信号的灵敏度和驱动特性的补偿进行研究，例如从功率或电流信号中去除电动机和传动系统的动力学特性的影响，以进一步提高基于功率信号的切削过程状态监测系统的准确度。

（5）声发射

材料中局域源快速释放能量产生瞬态弹性波的现象称为声发射（acoustic emission，AE），也称为应力波发射。材料内部结构发生变化而引起材料内应力突然重新分布，使机械能转变为声能，从而产生弹性波。在切削加工中，多种物理过程都会产生声发射现象。如图 2.51 所示，刀具前面与切屑间的挤压与摩擦、刀具后面与工件间的摩擦、剪切变形区的应力释放、材料的切削变形、切屑的折断、切屑对刀具的撞击、材料高温相变产生变形等，都会产生声发射。这些物理过程与切削加工状态密切相关，因此通过测量获得的声发射信号就能够推测切削过程的状态。

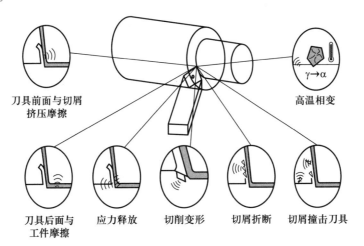

图 2.51 切削加工过程中的声发射源

图 2.52 为铣削加工中采用 AE 传感器和测力仪进行切削过程状态监测的实例。AE 传感器安装在工件背面，工件通过夹具安装在测力仪上，AE 传感器和测力仪的输出信号以不同的采样频率存储到数据采集(data acquisition，DAQ)设备中，以供进一步处理分析。切削加工中的 AE 信号频率一般在几千赫兹到几兆赫兹之间，实践中往往更关注 AE 信号的高频成分，低频声发射信号可以通过麦克风等设备测得。AE 信号的幅值较小，且易受其他信号干扰，一般需要设计精巧的工装、信号处理分析和特征提取方法。

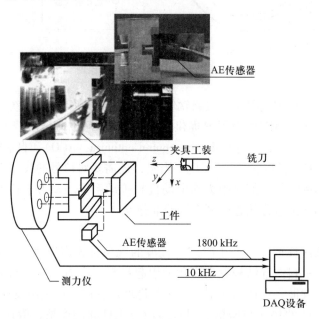

图 2.52　以 AE 传感器和测力仪进行切削过程状态监测

（6）表面形态

对工件已加工表面进行表面形态测量，可以直接获得加工质量的信息，如表面粗糙度及是否存在缺陷；也能够获得加工状态的信息，如切削过程是否存在颤振等；还能够间接判断刀具的状态，因为切削加工条件不变时，使用不同程度磨损的刀具加工的工件，表面特征区别较大。对刀具进行表面形态测量，可以直接判断刀具的状态，测得刀具的磨损量，能够显著减少因刀具问题产生的机床停机时间。切削加工过程中应用的表面形态测量一般基于光学传感器，在光源的辅助下获得目标区域的图像，再通过图像处理(image processing)方法和机器学习(machine learning)算法获得表面形态的信息。这种基于机器视觉(machine vision)的切削过程状态监测方法正得到越来越多的应用。

切削加工中用于表面形态测量的传感器一般是工业 CMOS/CCD 摄像机，根据辅助光源的不同可以分为常规测量系统和激光散斑测量系统，如图 2.53 所示。常规测量系统使用环境光、LED 光等常规光源辅助成像，激光散斑测量系统则需要激光辅助成像。

图 2.53a 所示是以 LED 为辅助光源的测量系统示意图。由工业摄像机获取刀具和已加工表面的图像后，由计算机进行处理分析，获得刀具磨损和已加工表面质量信息。图 2.53b 所示是激光散斑测量系统示意图。其基本工作原理：首先，准直激光束经平行光管照射在反射

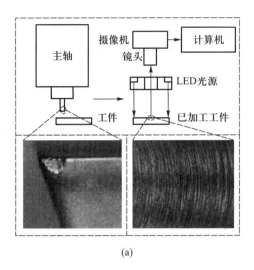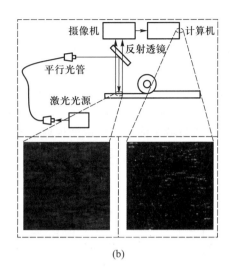

图 2.53 常规测量系统和激光散斑测量系统

透镜上，反射的激光照射到工件表面，由于激光的相干性，在目标粗糙表面上散射、漫反射形成了独特的散斑图案，利用工业摄像机捕获激光散斑图进行分析，就能建立激光散斑图与表面质量参数(表面粗糙度)之间的关联。

4. 信号特征的提取与选择

切削过程状态监测得到的数值信号的特征提取一般在时域、频域和时-频域中进行。

（1）时域特征提取

切削过程状态监测常用的信号时域特征提取主要有统计参数法和时间序列模型法两类方法。

统计参数法即以计算信号数据的统计学参数作为信号的特征，主要包括：① 平均值(average value)；② 有效值或均方根(root mean square，RMS)；③ 方差(variance)或标准差(standard deviation)；④ 偏度(skewness)；⑤ 峰度(kurtosis)；⑥ 信号功率(signal power)；⑦ 峰谷幅值(peak-to-valley amplitude)；⑧ 峰值系数(crest factor)；⑨ 信号比值(ratios of signals)等。

时间序列模型法主要有三种：自动回归(auto regressive，AR)、移动平均(moving average，MA)和自动回归移动平均(auto regressive moving average，ARMA)。

（2）频域特征提取

频域特征提取主要是通过对信号进行加窗(windowed)离散傅里叶变换(discrete Fourier transform，DFT)，得到信号的频谱，再通过计算特征参数获得频域特征。常用的参数：① 主谱峰的振幅(amplitude of dominant spectral peaks)；② 特定频率范围内的信号功率；③ 频带能量(energy in frequency bands)；④ 频带功率谱的统计特征，如功率谱分布的中位频率、方差、偏度、峰度等；⑤ 频谱最高峰的频率等。

（3）时-频域特征提取

对于像 AE 这样与瞬态过程密切相关的高频信号，除了关注其频率特征之外，还需要在时间序列上定位某一特定频率(或频率带)信号出现的时刻，这就需要进行时-频域特征提取。一种方法是进行短时傅里叶变换(short time Fourier transform，STFT)，但其存在频率分辨率和时间分辨率的矛盾。实践中更多使用的是小波变换(wavelet transform，WT)，对于离散数字信号即是离散小波变换(discrete wavelet transform，DWT)。为了对信号中的高频成分也进行分解，可以使用小波包变换(wavelet packet transform，WPT)，通过小波包分解(wavelet packet decomposition)和小波包重建(wavelet packet reconstruction)可以得到原始信号中某些频率段的时域子信号，再对时域子信号进行特征提取。图2.54所示为3阶(3 level)DWT与3阶WPT运算频率分解示意图，其中L表示低频部分，H表示高频部分。

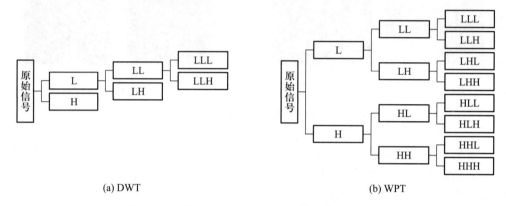

(a) DWT   (b) WPT

图2.54　3阶DWT和3阶WPT运算频率分解示意

　　基于机器视觉的切削过程状态监测系统也需对获取的图像信号进行特征提取，主要通过图像描述符(descriptor)的运算获得。计算描述符的方法很多，一般可以分为以下三大类。

　　(1) 结构/纹理描述符(structural/texture descriptors)

　　结构/纹理描述符是从纹理图像中提取的特征，包括基于投影的描述符和基于编码模式的描述符，主要有索贝尔描述符(Sobel descriptor)、LOG算子(LOG operator)、基于强度直方图(intensity histogram)和阈值(thresholding)的描述符以及如长轴、短轴、偏心率等几何描述符(geometric descriptor)等。

　　(2) 统计描述符(statistical descriptors)

　　较早使用的统计描述符是一阶统计纹理分析(first-order statistical texture analysis)方法，直接从像素级直方图统计数据中提取特征，忽略了纹理基元的空间关系，即没有将像素阵列中隐藏的局部相关信息包含进特征中。后来提出的二阶统计纹理分析(second-order statistical texture analysis)得到了更广泛的应用，包括灰度共现矩阵(gray level co-occurrence matrix，GLCM)、泰森多边形镶嵌(Voronoi tessellation)、离散小波变换(DWT)等算法。

　　(3) 域变换描述符(transformed domain descriptors)

　　域变换描述符主要包括基于空间频率(spatial frequency-based)的方法和基于滤波器(filter-based)的方法两大类。基于空间频率的方法将图像矩阵分解为一系列空间频率通道，它们可以显示原始图像在不同空间频率(不同尺度和方向)下的纹理信息，这样就可以从全局视图和局部视图提取细粒度特征。基于滤波器的方法是域变换方法的另一种形式，因其具有在均匀纹理的全局加工表面图像中发现局部异常的能力，因此常常用于缺陷检查。

　　由一个或多个信号提取的特征的数量一般非常大，但它们中的大多数与切削加工状态相关性较差或与工艺条件无关。即使是具有良好相关性的特征，有时也会被随机信号干扰，这就要求特征的数量应该足够覆盖任何单个可能被干扰的特征。但另一方面，特别是在基于神经网络的决策系统中，特征越多所需要的训练样本就越多，这就要求进行更多的切削实验。因此，对所提取的特征还要进行特征选择，一方面减少特征的数量，另一方面去除冗余的无关信息。

常用的特征选择方法：相关系数法(correlation coefficient)、主成分分析法(principal component analysis，PCA)和人工智能选择法(如使用人工神经网络、贝叶斯多层感知器等)。

5. 决策方法

决策方法是切削过程状态监测中另一项关键技术。根据切削过程状态监测的对象和目标的不同，可以将决策方法按任务性质分为分类(classification)、回归(regression)和聚类(clustering)三大类。分类和回归是监督式决策方法，即用来建立决策模型的数据集必须包含输入和输出两部分，这种输入数据与输出数据必须对应的数据集也称为标记数据集(labeled data set)。聚类是非监督式决策方法，模型将未标记数据集(unlabeled data set)按其内部关联自动分类。决策方法的具体实现算法很多，有些算法能够应用于以上三种任务类别中的多个。

（1）分类方法

分类方法在切削状态、刀具状态、设备状态监测等方面有非常多的应用。例如，对于刀具状态监测，可以将切削实验的刀具状态分为新刀具、正常磨损刀具和严重磨损刀具3类，结合测量信号特征，构建具有3个分类的数据集，然后建立分类模型。对于一个未知磨损状态的刀具，根据切削过程中所采集信号提取的特征输入分类模型，就可以得到一个可能性最大的刀具磨损状态类别。

切削过程状态监测中常用的分类算法：① 分类树(classification trees)；② 贝叶斯分类(Bayesian classification)；③ 支持向量机(support vector machine，SVM)；④ K近邻(K-nearest neighbor，KNN)；⑤ 线性判别分析(linear discriminant analysis，LDA)；⑥ 反向传播神经网络(back-propagation neural network，BPNN)；⑦ 深度学习(deep learning)等。

（2）回归方法

回归方法与分类方法的不同在于，其用于建模的数据集中的标记信息不是离散值，而是数值序列这样的连续值。例如，对于刀具磨损量监测，要求进行切削实验时需要测量刀具的磨损量(一般为 VB 的值)，并采集对应磨损量下切削时的传感器信号，提取信号特征，建立回归模型，在之后的切削过程中就可以使用已建立的回归模型得到刀具的磨损量预测值。

切削过程状态监测中常用的回归算法：① 多项式回归(polynomial regression)；② 弹性网络回归(elastic network regression)；③ 人工神经网络(artificial neural network)；④ 深度学习等。

（3）聚类方法

由于聚类方法的非监督式建模特点，切削过程状态监测中常用聚类方法进行刀具状态、设备状态监测，也可用于加工条件的自动分类和识别，还可应用于对切削阶段的自动划分。例如，在通孔的钻削加工过程中，按钻头相对工件的位置存在切入、连续切削和切出3个阶段，运用聚类方法可以自动划分3个阶段的时刻。

切削过程状态监测中常用的聚类方法：① K均值(K-means)聚类；② 基于密度的聚类方

法(density-based spatial clustering of applications with noise，DBSCAN)；③ 高斯混合模型(Gaussian mixture model，GMM)；④ 隐马可夫模型(hidden Markov model，HMM)；⑤ 凝聚层次聚类(agglomerative hierarchical clustering)等。

6. 刀具状态监测

刀具是切削加工中的关键要素，刀具的状态对切削加工的质量和效率具有关键性影响。刀具磨损会影响加工表面的质量，刀具破损是导致生产中非计划停机(unscheduled stoppage)的主要因素，刀具状态异常有时还会破坏工件或设备，而过早地更换尚能使用的刀具又会增加生产成本，因此切削加工过程中对刀具状态进行监测非常必要。刀具状态监测(tool condition monitoring，TCM)通过对切削过程中的刀具状态和刀具寿命进行实时评估和预测，以实现预防灾难性故障、提升零件质量、提高生产率、最大化刀具使用寿命的目的。

正常情况下，刀具的磨损是一个连续渐进的过程。实际生产中一般较少采用光学传感器直接测量刀具的磨损量，这是因为一方面使用光学传感器测量需要中断切削过程，这种离线(offline)测量方法会影响加工效率；另一方面，对未经处理的刀具表面(如黏结有积屑瘤等)进行测量误差较大。因此，刀具状态监测一般采用在线(online)间接测量方法。

刀具磨损过程是复杂的非线性动态过程，受到各种条件和因素的影响。实践中为了更准确地预测刀具的磨损量，往往采用多传感器融合(multi-sensor fusion)的方法。多传感器融合按信息融合的粒度，可以分为数据级融合、特征级融合和决策级融合三个层次。数据级融合是指将各传感器的信号数据经初步处理后直接进行融合；特征级融合是指从各传感器的信号中提取特征后以特征进行融合；决策级融合是指各传感器分别进行决策模型运算，再将各自的决策结果进行融合。数据级融合所需的算力最大、精度最高，决策级融合相反，特征级融合的性能和要求处于两者之间。使用最多的是特征级融合，即此前介绍的信号采集、信号处理、特征提取、特征选择、决策建模的过程。

测力仪、AE传感器、振动计等传感器常用于刀具状态监测。车削中常使用可以安装在刀架上的三轴测力仪，铣削、钻削中常使用可以安装在主轴上的测力(力矩)刀柄，一般都是压电式测力仪，需要电荷放大、电量转换模块将切削力转换为电压信号后由数据采集仪完成模/数转换和数据存储。AE传感器和振动计在车削时一般安装在刀架上，铣削时安装在工件附近的工作台上或主轴上，也需要相应的电路将物理信号转换为电量信号。

特征提取方面，时域特征和基于小波包变换的时-频域特征应用较多，反映信号动态特性的特征(如峰谷幅值、标准差等)一般能更好地表达刀具的磨损情况。有时也可将切削条件(如切削用量要素、刀具尺寸等)作为特征加入数据集中。特征选择方面，主成分分析和相关系数法较为常用。

上述几类决策方法在刀具状态监测中都有应用，其中回归方法由于能够预测刀具的磨损量，因此应用最为广泛。人工神经网络和深度学习由于其特殊的信息融合和决策机制，以其更高的准确度和稳定性更受青睐。

刀具状态监测是切削过程状态监测的一个重要方面，其他要素的状态对切削过程也都有重要影响。有些情况下刀具磨损进展缓慢、刀具不易折断，但切屑的形成和形态会对加工精度有较大影响，这时切削过程状态监测系统就应更关注切屑的状态。虽然切削过程状态监测的对象不一样，但所运用的关键技术是通用的。切削过程状态监测涉及传感器、信号处理与分析、信号特征提取、决策方法、大数据、人工智能等众多学科领域，这些领域相关技术的发展也会推动切削过程状态监测技术的进步。

??? 思考题与习题

2.1　切削过程的三个变形区各有什么特点？它们之间有何关联？

2.2　刀具前面上的摩擦有什么特点？

2.3　切屑与刀具前面的摩擦与一般刚体之间的滑动摩擦有无区别？若有区别，两者有什么不同点？

2.4　刀具正交平面参考系中，各参考平面 P_r、P_s、P_o 及刀具角度 γ_o、α_o、κ_r、λ_s 是如何定义的？

2.5　γ_o 和 λ_s、κ_r 和 α_o、κ_r 和 λ_s 分别确定了哪些刀具构成要素(切削部分)在空间的位置？

2.6　已知刀具角度 $\gamma_o=30°$、$\alpha_o=10°$、$\alpha_o'=8°$、$\kappa_r=45°$、$\kappa_r'=15°$、$\lambda_s=-30°$，试绘制刀具切削部分，并计算 γ_n。

2.7　内孔镗削时，如果刀具安装(刀尖)高于机床主轴中心线，在不考虑合成运动的前提下，试分析刀具工作前、后角的变化情况。

2.8　刀具材料应具备的基本要求是什么？

2.9　常用的高速钢刀具材料有哪几种？适用的范围是什么？

2.10　硬质合金的牌号种类很多，它们各有何特点？

2.11　新型刀具材料(陶瓷、金刚石、立方氮化硼)的优、缺点及适用的场合是什么？

2.12　外圆车削直径为 100 mm、长度 200 mm 的 45 钢棒料，在 CA6140 型卧式车床上选用的切削用量为 $a_p=4$ mm，$f=0.5$ mm/r，$n=240$ r/min。试：(1) 选配刀具材料；(2) 计算切削速度；(3) 如果 $\kappa_r=75°$，计算切削宽度 b_D、切削厚度 h_D 以及切削层横截面积 A_D。

2.13　金属切削过程的本质是什么？衡量指标有哪些？它们之间有何异同？

2.14　积屑瘤产生的条件及对金属切削过程的影响是什么？如何抑制积屑瘤的产生？

2.15　试述切削速度对切削变形的影响规律。

2.16　切屑折断的条件是什么？如何改变 f 和 κ_r 来控制断屑？

2.17　试述将切削力分解为 X、Y、Z 三个方向的垂直分力的意义。

2.18　用硬质合金车刀($\gamma_o=15°$、$\kappa_r=45°$、$\lambda_s=5°$)车削外圆，工件材料为 40Cr 钢，选用 $v_c=100$ m/min、$f=0.2$ mm/r、$a_p=3$ mm。试：(1) 计算主切削力；(2) 校验机床功率(机床额定功率为7.5 kW，传动效率为0.8)。

2.19　试述切削热与切削温度的关系。切削温度指的是何处的温度？切削温度最高点在何处？

2.20　试比较 a_p、f 对切削力、切削温度的影响。

2.21　刀具磨损有几种形式？各在什么条件下产生？

2.22　试述高速钢刀具在低、中速，硬质合金刀具在中、高速产生磨损的原因。

2.23　为什么说对刀具寿命的影响，v_c 最大、f 其次、a_p 最小？

2.24　要延长刀具寿命，γ_o 和 κ_r 应如何改变？为什么？

2.25　为什么低碳钢和高碳钢的加工性不如中碳钢？铸铁的加工性取决于什么因素？

2.26　在 CA6140 型卧式车床上车削加工，材料为调质处理的 45 钢，硬度为 229 HBW，工件毛坯直径为 100 mm，零件外圆直径为 80 mm，加工长度为 160 mm。试：(1) 选配刀具材料；(2) 设计刀具几何参数；(3) 选配切削用量。

2.27　切削液具有冷却、润滑作用，为什么有些切削加工却不使用切削液？用硬质合金刀具切削时，如使用切削液应注意什么问题？为什么？

2.28 切削用量为什么要按一定顺序选取？提高切削用量可采取哪些措施？

2.29 智能切削加工的内涵是什么？

2.30 切削过程状态监测的目的和意义是什么？

2.31 为什么切削力被认为是最能描述切削过程状态的物理量？

2.32 试设计测量金属材料钻削过程中切削刃温度的测量方案。

2.33 结合某一应用场景，论述新一代信息技术在切削过程状态监测中的应用。

第 3 章

机械加工方法及装备

金属切削机床是机械加工的主要装备，是用切削方法将金属毛坯加工成机器零件的机器。虽然零件的成形方法很多，如铸造、锻造、焊接、压力成形、快速成形，但切削加工还是机器零件成形的主要加工方法，所以机床又被称为"工作母机"。不同的切削加工方法使用不同的机床，典型的切削加工方法有车削、铣削、磨削、数控加工、齿轮加工、钻削、镗削等，它们是在相应的车床、铣床、磨床、数控机床、齿轮机床、钻床和镗床等上进行的。机床是工业生产最重要的工具之一，是国之重器。相比发达国家，我国在高档数控机床的研制方面仍然比较落后，"卡脖子"现象时有发生。唯有坚持自主创新，突破关键核心技术，才能挺起民族复兴伟业的"脊梁"。

3.1 金属切削机床概述

3.1.1 金属切削机床的分类与型号编制

1. 机床的分类

机床的传统分类方法，主要是按加工性质和所用的刀具进行的。根据我国制定的机床型号编制方法，目前将机床分为 11 大类：车床、钻床、镗床、磨床、齿轮加工机床、螺纹加工机床、铣床、刨插床、拉床、锯床及其他机床。在每一类机床中，又按工艺范围、布局形式和结构等分为若干组，每一组又细分为若干系(系列)。

同类型机床按应用范围(通用性程度)又可分为普通机床、专门化机床和专用机床。

(1) 普通机床

可用于加工多种零件的不同工序，加工范围较广，通用性较强，但结构比较复杂。这种机床主要适用于单件小批生产，如卧式车床、万能升降台铣床等。

(2) 专门化机床

工艺范围较窄，专门用于加工某一类或几类零件的某一道(或几道)特定工序，如曲轴车床、凸轮轴车床等。

（3）专用机床

工艺范围最窄，只能用于加工某一种零件的某一道特定工序，适用于大批量生产，如机床主轴箱的专用镗床、车床导轨的专用磨床等。各种组合机床也属于专用机床。

同类型机床按工作精度又可分为普通精度机床、精密机床和高精密机床。机床按自动化程度可分为手动、半自动和自动机床；按重量与尺寸可分为仪表机床、中型机床（一般机床）、大型机床、重型机床和超重型机床；按机床主要工作部件的数目，可以分为单轴、多轴或单刀、多刀机床。

通常，机床根据加工性质进行分类，再根据其某些特点进一步描述，如多刀半自动车床、高精度外圆磨床等。

随着机床的发展，其分类方法也将不断发展。现代机床正向数控化方向发展，数控机床的功能日趋多样化，工序更加集中。现在一台数控机床集中了越来越多的传统机床的功能。例如，数控车床在卧式车床功能的基础上，又集中了转塔车床、仿形车床、自动车床等多种车床的功能；车削中心在数控车床功能的基础上，又加入了钻、铣、镗等机床的功能。又如，具有自动换刀功能的镗铣加工中心机床，习惯上称为"加工中心"（machining center，MC），集中了钻、铣、镗等多种类型机床的功能；有的加工中心的主轴既可为立式又可为卧式，即集中了立式加工中心和卧式加工中心的功能。可见，机床数控化引起了机床传统分类方法的变化。这种变化主要表现在机床品种不是越分越细，而是趋向综合。

2. 机床型号的编制方法

机床的型号用以简明地表示机床的类型、通用特性和结构特性以及主要技术参数等。我国的机床型号，目前是按2008年颁布的标准GB/T 15375—2008《金属切削机床　型号编制方法》编制的。

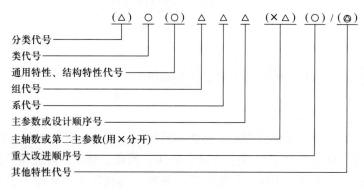

其中：有"〇"符号者，为大写的汉语拼音字母；有"△"符号者，为阿拉伯数字；有"（）"的代号或数字，当无内容时，则不表示，若有内容，则不带括号；有"◎"符号者，为大写的汉语拼音字母，或阿拉伯数字，或两者兼有之。

普通机床型号用下列方式表示：

（1）机床类、组、系的划分及其代号

机床的类别用汉语拼音第一个大写字母表示。例如，"车床"的汉语拼音是"che chuang"，所以用"C"表示。当需要时，每类又可分为若干分类；分类代号用阿拉伯数字表示，在类代号之前，它居于型号的首位，但第一分类不予表示，例如，磨床分为 M、2M、3M

三个分类。机床的类别代号及其读音如表 3.1 所示。

表 3.1 机床的类别代号及读音

类别	车床	钻床	磨		床	齿轮 加工 机床	螺纹 加工 机床	铣床	刨插 床	拉床	锯床	其他 机床
代号	C	Z	M	2M	3M	Y	S	X	B	L	G	Q
读音	车	钻	磨	二磨	三磨	牙	丝	铣	刨	拉	割	其

机床的组别和系别代号各用一位阿拉伯数字表示。每类机床按其结构性能及使用范围划分为 10 个组,用数字 0~9 表示。每组机床又分为若干个系(系列),系的划分原则:主参数相同,并按一定公比排列,工件和刀具本身的及相对的运动特点基本相同,且基本结构及布局形式相同的机床,即划分为同一系。机床的类、组划分详见标准 GB/T 15375—2008。

(2) 机床的特性代号

它表示机床所具有的特殊性能,包括通用特性和结构特性。当某类型机床除有普通型外,还具有如表 3.2 所列的某种通用特性,则在类别代号之后加上相应的特性代号。例如 "CK"表示数控车床。如同时具有两种通用特性,则可用两个代号同时表示,如 "MBG"表示半自动高精度磨床。如某类型机床仅有某种通用特性,而无普通型者,则通用特性不必表示。如C1107 型单轴纵切自动车床,由于这类自动车床没有 "非自动"型,所以不必用 "Z"表示通用特性。

表 3.2 通用特性代号

通用 特性	高精 密	精密	自动	半自 动	数控	加工中心 (自动换刀)	仿形	轻型	加重 型	柔性加 工单元	数显	高速
代号	G	M	Z	B	K	H	F	Q	C	R	X	S
读音	高	密	自	半	控	换	仿	轻	重	柔	显	速

为了区分主参数相同而结构不同的机床,在型号中用结构特性代号表示。结构代号为汉语拼音字母。例如,CA6140 型卧式车床型号中的 "A",可理解为这种型号的车床在结构上区别于 C6140 型车床。结构特性代号字母是根据各类机床的情况分别规定的,在不同型号机床中的意义可不一样。

(3) 机床主参数、第二主参数和设计顺序号

机床主参数代表机床规格的大小,用折算值(主参数乘以折算系数)表示。某些普通机床,当无法用一个主参数表示时,则在型号中用设计顺序号表示。设计顺序号由 1 起始。当设计顺序号小于 10 时,则在设计顺序号之前加 "0"。第二主参数一般是指主轴数(多轴机床)、最大跨距、最大工件长度、工作台工作面长度,等等。第二主参数也用折算值表示。常用机床的主参数及第二主参数见表 3.3。

表 3.3　常用机床的主参数和第二主参数

机 床 名 称	主 参 数	第二主参数
卧式车床	床身上工件最大回转直径	最大工件长度
立式车床	最大车削直径	最大工件高度
摇臂钻床	最大钻孔直径	最大跨距
卧式镗床	镗轴直径	
坐标镗床	工作台面宽度	工作台面长度
升降台铣床	工作台面宽度	工作台面长度
龙门铣床	工作台面宽度	工作台面长度
外圆磨床	最大磨削直径	最大磨削长度
矩台平面磨床	工作台面宽度	工作台面长度
牛头刨床	最大刨削长度	
龙门刨床	最大刨削宽度	
滚齿机	最大工件直径	最大模数

（4）机床的重大改进顺序号

当机床的性能及结构布局有重大改进，并按新产品重新设计、试制和鉴定时，在原机床型号的尾部加重大改进顺序号，以区别于原机床型号。序号按字母 A、B、C……（但"I"和"O"两个字母不得选用）的顺序选用。

（5）同一型号机床的变型代号

某些机床根据不同的加工需要，在基本型号机床的基础上仅改变机床的部分性能结构时，则在基本型机床型号之后加变型代号 1、2、3……。

综合上述机床型号的编制方法，举例如下：

CA6140 型卧式车床

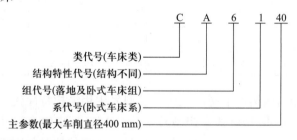

MG1432A 型高精度万能外圆磨床

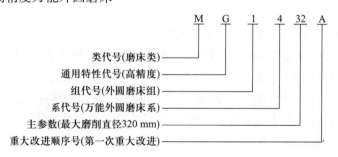

3. 机床的技术参数、精度和刚度

（1）机床的技术参数

机床的主要技术参数包括尺寸参数、运动参数与动力参数。

尺寸参数反映机床的加工范围，包括主参数、第二主参数和与加工零件有关的其他尺寸参数。各类机床的主参数和第二主参数我国已有统一规定。

运动参数是指机床执行件的运动速度，例如主轴的最高转速与最低转速，刀架的最大进给量与最小进给量（或进给速度）。

动力参数反映机床电动机的功率，有些机床还给出主轴允许承受的最大转矩等其他内容。

（2）机床精度

为保证被加工工件达到要求的精度和表面粗糙度，并能在长期使用中保持这些性能而要求机床本身必须具备的精度，称为机床精度。机床精度包括几何精度、传动精度、运动精度、定位精度、工作精度和精度保持性等几个方面。各类机床按精度可分为普通精度级、精密级和高精度级。以上三种精度等级的机床均有相应的精度标准，其允差若以普通级为1，则大致比例为1:0.4:0.25。在设计阶段主要从机床的精度分配、元件及材料选择等方面来提高机床精度。

1）几何精度

几何精度是指机床空载条件下，在不运动（机床主轴不转或工作台不移动等情况下）或运动速度较低时各主要部件的形状、相互位置和相对运动的精确程度。如导轨的直线度、主轴的径向圆跳动及轴向窜动、主轴中心线对滑台移动方向的平行度或垂直度等。几何精度直接影响加工工件的精度，是评价机床质量的基本指标。几何精度主要取决于结构设计、制造和装配质量。

2）运动精度

运动精度是指机床空载并以工作速度运动时，主要零部件的几何位置精度。如高速回转主轴的回转精度。对于高速精密机床，运动精度是评价机床质量的重要指标。运动精度与结构设计及制造等因素有关。

3）传动精度

传动精度是指机床传动系各末端执行件之间运动的协调性和均匀性。影响传动精度的主要因素是传动系统的设计、传动元件的制造和装配精度。

4）定位、重复定位精度

定位精度是指机床的定位部件运动到规定位置的精度。定位精度直接影响被加工工件的尺寸精度和几何精度。重复定位精度是指机床的定位部件反复多次运动到规定位置时精度的一致程度。它影响一批零件加工的一致性。机床构件和进给控制系统的精度、刚度及其动态特性，机床测量系统的精度都将影响机床定位精度和重复定位精度。

5）工作精度

加工规定的试件，用试件的加工精度表示机床的工作精度。工作精度是各种因素综合影响的结果，包括机床自身的精度、刚度、热变形和刀具、工件的刚度及热变形等。

6）精度保持性

在规定的工作期间内保持机床所要求的精度，称为精度保持性。影响精度保持性的主要因素是磨损。磨损的影响因素十分复杂，如结构设计、工艺、材料、热处理、润滑、防护、使用条件等。

（3）机床刚度

机床刚度指机床系统抵抗变形的能力。作用在机床上的载荷有重力、夹紧力、切削力、传动力、摩擦力、冲击振动干扰力等。按照载荷的性质不同，可分为静载荷和动载荷，即不随时间变化或变化极为缓慢的力称为静载荷，如重力、切削力的静力部分等。凡随时间变化的力，如冲击振动力及切削力的交变部分等称为动态力。故机床刚度相应地分为静刚度及动刚度，后者是抗振性的一部分，习惯所说的刚度一般指静刚度。

3.1.2 机床的组成与部件

1. 机床的基本组成

机床的种类和规格繁多，可以完成各种各样的切削加工任务，但它们大体由以下几部分构成：

（1）动力源　为机床提供动力(功率)和运动的驱动部分。

（2）传动系统　包括主传动系统、进给传动系统和其他运动的传动系统，如变速箱、进给箱等部件。

（3）支承件　用于安装和支承其他固定的或运动的部件，承受重力和切削力，如床身、底座、立柱等。

（4）工作部件

1）与主运动和进给运动有关的执行部件，如主轴部件及主轴箱、工作台及其滑板、滑枕等安装工件或刀具的部件；

2）与工件和刀具有关的部件或装置，如自动上、下料装置，自动换刀装置，砂轮修整器等；

3）与上述部件或装置有关的分度、转位、定位机构和操纵机构等。

（5）控制系统　用于控制各工作部件的正常工作，主要是电气控制系统，有些机床局部采用液压或气动控制系统，数控机床则采用数字伺服控制系统。

（6）冷却系统　用于对加工工件、刀具及机床的某些发热部位进行冷却。

（7）润滑系统　用于对运动部位进行润滑，以减少摩擦、磨损和发热。

（8）其他装置　如排屑装置，自动测量与反馈装置等。

2. 机床的主要部件

（1）传动系统

1）主传动系统

主传动系统可按不同的特征来分类。按传动装置类型，可分为机械传动装置、液压传动装置、电气传动装置以及它们的组合。按变速的连续性，可分为分级变速传动系统和无级变速传动系统。

分级变速传动系统在一定的变速范围内只能得到某些转速，变速级数一般不超过30级。分级变速传动方式有滑移齿轮变速、交换齿轮变速和离合器(如摩擦式、牙嵌式、齿式离合器)变速。因它传递功率较大、变速范围广、传动比准确、工作可靠，广泛地应用于通用机床，尤其是中小型通用机床中。缺点是有速度损失，不能在运转中进行变速。

无级变速传动系统可由机械摩擦无级变速器、液压无级变速器和电气无级变速器实现。机械摩擦无级变速器结构简单、使用可靠，常用在中小型车床、铣床等主传动中。液压无级变速器传动平稳、运动换向冲击小，易于实现直线运动，常用于直线主运动的机床，如磨床、拉床、刨床等。电气无级变速器有直流电动机和交流调速电动机两种，由于机械结构大大简化，便于实现自动变速、连续变速和负载下变速，应用较为广泛，目前在数控机床上几乎都采用电气变速。

2）进给传动系统

按照机床实现进给的传动类型，进给传动系统一般分为机械进给传动系统、液压进给传动系统、电气伺服进给传动系统等。

机械进给传动系统结构较复杂，制造及装配工作量较大，但由于工作可靠，便于检查和维修，目前仍有很多机床采用。

数控机床近几年得到越来越广泛应用，本书将重点介绍电气伺服进给传动系统。在电气伺服进给系统中，运动部件的移动是靠脉冲信号来控制的，要求运动部件动作灵敏、低惯量、定位精度好、具有适宜的阻尼比，传动机构不能有反向间隙。电气伺服进给系统由伺服驱动部件和机械传动部件组成。伺服驱动部件有步进电动机、直流伺服电动机、交流伺服电动机、直线伺服电动机等。机械传动部件主要指齿轮（或同步带）和滚珠丝杠螺母传动副。

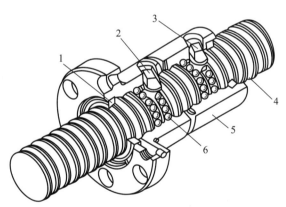

1—密封环；2、3—回珠器；4—丝杠；5—螺母；6—滚珠

图 3.1　滚珠丝杠螺母传动副的结构

滚珠丝杠螺母传动副是将旋转运动转换成执行件的直线运动的运动转换机构，如图 3.1 所示，由螺母、丝杠、滚珠、回珠器、密封环等组成。滚珠丝杠螺母传动副的摩擦系数小，传动效率高。

滚珠丝杠螺母传动副主要承受轴向载荷，因此对丝杠轴承的轴向精度和刚度要求较高，常采用角接触球轴承或双向推力圆柱滚子轴承与滚针轴承的组合轴承方式，如图 3.2 和图 3.3 所示。

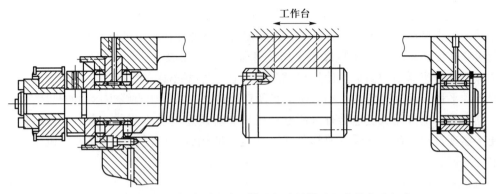

图 3.2　采用双向推力圆柱滚子轴承与滚针轴承组合的支承方式

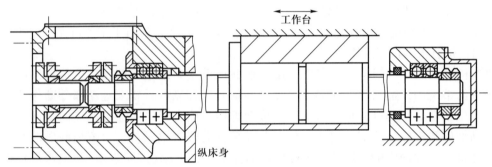

图 3.3　采用角接触球轴承的支承方式

（2）主轴部件

主轴部件属于机床的工作部件，是机床的重要部件之一。主轴部件由主轴及其支承轴承、传动件、密封件及定位元件等组成。它的功用是支承并带动工件或刀具旋转进行切削，承受切削力和驱动力等载荷，完成表面成形运动。主轴部件应满足良好的旋转精度、刚度、抗振性、抗温升和热变形等基本要求。

1）主轴部件的支承形式与传动方式

多数机床的主轴采用前、后两个支承，前、后支承应消除间隙或预紧。为提高刚度和抗振性，有的机床主轴采用三个支承。三个支承中可以前、后支承为主要支承，中间支承为辅助支承；也可以前、中支承为主要支承，后支承为辅助支承。三支承方式对三个支承孔的同心度要求较高，制造装配较复杂。

主轴部件的传动方式主要有齿轮传动、带传动、电动机直接驱动等。主轴传动方式的选择主要决定于主轴的转速及所传递的转矩，还要考虑运动平稳性、结构紧凑、装卸维修方便等方面的要求。

齿轮传动的特点是结构紧凑，能传递较大的转矩，能适应变转速、变载荷工作，应用最广。它的缺点是线速度不能过高，通常小于 12~15 m/s，不如带传动平稳。

常用的带传动有平带、V 带、多楔带和同步带等。带传动的特点是靠摩擦力传动（除同步带外）、结构简单、制造容易、成本低，特别适用于中心距较大的两轴间传动。传动带有弹性可吸振、传动平稳、噪声小，适宜高速传动。带传动在过载时会打滑，能起到过载保护作用。带传动的缺点是有滑动，不能用在速比要求准确的场合。同步带是通过带上的齿形与带轮上的轮齿相啮合传递运动和动力，如图 3.4 所示。它综合了胶带、链条、齿轮传动的优点，可保证主、从动轮的同步传动，主要用于同步传动装置。同步带的齿形有两种：梯形齿和圆弧齿。圆弧齿形受力合理，较梯形齿同步带能够传递更大的转矩。

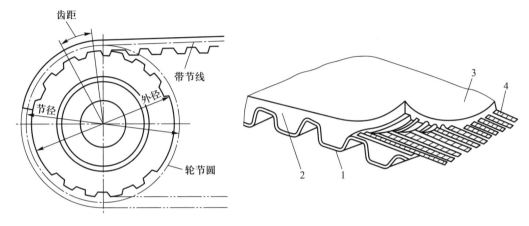

1—包布层；2—带齿；3—带背；4—承载绳

图 3.4 同步带传动

电动机直接驱动方式能简化主轴箱箱体与主轴的结构，有效地提高了主轴部件的刚度。如果主轴转速不算太高，可采用普通异步电动机直接带动主轴，如平面磨床的砂轮主轴。如果转速很高，可将主轴与电动机制成一体，成为主轴单元，俗称"电主轴"。如图 3.5 所示的高速磨削电主轴，转子轴就是主轴，电动机座就是机床主轴单元的壳体。电主轴大大简化了结构，有效地提高了主轴部件的刚度，降低了噪声和振动；有较宽的调速范围，较大的驱动功率和转矩，便于组织专业化生产。因此电主轴广泛地用于高速精密机床，如高速加工中心，但高速电主轴的轴承润滑十分关键。

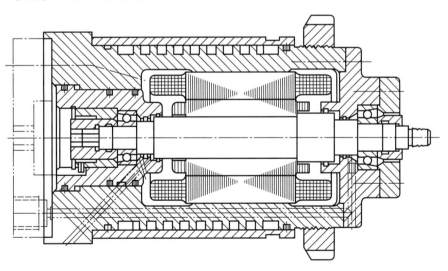

图 3.5 高速磨削电主轴

2）主轴的结构和材料

主轴的构造和形状主要决定于主轴上所安装的刀具、传动件、轴承等零件的类型、数量、位置和安装定位方法等。主轴一般为空心阶梯轴，前端径向尺寸大，中间径向尺寸逐渐减小，尾部径向尺寸最小。应根据机床精度标准，首先制定出满足主轴旋转精度所必需的技术要求，如主轴前后轴承轴颈的同轴度，锥孔相对于前后轴颈中心连线的径向圆跳动等，再考虑其他性能所需的要求，如表面粗糙度、表面硬度等。图 3.6 为车床主轴简图，A 和 B 是主支承轴颈，主轴中心线是 A 和 B 的圆心连线，即为设计基准。检测时以主轴中心线为基准来检验主轴上各内、外圆表面和端面的径向圆跳动和端面圆跳动，所以也是检测基准，同时也是主轴前、后锥孔的工艺基准和锥孔检测时的测量基准。

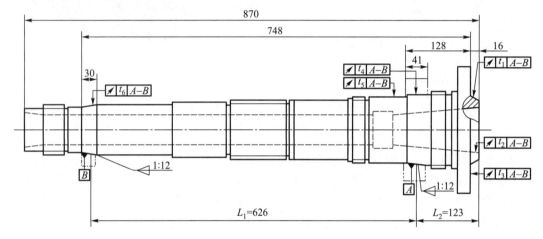

图 3.6 车床主轴简图

普通机床主轴选用中碳钢（如 45 钢），调质处理后，在主轴端部、锥孔、定心轴颈或定心锥面等部位进行局部高频淬硬，以提高其耐磨性。精密机床或载荷大和有冲击要求的机床主轴选用合金钢，但要减小热处理后的变形。当支承为滑动轴承，则轴颈也需淬硬，以提高耐磨性。对于高速、高效、高精度机床，其主轴部件的热变形及振动等一直是国内外研究的重点课题。

3）主轴轴承

主轴部件中最重要的组件是轴承。轴承的类型、精度、结构、配置方式、安装调整、冷却润滑等条件，都直接影响主轴部件的工作性能。机床上常用的主轴轴承分为滚动轴承和滑动轴承。滚动轴承有角接触球轴承、双列短圆柱滚子轴承、圆锥滚子轴承、推力轴承、陶瓷滚动轴承等，如图 3.7 所示。

滚动轴承在运转过程中，滚动体和轴承滚道间会产生滚动摩擦和滑动摩擦，产生的热量使轴承温度升高。热变形改变了轴承的间隙，引起振动和噪声。利用润滑剂（润滑脂或润滑油）可以在摩擦面间形成润滑油膜，减小了摩擦系数和发热量，并能带走一部分热量，以降低轴承的温升。

滑动轴承具有抗振性良好、旋转精度高、运动平稳等特点，应用于高速或低速的精密、高精密机床和数控机床中。按产生油膜的方式，分为动压轴承和静压轴承。按流体介质不同，

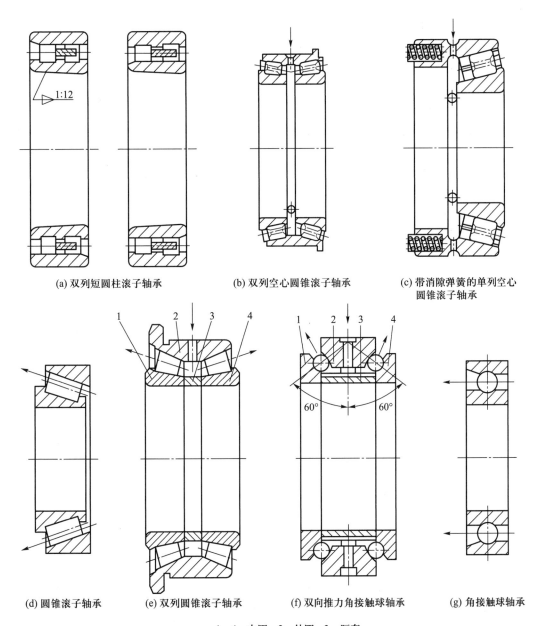

(a) 双列短圆柱滚子轴承　　(b) 双列空心圆锥滚子轴承　　(c) 带消隙弹簧的单列空心
圆锥滚子轴承

(d) 圆锥滚子轴承　　(e) 双列圆锥滚子轴承　　(f) 双向推力角接触球轴承　　(g) 角接触球轴承

1、4—内圈；2—外圈；3—隔套

图 3.7　典型的滚动轴承

分为液体滑动轴承和气体滑动轴承。

（3）支承件

机床的支承件是指床身、立柱、横梁、底座等，它们相互固定连接成机床的基础和框架。其他零部件可以固定在支承件上，或者工作时在支承件的导轨上运动。支承件的主要功能是保证机床各零、部件之间的相互位置和相对运动精度，并保证机床有足够的静刚度、抗振性、热稳定性和寿命。

支承件应满足的基本要求：具有足够的刚度和较高的刚度-质量比；具有较好的动态特性，包括较大的动刚度和阻尼、较高的整机低阶频率、各阶频率不致引起结构共振、不会因薄壁振动而产生噪声；热稳定性好，热变形对机床加工精度的影响较小；排屑畅通、吊运安全，并具有良好的结构工艺性。

1）支承件的结构与截面形状

支承件的总体结构形状分为箱形、板块、梁支三类。箱形类支承件三个方向的尺寸相差不多，如各类箱体、底座、升降台等。板块类支承件两个方向的尺寸上比第三个方向的大得多，如工作台、刀架等。梁支类支承件一个方向的尺寸比另两个方向的大得多，如立柱、横梁、摇臂、滑枕、床身等。

常见的支承件截面形状分为方形、圆形、矩形三种。支承件的截面形状设计应保证在最小质量条件下，具有最大的静刚度。一般而言，无论是方形、圆形或矩形，空心截面的刚度比实心的好；圆（环）形截面的抗扭刚度比方形好，而抗弯刚度比方形差；封闭截面的刚度远远大于开口截面的刚度，特别是抗扭刚度。图3.8所示的机床床身截面均为空心矩形截面。图3.8a所示为典型的车床类床身，工作时承受弯曲和扭转载荷，并且床身上需有较大空间排出切屑和切削液。图3.8b所示是镗床、龙门刨床类机床的床身，主要承受弯曲载荷，由于切屑不需要从床身排出，所以顶面多采用封闭式，台面不太高，以便于工件的安装调整。图3.8c是大型和重型机床类床身，采用三道壁，重型机床可采用双层壁结构床身，以进一步提高刚度。

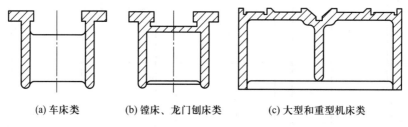

(a) 车床类　　　(b) 镗床、龙门刨床类　　　(c) 大型和重型机床类

图3.8　机床床身截面

2）支承件的材料

支承件常用的材料有铸铁、钢板和型钢、预应力钢筋混凝土、天然花岗岩等。

常用的铸件牌号有HT200、HT150、HT100。HT200称为Ⅰ级铸铁，抗压抗弯性能较好，可制成带导轨的支承件，不适宜制作结构太复杂的支承件。HT150称为Ⅱ级铸铁，流动性好，铸造性能好，但力学性能较差，适用于形状复杂的铸件和重型机床床身以及受力不大的床身和底座。HT100称为Ⅲ级铸铁，力学性能差，一般用作镶装导轨的支承件。为增加耐磨性，可采用高磷铸铁、磷铜钛铸铁、铬钼铸铁等合金铸铁。

钢板和型钢的焊接支承件具有制造周期短、可制成封闭结构、刚性好、固有频率比铸铁高等特点，在刚度要求相同的情况下，采用钢焊接支承件可比铸铁支承件壁厚减少一半，质量减轻20%~30%。近年来，国外使用钢板焊接结构件代替铸件的趋势不断扩大，开始仅在单件和小批生产的重型机床和超重型机床上应用，逐步发展到在一定批量的中型机床中使用。钢板焊接结构的缺点是，焊接热变形大，焊后需退火处理，以消除焊接应力，减小焊接变形，提高尺寸稳定性。钢板材料内摩擦阻尼约为铸铁的1/3，抗振性较铸铁差，可采用提高阻尼的方法来改善动态性能。

预应力钢筋混凝土主要用于制作不常移动的大型机械的机身、底座、立柱等支承件。预应力钢筋混凝土支承件的刚度和阻尼比铸铁大几倍，抗振性好，成本较低。图3.9所示是数控车床的底座和床身，底座1为钢筋混凝土，混凝土的内摩擦阻尼很高，所以机床的抗振性很高。床身2为内封砂芯的铸铁床身，也可提高床身的阻尼。

天然花岗岩性能稳定，精度保持性好，抗振性好，阻尼系数比钢大15倍，耐磨性比铸铁高5~6倍，热导率和线胀系数小，热稳定性好，抗氧化性强，不导电，抗磁，与金属不黏合，加工方便，通过研磨和抛光容易得到很高的精度和表面粗糙度。目前主要用于三坐标测量机、印制电路板数控钻床、气浮导轨基座等。缺点是结晶颗粒粗于钢铁的晶粒，抗冲击性能差，脆性大，油和水等液体易渗入晶界，使表面局部变形胀大，难于制作复杂的零件。

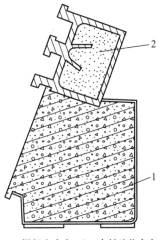

1—混凝土底座；2—内封砂芯床身

图3.9 数控车床的底座和
床身示意图

（4）导轨

机床导轨的功用是承受载荷和导向。它承受安装在导轨上的运动部件及工件的重力和切削力，运动部件可以沿导轨运动。运动的导轨称为动导轨，不动的导轨称为静导轨或支承导轨。动导轨相对于静导轨可以做直线运动或者回转运动。导轨应满足导向精度良好，承载能力大，刚度好，精度保持性好，低速运动平稳等技术要求。

机床导轨的类型主要有三种：滑动导轨、静压导轨和滚动导轨，如图3.10。

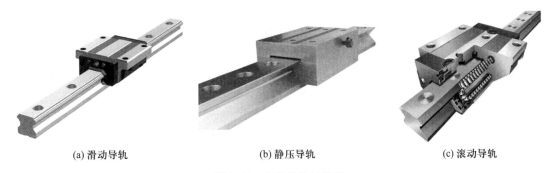

(a) 滑动导轨 (b) 静压导轨 (c) 滚动导轨

图3.10 机床导轨的类型

1）滑动导轨

从摩擦性质来看，滑动导轨是具有一定动压效应的混合摩擦状态。导轨的动压效应主要与导轨的滑动速度、润滑油黏度、导轨面的油沟尺寸和形式等有关。速度较高的主运动导轨，如立式车床的工作台导轨，应合理地设计油沟形式和尺寸，选择合适黏度的润滑油，以产生较好的动压效果。滑动导轨的优点是结构简单、制造方便和抗振性良好，缺点是磨损快。为了提高耐磨性，国内外广泛采用塑料导轨和镶钢导轨。塑料导轨是用喷涂法或黏结法覆盖在导轨面上。通常对长导轨用喷涂法，对短导轨用黏结法。

直线滑动导轨的截面形状主要有四种：三角形、矩形、燕尾形和圆柱形，并可互相组合，每种导轨副中还有凸、凹之分，见表 3.4。

表 3.4 滑动导轨的截面形状

	三 角 形	矩 形	燕 尾 形	圆 柱 形
凸形	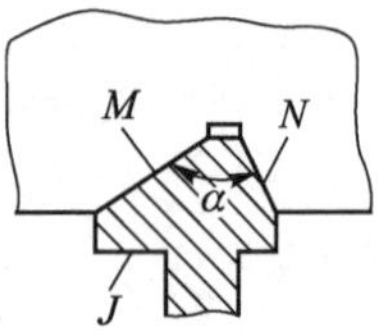	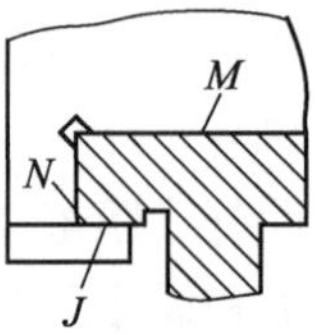	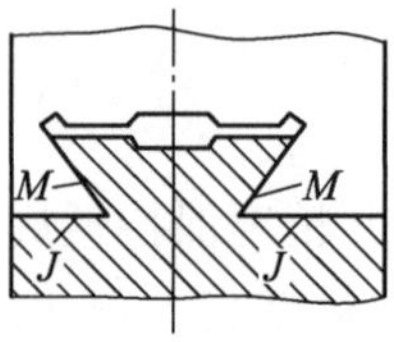	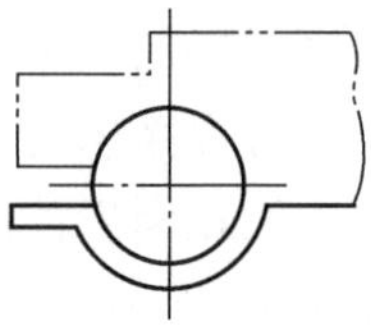
凹形	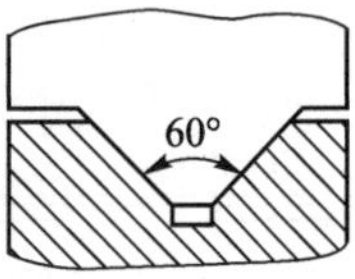	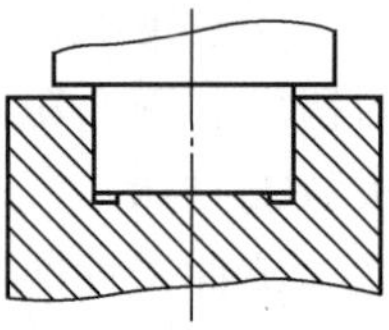	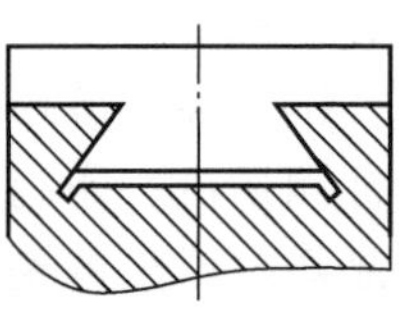	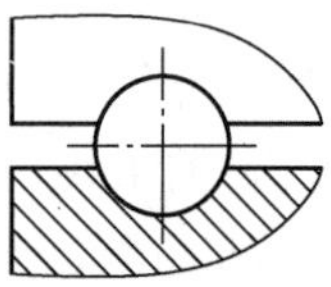

三角形导轨面磨损时，动导轨会自动下沉，自动补偿磨损量，不会产生间隙。三角形导轨的顶角 α 一般在 $90° \sim 120°$ 内变化，α 角越小，导向性越好，但摩擦力也越大。所以，小顶角用于轻载精密机械，大顶角用于大型或重型机床。三角形导轨结构有对称式和不对称式两种。当水平力大于垂直力，两侧压力分布不均时，可采用不对称导轨。

矩形导轨具有承载能力大、刚度高、制造简便、检验和维修方便等优点，但存在侧向间隙，需用镶条调整，导向性差。凸形矩形导轨容易清除切屑，但不易存留润滑油，凹形矩形导轨则相反。矩形导轨适用于载荷较大而导向性要求略低的机床。

燕尾形导轨可以承受较大的倾覆力矩，导轨的高度较小，结构紧凑，间隙调整方便。但是刚度较差，加工、检验维修都不太方便。适用于受力小、层次多、要求间隙调整方便的部件。

圆柱形导轨制造方便，工艺性好，但磨损后较难调整和补偿间隙。为防止转动，可在圆柱表面开键槽或加工出平面，但不能承受大的扭矩。主要用于受轴向负荷的导轨，应用较少。

机床滑动导轨通常由两条导轨组合而成，根据不同要求，机床导轨主要有双三角形导轨、双矩形导轨、矩形和三角形导轨的组合、矩形和燕尾形导轨的组合。

双三角形导轨如图 3.11a 所示，不需要镶条调整间隙，接触刚度好，导向性和精度保持性好，但是工艺性差，加工、检验和维修不方便。多用在精度要求较高的机床中，如丝杠车床、导轨磨床、齿轮磨床等。

双矩形导轨如图 3.11b、c 所示，导向方式有两种。由两条导轨的外侧导向时，称为宽式（图 3.11b）；分别由一条导轨的两侧导向时，称为窄式（图 3.11c）。机床热变形后，宽式双矩形导轨的侧向间隙变化比窄式的大，导向性不如窄式。无论是宽式还是窄式，侧导向面都需用镶条调整间隙。双矩形导轨承载能力大，制造简单，多用在普通精度机床和重型机床中，如重型车床、组合机床、升降台铣床等。

矩形和三角形导轨组合的导向性好、刚度高、制造方便、应用最广，如车床、磨床、龙

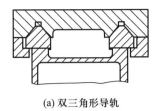  

(a) 双三角形导轨　　　　　　(b) 宽式双矩形导轨　　　　　　(c) 窄式双矩形导轨

图 3.11　导轨的组合

门铣床的床身导轨。

矩形和燕尾形导轨组合能承受较大力矩，调整方便，多用在横梁、立柱、摇臂导轨中。

2）静压导轨

静压导轨的工作原理与静压轴承相似，通常在动导轨面上均匀分布有油腔和封油面，把具有一定压力的液体或气体介质经节流器送到油腔内，使导轨面间产生压力，将动导轨微微抬起，与支承导轨脱离接触，浮在压力油膜或气膜上，使得动导轨与支承导轨之间实现流体润滑。静压导轨的液体静压润滑原理及油腔结构如图 3.12 所示。静压导轨摩擦系数小，在起动和停止时没有磨损，精度保持性好。缺点是结构复杂，需要一套专门的液压或气压设备，维修、调整比较麻烦。静压导轨多用于精密和高精度机床或低速运动机床中。

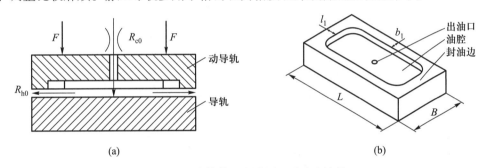

图 3.12　液体静压润滑原理及油腔结构

静压导轨分为液体静压导轨和气体静压导轨，本书重点介绍液体静压导轨。液体静压导轨主要有两种分类方法，按供油方式分类和按导轨结构分类。按供油方式可分为恒流量供油静压导轨和恒压供油静压导轨；按导轨结构形式可分为开式液体静压导轨、闭式液体静压导轨、卸荷液体静压导轨等。

开式液体静压导轨常用的结构形式如图 3.13 所示。它依靠运动件的自重或载荷保持动导轨不与支承导轨分离，只能承受单向载荷。开式液体静压导轨结构简单，制造及调整方便；承受正向载荷的能力大，承受偏载及倾覆力矩的能力较差，且不能承受反向载荷；当导轨尺寸确定后，油腔压力只由载荷决定，因此小载荷时油膜刚度低。

闭式液体静压导轨常用的结构形式如图 3.14 所示。动导轨仅在其运动方向具有一个自由度，其余自由度由于导轨的结构被约束，可应用于载荷不均匀，偏载大及有正、反向载荷的场合，或应用于立式导轨。闭式静压导轨能承受正、反向的载荷，承受偏载荷及倾覆力矩的能力较强；油膜刚度高，导轨本身的结构刚度要求较高；为减少功率损耗，一般采用不等面积对置油腔的结构，制造及调整较复杂。

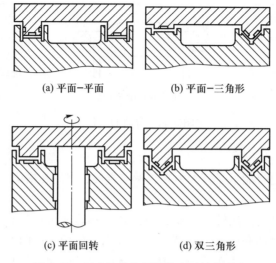

(a) 平面-平面   (b) 平面-三角形

(c) 平面回转   (d) 双三角形

图 3.13 开式液体静压导轨常用结构形式

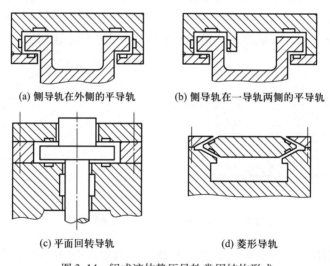

(a) 侧导轨在外侧的平导轨   (b) 侧导轨在一导轨两侧的平导轨

(c) 平面回转导轨   (d) 菱形导轨

图 3.14 闭式液体静压导轨常用结构形式

卸荷液体静压导轨实质上就是未能将工作台完全浮起的开式液体静压导轨,运动件和承导件直接接触,刚度大,抗偏载能力强,制造调试要求相对较低,精度比开式、闭式液体静压导轨低。

3)滚动导轨

在静、动导轨面之间放置滚动体,如滚珠、滚柱、滚针或滚动导轨块,组成滚动导轨。滚动导轨与滑动导轨相比具有以下优点:摩擦系数小,动、静摩擦系数很接近,因此摩擦力小,起动轻便,运动灵敏,不易爬行;磨损小,精度保持性好,寿命长,具有较高的重复定位精度,运动平稳;可采用油脂润滑,润滑系统简单。常用于对运动灵敏度要求高的场合,如数控机床、机器人和精密定位微量进给机床中。滚动导轨同滑动导轨相比,抗振性差(可以通过预紧方式改善),结构复杂,成本较高。

滚动导轨按滚动体类型分为滚珠循环型、滚柱循环型和滚针循环型三种，如图 3.15 所示。滚珠为点接触，承载能力差，刚度低，滚珠循环型导轨多用于小载荷。滚柱为线接触，承载能力比滚珠高，刚度好，滚柱循环型导轨用于较大载荷。滚针也为线接触，滚针循环型导轨常用于径向尺寸小的导轨。

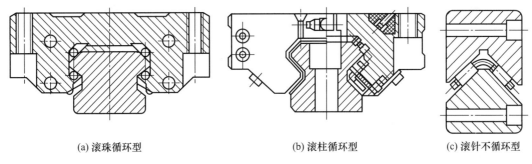

    (a) 滚珠循环型   (b) 滚柱循环型   (c) 滚针不循环型

图 3.15　滚动导轨

3.1.3　机床的运动分析

机床运动分析是为了研究机床所应具有的各种运动及其相互关系。首先，根据在机床上加工的各种表面和使用的刀具类型，分析得到这些表面的方法和所需的运动。在此基础上，分析为了实现这些运动，机床必须具备的传动联系，实现这些传动的机构以及机床运动的调整方法，为合理使用机床、设计机床打下基础。

1. **工件表面的形状及其形成方法**

切削加工是零件成形的一种有效方法，任何一种经切削加工得到的机械零件，其形状都是由若干便于刀具切削加工获得的表面组成的。这些表面包括平面、圆柱面、圆锥面以及各种成形表面。从几何观点看，这些表面(除了少数特殊情况，如涡轮叶片的成形面外) 都可以看成是一条线(母线)沿另一条线(导线)运动而形成的。

母线和导线统称为表面的发生线，在用机床加工零件表面的过程中，工件、刀具之一或两者同时按一定的规律运动形成两条发生线，从而生成所要加工的表面。常用的形成发生线的方法有 4 种：

1) 轨迹法　刀具切削刃与被加工表面为点接触。采用轨迹法形成所需的发生线需要一个独立的运动，如图 3.16a 所示。

2) 成形法　采用成形刀具，如图 3.16b 所示，切削刃 1 的形状与曲线母线 2 的形状一致，因此加工时无须任何运动，便可获得所需的发生线。

3) 相切法　采用相切法形成发生线，需要刀具旋转和刀具与工件之间的相对移动两个彼此独立的运动，如图 3.16c 所示。

4) 展成法　用展成法生成发生线时，工件的旋转与刀具的旋转(或移动)两个运动之间必须保持严格的运动协调关系，即刀具与工件之间犹如一对齿轮之间或齿轮与齿条之间作啮合运动，如图 3.16d 所示。在这种情况下，两个运动不是彼此独立的，而是相互联系、密不可分的，它们共同组成一种复合运动(即展成运动)。

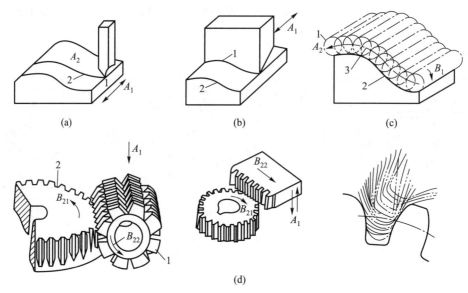

1—刀尖或切削刃；2—发生线；3—刀具轴线的运动轨迹

图 3.16 形成发生线所需要的运动

2. 机床的运动

在机床上，为了获得所需的工件表面形状，必须使刀具和工件完成表面成形运动。此外，机床还有多种辅助运动。

在金属切削机床上切削工件时，工件与刀具间的相对运动，就其运动性质而言，有旋转运动和直线运动两种。通常用符号 A 表示直线运动，用符号 B 表示旋转运动。但就机床上运动的功用来看，则可区分为表面成形运动、空行程运动、切入运动、分度运动、操纵及控制运动和校正运动等。

(1) 表面成形运动

表面成形运动简称成形运动，是保证得到工件要求的表面形状的运动。表面成形运动是机床上最基本的运动，是机床上的刀具和工件为了形成表面发生线而作的相对运动。例如，图 3.17a 所示是用尖头车刀车削外圆柱面时，工件的旋转运动 B_1 产生母线(圆)，刀具的纵向直线运动 A_2 产生导线(直线)。形成母线和导线的方法，都属于轨迹法。B_1 和 A_2 就是两个表面成形运动。成形运动按其组成情况不同，可能是简单运动、复合运动或两者的组合。如果一个独立的成形运动是由单独的旋转运动或直线运动构成的，则称此成形运动为简单的成形运动。图 3.17a 中工件的旋转运动 B_1 和刀具的直线移动 A_2 就是两个简单的成形运动。如图 3.17b 所示，用砂轮磨削外圆柱面时，砂轮和工件的旋转运动 B_1、B_2 以及工件的直线运动 A_3，也都是简单的成形运动。如果一个独立的成形运动，是由两个或两个以上的单元运动(旋转或直线)按照某种确定的运动关系组合而成，并且相互依存，则这种成形运动称为复合的成形运动。如图 3.17c 所示，车削螺纹时，形成螺旋形发生线的是工件与刀具之间的相对螺旋轨迹运动。为简化机床结构和保证精度，通常将其分解为工件的等速旋转运动 B_{11} 和刀具的等速直

线移动 A_{12}。B_{11} 和 A_{12} 彼此不能独立，它们之间必须保持严格的运动关系，即工件每转 1 转，刀具直线移动的距离应等于工件螺纹的导程，从而 B_{11} 和 A_{12} 这两个单元运动组成一个复合的成形运动。如图 3.17d 所示，用尖头车刀车削回转体成形面时，车刀的曲线轨迹运动通常是由方向相互垂直的、有严格速比关系的两个直线运动 A_{21} 和 A_{22} 来实现的，A_{21} 和 A_{22} 也组成了一个复合的成形运动。成形运动按其在切削加工中所起的作用，又可分为主运动和进给运动。

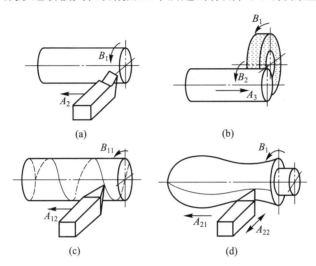

图 3.17 成形运动的组成

（2）辅助运动

机床上除表面成形运动外，还需要辅助运动，以实现机床的各种辅助动作。辅助运动的种类很多，主要包括以下几种：

1）各种空行程运动 空行程运动是指进给前后的快速运动和各种调位运动。例如，在装卸工件时，为避免碰伤操作者，刀具与工件应相对退离；在进给开始之前快速引进，使刀具与工件接近，进给结束后快退。车床的刀架或铣床的工作台，在进给前、后都有快进或快退运动。调位运动是在调整机床的过程中，把机床的有关部件移到要求的位置。例如摇臂钻床，为使钻头对准被加工孔的中心，可转动摇臂和使主轴箱在摇臂上移动；龙门式机床，为适应工件的不同高度，可使横梁升降。这些都是调位运动。

2）切入运动 切入运动用于保证被加工表面获得所需要的尺寸。

3）分度运动 加工若干个完全相同的均匀分布的表面时，为使表面成形运动得以周期地连续进行的运动，称为分度运动。如车削多头螺纹，在车完一条螺纹后，工件相对于刀具要回转 $1/K$ 转（K 为螺纹头数）才能车削另一条螺纹表面。这个工件相对于刀具的旋转运动就是分度运动。多工位机床的多工位工件台或多工位刀架也需要分度运动。

4）操纵和控制运动 操纵和控制运动包括机床的起动、停止、变速、换向，部件与工件的夹紧、松开，刀架的转位以及自动换刀、自动测量、自动补偿等。

3. 机床的传动联系和传动原理图

（1）机床的传动链

机床为了得到所需要的运动，需要通过一系列的传动件把执行件和动力源（例如把主轴和电动机），或者把执行件和执行件（例如把主轴和刀架）连接起来，以构成传动联系。构成一个传动联系的一系列传动件，称为传动链。根据传动联系的性质，传动链可分为以下两类：

1）外联系传动链 传动链的两个末端件的转角或移动量（称为"计算位移"）之间如果没有严格的比例关系要求则为外联系传动链。外联系传动链联系动力源（如电动机）和机床执行件（如主轴、刀架和工作台等），使执行件得到预定速度的运动，并传递一定的动力。此外，外联系传动链还包括变速机构和换向（改变运动方向）机构等。外联系传动链传动比的变化，只影响生产率或表面粗糙度，不影响发生线的性质。因此，外联系传动链不要求动力源与执行件间有严格的传动比关系。例如，在车床上用轨迹法车削圆柱面时，主轴的旋转和刀架的移动就是两个互相独立的成形运动，有两条外联系传动链；主轴的转速和刀架的移动速度，只影响生产率和表面粗糙度，不影响圆柱面的性质；传动链的传动比不要求很准确。工件的旋转和刀架的移动之间，也没有严格的相对速度关系。

2）内联系传动链 内联系传动链联系复合运动内的各个运动分量，因而传动链所联系的执行件之间的相对速度（及相对位移量）有严格的要求，用来保证运动的轨迹。例如，在卧式车床上用螺纹车刀车螺纹时，为了保证所加工螺纹的导程，主轴（工件）每转一转，车刀必须移动一个导程，联系主轴–刀架之间的螺纹传动链，就是一条内联系传动链。再如，用齿轮滚刀加工直齿圆柱齿轮时，滚刀每转 $1/K$ 转（K 是滚刀头数），工件必须转 $1/z_{\text{工}}$ 转（$z_{\text{工}}$ 为工件的齿数），联系滚刀旋转和工件旋转的传动链，也是内联系传动链。内联系传动链有严格的传动比要求，否则就不能保证被加工表面的性质，如果传动比不准确，车螺纹时就不能得到要求的导程，加工齿轮时就不能展成正确的渐开线齿形。

（2）传动原理图

通常，传动链包括各种传动机构，如带传动、定比齿轮副、齿轮齿条、丝杠螺母、蜗杆蜗轮、滑移齿轮变速机构、离合器变速机构、交换齿轮或挂轮架以及各种电、液压和机械式无级变速机构等。在设计传动路线时，可以先撇开具体机构，把上述各种机构分成两大类：固定传动比的传动机构，简称"定比机构"；变换传动比的传动机构，简称"换置机构"。定比传动机构有定比齿轮副、丝杠螺母副以及蜗轮蜗杆副等，换置机构有变速箱、挂轮架和数控机床中的数控系统等。

为了便于研究机床的传动联系，常用一些简明的符号表达执行件与动力源之间的传动联系，但并不表达实际传动机构的种类和数量，这种用简图描述传动原理和传动路线的图就是传动原理图。图 3.18 为传动原理图常使用的一些符号。其中，表示执行件的符号还没有统一的规定，一般采用较直观的图形表示。为了把运动分析的理论推广到数控机床，图中引入了画数控机床传动原理图时所要用到的一些符号，如电的联系、脉冲发生器等。下面举例说明传动原理图的画法和所表示的内容。

卧式车床的传动原理图如图 3.19 所示。卧式车床在形成螺旋表面时需要一个运动——刀具与工件间的相对螺旋运动。这个运动是复合运动，可分解为两部分：主轴的旋转 B 和车刀的纵向移动 A。因此，车床应有两条传动链：① 联系复合运动两部分 B 和 A 的内联系传动链，主轴—4—5—u_f—6—7—丝杠；② 联系动力源与这个复合运动的外联系传动链。外联系传动链可由动力源联系复合运动中的任一环节。考虑大部分动力应输送给主轴，故外联系传动链联系动力源与主轴。图 3.4 中为，电动机—1—2—u_v—3—4—主轴。

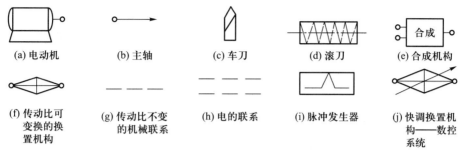

图 3.18 传动原理图的常用符号

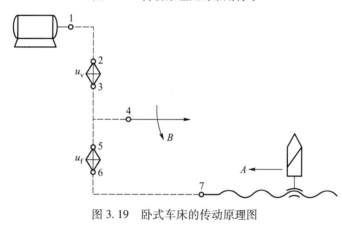

图 3.19 卧式车床的传动原理图

3.2 车床与车削

3.2.1 卧式车床的工艺范围及其组成

1. 工艺范围

车床既可用车刀对工件进行车削加工，又可采用各种孔加工刀具如钻头、扩孔钻、铰刀、丝锥、板牙、滚花刀等对工件进行加工的一类机床，主要用于加工各种回转表面，如内外圆柱表面、圆锥表面、成形回转表面、回转体的端面和各种内外螺纹面等。由于多数机器零件具有回转表面，且车床的通用性又较广，因此在机器制造厂中，车床的应用极为广泛，在金属切削机床中所占的比重最大，一般占机床总台数的 20%~35%。

在所有车床中，卧式车床的应用最为广泛。它的工艺范围广，加工尺寸范围大（由机床主参数决定），既可以对工件进行粗加工、半精加工，也可以进行精加工。图 3.20 是卧式车床所能加工的典型表面。

图 3.21 是 CA6140 型卧式车床的外形图，其主要组成部分及功用如下。

（1）主轴箱

主轴箱 1 固定在床身 4 的左端，内部装有主轴和变速及传动机构。工件通过卡盘等夹具

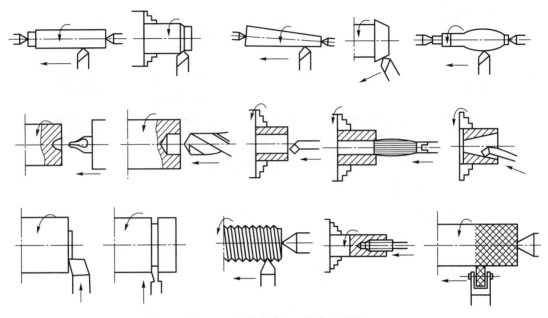

图 3.20 卧式车床加工的典型表面

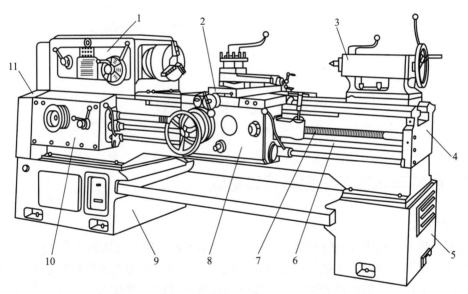

1—主轴箱；2—刀架；3—尾座；4—床身；5—右床腿；6—光杠；
7—丝杠；8—滑板箱；9—左床腿；10—进给箱；11—挂轮变速机构

图 3.21 CA6140 型卧式车床的外形图

装夹在主轴前端。主轴箱的功用是支承主轴并把动力经变速传动机构传给主轴，使主轴带动工件按规定的转速旋转，以实现主运动。

（2）刀架

刀架 2 可沿床身 4 上的运动导轨作纵向移动。刀架部件由几层组成，它的功用是装夹车刀，实现纵向、横向或斜向运动。

（3）尾座

尾座 3 安装在床身 4 右端的尾座导轨上，可沿导轨纵向调整位置。它的功用是用后顶尖支承长工件，也可以安装钻头、铰刀等孔加工刀具进行孔加工。

（4）进给箱

进给箱 10 固定在床身 4 的左端前侧。进给箱内装有进给运动的变换机构，用于改变机动进给的进给量或所加工螺纹的导程。

（5）滑板箱

滑板箱 8 与刀架 2 的最下层——纵向滑板相连，与刀架一起作纵向运动，功用是把进给箱传来的运动传递给刀架，使刀架实现纵向和横向进给，或快速移动，或车螺纹。滑板箱上装有各种操纵手柄和按钮。

（6）床身

床身 4 固定在左、右床腿 9 和 5 上。在床身上安装着车床的各个主要部件，使它们在工作时保持准确的相对位置或运动轨迹。

2. 车床的运动

车床刀具和工件的主要运动有：

（1）表面成形运动

1）工件的旋转运动　这是车床的主运动，其转速较高，消耗机床功率的主要部分。

2）刀具的移动　这是车床的进给运动。刀具可作平行于工件旋转轴线的纵向进给运动（车圆柱表面）或作垂直于工件旋转轴线的横向进给运动（车端面），也可作与工件旋转轴线倾斜一定角度的倾斜运动（车圆锥表面）或做曲线运动（车成形回转曲面）。进给量 f 常以主轴每转刀具的移动计量，即 mm/r。

车削螺纹时，只有一个复合的主运动：螺旋运动。它可以被分解为两部分：主轴的旋转和刀具的移动。

（2）辅助运动

为了将毛坯加工到所需要的尺寸，车床还应有切入运动。有的还有刀架纵、横向的机动快移。重型车床还有尾架的机动快移等。

车床的种类很多，按其结构和用途，主要可分为以下几类：① 卧式车床和落地车床；② 立式车床；③ 转塔车床；④ 单轴和多轴自动和半自动车床；⑤ 仿形车床和多刀车床；⑥ 数控车床和车削中心；⑦ 各种专门化车床，如凸轮轴车床、曲轴车床、车轮车床及铲齿车床等。此外，在大批量生产的工厂中，还有各种各样的专用车床。在所有的车床类机床中，以卧式车床应用最广。

3.2.2　CA6140 型卧式车床的传动系统

1. 传动系统图

如前所述，卧式车床传动原理图（图 3.19）所表示的传动关系最后要通过传动系统图体现出来。CA6140 型卧式车床的传动系统图见图 3.22。传动系统图是分析机床传动系统时经常使用的一种技术资料，它是表示机床全部运动的传动关系的示意图，图中各种传动元件用规定符

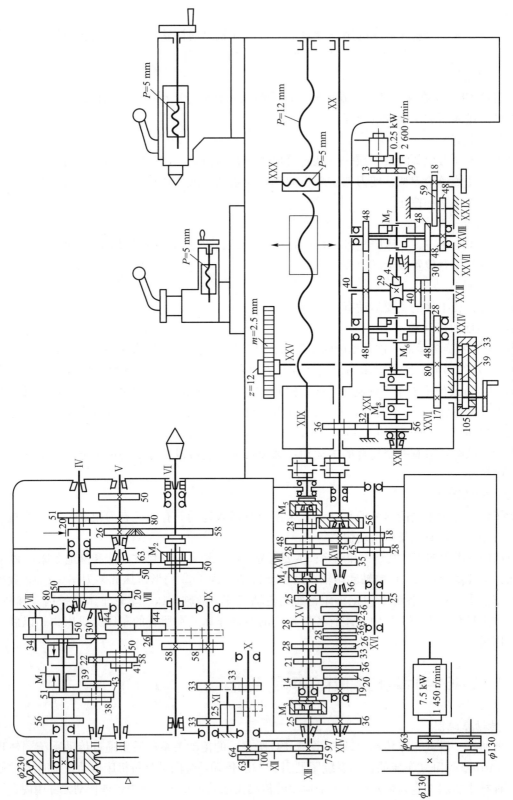

图 3.22 CA6140 型卧式车床的传动系统图

号代表(规定符号详见国家标准 GB/T 4460—2013《机械制图机构运动简图用图形符号》),各齿轮所标数字表示齿数。机床的传动系统图画在一个能反映机床基本外形和各主要部件相互位置的平面上,并尽可能绘制在机床外形轮廓线内,各传动元件应尽可能按运动传递的顺序安排,传动系统图上应标明电动机的转速和功率、轴的编号、齿轮和蜗轮的齿数、带轮直径、丝杠导程和头数等参数。该图只表示传动关系,不代表各传动元件的实际尺寸和空间位置。有时为了将空间机构展为平面图形,还必须做一些技术处理。如将一根轴断开绘成两部分,或将实际啮合的齿轮分开来画(用大括号或虚线连接起来),看图时应加以注意。

CA6140 型卧式车床的传动系统由主运动传动链,螺纹进给传动链和纵向、横向进给传动链等组成。

2. 主运动传动链

(1) 传动路线

主运动传动链的两末端件是主电动机和主轴,使主轴获得 24 级正转转速(10~1 400 r/min)和 12 级反转转速(14~1 580 r/min)。

主运动的传动路线:运动由电动机(7.5 kW,1 450 r/min)经 V 带传动副 ϕ130 mm/ϕ230 mm传至主轴箱中的轴 I。在轴 I 上装有双向多片摩擦离合器 M_1,使主轴正转、反转或停止。当压紧离合器 M_1 左部的摩擦片时,轴 I 的运动经齿轮副 56/38 或 51/43 传给轴 II,使轴 II 获得两种转速。压紧右部摩擦片时,经齿轮 50、轴 VII 上的空套齿轮 34 传给轴 II 上的固定齿轮 30。这时轴 I 到轴 II 间多一个中间齿轮 34,故轴 II 的转向与经 M_1 左部传动时相反。反转转速只有一种。当离合器处于中间位置时,左、右摩擦片都没有被压紧,轴 I 的运动不能传至轴 II,主轴停转。

轴 II 的运动可通过轴 II、轴 III 间三对齿轮的任一对传至轴 III,故轴 III 正转共 2×3=6 种转速。运动由轴 III 传往主轴有两条路线:

1) 高速传动路线 主轴 VI 上的滑移齿轮 50 移至左端,使之与轴 III 上右端的齿轮 63 啮合。运动由轴 III 经齿轮副 63/50 直接传给主轴,得到 450~1 400 r/min 的 6 种高转速。

2) 低速传动路线 主轴 VI 上的滑移齿轮 50 移至右端,使主轴上的牙嵌式离合器 M_2 啮合。轴 III 的运动经齿轮副 20/80 或 50/50 传给轴 IV,又经齿轮副 20/80 或 51/50 传给轴 V,再经齿轮副 26/58 和牙嵌式离合器 M_2 传至主轴 VI,使主轴获得 10~500 r/min 的低转速。

传动系统可用传动路线表达式表示如下:

$$主电动机 \atop (7.5\ kW,1\ 450\ r/min) - \frac{\phi130\ mm}{\phi230\ mm} - I - \left\{ {M_1(左) \atop (正转)} - \left\{ {56 \atop 38} \atop {51 \atop 43} \right\} \atop {M_1(右) \atop (反转)} - \frac{50}{34} - VII - \frac{34}{30} \right\} - II - \left\{ {39 \atop 41} \atop {30 \atop 50} \atop {22 \atop 58} \right\} -$$

$$III - \left\{ {20 \atop 80} \atop {50 \atop 50} \right\} - IV - \left\{ {20 \atop 80} \atop {51 \atop 50} \right\} - V - \frac{26}{58} - \begin{matrix} M_2(左移) - \frac{63}{50} \\ M_2(右移) \end{matrix} - VI(主轴)$$

（2）主轴转速级数和转速

由传动系统图和传动路线表达式可以看出，当主轴正转时，可得 2×3＝6 种高转速和 2×3×2×2＝24 种低转速。轴Ⅲ—Ⅳ—Ⅴ之间的 4 条传动路线的传动比为

$$i_1 = \frac{20}{80} \times \frac{20}{80} = \frac{1}{16}$$

$$i_2 = \frac{20}{80} \times \frac{51}{50} \approx \frac{1}{4}$$

$$i_3 = \frac{50}{50} \times \frac{20}{80} = \frac{1}{4}$$

$$i_4 = \frac{50}{50} \times \frac{51}{50} \approx 1$$

式中，i_2 和 i_3 基本相同，所以实际上只有三种不同的传动比。因此，运动经由低速传动路线时，主轴实际上只能得到 2×3×（2×2−1）＝18 级转速。加上由高速路线传动获得的 6 级转速，主轴总共可获得 2×3×[1+（2×2−1）]＝6+18＝24 级转速。

同样，主轴反转时，有 3×[1+（2×2−1）]＝12 级转速。

主轴的各级转速，可根据各滑移齿轮的啮合状态求得。如当处于图 3.22 中所示的啮合位置时，主轴的转速为

$$n_{主} = 1\,450 \times \frac{130}{230} \times \frac{51}{43} \times \frac{22}{58} \times \frac{20}{80} \times \frac{20}{80} \times \frac{26}{58} \text{ r/min} \approx 10 \text{ r/min}$$

同理，也可以计算出主轴正转时的 24 级转速为 10~1 400 r/min；反转时的 12 级转速为 14~1 580 r/min。当各轴上的齿轮啮合位置完全相同时，反转的转速高于正转的转速。主轴反转通常不是用于切削，主要用于车螺纹时退刀，切削完一刀后使车刀沿螺旋线退回，快速反转能节省辅助时间。

3. 进给传动链

进给传动链是实现刀具纵向或横向移动的传动链。卧式车床在切削螺纹时，进给传动链是内联系传动链。主轴转一转刀架的移动量应等于螺纹的导程。在切削圆柱面和端面时，进给传动链是外联系传动链。进给量也以工件每转刀架的移动量计。因此，在分析进给传动链时，都把主轴和刀架当作传动链的两端。CA6140 型卧式车床的进给传动原理如图 3.23 所示。

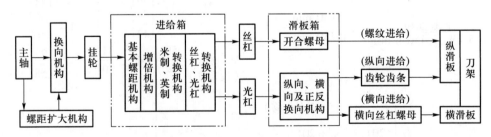

图 3.23　CA6140 型卧式车床的进给传动原理图

由图 3.22 看出，运动从主轴Ⅵ开始经轴Ⅸ传至轴Ⅹ，可经一对齿轮直接传递，也可经轴Ⅺ上的惰轮传递，这是进给换向机构。然后经挂轮架至进给箱。从进给箱传出的运动，一条路线经丝杠ⅩⅨ带动滑板箱，使刀架作纵向运动，这是车削螺纹传动链；另一条路线经光杠ⅩⅩ和滑板箱，带动刀架作纵向和横向的机动进给，这是进给传动链。

（1）车削螺纹

CA6140 型卧式车床可车削米制、英制、模数制和径节制各种标准的常用螺纹，此外还可以车削大导程、非标准和较精密的螺纹。既可以车削右螺纹，也可以车削左螺纹。车螺纹时的运动平衡式为

$$iS_丝 = S \tag{3.1}$$

式中　i——从主轴到丝杠之间的总传动比；

　　$S_丝$——机床丝杠的导程，CA6140 型卧式车床的 $S_丝 = 12$ mm；

　　S——被加工螺纹的导程，mm。

改变传动比，就可得到这四种标准螺纹的任意一种。

1）米制螺纹　米制螺纹导程的国家标准见表 3.5。

表 3.5　标准米制螺纹导程　　　　　　　　　　　　　　mm

—	1	—	1.25	—	1.5
1.75	2	2.25	2.5	—	3
3.5	4	4.5	5	5.5	6
7	8	9	10	11	12

可以看出，表中的每一行都是按等差数列排列的，行与行之间成倍数关系。

车削米制螺纹时，进给箱中的离合器 M_3 和 M_4 脱开，M_5 接合。挂轮架齿数为 63—100—75$\left(\dfrac{63}{100} \times \dfrac{100}{75}\right)$。运动进入进给箱后，经移换机构的齿轮副 25/36 传至轴 ⅩⅣ，再经过双轴滑移变速机构的齿轮副 19/14、20/14、36/21、33/21、26/28、28/28、36/28、32/28 中的任一对传至轴 ⅩⅤ，然后由移换机构的齿轮副 $\dfrac{25}{36} \times \dfrac{36}{25}$ 传至轴 ⅩⅥ，接下去再经轴 ⅩⅥ 到轴 ⅩⅧ 间的两组滑移变速机构，最后经离合器 M_5 传至丝杠 ⅩⅨ。滑板箱中的开合螺母闭合，带动刀架。

车削米制螺纹时传动链的传动路线表达式如下：

$$
主轴Ⅵ - \frac{58}{58} - Ⅸ - \left\{ \begin{array}{l} （右螺纹）\dfrac{33}{33} \\[2mm] （左螺纹）\dfrac{33}{25} - Ⅺ - \dfrac{25}{33} \end{array} \right\} - Ⅹ - \frac{63}{100} \times \frac{100}{75} - ⅩⅢ - \frac{25}{36} - ⅩⅣ - \left\{ \begin{array}{l} 19/14 \\ 20/14 \\ 36/21 \\ 33/21 \\ 26/28 \\ 28/28 \\ 36/28 \\ 32/28 \end{array} \right\}
$$

$$-XV-\frac{25}{36}\times\frac{36}{25}-XVI-\begin{cases}\dfrac{28}{35}\times\dfrac{35}{28}\\[2mm]\dfrac{18}{45}\times\dfrac{35}{28}\\[2mm]\dfrac{28}{35}\times\dfrac{15}{48}\\[2mm]\dfrac{18}{45}\times\dfrac{15}{48}\end{cases}-XVIII-M_5-丝杠\ XIX-刀架$$

其中轴 XIV 到轴 XV 之间的变速机构可变换 8 种不同的传动比：

$$i_{基1}=\frac{26}{28}=\frac{6.5}{7}\qquad\qquad i_{基5}=\frac{19}{14}=\frac{9.5}{7}$$

$$i_{基2}=\frac{28}{28}=\frac{7}{7}\qquad\qquad i_{基6}=\frac{20}{14}=\frac{10}{7}$$

$$i_{基3}=\frac{32}{28}=\frac{8}{7}\qquad\qquad i_{基7}=\frac{33}{21}=\frac{11}{7}$$

$$i_{基4}=\frac{36}{28}=\frac{9}{7}\qquad\qquad i_{基8}=\frac{36}{21}=\frac{12}{7}$$

即 $i_{基j}=\dfrac{S_j}{7}$，$S_j=6.5$，7，8，9，9.5，10，11，12。这些传动比的分母相同，分子则除 6.5 和 9.5 用于其他种类的螺纹外，其余按等差数列排列，相当于米制螺纹导程标准的最后一行。这套变速机构称为基本组。轴 XVI 到轴 XVIII 之间的变速机构可变换 4 种传动比：

$$i_{倍1}=\frac{18}{45}\times\frac{15}{48}=\frac{1}{8}\qquad\qquad i_{倍3}=\frac{18}{45}\times\frac{35}{28}=\frac{1}{2}$$

$$i_{倍2}=\frac{28}{35}\times\frac{15}{48}=\frac{1}{4}\qquad\qquad i_{倍4}=\frac{28}{35}\times\frac{35}{28}=1$$

它们用以实现螺纹导程标准中行与行间的倍数关系，称为增倍组。基本组、增倍组和移换机构组成进给变速机构，它与挂轮一起组成换置机构。

车削米制（右旋）螺纹的运动平衡式为

$$S=\frac{58}{58}\times\frac{33}{33}\times\frac{63}{100}\times\frac{100}{75}\times\frac{25}{36}\times i_{基}\times\frac{25}{36}\times\frac{36}{25}\times i_{倍}\times12$$

式中　$i_{基}$——基本组的传动比；

　　　$i_{倍}$——增倍组的传动比。

将上式简化后可得

$$S=7i_{基}i_{倍}=7\times\frac{S_j}{7}i_{倍}=S_j i_{倍}\tag{3.2}$$

选择 $i_{基}$ 和 $i_{倍}$ 之值，就可以得到各种标准米制螺纹的导程 S。

S_j 最大为 12，$i_{倍}$ 最大为 1，故能加工的最大螺纹导程为 $S=12$ mm。如需车削导程更大的螺纹，可将轴 IX 上的滑移齿轮 58 向右移，与轴 VIII 上的齿轮 26 啮合。这是一条扩大导程的传动路线：

$$主轴 \text{VI} - \frac{58}{26} - \text{V} - \frac{80}{20} - \text{IV} - \begin{bmatrix} \frac{50}{50} \\ \frac{80}{20} \end{bmatrix} - \text{III} - \frac{44}{44} - \text{VIII} - \frac{26}{58} - \text{IX} - \cdots$$

轴 IX 以后的传动路线与前述传动路线表达式相同。从主轴 VI 到轴 IX 之间的传动比为

$$i_{\text{扩}1} = \frac{58}{26} \times \frac{80}{20} \times \frac{50}{50} \times \frac{44}{44} \times \frac{26}{58} = 4$$

$$i_{\text{扩}2} = \frac{58}{26} \times \frac{80}{20} \times \frac{80}{20} \times \frac{44}{44} \times \frac{26}{58} = 16$$

在正常螺纹导程时，主轴 VI 与轴 IX 间的传动比为 $i = \frac{58}{58} = 1$。

扩大螺纹导程机构的传动齿轮就是主运动的传动齿轮，所以：① 只有当主轴上的 M_2 接合，即主轴处于低速状态时，才能用扩大导程；② 当轴 III—IV—V 之间的传动比为 $\frac{50}{50} \times \frac{20}{80} = \frac{1}{4}$ 时，$i_{\text{扩}1} = 4$，导程扩大 4 倍，当传动比为 $\frac{20}{80} \times \frac{20}{80} = \frac{1}{16}$ 时，$i_{\text{扩}2} = 16$，导程扩大 16 倍，因此，当主轴转速确定后，螺纹导程能扩大的倍数也就确定了。③ 当轴 III—IV—V 之间的传动比为 $\frac{50}{50} \times \frac{50}{51}$ 时，并不准确地等于 1，所以不能用于扩大导程。

2）模数螺纹 模数螺纹主要是米制蜗杆，有时某些特殊丝杠的导程也是模数制的。米制蜗杆的齿距为 $p = \pi m$，所以模数螺纹的导程为 $S_m = zp = z\pi m$，这里 z 为螺纹的线数。

模数 m 的标准值也是按分段等差数列的规律排列的。与米制螺纹不同的是，在模数螺纹导程 $S_m = z\pi m$ 中含有特殊因子 π。为此，车削模数螺纹时，挂轮需换为 $\frac{64}{100} \times \frac{100}{97}$。其余部分的传动路线与车削米制螺纹时完全相同。运动平衡式为

$$S_m = \frac{58}{58} \times \frac{33}{33} \times \frac{64}{100} \times \frac{100}{97} \times \frac{25}{36} \times i_{\text{基}} \times \frac{25}{36} \times \frac{36}{25} \times i_{\text{倍}} \times 12$$

式中，$\frac{64}{100} \times \frac{100}{97} \times \frac{25}{36} \approx \frac{7\pi}{48}$。代入化简后得

$$S_m = \frac{7\pi}{4} i_{\text{基}} i_{\text{倍}} \tag{3.3}$$

因为 $S_m = z\pi m$，从而得

$$m = \frac{7}{4z} i_{\text{基}} i_{\text{倍}} = \frac{1}{4z} S_j i_{\text{倍}} \tag{3.4}$$

改变 $i_{\text{基}}$ 和 $i_{\text{倍}}$，就可以车削出各种标准模数螺纹。如应用扩大螺纹导程机构，也可以车削出大导程的模数螺纹。

3）英制螺纹 英制螺纹（寸制螺纹）在采用英制的国家（如英、美、加拿大等）中应用广泛。我国的部分管螺纹目前也采用英制螺纹。

英制螺纹以每英寸长度上的螺纹扣数 a(扣/in)表示，因此英制螺纹的导程 $S_a=\dfrac{1}{a}$。由于 CA6140 型卧式车床的丝杠是米制螺纹，被加工的英制螺纹也应换算成以毫米为单位的相应导程值，即

$$S_a=\frac{1}{a}\text{ in}=\frac{25.4}{a}\text{ mm} \tag{3.5}$$

a 的标准值也是按分段等差数列的规律排列的，所以英制螺纹导程的分母为分段等差级数。此外，还有特殊因子 25.4。车削英制螺纹时，应对传动路线作如下两点变动：① 将基本组两轴(轴XIV和轴XV)的主、被动关系对调，使轴XV变为主动轴，轴XIV变为被动轴，就可使分母为等差级数；② 在传动链中实现特殊因子 25.4。

为此，将进给箱中的离合器 M_3 和 M_5 接合，M_4 脱开，轴XVI左端的滑移齿轮25移至左面位置，与固定在轴XIV上的齿轮36相啮合。运动由轴XIII先经 M_3 传到轴XV，然后传至轴XIV，再经齿轮副 36/25 传至轴XVI。其余部分的传动路线与车削米制螺纹时相同。车削英制螺纹时的传动路线表达式这里就不再赘述，其运动平衡式为

$$S_a=\frac{58}{58}\times\frac{33}{33}\times\frac{63}{100}\times\frac{100}{75}\times\frac{1}{i_\text{基}}\times\frac{36}{25}\times i_\text{倍}\times12\text{ mm}$$

其中

$$\frac{63}{100}\times\frac{100}{75}\times\frac{36}{25}=\frac{63}{75}\times\frac{36}{25}\approx\frac{25.4}{21}$$

$$S_a\approx\frac{25.4}{21}\times\frac{1}{i_\text{基}}\times i_\text{倍}\times12\text{ mm}=\frac{4}{7}\times25.4\times\frac{i_\text{倍}}{i_\text{基}}\text{ mm} \tag{3.6}$$

$$S_a=\frac{25.4}{a}=\frac{4}{7}\times25.4\times\frac{i_\text{倍}}{i_\text{基}}\text{ mm}$$

故

$$a=\frac{7}{4}\times\frac{i_\text{基}}{i_\text{倍}}(\text{扣/in}) \tag{3.7}$$

改变 $i_\text{基}$ 和 $i_\text{倍}$，就可以车削出各种标准的英制螺纹。

4) 径节螺纹　径节螺纹主要是英制蜗杆。它是用径节 DP 来表示的。径节 $DP=\dfrac{z}{D}$(z 为齿轮齿数;D 为分度圆直径,in)，即蜗轮或齿轮折算到每英寸分度圆直径上的齿数。英制蜗杆的轴向齿距即径节螺纹的导程为

$$S_{DP}=\frac{\pi}{DP}(\text{in})=\frac{25.4\pi}{DP}(\text{mm}) \tag{3.8}$$

径节 DP 也是按分段等差数列的规律排列的。径节螺纹导程排列的规律与英制螺纹相同，只是含有特殊因子 25.4π。车削径节螺纹时，传动路线与车削英制螺纹时完全相同，但挂轮需换为 $\dfrac{64}{100}\times\dfrac{100}{97}$，它和移换机构轴XIV到轴XVI间的齿轮副为 36/25 组合，得到传动比为

$$\frac{64}{100}\times\frac{100}{97}\times\frac{36}{25}\approx\frac{25.4\pi}{84}$$

综上所述可知：

车削米制和模数螺纹时，使轴XIV主动，轴XV被动；车削英制和径节螺纹时，使轴XV

主动，轴XIV被动。主动轴与被动轴的对调是通过轴XIII左端齿轮25(向左与轴XIV上的齿轮36啮合，向右则与轴XV左端的 M_3 形成内、外齿轮离合器)和轴XVI左端齿轮25的移动(分别与轴XIV右端的两个齿轮36啮合)来实现的，这两个齿轮由同一个操纵机构控制，使它们反向联动，以保证其中一个在左面位置时，另一个在右面位置。轴XIII到轴XIV间的齿轮副25/36、离合器 M_3、轴XV到轴XIV到轴XVI间的齿轮25—36—25 $\left(\dfrac{25}{36}\times\dfrac{36}{25}, 36 \text{齿轮是空套在轴XIV上的}\right)$ 和轴XIV到轴XVI间的36/25(36齿轮是固定在轴XIV上的)称为移换机构。

车削米制和英制螺纹时，挂轮架齿轮为 63—100—75 $\left(\dfrac{63}{100}\times\dfrac{100}{75}\right)$；车削模数和径节螺纹(米制和英制蜗杆)时，挂轮架齿轮为 64—100—97 $\left(\dfrac{64}{100}\times\dfrac{100}{97}\right)$。

5) 非标准螺纹 车削非标准螺纹时，不能用进给变速机构，这时可将离合器 M_3、M_4 和 M_5 全部啮合，把轴XIII、轴XV、轴XVIII和丝杠连成一体，使运动由挂轮直接传给丝杠。被加工螺纹的导程 S 依靠调整挂轮架的传动比 $i_{挂}$ 来实现。

为了综合分析和比较车削上述各种螺纹时的传动路线，把CA6140型卧式车床进给传动链中加工螺纹的传动路线表达式归纳总结如下：

$$\text{VI}_{(主轴)}-\dfrac{58}{26}-\text{V}-\dfrac{80}{20}-\text{IV}-\begin{Bmatrix}\dfrac{58}{58}\\(正常导程)\\\begin{cases}\dfrac{50}{50}\\\dfrac{80}{20}\end{cases}\\(扩大导程)\end{Bmatrix}-\text{III}-\dfrac{44}{44}-\text{VIII}-\dfrac{26}{58}-\text{IX}-\begin{Bmatrix}\dfrac{33}{33}\\(右螺纹)\\\dfrac{33}{25}-\text{XI}-\dfrac{25}{33}\\(左螺纹)\end{Bmatrix}-\text{X}-$$

$$\begin{Bmatrix}\dfrac{63}{100}-\text{XII}-\dfrac{100}{75}\\(米制、英制螺纹)\\\dfrac{64}{100}-\text{XII}-\dfrac{100}{97}\\(模数、径节螺纹)\end{Bmatrix}-\text{XIII}-\begin{Bmatrix}\dfrac{25}{36}-\text{XIV}-i_{基}-\text{XV}-\dfrac{25}{36}-\dfrac{36}{25}\\(米制、模数螺纹)\\M_3合-\text{XV}-\dfrac{1}{i_{基}}-\text{XIV}-\dfrac{36}{25}\\(英制、径节螺纹)\end{Bmatrix}-\text{XVI}-i_{倍}-$$

$$\dfrac{a}{b}-\dfrac{c}{d}-\text{XIII}-M_3合-\text{XV}-M_4合(非标准螺纹)$$

XVIII—M_5合—XIX

(2) 车削圆柱面和端面

1) 传动路线 为了减少丝杠的磨损和便于操纵，机动进给是由光杠经滑板箱传动的。这时，将进给箱中的离合器 M_5 脱开，使轴XVIII的齿轮28与轴XX左端的齿轮56相啮合。运动由进给箱传至光杠XX，再经滑板箱中的齿轮副$\frac{36}{32} \times \frac{32}{56}$、超越离合器及安全离合器$M_8$、轴

XXII、蜗杆蜗轮副4/29传至轴XXIII。运动由轴XXIII经齿轮副40/48或$\frac{40}{30} \times \frac{30}{48}$、双向离合器$M_6$、

轴XXIV、齿轮副28/80、轴XXV传至小齿轮12。小齿轮12与固定在床身上的齿条相啮合。

小齿轮转运时，就使刀架作纵向机动进给以车削圆柱面。若运动由轴XXIII经齿轮副40/48或

$\frac{40}{30} \times \frac{30}{48}$、双向离合器$M_7$、轴XXVIII及齿轮副$\frac{48}{48} \times \frac{59}{18}$传至横向进给丝杠XXX，就使横刀架作横向

机动进给以车削端面。

2）纵向机动进给量　CA6140型卧式车床纵向机动进给量有64种。当运动由主轴经正常

导程的米制螺纹传动路线时，可获得正常进给量。这时的运动平衡式为

$$f_{纵} = \frac{58}{58} \times \frac{33}{33} \times \frac{63}{100} \times \frac{100}{75} \times \frac{25}{36} \times i_{基} \times \frac{25}{36} \times \frac{36}{25} \times i_{倍} \times \frac{28}{56} \times$$

$$\frac{36}{32} \times \frac{32}{56} \times \frac{4}{29} \times \frac{40}{30} \times \frac{30}{48} \times \frac{28}{80} \times \pi \times 2.5 \times 12 \ mm/r$$

化简后可得

$$f_{纵} = 0.711 i_{基} \ i_{倍} \tag{3.9}$$

改变$i_{基}$和$i_{倍}$可得到从0.08~1.22 mm/r的32种正常进给量。其余32种进给量可分别通过英

制螺纹传动路线和扩大螺纹导程机构得到。

3）横向机动进给量　通过传动计算可知，横向机动进给量是纵向的一半。

（3）刀架的快速移动

为了减轻工人劳动强度和缩短辅助时间，刀架可以实现纵向和横向机动快速移动。按下

快速移动按钮，快速电动机(250 W,2 600 r/min)经齿轮副13/29使轴XXII高速转动，再经蜗杆

副4/29、滑板箱内的转换机构，使刀架实现纵向和横向的快速移动。快移方向仍由滑板箱中

双向离合器M_6和M_7控制。

刀架快速移动时，不必脱开进给传动链。为了避免仍在转动的光杠和快速电动机同时传

动轴XXII，在齿轮56与轴XXII之间装有超越离合器。

3.2.3　CA6140型卧式车床主要部件结构

CA6140型卧式车床主轴箱是一个比较复杂的传动部件，为了研究各传动件的结构和装配

关系，常用展开图来表达，图3.24即为CA6140型卧式车床主轴箱的展开图。在展开图中可

以看出各传动件(轴、齿轮、带传动和离合器等)的传动关系，各传动轴及主轴上有关零件的

结构形状、装配关系和尺寸，以及箱体有关部分的轴向尺寸和结构。

1. 卸荷带轮

电动机经4根V带将运动传至轴I左端的带轮(图3.24)，带轮与花键套用螺钉连接成一

体，支承在法兰内的两个深沟球轴承上，而法兰被固定在主轴箱箱体上。这样，带轮可通过

花键套带动轴 I 旋转，而 V 带的拉力则经轴承和法兰传至箱体，使轴 I 的花键部分只传递转矩、不承受弯矩，因而不产生弯曲变形。

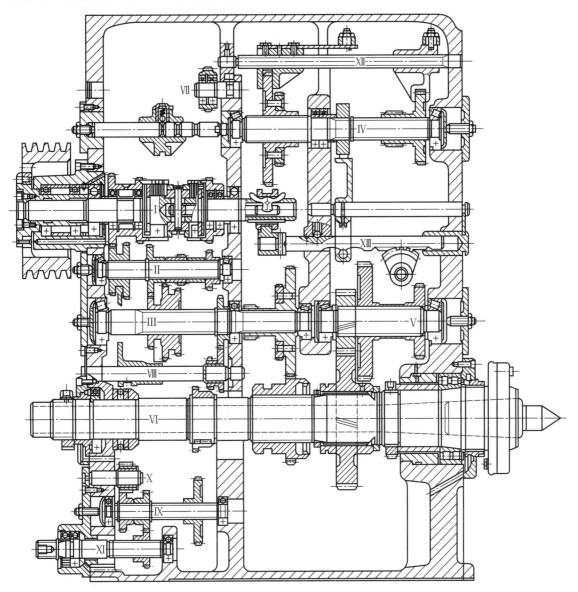

图 3.24　CA6140 型卧式车床主轴箱展开图

2. 主轴组件

CA6140 型卧式车床的主轴是一个空心的阶梯轴，其内孔可用来通过棒料或卸顶尖时穿入铁棒，也可用于通过气动、电动或液压夹紧装置的机构。主轴前端的锥孔为莫氏 6 号锥度，用来安装顶尖套及前顶尖；有时也可安装心轴，利用锥面配合的摩擦力直接带动心轴和工件转动。主轴前端采用短锥法兰式结构，它的作用是安装卡盘和拨盘，如图 3.25 所示。它以短锥和轴肩端面作定位面。卡盘、拨盘等夹具通过卡盘座 4，用四个双头螺柱 5 固定在主轴 3

上，装在主轴轴肩端面上的圆柱形端面键用来传递转矩。安装卡盘时，只需将预先拧紧在卡盘座上的双头螺柱 5 连同螺母 6 一起，从主轴 3 的轴肩和锁紧盘 2 上的孔中穿过，然后将锁紧盘转过一个角度，使双头螺柱进入锁紧盘上宽度较窄的圆弧槽内，把双头螺柱卡住（如图中所示位置），然后把螺母 6 拧紧，就可把卡盘等夹具紧固在主轴上。这种主轴轴端结构的定心精度高，连接刚度好，卡盘悬伸长度短，装卸卡盘也比较方便。

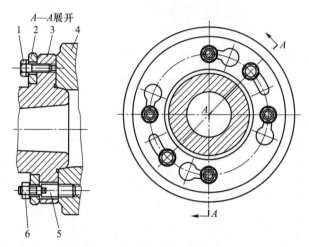

1—螺栓；2—锁紧盘；3—主轴；4—卡盘座；5—双头螺柱；6—螺母

图 3.25 主轴前端结构形式

主轴安装在两支承上（图 3.26），前支承（图右侧）为 P5 级精度的双列圆柱滚子轴承，用于承受径向力。轴承内环和主轴之间有 1∶12 锥度相配合。当内环与主轴在轴向相对移动时，内环可产生弹性膨胀或收缩，以调整轴承的径向间隙大小，调整后用圆形螺母锁紧。前支承处装有阻尼套筒，内套装在主轴上，外套装在前支承座孔内，内外套径向之间有 0.2 mm 的间隙，其中充满了润滑油，能有效地抑制振动，提高主轴的动态性能。后轴承由一个推力球轴承和角接触球轴承组成，分别用以承受轴向力（左、右）和径向力。同理，轴承的间隙和预紧可以用主轴尾端的螺母调整。主轴前、后支承的润滑都是由润滑油泵供油。润滑油通过进

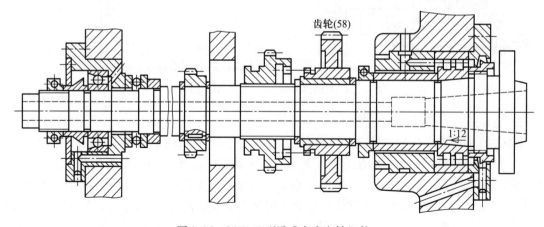

图 3.26 CA6140 型卧式车床主轴组件

油孔对轴承进行充分的润滑，并带走轴承运转所产生的热量。为了避免漏油，前后支承均采用了油沟式密封。主轴旋转时，由于离心力的作用，油液沿着斜面（朝箱内方向）被甩到轴承端盖的接油槽内，然后经回油孔流向主轴箱。

3. 双向多片摩擦离合器、制动器及其操纵机构

双向多片摩擦离合器装在轴Ⅰ上，原理见图 3.27。摩擦离合器由内摩擦片 3、外摩擦片 2、止推片 10 及 11、压块 8 及空套齿轮 1 等组成。离合器左、右两部分结构是相同的。左离合器用来传动主轴正转，用于切削加工，需传递的转矩较大，所以摩擦片数较多。右离合器传动主轴反转，主要用于退回，摩擦片数较少。

图 3.27a 所示为左离合器。内摩擦片 3 的孔是花键孔，装在轴的花键上，随轴旋转。外摩擦片 2 的孔是圆孔，直径略大于花键外径，外圆上有 4 个凸起，嵌在空套齿轮 1 内孔的缺口中。内、外摩擦片相间安装。当杆 7 通过销 5 向左推动压块 8 时，将内摩擦片与外摩擦片互相压紧，轴Ⅰ的转矩便通过摩擦片间的摩擦力矩传给齿轮 1，使主轴正转；同理，当压块 8 向右时，使主轴反转。压块 8 处于中间位置时，左、右离合器脱开，轴Ⅱ之后的各轴停转。

离合器的位置由操纵手柄 18（图 3.27b）操纵。向上扳，杆 20 向外，使曲柄 21 和扇形齿轮 17 作顺时针转运，齿条轴 22 向右移动，齿条左端拨叉 23 卡在滑套 12 的环槽内，使滑套 12 也向右移动。滑套 12 内孔的两端为锥孔，中间为圆柱孔。当滑套 12 向右移动时，就将元宝销（杠杆）6 的右端向下压。元宝销 6 的回转中心轴装在轴Ⅰ上，元宝销 6 作顺时针方向转运时，下端的凸缘便推动装在轴Ⅰ内孔中的拉杆 7 向左移动（图 3.27a 右端），并通过销 5 带动压块 8 向左压紧，主轴正转。同理，将操纵手柄 18 扳至下端位置时，右离合器压紧，主轴反转。当操纵手柄 18 处于中间位置时，离合器脱开，主轴停止转动。为了操纵方便，在操纵杆 19 上装有两个操纵手柄 18，分别位于进给箱右侧及滑板箱右侧。

摩擦离合器还能起过载保护的作用。当机床过载时，摩擦片打滑，就可避免损坏机床。摩擦片间的压紧力是根据离合器应传递的额定转矩确定的。摩擦片磨损后，压紧力减小，可用一字旋具将弹簧销 4 按下，同时拧动压块 8 上的螺母 9，直到螺母压紧离合器的摩擦片。调整好位置后，使弹簧销 4 重新卡入螺母 9 的缺口中，防止螺母松动。

制动器装在轴Ⅳ上，在离合器脱开时制动主轴，以缩短辅助时间。制动器的结构见图 3.27b、c。制动盘 16 是一个钢制圆盘，与轴Ⅳ花键连接，周边围着制动带 15。制动带是一条钢带，内侧有一层酚醛石棉以增加摩擦。制动带的一端与杠杆 14 连接，另一端通过调节螺钉 13 等与箱体相连。为了操纵方便并避免出错，制动器和摩擦离合器共用一套操纵机构，也由手柄 18 操纵。当离合器脱开时，齿条轴 22 处于中间位置，这时齿条轴 22 上的凸起正处于与杠杆 14 下端相接触的位置，使杠杆 14 向逆时针方向摆动，将制动带拉紧。齿条轴 22 左、右边都是凹槽，左、右离合器中任一个接合时，杠杆 14 都按顺时针方向摆动，使制动带放松。制动带的拉紧程度由调节螺钉 13 调整，调整后应检查在压紧离合器时制动带是否松开。

4. 变速操纵机构

轴Ⅱ上的双联滑移齿轮和轴Ⅲ上的三联滑移齿轮用一个手柄操纵，图 3.28 是其操纵机构。手柄每转一转，变换全部 6 种转速，故手柄共有均布的 6 个位置。

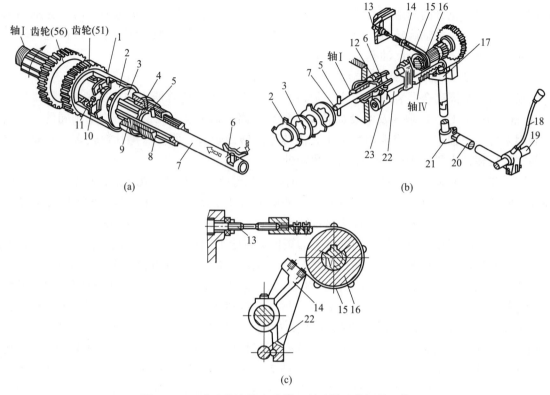

图 3.27 双向多片摩擦离合器、制动器及其操纵机构

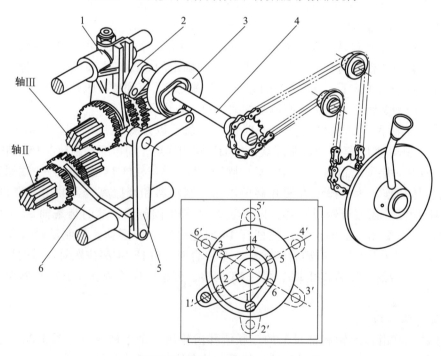

1、6—拨叉；2—曲柄；3—凸轮；4—轴；5—杠杆

图 3.28 变速操纵机构

　　手柄装在主轴箱的前壁上，通过链转动轴4。轴4上装有盘形凸轮3和曲柄2。凸轮3上有一条封闭的曲线槽，由两段不同半径的圆弧和直线组成。凸轮上有 *1~6* 共6个变速位置，如图3.28所示。在位置 *1*、*2*、*3*，杠杆5上端的滚子处于凸轮槽曲线的大半径圆弧处，杠杆5经拨叉6将轴Ⅱ上的双联滑移齿轮移向左端位置；在位置 *4*、*5*、*6* 则将双联滑移齿轮移向右端位置。曲柄2随轴4转动，带动拨叉1拨动轴Ⅲ上的三联齿轮，使它处于左、中、右三个位置，顺次地转动手柄，就可使两个滑移齿轮实现6种组合，使轴Ⅲ得到6种转速。

3.2.4　车刀

　　车刀是金属切削加工中应用最广泛的一种刀具。它可以用来加工外圆、内孔、端面、螺纹及各种内、外回转体成形表面，也可用于切断和切槽等，因此车刀类型很多，形状、结构、尺寸也各异，如图3.29所示。车刀的结构形式有整体式、焊接式、机夹重磨式和机夹可转位式等。

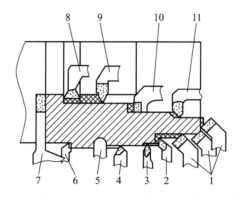

1—45°弯头车刀；2、6—90°外圆车刀；3—外螺纹车刀；
4—75°外圆车刀；5—成形车刀；7—切断刀；8—内孔切断刀；
9—内螺纹车刀；10—盲孔镗刀；11—通孔镗刀

图3.29　几种常用车刀

1. 焊接式车刀

　　焊接式车刀就是在碳钢（一般用45钢）刀杆上按刀具几何角度的要求开出刀槽，用焊料将硬质合金刀片焊接在刀槽内，并按所选定的几何角度刃磨后使用，其结构如图3.30所示。焊接式车刀结构简单、刚性好、适应性强，可以根据具体的加工条件和要求刃磨出合理的几何角度。

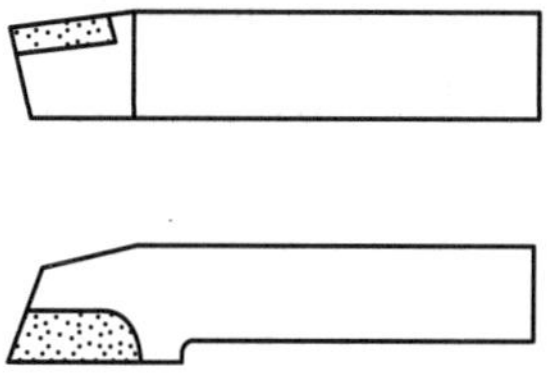

2. 机夹重磨式车刀

　　机夹重磨式车刀是用机械的方法将硬质合金刀片夹固在刀杆上（图3.31）。刀片磨损后可卸下重磨，然后再安装使用。

图3.30　焊接式车刀

3. 机夹可转位式车刀

　　机夹可转位式车刀是将预先加工好的有一定几何角度的多角硬质合金刀片，用机械的方法装夹在特制的刀杆。由于刀具的几何角度是由刀片形状及其在刀杆槽中的安装位置来确定的，故不需要刃磨。可转位式车刀的基本结构如图3.32所示，它由刀片、刀垫、刀杆和夹紧元件组成。选择刀片形状时，主要考虑加工工序的性质、工件的形状、刀具的寿命和刀片的利用率等因素。选择刀片的尺寸时，主要考虑切削刃的工作长度、刀片的强度、加工表面质量要求及工艺系统刚性等因素。可转位式车刀的夹紧机构应该满足夹紧可靠、装卸方便、定位准确、结构简单等要求。

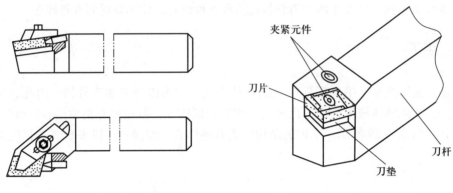

图 3.31　机夹重磨式车刀　　　　图 3.32　可转位式车刀的组成

3.3　铣床与铣削

3.3.1　铣削加工

1. 铣削的工艺范围

铣床是用铣刀进行加工的机床，用铣刀在铣床上的加工称为铣削。铣削是金属切削加工常用的方法之一。铣削可以加工平面、台阶面、沟槽（键槽、T 形槽、燕尾槽等）、分齿零件（齿轮、链轮、棘轮、花键轴等）、螺旋表面（螺纹、螺旋槽）及各种曲面等。

2. 铣削用量

铣削用量包括铣削速度、进给量、背吃刀量和侧吃刀量四个要素：

（1）铣削速度 v_c(m/min)　铣刀切削刃选定点相对工件主运动的瞬时速度。由下式计算

$$v_c = \frac{\pi d_D n}{1\,000} \tag{3.10}$$

式中　d_D——铣刀直径，它是指刀齿回转轨迹的直径，mm；

　　　　n——铣刀转速，r/min。

（2）进给量　铣刀旋转时，铣刀轴线和工件的相对位移。它有三种表示法：

1）每齿进给量 f_z　铣刀每转一个齿间角，工件与铣刀的相对位移，mm/z。

2）每转进给量 f　铣刀每转一转，工件与铣刀的相对位移，mm/r。

3）进给速度 v_f　铣刀相对工件每分钟移动的距离，mm/min。

上述三种进给量之间的关系为

$$v_f = fn = f_z zn \tag{3.11}$$

式中 z——铣刀齿数。

（3）背吃刀量 a_p 垂直于工作平面测量的切削层中最大的尺寸，如图 3.33a、b 所示。

（4）侧吃刀量 a_c 平行于工作平面测量的切削层中最大的尺寸，如图 3.33a、b 所示。

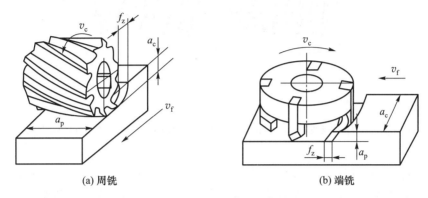

(a) 周铣   (b) 端铣

图 3.33 周铣和端铣平面的铣削用量

3. 铣削方式

铣削按铣刀相对于工件的运动和位置关系，分为周铣和端铣两种。

（1）周铣

用铣刀圆周上的切削刃来铣削工件表面的方法，又可分为逆铣和顺铣：

1）逆铣 铣刀切削速度方向与工件进给速度 v_f 的方向相反时，称为逆铣（图 3.34a）。

2）顺铣 铣刀切削速度方向与工件进给速度 v_f 的方向相同时，称为顺铣（图 3.34b）。

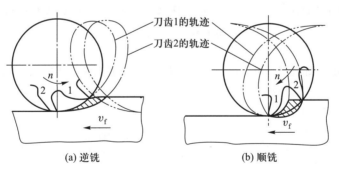

(a) 逆铣   (b) 顺铣

图 3.34 逆铣与顺铣

逆铣和顺铣，由于切入工件时的切削厚度不同，刀齿与工件的接触长度不同，故铣刀磨损程度不同。实践表明，顺铣时铣刀寿命可比逆铣时提高 2~3 倍，表面粗糙度也可降低，但顺铣不宜用于铣削带硬皮的工件。

逆铣时，工件受到的纵向分力 F_1 与进给速度 v_f 的方向相反（图 3.35），铣床工作台丝杠与螺母始终接触。而顺铣时，工件所受纵向分力 F_1 与进给方向相同，本来是螺母螺纹表面推动丝杠（工作台）前进的运动形式，可能变成由铣刀带动工作台前进的运动形式，由于丝杠、螺母之间有螺纹间隙，就会造成工作台窜动，使铣削进给量不匀，甚至还会打刀。因此在没有消除螺纹间隙装置的一般铣床上，只能采用逆铣，而无法采用顺铣。

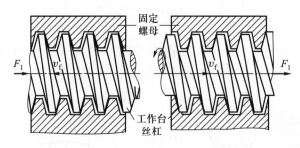

图 3.35 铣削时丝杠和螺母的间隙

（2）端铣

利用铣刀端面的刀齿来铣削工件表面的方法。根据铣刀相对于工件安装位置的不同，端铣可分为三种。

1）对称铣削 如图 3.36a 所示，工件安装在端铣刀的对称位置上，可保证刀齿在切削表面的冷硬层之下铣削。它具有较大的平均切削厚度 $b_{D_{av}}$，在用较小的每齿进给量 f_z 铣削淬硬钢时，为使刀齿超越冷硬层切入工件，应采用对称铣削。

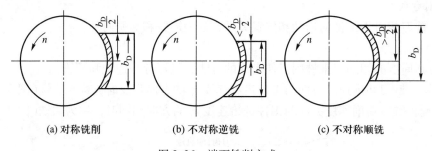

(a) 对称铣削   (b) 不对称逆铣   (c) 不对称顺铣

图 3.36 端面铣削方式

2）不对称逆铣 如图 3.36b 所示，铣刀从较小的切削厚度处切入，从较大处切出，这样可减小切入时的冲击，提高铣削的平稳性。适合于加工普通碳钢和低合金钢，可提高硬质合金端铣刀耐用度一倍以上。

3）不对称顺铣 如图 3.36c 所示，铣刀从较大的切削厚度处切入，从较小处切出。在加工塑性较大的不锈钢、耐热合金等材料时，可减小毛刺及刀具的黏结磨损，刀具耐用度可大大提高。实践证明，不对称顺铣用于加工不锈钢和耐热合金时，可减少硬质合金的剥落磨损，可提高切削速度 40%～60%。

4. 铣削的工艺特点

铣削加工的工艺特点如下：

（1）工艺范围广 通过合理地选用铣刀和铣床附件，铣削不仅可以加工平面、沟槽、成形面、台阶，还可以进行切断和刻度加工。

（2）生产率高 铣削时，同时参加铣削的刀齿较多，进给速度快，铣削的主运动是铣刀的旋转，有利于进行高速切削。因此，铣削生产率比刨削高。

（3）刀齿散热条件较好　由于是间断切削，每个刀齿依次参加切削。在切离工件的一段时间内刀齿可以得到冷却，这样有利于减小铣刀的磨损，延长使用寿命。

（4）容易产生振动　铣削过程是多刀齿的不连续切削，刀齿的切削厚度和切削力时刻都在发生变化，容易引起振动，对加工质量有一定影响。另外，铣刀刀齿安装高度的误差会影响工件的表面粗糙度值。

3.3.2　铣床的主要部件结构

铣床按照其结构形式分为升降台式铣床、床身式铣床、龙门铣床、工具铣床和各种专门化铣床等。

1. 升降台铣床

升降台铣床是铣床中的主要品种，有卧式升降台铣床、万能升降台铣床和立式升降台铣床三大类，适用于单件、小批及成批生产中加工尺寸、重量都不大的小型零件。

卧式升降台铣床的主轴是水平的，简称卧铣，如图3.37所示。床身1固定在底座8上，内装电动机、主运动变速机构及其操纵机构和主轴。床身顶部的导轨上装有悬梁2，可以沿水平方向调整位置。铣刀杆3上装铣刀，一端插入主轴，另一端由悬梁挂架4支承。升降台7可沿床身的竖导轨升降，以适应工件不同的厚度。床鞍6可在升降台上做横向运动，工作台5可在床鞍上作纵向运动。升降台内装有进给电动机和进给变速、传动和操纵机构，使工作台、床鞍和升降台分别作纵向、横向和升降的进给和快速移动。工件固定在工作台顶面上。

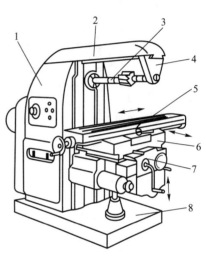

1—床身；2—悬梁；3—铣刀杆；4—悬梁挂架；5—工作台；6—床鞍；7—升降台；8—底座

图3.37　卧式升降台铣床

立式升降台铣床的主轴是竖直的，简称立铣（图3.38）。立铣可以加工平面、斜面、沟槽、台阶、齿轮、凸轮以及封闭轮廓表面等。

2. 床身式铣床

床身式铣床的工作台不作升降运动，故又称工作台不升降铣床（图3.39）。机床的竖直运动由安装在立柱上的主轴箱完成。这样做可以提高机床的刚度，以便采用较大的切削用量。这类机床常用于加工中等尺寸的零件，工作台有圆形和矩形两类。

3. 龙门铣床

龙门铣床是一种大型高效通用铣床，主要用于各种大型工件上的平面、沟槽等的粗铣、半精铣或精铣加工，也可借助于附件加工斜面和内孔。图3.40是龙门铣床的外形，机床呈框架式。横梁3可以在立柱5、7上升降，以适应工件的高度。横梁上安装了两个立式铣削主轴箱（立铣头）4和8，两根立柱上分别安装两个卧铣头2和9，每个铣头都是一个独立的部件，内装主运动变速机构、主轴和操纵机构。工作台1上装工件。工作台可在床身10上作水平的纵向运动,立铣头可在横梁上作水平的横向运动,卧铣头可在立柱上升降,这些运动都可以是进给运动,也都可以是调整铣头与工件间相对位置的快速调位(辅助)运动。主轴装在主轴套筒内,可以手摇伸缩,以调整切深。

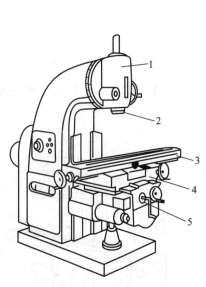

1—立铣头;2—主轴;3—工作台;
4—床鞍;5—升降台

图 3.38 立式升降台铣床

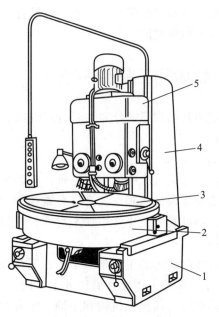

1—床身;2—滑座;3—工作台;
4—立柱;5—主轴箱

图 3.39 床身式铣床(双轴圆形工作台铣床)

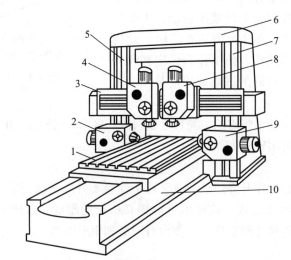

1—工作台;2、4、8、9—铣头;3—横梁;5、7—立柱;6—顶梁;10—床身

图 3.40 龙门铣床

龙门铣床可用多个铣头同时加工工件的几个面,所以生产率很高,在成批和大量生产中得到广泛的应用。

3.3.3 铣削刀具

铣刀是刀齿分布在圆周表面或端面上的多刃回转刀具,可以用来加工平面(水平、铅垂或倾斜的)、台阶、沟槽和各种成形表面等。铣刀的种类有很多,按用途可分为以下几种:

(1) 圆柱铣刀 用于卧式铣床上加工平面,如图 3.41a 所示。主要用高速钢制造,也可以镶焊螺旋形的硬质合金刀片。圆柱铣刀采用螺旋形刀齿以提高切削工作的平稳性。圆柱铣刀仅在圆柱表面上有切削刃,没有副切削刃。

(2) 面铣刀 又称端铣刀,用在立式铣床上加工平面,轴线垂直于被加工表面。端铣刀的主切削刃分布在圆锥表面或圆柱表面上,端部切削刃为副切削刃,如图 3.41b 所示。端铣刀主要采用硬质合金刀齿,故有较高的生产率。

(3) 立铣刀 用于加工平面、台阶、槽和相互垂直的平面,利用锥柄或直柄紧固在机床主轴中。立铣刀圆柱表面上的切削刃是主切削刃,端刃是副切削刃,如图 3.41c、d 所示。用立铣刀铣槽时槽宽有扩张,故应取直径比槽宽略小的铣刀(0.1 mm 以内)。

(4) 盘形铣刀 盘形铣刀分槽铣刀、两面刃铣刀、三面刃铣刀和错齿三面刃铣刀。

槽铣刀(图 3.41e)仅在圆柱表面上有刀齿,但两侧端面也参加一部分切削,相当于副切削刃。为了减少两侧端面与槽壁的摩擦,两侧各做有 $\kappa'_r = 30'$ 的副偏角,这样两端面实际已不是平面,而是一个内凹的锥面(锥角为 179°)。槽铣刀一般用于加工浅槽。

两面刃铣刀(图 3.41f)除圆柱表面有刀齿外,在一侧端面上也有刀齿。当圆柱面上的刀齿为直齿时,端部切削刃(副切削刃)的前角为零。为了改善端部切削刃的工作条件,可以采用斜齿的结构。两面刃铣刀用于加工台阶面。

三面刃铣刀是在两侧和端面上都有切削刃,为了改善这种铣刀端部切削刃的工作条件,可采用错齿的结构,即刀齿交错地左斜或右斜。错齿三面刃铣刀如图 3.41e 所示。三面刃铣刀用于切槽和台阶面。

(5) T 形槽铣刀 如图 3.41g 所示,类似于三面刃槽铣刀,主切削刃分布在圆周上,副切削刃分布在两端面上,主要用于加工 T 形槽。

(6) 锯片铣刀 图 3.41h 是薄片的锯片铣刀,用于切削窄槽或切断材料。它和切断车刀类似,对刀具几何参数的合理性要求较高。

(7) 键槽铣刀 如图 3.41k 所示,键槽铣刀有两个刃瓣,既像立铣刀又像钻头。它可以用轴向进给向毛坯钻孔,然后沿键槽方向运动铣出键槽的全长。键槽铣刀重磨时只磨端刃。图 3.47l 所示为用半圆键槽铣刀铣削轴上的半圆键槽。

(8) 角度铣刀 角度铣刀有单角铣刀(图 3.41i)和双角铣刀(图 3.41j),用于铣削沟槽和斜面。角度铣刀大端和小端直径相差较大时,往往造成小端刀齿过密,容屑空间过小,因此常在小端将刀齿间隔地去掉,使小端的齿数减少一半,以增大容屑空间。

(9) 成形铣刀 用于加工成形表面的刀具,其刀齿廓形要根据被加工工件的廓形来确定,如图 3.41n 所示。

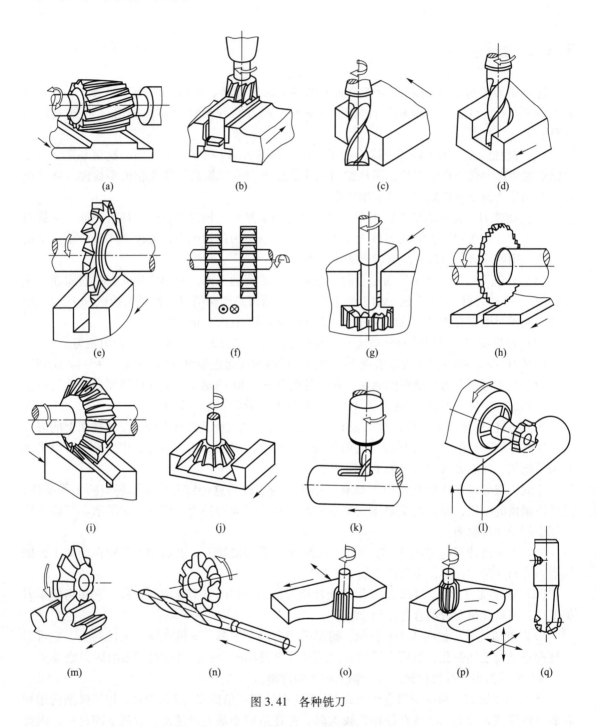

(a)　　　　　(b)　　　　　(c)　　　　　(d)

(e)　　　　　(f)　　　　　(g)　　　　　(h)

(i)　　　　　(j)　　　　　(k)　　　　　(l)

(m)　　　　(n)　　　　(o)　　　　(p)　　　　(q)

图 3.41　各种铣刀

（10）盘形齿轮铣刀　用于铣削直齿和斜齿圆柱齿轮的齿廓面（图 3.41m）。

（11）加工其他复杂成形面用铣刀（图 3.41o、p）　图 3.41p 为鼓形铣刀，用于数控铣床和加工中心上加工立体曲面。图 3.41q 为球头铣刀。

3.4 磨床与磨削

3.4.1 磨削加工

1. 磨削的工艺范围

磨削加工是用砂轮或其他磨具作为切削工具对工件进行加工，是一种常用的半精加工和精加工方法。磨削加工的工艺范围广，不仅可以加工外圆面、内圆面、平面、成形面、螺纹、齿形等各种表面，还常用于各种刀具的刃磨。磨削除可以加工铸铁、碳钢、合金钢等一般结构材料外，还能加工一般刀具难以切削的高硬度材料，如淬火钢、硬质合金以及陶瓷和玻璃等非金属材料。随着毛坯制造工艺水平的提高，加工余量不断减小，以及磨床、磨具、磨削工艺和冷却技术的发展，磨削已发展成为一种适用于从粗加工到超精加工的高效率加工方法。

2. 磨削用量

磨削时加工对象不同，所需要的运动也不同，一般有四个运动，如图 3.42 所示。在磨削过程中，磨削速度、工件圆周进给速度、轴向进给量、径向进给量等，统称为磨削用量。合理选择磨削用量对保证磨削加工质量和提高生产率有很大作用。

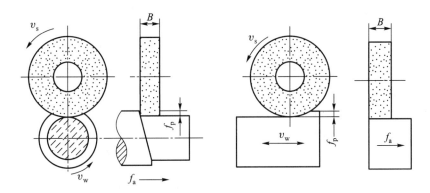

图 3.42 磨削时的运动

（1）磨削速度

磨削的主运动是砂轮旋转运动，砂轮外圆的线速度即磨削速度

$$v_s = \frac{\pi d_s n_0}{1\ 000 \times 60} \tag{3.12}$$

式中 v_s——磨削速度，m/s；

d_s——砂轮直径，mm；

n_0——砂轮转速，r/min。

（2）工件进给速度

磨削时工件进给运动为工件的旋转或移动，进给速度以工件转动或移动的线速度 v_w 表示，单位为 m/min。

内外圆磨削

$$v_w = \frac{\pi d_w n_w}{1\ 000} \tag{3.13}$$

式中　d_w——工件直径，mm；

　　　n_w——工件转速，r/min。

平面磨削

$$v_w = \frac{\pi L n_{tab}}{1\ 000} \tag{3.14}$$

式中　L——工作台行程，mm；

　　　n_{tab}——工作台往复频率，min^{-1}。

（3）轴向进给量

磨削的轴向进给运动为工件相对于砂轮的轴向运动，其大小以工件转一周沿轴线方向相对于砂轮移动的距离，用轴向进给量 f_a 表示。圆磨时单位为 mm/r，平磨时单位为 mm/单行程。通常 $f_a = (0.02 \sim 0.08)B$；B 为砂轮宽度，单位为 mm。

（4）径向进给量

磨削时的径向进给运动为砂轮径向切入工件的运动，其大小以砂轮相对于工件在工作台每双（单）行程内径向移动的距离，即径向进给量 f_p 表示，单位为 mm/双行程或 mm/单行程。

3. 磨削力

磨削力来源于两个方面：一是磨削过程中工件材料发生弹性和塑性变形时所产生的阻力；二是磨粒与工件表面之间的摩擦。以切除加工余量为主要目的的磨削，磨削力以前者为主；在通常的磨削中，尤其是精密的无火花磨削阶段，磨削力则主要是后者。

在外圆纵磨时，通常也把磨削力分解为相互垂直的三个分力：切削力 F_c、背向力 F_p 和进给力 F_f，如图 3.43 所示。与外圆纵车不同的是，F_p 远大于 F_c，为 F_c 的 2~4 倍。这是由于磨削时切削厚度很小，磨粒上的刃口钝圆半径相对较大，绝大多数磨粒均呈负前角以及接触宽度大的缘故。F_p 与砂轮轴、工件的变形及振动有关，直接影响加工精度和表面质量。由于磨粒几何形状的随机性和参数不合理，磨削时的单位磨削力很大，可达 70 000 MPa 以上。影响磨削力的因素主要有以下几方面：

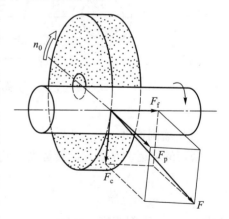

图 3.43　磨削时三个分力

1）当砂轮速度增大时，单位时间内参加切削的磨粒数随之增多，因此每个磨粒的切削厚度减小，磨削力随之减小。

2）当工件速度和轴向进给量增大时，单位时间磨去的金属量增大，如果其他条件不变，则每个磨粒的切削厚度随之增大，从而使磨削力增大。

3）当径向进给量增大时，不仅每个磨粒的切削厚度将增大，而且使砂轮与工件的磨削接触弧长增大，同时参加磨削的磨粒数增多，因而使磨削力增大。

4）砂轮的磨损会使磨削力增大。磨削力的大小在一定程度上可以反映砂轮上磨粒的磨损程度。

3.4.2　磨床的主要部件结构

磨床的种类很多，主要类型有外圆磨床和万能外圆磨床、内圆磨床、平面磨床、无心磨床、各种工具磨床、各种刀具刃磨床和专门化磨床，如曲轴磨床、凸轮磨床及导轨磨床等，还有珩磨机、研磨机和超精加工机床等。

1. 外圆磨床和万能外圆磨床

图 3.44a、b 为外圆磨床常用的加工方法。图 3.44a 为以顶尖支承工件，磨削外圆柱面；图 3.44b 为上工作台调整一个角度磨削长锥面。万能外圆磨床除了图 3.44a、b 所示的加工方法外，还能进行图 3.44c、d 所示的加工方式。图 3.44c 为砂轮架偏转，以切入法磨削短圆锥面；图 3.44d 为头架偏转磨削锥孔。机床需要的几个表面成形运动：砂轮旋转运动（n_0），由电动机经带传动驱动砂轮主轴作高速转动；工件圆周进给运动（n_w），转速较低，可以调整；工件纵向进给运动（f_a），通常由液压传动，以使换向平衡并能无级调速；砂轮架周期或连续横向进给运动（f_p），可由手动或液压实现。机床的辅助运动有砂轮的横向快进、快退和尾座套筒的缩回，采用液压传动。

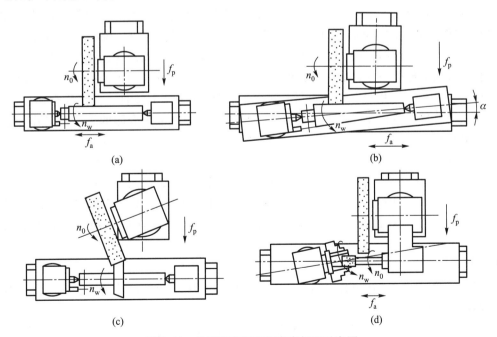

图 3.44　外圆磨床和万能磨床加工示意图

2. 无心磨床

无心磨床的主参数是最大磨削工件外径。工件不用顶尖来定心和支承，而是由工件的被磨削外圆面作定位面。工件放在砂轮和导轮之间，由托板支承进行磨削，所以这种外圆磨床被称为无心外圆磨床(简称无心磨床)。

图 3.45 是无心磨床磨削示意图。导轮 3 是用树脂或橡胶为结合剂制成的刚玉砂轮，它与工件 2 之间的摩擦系数较大，工件由导轮的摩擦力带动旋转。导轮的线速度一般为 $10 \sim 50$ m/min，工件的线速度基本上等于导轮的线速度。磨削砂轮 1 就是一般的外圆磨削砂轮，它的线速度很高。因此，磨削砂轮与工件之间有很大的相对速度，这就是磨削工件的切削速度。

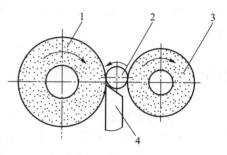

图 3.45　无心磨削示意图

为了避免磨削出棱圆形工件，工件的中心应高于磨削砂轮与导轮的连心线。这样就使工件和导轮及磨削砂轮的接触，相当于在假想的 V 形槽中，工件的凸起部分和 V 形槽的两侧面不可能对称地接触，因此可使工件在多次转动中逐步磨圆。工件中心高出的距离一般为工件直径的 $15\% \sim 25\%$。这是由于高出的距离愈大，导轮对工件的向上垂直分力也随着增大，在磨削过程中易引起工件跳动，影响加工表面的表面粗糙度，所以高出的距离不宜过大。

3. 平面磨床

平面磨床用于磨削工件上的各种平面。磨削时，砂轮的工作表面可以是砂轮的轮缘(圆周)，也可以是端面。以砂轮的圆周表面进行磨削时，砂轮与工件的接触面积小，发热少，磨削力引起的工艺系统变形也小，加工表面的精度和质量较高，但生产率较低。以这种方式工作的平面磨床，砂轮主轴为水平(卧式)布置。用砂轮(或多块扇形的砂瓦)的端面进行磨削时，砂轮与工件的接触面积较大，切削力增加，发热量也大，而冷却、排屑条件较差，加工表面的精度及质量比前一方式的稍低，但生产率较高。以此方式加工的平面磨床，砂轮主轴为垂直(立式)布置。工作台有矩形和圆形两种。前者适宜加工长工件，但工作台作往复运动，较易发生振动；后者适宜加工短工件或圆工件的端面，如磨轴承套圈的端面，工作台连续旋转，无往复冲击。

平面磨床可分为四类：卧轴矩台式、立轴矩台式、立轴圆台式和卧轴圆台式。它们的加工方式如图 3.46 所示。图中，主运动为砂轮的旋转 n_w，矩台的直线往复运动或圆台的回转运动是进给运动。用轮缘磨削时，砂轮宽度小于工件宽度，故卧轴磨床还有轴向进给运动 f_v。矩台的 f_v 是间歇运动，在 f_a 的两端进行；圆台的 f_v 是连续运动，f_p 是周期的切入运动。

4. 内圆磨床

内圆磨床的主要类型有普通内圆磨床、无心内圆磨床和行星运动内圆磨床。普通内圆磨床是生产中应用最广的一种。

内圆磨床可以磨削圆柱形或圆锥形的通孔、盲孔和阶梯孔。图 3.47a 是用纵磨法磨孔，图 3.47b 是用切入法磨孔。有的内圆磨床还附有磨削端面的磨头，可以在一次装夹下磨削端面和内孔,如图 3.47c、d 所示,以保证端面垂直于孔中心线。f_p 是切入运动。

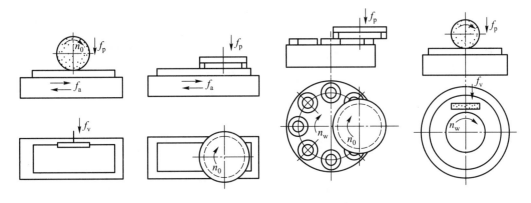

图 3.46 平面磨床加工示意图

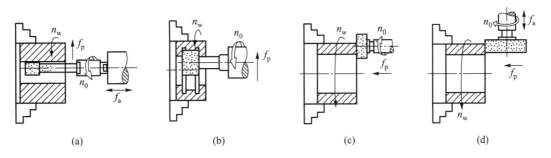

| (a) | (b) | (c) | (d) |

图 3.47 普通内圆磨床的磨削方法

3.4.3 砂轮

1. 砂轮特性

砂轮是由磨料和结合剂按比例经混合、搅拌、压坯、干燥、焙烧而制成的。磨料与结合剂之间有许多空隙,起着容屑和散热的作用,磨料起切削作用,结合剂把磨料黏结在一起,使砂轮具有一定的形状和硬度。砂轮的特性包括以下几个方面:磨料、粒度、结合剂、硬度、组织、形状和尺寸等。砂轮特性参数的选择过程,实际上就是砂轮特性的选择过程。

2. 砂轮特性的选择

砂轮特性主要根据被磨削材料的性质、加工表面的质量要求以及生产率来选择。

(1) 磨料

磨料是砂轮中起切削作用的成分,每一颗磨粒相当于一把或几把微小的刀具。选择磨料主要根据工件的硬度,硬度高的工件材料应该选择硬度高的磨料。例如,磨削碳钢、合金钢、通用高速钢等材料时,常选用刚玉类磨料;磨削硬铸铁、硬质合金和非铁金属时,常选用碳化硅磨料。常用磨料的代号、特点及应用范围见表 3.6(根据 GB/T 2476—2016)。

表 3.6 常用磨料的代号、特点及应用范围

类 别	磨料名称	代 号	颜 色	性 能	应 用 范 围
刚玉	棕刚玉	A	棕褐色	硬度较低,韧性较好	磨削碳钢、合金钢、可锻铸铁、青铜等
	白刚玉	WA	白色	硬度比 A 高,磨粒锋利,韧性差	磨削淬火钢、高速钢、高碳钢,磨削薄壁零件、成形零件等
	铬刚玉	PA	紫红色	韧性比 WA 好	磨削淬硬高速钢、不锈钢、高强度钢,特别适用于成形磨削,以及磨削高钒高速钢及其他难加工的材料
碳化物	黑碳化硅	C	黑色	比刚玉类硬度高,导热性好,但韧性差	磨削铸铁、黄铜、耐火材料及非金属材料
	绿碳化硅	GC	绿色	较 C 硬度高,导热性好,但韧性较差	磨削硬质合金、宝石、陶瓷、玻璃等
	碳化硼	BC	黑色	比刚玉类、C、GC 硬度高,耐磨,但高温易氧化	研磨硬质合金

（2）粒度

粒度是指磨料颗粒平均尺寸的大小程度,用粒度号来表示。按磨料颗粒的大小分为磨粒和微粉两大类。磨粒的粒度号是指磨粒可通过的最小筛网每英寸长度上的孔眼数,因此粒度号越大,表示颗粒越细。磨粒尺寸小于 63 μm 时称为微粉,微粉的粒度号越大,颗粒越粗。砂轮的粒度对磨削表面的表面粗糙度和磨削效率影响很大。粒度号小则磨削深度大,磨削效率高,但表面粗糙度大,所以粗磨时选粗粒度,精磨时选细粒度。磨软金属时,多选用粗的磨粒;磨脆和硬的金属时,则选用较细的磨粒。砂轮粒度及其适用范围见表 3.7。

表 3.7 砂轮粒度及其适用范围

粒 度 分 类		粒 度 标 记	使 用 范 围
粗磨粒	粗粒度	F4~F24	粗磨、荒磨、打磨毛刺,切断钢坯,磨陶瓷和耐火材料
	中粒度	F30~F60	内圆、外圆、平面磨削,无心磨,工具磨等
	细粒度	F70~F100	半精磨、精磨、珩磨、成形磨、工具刃磨等
		F100~F220	精磨、超精磨、珩磨、螺纹磨等
微粉	极细粒度	F230~F2000	精磨、精细磨、超精磨、镜面磨、精研磨、抛光等

（3）硬度

砂轮的硬度是指砂轮工作时,砂轮表面的磨料在磨削力的作用下脱落的难易程度。砂轮硬,表示磨粒难脱落;砂轮软,表示磨粒易脱落。砂轮的硬度是由结合剂的黏结强度和数量所决定的,与磨料本身的硬度无关。一般情况下,加工硬度大的金属,应选用软砂轮;加工软金属时,应选用硬砂轮。这是因为磨削软材料时,砂轮的工作磨粒磨损很慢,不需要太早的脱离下来,而磨削硬材料时,砂轮的工作磨粒磨损较快,需要较快的更新。同样原因,粗

磨时，选用软砂轮；精磨时，选用硬砂轮。选择砂轮的硬度，实际上就是选择砂轮的自锐性，即没有磨钝的磨粒不要过早脱离，而磨钝了的磨粒应尽早脱落。砂轮的硬度等级及其选择见表 3.8。

表 3.8 砂轮硬度等级及其选择

等　级		极软	很软	软	中级	硬	很硬	极硬
代号	GB/T 2484—2018	A、B、C、D	E、F、G	H、J、K	L、M、N	P、Q、R、S	T	Y
	选择	磨未淬硬钢选用 L~N，磨淬火合金钢选用 H~K，高表面质量磨削时选用 K、L，刃磨硬质合金刀具选用 H、J						

（4）结合剂

结合剂是把磨粒黏结在一起组成磨具的材料。它的性能决定了砂轮的强度、耐冲击性、耐蚀性、耐热性以及砂轮的寿命等。此外，结合剂对磨削温度和磨削表面质量也有一定的影响。常用的砂轮结合剂性能及适用范围见表 3.9。

表 3.9 常用砂轮结合剂性能及适用范围

名　　称	代　号	特　　性	适　用　范　围
陶瓷	V	耐热、耐油、耐酸、耐碱，强度较高，较脆	除薄片砂轮外，能制成各种砂轮
树脂	B	强度高，富有弹性，具有一定抛光作用，耐热性差，不耐酸碱	荒磨砂轮，磨窄槽、切断用砂轮，高速砂轮，镜面磨砂轮
橡胶	R	强度高，弹性好，抛光作用好，耐热性差，不耐油和酸，易堵塞	磨轴承沟道砂轮，无心磨导轮，切割薄片砂轮，抛光砂轮

（5）组织

砂轮的组织是指砂轮内部结构中的磨料、结合剂、空隙三者之间的体积比例关系。组织号小，砂轮结构中气孔的体积分数就小，磨料所占体积分数就大，组织紧密；反之，组织疏松。通常以磨料所占砂轮的体积分数来分级，有三种组织状态（紧密、中等、疏松），共 15 级（0~14）。砂轮疏松则不易堵塞，并可把切削液或空气带入切削区，降低磨削温度，但过分疏松则磨粒含量少，容易磨钝和失去正确的廓形。故粗磨时应采用疏松砂轮，精磨时应采用较紧密的砂轮。常用砂轮的组织及用途见表 3.10。

表 3.10 常用砂轮组织及用途

组织号	0	1	2	3	4	5	6	7	8	9	10	11	12	13	14
磨粒率/%	62	60	58	56	54	52	50	48	46	44	42	40	38	36	34
用途	成形磨削，精密磨削				磨削淬火钢，刀具刃磨				磨削韧性大而硬度不高的材料					磨削热敏性大的材料	

（6）形状和尺寸

根据磨削方式、磨床类型及工件的加工要求不同，砂轮被制成不同形状和尺寸，并已标准化（见 GB/T 2484—2018 规定）。为了便于砂轮的选用及管理，砂轮的形状、尺寸及特性参数通常都标记在砂轮的端面上，一般顺序是：磨具名称、产品标准号、基本形状代号、圆周型面代号、尺寸、磨料牌号、种类、粒度、砂轮硬度、组织号、结合剂种类和允许的最高工作速度。例如：砂轮 GB/T 4127 1N-300×30×75-WA/F60 L 6 V-35 m/s，表示平形砂轮，外径 300 mm、厚度 30 mm、内径 75 mm，白刚玉磨料，F60 粒度，硬度为中等级，6 号组织，陶瓷结合剂，最高工作速度 35 m/s。

3. 砂轮修整

砂轮磨损后必须及时修整，以获得良好的表面形貌，保证其磨削性能。砂轮的修整应起到两个作用：一是去除外层已钝化的磨粒或去除已被磨屑堵塞了的一层磨粒，使新的磨粒显露出来，二是使砂轮修整后具有足够数量的有效切削刃，从而提高已加工表面质量。

常用的修整工具有：大颗粒金刚石笔、多粒细碎金刚石笔、金刚石滚轮等（图 3.48）。其中最常用的是大颗粒金刚石笔；多粒细碎金刚石笔修整效率较高，所修整的砂轮磨出的工件表面粗糙度值较小；金刚石滚轮修整效率更高，适于修整成形砂轮。

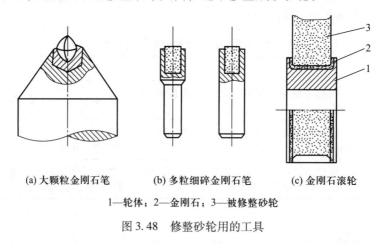

(a) 大颗粒金刚石笔 (b) 多粒细碎金刚石笔 (c) 金刚石滚轮

1—轮体；2—金刚石；3—被修整砂轮

图 3.48　修整砂轮用的工具

3.4.4　高效磨削简介

1. 高速磨削

砂轮线速度超过 45 m/s 的磨削称为高速磨削。

高速磨削时，单位时间内通过磨削区的磨粒数增多，若保持单个磨粒的磨削厚度不变，则可增大进给量，从而缩短磨削时间，提高生产率。

实现高速磨削必须提高砂轮的结合强度，提高机床的动刚度和静刚度；按比例增大电动机功率，增强冷却效果，加强安全措施。

2. 强力磨削

强力磨削又称大背吃刀量缓进给磨削，其特征是背吃刀量很大，一次背吃刀量可达 2~20 mm，工件进给速度小，仅为 10~300 mm/min。

强力磨削由于背吃刀量大，砂轮与工件的接触弧长，单位时间内砂轮工作表面参加切削的磨粒数目多，且在工艺上将粗、精磨削工序合并，所以生产率可成倍提高。

3. 砂带磨削

砂带由磨料、结合剂及基体组成。基体有纸、布和纸布混合型三种。结合剂可以是动物胶或合成树脂。

砂带磨削将环形砂带安装在压轮和张紧轮上，当工件由传送带送至支承板和接触轮之间的磨削区时，即受到高速砂带的切削。由于黏附在基体上的单层磨粒几乎每颗都可以参加切削，砂带的长度和宽度不受制造上的限制，从而生产率比普通磨削大大提高。此外，砂带磨削所需设备简单，加工质量高，且可以磨削复杂形状。

3.5 齿轮加工机床与齿轮加工刀具

齿轮在各种机械和仪表中应用十分广泛，常见的有圆柱齿轮、锥齿轮、蜗轮蜗杆、花键等，本节主要介绍渐开线圆柱齿轮齿面的加工。

3.5.1 圆柱齿轮的结构特点与技术要求

圆柱齿轮是机械传动中应用极为广泛的零件之一，其功用是按规定的速比传递运动和动力。

1. 圆柱齿轮的结构特点

齿轮尽管在机器中的功用不同而设计成不同的形状和尺寸，但大都可以划分为齿圈和轮体两个部分。常见的圆柱齿轮有以下几类（图 3.49）：盘类齿轮、套类齿轮、内齿轮、轴类齿轮、扇形齿轮、齿条（即齿圈半径无限大的圆柱齿轮）。其中盘类齿轮应用最广。

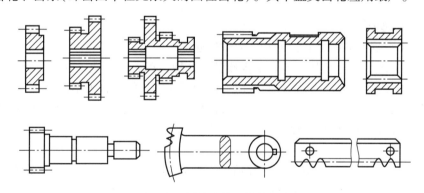

图 3.49　圆柱齿轮的结构形式

一个圆柱齿轮可以有一个或多个齿圈。普通的单齿圈齿轮工艺性好，而双联或三联齿轮的小齿圈往往会受到台肩的影响，限制了某些加工方法的使用，一般只能采用插齿。如果齿轮精度要求高，需要剃齿或磨齿时，通常将多齿圈齿轮做成单齿圈齿轮的组合结构。

2. 圆柱齿轮的精度要求

齿轮本身的制造精度，对整个机器的工作性能、承载能力及使用寿命都有很大影响。根据齿轮的使用条件，对齿轮传动提出以下几方面的要求。

（1）运动精度

齿轮应能准确地传递运动，传动比恒定。即要求齿轮在转一转中，转角误差不超过一定范围。

（2）工作平稳性

齿轮传递运动应平稳，冲击、振动和噪声要小。这就要求齿轮转动时瞬时速比的变化要小，也就是要限制短周期内的转角误差。

（3）接触精度

齿轮在传递动力时，载荷分布不均匀会使接触应力过大，引起齿面过早磨损。这就要求齿轮工作时齿面接触要均匀，并保证有一定的接触面积和符合要求的接触位置。

（4）齿侧间隙

齿轮传动时，非工作齿面间应留有一定间隙，以储存润滑油，补偿因温度、弹性变形所引起的尺寸变化和加工、装配时的一些误差。

齿轮的制造精度和齿侧间隙主要根据齿轮的用途和工作条件进行规定。对于分度传动用齿轮，主要的要求是保证齿轮运动精度，使得传递的运动准确可靠；对于高速动力传动用的齿轮，必须要求工作平稳，没有冲击和噪声；对于重载低速传动用的齿轮，则要求轮齿的接触精度要好，使啮合齿的接触面积大，不致引起齿面过早的磨损；对于换向传动和读数机构，应严格控制齿侧间隙，必要时还须消除间隙。

3. 齿轮的材料与热处理

（1）材料的选择

齿轮应按照使用的工作条件选用合适的材料。齿轮材料的选择对齿轮的加工性能和使用寿命都有直接的影响。一般齿轮选用中碳钢（如 45 钢）和低、中碳合金钢（如 20Cr、40Cr、20CrMnTi 等）；重要齿轮可选用 38CrMoAlA 氮化钢；非传力齿轮可以使用铸铁、夹布胶木或尼龙等材料。

（2）齿轮的热处理

齿轮加工中根据不同的目的，可安排两种热处理工序。

1）毛坯热处理　在毛坯加工前后安排预备热处理，正火或调质，其主要目的是消除锻造及粗加工引起的残余应力，改善材料的可切削性和提高材料的综合力学性能。

2）齿面热处理　齿形加工后，为提高齿面的硬度和耐磨性，常进行渗碳淬火、感应淬火、碳氮共渗和渗氮等热处理工序。

4. 齿轮毛坯

齿轮的毛坯形式主要有棒料、锻件和铸件。棒料用于小尺寸、结构简单且对强度要求低的齿轮；当齿轮要求强度高、耐磨和耐冲击时，多采用锻件；直径大于 400 ~ 600 mm 的齿轮，常用铸造毛坯。为了减少机械加工量，对大尺寸、低精度齿轮，可以直接铸出轮齿；对于小尺寸、形状复杂的齿轮，可用精密铸造、压力铸造、精密锻造、粉末冶金、热轧和冷挤等新工艺制造出具有轮齿的齿坯，以提高劳动生产率，节约原材料。

3.5.2　齿轮加工方法概述

齿轮的切削加工按齿面加工原理可分为仿形法和展成法两种方法。

1. **仿形法**

仿形法加工齿轮是用成形刀具在被加工齿轮的毛坯上切削出齿槽。常用的方法：用齿轮铣刀铣齿、用齿轮拉刀拉齿、用插齿刀盘插齿、用成形磨轮磨齿等。其中，齿轮拉刀制造复杂，主要用于大量生产中加工内齿轮；插齿刀盘结构复杂，价格昂贵，仅用于大量生产中；成形磨轮磨齿主要用于特殊齿轮（如齿数很少、非渐开线齿形的齿轮等）的磨削加工；与其他成形法相比，铣齿的齿轮铣刀结构简单，成本较低，不需要专门的齿轮加工机床，在普通铣床上就能加工齿轮，但其加工精度和生产率均较低，通常用于单件、小批量生产和修配工作，以及模数特别大的齿轮加工。

用齿轮铣刀在铣床上铣削直齿圆柱齿轮时，工件安装在分度头上，铣刀旋转，工作台作直线进给运动，加工完一个齿槽后，用分度头将工件转过一个齿，再铣削另一个齿槽，直至加工出所有齿槽。而铣削斜齿圆柱齿轮则必须在万能铣床上进行，铣削时，工作台偏转一个角度，使其等于齿轮的螺旋角，工件在随工作台进给的同时，由分度头带动作附加转动形成螺旋运动。

根据形状的不同，齿轮铣刀可分为盘形齿轮铣刀（图 3.50a）和指形齿轮铣刀（图 3.50b）。盘形齿轮铣刀主要用于 $m=0.3\sim50$ mm 的低精度直齿轮加工，有时也用于加工斜齿轮、有空刀槽的人字齿轮和齿条；指形齿轮铣刀用于 $m=10\sim80$ mm 甚至更大模数的直齿轮、斜齿轮和人字齿轮等的加工，它也是目前唯一能加工多列人字齿轮的刀具。图 3.50c 为盘状模数铣刀的工作状况。

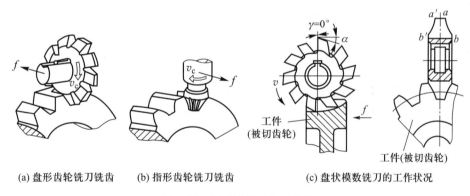

(a) 盘形齿轮铣刀铣齿　　(b) 指形齿轮铣刀铣齿　　(c) 盘状模数铣刀的工作状况

图 3.50　用成形铣刀加工齿轮

加工直齿圆柱齿轮时，齿轮铣刀按仿形法原理工作，铣刀切削刃运动轨迹的轴向截形与被切齿轮的齿槽端截形相同。对于零前角的齿轮铣刀，可直接采用被切齿轮的渐开线齿廓作为基本齿廓；加工斜齿轮（包括渐开线蜗杆）和人字齿轮时，齿槽形状是由铣刀切削刃作无瞬心包络形成的，铣刀的齿廓与轮齿任意端截面或法截面上的形状均不同，理论上应按被切齿轮的参数专门设计。

加工直齿轮和斜齿轮的铣刀顶部过渡曲线应保证被切齿轮的齿根部与任意齿数的齿轮（包括齿条）啮合时不发生干涉，并具有适当的圆角，而且刀刃本身还应具有一定的侧后角。

理论上，对于不同模数、不同齿数的齿轮，都应采用专门设计的铣刀，才能获得正确的齿廓，这样就要有很多规格的铣刀，使生产成本提高，刀具管理复杂。在实际生产中，通常都用一把铣刀来加工一定齿数范围内的齿轮，这样铣刀规格可大为减少。只有对于加工精度要求较高或齿数少于12的齿轮，才设计专用齿轮铣刀。

一把铣刀可加工的齿数范围(即齿轮铣刀号数的划分依据)，是按照齿廓误差不超过一定数值的原则规定的。JB/T 7970.1—1999《盘形齿轮铣刀第1部分：基本型式和尺寸》规定：对$m \leq 8$ mm 的通用齿轮铣刀，由8件铣刀组成一套；对$m > 8$ mm 的通用齿轮铣刀，则由15件组成一套。每件铣刀按其加工的齿数范围进行相应的编号，各类铣刀都按该号铣刀加工范围内齿数最少的齿轮设计齿廓，而按齿数最多的齿轮确定齿高，以获得比较有利于啮合传动的铣刀齿廓。

2. 展成法

用展成法加工齿轮是利用齿轮啮合原理，将齿轮副中的一个齿轮转化为刀具，另一齿轮转化为工件，并强制刀具与工件之间做有严格传动比的啮合对滚运动，同时刀具还作切削工件的主运动。被加工齿的齿廓表面是在刀具和工件连续对滚过程中，由刀具齿形的运动轨迹包络出工件齿形，如图3.51所示。与仿形法加工齿轮相比，用展成法加工齿轮的最大优点在于，对同一模数和同一齿形角的齿轮，只需用一把刀具就可以加工任意齿数和不同变位系数的齿轮，加工精度和生产率一般也比成形法高。

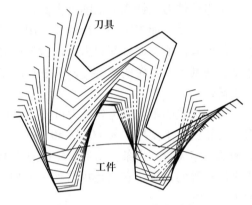

图 3.51 用展成法加工齿轮

因此，展成法在齿轮加工中应用最为广泛。但是，展成法需在专门的齿轮机床上加工，而且机床的调整、刀具的制造和刃磨都比较复杂，故一般用于成批和大量生产。

用展成法加工圆柱齿轮的方法主要有滚齿、插齿等，加工精度达6~8级，对齿轮齿面精加工的方法有剃齿、珩齿、磨齿等，加工精度可达4~6级。

3.5.3 滚齿加工

1. 滚齿加工原理及特点

滚齿加工是在滚齿机上用展成法加工渐开线圆柱齿轮，如图3.52所示。滚齿时，滚刀安装于滚齿机的主轴上，它既作旋转的切削运动，又沿齿坯的轴线作进给运动。与此同时，齿坯也配合滚刀的旋转作相应的转动(切削直齿轮时为分齿运动，切削斜齿轮时为分齿运动和附加运动)，从而加工出整个齿轮。由于齿轮滚刀是以展成法加工齿轮，它的切削过程相当于一对相错轴螺旋齿轮的啮合过程，因此一种模数的齿轮滚刀可以加工出模数和齿形角相同，但齿数、变位系数和螺旋角不同的各种圆柱齿轮。

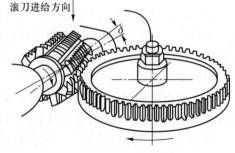

图 3.52 滚齿原理

与插齿加工等其他加工方法相比，滚齿加工有下述几个突出的优点：

1）滚齿加工过程是连续的，不像插齿和刨齿那样存在空程，故其生产率较高。

2）滚齿加工的操作和调整十分简便，不仅可以加工直齿轮，而且也可以加工螺旋角不同的各种斜齿轮。而用插齿加工方法加工直齿轮时需用直齿插齿刀，加工斜齿轮时则需用相应的斜齿插齿刀。因此，滚齿比插齿具有更好的通用性。

3）滚齿加工容易保证被加工齿轮有较精确的齿距。这是因为工件周节上的两端点是由滚刀（单头）同一刀齿上的固定点所形成的，因此滚刀的齿距误差并不影响被切齿轮的正确位置。滚齿加工的这一特点使其特别适于加工要求周节累积误差小的各种齿轮。

由于滚齿加工有上述突出的优点，因此它是最常用的齿轮加工方法。但是，滚齿加工也有以下不足之处：

齿轮滚刀在切削时，被切齿轮轮齿的包络刃数受到滚刀圆周齿数的限制，并且不能像插齿刀那样可以通过改变切削用量来增加包络刃数，因此齿轮滚刀加工齿面的表面粗糙度较大。此外，由于加工位置的限制，滚齿加工不能用于带台肩的齿轮及阶梯齿轮加工，通常也不能加工内齿轮。

2. 齿轮滚刀

（1）滚刀的实质

如图3.53a所示，相互啮合的一对渐开线圆柱齿轮，如果其中一个齿轮具有为实现切削所必需的切削刃口和成形后角，那么这个齿轮就变成了一个能以包络（展成）原理进行工作、可加工出与其相啮合的渐开线圆柱齿轮的齿轮刀具了。所以，以展成原理进行工作的齿轮刀具，其实质是齿轮本身的一种演变，它既具有一般齿轮的特征，又具备一般切削刀具的特点。因此，渐开线齿轮与滚刀的啮合，实质上是一对相错轴渐开线圆柱齿轮的啮合，渐开线齿轮滚刀是由一个齿数不多（1~3齿）的渐开线斜齿圆柱齿轮演变而成。

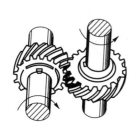  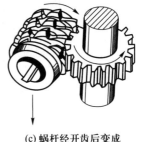

(a) 一对螺旋齿轮啮合　　(b) 螺旋齿轮副中一个　　(c) 蜗杆经开齿后变成
　　　　　　　　　　　　　　齿轮变成了蜗杆　　　　　　了滚刀

图3.53 齿轮滚刀的实质

一个齿数不多而螺旋角又很大的斜齿圆柱齿轮，它的齿必然很长，甚至可以绕其轴线很多圈，因此其外形就不再像一般的斜齿圆柱齿轮，而变成了一个蜗杆状的渐开线圆柱齿轮（见图3.53b）。这种蜗杆被称为渐开线蜗杆。作为刀具，在这种蜗杆上必须开出容屑槽，以形成其切削刃口。同时，为了产生后角，还应铲齿。渐开线蜗杆经过这样的加工之后，便变成了一把齿轮滚刀（见图3.53c）。显然，这种滚刀的全部切削刃均处于这一蜗杆的渐开线螺旋面上，因此这种滚刀称为渐开线滚刀。而这一蜗杆，则称为滚刀的基本蜗杆。

渐开线蜗杆的端面截形是渐开线，而其轴向剖面和法向剖面的截形均不是直线，这就使渐开线滚刀在制造和检验上存在很大的困难。因此，在实际生产中为便于滚刀的制造和检验，常用轴向剖面截形为直线的阿基米德蜗杆（阿基米德滚刀，其端面截形是阿基米德螺旋线），或用法向剖面截形为直线的法向直廓蜗杆（法向直廓滚刀，其端面截形是延长渐开线），来代替渐开线蜗杆作为滚刀的基本蜗杆。当然，这样会带来一定的齿形误差。当用阿基米德蜗杆代替渐开线蜗杆时，其齿形误差比用法向直廓蜗杆要小，并且其齿形误差是使被切齿轮轮齿的齿根和齿顶产生微量的修缘，这对减小齿轮啮合的噪声是有利的。更重要的是，阿基米德滚刀在一般的仪器上可以精确地检查齿形误差。因此，现在的绝大多数渐开线圆柱齿轮滚刀采用阿基米德滚刀，法向直廓滚刀在大模数滚刀、多头滚刀、粗加工滚刀中仍有部分采用。

（2）滚刀的结构形式和基本参数

齿轮滚刀的类型较多。按滚刀螺纹头数可分为单头滚刀和多头滚刀；按结构可分为整体式滚刀、焊接式滚刀和装配式滚刀；按刀具材料可分为高速钢滚刀和硬质合金滚刀等。

最常用的整体式齿轮滚刀的结构形式如图 3.54 所示。齿轮滚刀的外径 d_{a0}、孔径 D、长度 L 以及容屑槽数（圆周齿数）z_k 是构成滚刀外形的基本参数。它们对滚刀的性能、成本和使用价值均有直接的影响。

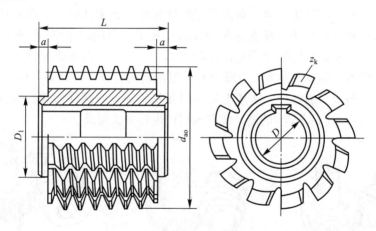

图 3.54　整体式齿轮滚刀的结构形式

增大滚刀的外径，可以相应地增大滚刀孔径、增加容屑槽数、减小滚刀的螺旋导程角和切齿时形成的齿面波纹度，从而可以提高滚刀的安装刚度、精度和使用寿命，以及被加工齿面的质量。但是，增大滚刀的外径对于整体高速钢滚刀来说，就要增加高速钢的消耗量，并增加了锻造、热处理以及机械加工的困难。滚刀外径的确定原则：在保证足够的孔径和容屑槽数的前提下，尽可能地选用较小的外径；精密和高效率滚刀一般要采用较大的外径和孔径，普通滚刀则可以适当小一些。

齿轮滚刀的长度应当包括：包络出工件两侧完整齿廓所需的长度，两端不参加工作的边牙长度，切削斜齿轮时需要的附加长度以及两端的轴台长度。滚刀的轴台是用作检验滚刀安装跳动的基准。为了便于测量，轴台的长度 a 应该不小于 4~6 mm。

滚刀的容屑槽数关系到滚切每个齿槽时参加切削的刀齿数。容屑槽数增加，参加切削的刀齿增多，单个刀齿的负荷减小，切削过程平稳，而且被加工齿面的波纹度也减小，因此精切滚刀的容屑槽数应稍多一些。但是，容屑槽数增多，刀齿的齿背厚度相应减薄，滚刀可重磨的次数减少。因此，对于普通精度滚刀和粗切滚刀，其容屑槽数可以适当减少。

容屑槽有直槽和螺旋槽两种，如图 3.55 所示。为了使刀齿两侧的切削角度近似一致，滚刀的容屑槽应做成在分度圆柱上垂直于螺纹的螺旋槽。但是，将容屑槽做成平行于滚刀轴线的直槽不仅便于制造、检验和刃磨，而且顶刃所形成的刃倾角对切齿过程也有利。因此，目前生产的各种大、中、小齿轮滚刀，几乎都采用了直槽形式。

（3）切削角度

1）前角　齿轮滚刀一般都采用 0° 前角。但是为了改善滚刀的切削性能，提高滚刀的寿命和被加工齿面的质量，可做成 7°~12° 的正前角。

2）后角　齿轮滚刀的后角一般由铲背形成。在用径向铲背法加工时，为使滚刀重磨以后切出的齿轮仍能保持正常的齿高与齿厚，滚刀的齿顶与齿侧必须采用相同的径向铲背量 K。铲背量 K 是滚刀每转过一个齿间角，假设铲刀不退回，铲刀前进的距离（见图 3.56），径向铲背量 K 由滚刀顶刃后角确定，对于直槽滚刀，可按下式计算

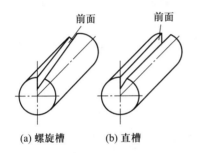

(a) 螺旋槽　　(b) 直槽

图 3.55　滚刀的容屑槽形式图

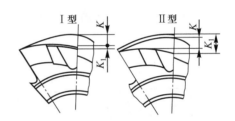

图 3.56　滚刀的铲背形式

$$K = \frac{\pi d_{a0}}{z_k \cos\gamma_{za}}\tan\alpha_a \approx \frac{\pi d_{a0}}{z_k}\tan\alpha_a \qquad (3.15)$$

式中　α_a——沿滚刀螺纹方向的顶刃后角，一般取 $\alpha_a = 10°~20°$；

γ_{za}——滚刀外圆柱的螺旋导程角。

（4）齿轮滚刀的正确选用

1）法向模数 m_n 和法向压力角 α_0 是选择滚刀的基本参数，这两个基本参数要与被切齿轮相等。

2）应根据被加工齿轮的精度等级选择滚刀的精度等级，标准规定齿轮滚刀按精度等级分为 AA 级、A 级、B 级和 C 级。AA 级滚刀可滚切 6~7 级精度的渐开线圆柱齿轮，A 级滚刀可滚切 7~8 级精度的齿轮，B 级、C 级滚刀分别用于 8~9 级和 9~10 级精度的齿轮加工。

3）精加工齿轮滚刀通常采用零前角、单头、直槽的阿基米德滚刀。粗加工可采用正前角、多头螺旋槽滚刀。

4）通常所使用的滚刀不带切削锥部，只有在切制直径特别大的齿轮时，或切制螺旋角大于 20° 的齿轮时，才选取带切削锥的滚刀，以减轻滚刀边缘齿的负担。

5）滚齿时，为了切出准确的齿形，无论是直齿圆柱齿轮或斜齿圆柱齿轮，都应当使滚刀的螺旋方向与被加工齿轮的齿形线方向一致。为此，需将滚刀轴线与被切齿轮端面安装成一定的角度，称作滚刀的安装角 δ。如图 3.57 所示，当加工直齿圆柱齿轮时，滚刀安装角 δ 等于滚刀的螺旋升角 ω，图 3.57a、b 分别为用右旋和左旋滚刀加工直齿圆柱齿轮时，滚刀的安装角以及滚刀刀架的扳转方向。

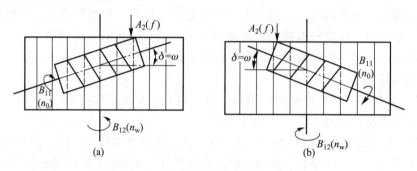

图 3.57　滚切直齿圆柱齿轮时滚刀的安装角

在加工斜齿圆柱齿轮时，滚刀的安装角不仅与滚刀螺旋线方向及螺旋升角 ω 有关，而且还与被加工齿轮的螺旋方向及螺旋角 β 有关。当滚刀与被加工齿轮的螺旋方向相同时，滚刀的安装角 $\delta=\beta-\omega$；当滚刀与被切齿轮的螺旋方向相反时，$\delta=\beta+\omega$，如图 3.58 所示。

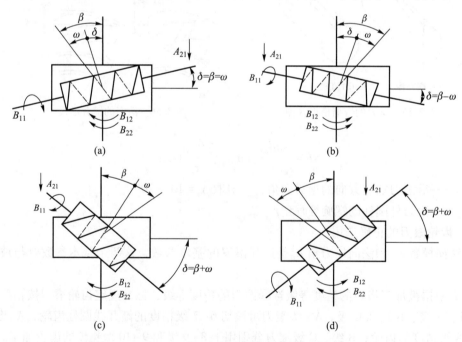

图 3.58　滚切斜齿圆柱齿轮时滚刀的安装角

滚刀的旋向可按被加工齿轮的旋向选择。滚切直齿轮通常用右旋滚刀；滚切斜齿轮时，滚刀的旋向最好与被滚切齿轮的旋向相同，这样可减小滚刀的安装角 δ。

3. Y3150E 型滚齿机

（1）Y3150E 型滚齿机的用途和主要技术参数

Y3150E 型滚齿机是一种中型通用滚齿机，主要用于加工直齿和斜齿圆柱齿轮，也可以采用径向切入法加工蜗轮和花键轴。可加工工件的最大直径为 500 mm，最大模数为 8 mm。如图 3.59 所示为该机床的外形图。立柱 2 固定在床身 1 上，刀架溜板 3 可沿立柱导轨上下移动；刀架体 5 安装在刀架溜板 3 上，可绕自己的水平轴线转动，调整滚刀的安装角；滚刀安装在刀杆 4 上，做旋转运动；工件安装在工作台 9 的心轴 7 上，随同工作台一起转动；后立柱 8 和工作台 9 一起装在床鞍 10 上，可沿机床水平导轨移动，用于调整工件的径向位置或作径向进给运动。

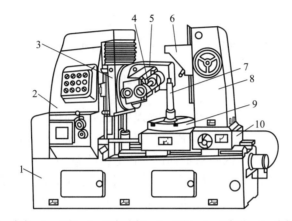

1—床身；2—立柱；3—刀架溜板；4—刀杆；5—刀架体；6—支架；
7—安装被加工齿轮工件的心轴；8—后立柱；9—工作台；10—床鞍

图 3.59 Y3150E 型滚齿机外形图

Y3150E 型滚齿机的主要技术参数：

工件最大直径 500 mm；

工件最大加工宽度 250 mm；

工件最大模数 8 mm；

工件最小齿数 $z_{min}=5\times K$（滚刀头数）；

滚刀主轴转数（40,50,63,100,125,160,200,250）r/min；

刀架轴向进给数（0.4,0.56,0.63,0.87,1.1,1.6,1.8,2.5,2.9,4）mm；

机床轮廓尺寸（长×宽×高）2 439 mm×1 272 mm×1 770 mm；

机床质量 3 450 kg。

（2）滚齿机传动原理

1）滚切直齿圆柱齿轮时机床的传动原理　用滚刀加工直齿圆柱齿轮时，机床需要两个表面成形运动（见图 3.60），展成运动（B_{11} 和 B_{12}）和进给运动（A_2）；三条传动链，主运动传动链、展成运动传动链和进给运动传动链。

① 主运动传动链　滚刀和动力源之间的传动链称为主运动传动链（电动机—1—2—u_v—3—4—滚刀）。由于滚刀和动力源之间没有严格的相对运动要求，由此主运动传动链属于外联

系传动链，其主运动为滚刀的旋转运动。主运动传动链的换置机构 u_v 用于改变滚刀的转速，以满足加工工艺要求。

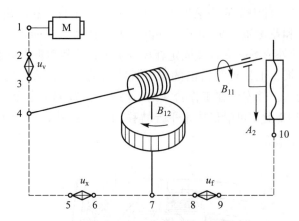

图3.60 滚切直齿圆柱齿轮时机床的传动原理

② 展成运动传动链 使滚刀和工件之间实现展成运动的传动链称为展成运动传动链（滚刀—4—5—u_x—6—7—工件）。滚刀旋转 B_{11} 和工件旋转 B_{12} 是一个复合成形运动，两执行件（滚刀和工件）之间的传动链属于内联系传动链，由它来保证滚刀和工件旋转运动之间严格的相对运动关系：滚刀转1转，工件转 K/z 转（z 为工件齿数，K 为滚刀头数）。展成运动传动链中的换置机构 u_x 用于调整它们之间的传动比，以适应因工件齿数和滚刀头数的变化，及其他因素需要改变传动比的要求。

③ 轴向进给传动链 滚刀沿工件轴线所做的垂直进给（A_2），以便切出整个齿宽。轴向进给运动的快慢，只影响被加工齿面的表面粗糙度，所以 A_2 是个简单运动，其传动链（工件—7—8—u_f—9—10—刀架升降丝杠-刀架）属于外联系传动链。轴向进给传动链中的换置机构 u_v 用于调整轴向进给量的大小和进给方向，以适用不同加工表面粗糙度的要求。

2）滚切斜齿圆柱齿轮时机床的传动原理 斜齿圆柱齿轮的轮齿端面上齿廓是渐开线，而沿轮齿的齿长方向是一条螺旋线。因此，在滚切斜齿圆柱齿轮时，除了与滚切直齿一样，需要有展成运动、主运动和轴向进给运动外，为了形成螺旋线齿线，在滚刀作轴向进给运动 A_{21} 的同时，工件还应做附加转动 B_{22}，而且这两个运动之间必须保持确定的关系，即滚刀移动一个工件螺旋线导程时，工件应准确地附加转过一转，两者组成一个复合运动。

如图3.61所示为滚切斜齿圆柱齿轮时机床的传动原理图。滚切斜齿圆柱齿轮时，展成运动、主运动以及轴向进给运动传动链与加工直齿圆柱齿轮相同，只是刀架与工件之间增加了一条附加运动链，刀架（滚刀移动 A_{21}）—12—13—u_y—14—15—合成机构—6—7—u_x—8—9—工作台（工件附加转动 B_{22}），以保证刀架沿工件轴线方向移动一个螺旋线导程 P_h 时，通过合成机构使工件附加转一转，形成螺旋齿线。由于这个传动联系是通过合成机构的差动作用使工件的转动加快或减慢，所以这个传动链一般称为差动传动链，它属于内联系传动链。传动链中换置机构 u_y 用于适应工件螺旋线导程和螺旋方向的变化。

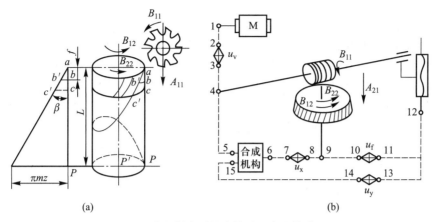

图 3.61 滚切斜齿圆柱齿轮时机床的传动原理

3.5.4 插齿加工

1. 插齿加工原理及特点

插齿加工是一种利用平行轴齿轮啮合原理进行齿轮加工的展成切齿方法。

如图 3.62 所示,插齿刀的轴线与被切齿轮轴线平行,插齿刀的主运动是插齿刀的快速上下往复运动,在往复运动下,插齿刀切削刃运动轨迹所形成的齿轮叫作产形齿轮,产形齿轮与被切齿轮作无间隙的啮合运动(即展成运动,图 3.62 中的工件与产形齿轮按一定速比的对滚运动)。为了完成切齿过程,除上述基本运动外,尚需插齿刀的径向切入运动和插齿刀空行程时工件的让刀运动。这里展成运动又是工件相对于插齿刀的圆周进给运动,在展成过程中,插齿刀沿工件径向逐渐切入至齿全高时,工件再继续与插齿刀展成一圈,齿轮即加工完毕。一般情况下,被切齿轮的齿形不仅取决于插齿刀的齿形,而且还与它们之间的展成运动(中心距和展成速比)有关。按照这一原理,在已知工件参数和齿形的情况下,给定加工时的展成运动,就能设计出加工各种齿形的内、外齿轮插齿刀。

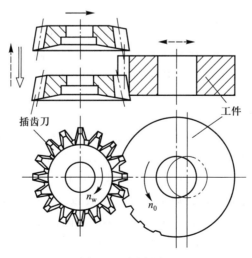

图 3.62 插齿原理

由于插齿刀是利用两齿轮间相互啮合的原理切出工件齿形，因此一把插齿刀可以加工出模数相同而齿数不同的齿轮。插齿刀除了能加工直齿、斜齿和特殊齿形的各种外啮合圆柱齿轮外，还有特殊的用途：用展成法切削内齿轮和精密齿条，切削阶梯齿轮和带有凸肩的齿轮，切削无空刀槽的连续人字齿轮。通常这些齿轮用别的齿轮刀具都是难以加工的。

插齿在加工过程中存在空程，因而其生产率比滚齿低。但在某些情况下，例如切削扇形齿轮、小模数齿轮等，插齿的生产率也可能高于滚齿。

插直齿轮的插齿刀不能用来插斜齿轮。插斜齿轮时，需在插齿机上安置螺旋靠模，并使用与螺旋靠模螺旋参数一致的斜齿插齿刀。目前，在一般插齿机上还不具备这种机构，这限制了插齿在斜齿轮加工中的应用。

2. 插齿刀

（1）插齿刀的结构及类型

根据结构形式的不同，插齿刀可分为盘形插齿刀、碗形插齿刀、锥柄插齿刀，如图 3.63 所示。

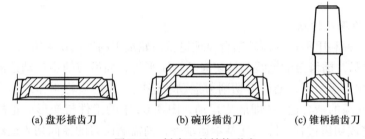

(a) 盘形插齿刀　　　　(b) 碗形插齿刀　　　　(c) 锥柄插齿刀

图 3.63　插齿刀的结构形式

盘形插齿刀主要用于加工普通的外啮合直齿轮、斜齿圆柱齿轮、人字齿轮、大直径内齿轮和齿条等。碗形插齿刀主要用于加工台肩齿轮、双联齿轮等，也可用于加工盘形插齿刀能加工的各种齿轮。锥柄插齿刀主要用于加工小直径的内啮合直齿和斜齿圆柱齿轮。

根据用途的不同，插齿刀分通用插齿刀、专用插齿刀、剃前插齿刀、修缘插齿刀和硬齿面加工用插齿刀等。

插齿刀一般为整体结构。根据需要，也可做成机夹镶齿式、焊接（或者黏接）式等结构。插齿刀一般采用高速钢制造。用于硬齿面加工或特殊用途的插齿刀，其切削部分材料可采用硬质合金。高速钢制造的插齿刀可采用 PVD 涂层，或者采用其他表面处理方法，以提高插齿刀的切削性能和使用寿命。

（2）插齿刀的几何特性

插齿刀的外形像齿轮，为了能够进行正常的切削，插齿刀应具有前角和后角。插齿刀的顶刃前角一般取 5°，后角通常为 6°。由于插齿刀顶刃和侧刃后角的影响，其齿廓由前端面开始逐渐收缩。因此，插齿刀本质是一个在不同端截面具有不同变位系数的齿轮。在垂直于其轴线的各个截面中，越接近前端面，齿廓的变位系数越大，一般都为正值；越接近后端面，齿廓的变位系数越小，一般都为负值。在前、后端面之间，变位系数等于零的截面，称为基本截面。基本截面到前端面的距离称为基本距离。各截面的齿廓变位系数 x_0 与该截面到基本截面的距离 b_0 成正比，计算公式为

$$x_0 = \frac{b_0}{m}\tan\alpha_{a0} \tag{3.16}$$

式中　α_{a0}——插齿刀的顶刃后角。

各截面的变位量 X_0 即为

$$X_0 = x_0 m = b_0 \tan\alpha_{a0} \tag{3.17}$$

插齿刀不同截面的齿廓见图 3.64。

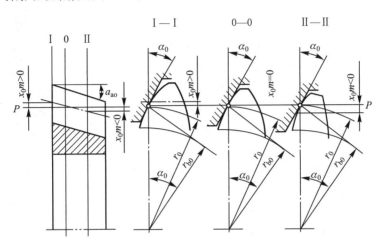

图 3.64　插齿刀不同截面的齿廓

3. 插齿加工的工艺措施

（1）合理选用插齿刀

加工标准渐开线直齿圆柱齿轮的插齿刀已标准化，按 GB/T 6081—2001 规定，直齿插齿刀分为 AA 级、A 级、B 级三种精度等级。AA 级插齿刀适于加工 6 级精度的标准齿轮，A 级和 B 级插齿刀适于加工 7 级和 8 级精度的标准齿轮。

（2）提高插齿生产率的措施

为提高插齿生产率，常采用提高插齿机冲程数和加大圆周进给量这两方面的措施。插齿主运动速度已由 20 世纪 60 年代的 0.5~0.7 m/s 提高到现在的 1~1.4 m/s，插齿机冲程数已由原来的 800~1 000 次/min 提高了一倍。目前新型插齿机的最高冲程数已达 2 500 次/min；圆周进给量允许每双行程 1 mm 以上，个别的可达每双行程 3 mm。

（3）正确刃磨插齿刀

刃磨插齿刀可在外圆磨床或工具磨床上进行，用砂轮的外圆表面磨削插齿刀的前面（内圆锥面）。刃磨时应注意保证插齿刀前面的锥角 γ_f，标准插齿刀的前角为 5°，AA 级、A 级插齿刀的前角公差为 ±8′，B 级插齿刀的前角公差为 ±12′。对于 AA 级和 A 级插齿刀，其前面表面粗糙度为 Ra 0.32 μm，对于 B 级插齿刀，为 Ra 0.63 μm。刃磨时不允许产生磨削烧伤和机械碰伤。

3.5.5　剃齿加工

剃齿加工是对未经淬硬(<32 HRC)的内、外齿啮合圆柱齿轮(包括直齿轮和螺旋齿轮)和蜗轮进行精整加工的常用方法,可减小被加工齿轮的表面粗糙度,使齿轮精度提高一至二级,可达到 6、7 级精度。

1. 剃齿加工原理及特点

(1) 剃齿加工原理

剃齿加工过程,实质上就是一对圆柱螺旋齿轮相互啮合的过程,剃齿刀 1 与被剃齿轮 2 作无间隙啮合自由对滚,如图 3.65 所示。剃齿时,经过预加工的工件装在心轴上,顶在机床工作台上的两顶尖间,可以自由转动;剃齿刀装在机床主轴上,在机床的带动下与工件作无侧隙的螺旋齿轮啮合传动,带动工件旋转。由于它们的轴线在空间交叉成一定的角度(即轴交角),因此在啮合点上,剃齿刀和齿轮各自的速度方向不一致,两者轮齿的切向分速度差即为剃齿加工的切削速度。切削速度的大小与剃齿刀的速度和轴交角的大小成正比,并且在不同的半径上,切削速度也不相等。在切削速度和切削刃的进刀压力作用下,剃齿刀从齿轮的齿面上切下极薄的切屑。

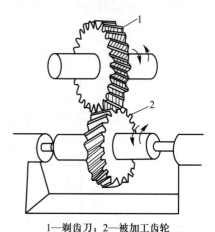

1—剃齿刀；2—被加工齿轮

图 3.65　剃齿加工原理

剃齿需具备以下运动:

1) 剃齿刀高速正反转——主运动。

2) 工件沿轴向的往复运动——剃出全齿宽。

3) 工件每往复一次后的径向进给运动——剃出齿全高。

剃齿同磨齿等齿轮精加工方法不同。剃齿过程中没有强制性的啮合运动,剃齿加工虽能提高齿轮的齿形、齿距、齿向、齿圈径向圆跳动等精度,但不能修正齿轮原有的齿距累积误差,并会使齿轮的径向圆跳动量部分地转化到齿距累积误差,因此剃齿的精度直接受到剃前齿轮制造精度的影响。剃齿质量还受到剃齿余量的大小和形式、剃齿刀和齿轮轴交角的大小等许多工艺因素的影响。这些对剃齿的精度、剃齿刀的修形、剃齿余量、轴交角的选择等,都提出了特殊的要求,并须在剃齿刀的使用中采取相应的工艺措施。

(2) 剃齿加工的工艺特点

1) 由剃齿加工原理可知,剃齿刀与工件之间无强制啮合运动,是自由对滚,故机床结构简单,调整方便。

2) 剃齿加工效率高,一般只要 2~4 min 便可完成一个齿轮的加工。

3) 剃齿加工成本比较低,比磨齿平均低 90%。

4) 剃齿加工对齿轮的齿形误差和基节误差有较强的修正能力,有利于提高齿轮的齿形精度,但对齿轮的切向误差修正能力差,因此在工序安排上应采用滚齿作为剃齿的前工序。因为滚齿的运动精度比插齿好,虽然滚齿后的齿形误差比插齿大,但这在剃齿工序中很容易被纠正。

5）剃齿加工精度主要取决于剃齿刀，只要剃齿刀本身的精度高、刃磨好，就能剃出 $Ra\ 0.32\sim1.5\ \mu m$、精度为 6、7 级的齿轮。剃齿刀常由高速钢制造。

6）剃齿加工是根据展成法，即根据一对圆柱螺旋齿轮相互啮合的原理进行的，原则上可以加工各种参数的内、外啮合圆柱齿轮。但由于加工位置的限制，剃齿刀不便加工多台肩的齿轮或多联齿轮。

剃齿加工通常适于成批和大量生产，并特别适于加工对工作平稳性和低噪声有较高要求而对运动精度要求不是很高的齿轮。

2. 剃齿加工的工艺措施

（1）剃齿刀的正确选用

1）要求剃齿刀的法向模数 m_n、法向压力角 α_n 应与被剃齿轮的相应参数相等。

2）应根据剃齿机来确定剃齿刀的公称分度圆直径（单位为 mm），例如 Y4225 型剃齿机应选用 $\phi180$ 的剃齿刀。标准剃齿刀的公称分圆直径有 $\phi63$、$\phi85$（Y4212 型）、$\phi180$（Y4225、Y4232 型）、$\phi240$（Y4232、Y4236、Y4245 型）等几种。

3）剃齿刀齿数与工件齿数之间最好无公因数，当工件齿数少于 20，应选用齿数较多的剃齿刀。

4）选择剃齿刀的旋向及螺旋角时，应主要考虑工件的旋向及螺旋角，使剃齿啮合具有轴交角，通常要求这个轴交角为 $10°\sim20°$。剃齿刀的螺旋角有 $5°$、$10°$、$15°$ 三种，旋向有左旋和右旋两种。剃直齿轮时常用螺旋角为 $15°$ 的右旋剃齿刀，剃带有台肩的齿轮时可选取螺旋角为 $5°$ 的剃齿刀。剃斜齿轮时，剃齿刀的旋向应与被剃齿轮的旋向相反。

5）剃齿刀的精度等级按被加工齿轮的精度等级确定，剃齿刀有 A、B、C 三个精度等级。分别用来加工 6 级、7 级、8 级精度的齿轮。

（2）剃齿余量

剃齿是齿部的精加工工序，剃齿余量的大小对剃齿质量和生产率均有较大的影响。余量不足时，剃前误差及齿面缺陷不能全部去除；余量过大，则剃齿效率低，刀具磨损快，剃齿质量反而下降。选取剃齿余量时，可参考表 3.11。

表 3.11 剃齿余量　　　　　　　　　　　　　mm

模　　数	$1\sim1.75$	$2\sim3$	$3.25\sim4$	$4\sim5$	$5.5\sim6$
剃齿余量	0.07	0.08	0.09	0.10	0.11

（3）剃齿刀的修形

剃齿中有这样一种现象，即采用标准渐开线剃齿刀剃削渐开线圆柱齿轮，会在齿形中部靠近节圆处产生部分齿形下凹，下凹量可达 0.03 mm。这就是剃齿中存在的特殊的"中凹"现象。为了纠正这一缺陷，生产中采用将剃齿刀中部相应部位的齿形磨下去的方法来补偿，就是说，剃齿前需要对剃齿刀进行修形。当工件齿轮的齿数大于 50 时，剃齿的"中凹"现象不很明显，对精度的影响不大，此时采用标准渐开线剃齿刀进行剃齿不需要对其进行修形刃磨。

3.5.6 珩齿和磨齿加工

1. 珩齿加工

将剃齿加工中的剃齿刀换成珩磨齿轮，让珩磨齿轮带动工件齿轮旋转，实现展成啮合，这种加工方法称为珩齿加工。珩磨齿轮的结构与斜齿轮相同，其材质组成与砂轮相似，只是磨粒和空隙较少，结合剂较多，强度较高，而且磨料粒度较细。展成啮合中，由于珩磨齿轮齿面和被加工齿轮齿面之间滑动所产生的速度差（即切削速度）较低，所以，珩齿具有低速磨削、研磨和抛光的综合效果。珩齿切除的余量极小，被加工工件表面也不会产生磨削烧伤。所以，珩齿主要用于改善热处理后的齿面质量，表面粗糙度可从 $Ra\,1.6\,\mu m$ 减小到 $Ra\,0.4\,\mu m$ 以下。

珩齿加工具有表面质量好、效率高、成本低、设备简单、操作方便等一系列优点，是一种很好的齿轮光整加工方法。一般可加工 6~8 级精度的齿轮。

2. 磨齿加工

（1）磨齿加工原理

如图 3.66 所示，用磨齿机展成磨齿时，砂轮可以假想为齿条 3 的一个齿，齿条 3 与齿轮 2 展成啮合，即保证齿条 3 的节线 5 与齿轮 2 的节圆 6 始终保持纯滚动而无滑动的运动关系，所以磨齿机具有传动比可调和高精度的展成传动链。实际磨齿时，磨齿机用砂轮 1 的平面作为这个假想齿条的一个或者两个（如图 3.66 所示的对称布局）齿面，让这一个或两个齿条齿面与被加工齿轮的齿面啮合。在展成啮合的同时，砂轮 1 还进行着高速旋转的主运动 n_0 和沿齿轮齿长方向的往复进给运动 4。往复进给运动的作用是磨制被加工齿轮的整个齿长，对于直齿圆柱齿轮，该往复进给运动是简单的直线运动；对于斜齿圆柱齿轮，该往复进给运动是复合的螺旋运动。当齿轮齿面与砂轮平面按展成运动进行到两者脱离后，砂轮（齿条）应回到起点位置，齿轮应转到下一齿位并使其与砂轮齿面再次进入展成啮合，所以磨齿机还应该具有高精度的分齿运动机构。由于展成运动的速度、齿长方向的往复进给速度和分齿运动的速度都不可能太高，所以磨齿效率很低。齿轮的加工精度主要取决于磨齿机砂轮主轴和工件主轴的回转精度与两者之间展成运动传动链的精度，以及分齿运动机构的精度等。

（2）磨齿加工的特点

磨齿加工的主要特点是加工精度高，一般条件下可达 GB/T 10095.1—2008 渐开线圆柱齿轮精度 6~4 级，表面粗糙度值为 $Ra\,0.8~0.2\,\mu m$。由于采用强制展成即共轭啮合方式，不仅修正误差的能力强，而且可以加工表面硬度很高的齿轮。但是，由于磨齿机床结构复杂、调整困难、加工成本高，目前磨齿加工主要用于加工精度要求很高的齿轮。

近来，在批量生产中有采用蜗杆磨齿（图 3.67）的趋势，蜗杆磨齿机应保证蜗杆砂轮 1 与被磨削齿轮 2 的共轭啮合，及蜗杆砂轮沿齿轮齿向的进给运动 f_a。由于蜗杆砂轮转速 n_0 很高（约 2 000 r/min），工件相应的转速 n_w 也较高，所以蜗杆磨齿的生产率高。蜗杆磨齿精度主要取决于砂轮主轴和工件主轴的精度，及其内联系的展成传动链的传动精度，同时还与蜗杆砂轮的修整精度有关。蜗杆磨齿机床的结构较复杂，精度要求高，因此磨齿加工的成本也较高，主要用于大批量生产。

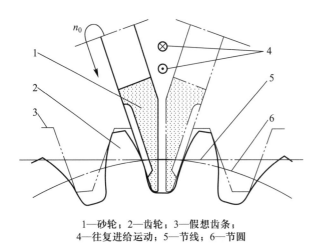

1—砂轮；2—齿轮；3—假想齿条；
4—往复进给运动；5—节线；6—节圆

图 3.66　平面展成磨齿

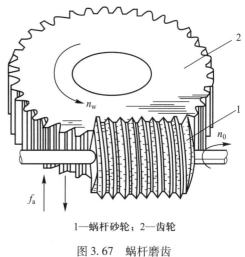

1—蜗杆砂轮；2—齿轮

图 3.67　蜗杆磨齿

3.5.7　圆柱齿轮齿部加工工艺方案选择

表 3.12 所示为中模数机床圆柱齿轮加工中具有代表性的齿部加工工艺方案。

表 3.12　圆柱齿轮齿部加工工艺方案选择

特　　征	齿轮加工工艺路线	齿轮精度等级
软齿面	滚齿	7 级及 7 级以下
	插齿	6 级及 6 级以下
	滚齿—剃齿	6~7 级
	插齿—剃齿	6~7 级
中硬齿面、齿部感应淬火	滚齿(插齿)—剃齿—感应淬火—滚光	8 级及 8 级以下
	滚齿(插齿)—剃齿—感应淬火—珩齿	8 级及 8 级以下
	滚齿(插齿)—剃齿—感应淬火—中硬齿面剃齿—软珩轮珩齿	6 级及 6 级以下
	滚齿(插齿)—剃齿—感应淬火—蜗杆珩齿	7 级及 7 级以下
	滚齿—感应淬火—中硬齿面滚齿—蜗杆珩齿	6 级及 6 级以下
	滚齿(插齿)—剃齿—感应淬火—蜗杆珩齿	7 级及 7 级以下
硬齿面、渗碳淬火	滚齿(插齿)—渗碳淬火—磨齿	6~7 级
	滚齿(插齿)—渗碳淬火—粗磨齿—精磨齿	4~5 级
	滚齿(插齿)—渗碳淬火—粗磨齿—时效—半精磨齿—精磨齿	3 级以上
	滚齿(插齿)—剃渗碳淬火—蜗杆珩齿	7 级及 7 级以下

3.6 数控机床与数控加工

随着科学技术和社会生产的迅速发展，机械产品日趋复杂和多样化，社会对机械产品的质量和生产率的要求不断提高，传统的车削、铣削和磨削等加工方法已无法满足零件加工精度的要求。数控机床是数字控制机床的简称，是一种装有程序控制系统的高效的自动化机床，较好地解决了复杂曲面、精密、多品种、小批量的零件加工问题。与普通机床相比，它具有柔性好、加工精度高（一般为 0.001 mm）、加工质量一致性高、生产率高、劳动条件好等特点。

数控机床经加工前调整、输入程序并启动，就能自动连续地进行加工，直至加工结束。操作者主要完成程序的输入、编辑，刀具准备，加工状态的监测以及零件的检验等工序，劳动强度极大降低，趋于智力型工作。数控机床大都采用液压卡盘，夹紧力调整方便可靠，这也降低了操作者的劳动强度；而普通机床需逐一零件、逐一工序的加工，劳动强度非常大。此外，数控机床加工可预先精确估计加工时间，所使用的刀具、夹具可进行规范化、生产管理现代化；数控机床使用数字信号和标准代码为控制信息，易于实现加工信息的标准化。

在数字控制的基础上，进一步引入网络化、智能化技术，可使数控机床的性能和智能化程度不断提高，如实现智能编程、自适应控制、动态补偿、故障监控与诊断、集成制造等。中小批量生产的制造企业，如经济合理地选择适合本企业的数控机床来代替普通机床，可以大大增强其生产能力。

常见的数控机床可分为数控车床、加工中心、复合机床和混合机床等。

3.6.1 数控车床

数控车床是将编好的加工程序输入到数控系统中，由数控系统控制车床 X、Z 坐标轴的伺服，电动机控制车床运动部件的动作顺序、移动量和进给速度，再配以主轴的转速和转向，以加工各种形状的轴类和盘类回转体零件。数控车床采用全封闭或半封闭式的防护装置，以及自动排屑装置，具有工件装夹安全可靠，可自动换刀，主运动、进给传动分离等特点，适应了现代车床高转速、高精度、高效率的发展要求。

数控车床按照结构分为立式和卧式两种。立式数控车床主要用于回转直径较大的盘类零件的车削加工，卧式数控车床主要用于回转直径较小的盘类零件或长轴类零件的车削加工。卧式数控车床的加工功能丰富，结构形式较多，使用范围较广。卧式数控车床按照功能可分为经济型数控车床、普通型数控车床和车削加工中心，按照导轨结构可分为水平导轨数控车床和倾斜导轨数控车床。图3.68为典型的卧式数控车床，图3.68a采用了水平导轨结构，相比之下，图3.68b所示的倾斜导轨结构可以使车床具有更大的刚性，并易于排出切屑。

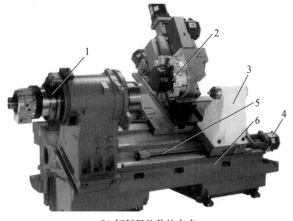

(a) 水平导轨数控车床　　　　　　　　(b) 倾斜导轨数控车床

1—主轴；2—刀塔；3—尾架；4—电动机；5—丝杠；6—床身

图 3.68　卧式数控车床

　　数控车床由数控系统、床身、电动机、主轴箱、电动回转刀架、进给传动系统、冷却系统、润滑系统、安全保护装置等组成。区别于普通车床，数控车床采用了电动回转刀盘来实现自动换刀，刀盘上安装 8~12 把刀具。有的数控车床采用两个刀盘，实行四坐标控制，还有少数数控车床具有刀库形式的自动换刀装置。图 3.69a 是一个刀架上的回转刀盘，刀具与主轴中心平行安装，回转刀盘既有回转运动又有纵向进给运动(f纵)和横向进给运动(f横)。图 3.69b 为刀盘轴线相对于主轴轴线倾斜的回转刀盘，刀盘上有 6~8 个刀位，每个刀位上可装两把刀具，分别加工外圆和内孔。图 3.69c 为装有两个刀盘的数控车床，刀盘 1 的回转中心与主轴中心线平行，用于加工外圆，刀盘 2 的回转中心线与主轴中心线垂直，用以加工内表面。图 3.69d 为安装有刀库的数控车床，刀库可以是回转式或链式，通过机械手交换刀具。图 3.69e 是带鼓轮式刀库的车削中心，回转刀盘 3 上装有多把刀具，鼓轮式刀库 4 上装有 6~8 把刀具，5 是机械手，可将刀库中的刀具换到刀具转轴 6 上去，刀具转轴 6 可由电动机驱动回转进行车削加工；7 为回转头，可交换采用回转刀盘 3 和刀具转轴 6，轮流进行加工。

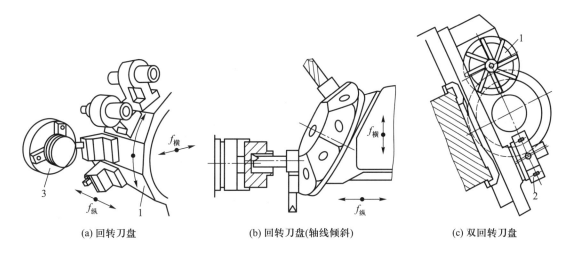

(a) 回转刀盘　　　　　　　(b) 回转刀盘(轴线倾斜)　　　　　　　(c) 双回转刀盘

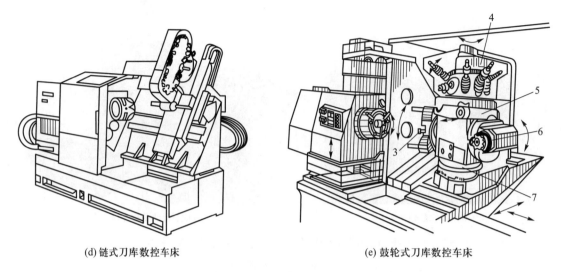

(d) 链式刀库数控车床   (e) 鼓轮式刀库数控车床

1、2—刀盘；3—回转刀盘；4—鼓轮式刀库；5—机械手；6—刀具转轴；7—回转头

图 3.69　数控车床上自动换刀装置

3.6.2　加工中心

加工中心是备有刀库，并能自动更换刀具，对工件进行多工序加工的数控机床。加工中心的综合加工能力较强，主要体现在它把铣削、镗削、钻削等功能集中在一台设备上。工件在一次装夹后，按照不同的工序自动选择和更换刀具，自动改变机床主轴转速、进给量和刀具相对工件的运动轨迹，加工效率和加工精度均较高。加工中心由于工序的集中和自动换刀，减少了工件的装夹、测量和机床调整等时间，使机床的切削时间达到机床开动时间的 80%左右(普通机床仅为 15%～20%)；同时也减少了工序之间的工件周转、搬运和存放时间，缩短了生产周期，具有显著的经济效果。

加工中心根据主轴的布置方式，分为立式加工中心、卧式加工中心、立卧两用加工中心、万能加工中心四类。立式加工中心的主轴轴线垂直于工作台台面，大多为固定立柱式，工作台为十字滑台形式，以三个直线运动坐标为主，一般不带转台，仅作顶面加工，如图 3.70 所示。卧式加工中心的主轴轴线与工作台平行，通常有 3～5 个可控坐标，立柱一般有固定式和可移动式两种。卧式加工中心一般具有分度转台或数控转台，可加工工件的各个侧面，也可作多个坐标的联合运动，以加工复杂的空间曲面，如图 3.71 所示。立卧两用加工中心指带立、卧两个主轴的复合式加工中心(图 3.72)以及主轴能调整成卧轴或立轴的立卧可调式加工中心，工件一次装夹能完成五面加工。万能加工中心是机床主轴可绕 X、Y、Z 坐标轴中的一个或两个作数控摆角运动的四轴和五轴加工中心(图 3.73)，即加工主轴轴线与工作台回转轴线的角度可控制联动变化，适用于复杂空间曲面零件(如叶轮转子、模具、刃具等)的加工。

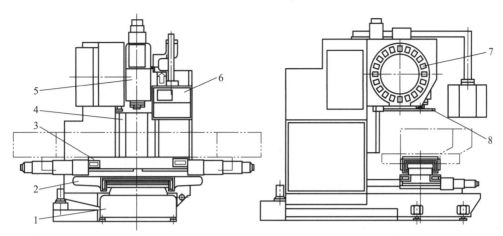

1—床身；2—滑座；3—工作台；4—立柱；5—主轴箱；6—操作面板；7—刀库；8—换刀机械手

图 3.70 立式加工中心外形图

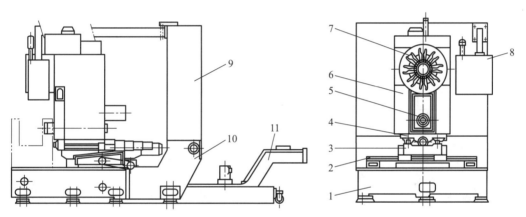

1—床身；2—基座；3—横向滑座；4—横向滑板；5—主轴箱；6—立柱；7—刀库；
8—操作面板；9—电气柜；10—支架；11—排屑装置

图 3.71 卧式加工中心外形图

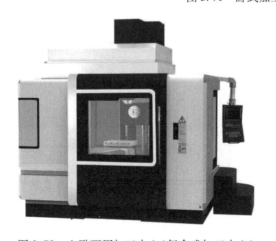

图 3.72 立卧两用加工中心（复合式加工中心）

图 3.73 万能加工中心（五轴加工中心）

除了根据主轴的布置方式分类外，加工中心的分类方法很多。按运动坐标数和同时控制的坐标数分为三轴二联动加工中心、三轴三联动加工中心、四轴三联动加工中心、五轴四联动加工中心等；按工艺用途可分为镗铣加工中心、钻削加工中心和复合加工中心；按自动换刀装置可分为转塔头加工中心、刀库+主轴换刀加工中心、刀库+机械手换刀加工中心等；按加工精度又可分为普通加工中心和高精度加工中心。

与数控车床的电动回转刀盘不同，加工中心采用了大容量刀库和换刀机械手组成的自动换刀装置，这种装置安放刀具的数量从几十把到上百把，自动交换刀具的时间从十几秒到几秒甚至零点几秒。加工中心的刀库类型有鼓轮式刀库、链式刀库、格子箱式刀库和直线式刀库等，如图 3.74 所示。鼓轮式刀库应用较广，它的刀具轴线与鼓轮轴线或平行，或垂直，或成锐角。这种刀库的结构简单紧凑，但因刀具单环排列、定向利用率低，大容量刀库的外径将较大、转动惯量大、选刀运动时间长。因此，鼓轮式刀库的容量较小，一般不超过 32 把刀具。链式刀库容量较大，当采用多环链式刀库时，刀库外形较紧凑，占用空间较小，适于作大容量的刀库。格子箱式刀库容量较大、结构紧凑、空间利用率高，但布局不灵活，通常须将刀库安放于工作台上；有时甚至在使用一侧的刀具时，必须更换另一侧的刀座板。直线式刀库的结构简单，刀库容量较小，一般应用于数控车床、数控钻床，个别加工中心也有采用。

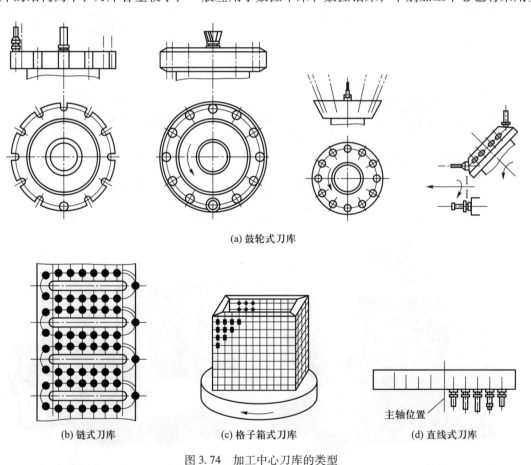

(a) 鼓轮式刀库

(b) 链式刀库　　　　　(c) 格子箱式刀库　　　　　(d) 直线式刀库

图 3.74　加工中心刀库的类型

换刀机械手分为单臂单手式、单臂双手式和双手式。单臂单手式机械手结构简单，但换刀时间较长。适用于刀具主轴与刀库刀套轴线平行，刀库刀套轴线与主轴轴线平行以及刀库刀套轴线与主轴轴线垂直的加工中心。单臂双手式机械手可同时抓住主轴和刀库中的刀具，并进行拔刀、插刀，换刀时间短，广泛应用于刀库刀套轴线与主轴轴线相平行的加工中心。双手式机械手的结构较复杂、换刀时间短，这种机械手除完成拔刀、插刀外，还能起运输刀具的作用。

3.6.3　复合机床

随着现代制造业的发展，仅靠提高加工速度已无法满足更高加工效率的目标，因此减少零件加工的辅助时间成为增效的另一途径。以传统加工中心"集中工序、一次装夹实现多工序复合加工"的理念为指导发展起来了新一类的复合数控机床或复合加工中心，能够在一台主机上完成或尽可能完成从毛坯到成品的多种要素的加工。

现代的复合机床主要是指工艺复合型的数控机床。从工艺的角度可将复合数控机床分为三类。

1. 以车削为主的复合机床

以车削为主的复合机床主要指的是车铣复合加工中心，也有车磨复合加工中心等类型。车铣复合加工中心是以车床为基础的加工中心，除车削用工具外，在刀架上还装有能进行铣削加工的回转刀具，可以在圆形工件和棒状工件上加工沟槽和平面。这类复合加工机床常把夹持工件的主轴做成两个，既可同时对两个工件进行相同的加工，也可通过在两个主轴上交替夹持，完成对夹持部位的加工。图 3.75 所示是一种大型车铣复合数控机床，该机床具有多个直线轴和旋转轴，可通过对复杂轴类、盘类、箱体类等零部件的一次装夹，实现车削、铣削、钻削、镗削等加工工序，其加工效率高、制造精度好、应用范围广。

图 3.75　车铣复合数控机床

2. 以铣削为主的复合机床

以铣削为主的复合机床主要指的是铣车复合加工中心,也有铣磨复合加工中心等。铣车复合加工中心除铣削加工外,还装有一个能进行车削加工的动力回转工作台,就像立式车床一样,加工过程如图 3.76 所示。这种加工中心是集铣与车于一体,在五轴卧式铣削加工中心的基础上使回转工作台增加车削功能,可以在一次装夹中实现对轴类零件铣、车的全部加工。有些铣车复合加工中心还配有提供视觉检查的多功能 CCD 相机。

3. 以磨削为主的复合机床

以磨削为主的复合机床以磨削加工为主体,并能进行功能上的扩展,即磨削主轴从单轴变为多轴,可以在一台机床上实现平面、外圆、内圆磨削等复合加工,如图 3.77 所示。此外,珩磨机也属于此类复合机床,适用于圆柱深孔(包括带有台阶的圆柱孔等)工件的珩磨和抛光加工。以磨削为主的复合机床常常配备有左、右、正斜砂轮架和转塔刀架,同时具有轴向定位、长度和直径测量等在线测量功能。

图 3.76 铣车复合加工中心加工过程

图 3.77 以磨削为主的复合机床

3.6.4 混合机床

混合机床主要指将数控加工机床(减材)和 3D 打印(增材)二者结合在一起的增、减材混合机床。混合机床能灵活地切换各类数控加工(如铣削加工)和激光加工,能大大减小工艺的复杂性。现有的混合机床设备主要如表 3.13 所示,对应的机床外观如图 3.78 所示。由表 3.13 可知,现有的混合机床主要是基于三轴或五轴的增、减材混合机床。对于三轴的增、减材混合机床,因其自由度较少,制造悬垂结构件需要考虑添加辅助支撑,同时需要考虑机加工刀具干涉的问题,从而增加了制造工艺的设计难度,降低了材料利用率和制造效率。相比之下,五轴增、减材混合机床,其五轴(X、Y、Z 三直线轴联合 AC 或 BC 两旋转轴)联动加工能实现悬垂结构无支撑制造,解决了制造工艺复杂的问题,提高了制造效率和材料利用率;同时其硬件集成性较高、人工干预少,但相应的设备成本较高。图 3.79 所示的异形涡轮增压壳体为采用激光熔覆与铣削混合机床设备加工的典型例子,仅在一台设备上实现了零件的直接成形,熔覆过程与铣削加工有序交替,确保了良好的成形质量和精度,简化了传统加工中繁杂的工艺过程，降低了产品的设计难度和生产周期。

表 3.13 现有混合机床设备

国家	公　司	机床型号	混 合 方 式	机床外观
日本	Mazak	INTEGREX i-400AM	五轴加工中心集成双 Ambit 激光头	图 3.78a
	Mastuura	Lumex Avence-25	三轴铣削机床混合激光烧结	图 3.78b
	Sodick	OPM350L	高速铣削混合激光烧结	图 3.78c
德国	DMG Mori Seiki	LASERTEC 65 3D	五轴机床混合激光熔覆	图 3.78d
	ELB	millGrind	铣削磨削混合 Ambit 激光堆焊	图 3.78e
	Hamuel Reichenbacher	HYBRID HSTM 1500	高速铣削混合直接能量熔融	图 3.78f
	Hermle	MPA40	立式铣床混合金属热喷射	图 8.78g
中国	北京机电院机床有限公司	XKR40-Hybrid	五轴加工中心混合丝材激光熔覆	图 3.78h
	大连三垒机器股份有限公司	SVW80C-3D	五轴加工中心混合金属喷粉激光熔融	图 3.78i
	青海华鼎装备制造有限公司	XF1200-3D	五轴加工中心混合金属喷粉激光熔融	图 3.78j

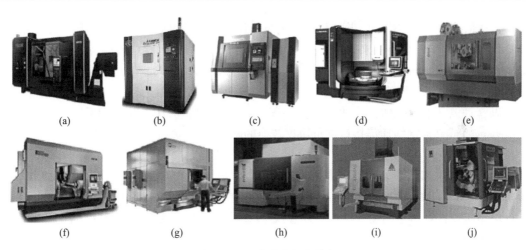

图 3.78 现有混合机床设备

图 3.79 异形涡轮增压壳体

3.6.5 数控机床通信与联网

数控机床通信与联网是利用计算机硬件、软件、网络设备、通信设备以及其他办公设备，进行数控机床信息的收集、传输、加工、储存、更新和维护，以战略竞优、提高效率为目的，支持高层决策、中层管理、基层操作的集成化的人机系统。通过数控机床通信与联网，实现了数控机床实时数据采集和分析，并与生产管理系统、半自动化智能加工系统、柔性自动化加工系统、在机检测系统等基础设备互联支撑，为生产管理提供技术平台。

1. 机床数控系统通信接口

机床数控系统是数控机床的核心部件，可通过 RS232C 接口、以太网接口、PLC 的 I/O 接口、现场总线接口等方式与外部设备进行数据交换。

(1) 以太网接口

通过以太网接口几乎可以采集数控系统中的任何数据。目前针对以太网接口，数控系统通常采用 OPC(object linking and embedding for process control) 技术，通过选用数控机床提供的 OPC 服务器或通用 OPC 服务器，采集系统只需要开发 OPC 客户端即可实现与数控系统的通信。

(2) RS232C 接口

串行通信接口 RS232C 是中低端数控系统与计算机通信的主要通道。通常数控加工企业采用 WINPCIN 软件实现数控机床与计算机之间加工程序、宏程序、PLC 程序及各种参数的传输和 DNC(distributed numerical control) 加工。该接口传输距离短，因此每台数控机床必须配置一台计算机。数控机床的网络化通信实现了数控机床的远程 DNC 加工和远程设备管理，一台计算机可以管理若干台数控机床，但是需要一个 RS232 接口与 TCP/IP、OPC、DDE(dynamic data exchange) 或其他网络通信接口进行协议转换的网关。

(3) PLC 的 I/O 接口

数控系统根据 PLC 所处位置不同一般分为两类：内置式 PLC 数控系统和外置式 PLC 数控系统。内置式 PLC 数控系统与 CNC 系统的信号交互是在系统内部 I/O 进行，通过 CNC 装置本身 I/O 电路实现控制信号的输入输出。外置式 PLC 数控系统具有独立性 PLC，能独立完成数控系统发布的任务。

(4) 现场总线接口

高端数控系统具有现场总线接口，可与其他自动化设备组成现场网络。常用的现场总线接口标准主要有 ProfiNet、ProfiBus、CC-link、CanBus 等，不同品牌的数控系统使用的现场总线接口标准不同。现场总线接口具有数据交换的实时性、稳定性和可靠性，在自动化设备中广泛使用。总线协议转换器可以将不同总线接口标准的数控系统连接到同一个设备网络。

2. 数控机床联网模式

目前数控机床的联网模式主要有两种，即基于 DNC 的数控机床联网和基于物联网技术的数控机床故障诊断。

(1) 基于 DNC 的数控机床联网

采用 RS232C 串行通信接口（串口），经接口协议转换器将串口转为以太网接口，或直接采用以太网接口将本机接入工厂局域网，主要解决车间信息集成问题，对车间的生产技术、技术准备、加工代码及加工操作等基本作业进行集中管理。这种机床联网方式虽然实现了远程 DNC 加工与管理，但是对机床本身的运行状态、刀具信息、故障状态等无法知晓，不利于智能制造技术的推广与发展。

（2）基于物联网技术的数控机床故障诊断

主要由机床信息终端、数据交换、系统感知模块和机床监控中心四个部分组成。该数控机床联网模式具有远程、预警式故障机制，但是各种故障判定忽略了数控系统本身丰富的故障诊断功能和 PLC 故障诊断方法，在远程 DNC 加工与管理方面有所欠缺。

3.7 钻床与钻削

3.7.1 钻床

钻床是孔加工用机床，主要用来加工外形较复杂、没有对称回转轴线的工件上的孔，如箱体、机架等零件上的各种孔。在钻床上加工时，工件不动，刀具作旋转主运动，同时沿轴向移动，作进给运动。钻床可完成钻孔、扩孔、铰孔、锪平面以及攻螺纹等工作。使用的孔加工工具主要有麻花钻、中心钻、深孔钻、扩孔钻、铰刀、丝锥、锪钻等。钻床的加工方法及所需的运动如图 3.80 所示。

钻床可分为立式钻床、台式钻床、摇臂钻床以及各种专门化钻床等。

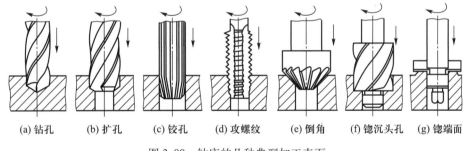

| (a) 钻孔 | (b) 扩孔 | (c) 铰孔 | (d) 攻螺纹 | (e) 倒角 | (f) 锪沉头孔 | (g) 锪端面 |

图 3.80 钻床的几种典型加工表面

1. 立式钻床

图 3.81 是立式钻床的外形。变速箱固定在立柱顶部，内装主电动机和变速机构及其操纵机构。进给箱内有主轴和进给变速机构及操纵机构。进给箱右侧的手柄用于使主轴升降，工件放在工作台上，工作台和进给箱都可沿立柱调整其上下位置，以适应不同高度的工件。立式钻床还有其他一些形式，例如有的立式钻床的变速箱和进给箱合为一体，有的立式钻床立柱的截面是圆的。

立式钻床上用移动工件的方法来对准孔中心与主轴，因而操作不便，生产率不高，常用于单件小批生产中加工中、小型工件。

2. 摇臂钻床

在大型零件上钻孔，希望工件不动，钻床主轴能任意调整其位置，摇臂钻床可实现这种加工。图3.82是摇臂钻床的外形。底座1上安装立柱2，立柱分为两层，内层固定在底座上，外层由滚动轴承支承，可绕内层转动；摇臂3可沿立柱升降，主轴箱4沿摇臂的导轨作水平移动，可方便地调整主轴5的位置。工件可以安装在工作台上，如工件较大，也可移走工作台直接安装在底座上。摇臂钻床广泛地用于大、中型零件的加工。

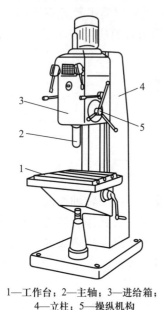

1—工作台；2—主轴；3—进给箱；
4—立柱；5—操纵机构

图3.81 立式钻床的外形

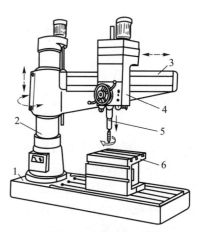

1—底座；2—立柱；3—摇臂；
4—主轴箱；5—主轴；6—工作台

图3.82 摇臂钻床外形

3.7.2 钻削刀具

钻削刀具按其用途一般分为两大类：一类是从实体材料上加工出孔的刀具，如麻花钻（见2.1.2）；另一类是对已有孔进行再加工的刀具，如扩孔钻、铰刀等。

1. 扩孔钻

扩孔钻用于对已钻孔进一步加工，以提高孔的加工质量，其加工精度可达IT10~IT11，加工表面粗糙度值可达Ra 6.3~3.2 μm。扩孔钻的刀齿比较多，一般有3个或4个，故导向性好，切削平稳，由于扩孔余量较小，容屑槽较浅，刀体强度和刚性较好。

扩孔钻的主要类型有两种，即整体式扩孔钻和套式扩孔钻（图3.83），其中套式扩孔钻适用于大直径孔的扩孔加工。

2. 铰刀

铰刀用于中、小尺寸孔的半精加工和精加工，也可用于磨孔或研孔前的预加工。铰削余量小，切削速度低，加上切削过程中的挤压作用，所以能获得较高的加工精度（IT8~IT6）和较好的表面质量（Ra 1.6~0.4 μm）。铰刀齿数多（6~12个），导向性好，心部直径大，刚性好。

铰刀分为手用铰刀和机用铰刀两类。手用铰刀又分为整体式和可调式，机用铰刀分带柄式和套式。铰刀的基本结构如图 3.84 所示。常用的铰刀类型如图 3.85 所示。

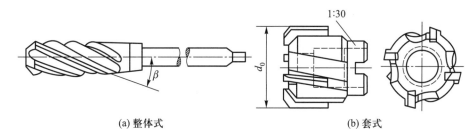

(a) 整体式   (b) 套式

图 3.83 扩孔钻

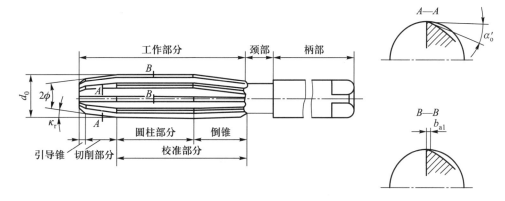

图 3.84 铰刀的结构

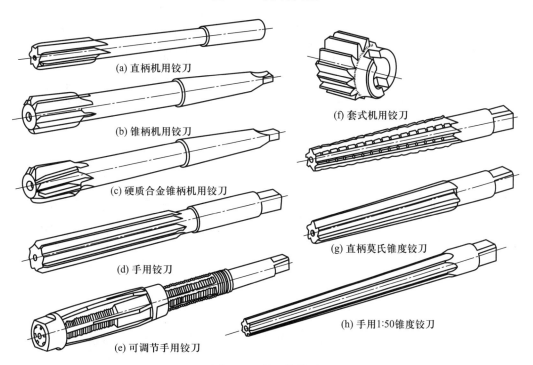

(a) 直柄机用铰刀

(b) 锥柄机用铰刀

(c) 硬质合金锥柄机用铰刀

(d) 手用铰刀

(e) 可调节手用铰刀

(f) 套式机用铰刀

(g) 直柄莫氏锥度铰刀

(h) 手用1:50锥度铰刀

图 3.85 铰刀的类型

铰刀由柄部、颈部和工作部分组成，工作部分包括引导锥、切削部分、校准部分和倒锥。切削部分用于切除加工余量，校准部分起导向、校准与修光作用。铰刀切削部分呈锥形，其锥角 $2\kappa_r$ 的大小主要影响被加工孔的质量和铰削时轴向力的大小。对于手用铰刀，为了减小轴向力，提高导向性，一般取 $\kappa_r = 30' \sim 1°30'$；对于机用铰刀，为提高切削效率，一般加工钢件时 $\kappa_r = 12° \sim 15°$，加工铸铁件时 $\kappa_r = 3° \sim 5°$；加工盲孔时，$\kappa_r = 45°$。

由于铰削余量很小，切屑很薄，故铰刀的前角作用不大，为了制造和刃磨方便，一般取 $\gamma_o = 0°$。铰刀的切削部分为尖齿，一般后角 $\alpha_o = 6° \sim 10°$；而校准部分应留有宽 $0.2 \sim 0.4$ mm、后角 $\alpha_{o1} = 0°$ 的棱边，以保证铰刀有良好的导向与修光作用。铰刀的直径是指铰刀圆柱校准部分的刀齿直径，它直接影响被加工孔的尺寸精度、铰刀的制造成本及使用寿命。

3.8 镗床与镗削

3.8.1 镗削加工

镗床主要用于加工工件上已铸出或粗加工过的孔或孔系，使用的刀具为镗刀。加工时刀具作旋转主运动，轴向的进给运动由工件或刀具完成。镗削时切削力较小，其加工精度高于钻床。镗床的主要类型有卧式镗床、坐标镗床等。卧式镗床的加工范围很广，典型的加工方式如图3.86所示。

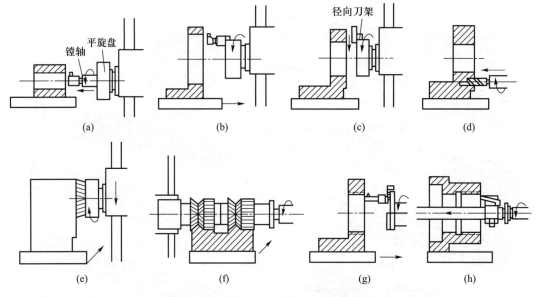

图 3.86 卧式镗床的加工示意图

根据加工情况，刀具或镗刀杆可装在镗轴上（图3.86a、d、f、h）或平旋盘上（图3.86b、c、e、g）。

一些形状复杂、加工精度要求很高的零件，在卧式镗床和坐标镗床上加工孔或孔系难度较大，目前多采用在加工中心上加工。

3.8.2 镗床

卧式镗床的外形如图 3.87 所示，主要由床身 8、主轴箱 1、前立柱 2、带后支承 9 的后立柱 10、下滑座 7、上滑座 6 和工作台 5 等部件组成。加工时，刀具装在主轴箱的镗轴 3 或平旋盘 4 上，由主轴箱可获得各种转速和进给量。主轴箱可沿前立柱的导轨上下移动。工件安装在工作台上，可与工作台一起随下滑座或上滑座作纵向或横向移动。此外，工作台还可绕上滑座的圆导轨在水平面内调整至一定的角度位置，以加工成一定角度的孔或平面。装在镗轴上的镗刀还可随镗轴作轴向运动，以实现轴向进给或调整刀具的轴向位置。当镗轴及刀杆伸出较长时，可用后支承来支承它们的左端，以增加镗轴和刀杆的刚度。当刀具装在平旋盘的径向刀架上时，径向刀架可带着刀具作径向进给，以镗削端面(图 3.86c)。

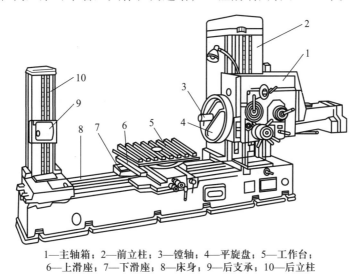

1—主轴箱；2—前立柱；3—镗轴；4—平旋盘；5—工作台；
6—上滑座；7—下滑座；8—床身；9—后支承；10—后立柱

图 3.87 卧式镗床外形

3.8.3 镗刀

镗刀的种类很多，按工作刀刃数量可分为单刃镗刀和多刃镗刀两大类。单刃镗刀的结构类似于车刀，孔的尺寸靠调整保证，生产率低，此类镗刀多采用机夹式结构。图 3.88 所示为在镗床上镗通孔用的单刃镗刀，镗刀 7 固定在镗刀杆 1 上，然后再固定在刀座 4 上，刀座夹持在滑块 5 上，调节滑块 5 在镗刀盘 6 上的位置，即可调整镗孔直径的大小。图 3.89 为微调镗刀，调整时先将拉紧螺钉 5 松开一点，再旋转刻度盘(调整螺母)3，调整后将拉紧螺钉固紧。微调镗刀可实现镗孔直径的微调，镗刀头斜向安装可镗盲孔，但改变径向尺寸的同时也改变了轴向尺寸。

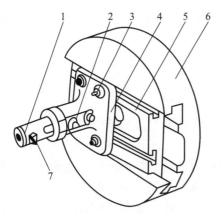

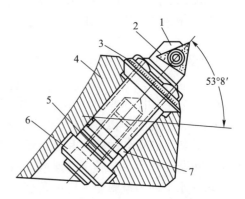

1—镗刀杆；2—固定螺钉；3—T形螺栓；
4—刀座；5—滑块；6—镗刀盘；7—镗刀

图 3.88　单刃镗刀

1—镗刀头；2—刀片；3—调整螺母；
4—镗刀杆；5—拉紧螺钉；6—垫圈；7—导向键

图 3.89　微调镗刀

双刃镗刀的结构是两条刀刃对称分布在直径的两端，加工时对称切削，可消除镗孔时背向力对镗刀杆的弯曲作用，减少加工误差。常用的双刃镗刀有定直径式（直径不能调节）和浮动式（直径可以调节）两种。

浮动镗刀与镗刀杆矩形槽之间采用较紧的间隙配合，无须夹紧，靠切削时所受的对称背向力来实现镗刀片的浮动定心，保持刀具轴线与工件轴线同轴。所以，采用浮动镗刀不能校正孔的位置误差，其主要优点是可有效保证较高的孔的尺寸精度和形状精度，且其刀刃结构类似于铰刀，具有较长的修光刃，保证加工表面质量。

3.9　拉床与拉削

3.9.1　拉削

拉削是用拉刀加工通孔、平面及成形表面的加工的方法。图 3.90 为适于拉削加工的一些典型表面。

拉削时，拉刀使被加工表面一次切削成形，所以拉床只有主运动，没有进给运动。切削时，拉刀作平稳的低速直线运动。拉刀承受的切削力很大，通常是由液压驱动的。安装拉刀的滑座通常由液压缸的活塞杆带动。

拉削加工切屑薄，切削运动平稳，因而有较高的加工精度（平面的位置准确度可控制在 0.02~0.06 mm 范围内）和较低的表面粗糙度（小于 $Ra\ 0.62\ \mu m$）。拉床工作时，粗、精加工可在拉刀通过工件加工表面的一次行程中完成，因此生产率较高，是铣削的 3~8 倍。但拉刀结构复杂，成本较高，因此仅适用于大批大量生产。

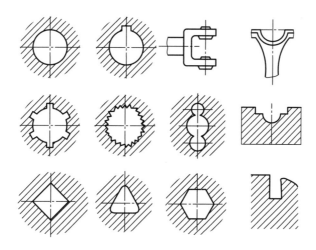

图 3.90　拉削加工的典型表面

3.9.2　拉床

　　拉床有内(表面)拉床和外(表面)拉床,有卧式的,也有立式的。拉床的主参数是额定拉力,一般为 50~400 kN。图 3.91 是几种常见拉床的示意图。图 3.91a 为卧式内拉床,是拉床中最常用的,用以拉花键孔、键槽和精加工孔。图 3.91b 是立式内拉床,常用于在齿轮淬火后,校正花键孔的变形;这时切削量不大,拉刀较短,故采用立式拉床,拉削时常从拉刀的上部向下推。图 3.91c 是立式外拉床,用于汽车、拖拉机行业,加工气缸等零件的平面。图 3.91d 为连续式外拉床,毛坯从拉床左端装入夹具,连续地向右运动,经过拉刀下方时拉削顶面,到达右端时加工完毕,从机床上卸下;常用于大量生产中加工小型零件。

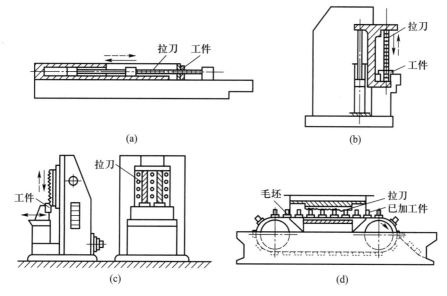

图 3.91　拉床

3.9.3 拉刀

拉刀虽有多种类型，但其主要组成部分基本相同。现以圆孔拉刀(图3.92)为例，对其主要部分进行介绍。

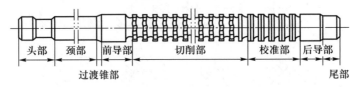

图3.92 圆孔拉刀

头部——拉刀的夹持部分，用于传递拉力；

颈部——头部与过渡锥部之间的连接部分，便于头部穿过拉床挡壁，也是打标记的地方；

过渡锥部——使拉刀前导部易于进入工件孔中，起对准中心的作用；

前导部——起引导作用，防止拉刀进入工件孔后发生倾斜，并可检查拉前孔径是否符合要求；

切削部——用来切除工件上的所有余量，由粗切齿、过渡齿与精切齿三部分组成；

校准部——切削量很少，只为工件的弹性恢复量，起提高工件加工精度和表面质量的作用，也作为精切齿的后备齿；

后导部——用于保证拉刀工作即将结束离开工件时的正确位置，防止工件下垂损坏已加工表面与刀齿；

尾部——只有当拉刀又长又重时才需要，用于支撑拉刀，防止拉刀下垂。

??? 思考题与习题

3.1 机床常用的技术性能指标有哪些？

3.2 试用简图分析以下切削加工的成形方法，并标明所需的成形运动：

(1) 用成形车刀车外圆；

(2) 用普通外圆车刀车外圆锥面；

(3) 用圆柱铣刀铣平面；

(4) 用插齿刀插削直齿圆柱齿轮；

(5) 用钻头钻孔；

(6) 用丝锥攻螺纹；

(7) 用(窄)砂轮磨(长)圆柱体；

(8) 用单片薄砂轮磨螺纹。

3.3 试将图3.93画成一个完整的铣螺纹传动原理图，并说明为实现所需成形运动要有几条传动链，哪几条是外联系传动链，哪几条是内联系传动链。

3.4 图3.94为某滚齿机滚切斜齿圆柱齿轮时的传动原理图，试分析其中两条内联系传动链的作用。

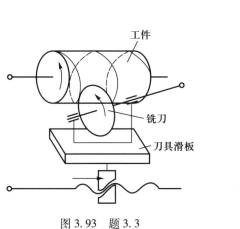

图 3.93　题 3.3

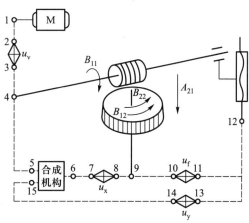

图 3.94　题 3.4

3.5　指出下列机床型号中各位字母和数字所代表的具体含义：

CG6125B；M1432A；Z3040；Y3150E。

3.6　卧式车床进给系统中，为何既有光杠又有丝杠来实现刀架的直线运动？可否单独设置丝杠或光杠？为什么？

3.7　CA6140 型卧式车床主轴前、后轴承的间隙怎样调整？作用在主轴上的轴向力是怎样传递到箱体上的？

3.8　分析图 3.95 所示的传动系统：

（1）写出传动路线表达式；

（2）求主轴的转速级数；

（3）计算主轴的最高、最低转速。

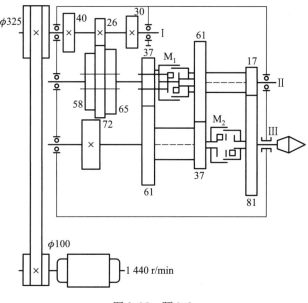

图 3.95　题 3.8

3.9 写出在 CA6140 型卧式车床上进行下列加工时的运动平衡式，并说明主轴的转速范围：

（1）米制螺纹 $P=16$ mm，$K=1$；

（2）英制螺纹 $a=8$ 牙/in；

（3）模数螺纹 $m=2$ mm，$K=3$。

3.10 在各类机床中，可用来加工外圆、内孔、平面和沟槽的各有哪些机床？它们的适用范围有何区别？

3.11 钻头横刃切削条件如何？为什么在切削时会产生很大的轴向力？

3.12 什么是逆铣和顺铣？顺铣有哪些特点？顺铣对机床进给机构有什么要求？

3.13 铣削有哪些主要特点？可采用什么措施改进铣刀和铣削特性？

3.14 拉削加工有什么特点？

3.15 主轴部件、支承件、导轨应满足哪些基本技术要求？

3.16 试述无心磨床的工作原理。

3.17 自动化加工中刀具的主要特点是什么？自动化加工中，为什么要对刀具状态进行在线监测？有哪些监测方法？各有何优、缺点？

3.18 加工中心根据主轴的布置方式分为哪些类型？各自有什么特点？

3.19 什么是混合机床？它的优势体现在哪些方面？

第**4**章

机床夹具设计原理

在成批、大量生产中，工件的安装是通过机床夹具来实现的。机床夹具(简称夹具)是工艺系统的重要组成部分，在生产中应用十分广泛。

4.1 概　述

4.1.1　机床夹具的定义及组成

夹具通常指在机械制造过程中用来固定加工对象，使之占有正确的位置，以接受施工或检测的工艺装置，其与机床、刀具共同作为机械加工的三大要素。

在机械加工过程中，夹具具有保证工件加工精度、提高机床生产率、扩大机床使用范围、节约辅助时间等作用，是机械加工业中不可缺少的装置之一。

机床夹具是将工件进行定位、夹紧，将刀具进行导向或对刀，以保证工件和刀具之间有正确的相对位置关系的工艺装备，以下简称夹具。

夹具一般由下列元件或装置组成：

(1) 定位元件

定位元件是用来确定工件正确位置的元件，被加工工件的定位基准面与夹具定位元件直接接触或相配合。

(2) 夹紧装置

夹紧装置是使工件在外力作用下仍能保持正确定位位置的装置。

(3) 对刀元件、导向元件

对刀元件、导向元件是夹具中用于确定(或引导)刀具相对于夹具定位元件具有正确位置关系的元件，例如钻套、镗套、对刀块等。

(4) 连接元件

连接元件是用于确定夹具在机床上具有正确位置并与之连接的元件，例如安装在铣床夹具底面上的定位键等。

（5）夹具体

夹具体是用于连接夹具元件和有关装置，使之成为一个整体的基础件，夹具通过夹具体与机床连接。

（6）其他元件及装置

根据加工要求，有些夹具尚需设置分度转位装置、靠模装置、工件抬起装置和辅助支承装置等。

定位元件、夹紧装置和夹具体是夹具的基本组成部分，其他部分可根据需要设置。

4.1.2　机床夹具的作用

1. 保证加工精度

用机床夹具安装工件，能准确确定工件与刀具、机床之间的相对位置关系，可以保证加工位置精度。如图 4.1a 所示套筒零件的 $\phi6H7$ 孔的加工，就使用了图 4.1b 所示的专用钻床夹具。工件以内孔和端面在定位销 6 上定位，旋紧螺母 5，通过开口垫圈 4 将工件夹紧，然后由装在钻模板 3 上的快换钻套 1 引导钻头或铰刀进行钻孔或铰孔。

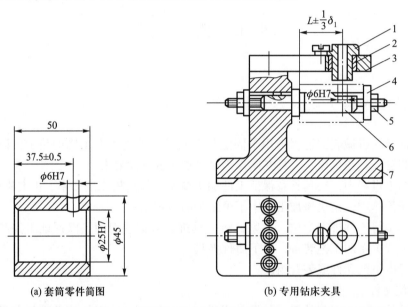

(a) 套筒零件简图　　(b) 专用钻床夹具

1—快换钻套；2—衬套；3—钻模板；4—开口垫圈；5—螺母；6—定位销；7—夹具体

图 4.1　机床夹具

2. 提高生产率

机床夹具能快速地将工件定位和夹紧，可以减少辅助时间，提高生产率。如采用图 4.1b 所示的专用钻孔夹具，省去了加工前在工件加工位置划十字中心线及在交点打冲孔的时间，也省去了找正冲孔位置的时间。

3. 减轻劳动强度

机床夹具采用机械、气动、液压夹紧装置，可以减轻工人的劳动强度。

4. 扩大机床的工艺范围

利用机床夹具，能扩大机床的加工范围。例如，在车床或钻床上使用镗模可以代替镗床镗孔，使车床、钻床具有镗床的功能。

4.1.3 机床夹具的分类

随着零件加工的自动化要求不断提高，企业开始采用数控机床进行零件生产。数控机床在零件加工过程中不需要人工操作，但零件毛坯的安装、定位仍需要人来完成。机床夹具的分类见图4.2。

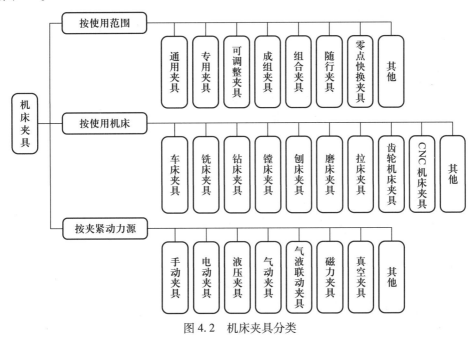

图4.2 机床夹具分类

常用夹具介绍：

（1）通用夹具 通用夹具是指结构已经标准化，且有较大适用范围的夹具，例如车床用的三爪自定心卡盘和四爪单动卡盘，铣床用的平口虎钳及分度头等。

（2）专用夹具 专用夹具是针对某一工件的某道工序专门设计制造的夹具。专用夹具适于在产品相对稳定、产量较大的场合应用。

（3）组合夹具 组合夹具是用一套预先制造好的标准元件和合件组装而成的夹具。组合夹具结构灵活多变，设计和组装周期短，夹具零部件能长期重复使用，适于在多品种单件小批生产或新产品试制等场合应用。

（4）成组夹具 成组夹具是成组加工时为每个零件组设计制造的夹具，当改换加工同组内另一种零件时，只需调整或更换夹具上的个别元件，即可进行加工。成组夹具适于在多品种、中小批生产中应用。

（5）随行夹具 随行夹具是一种始终随工件一起沿着自动线移动的夹具。在工件进入自动线加工之前，先将工件装在夹具中，然后夹具连同被加工工件一起沿着自动线依次从一个工位移到下一个工位，直到工件退出自动线加工时才将工件从夹具中卸下。

（6）零点快换夹具 零点快换夹具与随行工装、工序集成、机床夹具、机械手复合而成的零点夹持系统，已经在多工序、大批量制造的发动机领域得到大量应用。零点夹持系统为加工、搬运、清洗、压装及测量提供了标准的夹持接口。

夹具的驱动从液、气向机电一体发展，集成夹紧力控制和补偿、动态监测，可实时反馈更多的数据给机床，以期实现加工过程中的机床自适应调整，向智能夹具工装迈出坚实的一步。

4.1.4 机床夹具的发展方向

国际工业产品研究协会的统计表明，订单批量少、生产种类繁多的情况已占生产总数的85%左右。市场对产品要求的提高，使得企业必须对产品不断更新升级，以此来保持竞争力。近年来，成组技术、加工中心、柔性制造系统等新技术的投入使用，对夹具提出了新的要求，能迅速使新产品投产，缩短准备周期。

现代机床夹具的发展方向：柔性、精密、标准及智能。传统的夹具适于人工上、下料，不能满足机器人自动化的要求。简单的机器人上、下料能够完成基本的工件预定位，但最后的精确定位还需夹具完成。因此，夹具本身具有的自动化程度、柔性及调整时间（加工辅助时间）的长短极大地影响了整个制造环节的效率。

（1）标准化

标准化和通用化对于机床夹具是不可分割的两个方面，我国也针对夹具制定了一系列国家标准：GB/T 2148～GB/T 2259。机床夹具的标准化，使得夹具的通用性效果增强，也利于规范设计与生产。

（2）精密化

机械产品精度要求的提高，也对夹具的精度有更严格的要求。如多齿盘（用于精密分度），精度可达±0.1″；高精度三爪自定心卡盘（用于精密车削），定心精度为 5 μm。

（3）高效化

夹具的高效化主要表现在装夹工件自动化、夹紧过程动力化、夹具转换自动化三个方面。最终目标是减少工件加工的辅助时间，减轻工人的劳动强度。自动化夹具、高速化夹具和具有夹紧力装置的夹具是目前常用的高效化夹具。

（4）柔性化

对夹具而言，变化主要是工艺的变化，工序特征、生产批量、零件结构和尺寸都属于可变因素。扩大夹具的柔性化程度，使不可拆卸结构变为可拆卸结构，以适应多种类产品制造。成组夹具、模块化夹具、数控夹具是典型具有柔性化特征的夹具。变机械夹具为机电一体化夹具，变单一夹具为多功能夹具，可使现有的夹具技术满足智能制造的要求。

4.2 工件在夹具中的定位

4.2.1 工件的安装

在机床上加工工件时，为使工件在该工序所加工的表面能达到规定的尺寸与几何公差要求，在加工前必须使工件在机床或夹具中占有一个正确的加工位置，此过程称为定位。为了使定好位置的工件在加工过程中不受外力的作用而发生位移，还需将工件压紧，此过程称为夹紧。工件的安装过程就是定位过程和夹紧过程的综合。

工件的安装主要有以下三种方法。

1. 直接找正安装

工件的定位过程可以由操作工人直接在机床上利用千分表、划线盘等工具，找正某个有相互位置要求的表面，然后夹紧工件，称之为直接找正安装。直接找正时工件的定位基准是所找正的表面。图 4.3a 所示为在磨床上用四爪单动卡盘安装套筒磨内孔，先用百分表找正工件的外圆再夹紧，以保证磨削后的内孔与外圆同轴，工件的定位基准是外圆。图 4.3b 所示为在牛头刨床上用直接找正法刨槽，以保证槽的侧面与工件右侧面平行，工件的定位基准是右侧面。直接找正安装效率低，但找正精度可以很高，适合于单件小批生产或在精度要求特别高的生产中使用。

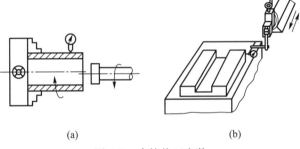

(a)   (b)

图 4.3　直接找正安装

2. 划线找正安装

这种安装方法是按图样要求用划针在工件表面上划出位置线以及加工线和找正线（找正线和加工线之间的距离一般为 5 mm）。安装工件时，先在机床上按找正线找正工件的位置，然后夹紧工件。划线找正时工件的定位基准是所划的线。图 4.4a 所示为某箱体的加工要求（局部），划线找正安装过程如图 4.4b 所示：① 找出铸件孔的中心 O，并划出孔的中心线 I 和 II，按图样尺寸 A 和 B 检查 E、F 面的余量是否足够，如果不够再调整中心线 I；② 按照图样尺寸 A 要求，以孔中心为划线基准，划出 E 面的找正线 III；③ 按照图样尺寸 B 划出 F 面的找正线 IV。加工时，将工件放在可调支承上，通过调整可调支承的高度来找正划好的线，见图 4.4c。划线安装不需要其他专门设备，通用性好，但生产率低，精度不高（一般划线找正的对线精度为

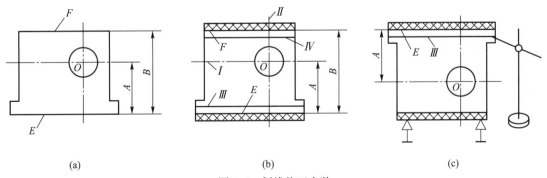

(a)   (b)   (c)

图 4.4　划线找正安装

0.1 mm 左右），适用于单件中小批生产中的复杂铸件或铸件精度较低的机械加工工序。

3. 夹具安装

为保证加工精度要求和提高生产率，通常采用夹具安装。用夹具安装工件不再需要划线和找正，直接由夹具来保证工件在机床上的正确位置，并在夹具上直接夹紧工件（图4.2）。用夹具安装操作比较简单，也比较容易保证加工精度要求，在各种生产类型中都有应用。

4.2.2 定位原理

1. 六点定位原理

任何一个未受约束的物体，在空间都具有六个自由度，即沿 X、Y、Z 轴的平移运动（记为 $\vec{X}$、$\vec{Y}$、$\vec{Z}$）和绕 X、Y、Z 轴的转动（记为 $\widehat{X}$、$\widehat{Y}$、$\widehat{Z}$），如图4.5所示。因此，要使工件在空间具有确定的位置，就必须对这六个自由度加以限制。

在实际应用中，通常用一个支承点（接触面积很小的支承钉）限制工件的一个自由度，这样在空间合理布置六个支承点可限制工件的六个自由度，使工件的位置完全确定，这被称为"六点定位原理"。如图4.6所示的长方体工件，在其底面布置三个不共线的支承点 1、2、3，限制 $\vec{Z}$、$\widehat{X}$、

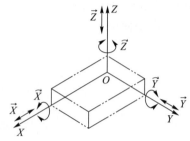

图4.5　工件的6个自由度

$\widehat{Y}$ 三个自由度；在侧面布置两个支承点 4、5，限制 $\vec{Y}$ 和 $\widehat{Z}$ 两个自由度；在端面布置一个支承点 6，限制 $\vec{X}$ 一个自由度。这就完全限制了长方体工件的六个自由度。

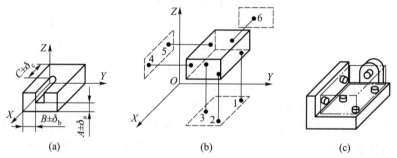

图4.6　长方体工件定位时支承点的分布

2. 定位元件及限制的自由度

工件的形状是千变万化的，工件在夹具中定位，实际上是通过定位元件与工件定位基准面接触来限制工件的自由度。用于代替支承点的定位元件的种类很多，常用的有支承钉、支承板、长销、短销、长V形块、短V形块、长定位套、短定位套、固定锥销、浮动锥销等。除支承钉可以直观地理解为一个支承点外，其他定位元件相当于几个支承点，应由它所限制工件的自由度数来判断。分析这些定位元件可以限制哪几个自由度，以及分析它们组合时限制自由度的情况，对研究定位问题有更实际的意义。表4.1为典型定位元件的定位分析，列出了工件典型的定位方式、定位元件及所限制的自由度。

表 4.1 典型定位元件的定位分析

工件的定位面			夹具的定位元件		
平面	支承钉	定位情况	一个支承钉	两个支承钉	三个支承钉
		图示	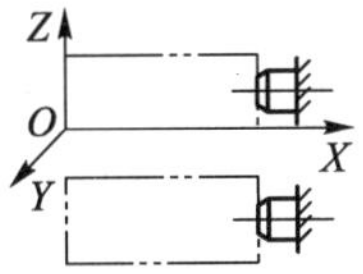	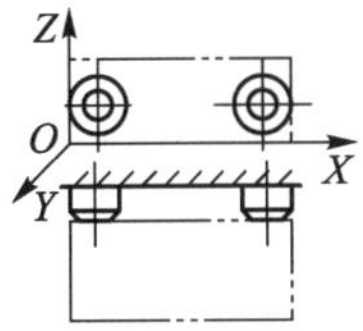	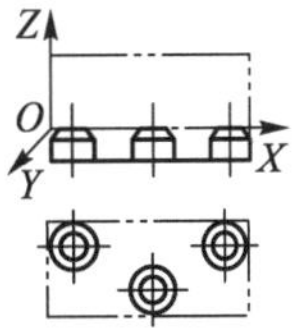
		限制的自由度	$\vec{X}$	$\vec{Y}$、$\vec{Z}$	$\vec{Z}$、$\hat{X}$、$\hat{Y}$
	支承板	定位情况	一块条形支承板	两块条形支承板	一块矩形支承板
		图示	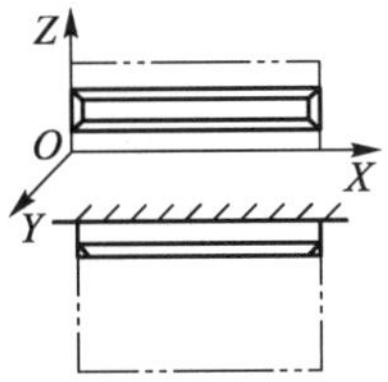	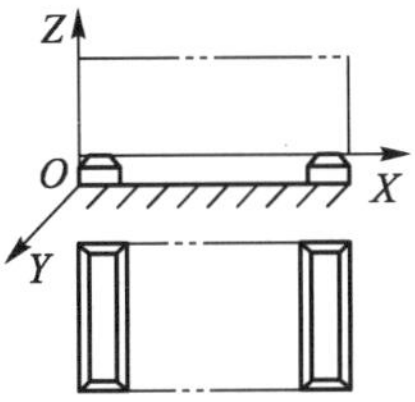	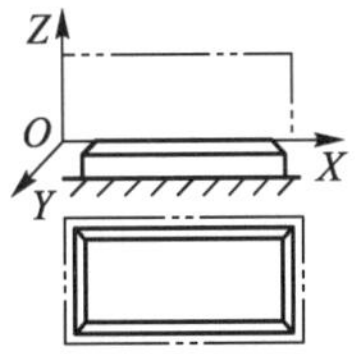
		限制的自由度	$\vec{Y}$、$\vec{Z}$	$\vec{Z}$、$\hat{X}$、$\hat{Y}$	$\vec{Z}$、$\hat{X}$、$\hat{Y}$
圆孔	圆柱销	定位情况	短圆柱销	长圆柱销	两段短圆柱销
		图示	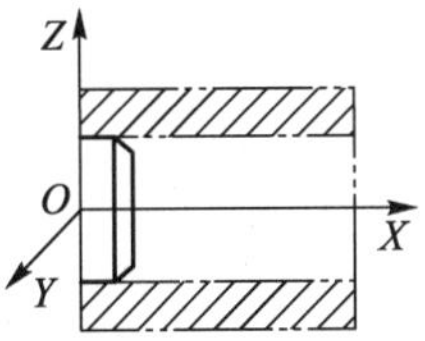	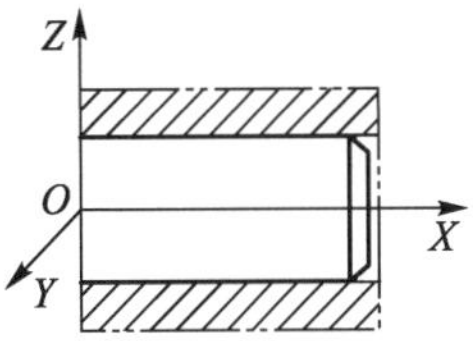	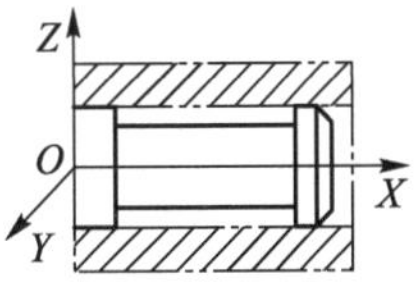
		限制的自由度	$\vec{Y}$、$\vec{Z}$	$\vec{Y}$、$\vec{Z}$、$\hat{Y}$、$\hat{Z}$	$\vec{Y}$、$\vec{Z}$、$\hat{Y}$、$\hat{Z}$
		定位情况	菱形销	长销小平面组合	短销大平面组合
		图示	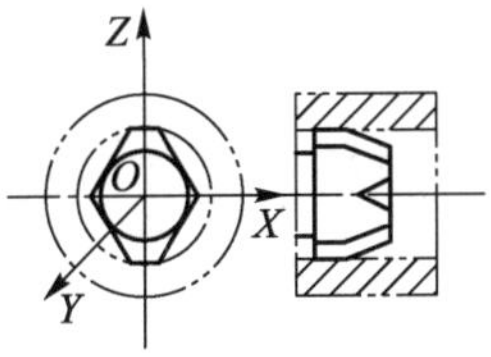	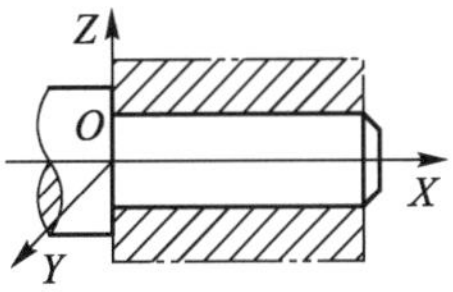	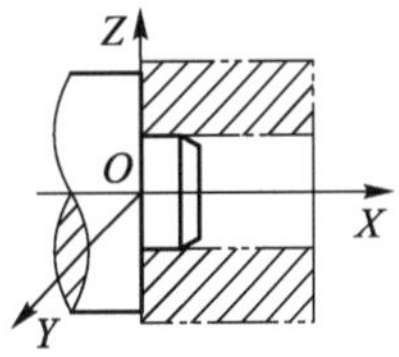
		限制的自由度	$\vec{Z}$ 或 $\vec{Y}$	$\vec{X}$、$\vec{Y}$、$\vec{Z}$、$\hat{Y}$、$\hat{Z}$	$\vec{X}$、$\vec{Y}$、$\vec{Z}$、$\hat{Y}$、$\hat{Z}$

工件的定位面		夹具的定位元件			
圆孔	圆锥销	定位情况	固定圆锥销	浮动圆锥销	固定圆锥销与浮动圆锥销组合
		图示	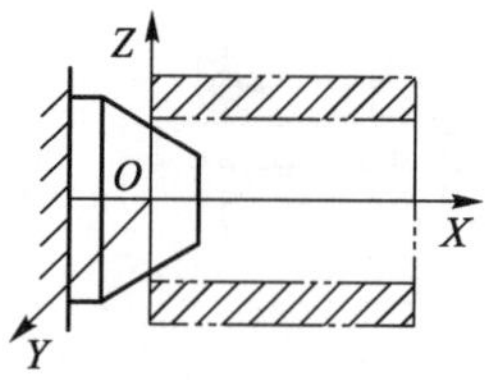	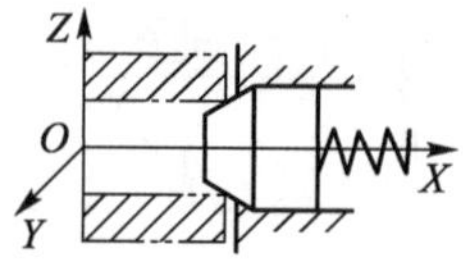	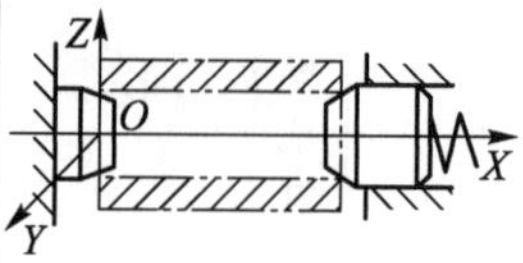
		限制的自由度	$\vec{X}$、$\vec{Y}$、$\vec{Z}$	$\vec{Y}$、$\vec{Z}$(或 $\widehat{Y}$、$\widehat{Z}$)	$\vec{X}$、$\vec{Y}$、$\vec{Z}$、$\widehat{Y}$、$\widehat{Z}$
	心轴	定位情况	长圆柱心轴	短圆柱心轴	小锥度心轴
		图示	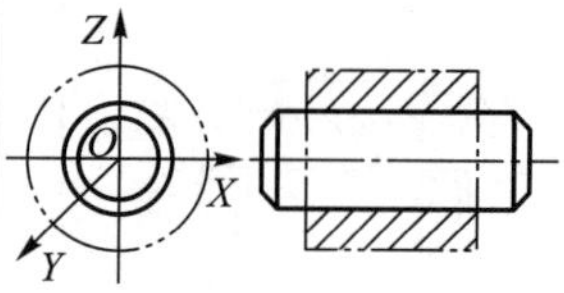	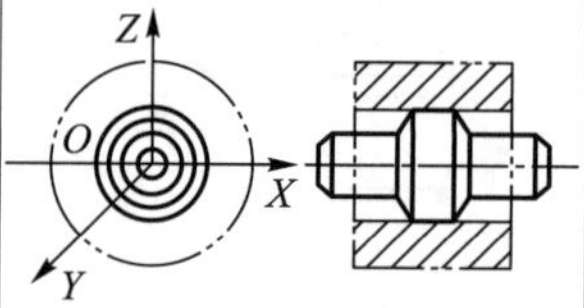	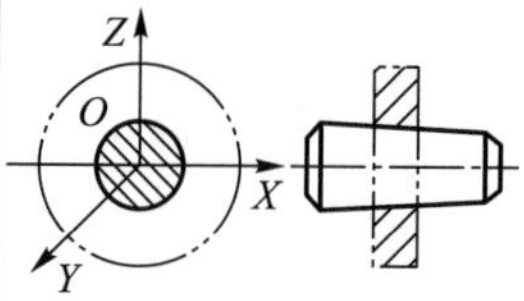
		限制的自由度	$\vec{X}$、$\vec{Z}$、$\widehat{X}$、$\widehat{Z}$	$\vec{X}$、$\vec{Z}$	$\vec{X}$、$\vec{Z}$
外圆柱面	V 形块	定位情况	一块短 V 形块	两块短 V 形块	一块长 V 形块
		图示	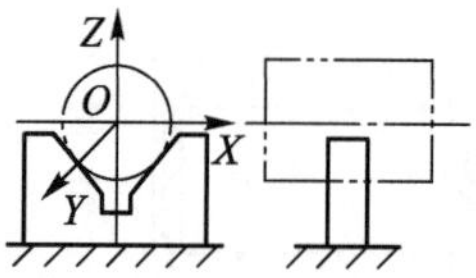	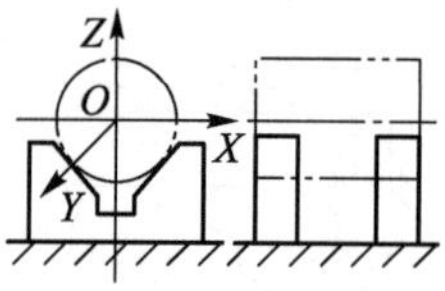	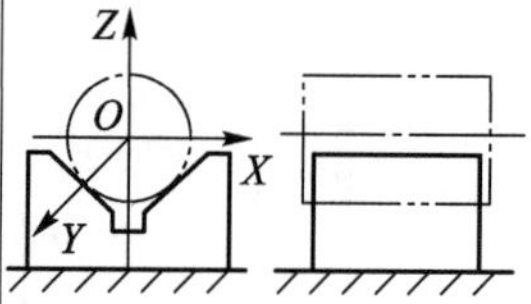
		限制的自由度	$\vec{X}$、$\vec{Z}$	$\vec{X}$、$\vec{Z}$、$\widehat{X}$、$\widehat{Z}$	$\vec{X}$、$\vec{Z}$、$\widehat{X}$、$\widehat{Z}$
	定位套	定位情况	一个短定位套	两个短定位套	一个长定位套
		图示	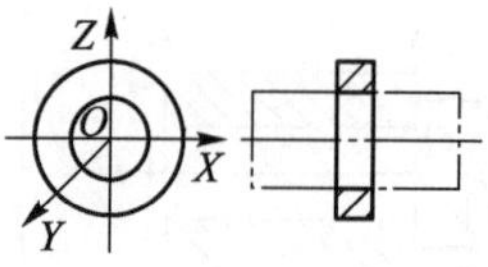	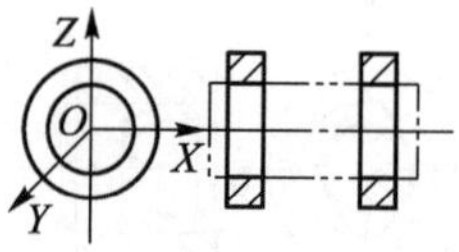	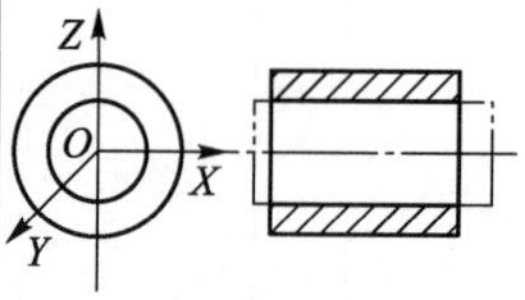
		限制的自由度	$\vec{X}$、$\vec{Z}$	$\vec{X}$、$\vec{Z}$、$\widehat{X}$、$\widehat{Z}$	$\vec{X}$、$\vec{Z}$、$\widehat{X}$、$\widehat{Z}$

续表

工件的定位面	夹具的定位元件			
	定位情况	固定顶尖	浮动顶尖	锥度心轴
圆锥孔 锥顶尖和锥度心轴	图示			
	限制的自由度	$\vec{X}$、$\vec{Y}$、$\vec{Z}$	$\vec{Y}$、$\vec{Z}$（或$\widehat{Y}$、$\widehat{Z}$）	$\vec{X}$、$\vec{Y}$、$\vec{Z}$、$\widehat{Y}$、$\widehat{Z}$

3. 完全定位和不完全定位

根据工件加工面的位置精度(包括位置尺寸)要求,有时需要限制六个自由度,有时仅需要限制一个或几个(少于六个)自由度。前者称为完全定位,后者称为不完全定位。完全定位和不完全定位都是允许的,都有应用。在工件上铣键槽,要求保证工序尺寸 x、y、z 及键槽侧面和底面分别与工件侧面和底面平行,那么加工时必须限制全部六个自由度,即采用完全定位(图 4.7a)。在工件上铣台阶面,要求保证工序尺寸 y、z 及其两平面分别与工件底面和侧面平行,那么加工时只要限制除 $\vec{X}$ 以外的五个自由度就够了(图 4.7b),因为 $\vec{X}$ 对工件的加工精度并无影响。在工件上铣顶平面,仅要求保证工序尺寸 z 及与工件底面平行,那么只要限制 $\widehat{X}$、$\widehat{Y}$、$\vec{Z}$ 三个自由度就行了(图 4.7c)。

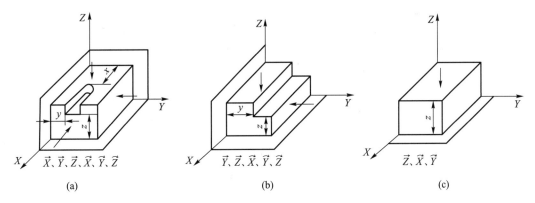

(a)   (b)   (c)

图 4.7 完全定位与不完全定位

这里必须指出,有时为了增加夹具的支承刚性使定位元件帮助承受切削力、夹紧力,或为了保证一批工件的进给长度一致等原因,常常对无位置尺寸要求的自由度也加以限制。这种情况不仅是允许的,有时也是必要的。

4. 欠定位和过定位

（1）欠定位

根据加工面位置尺寸精度技术要求,工件必须限制的自由度未予限制,称为欠定位。在确定工件定位方案时，欠定位是绝对不允许的。例如在图 4.7a 中，若沿 X 轴移动的自由度未加限制，则尺寸 x 就无法保证，因而是不允许的。

（2）过定位

工件在定位时，同一个自由度被两个或两个以上支承点重复限制的定位，称为过定位（或重复定位）。过定位是否允许，应根据具体情况进行具体分析。一般情况下，如果工件的定位面为没有经过机械加工的毛坯面，或虽经过机械加工但仍然很粗糙，这时过定位是不允许的。如果工件的定位面经过机械加工，并且定位面和定位元件的尺寸、形状和位置都比较准确，表面比较光整，则过定位不但对工件加工面的位置尺寸影响不大，反而可以增强加工件的支承刚性，这时过定位是允许的。图 4.8 为常见的几种过定位。

图 4.8a 为用四个支承钉支承一个平面的定位。四个支承钉只消除了 $\vec{Z}$、$\widehat{X}$ 和 $\widehat{Y}$ 三个自由度，所以这是过定位。如果定位表面粗糙，甚至未经加工，这时实际上可能只是三点接触，而且对一批工件来说，有的工件与这三点接触，有的工件则与另三点接触，这样工件占有的位置就不是唯一的了。为避免这种情况，可撤去一个支承钉，然后再将三个支承钉重新布置，也可将四个支承钉之一改为辅助支承，使该支承钉只起支承而不起定位作用。

图 4.8b 为孔与端面联合定位的情况。由于大端面可限制三个自由度（$\vec{Y}$、$\widehat{X}$、$\widehat{Z}$），而长销可限制四个自由度（$\vec{X}$、$\vec{Z}$、$\widehat{X}$、$\widehat{Z}$），因此 $\widehat{X}$、$\widehat{Z}$ 受重复限制而出现了过定位。此时如果工件端面与轴线不垂直，则在轴向夹紧力作用下，可能将使工件或定位销产生变形而引起较大误差。

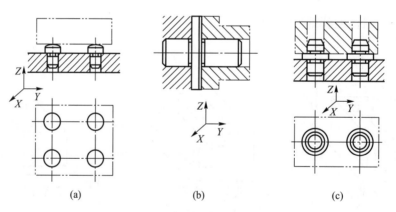

图 4.8 常见的几种过定位

图 4.8c 为利用工件底面及两销孔（定位销用短销）定位的情况。由于两短销均限制了 $\vec{Y}$ 自由度，因而产生了过定位。此时由于同批工件两孔中心距及夹具两销中心距的误差，可能造成部分工件无法同时装入两定位销内的现象（称为过定位干涉）。解决的办法是，将两定位销之一做成菱形销，使之不限制 Y 自由度而避免了过定位干涉的发生。

为改善此种情况，可采取如下措施：

1）长销与小端面组合，此时小端面只限制一个自由度 $\vec{Y}$（图 4.9a）；

2）短销与大端面组合，此时短销只限制两个自由度 $\vec{X}$ 与 $\vec{Z}$（图 4.9b）；

3）长销与球面垫圈组合，此时球面垫圈也只限制一个自由度 $\vec{Y}$（图 4.9c）。

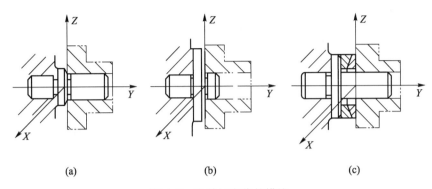

(a)　　　　　　　　(b)　　　　　　　　(c)

图 4.9　改善过定位的措施

通常情况下，应尽量避免出现过定位。消除过定位及其干涉一般有两种途径：其一是改变定位元件的结构，以消除被重复限制的自由度；其二是提高工件定位基准面之间及夹具定位元件工作表面之间的位置精度，以减小或消除过定位引起的误差。例如图 4.8a 所示的定位方案中，假如工件定位平面加工得很平，四个支承钉工作表面又准确地位于同一平面内（装在夹具上一次磨出），这时就不会因过定位造成不良后果，反而能增加定位的稳定性，提高支承刚度。

从上述关于定位问题的分析可以知道，在讨论工件定位的合理性问题时，主要应研究下面三个问题：

1）研究满足工件加工面位置精度要求所必须限制的自由度；

2）从承受切削力、设置夹紧机构以及提高生产率的角度分析，在不完全定位中还应限制哪些自由度；

3）在定位方案中是否有欠定位和过定位问题，能否允许过定位的存在。

4.2.3　定位方法与定位元件

工件定位方式不同，夹具定位元件的结构形式也不同。这里介绍几种常用的定位方法和基本定位元件，实际生产中使用的定位元件都是这些基本定位元件的组合。

1. 工件以平面定位

（1）支承钉

常用支承钉的结构形式如图 4.10 所示。平头支承钉（图 4.10a）用于支承精基准面；球头支承钉（图 4.10b）用于支承粗基准面；网纹顶面支承钉（图 4.10c）能产生较大的摩擦力，但网槽中的切屑不易清除，常用在工件以粗基准定位且要求产生较大摩擦力的侧面定位场合。一个支承钉相当于一个支承点，限制一个自由度；在一个平面内，两个支承钉限制两个自由度；不在同一直线上的三个支承钉限制三个自由度。

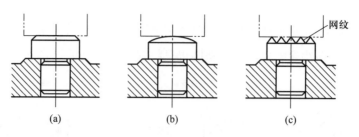

图 4.10　常用支承钉的结构形式

（2）支承板

常用支承板的结构形式如图 4.11 所示。平面型支承板（图 4.11a）结构简单，但沉头螺钉处清理切屑比较困难，适于作侧面和顶面定位；带斜槽型支承板（图 4.11b），在带有螺钉孔的斜槽中允许容纳少量切屑，适于作底面定位。当工件定位平面较大时，常用几块支承板组合成一个平面。一个支承板相当于两个支承点，限制两个自由度；两个（或多个）支承板组合，相当于一个平面，可以限制三个自由度。

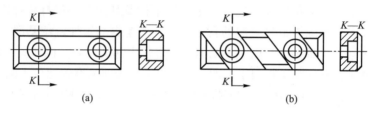

图 4.11　常用支承板的结构形式

（3）可调支承

常用可调支承的结构形式如图 4.12 所示。可调支承多用于支承工件的粗基准面，支承高度可以根据需要进行调整，调整到位后用螺母锁紧。一个可调支承限制一个自由度。

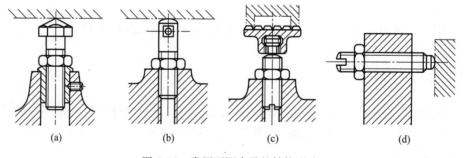

图 4.12　常用可调支承的结构形式

（4）自位支承

常用自位支承的结构形式如图 4.13 所示。由于自位支承是活动的或是浮动的，无论结构上是两点或三点支承，其实质只起一个支承点的作用，所以自位支承只限制一个自由度。使用自位支承的目的在于增加与工件的接触点，减小工件变形或减少接触应力。

（5）辅助支承

辅助支承不能作为定位元件，不能限制工件的自由度，只用以增加工件在加工过程中的

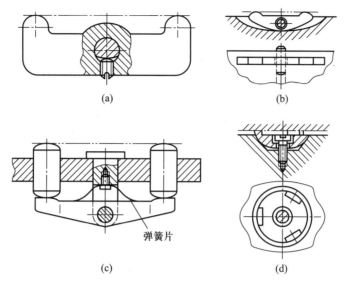

图 4.13 常用自位支承的结构形式

刚性。图 4.14 列出了辅助支承的几种结构形式。图 4.14a 结构简单，但在调整时支承钉需要转动，会损坏工件表面，也容易破坏工件定位；图 4.14b 所示结构在旋转螺母 1 时，支承钉 2 受装在套筒 4 键槽中的止动销 3 的限制，只作直线移动；图 4.14c 为自动调节支承，支承销 6 受下端弹簧 5 的推力作用与工件接触，当工件定位夹紧后，回转手柄 9，通过锁紧螺钉 8 和斜面顶销 7，将支承销 6 锁紧；图 4.14d 为推式辅助支承，支承滑柱 11 通过推杆 10 向上移动与工件接触，然后回转手柄 13，通过钢球 14 和半圆键 12，将支承滑柱 11 锁紧。

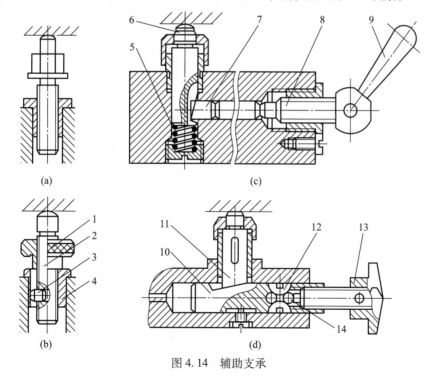

图 4.14 辅助支承

2. 工件以圆柱孔定位

（1）定位销

图4.15是几种固定式定位销的结构形式。当工件的孔径尺寸较小时，可选用图4.15a所示的结构；当工件孔径尺寸较大时，选用图4.15b所示的结构；当工件同时以圆孔和端面组合定位时，则应选用图4.15c所示的带有支承端面的结构。用定位销定位时，短圆柱销限制两个自由度，长圆柱销限制四个自由度，短圆锥销（图4.15d）限制三个自由度。

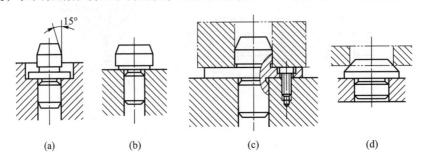

图4.15 固定式定位销的结构形式

（2）心轴

心轴的结构形式很多，图4.16是几种常用心轴的结构形式。图4.16a为过盈配合心轴，限制工件四个自由度；图4.16b为间隙配合心轴，限制工件五个自由度（心轴外圆部分限制四个自由度，轴肩面限制一个自由度）；图4.16c为小锥度（1:5 000~1:1 000）心轴，安装工件时，通过工件孔和心轴接触表面的弹性变形夹紧工件，使用小锥度心轴定位可获得较高的定位精度，它可以限制四个自由度。

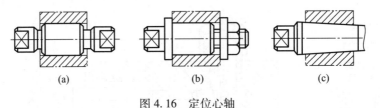

图4.16 定位心轴

3. 工件以外圆表面定位

（1）V形块

如图4.17所示，V形块两工作平面间的夹角 α 有60°、90°、120°三种，其中以90°应用最广，且结构已标准化。V形块设计、安装的基准是检验心轴的中心，V形块在夹具中的安装尺寸 T（定位高度）是V形块的主要设计参数，用来检验V形块制造、装配的精度。由图4.17可求出

$$T=H+OC=H+(OE-CE)$$

而

$$OE=\frac{d}{2\sin(\alpha/2)}, \quad CE=\frac{N}{2\tan(\alpha/2)}$$

所以

$$T=H+0.5\left(\frac{d}{\sin(\alpha/2)}-\frac{N}{\tan(\alpha/2)}\right) \tag{4.1}$$

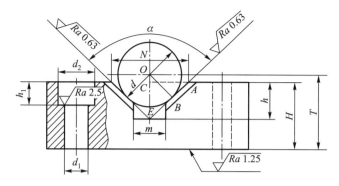

图 4.17 V 形块的结构尺寸

　　V 形块的结构形式如图 4.18 所示。图 4.18a 为短 V 形块；图 4.18b 为两短 V 形块组合，用于工件定位基准面较长的情况；图 4.18c 为分体结构的 V 形块，淬硬钢镶块或硬质合金镶块用螺钉固定在 V 形铸铁底座上，用于工件定位基准面长度和直径均较大的情况；图 4.18e、f 是两种浮动式 V 形块结构；当工件以粗基准或工件以阶梯圆柱面定位时，应用如图 4.18d 所示的 V 形块，以提高定位的稳定性。用 V 形块定位，工件的定位基准始终在 V 形块两定位面的对称中心平面内，对中性好。

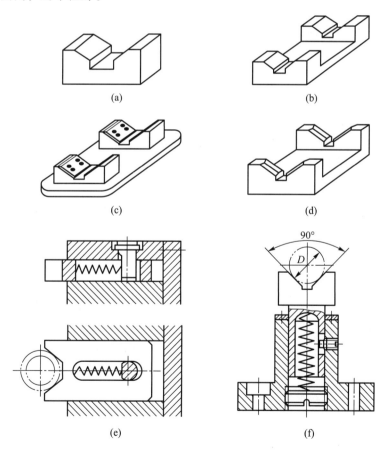

图 4.18 V 形块的结构形式

一个短 V 形块限制两个自由度；两个短 V 形块组合或一个长 V 形块限制四个自由度；浮动式 V 形块只限制一个自由度。

（2）定位套

图 4.19 是常用定位套的结构形式。图 4.19a 用于工件以端面为主要定位基准面的场合，短定位套孔限制工件的两个自由度；图 4.19b 用于工件以外圆柱表面为主要定位基准面的场合，长定位套孔限制工件的四个自由度；图 4.19c 用于工件以圆柱面端部轮廓为定位基准面，锥孔限制工件的三个自由度。

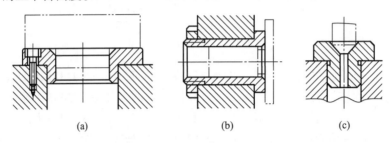

(a)	(b)	(c)

图 4.19 常用定位套的结构形式

（3）半圆孔

图 4.20 是半圆孔定位装置。当工件尺寸较大，用圆柱孔定位不方便时，可将圆柱孔改成两半，下半圆孔用于定位，上半圆孔用于压紧工件。短半圆孔定位限制工件的两个自由度；长半圆孔定位限制工件的四个自由度。

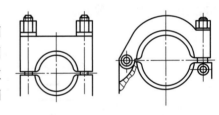

图 4.20 半圆孔定位装置

4. 工件以组合表面定位

在实际生产中，为满足加工要求，有时采用几个定位面组合的方式进行定位。常见的组合形式有两顶尖孔、一端面一孔、一端面一外圆、一面两孔等，与之相对应的定位元件也是组合式的。

在多个表面参与定位的情况下，按其限制自由度数的多少来区分，限制自由度数最多的定位面称为第一定位基准面或主基准面，次之称为第二定位基准面或导向基准，限制一个自由度的称为第三定位基准或定程基准。

在箱体类零件加工中，如车床床头箱，往往将上顶面以及其上的两个工艺孔作为定位基准，称为一面两销定位。顶平面限制了三个自由度，一个销是圆柱销，限制两个自由度，另一个是菱形销，限制一个自由度，实现了完全定位。在夹具设计时，一面两销定位的设计按下述步骤进行，见图 4.21。

一般已知条件为工件上两圆柱孔的尺寸及中心距，即 D_1、D_2、L_g 及其公差。

（1）确定夹具中两定位销的中心距 L_x

把工件上两孔中心距公差化为对称公差，即

$$L_g{}^{+T_{gmax}}_{-T_{gmin}} = L_g \pm \frac{1}{2} T_{L_g}$$

式中：T_{gmax} 和 T_{gmin} 分别为孔间距的上、下极限偏差；T_{L_g} 为两圆柱孔中心距的公差。

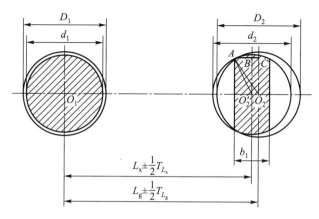

图 4.21　一面两销定位

取夹具两销间的中心距为 $L_x = L_g$，中心距公差为工件孔中心距公差的 $1/3 \sim 1/5$，即 $T_{L_x} = (1/3 \sim 1/5) T_{L_g}$。销中心距及公差也化成对称形式

$$L_x \pm \frac{1}{2} T_{L_x}$$

（2）确定圆柱销直径 d_1 及其公差

一般圆柱销 d_1 与孔 D_1 为基孔制间隙配合，d_1 公称尺寸等于孔 D_1 公称尺寸，配合一般选为 H7/g6、H7/f6，d_1 的公差等级一般高于孔一级。

（3）确定菱形销的直径 d_2、宽度 b_1 及公差

可先按表 4.2 查 D_2，选定 b_1，按下式计算出菱形销与孔配合的最小间隙 $\Delta_{2\min}$，再计算菱形销的直径 d_2：

$$\Delta_{2\min} \approx 2b_1 (T_{L_x} + T_{L_g}) / D_2$$
$$d_2 = D_2 - \Delta_{2\min}$$

式中：b_1 为菱形销的宽度；D_2 为工件上菱形销定位孔直径；$\Delta_{2\min}$ 为菱形销定位时销、孔最小配合间隙；T_{L_x} 为夹具上两销中心距公差；T_{L_g} 为工件上两孔中心距公差；d_2 为菱形销直径。

菱形销的公差可按配合 H/g，销的公差等级高于孔一级来确定。

表 4.2　菱形销尺寸　　　　　　　　　　　　　　　　　　　　mm

D_2	3~6	>6~8	>8~20	>20~25	>25~32	>32~40	>40~50
b_1	2	3	4	5	5	6	8
B	$D_2-0.5$	D_2-1	D_2-2	D_2-3	D_2-4	D_2-5	D_2-5

4.2.4　定位误差的分析与计算

定位方案中定位误差工程计算的科学性相当重要。即使根据工件的加工要求确定的定位方案看似完全合理，但由于定位误差超过工件允许的工序公差，可能使设计方案功亏一篑。

影响被加工零件位置精度的误差因素很多, 其中来自夹具方面的有定位误差、夹紧误差、对刀或导向误差以及夹具的制造与安装误差等; 来自加工过程方面的误差有工艺系统(除夹具外)的几何误差、受力变形、受热变形、磨损以及各种随机因素所造成的加工误差等。上述各项因素所造成的误差总和应不超过工件允许的工序公差, 才能使工件合格。可以用下列加工误差不等式表示误差之间的关系:

$$\Delta_{dw} + \Delta_{za} + \Delta_{gc} < \delta_k$$

式中: Δ_{dw} 为与定位有关的误差, 简称定位误差; Δ_{za} 为与夹具有关的其他误差, 简称夹具制造安装误差; Δ_{gc} 为加工过程误差; δ_k 为工件的工序公差。

加工误差不等式把误差因素归纳为 Δ_{dw}、Δ_{za}、Δ_{gc} 三项, 前两项与夹具有关, 第三项与夹具无关。在设计夹具时, 应尽量减小与夹具有关的误差, 以满足加工精度的要求。在作初步估算时, 可粗略地先按三项误差平均分配, 各不超过相应工序公差的 1/3。下面仅对其中的定位误差 Δ_{dw} 进行分析和计算。

1. 定位误差及其产生原因

同批工件在夹具中定位时, 工序基准位置在工序尺寸方向或沿加工要求方向上的最大变动量, 称定位误差。引起定位误差的原因有以下两个。

(1) 基准不重合引起的定位误差

在定位方案中, 若工件的工序(或设计)基准与定位基准不重合, 则同批工件的工序基准位置相对定位基准的最大变动量, 称为基准不重合误差, 以 Δ_{jb} 表示。

如图 4.22a 所示零件, 设 e 面已加工好, 在铣床上用调整法加工 f 面和 g 面。在加工 f 面时若选 e 面为定位基准(图 4.22b), 则 f 面的设计基准和定位基准都是 e 面, 基准重合, 没有基准不重合误差, 尺寸 A 的制造公差为 T_A。加工 g 面时, 定位基准有两种不同的选择方案。一种方案(方案 I)选用 f 面作为定位基准(图 4.22c), 定位基准与设计基准重合, 没有基准不重合误差, 尺寸 B 的制造公差为 T_B。但这种定位方式的夹具结构复杂, 夹紧力的作用方向与铣削力方向相反, 不够合理, 操作也不方便。另一种方案(方案 II)是选用 e 面作为定位基准来加工 g 面(图 4.22d)。此时, 工序尺寸 C 是直接得到的, 尺寸 B 是间接得到的, 由于定位基准 e 与设计基准 f 不重合带来的基准不重合误差等于设计基准 f 面相对于定位基准 e 面在尺寸 B 方向上的最大变动量 T_A。

图 4.22d 的方法由于有基准不重合误差, 使得加工 g 面工序所要直接保证的尺寸 C 的制造公差缩小为 $T_C(T_C = T_B - T_A)$, 造成加工困难, 也提高了加工成本。因此, 只要条件许可, 应尽量选择设计基准作定位基准(或测量基准)。

定位基准与设计基准不重合所产生的基准不重合误差, 只有在采用调整法加工时才会产生, 采用试切法加工时不会产生。

(2) 定位副制造不准确误差

工件在夹具中的正确位置是由夹具上的定位元件来确定的。夹具上的定位元件不可能按公称尺寸制造得绝对准确, 实际尺寸(或位置)允许在规定的公差范围内变动。同时, 工件上的定位基准面也会有制造误差。工件定位基准面与夹具定位元件共同构成定位副, 由于定位副制造不准确引起的定位基准在加工尺寸方向上的最大变动量, 称为定位副制造不准确误差, 简称为基准位移误差, 以 Δ_{jy} 表示。

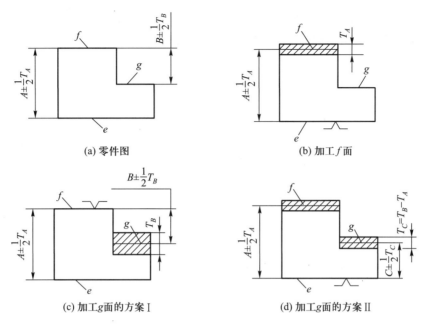

(a) 零件图　　　　　　　　　　(b) 加工 f 面

(c) 加工 g 面的方案 I　　　　　(d) 加工 g 面的方案 II

图 4.22　由基准不重合引起的定位误差

图 4.23a 所示为工件的孔安装在水平放置的心轴上铣削上平面，要求保证尺寸 h。由于定位基准与设计基准重合，故无基准不重合误差。但由于工件的定位基准面（内孔 D）和夹具定位元件（心轴 d_1）皆有制造误差，如果心轴的制造尺寸为 $d_{1\min}$，而工件的内孔的尺寸为 $D_{\max}$（图 4.23b），当工件在水平放置的心轴上定位时，工件内孔与心轴在 P 点接触，工件实际内孔中心的最大下移量 $\Delta_{\mathrm{jy}} = (D_{\max} - d_{1\min})/2$，即为定位副制造不准确误差。

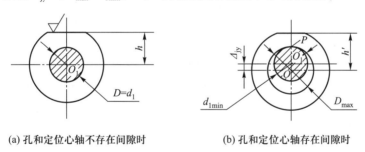

(a) 孔和定位心轴不存在间隙时　　　　(b) 孔和定位心轴存在间隙时

图 4.23　定位副制造不准确误差

2. 定位误差的计算方法

定位误差由基准不重合误差 Δ_{jb} 以及基准位移误差 Δ_{jy} 组成，可分别求出 Δ_{jb} 以及 Δ_{jy}，定位误差 Δ_{dw} 为两者在加工尺寸方向的矢量和，即 $\boldsymbol{\Delta}_{\mathrm{dw}} = \boldsymbol{\Delta}_{\mathrm{jb}} + \boldsymbol{\Delta}_{\mathrm{jy}}$。

计算 Δ_{dw} 时要注意：

1）正确分析定位基准面尺寸变化时定位基准的变动方向。

2）当两者都在加工尺寸方向变化时，定位误差就是两者的算术和，即 $\Delta_{\mathrm{dw}} = \left| \Delta_{\mathrm{jb}} \pm \Delta_{\mathrm{jy}} \right|$。变动方向相同，取"+"号，变动方向相反，取"-"号。

计算定位误差时，有时也可先画出工序基准相对于刀具（或机床）的两个极限位置，再根据几何关系求出这两个极限位置间的距离，并将其投影到加工尺寸方向上，便可求出定位误差。

3. 定位误差计算实例

（1）工件以平面定位

工件以平面定位时，基准位移误差 Δ_{jy} 主要由平面度引起，由于很小，可以忽略不计。此时定位误差主要由基准不重合误差 Δ_{jb} 引起，即 $\Delta_{dw} = \Delta_{jb}$。基准不重合误差 Δ_{jb} 的大小就是工序基准与定位基准间尺寸（称为定位尺寸）的公差。以图 4.22d 所示的定位方案为例，选用 e 面作为定位基准来加工 g 面，此时尺寸 B 的定位误差大小分析计算如下：

1）以平面定位，基准位移误差 $\Delta_{jy} = 0$；

2）以 e 面作为定位基准来加工 g 面，尺寸 B 的工序基准是 f 面，定位基准是 e 面，定位尺寸为 A，尺寸 A 的公差就是基准不重合误差，$\Delta_{jb} = T_A$；

3）尺寸 B 的定位误差 $\Delta_{dw}(B) = \Delta_{jb} + \Delta_{jy} = T_A + 0 = T_A$。

（2）工件以内圆表面定位

1）工件以内圆表面与心轴（或定位销）固定单边接触

如图 4.23b 所示，工件以孔在水平放置的心轴上定位铣平面，工件因自重（或其他外力）作用使孔与心轴在上母线相接触，定位基准为孔的轴线，此时工序基准也是孔的轴线，所以尺寸 h 的基准不重合误差 $\quad\quad\quad\quad \Delta_{jb} = 0$

基准位移误差 $\quad\quad\quad\quad\quad \Delta_{jy} = (D_{max} - d_{1min})/2$

尺寸 h 的定位误差 $\quad\quad\quad \Delta_{dw}(h) = \Delta_{jb} + \Delta_{jy} = (D_{max} - d_{1min})/2$

2）工件以内圆表面与心轴（或定位销）任意边接触

当工件以孔在垂直放置的心轴（或定位销）上定位时，孔与心轴（或定位销）就会出现任意边随机接触的情况。此时基准不重合误差随工序尺寸标注的不同而不同，基准位移误差为

$$\Delta_{jy} = D_{max} - d_{1min}$$

例 4.1 在套类零件上铣一键槽，要求保证尺寸：槽宽 $b = 12_{-0.043}^{0}$ mm，$l = 20_{-0.21}^{0}$ mm，$h = 34.8_{-0.16}^{0}$ mm，心轴水平放置，定位方案如图 4.24 所示。工件外圆 $d_1 = \phi 40_{-0.016}^{0}$ mm，内孔 $D = \phi 20_{0}^{+0.02}$ mm，心轴 $d = \phi 20_{-0.02}^{-0.007}$ mm，计算工序尺寸 b、l、h 的定位误差是多少？

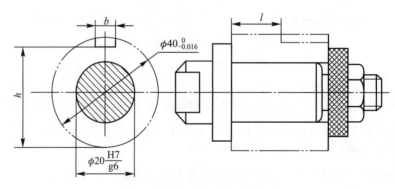

图 4.24　铣键槽定位误差计算

解 分别对各工序尺寸进行分析。

① 槽宽 $b = 12_{-0.043}^{0}$：由铣刀宽度决定，与定位无关。

② $l = 20_{-0.21}^{0}$：定位基准与工序基准重合，且为平面定位，故 $\Delta_{dw} = 0$。

③ $h = 34.8_{-0.16}^{0}$：定位基准为外圆下母线，工序基准为内孔中心，两者不重合，存在基准不重合误差，$\Delta_{jb} = \dfrac{\delta_{d_1}}{2} = \dfrac{0.016}{2} = 0.008$。

由于心轴与定位孔是间隙配合，故存在基准位移误差

$$\Delta_{jy} = \frac{D_{max} - d_{1min}}{2} = \frac{20.02 - 19.98}{2} = 0.02$$

因此，定位误差为

$$\Delta_{dw} = \Delta_{jb} + \Delta_{jy} = 0.008 + 0.02 = 0.028 < \frac{T}{3}$$

由于 $\Delta_{dw} = 0.028 < \dfrac{T}{3}$，故此方案能保证槽底位置尺寸 h。

（3）工件以外圆定位

图 4.25 所示为工件以直径为 $d_{-T_d}^{0}$ 的外圆在 V 形块上定位铣键槽的情况。由于标注键槽深度的工序尺寸所选工序基准不同，它们所产生的定位误差也不相同。下面分三种情况讨论。

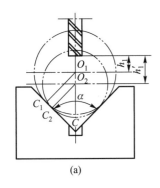 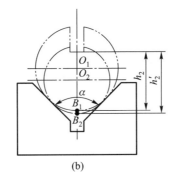 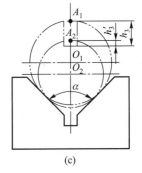

(a)	(b)	(c)

图 4.25 工件在 V 形块上定位

1）以工件外圆轴线为工序基准标注键槽深度尺寸 h_1（图 4.25a）

工序尺寸 h_1 的工序基准与工件的定位基准（外圆轴线）重合，无基准不重合误差，即 $\Delta_{jb}(h_1) = 0$。但是定位表面外圆和定位元件 V 形块有制造误差，故有定位副制造不准确误差 $\Delta_{jy}(h_1)$：

$$\Delta_{jy}(h_1) = O_1 O_2 = O_1 C - O_2 C = \frac{O_1 C_1}{\sin(\alpha/2)} - \frac{O_2 C_2}{\sin(\alpha/2)} = \frac{d}{2\sin(\alpha/2)} - \frac{d - T_d}{2\sin(\alpha/2)} = \frac{T_d}{2\sin(\alpha/2)}$$

该铣键槽工序的定位误差为

$$\Delta_{dw}(h_1) = \Delta_{jb}(h_1) + \Delta_{jy}(h_1) = \frac{T_d}{2\sin(\alpha/2)} \tag{4.2}$$

2）以工件外圆下母线为工序基准标注键槽深度尺寸 h_2（图 4.25b）

工序尺寸 h_2 的工序基准与定位基准（外圆轴线）不重合，存在基准不重合误差 $\Delta_{jb}(h_2)$，其值为工序基准相对于定位基准（外圆轴线）在工序尺寸 h_2 方向上的最大变动量，即 $\Delta_{jb}(h_2)=T_d/2$。此外，该铣键槽工序还存在定位副制造不准确误差，其值同前，即 $\Delta_{jy}(h_2)=O_1O_2=\dfrac{T_d}{2\sin(\alpha/2)}$。由于 $\Delta_{jb}(h_2)$ 与 $\Delta_{jy}(h_2)$ 在工序尺寸 h_2 方向上投影的方向相反，故其定位误差为

$$\Delta_{dw}(h_2)=\Delta_{jb}(h_2)-\Delta_{jy}(h_2)=\frac{T_d}{2\sin(\alpha/2)}-\frac{T_d}{2}=\frac{T_d}{2}\left[\frac{1}{\sin(\alpha/2)}-1\right] \tag{4.3}$$

3）以工件外圆上母线为工序基准标注键槽深度尺寸 h_3（图 4.25c）

工序尺寸 h_3 的工序基准与定位基准不重合，存在基准不重合误差 $\Delta_{jb}(h_3)$，其值为工序基准相对于定位基准（外圆轴线）在工序尺寸 h_3 方向上的最大变动量，即 $\Delta_{jb}(h_3)=T_d/2$。此外，该铣键槽工序还存在定位副制造不准确误差，其值同前，即 $\Delta_{jy}(h_3)=O_1O_2=\dfrac{T_d}{2\sin(\alpha/2)}$。由于 $\Delta_{jb}(h_3)$ 与 $\Delta_{jy}(h_3)$ 在工序尺寸 h_3 方向上投影的方向相同，故其定位误差为

$$\Delta_{dw}(h_2)=\Delta_{jb}(h_3)+\Delta_{jy}(h_3)=\frac{T_d}{2\sin(\alpha/2)}+\frac{T_d}{2}=\frac{T_d}{2}\left[\frac{1}{\sin(\alpha/2)}+1\right] \tag{4.4}$$

在以上三种情况中，以下母线为工序基准时定位误差最小，以上母线为工序基准时定位误差最大。

（4）工件以一面两孔定位

工件以一面两孔定位，有可能出现图 4.26 所示工件轴线偏斜的极限情况，即左边定位孔 I 与圆柱销在上边接触，而右边定位孔 II 与菱形销在下边接触，工件轴线相对于两销轴线的偏转角为

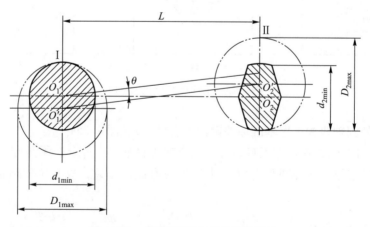

图 4.26 一面两孔组合定位转角误差

$$\theta=\arctan\frac{O_1O_1'+O_2O_2'}{L}$$

式中
$$O_1O_1' = \frac{1}{2}(T_{D_1} + T_{d_1} + \Delta_{S_1})$$

$$O_2O_2' = \frac{1}{2}(T_{D_2} + T_{d_2} + \Delta_{S_2})$$

其中 Δ_{S_1}、Δ_{S_2} 分别为孔 I 与孔 II 的最小配合间隙，则

$$\theta = \arctan \frac{T_{D_1} + T_{d_1} + \Delta_{S_1} + T_{D_2} + T_{d_2} + \Delta_{S_2}}{2L} \tag{4.5}$$

现以一实例对工件以一面两销（其中一个为菱形销）定位时的定位误差进行分析与计算。

例 4.2　工件以一面两孔为定位基准面，在垂直放置的一面两销上定位铣 A 面，如图 4.27 所示，要求保证工序尺寸 $H = (60 \pm 0.15)$ mm。已知两定位基准面孔直径 $D = 12^{+0.025}_{0}$ mm，两孔中心距 $L_2 = (200 \pm 0.05)$ mm，$L_1 = 50$ mm，$L_3 = 300$ mm，两个定位销的直径尺寸分别为 $d_1 = 12^{-0.007}_{-0.020}$ mm、$d_2 = 12^{-0.02}_{-0.04}$ mm。试计算此工序的定位误差。

解　工件在两定位销上定位时，相对于两定位销轴线 O_1O_2，两定位孔轴线可以出现如图 4.28 所示的两个极限位置 $O_1'O_2'$ 和 $O_1''O_2''$，使工序尺寸 H 的工序基准 O_1O_2 发生偏转，引起定位误差。

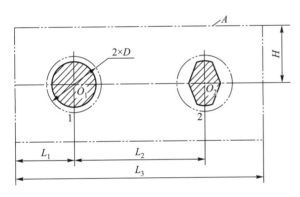

图 4.27　工件以一面两孔定位铣平面　　　　图 4.28　工序基准发生偏转引起定位误差

根据已知条件可求得　$\Delta_{S_1} = D_{min} - d_{1max} = 0.007$ mm，$\Delta_{S_2} = D_{min} - d_{2max} = 0.02$ mm
由图 4.27 知

$$O_1'O_1'' = T_{D_1} + T_{d_1} + \Delta_{S_1} = (0.025 + 0.013 + 0.007) \text{ mm} = 0.045 \text{ mm}$$

$$O_2'O_2'' = T_{D_2} + T_{d_2} + \Delta_{S_2} = (0.025 + 0.02 + 0.02) \text{ mm} = 0.065 \text{ mm}$$

工序尺寸 H 的定位误差为

$$\Delta_{dw}(H) = EF = O_2'O_2'' + ES + QF = O_2'O_2'' + 2(L_3 - L_2 - L_1)\tan\theta$$

而
$$\tan\theta = O_2B/O_1O_2 = (O_1'O_1''/2 + O_2'O_2''/2)/L_2 = (0.045/2 + 0.065/2)/200$$
$$= (0.045 + 0.065)/400$$

故
$$\Delta_{dw}(H) = 0.065 + 2(300 - 200 - 50) \times (0.045 + 0.065)/400 \text{ mm}$$
$$\approx 0.093 \text{ mm}$$

计算结果表明，此工序的定位误差为 0.093 mm。

4.3 工件在夹具中的夹紧

4.3.1 夹紧装置的组成和要求

1. 夹紧装置的组成

工件在夹具中正确定位后，由夹紧装置将工件夹紧。夹紧装置的组成如图 4.29 所示：

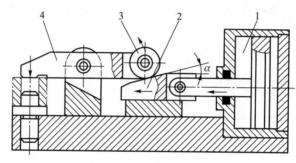

1—气缸；2—斜楔；3—滚子；4—压板

图 4.29 夹紧装置的组成

1）动力装置 产生夹紧动力的装置。

2）夹紧元件 直接用于夹紧工件的元件。

3）中间传力机构 将原动力以一定大小和方向传递给夹紧元件的机构。

图 4.29 中气缸 1 为动力装置，压板 4 为夹紧元件，由斜楔 2、滚子 3 和杠杆等组成的斜楔铰链传力机构为中间传力机构。

在有些夹具中，夹紧元件(图 4.29 中的压板 4)往往就是中间传力机构的一部分，难以区分，统称为夹紧机构。

2. 对夹紧装置的要求

1）夹紧过程不得破坏工件在夹具中占有的正确定位位置。

2）夹紧力要适当，既要保证工件在加工过程中定位的稳定性，又要防止因夹紧力过大损伤工件表面或使工件产生过大的夹紧变形。

3）操作安全、省力。

4）结构应尽量简单，便于制造，便于维修。

4.3.2 夹紧力的确定

1. 夹紧力作用点的选择

1）夹紧力的作用点应正对定位元件或位于定位元件所形成的支承面内，以避免破坏定位或造成较大的夹紧变形。图 4.30 所示两种情况均破坏了定位。

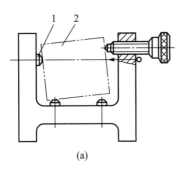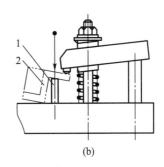

(a)　　　　　　　　　　(b)

1—定位元件；2—工件

图 4.30　夹紧力作用点破坏定位

2）夹紧力的作用点应位于工件刚性较好的部位。图 4.31 中实线箭头所示夹紧力作用点位置工件刚性较大，工件变形小；虚线箭头所示位置工件刚性小，工件变形大。

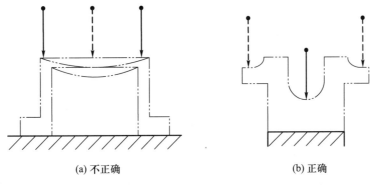

(a) 不正确　　　　　　　　　　(b) 正确

图 4.31　夹紧力的作用点应位于工件刚性较大的部位

3）夹紧力作用点应尽量靠近切削部位，以提高工件切削部位的刚度和抗振性。图 4.32 所示两种滚齿加工安装方案中，图 4.32a 夹紧力的作用点离工件加工面远，不正确；图 4.32b 的夹紧力作用点选择正确。

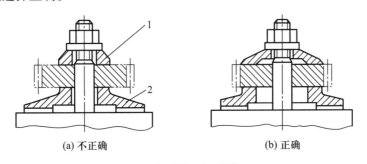

(a) 不正确　　　　　　　　　　(b) 正确

1—压盖；2—基座

图 4.32　滚齿加工安装方案

2. 夹紧力作用方向的选择

1）夹紧力的方向应有利于工件的准确定位，而不能破坏定位，一般要求主夹紧力垂直于工件的主要定位基准面。图4.33所示镗孔工序要求保证孔轴线与A面垂直，夹紧力方向应与A面垂直。图4.33a所选夹紧力作用方向正确；图4.33b所选夹紧力作用方向不正确。

2）夹紧力的作用方向应与工件刚度最大的方向一致，以减小工件的夹紧变形。如图4.34所示薄壁套筒的夹紧，用图4.34a所示径向夹紧方式，由于工件径向刚度差，工件的夹紧变形大；用图4.34b所示轴向夹紧方式，由于工件轴向刚度大，夹紧变形相对较小。

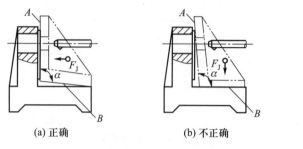

(a) 正确　　　　　　　(b) 不正确

图4.33　夹紧力作用方向应垂直
于工件主要定位基准面

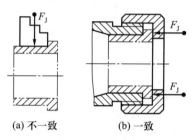

(a) 不一致　　　(b) 一致

图4.34　夹紧力作用方向应与工件
刚度最大方向一致

3）夹紧力作用方向应尽量与工件的切削力、重力等的作用方向一致，这样可以减小夹紧力。

3. 夹紧力的估算

设计夹具时，估算夹紧力是一件十分重要的工作。夹紧力过大会增大工件的夹紧变形，还会无谓地增大夹紧装置，造成浪费；夹紧力过小则工件夹不紧，加工中工件的定位位置将被破坏，而且容易引发安全事故。

夹紧力需要准确的场合，一般可经过实验来确定夹紧力的大小。由于切削力本身是估算的，工件与支承件之间的摩擦系数也是近似的，因此夹紧力通常也是粗略估算。

在确定夹紧力时，可将夹具和工件看成一个刚性系统，以切削力的作用点、方向和大小处于最不利于夹紧时的状况为工件受力状况。根据切削力、夹紧力、重力和惯性力等，列出工件的静力平衡方程式，求出理论夹紧力，再乘以安全系数k，作为所需夹紧力。粗加工时取$k=2.5\sim3$，精加工时取$k=1.5\sim2$。

例4.3　在图4.35所示刨平面工序中，G为工件自重，F为夹紧力，F_c、F_p分别为主切削力和背向力。已知$F_c=800$ N，$F_p=200$ N，$G=100$ N。问需施加多大夹紧力才能保证此工序加工的正常进行？

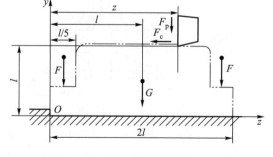

图4.35　刨平面工序

解　根据静力平衡原理，可列出作用在工件上所有作用力的静力平衡方程式

$$F_c l-\left[Fl/10+Gl+F(2l-l/10)+F_p z\right]=0$$

从夹紧的可靠性考虑，在刀具终点（$z=l/5$）时属最不利情况。将有关已知条件代入上式，即可求得夹紧力$F=330$ N。取安全系数$k=3$，最后求得需施加的夹紧力$F=990$ N。

4.3.3　典型夹紧机构

1. 斜楔夹紧机构

斜楔是夹紧机构中最为基本的一种形式，从作用原理分析，螺旋夹紧机构和圆偏心夹紧机构都是斜楔夹紧机构的变形。图 4.36a 为一钻床夹具，它用移动斜楔 1 产生的力夹紧工件 2。图 4.36b 是 F_Q 作用在斜楔上的受力情况，在 F_Q 作用下，斜楔与工件接触的一面受到工件对它的反作用力 F_J（与斜楔对工件的作用力数值相同，方向相反）和摩擦力 F_1 的作用；斜楔与夹具体接触的一面受到夹具体对它的反作用力 F_{N2} 和摩擦力 F_2 的作用。将 F_{N2} 与 F_2 合成为 F_{R2}，然后再将 F_{R2} 分解为水平分力 F_{Rx} 和垂直分力 F_{Ry}。根据静力平衡条件得

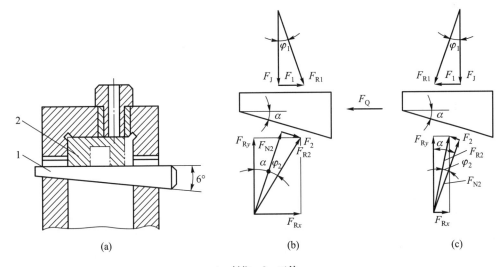

1—斜楔；2—工件

图 4.36　斜楔夹紧

$$F_1 + F_{Rx} = F_Q$$
$$F_{Ry} = F_J$$

式中

$$F_1 = F_J \tan \varphi_1, \quad F_{Rx} = F_{Ry} \tan(\alpha + \varphi_2)$$

代入上式得

$$F_J = \frac{F_Q}{\tan \varphi_1 + \tan(\alpha + \varphi_2)} \tag{4.6}$$

式中　α——斜楔升角，$(°)$；

φ_1——斜楔与工件间的摩擦角，$(°)$；

φ_2——斜楔与夹具体间的摩擦角，$(°)$。

夹紧机构一般都要求自锁，即在去除作用力后，夹紧机构仍能保持对工件的夹紧，不会松脱。图 4.36c 是去除作用力 F_Q 后斜楔的受力情况。斜楔实现自锁的条件为 $F_1 > F_{Rx}$。由于 $F_1 = F_J \tan \varphi_1$，$F_J = F_{Ry}$，而 $F_{Rx} = F_{Ry} \tan(\alpha - \varphi_2) = F_J \tan(\alpha - \varphi_2)$，代入自锁条件得

$$F_J \tan \varphi_1 > F_J \tan(\alpha - \varphi_2)$$

即 $\tan\varphi_1 > \tan(\alpha - \varphi_2)$

因 α 和 φ_1、φ_2 都很小,将上式化简即可求得斜楔夹紧机构实现自锁的条件为

$$\alpha < \varphi_1 + \varphi_2 \qquad (4.7)$$

手动夹紧机构一般取 $\alpha = \varphi_1 \approx \varphi_2 = 6° \sim 8°$。

斜楔夹紧机构的优点是有一定的扩力作用,可使力的方向改变 $90°$;缺点是夹紧行程小,手动操作不方便。斜楔夹紧机构常用在气动、液压夹紧装置中,此时斜楔夹紧机构不需要自锁,可取 $\alpha = 15° \sim 30°$。

2. 螺旋夹紧机构

采用螺旋装置直接夹紧或与其他元件组合实现夹紧的机构,统称螺旋夹紧机构。螺旋夹紧机构结构简单,容易制造。由于螺旋升角小,螺旋夹紧机构的自锁性好,夹紧力和夹紧行程都较大,在手动夹具上应用较多。螺旋夹紧机构可以看作是绕在圆柱表面上的斜面,将它展开就相当于一个斜楔。

图 4.37a、b 是直接用螺钉或螺母夹紧工件的机构,称为单个螺旋夹紧机构。在图 4.37a 中,螺钉头部直接与工件表面接触,拧动螺钉时容易损伤工件表面,或使工件产生转动,为此可在螺钉头部装上摆动压块。图 4.38 所示为常见摆动压块结构类型,A 型的端面是光滑的,用于已加工表面;B 型的端面有齿纹,用于夹紧毛坯面。当要求螺钉只移动不转动时,可采用图 4.37c 所示结构。

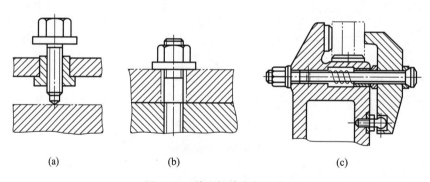

(a)   (b)   (c)

图 4.37 单个螺旋夹紧机构

图 4.39 所示为三种典型的螺旋压板夹紧机构。图 4.39a 为移动压板,图 4.39b 为转动压板,图 4.39c 为翻转压板。

3. 偏心夹紧机构

偏心夹紧机构(图 4.40)是斜楔夹紧机构的一种变形,它是通过偏心轮直接夹紧工件或与其他元件组合夹紧工件的。常用的偏心件有圆偏心和曲线偏心。圆偏心夹紧机构具有结构简单、夹紧迅速等优点,但它的夹紧行程小,增力倍数小,自锁性能差,故一般只在被夹紧表面尺寸变动不大和切削过程振动较小的场合应用。铣削加工属断续切削,振动较大,铣床夹具一般都不采用偏心夹紧机构。

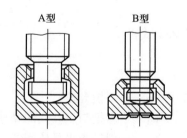

图 4.38 常见摆动压块结构类型

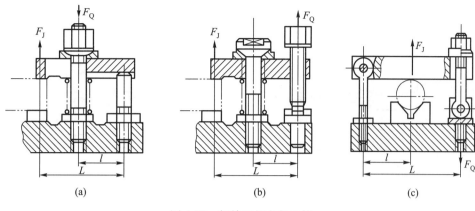

图 4.39 螺旋压板夹紧机构

4. 定心夹紧机构

定心夹紧机构能够在实现定心作用的同时，起到夹紧工件的作用。定心夹紧机构中与工件定位基准面相接触的元件，既是定位元件，又是夹紧元件。

图 4.41a 利用偏心轮 2 推动卡爪 3、4 同时向里夹紧工件，实现定心夹紧。图 4.41b 利用斜楔实现定心夹紧，中间传力机构推动锥体 6 向右移动，使三个卡爪 5 同时向外伸出，对工件的内孔进行定心夹紧。

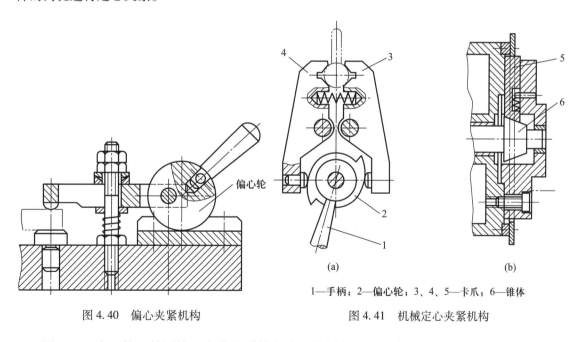

1—手柄；2—偏心轮；3、4、5—卡爪；6—锥体

图 4.40 偏心夹紧机构   图 4.41 机械定心夹紧机构

图 4.42a 为工件以外圆柱面定位的弹簧夹头，旋转螺母 4，其内螺孔端面推动弹性筒夹 2 向左移动，锥套 3 内锥面迫使弹性筒夹 2 上的簧瓣向里收缩，将工件定心夹紧。图 4.42b 为工件以内孔定位的弹簧心轴，旋转带肩螺母 8 时，其端面向左推动锥套 7 迫使弹性筒夹 6 上的簧瓣向外张开，将工件定心夹紧。

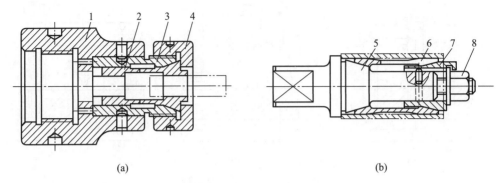

(a)   (b)

1—夹具体；2、6—弹性筒夹；3、7—锥套；4、8—螺母；5—锥度心轴

图 4.42 弹性定心夹紧机构

5. 铰链夹紧机构

铰链夹紧机构是一种增力装置，它具有增力倍数较大、摩擦损失较小的优点，广泛应用于气动夹具中。图 4.43 是一个应用实例，压缩空气进入气缸后，气缸 1 经铰链扩力机构 2，推动压板 3、4 同时将工件夹紧。

6. 联动夹紧机构

联动夹紧机构是一种高效夹紧机构，它可通过一个操作手柄或一个动力装置，对一个工件的多个夹紧点实施夹紧。图 4.44a 是为实现相互垂直的夹紧力同时作用的联动夹紧机构。图 4.44b 是为实现相互平行的两个夹紧力同时作用的联动夹紧机构。

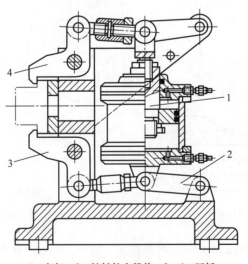

1—气缸；2—铰链扩力机构；3、4—压板

图 4.43 铰链夹紧机构

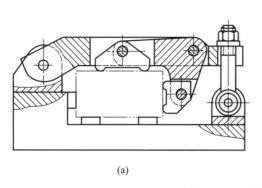
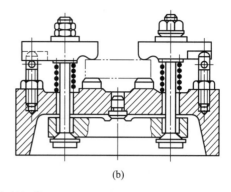

(a)   (b)

图 4.44 联动夹紧机构

4.3.4 夹紧的动力装置

手动夹紧机构在各种生产规模中都有广泛应用，但动作慢，劳动强度大，夹紧力变动大。在大批大量生产中往往采用机动夹紧装置，如气动、液压、电磁和真空夹紧等。机动夹紧可以克服手动夹紧的缺点，提高生产率，还有利于实现自动化。

1. 气动夹紧装置

气动夹紧装置以压缩空气作为动力源推动夹紧机构完成夹紧工件。压缩空气具有黏度小，无污染，传送分配方便的优点。缺点是夹紧力比液压夹紧小，一般压缩空气的工作压力为 0.4~0.6 MPa，结构尺寸较大，有排气噪声。常用的气缸结构有活塞式和薄膜式两种。

活塞式气缸按照气缸安装方式分类有固定式、摆动式和回转式三种；按工作方式分类有单向作用和双向作用两种，应用最广泛的是双向作用固定式活塞气缸，如图 4.45 所示。图 4.43 是双作用摆动式气缸的应用实例。图 4.46 是车床上使用的回转式气缸实例，由于气缸和过渡盘随主轴回转，因此还需要一个导气接头。

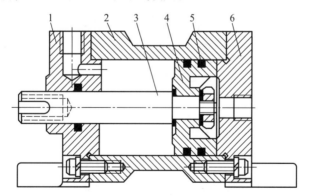

1—前盖；2—气缸体；3—活塞杆；4—活塞；5—密封圈；6—后盖

图 4.45 双向作用固定式活塞气缸

图 4.47 所示为单向作用的薄膜式气缸结构，薄膜 2 代替活塞将气室分为左右两部分。当压缩空气由导气接头 1 输入左腔后，推动薄膜 2 和推杆 5 右移夹紧工件。当左腔由导气

接头经分配阀放气时，弹簧 6 使推杆左移复位，松开工件。与活塞式气缸相比，薄膜式气缸具有密封性好、结构简单、寿命较长的优点；缺点是工作行程较短，夹紧力随行程变化而变化。

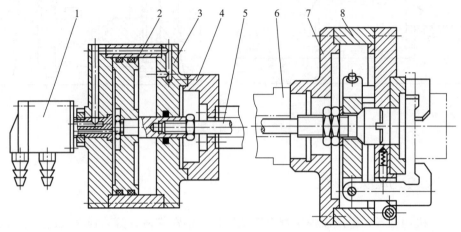

1—导气接头；2—活塞；3—气缸；4、7—过渡盘；5—活塞杆；6—主轴；8—夹具体

图 4.46 回转式气缸及其应用

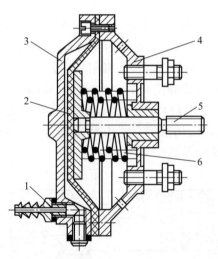

1—导气接头；2—薄膜；3—左气缸壁；4—右气缸壁；5—推杆；6—弹簧

图 4.47 薄膜式气缸

2. 液压夹紧装置

液压夹紧装置的结构和工作原理基本与气动夹紧装置相同，所不同的是它所用的工作介质是压力油，工作压力可达 $5 \sim 6.5$ MPa。与气动夹紧装置相比，液压夹紧具有以下优点：① 传动力大，夹具结构相对比较小；② 油液不可压缩，夹紧可靠，工作平稳；③ 噪声小。其缺点是需设置专门的液压系统，因此适用于具有液压传动系统的机床和切削力较大的场合。

4.4　典型机床夹具

根据前面的学习，学生应能运用六点定位原理、定位元件、定位误差计算、夹紧元件等基本知识，根据不同机床夹具的设计要点，以及精益求精的态度完成典型机床夹具的设计。

4.4.1　钻床夹具

钻床夹具简称钻模，主要用于加工孔。通常由钻套、钻模板定位元件、夹紧装置和夹具体组成。

1. 钻模的主要类型及其结构特点

根据工件上被加工孔的分布情况和工件的生产类型，钻模在结构上有固定式、回转式、翻转式和滑柱式等多种形式。

（1）固定式钻模

固定式钻模是指加工中钻模板相对于工件和机床的位置保持不变的钻模。图 4.48 为用于加工杠杆孔的固定式钻模。工件以大头孔和端面在定位销 7 上定位，用活动 V 形块使小头外

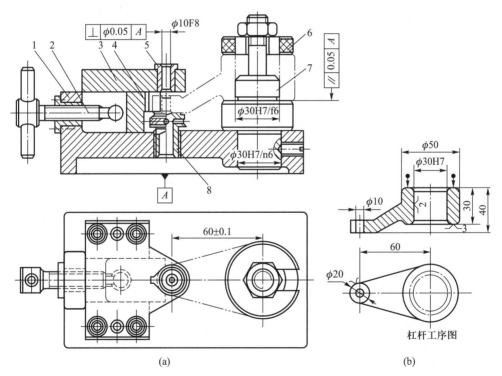

(a)　　　　　　　　　　　　(b)

1—夹具体；2—固定手柄压紧螺钉；3—钻模板；4—活动V形块；
5—钻套；6—开口垫圈；7—定位销；8—辅助支承

图 4.48　固定式钻模

圆对中；在大头端面用开口垫圈 6 和螺母将工件夹紧，小头下方用辅助支承 8 承受切削力。整个夹具找正后用压板固定在钻床工作台上。

（2）回转式钻模

回转式钻模用于加工分布在同一圆周上的平行孔系或径向孔系。图 4.49 是用来加工扇形工件上三个等分径向孔的回转式钻模。工件以内孔、键槽和侧平面为定位基准面，分别在夹具上的定位销轴 6、键 7 和圆支承板 3 上定位，限制六个自由度。由螺母 5 和开口垫圈 4 夹紧工件。分度装置由分度盘 9、等分定位套 2、拔销 1 和锁紧手柄 11 组成。工件分度时，拧松锁紧手柄 11，拔出拔销 1，旋转分度盘 9 带动工件一起分度。当转至拔销 1 对准下一个定位套时，将拔销 1 插入，实现分度定位，然后再拧紧锁紧手柄 11，锁紧分度盘，即可加工工件上另一个孔。钻头由安装在固定式钻模板上的钻套 8 导向。

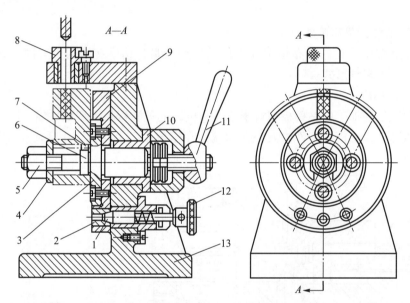

1—拔销；2—等分定位套；3—圆支承板；4—开口垫圈；5—螺母；6—定位销轴；
7—键；8—钻套；9—分度盘；10—套筒；11—锁紧手柄；12—手柄；13—底座

图 4.49　回转式钻模

（3）翻转式钻模

翻转式钻模主要用于加工小型工件上几个不同方向的孔。翻转式钻模靠手工翻转，所以此类钻模连同工件的总重量不能太重，一般以不超过 100 N 为宜。此种钻模操作方便，适于在中小批生产中使用。

（4）滑柱式钻模

滑柱式钻模是钻模板可上下升降的通用可调夹具，由钻模板、滑柱、夹具体和齿轮齿条、锁紧机构组成。这几部分的结构已经标准化，具有不同系列，钻模板也有不同的结构形式，且可以预先制好备用。只要根据工件的形状、尺寸和加工要求等，设计制造相应的定位、夹紧装置和钻套，就可用于加工。滑柱式钻模具有结构简单、操作迅速方便、自锁可靠、制造周期短的优点，广泛用于成批生产和大量生产中。

2. 钻床夹具设计要点

（1）钻套

钻套用来引导刀具以保证被加工孔的位置精度和防止刀具在加工中发生偏斜。钻套有固定钻套、可换钻套、快换钻套和特殊钻套四种。

图 4.50a 为固定钻套，钻套直接压装在钻模板上。固定钻套结构简单，位置精度高，但磨损后不易更换，适合于中、小批生产中只钻一次的孔。图 4.50a 所示为固定钻套的两种结构，钻模板较薄时，为使钻套具有足够的引导长度，应采用有肩钻套。

图 4.50b 为可换钻套，钻套 1 装在衬套 2 中，衬套 2 压装在钻模板 3 中；为防止钻套在钻模板孔中上下滑动或转动，钻套用螺钉 4 紧固。在成批生产、大量生产中，为便于更换钻套，可采用可换钻套。

图 4.50c 为快换钻套，更换钻套时，只需逆时针转动钻套使削边平面转至螺钉位置，即可向上快速取出钻套。在工件的一次安装中，若顺序进行钻孔、扩孔、铰孔或攻螺纹等多个工步加工，需使用不同孔径的钻套来引导刀具时，应使用快换钻套。

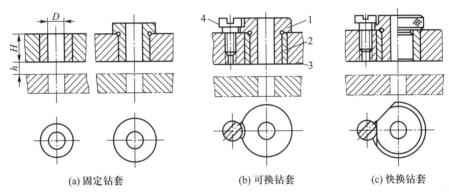

(a) 固定钻套　　　　　　　(b) 可换钻套　　　　　　　(c) 快换钻套

1—钻套；2—衬套；3—钻模板；4—螺钉

图 4.50　钻套

上述三种钻套的结构和尺寸均已标准化，设计时可参阅有关国家标准。对于一些特殊场合，可根据加工条件的特殊性设计专用钻套。图 4.51 是几种特殊钻套的结构形式，图 4.51a 用于两孔间距较小的场合，图 4.51b 用于钻孔表面离钻模板较远的场合，图 4.51c 用于在斜面上钻孔。

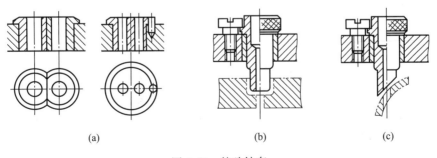

(a)　　　　　　　　　　(b)　　　　　　　　　　(c)

图 4.51　特殊钻套

钻套导向部分的高度 H、孔径 D、钻套与被加工件之间的距离 h 如图 4.50a 所示。钻套导向部分高度尺寸 H 越大，刀具的导向性越好，但刀具与钻套的摩擦越大，一般取 $H = (1 \sim 2.5)D$，孔径小、精度要求较高时，H 取较大值。

为便于排屑，钻套下端与被加工件间应留有适当距离 h，但是 h 值不能取得太大，否则会降低钻套对钻头的导向作用，影响加工精度。根据经验，加工钢件时，取 $h = (0.7 \sim 1.5)D$；加工铸铁件时，取 $h = (0.3 \sim 0.4)D$；大孔取较小的系数，小孔取较大的系数。

（2）钻模板

钻模板用于安装钻套，并确保钻套在钻模上的正确位置。常见的钻模板有以下几种：

1）固定式钻模板　加工中这种钻模相对于工件的位置保持不变。采用这种钻模板钻孔，位置精度较高，常用于立式钻床上加工较大的单孔，或在摇臂钻床或多轴钻床上加工平行孔系。图 4.48 钻模所用钻模板就是固定式钻模板。

2）铰链式钻模板　铰链式钻模板与夹具体通过铰链连接，图 4.52 所示钻模板 3 可绕铰链轴 1 翻转。装卸工件时将钻模板往上翻，加工时将钻模板往下翻，并用菱形夹紧螺钉 2 紧固。采用铰链式钻模板，工件可在夹具上方装入，装卸工件方便；但翻转钻模板费工费时，效率较低，且钻套位置精度受铰链间隙的影响，钻孔位置精度不高。主要用在生产规模不大、钻孔精度要求不高的场合。

3）悬挂式钻模板　悬挂式钻模板是与机床主轴箱相连接的。图 4.53 中，钻模板 2 与夹具体的相对位置是通过夹具体上的两个定位套 1 和与钻模板相连的两个滑柱 4 定位的。悬挂式钻模板随机床主轴箱 5 升降，不需另设机构操纵，同时可利用悬挂式钻模板的下降动作夹紧工件。悬挂式钻模板通常在用多轴传动头加工平行孔系时采用，生产率高，适于在大批大量生产中应用。

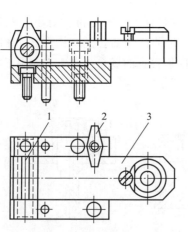

1—铰链轴；2—菱形夹紧螺钉；3—钻模板

图 4.52　铰链式钻模板

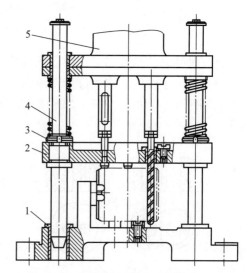

1—定位套；2—钻模板；3—螺母；4—滑柱；5—主轴箱

图 4.53　悬挂式钻模板

4.4.2 铣床夹具

铣削加工属断续切削,易产生振动,铣床夹具的受力部件要有足够的强度和刚度,夹紧机构所提供的夹紧力应足够大,且要求有较好的自锁性能。

对刀块和定位键是铣床夹具的特有元件。对刀块用来确定铣刀相对于夹具定位元件的位置关系,定位键用来确定夹具相对于机床位置关系。

图 4.54 所示为几种常见的对刀装置。对刀时,在刀齿刀刃和对刀块间塞入具有规定厚度的塞尺,让刀刃轻轻靠紧塞尺,凭抽动的松紧感觉来判断刀具的正确位置。

对刀块有标准化的可以直接选用,特殊形式的对刀块可以自行设计。

对刀块对刀面的位置应以定位元件的定位表面来标注,以减小基准转换误差,该位置尺寸加上塞尺厚度应等于工件的加工表面与定位基准面间的尺寸,该位置尺寸的公差应为工件该尺寸公差的 $1/3 \sim 1/5$。

定位键安装在夹具体底面的纵向槽中,一个夹具一般要配置两个定位键。为了保证工件

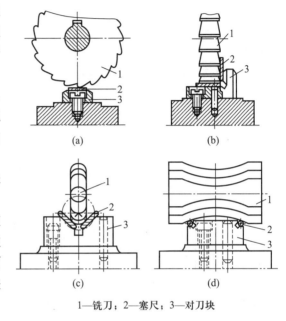

1—铣刀;2—塞尺;3—对刀块

图 4.54 对刀装置

相对切削运动方向准确,夹具上的第二定位基准(导向)的定位元件必须与两定位键保持较高的位置精度,如平行度或垂直度。定位键与铣床工作台 T 形槽的配合连接如图 4.55 所示。

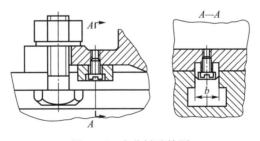

图 4.55 定位键连接图

图 4.56 是铣分离叉内侧面所用的铣床夹具,该图的右下图列出了工序简图。工件以 $\phi 25H9$ 孔定位支承在定位销 5 和顶锥 3 上,限制四个自由度;轴向则由右端面靠在右支座 6 侧平面上定位,限制一个自由度;叉脚背面靠在支承板 1 或 7 上,限制一个自由度,实现完全定位。由螺母 8、双头螺柱 9 和压板 4 组成的螺旋压板机构,将工件压紧在支承板 7 和 1 上,支承板 7 还兼作对刀块用。夹具在铣床工作台上的定位,由装在夹具体底部的两个定位键 2 实现。

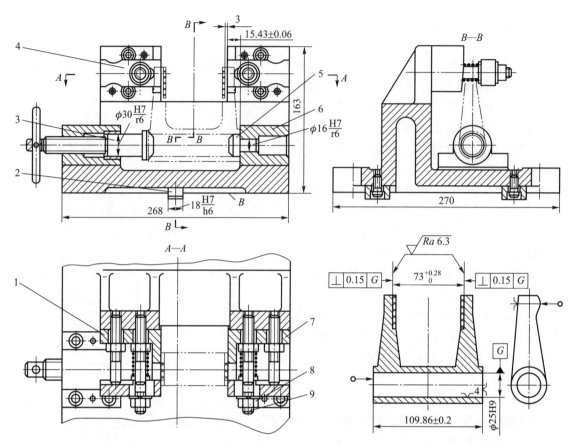

1、7—支承板；2—定位键；3—顶锥；4—压板；5—定位销；6—右支座；8—螺母；9—双头螺柱

图 4.56 铣床夹具

4.4.3 车床夹具

车床夹具一般用于加工回转体零件，其主要特点：夹具都装在机床主轴上，车削时夹具带动工件做旋转运动。由于主轴转速一般很高，在设计这类夹具时，要注意解决由于夹具旋转带来的质量平衡问题和操作安全问题。

图 4.57 所示为加工汽车水泵壳所用的车床夹具。工件在支承板 2 和定位销 4 上定位，限制工件的五个自由度(绕工件轴线的回转自由度不需要限制)，是不完全定位。装在车床尾部的气缸给气后，活塞杆拽中间拉杆(气缸、中间拉杆等均未在图中表示)，中间拉杆往左拽拉杆 9，拉杆 9 带动浮动盘 1 向左运动，驱动三个卡爪 3 将工件压紧在支承板 2 上。为保证三个卡爪都能起到压紧工件的作用，浮动盘 1 被设计成浮动自位的结构。为保证质量平衡，在夹具体上安装了配重块 10。

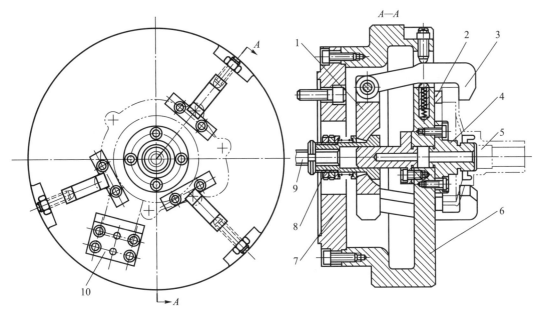

1—浮动盘；2—支承板；3—卡爪；4—定位销；5—工件；
6—夹具体；7—连接盘；8—连接套；9—拉杆；10—配重块

图 4.57　车床专用夹具

4.5　现代机床夹具

中国制造业面临人力成本不断上升、加工效率及质量亟待提高等问题，需要通过自动化加工、智能化加工等先进加工方式来改变现状。而在这些先进加工理念的贯彻过程中，夹具所扮演的角色越来越重要。夹具与机床、刀具共同作为机械加工的三大要素，其中夹具是未来能否通往智能制造的关键节点。本节主要讲述随行夹具、加工中心夹具等，可提高应对复杂工程问题的能力。

随着现代科学技术的高速发展和社会需求的多样化，多品种、中小批量生产逐渐占据优势，因此在大批量生产中有着长足优势的专用夹具逐渐暴露出它的不足。为适应这种情况，发展出了组合夹具、通用可调夹具和成组夹具。由于数控技术的发展，数控机床夹具的需求也不断增加。

现代制造技术对机床夹具提出了如下新的要求。

1）能迅速方便地适应新产品的投产，以缩短生产准备周期，降低生产成本。

2）能装夹一组具有相似性特征的工件。

3）适用于精密加工的高精度机床夹具。

4）适用于各种现代化制造技术的新型机床夹具。

因此，现代机床夹具的发展方向主要表现为精密化、高效化、柔性化、标准化四个方面。

现代机床夹具虽各具特色，但它们的定位、夹紧等基本原理都是相同的，因此本节只重点介绍这些夹具的典型结构和特点。

4.5.1 自动线夹具

自动线是由多台自动化单机,借助工件自动传输系统、自动线夹具、控制系统等组成的一种加工系统。自动线夹具的种类取决于自动线的配置形式,常见的自动线夹具有固定夹具和随行夹具两大类。

1. 固定夹具

固定夹具即夹具固定在机床某一部位上,不随工件的输送而移动。这类夹具用于工件直接输送的生产自动线,通常要求工件具有良好的定位和输送基准面,例如箱体零件、轴承环等。固定夹具的功能与一般机床夹具相似,但在结构上应具有自动定位、自动夹紧及相应的安全联锁信号装置,设计中应保证工件输送方便、可靠,切屑的容易排出。

2. 随行夹具

随行夹具用于工件间接输送的自动线中。主要适用于工件形状复杂、没有合适的输送基准面,或者虽有合适的输送基准面,但属于易磨损的非铸材料工件,使用随行夹具可避免表面划伤与磨损。工件装在随行夹具上,自动线的输送机构把带着工件的随行夹具依次运送到自动线的各加工位置上,各加工位置的机床上都有一个相同的机床夹具来定位与夹紧随行夹具。所以,自动线上有许多随行夹具在机床的工作位置上进行加工;另有一些随行夹具准备进入装卸工位,卸下加工好的工件,装上待加工坯件,这些随行夹具随后也将送入机床工作位置进行加工,如此循环不停。

如图 4.58 所示为随行夹具在自动线机床的固定夹具上的工作简图。随行夹具 3 由步进式输送带依次运送到各机床的固定夹具上,通过一面两销实现完全定位。图中 5 为定位支

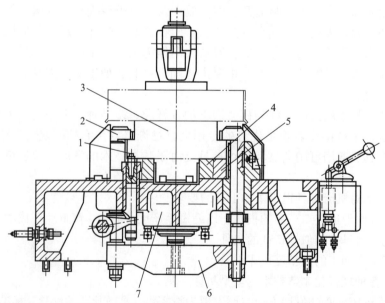

1—伸缩式定位销;2—钩形压板;3—随行夹具;4—输送支承;5—定位支承板;6—浮动杠杆;7—液压缸

图 4.58 随行夹具在自动线机床的固定夹具上的工作简图

承板，1 为液压操纵的伸缩式定位销。液压缸 7 通过浮动杠杆 6 带动四个钩形压板 2 进行夹紧。

随行夹具在自动线上的输送和返回系统是自动线设计的一个重要环节，随行夹具的返回形式有垂直下方返回、垂直上方返回、斜上方(或斜下方)返回和水平返回等方式。图 4.59 和图 4.60 分别是随行夹具垂直上方返回和水平返回的系统图。应根据随行夹具的尺寸、返回系统占地面积、输送装置的复杂程度、操作维修方便性及机床刚性等因素来选择随行夹具返回系统。

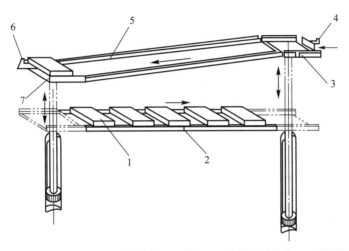

1—随行夹具；2—随行夹具输送器；3—提升台；4—推杆；5—倾斜返回滚道；6—限位器；7—下降台

图 4.59　随行夹具垂直上方返回系统

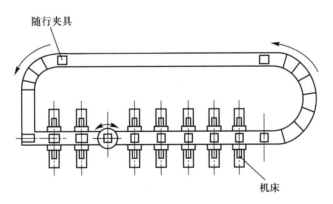

图 4.60　随行夹具水平返回系统

设计随行夹具应考虑下列主要问题。

（1）工件在随行夹具中的夹紧方法

随行夹具在生产自动线中不断地流动。随行夹具大多采用螺旋夹紧机构夹紧工件，原因在于螺旋夹紧机构自锁性能好，在随行夹具的输送过程中不易松动。为减轻劳动强度，缩短辅助时间，常选用气动或电动扳手夹紧。

（2）随行夹具在机床夹具中的夹紧方法

随行夹具输送到机床上的夹具后，需要准确定位并夹紧。随行夹具采用"一面两孔"的定位方式。常用的夹紧方法有三种：夹紧在随行夹具底板的周边上，由上向下夹紧在工件或随行夹具的某机构上，由下向上夹紧。

（3）随行夹具的定位基准面和输送基准面的选择

随行夹具的底面既是定位基准面又是输送基准面。设计时应提高随行夹具底面的耐磨性以保证定位准确，并能长久保持精度。当高度方向有严格尺寸要求时，可将定位基准面和输送基准面分开，以保护定位基准面不受循环输送引起磨损的影响。

（4）随行夹具的精度问题

在生产自动线上有一批随行夹具在工作，各随行夹具分别经过自动线上各工序的机床接受加工，这和一般专用夹具不同，一批随行夹具的精度就有了严格的互换要求，否则就难以保证工件的加工要求。

（5）排屑与清洗

随行夹具在自动线上循环输送，同时带着切屑与切削液进入各加工位置，因而影响其准确定位，对此必须采取一定的防护措施。此外，可在自动线末端或返回输送带的过程中设置清洗工位（隧道或清洗箱），随行夹具经过时进行清洗。

（6）随行夹具结构的通用化

随行夹具大多采用"一面两孔"的统一定位方法，又需成批制造，因此随行夹具结构通用化能取得较好的经济效益。由于自动线加工对象各不相同，要使整个随行夹具结构通用化困难较大，为此可把随行夹具分为通用底板和专用结构两部分。这样不但使随行夹具的结构通用化，而且也使自动线的机床夹具、随行夹具的输送装置结构通用化，从而提高整个自动线的通用化程度，缩短自动线的设计制造周期，降低制造成本。

4.5.2 组合夹具

组合夹具是在夹具元件高度标准化、通用化、系列化的基础上发展起来的一种夹具。从 20 世纪 40 年代开始，在一些工业国家中使用并得到了迅速发展。我国从 20 世纪 50 年代开始使用组合夹具，目前已形成了一套完整的组合夹具体系。它对保证产品质量，提高劳动生产率，降低成本，缩短生产周期等都起着重要的作用。

1. 组合夹具的工作原理及特点

组合夹具是由各种不同形状、不同规格、不同尺寸，具有完全互换性、高耐磨、高精度的标准元件及组合件，按照不同工件的工艺要求，组装成所需要的夹具。使用完毕可方便地拆散，清洗后存放，等待再次使用。图 4.61 为盘类零件钻径向分度孔组合夹具的立体图及其分解图，其定位、夹紧装置和夹具体都由标准元件组合而成。

组合夹具将专用夹具以设计→制造→使用→报废的单向过程改变为组装→使用→拆散→再组装→使用→再拆散的循环过程。经生产实践表明，由于它是以组装代替设计和制造，故其具有下列特点：

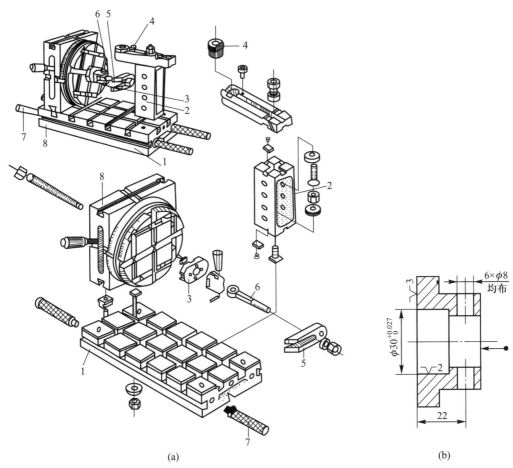

(a)　　　　　　　　　　(b)

1—基础件；2—支承件；3—定位件；4—导向件；5—夹紧件；6—紧固件；7—其他件；8—合件

图 4.61　盘类零件钻径向分度孔组合夹具

1）灵活多变，为零件加工迅速提供夹具，使生产准备周期大为缩短。通常一套中等复杂程度的专用夹具，从设计到制造需几周甚至数月，而组装一套同等复杂程度的组合夹具只需几个小时。

2）节约大量设计、制造工时及金属材料消耗。这是由于组合夹具把专用夹具从单向过程改变为循环过程所致。

3）减少夹具库存，改善夹具管理工作。

4）组合夹具的不足之处　与专用夹具相比，组合夹具各标准元件的尺寸系列的级差是有限的，使组装成的夹具尺寸不能像专用夹具那样紧凑，体积较为笨重。组合夹具的各元件之间采用键定位和螺栓紧固的连接，其刚性不如整体结构好，尤其是连接处接合面间的接触刚度是薄弱环节，组装时应注意提高夹具的刚度。此外，为了适应组装各种不同性质和结构类型的夹具，须有大量元件的储备。

由以上特点可知，组合夹具适合于品种多、数量少、加工对象经常变换的情况，因此在模具制造中得到广泛应用，能为车、铣、刨、磨、钻、镗、插、电火花加工、装配、检验等工序提供各种类型的夹具。

组合夹具的元件精度高、耐磨，并且实现了完全互换，元件精度一般为 IT7~IT6。用组合夹具加工的工件，一般能稳定在 IT8~IT7 级精度，经过精确调整可达 IT7 级精度。

2. 组合夹具系统、系列及元件

（1）组合夹具系统

组合夹具按组装时元件间连接面的形状，可分为槽系和孔系两大系统。

槽系组合夹具以槽和键相配合的方式来实现元件间的定位。因元件的位置可沿槽的纵向任意调节，故组装十分灵活，适用范围广，是最早发展起来的组合夹具系统。

孔系组合夹具主要元件表面为圆柱孔和螺纹孔组成的坐标孔系，通过定位销和螺栓来实现元件之间的组装和紧固。孔系组合夹具具有元件刚性好、定位精度和可靠性高、工艺性好等特点，特别适用于数控机床。自 20 世纪 60 年代以来，随 NC、MC 的发展，孔系组合夹具得到较快发展。

（2）组合夹具系列

为了适应不同产品加工零件尺寸大小的需要，组合夹具按其尺寸大小又分为大、中、小型三个系列。槽系组合夹具各系列主要参数及适用范围如表 4.3 所示。

表 4.3　槽系组合夹具各系列主要参数及适用范围　　　　　　　　　　　mm

系列名称	槽口宽度	连接螺栓	可加工的最大工件轮廓尺寸
大型	16	M16	2 500×2 500×1 000
中型	12	M12	1 500×1 000×500
小型	8，6	M8，M6	500×250×250

（3）组合夹具元件组成

图 4.62 是常用的槽系中型系列组合夹具的标准元件和组件图。图 4.62a 是基础件，用作夹具体底座；图 4.62b 是支承件，主要作夹具体的支架或角架等；图 4.62c 是定位件，用来定位工件和确定夹具元件之间的位置；图 4.62d 是导向件，用于确定或导引切削刀具位置；图 4.62e 是压紧件，用来压紧工件或夹具元件；图 4.62f 是紧固件，用于紧固工件或夹具元件；图 4.62g 是其他件，它们在夹具中起辅助作用；图 4.62h 是合件，用来完成特定动作或具有特殊功用(如分度)。上述是各元件的主要功用，实际情况可有不同，例如支承件，也可用作定位工件平面的定位元件。

一个工厂所拥有的元件总数及各类元件的比例，主要根据各单位的生产规模、产品品种的多少、批量的大小等因素决定。对于新建立的组装站，建议开始按小于 10 000 件配套，并且要在组装实践中积累经验，由少到多，有针对性地逐步增加。

随着现代机械工业向多品种、中小批量的生产方向发展，组合夹具也发展了某些新的元件和组件，开始与成组夹具和数控机床夹具结合起来，这是组合夹具发展的新动向。

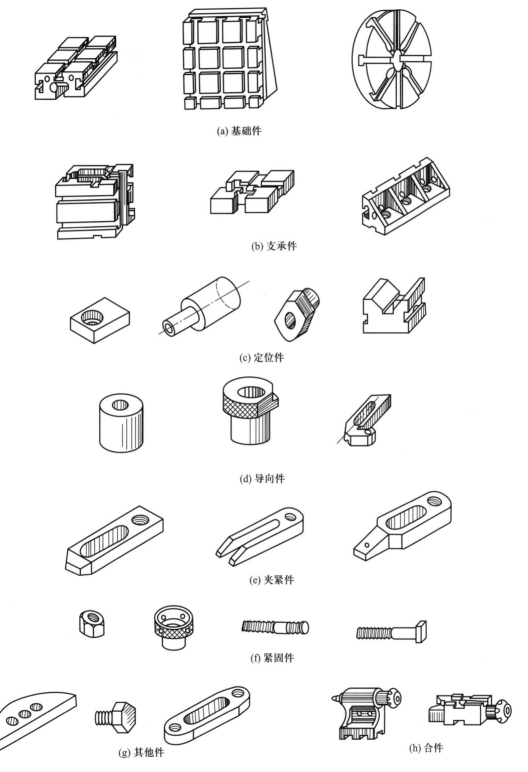

(a) 基础件

(b) 支承件

(c) 定位件

(d) 导向件

(e) 夹紧件

(f) 紧固件

(g) 其他件

(h) 合件

图 4.62　组合夹具的标准元件和组件

4.5.3 可调夹具

可调夹具分为通用可调夹具和成组夹具(也称专用可调夹具)两类。它们的共同特点是，只要更换或调整个别定位、夹紧或导向元件，即可用于多种零件的加工，从而使多种零件的单件小批生产变为一组零件在同一夹具上的"成批生产"。产品更新换代后，只要属于同一类型的零件，就可在此夹具上加工。可调夹具具有较强的适应性和良好的继承性，因此使用可调夹具可大大减少夹具数量，节省设计与制造夹具的费用，减少金属消耗，降低生产成本，缩短生产周期，是实现机床夹具标准化、系列化、通用化的有效途径。

可调夹具按照可调整部分的工作方式不同，可分为更换式、调整式以及更换调整式三类。其中，更换式应用范围较大，对不同零件的适应性也较强，工作可靠，操作方便；调整式夹具组成元件少，制造成本低，但调整需要花费时间，夹具精度也因调整而受到影响；更换调整式则具有以上两种夹具的优点，所以在生产中应用较多。

1. 通用可调夹具

专用夹具和组合夹具各有优缺点，通用可调夹具将两者的优点结合起来，既能发挥专用夹具精度高的特点，又具有组合夹具成本低的特点。其原理是通过调节或更换装在通用底座上的某些可调节或可更换元件，以形成多种不同类的夹具。

通用可调夹具由两部分组成：一部分是夹具体、夹紧用的动力传动装置和操纵机构等，它们是万能部件，对所有加工对象是不变的；另一部分是可调部分，当加工不同零件时，其定位元件和某些夹紧元件需要调整和更换，使这些定位元件与零件的外形相适应。

通用可调夹具的加工对象较广，有时加工对象不固定。如滑柱式钻模，只要更换不同的定位、夹紧、导向元件，便可用于不同类型工件的钻孔；又如可更换钳口的台虎钳、可更换卡爪的卡盘等，均适用于不同类型工件的加工。

图4.63是钻轴类零件径向孔的通用可调钻床夹具。其中图4.63a是夹具结构图，图4.63b是所加工的工件示例。轴类零件在V形块6中定位，V形块也起着夹具体的作用。装在V形块端面槽内的轴向挡板5上的定程螺钉8起轴向定位作用，以保证所钻孔轴线的轴向位置尺寸。压板支座4安装在V形块的侧面T形槽内，转动夹紧手柄2带动杠杆压板3夹紧工件。根据不同位置的需要，整个夹紧装置可沿T形槽轴向移动调节。装在V形块另一侧面T形槽内的移动钻模板1，按加工孔轴线的轴向位置尺寸进行调节，并由螺母紧固。若轴上径向孔不止一个，还可装上另外的移动钻模板7以满足加工需要。

通用可调夹具有卡盘、花盘、台虎钳、钻模等结构形式。此类夹具中的可调件适用的零件或工序越多，可重复利用的机会越多，该夹具就越经济。

图4.64所示为万能可调液压虎钳，它的钳口部分是可以更换的，加工不同形状的零件，只需更换与零件外形相适应的钳口即可。

2. 成组夹具

成组夹具加工的零件应符合成组工艺的三相似原则，即工艺相似(加工工序及定位基准相似)、工艺特征相似(加工表面与定位基准的位置关系相似)、尺寸相似(组内零件都在同一尺

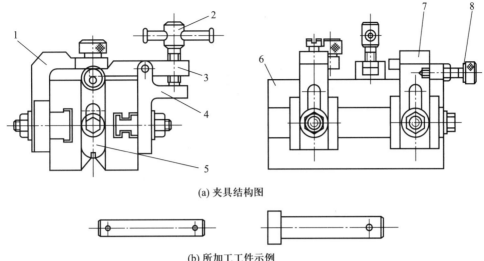

(a) 夹具结构图

(b) 所加工工件示例

1—移动钻模板；2—夹紧手柄；3—杠杆压板；4—压板支座；
5—轴向挡板；6—V形块；7—附加移动钻模板；8—轴向定程螺钉

图 4.63　钻轴类零件径向孔的通用可调钻床夹具

寸范围之内)。通过工艺分析，把形状相似、尺寸相近的零件进行分组编制成组工艺，然后把定位、夹紧和加工方法相同(或相似)的零件集中起来考虑夹具的设计方案。成组夹具的结构设计是否紧凑、操作是否方便、调整是否合理，都与分组及成组工艺有密切的关系。

成组夹具与专用夹具在设计方法上相似，首先确定一个"复合零件"，该零件能代表组内零件的主要特征，然后针对复合零件设计夹具，并根据组内零件的加工范围，设计可调整件和可更换件。

如图 4.65 所示为按成组工艺要求划分的一组套筒零件，其结构综合可得到一个典型复合零件。按此复合零件可设计出如图 4.66 所示的套筒钻孔成组夹具。工件以端面在定位支承 1 上定位，旋转手轮 3 推动定位夹紧件 2 将工件定心并夹紧。工序尺寸 L 采用分离结构来进行调节，钻孔直径可通过可换钻套调整。

图 4.67 是钻杠杆小头孔的成组夹具，下部是该复合零件的示例。其主要结构的参数：两孔径 D_1、D_2 和孔心距 L。该夹具选用标准滑柱式钻模为底座，加上相应的装置组成。为了清晰起见，图中省去了标准滑柱式钻模的大部分，只表示了可上下移动的移动钻模板 4。工件以端面装在带游标的定位板 1 和支承套 9 上，若大小头孔端面不在同一平面内时，可相应更换支承套 9。可换定位销 2 与 D_1 孔相配，并可沿槽纵向移动，根据国家刻度尺 10 的刻度调整孔心距 L，调整好后用紧定螺钉 3 紧固。滑动 V 形块 7 在弹簧的作用下定位小头外圆面，以保证加工出的孔在杠杆对称轴线上，操纵手柄 11 通过挡销 12 操纵活动 V 形块的进退，便于装卸工件。滑柱式钻模的移动钻模板 4 下降，用压紧套 5 端面压紧工件加工孔的上端面。根据 D_2 孔的尺寸选用不同的可换螺旋钻套 6 旋入压紧套 5 的螺纹内，采用螺纹连接使结构简单紧凑，但对加工精度有影响(由于本工序钻孔加工要求较低，因而是允许的)。这样只要更换可换定位销 2 和可换螺旋钻套 6(有时可能要更换支承套 9)，调整定位销(连同定位板)2 的轴线尺寸，便可钻削组内不同 D_1、D_2 和 L 组合的各种杠杆的小头孔 D_2。

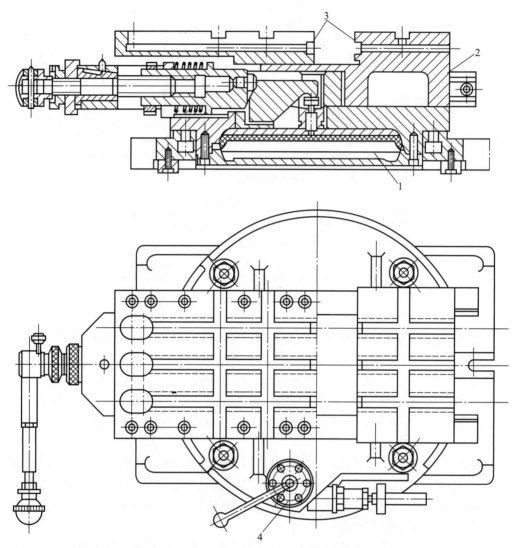

1—传动装置；2—夹具体；3—钳口；4—操纵阀

图 4.64 万能可调液压虎钳

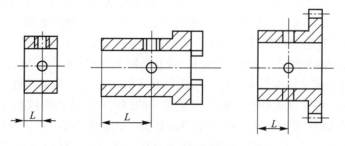

图 4.65 套筒零件组

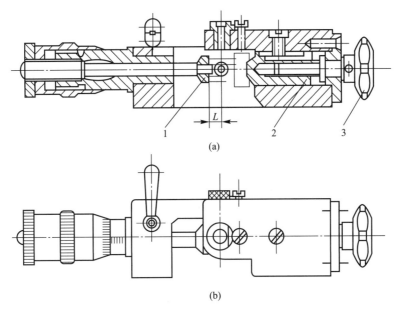

1—定位支承；2—定位夹紧件；3—手轮

图 4.66 套筒钻孔成组夹具

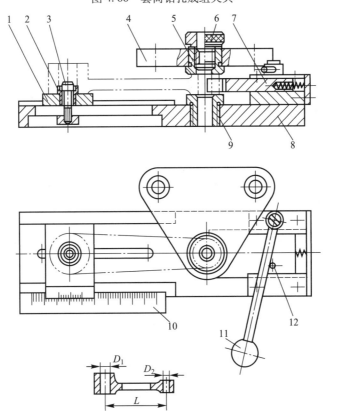

1—定位板；2—可换定位销；3—紧定螺钉；4—移动钻模板；5—压紧套；6—可换螺旋钻套；
7—滑动V形块；8—底座；9—支承套；10—固定刻度尺；11—(滑动V形块的)操纵手柄；12—挡销

图 4.67 钻杠杆小头孔的成组夹具

4.5.4 拼拆式夹具

拼拆式夹具是将标准化的、可互换的零部件装在基础件上或直接装在机床工作台上，并利用调整件装配而成。调整件有标准的或专用的，它根据被加工零件的结构设计。当某种零件加工完毕后，即把夹具拆开，将这些标准零部件放入仓库中，以便重复使用。这种夹具通过调整其活动部分和更换定位元件的方式进行重新调整。

图4.68所示为拼拆式专用夹具，由于采用的元件(包括夹具体)全部是标准元件，由专业制造厂提供，因此夹具设计工作只需要简单地表示出各元件的相互装配位置。拼拆式夹具的零部件的结构特点是能多次使用，零部件有很高的通用性，当需要重新装配加工某种零件时，调整工作较为简单。

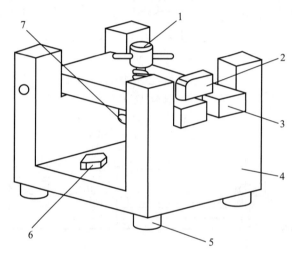

1—压紧螺钉；2—菱形块；3—铰链压板；4—U形夹具体；5—支脚；6—定位销；7—浮动压块

图4.68 拼拆式专用夹具

4.5.5 数控机床夹具

现代自动化生产中，数控机床的应用已越来越广泛，数控机床夹具必须适应数控机床的高精度、高效率、产品转换容易、生产准备周期短、多方向同时加工、数字程序控制及单件小批生产的特点。数控机床夹具主要采用可调夹具、组合夹具、拼装夹具和数控夹具(夹具本身可在程序控制下进行调整)。

数控机床加工时一般不需要很复杂的夹具，只要求有简单的定位、夹紧机构就可以了，其设计原理也与通用机床夹具相同。结合数控机床加工的特点，数控机床夹具设计有以下几点基本要求：

1) 为保持零件安装定位与机床坐标系及编程坐标系方向的一致性，夹具应能保证在机床上实现定向安装，还要求能在零件定位面与机床之间保持一定的坐标尺寸联系。

2）为保持工件在本工序中所有需要完成的待加工面充分暴露在外，夹具要做得尽可能开敞。夹紧机构元件与加工面之间应保持一定的安全距离，同时要求夹紧机构元件能低则低，以防止夹具与机床主轴套筒、刀套及刃具在加工过程中发生碰撞。

3）夹具的刚性与稳定性要好。尽量不采用在加工过程中更换夹紧点的设计，当非要在加工过程中更换夹紧点时，要特别注意不能因更换夹紧点而破坏夹具或工件的定位精度。

数控机床的特点是在加工时，机床、刀具、夹具和工件之间应有严格的相对坐标位置。所以数控机床夹具相对于数控机床的坐标原点应具有严格的坐标位置关系，以保证所装夹的工件处于规定的坐标位置上。

为此数控机床夹具常采用网格状的固定基础板，它长期固定在数控机床工作台上，板上加工出有准确孔心距位置的一组定位孔和一组紧固螺孔(也有定位孔与螺孔同轴布置的形式)，它们成网格分布。网格状固定基础板预先调整好相对数控机床的坐标位置，利用板上的定位孔可安装各种夹具。如图 4.69a 所示，角铁支架式夹具安装在固定基础板上，角铁支架上也有相应的网格状分布的定位孔和紧固螺孔，以便安装可换定位元件、其他各类元件和组件，以适应相似零件的加工。当加工对象变换品种时，只需更换相应的角铁式夹具，便可迅速转换为新零件的加工，不致使机床长期等待。图 4.69b 是立方固定基础板。它安装在数控机床工作台的转台上，其四面都有网格分布的定位孔和紧固螺孔，上面可安装各类夹具的底板。当加工对象变换时，只需转台转位，便可迅速转换到加工新零件用的夹具，使用方便。

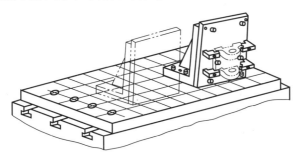 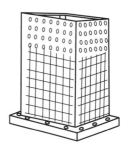

(a) 安装在固定基础板上的角铁支架式夹具   (b) 立方固定基础板

图 4.69 数控机床夹具构成简图

数控机床夹具的夹紧装置，要求结构简单紧凑、体积小、采用机动夹紧方式，以满足数控加工的要求。近年来国内外常采用高压(10~25 MPa)小流量液压夹紧系统，由于压力较高，可省去中间增力机构。工作液压缸采用小直径(ϕ10~50 mm)单作用液压缸，结构紧凑，而零部件设计成单元式结构，在夹具底座上变换安装位置十分容易。这类液压夹紧装置目前在一般机床夹具中也广泛应用。

图 4.70 所示是镗箱体孔所采用的数控机床夹具。工件 6 在本工序镗削 A、B、C 三个孔。数控机床工作台 4 上设置坐标原点 1，刀具或者工作台的运动以原点 1 为起点。夹具上也设有坐标原点 2。夹具在机床上安装之后，夹具坐标原点 2 相对工作台坐标原点 1 的坐标为(x_0，y_0)。工件 6 在夹具上的定位是通过限位表面和两个定位支承钉 3 来完成的。工件的夹紧是通过两个液压缸 8 推动活塞 9，带动拉杆 10 和压板 11 夹紧工件。定位基准平面相对夹具坐标原点 2 的坐标位置为 a、b，加工孔到定位基准平面的坐标尺寸分别为 c、d、e、f。而三个加工

孔相对数控机床工作台坐标原点 1 的坐标尺寸分别为

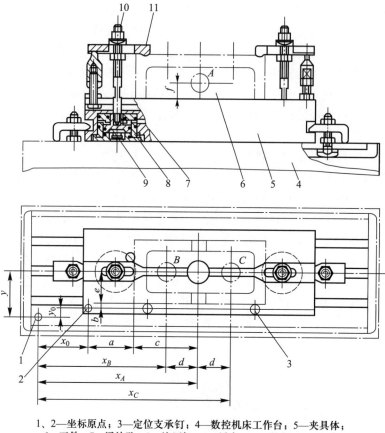

1、2—坐标原点；3—定位支承钉；4—数控机床工作台；5—夹具体；
6—工件；7—通油孔；8—液压缸；9—活塞；10—拉杆；11—压板

图 4.70　数控机床夹具

A 孔　　　$x_A = x + a + c$；　$z_A = f$
B 孔　　　$x_B = x_0 + a + c - d$；　$y_B = y_0 + b + e$
C 孔　　　$x_C = x_0 + a + c + d$；　$y_C = y_0 + b + e$

这种以机床工作台设置坐标原点，然后计算出加工位置坐标的编程方法，叫固定零点编程法。编程人员也可根据实际情况，选定其他坐标原点。

从上面所述的夹具构成原理可见，数控机床夹具实质上是通用可调夹具和组合夹具的结合与发展。它的固定基础板部分与可换部分的组合是通用可调夹具组成原理的应用，而它的元件和组件高度标准化与组合化，又是组合夹具标准元件的演变与发展。

4.5.6　加工中心夹具

加工中心夹具是 CNC 数控加工中心不可或缺的工艺装备，依据加工工件的不同，应用的夹具不同，对夹具的要求也不相同。图 4.71 为一典型的铣削加工中心夹具。本节将介绍 CNC 加工中心夹具的特点与应用方法。

图 4.71 加工中心夹具

1. 加工中心夹具的基本要求

（1）拥有高精度

CNC 加工中心是精密加工设备，加工的零部件产品大多数精确到丝米级，所以夹具的精度非常重要。CNC 加工中心对夹具提出了较高的定位安装精度以及转位精度要求，如果夹具的精度达不到，那么无论 CNC 加工中心如何精密，最终产品的精度都难以保证。

（2）须具备良好的敞开性

CNC 加工中心一般配备有刀库，可实现刀具自动进给加工。夹具及零件应该为刀具的快速移动提供较为宽敞的运动空间，尤其对于需要多次进出走刀、多道工序的加工，所以夹具的设计应该尽量简单、宽敞，使刀具容易进入，防止刀具与工件和夹具发生磕碰、擦伤等现象。

（3）应为刀具的对刀提供明确的对刀点

CNC 加工中心在加工过程中，每把刀具进入程序都应该有一个明确的起点，称之为起刀点，也就是刀具进入程序的原点，基础点。如果一个程序中需要调用多把刀具对工件进行加工，需要使每把刀具都由同一个起点进入程序，所以装刀时应该把各刀的刀位点都安装或校正到同一空间点上，这个点称之为对刀点。

对于铣、镗、钻等加工中心，多在夹具或者夹具中的工件上专门制定一个特殊的点作为对刀点，为各把刀具的安装和校正提供一个统一的数据。这个点一般应与工件的定位基准保持明确的关系，便于刀具与工件坐标系关系的确立和测量。当刀具重装后偏移这一基准点时，多通过改变刀具相对这个点的坐标偏移值自动校正刀具的进给线路参考值，而不需要改动加工程序。

（4）能实现对工件的快速装夹

为了适应快速装夹的要求，夹具一般会采用液压和气动等快速反应的装夹动力。对于切削时间比较长的工件夹紧，应在液压夹紧系统中附加储存器，以补偿内泄漏，防止可能发生的松动迹象。如果对自锁性要求严格的话，则多采用快速旋转夹紧结构，并且利用高速风动扳手来辅助操作；为了减少停机装夹的时间，夹具可以设置预装工位，利用机床的自动托盘交换装置拆卸零件，其夹具结构需考虑自动送料装置安装的便捷性；

（5）机床坐标系中坐标关系应明确、计算方便

CNC 加工中心都具备固定的机床坐标系，工件加工时应该明确其在机床坐标系中的确切位置，以便于刀具按照程序运动，实现切削。为了简化编程中的数值计算，一般采用建立工

件坐标系的方法，即工件在夹具中的装夹位置，明确编程的工件坐标系相对机床坐标系的精准位置，便于刀具由机床坐标系转化到此程序的工件坐标系。因此加工中心的夹具定位系统应该指定一个非常明确的零点，以确定装夹工件的位置，并据此选择工件坐标系的原点。为了让坐标系转换计算更加方便，夹具零点相对机床工作台原点的坐标尺寸关系应简单明确，便于测量、调整、记忆、计算。有时也会直接把工件坐标系的原点选在夹具的零点上。

（6）夹具机动性好

CNC加工中心加工的目标是一次装夹完成所有工序的加工任务。对于机动性稍差的三轴联动加工中心，可借助节距的转位、翻转等功能来弥补机床本身性能的不足，以减少工装次数，实现一次装夹完成多面加工。

（7）拥有较高适应性

加工中心加工的机动性和多变性，要求其夹具对不同工件、不同装夹形式有较高的适应性。一般情况下，加工中心夹具多采用各种组合夹具。在专业化大规模生产中，采用拼装类夹具，以适应生产多变、生产准备周期短的需要。在批量生产中，常采用较简单的专用夹具，以提高定位精度。在品种多变的生产中，多使用可调夹具和组成夹具，以适应加工的多变性。小批量生产也可直接采用通用夹具，生产准备周期短，可不单独制造夹具。

除此之外，CNC加工中心还要求夹具排屑通畅，切屑清除方便，避免对工件造成擦伤，影响工件表面光洁度，延长刀具使用寿命。

2. 加工中心夹具的应用

（1）气动夹具在加工中心的应用

气动夹具是提高加工中心生产率的有效工具。定位、夹紧是气动夹具设计的主要内容，尤其是夹紧。由于气体的可压缩性，务必对夹紧力和切削力进行对比分析，在足够稳定的装夹下进行切削加工。此外，还要考虑机床加工过程中突然断电、断气对切削的影响，避免"撞刀"等损坏机床、夹具、工件的现象。对于简单工艺的工件，可以采用一次多件装夹的方式。复杂工序的工件加工可以采用PLC控制工件自动翻转、平移，配合机床的自动换刀，实现多工序的连续切削，实现一人监管多机。若能配合机械手，夹具、机床、机械手相互通信，协同工作，则可实现无人加工，从而为智能制造打下基础。加工中心气动夹具如图4.72所示。

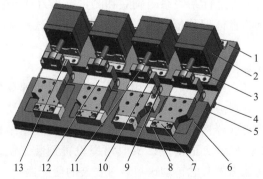

1—支承A；2—气缸；3—支架；4—定向键；5—底板；6—支承B；7—防跳板；
8—定位板；9—固定板；10—转动板；11—轴头；12—压块；13—轴销

图4.72 加工中心气动夹具

（2）柱塞泵径向孔加工中心夹具

柱塞泵依靠柱塞在缸体中作往复运动实现进、出油的目的。柱塞泵结构复杂，加工要求较高，尤其是柱塞泵上的孔加工，需要设计专用夹具才能实现高效率加工。

柱塞泵径向孔加工由两个工位组成，两个工位分别位于桥板的前、后，并高、低错开。桥板一端安装在分度头上，另一端安装在尾座上，这样可以充分利用空间，实现小工作台加工多件的可能。分度头带动桥板旋转，实现一次装夹，能满足零件径向不同角度孔的加工。零件靠法兰耳朵处孔定位，尾端用顶紧液压缸实现装夹。定位面上安装有气密检测孔，气路在工装机构内部，保证了稳定性。零件下方安装有浮动定位液压缸，装夹时浮动块可随零件下移，装夹完毕后液压缸锁死，给零件径向支承力。夹具形式如图 4.73 所示。

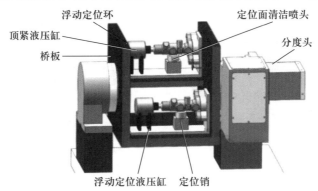

图 4.73 柱塞泵径向孔加工中心夹具

（3）玉米铣刀专用夹具

玉米铣刀又叫鳞状铣刀，如图 4.74 所示。表面是密集的螺旋网纹，槽比较浅，玉米铣刀是用在数控机床上大余量切削的加工刀具，主要用于一些功能材料的加工，特别是碳纤维的卡夫拉（飞机机翼外壳）、玻璃纤维等复合材料，也适用于大型工件、模具粗加工，在大余量开粗加工中效果较佳。伴随着产品的需求量增大，玉米铣刀的需求也日益增加。

选择定位基准时要考虑工件的加工精度和装夹，依据"基准重合"和"基准统一"原则。如图 4.75 所示，待加工工件与锥度定位块配合，保证工件尾部锥度贴合定位块锥度，且工件卡槽与定位块配合，这样就限制了工件的一个转动和三个移动，通过螺杆对工件锁紧，最后在螺母的作用下实现完全定位，满足工件加工的"六点定位原则"。此定位方式具有较好的定位精度，无过定位干涉，便于安装和拆卸工件。专用夹具制作完成后，将夹具安装到四轴转台上面，通过螺栓锁紧完成装夹。

图 4.74 玉米铣刀　　　　　　　　　图 4.75 玉米铣刀专用夹具示意图

（4）制动卡钳缸体加工中心夹具

汽车盘式制动器相对鼓式制动器在热稳定性、制动稳定性和水衰退性能等方面具有优势。而制动卡钳作为盘式制动器的主要部件，随着盘式制动器的普及需求量日益增长。

制动卡钳缸体结构如图 4.76 所示。材料为球墨铸铁，牌号为 QT500-7。缸体毛坯采用砂型铸造。其加工部位有缸体内孔、缸口、钳身平面及曲面、导向销孔及安装面、排气孔及内螺纹、油孔及内螺纹、手刹扳手安装孔及内螺纹等诸多部位，而内孔又涉及多个孔径以及皮套槽、T 形槽等不同形状的凹槽。因此，制动卡钳缸体的加工过程十分复杂的，涉及铣、钻、镗、铰、攻螺纹等加工方法。

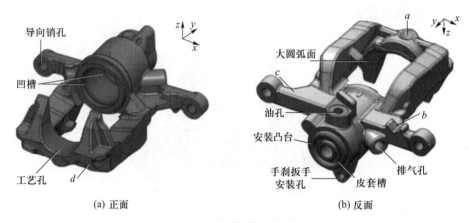

(a) 正面   (b) 反面

图 4.76　制动卡钳缸体结构

加工工艺分为两部分：第一部分工艺流程加工大圆弧面、缸体内孔及缸口、法兰面及安装孔，采用立式加工中心加工；第二部分工艺流程加工反面的平面凸台、安装孔、排气孔、油孔，采用卧式加工中心加工。

1）加工工序及工步

制动卡钳缸体加工工序分为卧式加工中心加工和立式加工中心两道工序。现以立式加工中心为例分析工艺路线：铣尾部端面→铣安装凸台→安装凸台倒角→铣皮套槽→手刹轴套安装孔预钻→轴套安装孔精铰→轴套安装孔倒角→轴套安装孔螺纹预钻→轴套安装孔攻螺纹→铣油孔端面→钻油孔端面沉孔→油孔定点→油孔预钻→油孔攻螺纹→排气孔定点→排气孔预钻→排气孔攻螺纹→钻排气孔底孔。

2）定位方案

下面介绍两种立式加工中心工序定位方案。

方案一：如图 4.77 所示，以两个小平面定位导向销孔同向端面，以一短圆柱销定位销孔内表面，另一销孔内表面采用短菱形销定位。定位元件限制自由度如表 4.4 所示。

表 4.4　立式加工中心工序定位方案一

定 位 点	两导向销孔端面	导向销孔	导向销孔
定位元件	两个小平面	短圆柱销	菱形销
限制自由度	$\vec{Y}$　$\vec{X}$　$\vec{Z}$	$\vec{X}$、$\vec{Z}$	$\vec{Y}$

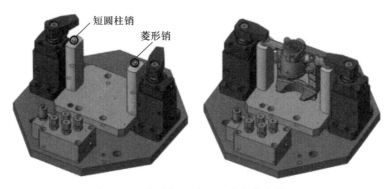

图 4.77　立式加工中心工序定位方案一

方案二：如图 4.78 所示，以两个小平面定位导向销孔同向端面，以一短圆柱销定位缸孔内表面，以一长菱形销定位一销孔内表面，定位元件限制自由度如表 4.5 所示。

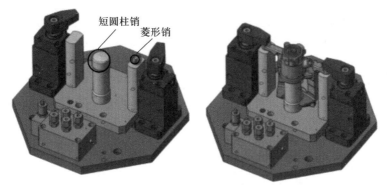

图 4.78　立式加工中心工序定位方案二

表 4.5　立式加工中心工序定位方案二

定 位 点	两导向销孔端面	缸 孔	导 向 销 孔
定位元件	两个小平面	短圆柱销	菱形销
限制自由度	$\vec{Y}$ $\vec{X}$ $\vec{Z}$	$\vec{X}$、$\vec{Z}$	$\vec{Y}$

3）定位误差分析

基准不重合误差　由于轴向尺寸仍为主要位置尺寸，两个方案中制动卡钳缸体轴向尺寸基准均为导向销同侧平面，而设计基准为基准面 d，因此无须计算即可得出两套方案基准不重合误差一致的结论。

基准位移误差　方案一中，x、z 方向的尺寸基准为导向销孔内表面，导向销孔孔径误差要求为 ±0.05 mm，即 x、y 方向的基准位移误差均为 ±0.05 mm。

方案二中，x、z 方向的尺寸基准为缸孔内表面，缸孔孔径误差要求为 +0.06 mm，即 x、y 方向的基准位移误差均为 +0.06 mm。

其他误差，由于立式加工中心的特性，制动卡钳缸体加工会受到一个向下力的作用，工件在加工过程中的受力及加工完成后的残余应力作用下会产生变形，影响加工精度。对于方案一，制动卡钳缸体定位位置分布在两侧定位销孔，中间悬空，而尾部的加工位置大多位于中间，因此会产生相对较大的变形；对于方案二，制动卡钳缸体除了两侧支承以外，中部也有一个直径较大的圆柱销，会对制动卡钳缸体的刚度有所增强，因此加工变形相对较小。立式加工中心定位方案对比如表 4.6 所示。

表 4.6　立式加工中心定位方案对比

方　　案	定位元件数量	装夹定位难度	基准不重合误差/mm	基准位移误差/mm	其 他 误 差
方案一	3	简单	相等	0.10	变形较大
方案二	3	简单		0.06	变形较小

对于立式加工中心，两套定位方案相差不大，不同点在于短销定位位置的选择不同。方案一选择了导向销孔，方案二选用了缸孔。两套方案理论上精度相差不大，但由于方案一中导向销孔较小，短销强度、刚度较小，加工中变形量大。而方案二缸孔短销较大，对于缸体的支承较为有利。考虑缸体的加工变形，方案二更佳。对于此类复杂的缸体结构，可通过少量的定位装夹次数，实现多道工序的加工。

加工中心夹具的发展方向：柔性化、精密化、标准化及智能化。传统的工装夹具适于人工上、下料，不能满足自动化的要求。简单的机器人上、下料能够完成基本的工件预定位，但最后的精确定位还需夹具完成。因此，夹具本身的自动化程度、柔性及调整时间（加工辅助时间）极大地影响了整个制造环节的效能。

目前的夹具研发向智能工装发展，即夹具的驱动从液压、气动向机电一体化方向发展，集成夹紧力控制和补偿，动态监测，可实时反馈更多的数据给机床，以实现加工过程中的机床自适应调整。零点快换夹具、随行工装、工序集成、机床夹具与机械手的复合，已经在多工序、大批量制造的发动机领域得到大量应用。

4.5.7　零点定位夹具

目前，中小批量、多品种的生产模式是制造业生产加工的主流模式。为了适应这一发展趋势，最好和最有效的办法就是对生产加工过程中的夹具系统进行改进设计。夹具在产品加工领域具有极其重要的作用，夹具系统的好坏直接关系到产品的加工质量和生产率。本节主要介绍零点定位夹具。

1. 零点定位

零点定位是一种独特的定位和锁紧方式，能保持工件从一个工位到另一个工位，一个工序到另一个工序，或一台机床到另一台机床，零点始终保持不变。这样可以节省重新找正零点的辅助时间，保证工作的连续性，提高工作效率。

零点定位技术是一种为减少机床停工时间而设计的夹具系统，基于精益制造思想，将大部分装夹外移到机床外进行，使得加工和装夹可以同时进行，多应用于批量产品的生产制造。

2. 零点定位系统

零点定位系统在生产线中扮演着重要的角色，它可以大大减少更换工装的时间，在各种金属加工中均有运用。尤其是在加工中心中，可称为"快换专家"。

零点定位系统是利用不同零点定位托板或零点定位销作为载体，将不同的产品坐标系转化为唯一坐标系，再通过机床上的标准化夹具接口，进行定位和夹紧。采用定位托板或定位销，可实现同一夹具适应不同类型的工件，其基准始终一致，零点始终保持不变。这样，不仅可以节省换装后重新找正的辅助时间，减少机床停工时间，同时通过将大部分装夹工作外移到机床外进行，使得加工和装夹同步开展，从而保证了加工的连续性，提高了加工效率。

最重要的是，它将设计基准、工艺基准和检测基准进行统一，即所有的尺寸在设计、加工和检测时都有一个可依据、可测得的原点作为基准点来计算，使整个加工过程有效化、可控化。这一特性在自动化生产线的应用过程中尤为重要，使自动加工设备能够根据不同工件的不同信息进行加工程序的选择和适配，实现工件的即时更换，体现数控加工的柔性化。零点定位系统模型及快速换装如图 4.79 所示。

(a)   (b)

图 4.79 零点定位系统模型及快速换装示意图

3. 零点定位系统组成

目前主流的零点定位系统原理有以下几种，如表 4.7 所示。不同类型的定位销的组合使用，可以补偿定位销和零点定位器件的位置公差。

表 4.7 主流零点定位系统原理

序　　号	零点定位原理
1	钢球锁紧+钢球定位
2	卡舌锁紧+短锥定位
3	夹套锁紧+夹套定位
4	弹簧片锁紧+短锥定位

零点定位系统由一套零件装夹托盘（托盘）、护板、工作台卡盘（卡盘）、（托盘与卡盘之间连接的）拉钉组成。通用零点定位卡盘有四个或多个高精度定位块，各定位块之间的位置公差保证在 ±0.001 mm 以内，托盘与卡盘的重复定位精度可达 ±0.001 mm，托盘与卡盘之间拉钉的锁紧力可达 10 000 N。零点定位系统中的卡盘固定在机床工作台上，其位置坐标值固定，加工的零件可在机床外的托盘上进行装夹、找正并记录工件坐标值。当托盘固定在工作台卡盘上之后，工件的坐标位置可直接确定，利用已有程序和刀具，即可开始加工，显著减少了

传统加工过程中使用机床进行重复找正的时间，大大提升了机床设备的开机率，同时避免了因装夹导致的零件加工误差，提高了零件的加工精度。

这种标准化的夹具接口适用于加工中心、组合机床、机械手、检验台等设备。该系统由两个基本要素组成：零点定位托板和零点定位夹具。

（1）零点定位托板

零点定位托板(夹具托板)是将零件和夹具相连的一种中间辅助工具，典型的零点定位托板(盘)如图4.80所示。通过它可以将工件不同的基准转换为托板的统一基准。托板形式和尺寸可能各不相同，但其基准统一，且具有高精度、高耐磨性、高强度等特性。

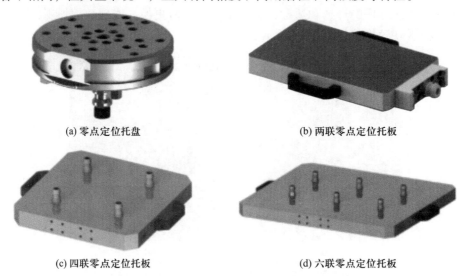

(a) 零点定位托盘   (b) 两联零点定位托板

(c) 四联零点定位托板   (d) 六联零点定位托板

图4.80 典型零点定位托板(盘)

目前常见的定位方式有以下三种：

1）定位销形式　仅利用工件的定位孔定位，将孔的基准转换到定位销上。基准面依旧使用工件本身。这种定位方式的优点是简易、快速、成本低、零件轻量化等。

2）托板形式　将工件上的基准全部转换到托板上。其优点是简易、快速，不依赖于工件形状。

3）大型托板形式　将工件紧固在大型托板上，托板不仅作为工件运输的载体，还是机床加工的基准。其优点是在无法设计出零点定位夹具时，可以继续使用传统的框架式夹具。

（2）零点定位夹具

零点定位夹具是机械制造过程用来固定零点定位托板，使之处于正确的位置，以便与托板相连的零件接受加工和检测的装置。其具有标准化、高精度和高夹紧力等特点。典型的零点定位夹具如图4.81所示。

目前主要有两种主导的定位夹紧模式：

1）楔块定位夹紧　以锥面定心，液压驱动，通过弹簧力自动锁紧。

2）滚珠定位夹紧　以定位销与夹具体内的滚珠配合，以滚珠圈轴线定心，液压驱动，自动锁紧。

（3）零点定位系统安装方式

零点定位系统根据安装的需要可以分为三种形式：法兰式，适合于直接整合到机床工作

(a) 零点定位夹具

(b) 两联零点定位夹具

(c) 四联零点定位夹具

(d) 六联零点定位夹具

图 4.81 典型零点定位夹具

台、底板和夹具；嵌入式，适合于底板、交换工作台和测量仪器；组合式，适合于柔性的安装。如图 4.82 所示。

(a) 法兰式

(b) 嵌入式

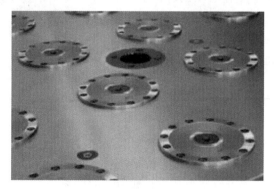

(c) 组合式

图 4.82 零点定位系统安装方式

4. 零点定位模块化夹具系统

零点定位模块化夹具系统主要由机床工作台、卡盘定位基板、带基准系统的气动卡盘、夹具托板及零点定位单元等组成，其基本结构如图4.83所示，将具有夹具标准接口的零点定位单元精确地安装到机床的工作台上，定位系统中的每个定位器的位置相对机床来说都是确定的，在安装夹具、工件，或者编写加工程序进行数控加工时可以将任何一个定位器作为基准点，这也就是所谓的"零点"，这些"零点"不会因为更换工装夹具或者更换工件而改变。

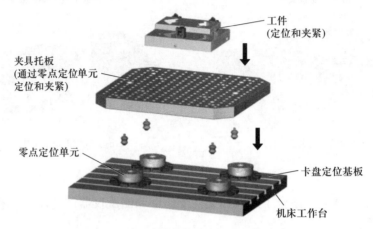

图4.83 零点定位模块化夹具系统基本结构

依据基于坐标系的空间平移原理，无须进行精度找正和工件夹紧，安装完毕后机床可以立刻进行正常机械加工，省去了传统方法的调试校正步骤，从而实现工作台外工件装夹后的位置精度关系能完整地转移到工作台上，达到工件加工时的精确定位、快速换装。根据零点定位系统的工作原理可知，将零点定位系统固定在机床工作台上，通过夹具托盘将工件(或专用夹具)与零点定位系统连接，实现快速换装，而工件的装夹压紧工作可在机外完成。夹具托盘的数量可以根据实际情况来定，而对一些可以直接加工工艺螺纹孔的工件，则不需要制造额外的托盘，可直接将零点定位系统接头安装到工件上，然后与零点定位系统连接。

零点定位模块化夹具系统的卡盘定位基板是通过T形螺母安装在加工中心工作台上的，其上安装有四个气动卡盘以便形成基准系统。为了便于使用，卡盘定位基板上设置有找正导套，内置气动管路可以实现气动卡盘的夹紧功能。卡盘定位基板的基本结构如图4.84所示。

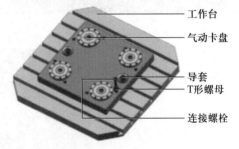

图4.84 卡盘定位基板的基本结构

5. 零点定位夹具系统实现过程

系统实现过程工件在完成离线装夹后，通过夹具上的标准接口实现与零点定位托盘的准确对接，再以固定在机床工作台上的零点定位系统为桥梁(定位系统中每个定位器的位置相对机床是确定的，其中任何一个定位器都可以作为基点，即所谓的"零点")，实现夹具托板与机床工作台的准确对接，从而完成工件基准从线下到线上以及不同设备间的快速转换，这一过程往往只需几分钟或更短时间便可完成。零点定位系统实现过程如图4.85所示。

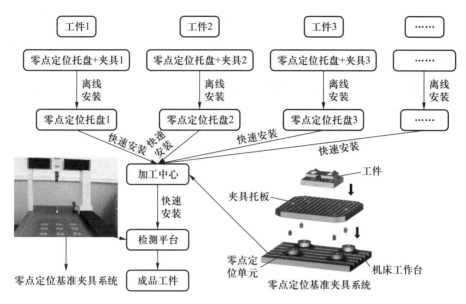

图 4.85 零点定位系统实现过程

6. 零点定位夹具应用实例

航空发动机叶片零点定位，可实现叶片夹具快速更换、不同机床之间快速切换、多种类型叶片均可使用的目的，适用于新机研制等小批量、换装频繁的生产加工，可解决机床利用率低的问题。发展高效率的快速、精确定位夹具系统已成为提升航空发动机叶片研制效率、降低成本的重要手段和趋势。

通过应用研究发现，为加工航空发动机叶片所使用的多种机床配备零点定位快换卡盘，使不同机床上的卡盘接口实现标准统一，再将专用夹具通过气动控制装置与卡盘快速精确地定位连接(图 4.86)，减少了机床辅助时间和设备故障带来的一系列生产停滞问题，可提高生产现场管理的柔性自动化程度。

零点定位快换卡盘，也可应用于三坐标数控机床上，通过配备立式、卧式 90°分度的快换卡盘(图 4.87)，可实现叶片一次装夹完成多部位集成加工。叶片装夹可在机外完成预调试安

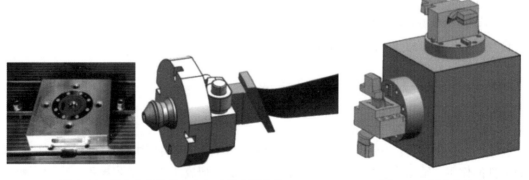

图 4.86 零点定位快换卡盘与叶片专用夹具　　图 4.87 零点定位立、卧转换卡盘使用示意图

装，按次序进行加工时，只需通过气动装置将其与卡盘锁紧连接，即可直接进入加工状态。快换装置也可用于在线检测，在三坐标测量机上安装与机床工作台上同样的卡盘，叶片加工后将夹具与叶片一起拿下，移动到三坐标测量机的卡盘上进行叶身型面及相关尺寸的检测，不占用机床的有效工作时间，如有可修复的误差，可移回到机床上直接进行尺寸修复加工。

　　自动化生产线逐渐在各生产领域中使用，但制约其发展的重要原因之一就是机床等待时间长，生产节拍不均衡。而诸如零点定位等快速定位及换装技术的大力发展及应用，保证了生产线加工的有序运行以及精密、超精密加工的加工要求。

4.6　机床夹具设计方法

4.6.1　机床夹具设计要求

　　夹具设计必须满足下列基本要求：
　　（1）保证工件加工的各项技术要求
　　要求确定合理的定位和夹紧方案，合理的刀具导向方式，合理的夹具技术要求，必要时要进行误差分析与计算。
　　（2）具有较高的生产率和较低的制造成本
　　应根据工件生产批量的大小合理选用快速高效的夹紧装置，如采用多件夹紧、联动夹紧等，缩短辅助时间。但结构应尽量简单，造价要低廉。
　　（3）尽量选用标准化零部件
　　尽量选用标准夹具元件和标准件，这样可以缩短夹具的设计制造周期，提高夹具的设计质量，降低夹具的制造成本。
　　（4）夹具操作方便安全、省力
　　为便于操作，操作手柄一般应放在右边或前面；为便于夹紧工件，操纵夹紧件的手柄或扳手在操作范围内应有足够的活动空间；为减轻工人劳动强度，在条件允许的情况下，应尽量采用气动、液压等机械化夹紧装置。
　　（5）夹具应具有良好的结构工艺性
　　设计夹具时应考虑便于制造、检验、装配、调整和维修。

4.6.2　机床夹具设计的内容及步骤

1. 明确设计要求，收集和研究有关资料

　　首先，在接到夹具设计任务书后，要仔细阅读工件的零件图和与之有关的部件装配图，了解零件的作用、结构特点和技术要求；其次，要认真研究工件的工艺规程，充分了解本工序的加工内容和加工要求，了解本工序使用的机床和刀具，研究分析夹具设计任务书上所选用的定位基准和工序尺寸。

2. 确定夹具的结构方案

1) 确定定位方案, 选择定位元件, 计算定位误差。

2) 确定对刀或导向方式, 选择对刀块或导向元件。

3) 确定夹紧方案, 选择夹紧机构。

4) 确定夹具其他组成部分的结构形式, 例如分度装置、夹具和机床的连接方式等。

5) 确定夹具体的形式和夹具的总体结构。

在确定夹具结构方案的过程中, 应提出几种不同的方案进行比较分析, 选取其中最为合理的结构方案。

3. 绘制夹具的装配草图和装配图

夹具总图绘制比例除特殊情况外, 一般均应按 1:1 绘制, 具有良好的直观性。总图的主视图, 应尽量选取与操作者正对的位置。

绘制夹具装配图可按如下顺序进行: 用双点画线画出工件的外形轮廓和定位面、加工面; 画出定位元件和导向元件; 按夹紧状态画出夹紧装置; 画出其他元件或机构; 最后画出夹具体, 把上述各组成部分连接成一体, 形成完整的夹具装配图。在夹具装配图中, 工件视为不存在, 用双点画线绘制。

4. 确定并标注有关尺寸、配合及技术要求

(1) 夹具总装配图上应标注的尺寸

1) 工件与定位元件间的联系尺寸, 例如工件基准孔与夹具定位销的配合尺寸。

2) 夹具与刀具的联系尺寸, 例如对刀块与定位元件之间的位置尺寸及公差, 钻套、镗套与定位元件之间的位置尺寸及公差。

3) 夹具与机床连接部分的尺寸。对于铣床夹具, 是指定位键与铣床工作台 T 形槽的配合尺寸及公差; 对于车、磨床夹具, 是指夹具连接到机床主轴端的连接尺寸及公差。

4) 夹具内部的联系尺寸及关键件配合尺寸, 例如定位元件间的位置尺寸、定位元件与夹具体的配合尺寸等。

5) 夹具外形轮廓尺寸。

(2) 确定夹具技术条件

在装配图上需要标出与工序尺寸精度直接有关的下列各有关夹具元件之间的相互位置精度要求:

1) 定位元件之间的相互位置要求。

2) 定位元件与连接元件(夹具以连接元件与机床相连)或找正基准面间的相互位置精度要求。

3) 对刀元件与连接元件(或找正基准面)间的相互位置精度要求。

4) 定位元件与导向元件的位置精度要求。

5. 绘制夹具零件图

绘制装配图中非标准零件的零件图, 其视图应尽可能与装配图上的位置一致。

6. 编写夹具设计说明书

思考题与习题

4.1　机床夹具由哪几部分组成？各有何作用？

4.2　为什么说夹具具有扩大机床工艺范围的作用，试举例说明。

4.3　工件安装在夹具中，凡是有六个定位支承点，即为完全定位；凡是超过六个定位支承点就是过定位；不超过六个定位支承点，就不会出现过定位。以上这些说法对吗？为什么？

4.4　不完全定位和过定位是否均不允许存在？为什么？

4.5　什么是欠定位？为什么不能采用欠定位？试举例说明。

4.6　夹紧与定位有何区别？对夹紧装置的基本要求有哪些？

4.7　设计夹紧机构时，对夹紧力的三要素有何要求？

4.8　图 4.88 所示为镗削连杆小头孔工序定位简图。定位时在连杆小头孔插入削边定位插销，夹紧后拔出菱形销，就可进行镗削加工。试分析各个定位元件所消除的自由度。

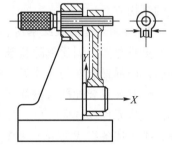

图 4.88　题 4.8 图

4.9　根据六点定位原理，试分析图 4.89 中各定位方案中各个定位元件所消除的自由度。如果属于过定位或欠定位，请指出可能出现什么不良后果，并提出改进方案。

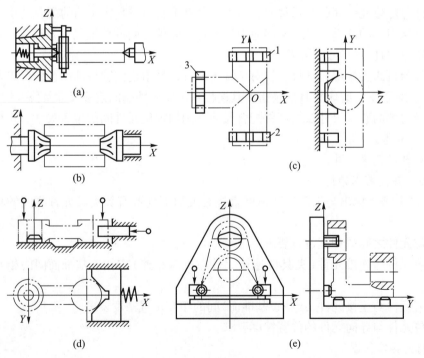

图 4.89　题 4.9 图

4.10　图 4.90a 是过球心钻一孔；图 4.90b 是加工齿轮坯两端面，要求保证尺寸 A 及两端面与孔的垂直度；图 4.90c 是在小轴上铣槽，要求保证尺寸 H 和 L；图 4.90d 是过轴心钻通孔，要求保证尺寸 L；图 4.90e 是在支座零件上加工两孔，要求保证尺寸 A 和 H。试分析图 4.90 所列加工中必须限制的自由度；选择定位基准和定位元件，在图中示意画出；确定夹紧力的作用点和方向，在图中示意画出。

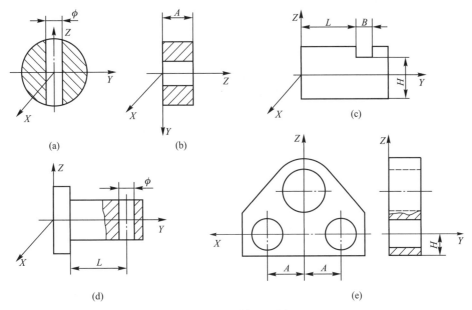

(a) (b) (c)

(d) (e)

图 4.90 题 4.10 图

4.11 在图 4.91a 所示零件上铣键槽，要求保证尺寸 54 $_{-0.14}^{0}$ mm 及对称度。现有三种定位方案，分别如图 4.91b~d 所示。已知内、外圆的同轴度误差为 0.02 mm，其余参数如图所示。试计算三种方案的定位误差，并从中选出最优方案。

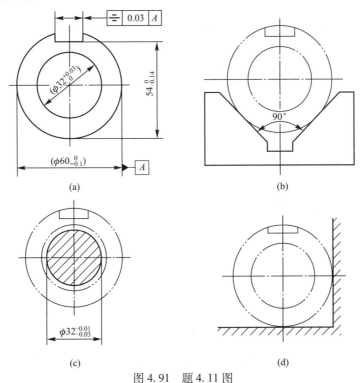

(a) (b)

(c) (d)

图 4.91 题 4.11 图

4.12 用图 4.92 所示的定位方式在阶梯轴上铣槽,V 形块的 V 形角 $\alpha=90°$。试计算加工尺寸(74 ± 0.1) mm 的定位误差。

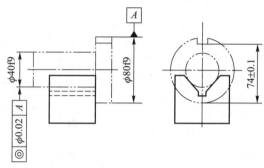

图 4.92 题 4.12 图

4.13 图 4.93a 所示为铣键槽工序的加工要求。已知轴径尺寸为 $\phi80_{-0.1}^{0}$ mm,试分别计算图 4.93b、c 两种定位方案的定位误差。

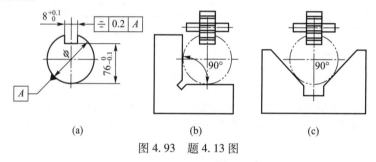

(a)   (b)   (c)

图 4.93 题 4.13 图

4.14 图 4.94 所示活塞以底面和止口定位(活塞的周向位置靠活塞销孔定位),现要镗活塞销孔,要求保证活塞销孔轴线相对于活塞轴线的对称度为 0.01 mm。已知止口与短销配合尺寸 $\phi95\dfrac{H7}{f6}$,试计算此工序针对对称度要求的定位误差。

4.15 图 4.95 所示齿轮坯的内孔和外圆已加工合格,即 $d=80_{-0.1}^{0}$ mm,$D=35_{0}^{+0.025}$ mm。现在插床上用调整法加工内键槽,要求保证尺寸 $H=38.5_{0}^{+0.2}$ mm。忽略内孔与外圆同轴度误差,试计算该定位方案能否满足加工要求。若不能满足,应如何改进?

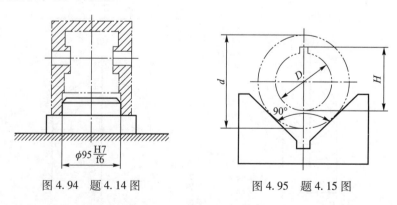

图 4.94 题 4.14 图   图 4.95 题 4.15 图

4.16 工件装夹如图 4.96 所示,欲平行于 $\phi60\pm0.01$ mm 轴线铣一平面,要求保证尺寸 $h=25\pm0.05$ mm。已知 90° V 形块所确定的标准工件($\phi60$ mm)的中心距安装面为 45 ± 0.003 mm,塞尺厚度 $S=3\pm0.002$ mm。试

计算：① 当保证对刀误差为 0.1 mm（h 公差）的三分之一时，夹具上安装对刀块的高度 H；② 工件的定位误差 Δ_{dw}。

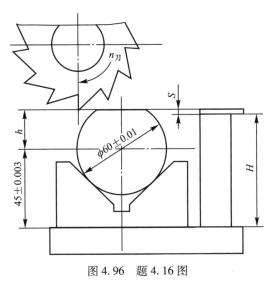

图 4.96　题 4.16 图

4.17　图 4.97b 所示为用于加工图 4.97a 所示工件两个 $\phi 8^{+0.036}_{0}$ mm 孔的钻模。试指出该钻模设计中的不当之处，并提出改进意见。

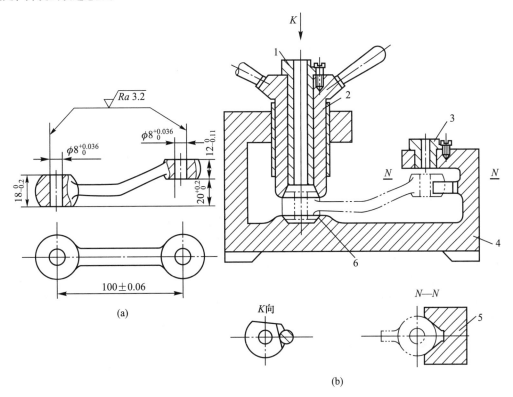

图 4.97　题 4.17 图

第 **5** 章

机械加工质量及控制

产品的质量与零件的加工质量、产品的装配质量密切相关，而零件的机械加工质量是保证产品质量的基础，它包括零件的加工精度和表面质量两个方面。零件的加工精度包括尺寸精度、几何形状精度和相互位置精度。除加工精度外，零件的机械加工质量还取决于零件表面层的质量。机械加工后的零件表面不是理想的光滑表面，存在着不同程度的表面粗糙度、冷硬、裂纹等表面缺陷。虽然只有极薄的一层(几微米至几十微米)，但都错综复杂地影响着机械零件的精度、耐磨性、配合精度、耐蚀性和疲劳强度等，从而影响产品的使用性能和寿命，必须加以足够的重视。

5.1 机械加工精度概述

5.1.1 加工精度与加工误差

加工精度是指零件的实际几何参数(尺寸、几何形状以及各表面的相互位置等)与理想几何参数的符合程度。符合程度越高，加工精度就越高。实际加工时不可能把零件做得与理想零件完全一致，总会有一定的偏差，即所谓加工误差。

加工误差是指零件加工后的实际几何参数对理想几何参数的偏离程度，所以加工误差的大小反映了加工精度的高低，在满足机器使用性能要求的前提下，零件存在一定的加工误差是允许的，只要这些误差在规定的范围内，就认为是保证了加工精度要求。

加工精度和加工误差是从两个不同的角度来评定零件几何参数的同一事物，加工精度的低和高是通过允许加工误差大小来表示的。研究加工精度的目的就是研究如何将各种误差控制在允许的范围内，弄清楚各种因素对加工精度的影响规律，从而找出减小加工误差、提高加工精度的途径和针对性的措施。

5.1.2 加工经济精度

加工过程中，影响精度的因素很多。每种加工方法在不同的工作条件下所能达到的精度会有所不同。任何一种加工方法，只要精心操作，细心调整，并选用合适的切削参数进行加工，都能使加工精度得到较大的提高。一般来说，加工精度和加工成本成正比关系，用同一种加工方法，如欲获得较高的加工精度，成本就要提高。

加工经济精度是指在正常的加工条件(包括采用符合质量标准的设备、工艺装备、标准技术等级的工人以及不延长加工时间)下所能保证的加工精度。若延长加工时间，就会增加成本，虽然精度能提高，但不经济。

5.1.3　获得加工精度的方法

零件的加工精度包括尺寸精度、形状精度和位置精度。

1. 获得尺寸精度的方法

机械加工中获得尺寸精度的方法有试切法、定尺寸刀具法、调整法及自动控制法四种。

(1) 试切法

试切法就是通过试切—测量—调整—再试切的反复过程来获得尺寸精度的方法。这种方法的效率较低，同时要求操作者有较高的技术水平。常用在单件及小批量生产中。

(2) 定尺寸刀具法

用具有一定尺寸精度的刀具加工，使加工表面得到所要求的尺寸精度的方法。例如钻孔、扩孔、铰孔，拉孔和攻丝等，加工精度与刀具本身的制造精度关系很大。

(3) 调整法

按零件规定的尺寸要求预先调整好刀具和工件在机床上的相对位置，并在一批零件的加工过程中保持这个位置不变，以保证每个零件的尺寸相同的方法。这种方法被广泛应用在各类半自动机床、自动机床和自动线上，适用于成批及大量生产。通常通过定程装置、对刀装置或预先调整好刀架的精度，来保证一批零件的尺寸加工精度。调整法比试切法加工精度的稳定性好，生产率高。零件的加工精度在很大程度上取决于调整的精度。

(4) 自动控制法

用测量装置、进给装置和控制系统等组成一个自动控制加工系统，使加工过程中的尺寸测量、刀具补偿调整和切削加工等一系列工作自动完成来获得零件尺寸精度的方法称为自动控制法。例如，在轴承圈磨削自动线中，用无心外圆磨床粗、精磨轴承圈外圆时，待加工零件经送料装置自动进入磨削区磨削，已磨过的零件通过出口处的测量装置进行尺寸测量。当砂轮磨损而使零件尺寸增大到某一数值时，测量装置立即发出补偿信号，使进给装置进行微量补偿进给；同时，砂轮修整器自动修整砂轮(在修整器往复次数达到预定次数后，进给装置使磨头架进行相应的补偿进给)。整个工件循环都是自动进行的，工件尺寸精度稳定，加工效率高。

随着数控机床的应用和发展，通过自动控制法获得规定的零件尺寸精度更为方便。自动控制法适用于零件加工精度要求较高，形状比较复杂的单件、小批量和中批量生产。

2. 获得形状精度的方法

(1) 轨迹法

依靠刀具刀尖与工件的相对运动轨迹形成被加工表面形状的方法。这种加工方法所能达到的精度主要取决于成形运动的精度。

(2) 仿形法

利用成形刀具切削刃的几何形状切出被加工表面形状的方法。这种加工方法所能达到的精度主要取决于成形刀具的形状精度和刀具的装夹精度。

(3) 展成法

利用刀具和工件作展成切削运动，切削刃在被加工表面上的包络面形成表面形状的方法。这种加工方法所能达到的精度主要取决于展成运动的传动链精度和刀具的制造精度。

3. 获得位置精度的方法

零件加工表面的位置精度主要与工件的装夹方式（见 4.2.1 节）和加工方法有关。当需要多次装夹加工时，零件加工表面的位置精度由工件在夹具上的安装精度来保证。如果工件一次装夹加工多个表面时，各表面的位置精度则由机床精度来保证。例如，在车床上车削工件端面，其端面与轴线的垂直度决定于横向溜板进给方向与主轴轴线的垂直度。又如在平面上钻孔，孔的轴线对于平面的垂直度决定于钻头进给方向与工作台（或夹具定位面）的垂直度。

零件的尺寸、形状及位置这三项精度指标是相互紧密联系的。例如，为保证轴颈的尺寸精度，则该轴颈的圆柱度形状误差不应超出直径尺寸公差。一般形状误差应控制在相应的尺寸公差的 1/3~1/2 之内。对于特殊用途的零件，某些表面的形状精度可能有更高的要求。

为了满足零件的精度要求，必须分析研究加工过程中影响精度的误差因素。

5.1.4 原始误差

由机床、夹具、刀具和工件组成的机械加工工艺系统（简称为工艺系统）会有各种各样的误差产生，这些误差在不同的工作条件下，会以不同的程度反映为工件的加工误差，因而工艺系统的误差是工件产生加工误差的根源。工艺系统的各种误差称为原始误差。

以活塞销孔精镗工序为例，在加工中以止口定位、顶部夹紧，通过分析可能影响工件和刀具间相互位置的各种因素，得到该工序中的原始误差如图 5.1 所示，主要包括：

（1）装夹误差　活塞以止口部分装夹到机床溜板上的定位凸台上面，在活塞顶部用手动螺杆夹紧。此时就产生了设计基准（顶面）与定位基准（止口端面）不重合而引起的定位误差，还存在由于夹紧力过大而引起的夹紧误差。这两项原始误差统称为装夹误差。

（2）调整误差　包括在装夹工件前后对机床部件的调整、传动链的调整和夹具在机床上位置的调整以及对刀等产生的误差。调整的作用是使工件和切削刃之间保持正确的相对位置。每当更换一种型号的活塞时，都需要对夹具、刀具、量具进行调换和调整，这时就产生了调整误差；另外机床、刀具、夹具本身的制造误差在加工前就已经存在了。调整误差为工艺系统的静误差。

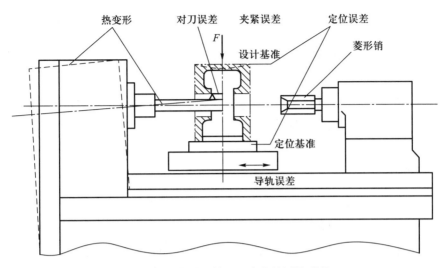

图 5.1 活塞销孔精镗工序中的原始误差

（3）加工误差　由于加工过程中产生切削力、切削热、摩擦等因素，工艺系统就产生了受力变形、热变形、刀具磨损等原始误差，影响了已调整好的工件、刀具间的相对位置，从而引起了工件的各种加工误差。这类在加工过程中产生的原始误差为工艺系统的动误差。有些工件在毛坯制造（铸、锻、焊、轧制）和切削加工的力和热的作用下会产生内应力，引起了工件变形。这类原始误差也属于动误差。

（4）测量误差　销孔中心线到顶面的距离是通过测量而得到的，因此测量方法和量具本身的误差自然会影响测量值，这被称为测量误差。

（5）原理误差　在某些表面的加工中，加工面的形成原理中就存在着误差，称为原理误差。

综上所述，原始误差主要有工艺系统的几何误差、工艺系统受力变形引起的误差、工艺系统热变形引起的误差、工件残余应力引起的误差等。如图 5.2 所示。数控加工时还有伺服进给系统位移误差。

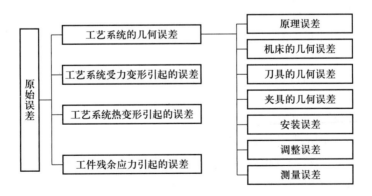

图 5.2 工艺系统的原始误差

5.2 工艺系统的几何误差

工艺系统的几何误差包括加工方法的原理误差，机床、刀具、夹具的几何误差和磨损，机床、刀具、夹具和工件的调整、安装及测量误差等。

5.2.1 原理误差

原理误差是指由于采用了近似的加工方法、近似的成形运动或近似的刀具轮廓而产生的误差。例如，用齿轮滚刀加工渐开线齿轮时应用展成法原理，由于滚刀切削刃数有限，切削是不连续的，因而滚切出的齿轮齿形不是光滑的渐开线，而是折线，如图 5.3 所示。再如，用外圆车刀加工外圆柱面，加工后并不是光滑的圆柱面，而是螺旋面。又如，用成形刀具加工复杂的表面时，要使刀具刃口完全符合理论曲线的轮廓有时非常困难，为了简化刀具的设计

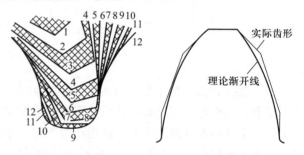

图 5.3 用展成法加工齿轮时的齿形误差

和制造，往往采用圆弧、直线等比较简单的近似线形来代替复杂的曲线，从而产生了原理误差。

此外，在车削模数蜗杆选择配换齿轮时，由于采用了一些近似计算，从而引起刀具与工件之间相对成形运动的不准确，这也属于原理误差。在一些情况下，若按原理上准确的成形运动或准确的刀刃轮廓制造零件，将会使设备和刀具的结构非常复杂，给生产带来很大困难。因而采用近似的成形运动和刀具刃形，不但可以简化机床或刀具的结构，而且能够提高生产率和加工的经济效益。

5.2.2 机床的几何误差

机床的几何误差主要由机床主轴回转误差、机床导轨误差及机床传动链误差组成。

1. 机床主轴回转误差

（1）机床主轴回转误差的概念及其影响因素

机床主轴工作时，理论上其回转轴线在空间的位置应当稳定不变，而实际上由于各种因素的影响，主轴的实际回转轴线相对其理想回转轴线（一般用其平均回转轴线来代替）产生偏移，这个偏移量就是主轴的回转误差。

主轴回转误差可分为三种基本形式（图 5.4）：纯轴向窜动、纯径向跳动和纯角度摆动。纯轴向窜动是指主轴实际回转轴线沿其平均回转轴线方向的轴向运动。纯径向跳动指主轴实际回转轴线始终平行于其平均回转轴线方向的径向运动。纯角度摆动指主轴实际回转

轴线与其平均回转轴线成一倾斜角度,但其交点位置固定不变的运动。实际上主轴回转误差是上述三种形式误差的合成。由于主轴实际回转轴线在空间的位置是在不断变化的,所以上述三种运动所产生的位移(即误差)是一个瞬时值。

实践和理论分析表明,当机床主轴采用滑动轴承时,影响主轴回转精度的主要因素有轴承孔和轴颈表面的圆度误差(图5.5);当机床主轴采用滚动轴承时,影响主轴回转精度的主要因素有滚动轴承内、外滚道的圆度误差、内环的壁厚误差、内环滚道的波度误差以及滚动体的圆度和尺寸误差(图5.6)。此外轴承间隙以及切削过程中的受力变形、轴承定位端面与轴线垂直度误差、轴承端面之间的平行度误差、锁紧螺母的端面跳动以及主轴轴颈和箱体孔的形状误差等,都会降低主轴的回转精度。

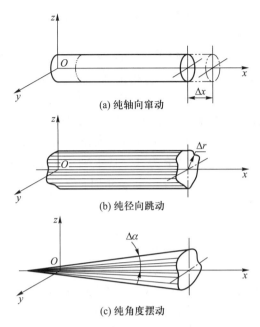

(a) 纯轴向窜动

(b) 纯径向跳动

(c) 纯角度摆动

图 5.4 主轴回转误差的基本形式

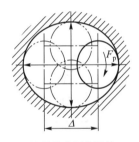 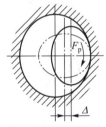 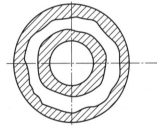 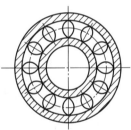

(a) 轴承孔圆度误差　(b) 主轴轴颈圆度误差

图 5.5 采用滑动轴承时影响主轴回转精度的因素

(a) 内、外环滚道的几何误差　(b) 滚动体的圆度和尺寸误差

图 5.6 采用滚动轴承时影响主轴回转精度的因素

(2) 机床主轴回转误差对加工精度的影响

机床主轴回转误差对加工精度的影响,取决于不同截面内主轴瞬时回转中心相对刀尖位置的变化情况。这种位置的变化造成工件表面产生加工误差。

若主轴回转误差使刀具在与工件的接触点产生法向 Δy 的相对位移(即原始误差)(图5.7a),则工件的加工误差为

$$\Delta R = \Delta y$$

而在切向产生 Δz 的相对位移时(图5.7b),产生的加工误差为

$$\Delta R = \Delta z^2 / 2R$$

设 $\Delta z = \Delta y = 0.01$ mm, $R = 50$ mm,则由于法向原始误差而产生的加工误差 $\Delta R =$

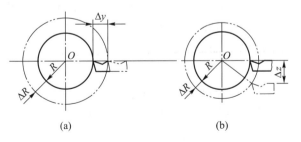

图 5.7 刀具相对工件在不同方向的位移量对加工精度的影响

0.01 mm，由于切向原始误差产生的加工 $\Delta R \approx 0.000\ 001$ mm，相对于 R 值，这些值可以忽略不计。

一般把原始误差对加工精度影响最大的那个方向（即通过刀刃的加工表面的法线方向）称为误差敏感方向。分析主轴回转误差对加工精度的影响时，应着重分析在误差敏感方向产生的影响。对刀具回转类机床，加工时误差敏感方向和切削力方向随主轴回转而不断变化。下面以在镗床上镗孔为例说明主轴回转误差对加工精度的影响（图5.8）。

假设由于主轴的纯径向跳动而使轴线在 y 坐标方向作简谐运动，其频率与主轴转速相同，简谐幅值为 A；且主轴中心偏移最大（等于 A）时，镗刀尖正好通过水平位置 1 处。当镗刀转过一个 φ 角时（位置 $1'$），刀尖轨迹的水平分量和垂直分量分别计算得

$$y = A\cos\varphi + R\cos\varphi = (A+R)\cos\varphi$$
$$z = R\sin\varphi$$

将以上两式平方相加得

$$y^2/(A+R)^2 + z^2/R^2 = 1$$

上式是个椭圆方程式，表明此时镗出的孔为椭圆形，如图5.8中的双点画线所示。

对工件回转类机床，加工时误差敏感方向和切削力方向均保持不变。下面以在车床上车削外圆为例来说明主轴回转误差对加工精度的影响（图5.9）。

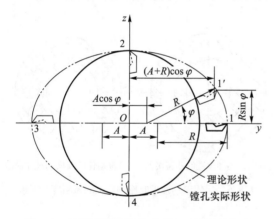

图5.8　镗孔时纯径向跳动对加工精度的影响

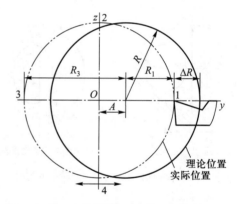

图5.9　车削时纯径向跳动对加工精度的影响

假设主轴轴线沿 y 轴作简谐运动，在工件的 1 处（主轴中心偏移最大之处）切出的半径比在工件的 2、4 处切出的半径小一个幅值 A；在工件的 3 处切出的半径比在工件的 2、4 处切出的半径大一个幅值 A。这样，上述四点工件的直径都相等，其他各点直径误差也很小，所以车削出的工件表面接近于一个正圆。由此可见，主轴的纯径向跳动对车削加工工件的圆度影响很小。

主轴的纯轴向窜动对内、外圆的加工精度没有影响，但加工端面时会使端面与内、外圆轴线产生垂直度误差。主轴每转一周沿轴向窜动一次，还会使端面产生平面度误差（图5.10）。当加工螺纹时，主轴的纯轴向窜动会产生螺距（导程）误差。

主轴纯角度摆动对加工精度的影响取决于不同的加工形式。车削加工时，工件每一横截面内的圆度误差很小，但轴平面有圆柱度误差（锥度）。镗孔时，主轴的纯角度摆动使主轴回

转轴线与工作台导轨不平行，使镗出的孔呈椭圆形，如图 5.11 所示。

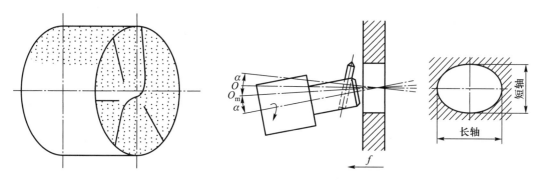

图 5.10　主轴纯轴向窜动对端　　　　　图 5.11　主轴纯角度摆动对镗孔精度的影响
面加工精度的影响

对于不同的加工方法，主轴回转误差所引起的加工误差也不同，见表 5.1。

表 5.1　机床主轴回转误差产生的加工误差

主轴回转误差的基本形式	车床上车削			镗床上镗削	
	内、外圆	端面	螺纹	孔	端面
纯径向跳动	影响极小	无影响		圆度误差	无影响
纯轴向窜动	无影响	平面度误差 垂直度误差	螺距误差	无影响	平面度误差 垂直度误差
纯角度摆动	圆柱度误差	影响极小	螺距误差	圆柱度误差	平面度误差

（3）提高主轴回转精度的措施

1）提高主轴的轴承精度。轴承是影响主轴回转精度的关键部件，对精密机床宜采用精密滚动轴承、多油楔动压和静压滑动轴承。

2）减少机床主轴回转误差对加工精度的影响。如在外圆磨削加工中采用固定顶尖，由于前、后顶尖都是不转的，避免了主轴回转误差对加工精度的影响。采用高精度镗模镗孔时，可使镗杆与机床主轴浮动连接，使加工精度不受机床主轴回转误差的影响。

3）对滚动轴承进行预紧，以消除间隙。

4）提高主轴箱箱体支承孔、主轴轴颈和与轴承相配合零件表面的加工精度。

2. 机床导轨误差

机床导轨是机床中确定某些主要部件相对位置的基准，也是某些主要部件的运动基准。机床导轨在水平面内的直线度、在垂直面内的直线度以及前后导轨的平行度(是否扭曲)是影响工件加工精度的主要因素。现以卧式车床为例，说明机床导轨误差是怎样影响工件的加工精度的。

（1）机床导轨在水平面内直线度误差的影响

机床导轨在水平面内如果有直线度误差，则在纵向切削过程中刀尖的运动轨迹相对于机床主轴轴线不能保持平行，使工件在纵向截面和横向截面内分别产生形状误差和尺寸误差。

当导轨向后凸出时，工件上将产生鞍形加工误差；当导轨向前凸出时，工件上将产生鼓形加工误差(图 5.12)。当导轨在水平面内的直线度误差为 Δy 时，引起工件的径向误差 $\Delta R = \Delta y$。在车削较短工件时，该直线度误差影响较小，若车削长轴，这一误差将明显地反映到工件上。

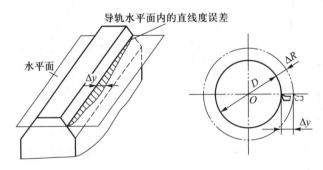

图 5.12　机床导轨水平面内直线度误差的影响

（2）机床导轨在铅垂面内直线度误差的影响

如图 5.13 所示，机床导轨在铅垂面内的直线度误差会引起刀尖产生切向位移 Δz，造成工件在径向产生的误差为 $\Delta R \approx \Delta z^2/d$，由于 Δz^2 数值很小，因此对工件的尺寸精度和形状精度影响很小。但对于平面磨床、龙门刨床及铣床等，导轨在铅垂面内的直线度误差会引起工件相对于砂轮(刀具)产生法向位移，其误差将直接反映到被加工工件上，造成工件的形状误差(图 5.14)。

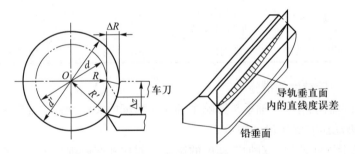

图 5.13　导轨在铅垂面内的直线度误差

（3）前、后导轨平行度误差的影响

床身前、后导轨有平行度误差(扭曲)时，会使车床滑板沿床身移动时发生偏斜，导致刀尖相对工件产生偏移，使工件产生形状误差(鼓形、鞍形、锥度)。从图 5.15 可知，车床前、后导轨扭曲产生的平行度误差 Δ 最终反映在工件上，于是产生了工件的加工误差 Δy。从几何关系中可得出

$$\Delta y \approx H\Delta/B$$

一般车床 $H \approx 2B/3$，外圆磨床 $H \approx B$，因此该原始误差 Δ 对加工精度的影响很大。

机床的安装以及在使用过程中，导轨的不均匀磨损对导轨的精度影响也很大。尤其是龙门刨床、导轨磨床等，因床身较长，刚性差，在自重的作用下容易产生变形，若安装不正确或地基不实，都会使导轨产生较大的变形，从而影响工件的加工精度。

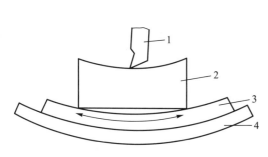

1—刨刀；2—工件；3—工作台；4—床身导轨

图 5.14 龙门刨床导轨铅垂面内直线度误差的影响

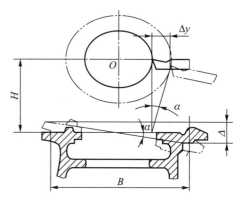

图 5.15 车床导轨扭曲对工件
形状精度的影响

3. 机床传动链误差

在车螺纹、插齿、滚齿等加工时，刀具与工件之间有严格的传动比要求。要满足这一要求，机床传动链的误差必须控制在允许的范围内。传动链误差是指传动链始末两端执行元件间相对运动的误差。它的精度由组成传动链的所有传动元件的传动精度来保证。传动链误差会影响车、磨、铣螺纹，滚、插、磨(展成法磨齿)齿轮等加工的分度精度，造成加工表面的形状误差，如螺距误差、齿距误差等。

通过对传动链误差的分析可知，要提高机床传动链的精度一般可采取以下措施：

1) 尽量缩短传动链，传动件的数量越少传动精度越高。

2) 提高传动件的制造和安装精度，尤其是末端传动件的精度。因为它的原始误差对加工精度的影响要比传动链中其他传动件的影响大。例如滚齿机工作台部件中作为末端传动件的分度蜗轮，其精度等级应比传动链中其他齿轮高 1~2 级。

3) 尽可能采用降速运动。因为传动件在同样原始误差的情况下，采用降速运动时，其对加工误差的影响较小。速度降得越多，对加工误差的影响越小。

4) 消除传动链中齿轮副的间隙。

5) 采用误差校正机构(校正尺、偏心齿轮、行星校正机构、数控校正装置、激光校正装置等)对传动误差进行补偿，如精密丝杠车床、万能螺纹磨床中常采用误差校正机构。

5.2.3 工艺系统其他几何误差

1. 刀具误差

不同的刀具误差对工件加工精度的影响情况不一样，机械加工中常用的刀具有一般刀具、定尺寸刀具、成形刀具以及展成法刀具。

(1) 一般刀具(如普通车刀、单刃镗刀和面铣刀等)的制造误差对加工精度没有直接影响。但磨损后对工件尺寸或形状精度有一定影响。

(2) 定尺寸刀具(如钻头、铰刀、圆孔拉刀等)的尺寸误差直接影响被加工工件的尺寸精度。刀具的安装和使用不当，也会影响加工精度。

（3）成形刀具（如成形车刀、成形铣刀、盘形齿轮铣刀等）的误差主要影响被加工面的形状精度。

（4）展成法刀具（如齿轮滚刀、插齿刀等）加工齿轮时，刀刃的几何形状及有关尺寸精度会直接影响齿轮的加工精度。

2. 夹具误差和工件安装误差

夹具的制造误差一般指定位元件、导向元件及夹具体等零件的加工和装配误差。这些误差对零件的加工精度影响较大。

工件的安装误差包括定位误差和夹紧误差，已在第 4 章讲述。

3. 测量误差

工件在加工过程中，要进行各种检验、测量，以便调整机床；工件加工后要用测得的结果来评定加工精度。造成测量误差的因素有以下四个方面：

（1）测量方法和测量仪器误差

量具、量仪及测量方法都不可能绝对准确，它们的误差约占被测量零件的 10% ~ 30%，对于高精度的零件可占 30% ~ 50%。可见，这类误差对加工精度的影响还是比较大的。

（2）测量力引起的变形误差

测量时的接触力会使测量仪器本身或被测零件变形，造成测量误差，特别在精密测量时，测量力必须恒定。

（3）测量环境的影响

测量时对环境的温度、洁净度都必须进行控制，精密测量应在恒温室及洁净的空间进行。

（4）读数误差

目测正确程度和主观读数误差等都会直接反映到测量误差上。

4. 调整误差

机床调整对保证加工精度极为重要，有时调整误差是造成废品的主要原因。为了获得被加工表面的尺寸、形状及位置精度，要对机床、夹具和刀具进行调整。任何调整工作都会带来一定的误差，这种原始误差称为调整误差。调整误差的大小取决于调整方法和调整工人的技术水平。不同的调整方法，误差的来源也不同。

（1）试切法调整

试切法调整就是对工件进行试切—测量—调整—再试切，直至达到精度要求的机床调整方法。试切法调整误差与下列因素有关：

1）测量误差　量具本身的误差、测量方法及测量操作的误差等都会影响调整精度，因而产生加工误差。

2）微进给机构引起的位移误差　在用低速微量进给试切时，常会出现进给机构的"爬行"现象，使刀具的实际进给量比手轮转动的刻度值偏大或偏小，从而造成加工误差。

3）最小切削厚度的影响　刀具所能切掉的最小切削厚度应该大于切削刃钝圆的半径，即 $h_{Dmin} > r_n$。但是在精加工试切时常有 $h_{Dmin} < r_n$，从而产生了切削刃的打滑和挤压，使该切除的金属层没有切除掉。这时如果测得的尺寸已经合格，则进行正式切削后未试切部分的尺寸将小于试切部分的尺寸（图 5.16）。

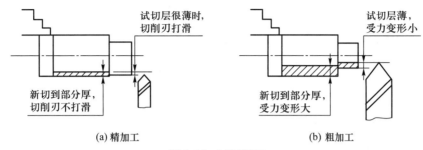

(a) 精加工   (b) 粗加工

图 5.16 试切调整

（2）调整法调整

调整法就是在正式加工之前由调整工人按工艺要求调整好机床，并按要求的工序尺寸确定好工件加工表面和刀具的相对位置，然后对一批工件进行加工。在加工过程中，通过抽检工件，监视工艺系统是否仍能保证加工精度，以决定是否要重新进行调整。

在大批大量生产中广泛应用行程挡块、行程开关、靠模、凸轮等定程机构保证加工精度。调整时，这些机构的制造误差、安装误差、磨损以及电、液、气动控制元件的工作性能是影响加工精度的主要因素。若采用样件、样板、对刀块、导套等调整时，它们的制造、安装误差、磨损以及调整时的测量误差就成了调整误差的主要因素。

5.3 工艺系统受力变形引起的误差

5.3.1 工艺系统受力变形现象

工艺系统在切削力、夹紧力、传动力、惯性力、重力等多种外力的作用下，会产生相应的弹性变形和塑性变形。这种变形将破坏刀具与工件之间的正确位置关系，使工件产生加工误差。例如车削细长轴时（图 5.17），在背向力的作用下工件因弹性变形而产生"让刀"现象。刀具在工件全长上的背吃刀量先由多变少，再由少变多，使工件加工后产生腰鼓形的圆柱度误差。又如在内圆磨床上用切入式磨孔时，由于内圆磨头主轴的弹性变形，使磨出的孔出现锥度误差（图 5.18）。由此看来，为了保证和提高工件的加工精度，就必须深入研究并控制以至消除工艺系统及其有关组成部分的变形。

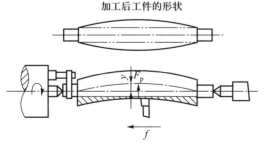

图 5.17 车削细长轴时的变形

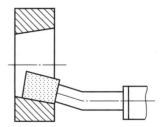

图 5.18 切入式磨孔时磨杆的变形

切削加工中，工艺系统各部分在各种外力作用下，将在各个受力方向产生相应的变形。其中以研究误差敏感方向的力和变形更有意义。

垂直作用于工作平面（P_{fe}）的背向力 F_p 与工艺系统在该方向上的变形 y_{xt} 的比值称为工艺系统的刚度，即

$$k_{xt} = F_p / y_{xt}$$

变形 y_{xt} 是总切削力的三个分力 F_c、F_p、F_f 综合作用的结果。因此有可能出现变形方向与 F_p 方向不一致的情况，若 F_p 与 y_{xt} 方向相反，工艺系统就处于负刚度状态。如图 5.19 所示，刀架系统在力 F_p 的作用下引起同向变形 y（图 5.19a）；而在力 F_c 的作用下引起的变形 y 与 F_p 方向相反（图 5.19b），这时工艺系统就出现负刚度。

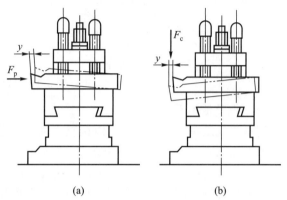

图 5.19 车削加工中的负刚度现象

负刚度现象对加工质量是不利的，此时车刀的刀尖将扎入工件的外圆表面（扎刀），引起刀具的破损和振动，应尽量避免。

5.3.2 机床部件的刚度及其特点

机床结构复杂，组成的零部件多，各零部件之间有不同的连接和运动方式，因此机床部件的刚度问题比较复杂，它的计算至今还没有合适的方法，需要通过实验来测定。图 5.20 是单向加载时车床刚度测定示意图，车床两顶尖间安装一根刚性很好的心轴 1，在刀架上安装一个螺旋加力器 5，在加力器和心轴之间安装一测力环 4。转动加力器的加力螺钉，刀架与心轴之间便产生了作用力，力的大小由测力环中的千分表读出。作用力的一部分传到刀架上，另一部分经过心轴传到前、后顶尖上。若加力器位于轴的中点，则主轴部件和尾座各受到一半的作用力，刀架则受到全部作用力的作用。主轴部件、尾座及刀架的变形可分别从千分表 2、3 和 6 读出。用这种方法测得的 y 方向位移是由背向力 F_p 引起的变形。图 5.21 是以 F_p 为纵坐标方向，刀架变形 y_{dj} 为横坐标方向的某车床刀架部件的刚度实测曲线。实验中进行了三次加载—卸载循环，图中曲线有下列特征：

1）背向力 F_p 与刀架变形 y_{dj} 不是线性关系。

2）加载曲线与卸载曲线不重合。

3）加载曲线与卸载曲线不封闭（卸载后由于存在残余变形，曲线回不到原点）。

之所以有这些特征，是因为机床部件的刚度除与本身的结构及材料性能有关外，还受以下因素影响。

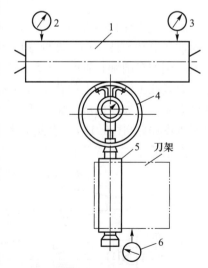

1—心轴；2、3、6—千分表；
4—测力环；5—螺旋加力器

图 5.20 单向静载测定车床刚度

1. 连接表面间的接触变形

由于零件表面的几何形状误差和表面粗糙度,当两个零件表面接触时总是凸峰处先接触,
实际接触面积很小,接触处的接触应力很大,相应就会产生较大的接触变形。这种接触变形既有表面的弹性变形,也有局部的塑性变形,从而使得刚度曲线不呈直线,且回不到原点。

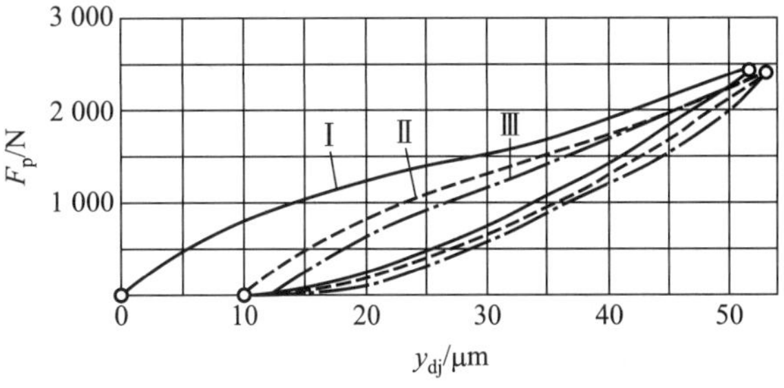

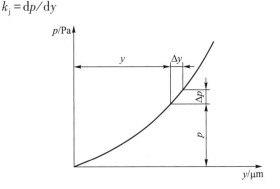

I——一次加载;II—二次加载;III—三次加载

图 5.21 车床刀架部件的刚度曲线

2. 接合面间摩擦力的影响

由于加载时摩擦力阻碍变形的发生,卸载时阻碍变形的恢复,使得加载曲线与卸载曲线不重合。

3. 接合面间的间隙

接合面间存在间隙时,在较小的力作用下就会产生较大的位移,表现为刚度很低。间隙消除后,接合面才真正接触,产生弹性变形,表现为刚度高。因间隙而引起的位移在卸载后不能恢复,特别是作用力方向变化时,间隙引起的位移会严重影响刀具和工件间的正确位置。

4. 部件中个别薄弱零件的影响

部件中有刚度很低的零件时,受力后会产生较大的变形。如滑板部件中的楔铁(图 5.22),结构细而长,若与导轨配合不好,容易产生较大变形,使得整个滑板部件刚度降低。

由以上情况可知,影响机床部件刚度的因素很复杂,同一机床部件的刚度也不是一个恒定的数值。实验研究表明,两个接触表面间受力的作用时,两表面的接触变形 y 是表面压强 p 的递增函数(图 5.23)。因此,机床部件接合表面间的刚度可用接触刚度来表示,接触刚度 k_j 为压强的微分 $\mathrm{d}p$ 与位移的微分 $\mathrm{d}y$ 的比值,即

$$k_j = \mathrm{d}p/\mathrm{d}y$$

图 5.22 滑板部件中的楔铁

图 5.23 表面接触变形与压强的关系

5.3.3 工艺系统的刚度

工艺系统的刚度是指整个系统在外力作用下抵抗变形的能力。它是由组成工艺系统各部件的刚度决定的。工艺系统的总变形量为

$$y_{xt} = y_{jc} + y_{dj} + y_{jj} + y_{gj}$$

各部件的刚度为

$$k_{xt} = \frac{F_p}{y_{xt}}, \quad k_{jc} = \frac{F_p}{y_{jc}}, \quad k_{dj} = \frac{F_p}{y_{dj}}, \quad k_{jj} = \frac{F_p}{y_{jj}}, \quad k_{gj} = \frac{F_p}{y_{gj}}$$

式中　y_{xt}——工艺系统总变形, mm;

　　　k_{xt}——工艺系统总刚度, N/mm;

　　　y_{jc}——机床变形量, mm;

　　　k_{jc}——机床刚度, N/mm;

　　　y_{jj}——夹具的变形量, mm;

　　　k_{jj}——夹具的刚度, N/mm;

　　　y_{dj}——刀架的变形量, mm;

　　　k_{dj}——刀架的刚度, N/mm;

　　　y_{gj}——工件的变形量, mm;

　　　k_{gj}——工件的刚度, N/mm。

工艺系统刚度的计算式为

$$k_{xt} = \frac{1}{\dfrac{1}{k_{jc}} + \dfrac{1}{k_{jj}} + \dfrac{1}{k_{dj}} + \dfrac{1}{k_{gj}}} \tag{5.1}$$

若已知工艺系统各组成部分的刚度, 就可以求出工艺系统的刚度。

5.3.4　工艺系统受力变形对加工精度的影响

1. 背向力作用点位置变化引起的加工误差

在车床两顶尖间车削一细长轴, 如图 5.24 所示。此时机床、夹具和刀具的刚度都较高, 产生的变形忽略不计。而工件细长, 刚度很低, 工艺系统的变形完全取决于工件的变形。

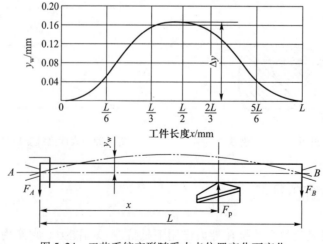

图 5.24　工艺系统变形随受力点位置变化而变化

图 5.24 所示的受力图可以抽象为一简支梁受一铅垂集中力作用的力学模型。根据材料力学的挠度计算公式，切削点处工件的变形量为

$$y_{\text{w}} = \frac{F_{\text{p}}}{3EI} \frac{(L-x)^2 x^2}{L} \tag{5.2}$$

从上式的计算结果和车削的实际情况都可证实，切削后的工件呈鼓形，其最大直径在通过轴线中点的横截面内。

若车削一短而粗（刚度很大）的光轴时，通过推证可知工艺系统在工件切削点处的变形量为

$$y_{\text{xt}} = F_{\text{p}} \left[\frac{1}{k_{\text{dj}}} + \frac{1}{k_{\text{zz}}} \left(\frac{L-x}{L} \right)^2 + \frac{1}{k_{\text{wz}}} \left(\frac{x}{L} \right)^2 \right] \tag{5.3}$$

综合上述两种情况，工艺系统的总变形量为式（5.2）和式（5.3）的叠加，即

$$y_{\text{xt}} = F_{\text{p}} \left[\frac{1}{k_{\text{dj}}} + \frac{1}{k_{\text{zz}}} \left(\frac{L-x}{L} \right)^2 + \frac{1}{k_{\text{wz}}} \left(\frac{x}{L} \right)^2 + \frac{(L-x)^2 x^2}{3EIL} \right] \tag{5.4}$$

工艺系统的刚度为

$$k_{\text{xt}} = \frac{F_{\text{p}}}{y_{\text{xt}}} = \frac{1}{\dfrac{1}{k_{\text{dj}}} + \dfrac{1}{k_{\text{zz}}} \left(\dfrac{L-x}{L} \right)^2 + \dfrac{1}{k_{\text{wz}}} \left(\dfrac{x}{L} \right)^2 + \dfrac{(L-x)^2 x^2}{3EIL}} \tag{5.5}$$

式中 k_{zz}——车床主轴箱的刚度，N/mm；

$\qquad k_{\text{wz}}$——车床尾座的刚度，N/mm。

2. 切削过程中受力变化引起的加工误差——误差复映规律

在加工过程中，由于工件加工余量或材料硬度不均匀，都会引起背向力的变化，从而使工艺系统受力变形不一致而产生加工误差。

如图 5.25 所示，以车削短圆柱工件外圆为例。由于毛坯的圆度误差，导致车削时背吃刀量在 a_{p1} 与 a_{p2} 之间变化。当背吃刀量为 a_{p1} 时，产生的背向力为 F_{p1}，引起的让刀变形为 y_1；对于 a_{p2}，产生的背向力为 F_{p2}，引起的让刀变形为 y_2。由于毛坯存在的圆度误差 $\Delta_{\text{m}} = a_{\text{p1}} - a_{\text{p2}}$，因而引起工件产生圆度误差 $\Delta_{\text{w}} = y_1 - y_2$，且 Δ_{m} 越大，Δ_{w} 越大，这种现象称为加工过程中的误差复映现象。用工件误差 Δ_{w} 与毛坯误差 Δ_{m} 之比值来衡量误差复映的程度

$$\varepsilon = \Delta_{\text{w}} / \Delta_{\text{m}} \tag{5.6}$$

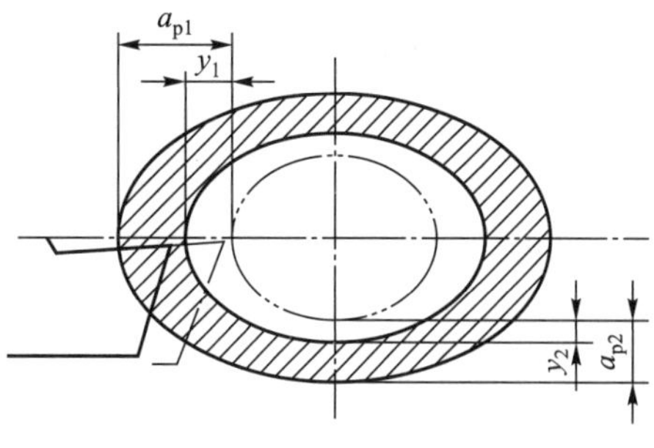

图 5.25 毛坯形状误差复映

ε 称为误差复映系数，$\varepsilon < 1$。

根据表 2.4 中车削力的计算公式

$$F_{\text{p}} = 9.81 C_{F_{\text{p}}} a_{\text{p}}^{x_{F_{\text{p}}}} f^{y_{F_{\text{p}}}} v_{\text{c}}^{n_{F_{\text{p}}}} K_{F_{\text{p}}}$$

式中 $C_{F_{\text{p}}}$、$K_{F_{\text{p}}}$——与切削条件有关的系数；

$\qquad f$、a_{p}、v_{c}——分别为进给量、背吃刀量和切削速度；

$\qquad x_{F_{\text{p}}}$、$y_{F_{\text{p}}}$、$n_{F_{\text{p}}}$——指数。

在一次走刀加工中，切削速度、进给量及其他切削条件设为不变，即

$$C_{F_p} f^{y_{F_p}} v_c^{n_{F_p}} K_{F_p} = C$$

式中，C 为常数。在车削加工中，$x_{F_p} \approx 1$，所以

$$F_p \approx C a_p$$

即

$$F_{p1} = C(a_{p1} - y_1), \quad F_{p2} = C(a_{p2} - y_2)$$

由于 y_1、y_2 相对 a_{p1}、a_{p2} 而言数值很小，可忽略不计，即有

$$F_{p1} = C a_{p1}, \quad F_{p2} = C a_{p2}$$

$$\Delta_w = y_1 - y_2 = \frac{F_{p1}}{k_{xt}} - \frac{F_{p2}}{k_{xt}} = \frac{C}{k_{xt}}(a_{p1} - a_{p2})$$

$$= \frac{C}{k_{xt}} \Delta_m$$

所以

$$\varepsilon = \frac{C}{k_{xt}}$$

由上式可知，工艺系统的刚度 k_{xt} 越大，复映系数 ε 越小，毛坯误差复映到工件上去的部分就越少。一般 $\varepsilon \ll 1$，经加工之后工件的误差比加工前的误差减小，经多道工序或多次走刀加工之后，工件的误差就会减小到公差范围内。若经过 n 次走刀加工后，则

$$\Delta_w = \varepsilon_1 \varepsilon_2 \cdots \varepsilon_n \Delta_m$$

总的误差复映系数

$$\varepsilon_z = \varepsilon_1 \varepsilon_2 \cdots \varepsilon_n$$

在粗加工时，每次走刀的进给量 f 一般不变，假设误差复映系数均为 ε，则 n 次走刀就有

$$\varepsilon_z = \varepsilon^n \tag{5.7}$$

增加走刀次数可减小误差复映，提高加工精度，但生产率降低了。因此，提高工艺系统刚度对减小误差复映系数具有重要意义。

3. 切削过程中受力方向变化引起的加工误差

在车床或磨床类机床上加工轴类零件时，常用单爪拨盘带动工件旋转，如图 5.26a 所示。传动力 F 在拨盘的每一转中不断改变方向，其在误差敏感方向的分力有时把工件推向刀具（图 5.26b），使实际背吃刀量增大，有时把工件拉离刀具（与图 5.26b 相反的位置），使实际背吃刀量减小，从而在工件上靠近拨盘一端的部分产生呈心脏线形的圆度误差（图 5.26c）。对形状精度要求较高的工件，传动力引起的误差是不容忽视的。在加工精密零件时可改用双爪拨盘或柔性连接装置带动工件旋转。

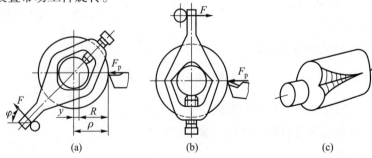

(a)   (b)   (c)

图 5.26 使用单爪拨盘引起的加工误差

切削加工中高速旋转的零部件(包括夹具、刀具和工件)的不平衡会产生离心力。离心力和传动力一样,在误差敏感方向的分力有时将工件推向刀具(图5.27a),有时将工件拉离刀具(图5.27b),所以在被加工工件表面上产生了图5.27c所示的心脏线形的圆度误差,且产生在轴的全长上。

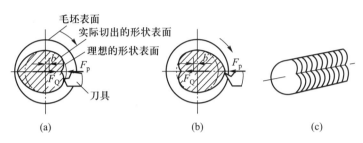

图 5.27 离心力引起的加工误差

例如,当不平衡重力 $W = 100$ N,主轴转速 $n = 1\ 000$ r/min,不平衡重力中心到回转中心的距离 $b = 5$ mm,工艺系统的刚度 $k_{xt} = 30\ 000$ N/mm,则

$$F_Q = mb\omega^2 = \frac{W}{g}b\left(\frac{2\pi n}{60}\right)^2 = \frac{100}{9\ 800} \times 5\left(\frac{2 \times 3.14 \times 1\ 000}{60}\right)\ \text{N}$$

$$= 558.93\ \text{N}$$

由离心力所引起的径向加工误差为

$$\Delta R = y_{max} - y_{min} = \frac{F_p + F_Q}{k_{xt}} - \frac{F_p - F_Q}{k_{xt}} = \frac{2F_Q}{k_{xt}}$$

$$= \frac{2 \times 558.93}{30\ 000}\ \text{mm} = 0.037\ \text{mm}$$

离心力引起的工件误差是与工件转速的平方成正比的,所以适当降低主轴转速是减小此类加工误差的有效方法。采用配重平衡离心力,也是减小此类加工误差的有效途径。

4. 工艺系统其他外力作用引起的加工误差

在工艺系统中,由于零部件的自重也会产生变形。如龙门铣床、龙门刨床刀架横梁的变形,镗床镗杆伸长下垂变形等,都会造成加工表面误差,如图5.28所示。

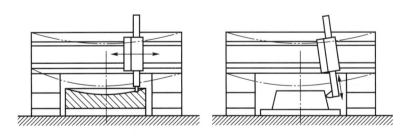

图 5.28 机床部件自重引起的横梁变形

此外,被加工工件在夹紧过程中,由于工件刚性较差或夹紧力过大,也会引起变形,产生加工误差。

5.3.5　减小工艺系统受力变形的措施

1. 提高接触刚度

提高接触刚度能有效提高工艺系统的刚度。通过提高机床导轨的刮研质量，提高锥孔与锥体、顶尖孔与顶尖之间的接触质量，提高刀架楔铁的刮研质量，提高接合面的形状精度并降低表面粗糙度，都能使实际接触面积增加，有效地提高接触刚度。在接触面间预加载荷能消除接触面间的间隙，增加接触面积，减小受力后的变形量，也可提高接触刚度。

2. 提高零部件刚度，减小受力变形

在车床上加工细长轴时，工件刚度差，常采用中心架或跟刀架来提高工件的刚度。在转塔车床上加工较短的轴类零件时，常采用导套、导杆等辅助支承来提高刀架的刚度，图 5.29a、b 分别为固定于床身上的支承套和装在主轴孔内的导套。

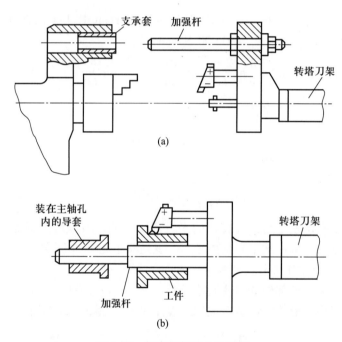

图 5.29　提高部件刚度的装置

3. 合理安装工件减小夹紧变形

对刚性较差的工件，选择合适的夹紧方法能减小夹紧变形，提高加工精度。如图 5.30 所示，薄壁套筒未夹紧前内外圆是正圆形，由于夹紧方法不当，夹紧后套筒呈三棱形（图 5.30a），镗孔后孔呈正圆形（图 5.30b），松开卡爪后镗圆的内孔又变为三棱形（图 5.30c）。为减小夹紧变形，应使夹紧力均匀分布，如采用图 5.30d 所示的开口过渡环或使用图 5.30e 所示的专用卡爪。

图 5.31 所示为铣角铁工件时的两种装夹方法，图 5.31a 为工件立式安装用圆柱铣刀加工，图 5.31b 为工件卧式安装用面铣刀加工。显然后一种安装方式比前一种安装方式刚性好，工

件变形小。

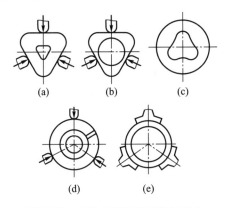

图 5.30　工件夹紧变形引起的误差

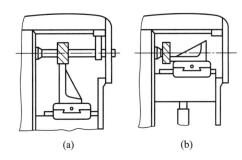

图 5.31　铣角铁工件的两种装夹方法

4. 减少摩擦防止微量进给时的"爬行"

随着数控加工、精密和超精密加工工艺的迅猛发展，对微量进给的要求越来越高，机床导轨的质量很大程度上决定了机床的加工精度和使用寿命。数控机床导轨要求在高速进给时不振动，低速进给时不爬行，灵敏度高，耐磨性和精度保持性好。为此，现代数控机床导轨在材料和结构上都进行了重大改进，如采用塑料滑动导轨，导轨塑料常用聚四氟乙烯导轨软带和环氧型耐磨导轨涂层两类。这种导轨摩擦特性好，能有效防止低速爬行，运行平稳，定位精度高，具有良好的耐磨性、减振性和加工工艺性。此外，还有滚动导轨和静压导轨。滚动导轨是用滚动体作循环运动；静压导轨是在两个相对运动的导轨面间通入压力油，使运动件浮起。这种导轨不但能长时间保持高精度，而且能高速运行，刚性好承载能力强，摩擦系数极小，磨损小寿命长，既无爬行也不会产生振动。

5.4　工艺系统热变形引起的加工误差

5.4.1　概述

工艺系统在各种热源作用下，会产生相应的热变形，从而破坏工件与刀具间正确的相对位置，造成加工误差。据统计，由热变形引起的加工误差约占总加工误差的 40% ~ 70%。工艺系统的热变形不仅严重影响加工精度，而且还影响加工效率。实现数控加工后，加工误差补偿全靠机床自动控制，因此热变形的影响就显得特别突出。工艺系统热变形的问题已成为机械加工技术发展的一个重大研究课题。

1. 工艺系统的热源

工艺系统的热源可分为内部热源和外部热源两大类。

内部热源主要是切削热和摩擦热。切削热是在切削过程中存在于工件、刀具、切屑及冷却液中的切削热。在工件的切削加工过程中，消耗于弹、塑性变形及刀具、工件和切屑之间摩擦的能量绝大部分转变成热能，形成切削热源，直接影响工件的加工精度。在车削加工中，大部分热量被切屑带走，传给工件的热量约 10%；铣、刨加工时，传给工件的热量一般在 30% 以下；钻孔和卧镗时，传给工件的热量往往超过 50%；磨削加工时，传给工件的热量达 80% 以上，磨削区温度可达 800~1 000℃。摩擦热是由各种相对运动产生的，如电动机、轴承、齿轮副、导轨副、离合器、液压泵、丝杠螺母副等部件的相对运动都会产生摩擦热。尽管系统内摩擦热比切削热少，但有时会使工艺系统某个局部产生较大的热变形，破坏工艺系统的原有几何精度。

外部热源主要是指外部环境温度的变化和辐射热。如靠近窗口的机床受到日光照射的影响，不同的时间机床的温升和变形会不同，而且日光照射通常是单面的或局部的，机床受到照射的部分与未被照射的部分之间产生温度差，从而使机床产生变形。

2. 工艺系统的热平衡

工艺系统受各种热源的影响，其温度会逐渐升高。同时，它们也通过各种传热方式向周围散发热量。当单位时间内传入和散发的热量相等时，工艺系统达到了热平衡状态，而工艺系统的热变形也达到某种程度的稳定。

由于作用于工艺系统各组成部分的热源，其发热量、位置和作用时间各不相同，系统各部分的热容量、散热条件也不一样，因此工艺系统不同位置的各点在不同时间的温度也是不等的。物体中各点的温度分布称为温度场。当物体未达到热平衡时，各点温度不仅是坐标位置的函数，也是时间的函数，这种温度场称为不稳态温度场。物体达到热平衡后，各点温度将不再随时间变化，只是其坐标位置的函数，这种温度场称为稳态温度场。机床在开始工作的一段时间内，其温度场处于不稳定状态，因此加工精度也是很不稳定的；工作一定时间后温度趋于稳定，加工精度也趋于稳定。因此，精密加工应在热平衡状态下进行。

5.4.2　机床热变形对加工精度的影响

各类机床的结构、工作条件及热源形式均不相同，因此机床各部件的温升和热变形情况是不一样的。车、铣、钻、镗等机床主轴箱中的齿轮、轴承摩擦发热，润滑油发热是主要热源。车床主轴箱和床身发热会使主轴在垂直面内抬高和倾斜，如图 5.32a 所示。主轴的温升、位移随时间变化的测量结果表明，主轴在 $n=1 200$ r/min 时工作 8 h 后，主轴抬高量达 140 μm；在垂直面内的倾斜为 60 μm/300 mm。前者主要由主轴前、后轴承的较高温升引起，后者主要由床身的受热弯曲引起。

图 5.32 表示了几种机床在工作状况下热变形的趋势。龙门刨床、牛头刨床、立式车床等，机床导轨副的摩擦热是其主要热源。这些机床床身比较长，有时床身的上、下温度可相差几度，从而导致床身产生中凸的热变形。各种磨床通常都有液压系统并配有高速磨头，砂轮主轴轴承的发热和液压系统的发热是其主要热源。砂轮主轴轴承发热使主轴轴线升高，并使砂轮架向工件方向趋近，使工件直径产生误差。液压系统发热导致床身弯曲和前倾，也将影响工件的加工精度。

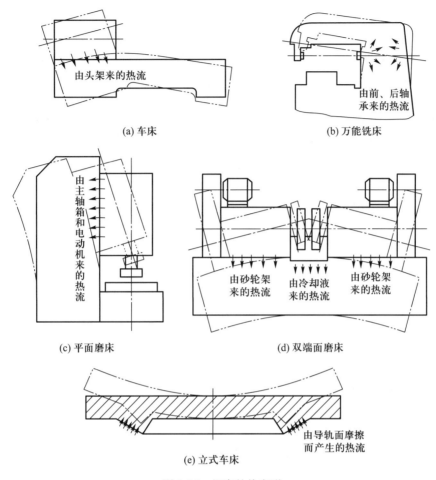

(a) 车床

(b) 万能铣床

(c) 平面磨床

(d) 双端面磨床

(e) 立式车床

图 5.32 机床的热变形

5.4.3 工件热变形对加工精度的影响

1. 工件均匀受热

对于一些形状简单、结构对称的零件，如轴、套筒等，加工时（如车削、磨削）切削热能较均匀地传入工件，工件热变形量可按下式估算

$$\Delta L = \alpha L \Delta t$$

式中 α——工件材料的热膨胀系数，1/℃；

L——工件在热变形方向的尺寸，mm；

Δt——工件温升，℃。

在精密丝杠加工中，工件的热伸长会产生螺距的累积误差。如在磨削 400 mm 长的丝杠螺纹时，每磨一次温度升高 1℃，则丝杠将伸长

$$\Delta L = 1.17 \times 10^{-5} \times 400 \times 1 \text{ mm} = 0.004\,7 \text{ mm}$$

而 5 级丝杠的螺距累积误差在 400 mm 长度上不允许超过 5 μm。因此热变形对工件加工精度

影响很大。

在较长的轴类零件加工中，开始切削时，工件温升为零，随着切削加工的进行工件温度逐渐升高而使直径逐渐增大，增大量将被刀具切除，加工完工件冷却后将出现锥度误差。

2. 工件不均匀受热

平面在刨削、铣削、磨削加工时，工件单面受热，上、下平面间产生温差而引起热变形。如图 5.33 所示，在平面磨床上磨削长为 L、厚为 H 的板状工件，工件单面受热，上、下面间形成温差 Δt，导致工件向上凸起，凸起部分被磨去，冷却后磨削表面下凹，使工件产生平面度误差。因热变形引起的工件凸起量 f 可作如下近似计算。由于中心角 ϕ 很小，其中性层的长度可近似认为等于原长 L，则

$$f = \frac{L}{2}\tan\frac{\phi}{4} \approx \frac{L}{8}\phi$$

且

$$(R+H)\phi - R\phi = \alpha\Delta tL$$

$$\phi = \frac{\alpha\Delta tL}{H}$$

所以

$$f = \frac{\alpha\Delta tL^2}{8H}$$

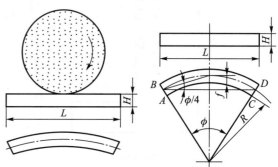

图 5.33　薄板磨削时的弯曲变形

由上式可知，工件不均匀受热时，工件凸起量随工件长度的增加而急剧增加，工件越薄凸起量越大。由于 L、H、α 均为常量，要减小工件变形误差必须控制温差 Δt。

5.4.4　刀具热变形对加工精度的影响

刀具热变形主要是由切削热引起的。切削加工时虽然大部分切削热被切屑带走，传入刀具的热量并不多，但刀具体积小，热容量小，导致刀具切削部分的温度急剧升高。刀具热变形对加工精度的影响比较显著。

图 5.34 为车削时车刀的热变形与切削时间的关系曲线。曲线 A 是刀具连续切削时的热变形曲线，刀具受热变形在切削初始阶段很快，随后比较缓慢，经过较短的时间便趋于热平衡状态。此时，车刀的散热量等于传给车刀的热量，车刀不再伸长。曲线 B 表示在切削停止后，车刀温度开始下降较快，随后逐渐减慢。

图 5.34 中曲线 C 所示为车削短小轴类零件时的情况。由于车刀不断有短暂的冷却时间，所以是断续切削。断续切削比连续切削车刀达到热平衡所需要的时间短，热变形量也小。因此，在切削开始阶段刀具热变形较显著，之后在较短时间内达到热平衡，热变形趋于稳定，对加工精度的

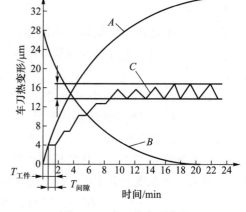

图 5.34　车刀热变形曲线

影响不明显。

5.4.5 减少工艺系统热变形的主要途径

1. 减少发热和隔离热源

把机床中的电动机、变速箱、液压系统、冷却系统等热源尽可能从主机中分离出去。对主轴轴承、丝杠螺母副、摩擦离合器、导轨副等不能分离出去的热源，应尽量从结构设计上采取措施，改善摩擦条件，以减少热量的产生。如机床主轴轴承可采用发热量少的静压轴承、空气轴承等；在润滑方面可改用低黏度润滑油、锂基油脂或油雾润滑等。另一方面，也可采用隔热措施，将发热部件和机床基础件(如床身、立柱等)隔离开。

图 5.35 所示为解决单立柱坐标镗床立柱变形问题采用的隔热罩，将电动机及变速箱与立柱隔开，使变速箱及电动机产生的热量通过电动机上的风扇从立柱下方的排风口排出，以取得良好的隔热效果。

对既不能从机床内部移出，又不便隔热的一些发热量大的热源，可采用强制冷却方法吸收热源发出的热量，从而控制机床的温升和热变形。如采用风冷、水冷以及循环润滑等措施，增加散热面积，可取得良好的冷却效果。在数控机床及加工中心机床上，也有采用冷冻机对润滑油、切削液进行强制冷却，以提高冷却效果。

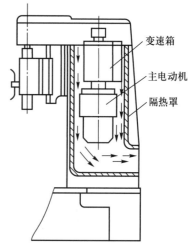

变速箱
主电动机
隔热罩

通过控制切削用量，可减少切削热的产生。通过合理安排工艺路线，将粗、精加工分开，可减小热变形对加工精度的影响。粗加工阶段要求有较高的生产率，因此切削用量大，热变形随之增大，但并不直接影响零件的最终加工精度。精加工阶段是为了保证零件的最终加工质量，这时热变形对加工精度的影响较大，因此要求

图 5.35　采用隔热罩减少热变形

采用较小的切削用量。如果粗精加工在一道工序内进行，则粗加工产生的热量就会影响精加工的精度。

粗、精加工阶段分别选取较大和较小的切削用量，并非机械地对切削用量中的三要素全部取大值或全部取小值。一般来说，粗加工时背吃刀量 a_p 和进给量 f 选得大一些，v_c 选得小一些；精加工时则 a_p 和 f 选得小一些，v_c 选得大一些。在选择切削用量时要考虑的因素很多，不仅仅是切削热一个方面，不能顾此失彼。

2. 均衡温度场

图 5.36 所示为 M7150A 型平面磨床所采用的均衡温度场的措施(热补偿油沟)。该机床床身较长，加工时工作台纵向运动速度较高，致使床身上、下部温差较大。散热措施是将油池搬出主机并做成一个单独的油箱 1。此外，在床身下部开出热补偿油沟 2，利用带有余热的回油流经床身下部，使床身下部的温度升高，以减少床身上、下部的温差。采用这种措施后，床身上、下部的温差可降低 1~2℃，导轨的中凸量由原来的 0.265 mm 降为 0.052 mm。

图 5.37 所示为端面磨床均衡温度场的措施。它由风扇排出主轴箱内的热空气，经管道通

向防护罩和立柱后壁的空间，然后排出。这样使原来温度较低的立柱后壁温度升高，导致立柱前后壁的温度大致相等，以降低立柱的弯曲变形。采用此措施可使被加工零件的端面平行度误差降低为原来的 1/3~1/4。

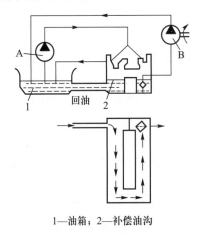

1—油箱；2—补偿油沟

图 5.36　M7150A 型平面磨床的热补偿油沟

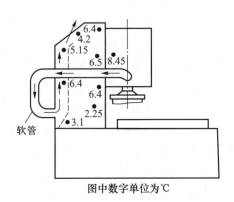

图中数字单位为℃

图 5.37　端面磨床均衡温度场的措施

3. 改进机床布局和结构设计

（1）采用热对称结构

卧式加工中心采用的框式双立柱结构如图 5.38a 所示，这种结构相对热源来说是对称的。在产生热变形时，其刀具或工件回转中心对称线的位置基本不变。它的主轴箱嵌入框式立柱内，且以立柱左、右导轨内侧定位（图 5.38b）。这样，热变形时主轴中心将主要产生铅垂方向的变化，保持了高的导向精度，而铅垂方向的热变形很容易用铅垂坐标移动的修正量加以补偿，从而获得高的加工精度。

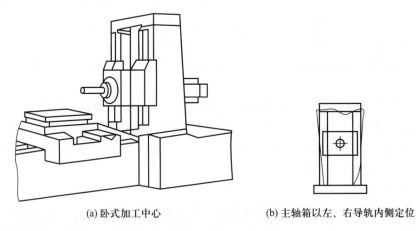

(a)卧式加工中心　　　　　　　　　(b)主轴箱以左、右导轨内侧定位

图 5.38　加工中心框式立柱

（2）合理选择机床零部件的安装基准

合理选择机床零部件的安装基准，使热变形尽量不产生在误差敏感方向。如图 5.39a 所示，车床主轴箱在床身上的定位点 H 置于主轴轴线的下方，主轴箱产生热变形时，使主轴孔

在 z 向产生热位移，对加工精度影响较小。若采用如图 5.39b 所示的定位方式，主轴除了在 z 向，还在误差敏感方向——y 方向产生热位移，直接影响刀具与工件之间的正确位置，将产生较大的加工误差。

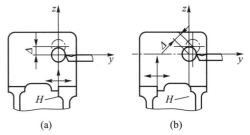

图 5.39　车床主轴箱两种结构的热位移

4. 保持工艺系统的热平衡

当工艺系统达到热平衡状态时，热变形趋于稳定，加工精度易于保证。为了使机床尽快进入热平衡状态，可以在加工工件前使机床作高速空运转，当机床达到热平衡之后再将机床速度转换成工作速度进行加工。精密和超精密加工时，为使机床达到热平衡状态而进行的高速空转时间可达数十小时。必要时，还可以在机床的适当部位设置控制热源，人为地给机床加热，使其尽快达到热平衡状态。精密机床加工时应尽量避免中途停车。

5. 控制环境温度

精密机床一般安装在恒温车间，恒温精度一般控制在±1℃以内，精密级别较高的机床为±0.5℃。恒温车间的平均温度一般为 20℃，夏季可取 23℃，冬季可取 17℃。对于精加工机床，应避免阳光直接照射，布置取暖设备时也应避免使机床受热不均匀。

6. 热位移补偿

在对机床主要部件，如主轴箱、床身、导轨、立柱等受热变形规律进行大量研究的基础上，可通过模拟实验和有限元分析寻求各部件热变形的规律。在现代数控机床上，根据实验分析可建立热变形位移数字模型，并存入计算机中进行实时补偿。热变形附加修正装置已在国外产品上作商品供货。我国北京机床研究所在热位移补偿研究中做了大量的工作，研究成果已成功用于二坐标精密数控电火花线切割机床。

5.5　工件残余应力引起的加工误差

5.5.1　产生残余应力的原因及所引起的加工误差

残余应力是指在没有外部载荷的情况下，存在于工件内部的应力，又称内应力。残余应力是由金属内部的相邻宏观或微观组织发生不均匀的体积变化而产生的，促使这种变化的因素主要来自热加工或冷加工。存在残余应力的零件始终处于不稳定状态，其内部组织有要恢复到稳定的、没有内应力状态的倾向。在常温下，特别是在外界某种因素的影响下，其内部组织在不断地进行变化，直到内应力消失为止。在内应力变化的过程中，零件产生相应的变形，原有的加工精度受到破坏。用带有残余应力的零件装配成机器，在机器使用中零件会逐渐产生变形，从而影响整台机器的质量。

1. 毛坯制造中产生的残余应力

在铸造、锻造、焊接及热处理过程中，由于工件各部分冷却收缩不均匀，以及金相组织转变时的体积变化，在毛坯内部就会产生残余应力。毛坯的结构越复杂，各部分壁厚越不均匀以及散热条件相差越大，毛坯内部产生的残余应力就越大。具有残余应力的毛坯，其内部应力可能暂时处于相对平衡状态，虽在短期内看不出有什么变化，但当加工时切去某些表面部分后，这种平衡就被打破，内应力重新分布，并建立一种新的平衡状态，此时工件明显地出现变形。

图5.40a所示为一个内、外壁厚相差较大的铸件，在浇铸后的冷却过程中产生残余应力的情况。由于壁1和壁2比较薄，散热容易，冷却速度比壁3快。当壁1和壁2从塑性状态冷却到弹性状态时，壁3尚处于塑性状态。所以壁1和壁2收缩时壁3不起阻止变形的作用，不会产生内应力。当壁3冷却到弹性状态时，壁1和壁2的温度已经降低很多，收缩速度比壁3的收缩速度慢得多，此时壁3的收缩受到壁1和壁2的阻碍，壁3产生了拉应力，壁1及壁2产生了压应力，形成了应力平衡的状态。如果在壁2上开一个缺口(图5.40b)，则壁2的压应力消失，壁3收缩，壁1伸长，铸件产生弯曲变形，直至残余应力达到新的平衡为止。

一般对比较复杂的铸件，需进行时效处理以消除或减少内应力。

2. 冷校直引起的残余应力

冷校直工艺方法是在一些长棒料或细长零件弯曲的反方向施加外力 F，以达到校直的目的，如图5.41a所示。在外力 F 的作用下，工件内部的应力重新分布，如图5.41b所示，在轴心线以上的部分产生压应力(用负号表示)，在轴心线以下的部分产生拉应力(用正号表示)。在两条虚线之间是弹性变形区域，在虚线以外是塑性变形区域。当外力 F 去除后，弹性变形本可完全恢复，但因塑性变形部分的阻止而使残余应力重新分布而达到新的平衡，如图5.41c所示。但这种平衡同样是不稳定的，如果工件继续切削加工，工件内部的应力又会重新分布而使工件产生新的弯曲，并且最后的精度不稳定。对精度要求较高的细长轴(如精密丝杠)不允许采用冷校直来减小弯曲变形，而采用加大毛坯余量，经过多次切削和时效处理来消除内应力，或采用热校直。

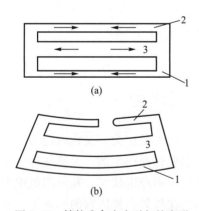

图5.40 铸件残余应力引起的变形

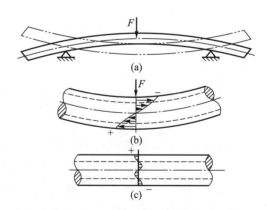

图5.41 冷校直引起的残余应力

3. 切削加工中产生的残余应力

工件在切削加工时，其表面层在切削力和切削热的作用下会产生不同程度的塑性变形，引起体积改变，从而产生残余应力。这种残余应力的分布情况由加工时的工艺因素决定。

内部有残余应力的工件在切去表面金属后残余应力要重新分布，从而引起工件的变形。

为此，在拟订工艺规程时，要将加工划分为粗、精等不同阶段进行，以使粗加工后内应力重新分布所产生的变形在精加工阶段去除。对质量和体积均很大的笨重零件，即使在同一台重型机床进行粗、精加工，也应该在粗加工后将被夹紧的工件松开，使之有充足时间重新分布内应力，在充分变形后再重新夹紧进行精加工。

5.5.2 减少或消除残余应力的措施

1. 合理设计零件结构

在零件的结构设计中，应尽量简化结构，减小零件各部分尺寸差异，从而减少铸、锻件毛坯在制造中产生的残余应力。

2. 增加消除残余应力的专门工序

对铸件、锻件、焊接件进行退火或回火；工件淬火后进行回火；对精度要求高的零件在粗加工或半精加工后进行时效处理，都可以达到消除残余应力的目的。时效处理有以下几种：

（1）自然时效处理　一般需要很长时间，往往影响产品的制造周期，所以除特别精密件外，一般较少采用。

（2）人工时效处理　分为高温和低温两种。前者一般用于毛坯制造或粗加工以后进行，后者多用于半精加工后进行。对于大型零件，人工时效需要较大的设备，其投资和能源消耗都比较大。

（3）振动时效处理　是消除残余应力、减少变形及保持工件尺寸稳定的一种新方法，可用于铸件、锻件、焊接件以及有色金属件等。它是以激振的形式将机械能加到具有残余应力的工件内，引起工件金属内部晶格位错蠕变、转变，使金属的结构状态稳定，从而减少和消除工件的残余应力。操作时，将激振器牢固地夹持在工件的适当位置上，根据工件的固有频率调节激振器的频率，直至达到共振状态，再根据工件尺寸及内应力调整激振力，使工件在一定振动强度下保持几分钟至几十分钟的振动。这种方法不需要庞大的设备，经济、简便且效率高，对于某些零件，可用木锤击打的方式进行时效处理。一些小工件还可装在滚筒里，滚筒旋转时工件相互撞击，也可以起到消除残余应力的效果。

3. 合理安排工艺过程

在安排零件加工工艺过程中，应尽可能将粗、精加工分在不同工序中进行。对粗、精加工在一个工序中完成的大型工件，消除残余应力的方法已在前文阐述，此处不再重复。

5.6　数控机床加工误差概述

目前在数控机床(含加工中心，下同)上加工的零件越来越多。与普通机床相比，除了在精度上要求更高、技术上要求更严外，还多了数控功能，即由数控系统按程序指令实现的一些自动控制，包括各种补偿。影响数控加工精度的因素很多，从整个数控加工工艺系统来看，数控机床的加工精度是由数控系统精度、数控伺服精度、机床精度三者累积而成。影响数控系统精度是基于数控装置中的插补方式不同而在本质上产生的误差，即送到数控伺服系统的实际指令值对要求指令值的误差。数控伺服精度是指数控伺服系统本身的精度，也是影响数控精度的最大因素。影响机床精度的有基于机床本身的制造误差，机床、刀具、工件及夹具的力变形和热变形，以及刀具磨损等因素引起的误差。所以在数控加工中，除了要控制普通机床加工时常出现的误差源以外，还要有效地控制数控加工时才能出现的误差源。下面介绍这些误差源对加工精度的影响及抑制的途径。

5.6.1 数控机床重复定位精度的影响

数控机床的几何精度和定位精度对加工精度有直接影响。数控机床的几何精度主要影响工件的形状误差，定位精度和重复定位精度直接影响工件的尺寸误差。重复定位精度是指重复定位时坐标轴的实际位置与理想位置的符合程度。

评价数控机床精度等级的重要指标是定位精度和重复定位精度，它反映了坐标轴轴向各运动部件的综合精度。尤其是重复定位精度，它反映了该轴在有效行程内任意定位点的定位稳定性，这是衡量该轴能否稳定可靠工作的基本指标。

数控机床的定位精度是指数控机床各坐标轴在数控系统的控制下运动的位置精度。机床运动部件的移动是靠数字程序指令实现的，故定位精度的高低取决于数控系统和机械传动的误差大小。而数控系统的误差则与插补误差、跟踪误差有关。

5.6.2 检测装置的影响

在闭环系统中，把位移测量信号作为反馈信号，并将信号转换成数字送回计算机，与控制脉冲进行比较，若二者产生差值，则将其作为信号并经放大后控制驱动元件进行运动的补偿，所以检测装置的精度对数控加工的精度有着重要的影响。

由于检测方式和检测装置的不同，检测精度也不相同。若检测方式和检测装置本身精度较低，则不可避免地导致加工精度降低。例如，采用光栅、感应同步器等直接测量机床工作台的直线移动，其测量精度较高，但其测量装置要和行程等长，从而限制了在大型数控机床上的使用。如果采用把工作台直线运动"转换"成回转运动的间接测量装置（如旋转变压器），虽然无行程长度的限制，但是在测量信号中加入了由直线位移转变为回转运动的传动链误差，从而影响了测量精度，导致加工误差增大。

5.6.3 数控机床刀具系统误差

要真正发挥数控机床的效率，数控机床刀具的影响极大。现代数控机床正在向着高速、高刚性和大功率方向发展。为了提高生产率，数控机床刀具必须具有承受高速切削和强力切削的性能。目前不少数控机床使用了涂层硬质合金刀具、超硬刀具和陶瓷刀具，并由数控系统对刀具工况进行监控。此外，数控机床刀具要具有较高的形状精度，并具备实现快速和自动换刀的功能，对整体式刀具、安装可转位刀片的刀体及刀片的位置，都有较高的精度要求。数控机床刀具品种、规格多，需要配备完善的、先进的工具系统。由于采用的刀具具有自动交换功能，因而在提高生产率的同时，也带来了刀具交换误差。在加工一批工件时，由于频繁换刀，致使刀柄相对于主轴锥孔(或刀座)产生重复定位误差而降低加工精度。

在数控加工中，由于上述各种因素所产生的加工误差必须采取有效的措施予以补偿。过去一般采用硬件补偿的方法，例如加工中心通常都有螺距误差补偿功能，可以对控制轴的螺距误差进行补偿和反向间隙补偿，也可以对进给传动链上各环节的系统误差进行稳定的补偿。

随着微电子技术、控制技术和监测技术的发展，出现了新的软件补偿技术。它是应用与数控系统通信的补偿控制单元和相应的软件以实现误差补偿，其原理是利用坐标的附加移动来修正误差。

5.7　提高加工精度的工艺措施

为了保证和提高机械加工精度，首先要找出产生加工误差的主要因素，然后采取相应的工艺措施减少或控制这些因素的影响。在生产中可采取的工艺措施很多，这里仅举出一些常用的且行之有效的实例。

1. 减少误差法

这是生产中应用较广的一种基本方法。它是在查明产生加工误差的主要因素后，设法对其直接进行消除或减弱。

如细长轴是车削加工中较难加工的一类工件，普遍存在的问题是精度低、效率低。正向进给，一夹一顶装夹，高速切削细长轴时，由于其刚性特别差，在切削力、惯性力和切削热作用下易引起弯曲变形。采用跟刀架虽消除了径向切削力引起工件弯曲的因素，但轴向力和工件热伸长还会导致工件弯曲变形(图 5.42a)。现采用反拉法切削，一端用卡盘夹持，另一端采用可伸缩的活顶尖装夹(图 5.42b)。此时工件受拉不受压，工件不会因偏心压缩而产生弯曲变形。尾部的可伸缩活顶尖使工件在热伸长下有伸缩的自由，避免了热弯曲。此外，采用大进给量和大的主偏角车刀，增大了进给力，减少了背向力，使切削更平稳。

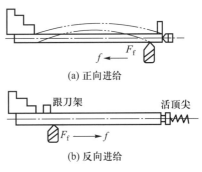

(a) 正向进给

(b) 反向进给

图 5.42　反拉法切削细长轴

2. 误差补偿法

误差补偿法是人为地造出一种新的原始误差，去抵消原来工艺系统中存在的原始误差。尽量使两种误差大小相等、方向相反，而使误差抵消得尽可能彻底。例如，龙门铣床的横梁在立铣头自重的影响下产生了超标变形，可在刮研横梁导轨时使导轨面产生向上凸起的几何形状误差，如图 5.43a 所示，装配后就可抵消因立铣头重力而产生的变形，从而达到精度要求，如图 5.43b 所示。

图 5.44 所示为螺纹加工校正机构。当刀架作纵向进给运动时，校正尺工作表面使杠杆产生位移并使丝杠螺母产生附加转动，从而以校正尺上的人为误差来抵消传动链误差，达到补

偿机床丝杠的螺距误差，保证被加工件螺距精度的目的。

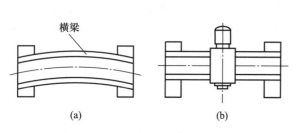

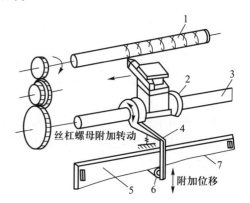

丝杠螺母附加转动

附加位移

1—工件；2—丝杠螺母；3—车床丝杠；
4—杠杆；5—校正尺；6—滚柱；7—校正尺工作表面

图 5.43　通过导轨凸起补偿横梁变形　　　　图 5.44　螺纹加工校正机构

3. 误差分组法

误差分组法是把毛坯或上一工序加工的工件尺寸经测量按大小分为 n 组，每组工件的尺寸误差就缩减为原来的 $1/n$。然后按各组的误差范围分别调整刀具相对于工件的位置，使整批工件的尺寸分散范围大大缩小。

在精加工齿形时，为保证加工后齿圈与齿轮内孔的同轴度，应缩小齿轮内孔与心轴的配合间隙。在生产中往往按齿轮内孔的尺寸进行分组，然后与相应的分组心轴进行配合，这样就均分了因间隙而产生的原始误差，提高了齿轮齿圈的位置精度。

4. 误差转移法

误差转移法就是把原始误差从误差敏感方向转移到非敏感方向。例如，转塔车床的转位刀架，其分度、转位误差将直接影响工件有关表面的加工精度。如果改变刀具的安装位置，使分度转位误差处于加工表面的切向，即可大大减小分度转位误差对加工精度的影响。如图 5.45 所示，转塔车床的刀具采用"立刀"安装法，即把刀刃的切削基面放在垂直平面内。刀架转位时的转位误差转移到了工件内孔加工表面的切线方向，由此产生的加工误差非常微小，从而提高加工精度。

图 5.46 所示为利用镗模进行镗孔，主轴与镗杆浮动连接。这样可使镗床的主轴回转误差对镗孔精度不产生任何影响，镗孔精度完全由镗模来保证。

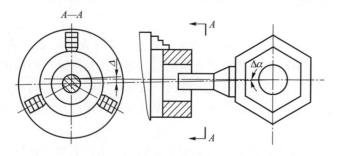

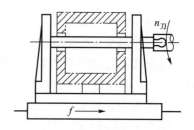

图 5.45　转塔车床的"立刀"安装法　　　　图 5.46　利用镗模转移机床误差

5. "就地加工"法

完全依靠提高零件加工精度来保证部件或产品较高的装配精度显然是不经济和不可取的。经济合理的方法之一是，全部零件按经济精度制造，然后用它们装配成部件或产品，并且各零部件之间具有工作时要求的相对位置，最后再以一个表面为基准加工另一个有相互位置精度要求的表面，实现最终精加工，其加工精度即为部件或产品的最终装配精度(其中的一项)。这就是"就地加工"法，也称自身加工修配法。

例如，牛头刨床总装以后，用自身刀架上的刨刀刨削工作台台面，可以保证工作台面与滑枕运动方向的平行度要求。

在零件的机械加工中也常常采用"就地加工"法。例如，加工精密丝杠时，为保证主轴前、后顶尖和跟刀架导套孔严格同轴，要用自磨前顶尖孔、自镗跟刀架导套孔和刮研尾架垫板等措施来实现。

6. 误差均分法

误差均分法就是利用有密切联系的表面之间的相互比较和相互修正，或者互为基准进行加工，以达到高的加工精度。原始误差是根据工艺系统局部的最大误差值来判定的。若能让局部最大的误差对整个加工表面影响相同，使传递到工件表面的加工误差均分，工件的加工精度就相对提高了。例如，研磨时的研具精度并不很高，分布在研具上的磨料粒度大小也不一样，由于研磨时工件和研具的相对运动，使工件上的点有机会与研具的各点相互接触并受到均匀的微量切削，工件与研具相互修整，接触面不断增大，高低不平处逐渐接近，几何形状精度逐步提高，并进一步使误差均化，因此就能获得精度高于研具原始精度的加工表面。

精密的标准平板就是利用三块平板相互对研，刮去显著的最高点，逐步提高这三块平板的平面度。误差均分就是使被加工表面原有的误差不断缩小而使误差均匀分布的方法。一些精密偶件，如轴孔与轴颈的研配，精密分度盘副的研配等常采用这种加工方法。

5.8 加工误差的综合分析

加工误差是由一系列工艺因素综合影响的结果。从理论上说，只有逐一找出所有的因素及其对加工误差影响的大小和规律，才能有效地抑制加工误差的产生，提高工件的加工精度。但是，在实际生产中，影响加工精度的因素错综复杂，而且其中不少因素的作用常常带有随机性，因素之间也有相互作用，所以有时很难用单因素法来分析其因果关系，而需要用数理统计的方法来进行研究，才能得出正确的符合实际的结果。

5.8.1 加工误差的性质

从加工一批工件时所出现的误差规律来看，加工误差可以分为系统性误差和随机性误差两大类。

1. 系统性误差

(1) 常值系统性误差 在顺序加工一批工件时，误差的大小和方向保持不变，称为常值系统性误差。如原理误差，机床、刀具、夹具的制造误差，一次调整误差以及工艺系统因受力点位置变化引起的误差等，都属于常值系统性误差。

（2）变值系统性误差 在顺序加工一批工件时，误差的大小和方向呈有规律变化，称为变值系统性误差。如由于刀具磨损引起的加工误差，机床、刀具、工件受热变形引起的加工误差等，都属于变值系统性误差。

2. 随机性误差

在顺序加工一批工件时，误差的大小和方向呈无规律变化，称为随机性误差。如加工余量不均匀或材料硬度不均匀引起的毛坯误差复映，定位误差以及由于夹紧力大小不一引起的夹紧误差，多次调整误差，残余应力引起的变形误差等，都属于随机性误差。

误差性质不同，其解决的途径也不一样。对于常值系统性误差，在查明其大小和方向后，采取相应的调整方法或检修工艺装备，还可用一种常值系统性误差去补偿原来的常值系统性误差，即可消除或控制误差在公差范围之内。对于变值系统性误差，在查明其大小和方向随时间变化的规律后，可采用自动连续补偿或自动周期补偿的方法消除。对随机性误差，从表面上看似乎没有规律，但是应用数理统计的方法可以找出一批工件加工误差的总体规律，查出产生误差的根源，在工艺上采取措施来加以控制。

在生产中，误差性质的判别应根据工件的实际加工情况决定。在不同的生产场合，误差的表现性质会有所不同，原属于常值系统性误差的有时会变成随机性误差。例如，对一次调整中加工出来的工件来说，调整误差是常值误差，但在大量生产中一批工件需要经多次调整，则每次的调整误差就是随机性误差。

5.8.2 加工误差的统计分析法

加工误差的统计分析法是以生产现场对工件实际测量所得的数据为基础，应用数理统计的方法，分析一批工件的情况，从而找出产生误差的原因以及误差的性质，以便找出解决问题的方法。

在机械加工中，经常采用的统计分析法有分布图分析法和点图分析法。

1. 分布图分析法

（1）实际分布图——直方图

加工一批工件，由于随机性误差和变值系统性误差的存在，加工尺寸的实际数值各不相同，这种现象称为尺寸分散。

在一批零件的加工过程中，测量各零件的加工尺寸，把测得的数据记录下来，按尺寸大小将整批工件进行分组，每一组中的零件尺寸处在一定的间隔范围内。同一尺寸间隔内的零件数量称为频数，频数与该批零件总数之比称为频率。以工件尺寸为横坐标，以频数或频率为纵坐标，即可作出该工序工件加工尺寸的实际分布图——直方图。

下面通过实例来说明直方图的做法。

取一次调整下加工出来的轴件 200 个，经测量得到最大轴径为 ϕ15.145 mm，最小轴径为 ϕ15.015 mm，取 0.01 mm 作为尺寸间隔进行分组，统计每组的工件数，将所得的结果列表，如表 5.2 所示。

表 5.2 工件频数分布表

组号	尺寸间隔/mm	频数	频率	频率密度/mm⁻¹	组号	尺寸间隔/mm	频数	频率	频率密度/mm⁻¹
1	15.01~15.02	2	0.010	1.0	8	15.08~15.09	58	0.290	29.0
2	15.02~15.03	4	0.020	2.0	9	15.09~15.10	26	0.130	13.0
3	15.03~15.04	5	0.025	2.5	10	15.10~15.11	18	0.090	9.0
4	15.04~15.05	7	0.035	3.5	11	15.11~15.12	8	0.040	4.0
5	15.05~15.06	10	0.050	5.0	12	15.12~15.13	6	0.030	3.0
6	15.06~15.07	20	0.100	10.0	13	15.13~15.14	5	0.025	2.5
7	15.07~15.08	28	0.140	14.0	14	15.14~15.15	3	0.015	1.5

直方图的做法与步骤如下：

1）收集数据 在一定的加工条件下，按一定的抽样方式抽取一个样本（即抽取一批零件），样本容量（抽取零件的个数）一般取 100 件左右。测量各零件的尺寸，并找出其中的最大值 x_{max} 和最小值 x_{min}。

2）分组 将抽取的样本数据分成若干组，一般用经验数值确定，通常分组数 k 取 10 左右。

3）确定组距及分组组界 组距 h 为

$$h = \frac{x_{max} - x_{min}}{k-1}$$

按上式计算的 h 值应根据测量仪器的最小分辨值的整倍数进行圆整。

各组尺寸间隔可按下式确定：

第一组上界值 $s_1 = x_{min} + h/2$

第一组下界值 $x_1 = x_{min} - h/2$

其余各组的上、下界值确定方法为：前一组的上界值为下一组的下界值，下界值加上组距即为该组的上界值。

4）统计频数分布 将各组的尺寸频数、频率和频率密度填入表中。

以频数为纵坐标作直方图时，如样本容量不同，组距不同，作出的图形高矮就不一样。为了使分布图能代表该工序的加工精度，不受工件总数和组距的影响，纵坐标应采用频率密度。

$$频率密度 = \frac{频率}{组距} = \frac{频数}{样本容量 \times 组距}$$

5）绘制直方图 以频率密度为纵坐标，组距为横坐标画出直方图，再将直方图各矩形顶端的中心点连成曲线，就得到一条中间凸起两边逐渐降低的实际分布曲线（分布折线图），如图 5.47 所示。

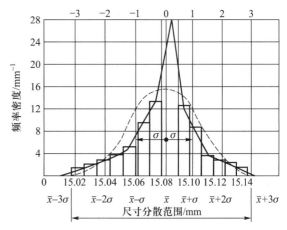

图 5.47 直方图与正态分布曲线图

直方图的观察分析：

直方图作出后，通过观察图形可以判断生产过程是否稳定，估计生产过程的加工质量及产生废品的可能性。

若工件的尺寸分散范围小于允许公差 T，且分布中心与公差带中心重合，则两边都有余地，不会出废品。若工件尺寸分散范围虽然也小于其尺寸公差带 T，但两中心不重合(分布中心与公差带中心)，此时有超差的可能性，应设法调整分布中心，使直方图两侧均有余地，防止废品产生。若工件尺寸分散范围恰好等于其公差带 T，这种情况下稍有不慎就会产生废品，故应采取适当措施减小分散范围。若工件尺寸分散范围大于其公差带 T，则必有废品产生，此时应设法减小加工误差或选择其他加工方法。

（2）理论分布图——正态分布曲线

大量实践经验表明，在用调整法加工时，当所取工件数量足够大，尺寸间隔非常小，且无任何优势误差因素的影响，则所得的实际分布曲线与正态分布曲线非常接近。在分析工件的加工误差时，通常用正态分布曲线代替实际分布曲线，可使问题的研究大大简化。

1）正态分布曲线方程

$$y=\frac{1}{\sigma\sqrt{2\pi}}e^{\frac{-(x-\bar{x})^2}{2\sigma^2}} \quad (-\infty<x<+\infty, \sigma>0) \tag{5.8}$$

当采用该曲线代表加工尺寸的实际分布曲线时，上式各参数的含义：

y——分布曲线的纵坐标，表示工件的分布密度(频率密度)；

x——分布曲线的横坐标，表示工件的尺寸或误差；

$\bar{x}$——工件的平均尺寸(分散中心)，$\bar{x}=\frac{1}{n}\sum\limits_{i=1}^{n}x_i$；

σ——工序的标准偏差(均方根误差)，$\sigma=\sqrt{\frac{1}{n}\sum\limits_{i=1}^{n}(x_i-\bar{x})^2}$；

n——一批工件的数目(样本数)。

2）正态分布曲线的特征参数

正态分布曲线的特征参数有两个，即 $\bar{x}$ 和 σ。算术平均值 $\bar{x}$ 是确定曲线位置的参数。它决定一批工件尺寸分散中心的坐标位置。若 $\bar{x}$ 改变，整个曲线沿 x 轴平移，但曲线形状不变，如图 5.48a 所示。使 $\bar{x}$ 产生变化的主要原因是常值系统性误差的影响。工序标准偏差 σ 决定了分布曲线的形状和分散范围。当 $\bar{x}$ 保持不变时，σ 值越小则曲线形状越陡，尺寸分散范围越小，加工精度越高；σ 值越大则曲线形状越平坦，尺寸分散范围越大，加工精度越低，如图 5.48b 所示。σ 的大小反映了随机性误差的影响程度，随机性误差越大则 σ 越大。

3）正态分布曲线的特点

① 曲线对称于直线 $x=\bar{x}$，靠近 $\bar{x}$ 的工件尺寸出现

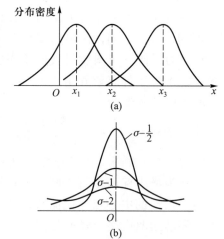

图 5.48 正态分布曲线及其特征

的概率较大，而远离 $\bar{x}$ 的工件尺寸出现的概率较小，曲线呈钟形。对 $\bar{x}$ 的正偏差和负偏差其概率相等。

② 曲线与 x 轴围成的面积代表了一批工件的全部，即 100%，其相对面积为 1。当 $x-\bar{x}=\pm3\sigma$ 时，曲线围成的面积为 0.9973。也就是说，对加工一批工件来说，有 99.73% 的工件尺寸落在 $\pm3\sigma$ 范围内，仅有 0.27% 的工件尺寸落在 $\pm3\sigma$ 之外。因此，实际生产中常常认为一批工件尺寸全部在 $\pm3\sigma$ 范围内，即正态分布曲线的分散范围为 $\pm3\sigma$，工艺上称该原则为 6σ 准则。

$\pm3\sigma$（或 6σ）准则在研究加工误差时应用很广。6σ 的大小代表了某种加工方法在一定的条件(如毛坯余量，机床、夹具、刀具精度等)下所能达到的加工精度，所以在一般情况下，应使所选择的加工方法的标准偏差 σ 与公差带宽度 T 之间具有下列关系：

$$6\sigma \leqslant T$$

但考虑系统性误差及其他因素的影响，应当使 6σ 小于公差带宽度 T，才能可靠地保证加工精度。

（3）分布曲线分析法的应用

1）确定给定加工方法的精度 对于给定的加工方法，由于其加工尺寸的分布近似服从正态分布，其分散范围为 $\pm3\sigma$，即 6σ，在多次统计的基础上，可求得给定加工方法的标准偏差 σ 值，则 6σ 即为该加工方法的加工精度。

2）判断加工误差的性质 如果实际分布曲线基本符合正态分布(图 5.49a)，则说明加工过程中无变值系统性误差(或影响很小)。此时，若公差带中心 L_M 与尺寸分布中心 $\bar{x}$ 重合，则加工过程中常值系统性误差为零；若公差带中心 L_M 与尺寸分布中心 $\bar{x}$ 不重合，则存在常值系统性误差，其大小为 $|L_M-\bar{x}|$。

若实际分布曲线不服从正态分布，可根据分布曲线的形状分析判断变值系统性误差的类型，分析产生误差的原因并采取有效措施加以抑制和消除。常见的非正态分布有以下几种：

① 平顶分布 分布曲线呈平顶状，如图 5.49b 所示。产生这种图形的主要原因是生产过程中某种缓慢变动倾向的影响，如加工中刀具的显著线性磨损，使加工后工件的尺寸误差呈平顶分布。这种分布曲线可以看成是随着时间的推移，众多正态误差分布曲线组合的结果。

② 双峰分布 分布图具有两个顶峰，见图 5.49c。产生这种图形的主要原因可能是两次调整加工的工件混在一起。

③ 偏态分布 分布图顶端偏向一侧，图形不对称，如图 5.49d 所示。出现该图形的主要原因可能是工艺系统产生显著的热变形，如刀具受热伸长会使加工的孔偏大(图形向右偏)，使加工的轴偏小(图形左偏)；或因为操作者加工习惯所致，为了尽量避免产生不可修复的废品，主观使外径宁大勿小，孔径宁小勿大所致。有时端面跳动、径向跳动等形位误差也服从这种分布规律。

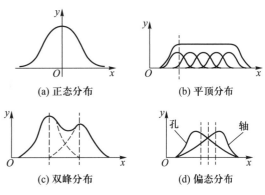

(a) 正态分布　　　　(b) 平顶分布

(c) 双峰分布　　　　(d) 偏态分布

图 5.49 机械误差的分布规律

3）判断工序能力及其等级 工序能力

是指某工序能否稳定地加工出合格产品的能力。把工件尺寸公差 T 与分散范围 6σ 的比值称为该工序的工序能力系数 C_P,用以判断生产能力。C_P 按下式计算:

$$C_P = T/6\sigma \tag{5.9}$$

根据工序能力系数 C_P 的大小,工序能力共分为五个等级,如表 5.3 所示。

表 5.3 工序能力等级

C_P	$C_P \geqslant 1.67$	$1.33 \leqslant C_P < 1.67$	$1.0 \leqslant C_P < 1.33$	$0.67 \leqslant C_P < 1.0$	$C_P < 0.67$
工序能力等级	特级工艺	一级工艺	二级工艺	三级工艺	四级工艺
工序能力判断	工序能力很充分	工序能力充分	工序能力够用但不充分	工序能力明显不足	工序能力非常不足

当工序能力系数 $C_P > 1$ 时,公差带 T 大于尺寸分散范围 6σ,具备了工序不产生废品的必要条件,但不是充分条件。要不出废品,还必须保证调整的正确性,即 $\bar{x}$ 与 L_M 要重合。只有当 $C_P > 1$ 同时 $T - 2|\bar{x} - L_M| > 6\sigma$ 时,才能确保不出废品。当 $C_P < 1$ 时,尺寸分散范围 6σ 超出公差带 T,此时无论如何调整,必将产生部分废品。当 $C_P = 1$ 时,公差带 T 与尺寸分散范围 6σ 相等,在各种常值系统误差的影响下,该工序也将产生部分废品。一般情况下,工序能力等级不应低于二级。

4)估算工序加工的合格率及废品率 分布曲线与 x 轴所包围的面积代表了一批零件的总数。如果尺寸分散范围超出零件的公差带,则肯定有废品产生,如图 5.50 所示的阴影部分。若尺寸落在 L_{min}、L_{max} 范围内,工件合格,空白部分面积所占比例就是加工工件的合格率,即

$$A_h = \frac{1}{\sigma\sqrt{2\pi}} \int_{L_{min}}^{L_{max}} e^{-\frac{(x-\bar{x})^2}{2\sigma^2}} dx$$

令

$$z_1 = \frac{|L_{min} - \bar{x}|}{\sigma}, z_2 = \frac{|L_{max} - \bar{x}|}{\sigma}$$

则

$$A_h = \frac{1}{\sqrt{2\pi}} \int_0^{z_1} e^{-\frac{z^2}{2}} dz + \frac{1}{\sqrt{2\pi}} \int_0^{z_2} e^{-\frac{z^2}{2}} dz$$

$$= \Phi(z_1) + \Phi(z_2)$$

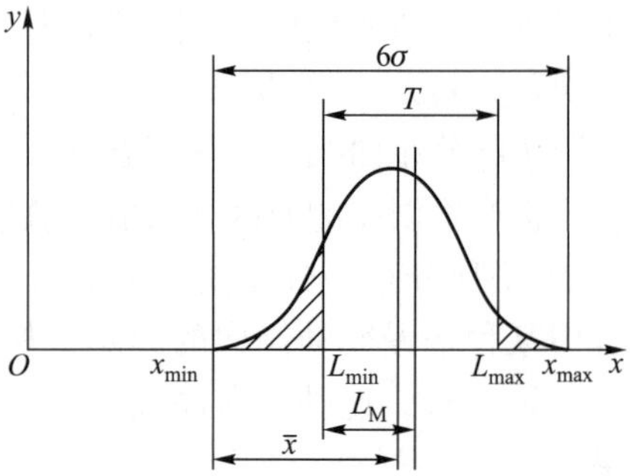

图 5.50 废品率计算

阴影部分的面积为废品率。左边的阴影部分面积为

$$A_{f左} = 0.5 - \Phi(z_1)$$

由于这部分工件的尺寸小于工件要求的下极限尺寸 L_{min},当加工外圆表面时,这部分废品无法修复,为不可修复废品;当加工内孔表面时,这部分废品可以修复而成为合格品,因而称为可修复废品。

右边阴影部分的面积为

$$A_{f右} = 0.5 - \Phi(z_2)$$

由于这部分工件尺寸大于要求的上极限尺寸 L_{max},当加工外圆表面时,这部分废品可以修复,为可修复废品;当加工内孔表面时,这部分废品不可以修复,为不可修复废品。

$$\Phi(z) = \frac{1}{\sqrt{2\pi}} \int_0^z e^{-\frac{z^2}{2}} dz$$

对于不同的 z 值，对应的函数值 $\Phi(z)$ 可由表5.4查得。

表5.4 $\Phi(z)$

z	$\Phi(z)$	z	$\Phi(z)$	z	$\Phi(z)$	z	$\Phi(z)$
0.00	0.000 0	0.32	0.125 5	0.78	0.282 3	2.00	0.477 2
0.01	0.004 0	0.33	0.129 3			2.10	0.482 1
0.02	0.008 0	0.34	0.133 1	0.80	0.288 1	2.20	0.486 1
0.03	0.012 0			0.82	0.293 9	2.30	0.489 3
0.04	0.016 0	0.35	0.136 8	0.84	0.299 5	2.40	0.491 8
		0.36	0.140 6	0.86	0.305 1	2.50	0.493 8
0.05	0.019 9	0.37	0.144 3	0.88	0.310 6		
0.06	0.023 9	0.38	0.148 0			2.60	0.495 3
0.07	0.027 9	0.39	0.151 7	0.90	0.315 9	2.70	0.496 5
0.08	0.031 9			0.92	0.321 2	2.80	0.497 4
0.09	0.035 9	0.40	0.155 4	0.94	0.326 4	2.90	0.498 1
		0.41	0.159 1	0.96	0.331 5	3.00	0.498 65
0.10	0.039 8	0.42	0.162 8	0.98	0.336 5		
0.11	0.043 8	0.43	0.166 4	1.00	0.341 3	—	—
0.12	0.047 8	0.44	0.170 0			3.20	0.499 31
0.13	0.051 7					3.40	0.499 66
0.14	0.055 7	0.45	0.173 6	1.05	0.353 1	3.60	0.499 841
		0.46	0.177 2	1.10	0.364 3	3.80	0.499 928
0.15	0.059 6	0.47	0.180 8	1.15	0.374 9		
0.16	0.063 6	0.48	0.184 4	1.20	0.384 9	4.00	0.499 968
0.17	0.067 5	0.49	0.187 9	1.25	0.394 4	4.50	0.499 997
0.18	0.071 4	0.50	0.191 5			5.00	0.499 999 97
0.19	0.075 3			—	—	—	—
		0.52	0.198 5	1.30	0.403 2		
0.20	0.079 3	0.54	0.205 4	1.35	0.411 5		
0.21	0.083 2	0.56	0.212 3	1.40	0.419 2	—	—
0.22	0.087 1	0.58	0.219 0	1.45	0.426 5		
0.23	0.091 0	0.60	0.225 7			—	—
0.24	0.094 8			1.50	0.433 2		
0.25	0.098 7	—	—	1.55	0.439 4		
		0.62	0.232 4	1.60	0.445 2		
0.26	0.102 6	0.64	0.238 9	1.65	0.450 5	—	—
0.27	0.106 4	0.66	0.245 4	1.70	0.455 4		
0.28	0.110 3	0.68	0.251 7			—	—
0.29	0.114 1			1.75	0.459 9	—	—
0.30	0.117 9	0.70	0.258 0	1.80	0.464 1	—	—
		0.72	0.264 2	1.85	0.467 8	—	—
—	—	0.74	0.270 3	1.90	0.471 3	—	—
0.31	0.121 7	0.76	0.276 4	1.95	0.474 4		

（4）分布图分析法的缺点

分布图分析法不能反映误差的变化趋势。加工中，由于随机性误差和系统性误差同时存在，在没有考虑工件加工先后顺序的情况下，很难把随机性误差和变值系统性误差区分开来。由于在一批工件加工结束后，才能得出尺寸分布情况，因而不能在加工过程中起到及时控制质量的作用。

2. 点图分析法

（1）点图的形式

1）个值点图　按加工顺序逐个地测量一批工件的尺寸，以工件序号为横坐标，以工件尺寸为纵坐标，就可作出个值点图（图5.51）。

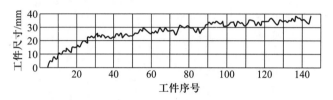

图5.51　个值点图

个值点图反映了工件尺寸变化与加工时间的关系。若将图上的点包络成二根平滑的曲线，
并作出这两根曲线的平均值曲线，就能较清楚地显示出误差的性质及变化趋势，如图5.52所示。平均值曲线OO'表示每一瞬时的分散中心，反映了变值系统性误差随时间变化的规律。其起始点O的位置表明常值系统性误差的大小。常值系统性误差不同，整个图形在垂直方向所处位置也不同。上、下曲线AA'和BB'间的宽度表示在随机性误差作用下的尺寸分散范围，反映了随机性误差的变化规律。

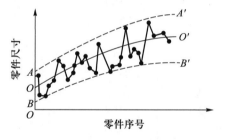

图5.52　个值点图上反映误差变化趋势

2）$\bar{x}$-R点图　为了能直接反映出系统性误差和随
机性误差随加工时间的变化趋势，实际生产中常用样组点图来代替个值点图。样组点图的种类很多，最常用的是$\bar{x}$-R点图（平均值-极差点图），它由$\bar{x}$点图和R点图结合而成。前者控制工艺过程质量指标的分布中心，反映系统性误差及其变化趋势；后者控制工艺过程质量指标的分散程度，反映随机性误差及其变化趋势。单独的$\bar{x}$点图或R点图不能全面反映加工误差的情况，必须结合起来应用。

$\bar{x}$-R点图的绘制是以小样本顺序随机抽样为基础。在加工过程中，每隔一定的时间，随机抽取几件为一组作为一个小样本。每样组工件数（即小样本容量）$m=2\sim10$，一般取$m=4\sim5$，抽取样组数$k=20\sim25$，共$80\sim125$个工件的数据。在取得这些数据的基础上，再计算每样组的平均值$\bar{x_i}$和极差R_i。

现抽取顺次加工的m个工件为第i样组，则第i样组的平均值$\bar{x_i}$和极差R_i值为

$$\bar{x_i}=\frac{1}{m}\sum_{i=1}^{m}x_i$$

$$R_i=x_{i\max}-x_{i\min}$$

式中，$x_{i\max}$ 和 $x_{i\min}$ 分别为第 i 样组中工件的最大尺寸和最小尺寸。

以样组序号为横坐标，分别以 $\overline{x_i}$ 和 R_i 为纵坐标，就可以作出 $\overline{x}$ 点图和 R 点图，如图 5.53 所示。

（2）点图分析法的应用

点图分析法是全面质量管理中用以控制产品加工质量的主要方法之一。点图常用于分析和判断工序是否处于稳定状态，又称管理图。$\overline{x}\text{-}R$ 点图主要用于工艺验证、分析加工误差以及对加工过程进行质量控制。

工艺验证就是判定现行工艺或准备投产的新工艺能否稳定地保证产品的加工质量要求。工艺验证的主要内容是通过抽样检查，确定其工序能力和工序能力系数，并判别工艺过程是否稳定。

由于工艺系统受到来自人、机器、原材料、方法、环境五个方面随机因素的影响，使得任何一批工件的加工尺寸都具有波动性。因而各样组的平均值 $\overline{x}$ 和极差 R 也都具有波动性。如果加工过程中主要受随机性误差因素的影响且波动的幅值不大，而系统性误差因素影响很小，则这种波动属于正常波动，该工艺过程是稳定的。如果加工过程中的系统性误差影响较大，或随机性误差的大小有明显的变化时，则这种波动属于异常波动，该工艺过程是不稳定的。

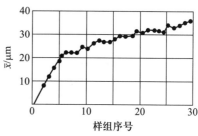

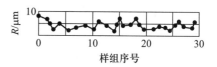

图 5.53　$\overline{x}\text{-}R$ 点图

要判别加工过程的尺寸波动是否属于正常，必须分析 $\overline{x}$ 和 R 的分布规律。从概率论和数理统计理论可知，当总体是正态分布时，其样本平均值 $\overline{x}$ 的分布也服从正态分布，R 的分布虽不是正态分布，但当 $m < 10$ 时，其分布比较接近正态分布。因此，在 $\overline{x}\text{-}R$ 点图上可确定出两条控制线（上、下控制线）和一条中心线，然后再根据点的具体波动情况来判别波动是否正常。

$\overline{x}\text{-}R$ 点图上的线分别为

$\overline{x}$ 的中心线 　　　　$$\overline{\overline{x}} = \frac{1}{k}\sum_{i=1}^{k}\overline{x_i}$$

$\overline{x}$ 的上控制线 　　　　$$\overline{x}_s = \overline{\overline{x}} + A\overline{R}$$

$\overline{x}$ 的下控制线 　　　　$$\overline{x}_x = \overline{\overline{x}} - A\overline{R}$$

R 的中心线 　　　　$$\overline{R} = \frac{1}{k}\sum_{i=1}^{k}R_i$$

R 的上控制线 　　　　$$R_s = D_1\overline{R}$$

R 的下控制线 　　　　$$R_x = D_2\overline{R}$$

式中　　　k——小样本组的组数；

　　　　$\overline{x_i}$——第 i 个小样本组的平均值；

　　　　R_i——第 i 个小样本组的极差值。

A、D_1、D_2——系数，见表 5.5。

表 5.5 系数 A、D_1、D_2

m	2	3	4	5	6	7	8	9	10
A	1.880 6	1.023 1	0.728 5	0.576 8	0.483 3	0.419 3	0.372 6	0.336 7	0.308 2
D_1	3.268 1	2.574 2	2.281 9	2.114 5	2.003 9	1.924 2	1.864 1	1.816 2	1.776 8
D_2	0	0	0	0	0	0.075 8	0.135 9	0.183 8	0.223 2

在点图上作出中心线和控制线后，就可根据图中点的情况来判别工艺过程是否稳定，当 $\bar{x}$-R 图中的点同时满足以下四个条件时，则波动是正常的，说明该工艺过程稳定。这四个条件：① 连续 25 个点以上都在控制线以内；② 连续 35 个点中，只有一点在控制线之外；③ 连续 100 个点中，只有 2 个点超出控制线；④ 点的变化没有明显的规律性，或具有随机性。

工艺过程出现异常波动，表明总体分布的数字特征 $\bar{x}$、σ 发生了变化，这种变化不一定就是坏事。例如发现点密集在中心线附近，说明分散范围变小了，这是好事；但应查明原因，使之巩固，以进一步提高工序能力（即减小 6σ 值）。再如，刀具磨损会使工件平均尺寸误差逐渐增加，使工艺过程不稳定。虽然刀具磨损是机械加工中的正常现象，但如果不适时加以调整，就有可能出现废品。工艺过程是否稳定，取决于该工序所采用的工艺过程本身的误差情况，与产品是否出现废品不是一回事。若某工序的工艺过程是稳定的，其工序能力系数 C_P 值也足够大，且样本平均值 $\bar{x}$ 与公差带中心 L_M 基本重合，那么只要在加工过程中不出现异常波动，就可以判定该工序不会产生废品。加工过程中不出现异常波动，说明该工序的工艺过程处于控制之中，可以继续进行加工，否则就应停机检查，找出原因，并采取措施消除使加工误差增大的因素，使质量管理从事后检验变为事前预防。

5.9 加工质量数据采集及分析

5.9.1 加工质量数据采集

1. 加工过程质量数据特点

随着自动化水平的提高和加工过程流水线的实施，对于多批次或多零件加工中的几何量（尺寸、形状、位置和表面微观几何量）、"设备-刀具-夹具"工况量（刀具磨损、振动、变形、受力、温度）的检测已成为企业提高产品质量的关键。对于多批次或多零件的不同加工特征，所需的检测仪器不同，如测量孔轴径、表面粗糙度等几何量以及测量机床振动、刀具磨损等会使用不同的检测仪器；同一加工特征也会随着加工过程的变化而使用不同的检测仪器，如对于粗、半精、精加工的孔，由于加工精度的不同，所使用的检测仪器也会不同。计算机技术、网络技术、传感器技术以及各种数据采集与检测技术的发展，为各类检测仪器提供了支持和保证。

在多源（设备、工艺、工件）多工序加工环境下，制造质量的概念发生了很大的变化，这是由于各工序间通常存在复杂的交互效应，产品的最终加工质量需要由多道工序共同保证，即需要对产品制造工序流进行全面监控与分析。因此，在加工过程中对反映产品质量波动的各类几何量、工况量数据进行准确监控与分析，是提高产品质量和竞争力的重要保证。实现加工过程的稳态生产，很大程度上取决于对加工过程进行在线与离线相结合的有效监测，这也是实现数字化加工过程闭环质量控制的关键。加工过程多源质量数据具有以下几个特点：

（1）误差源的多源特性　加工误差源可能来自设备（机床种类选择、静态精度、服役性能导致的动态精度等）、工艺（切削参数选择，刀量、夹具选择，加工方法选择等）、工件（工件待加工特征、加工精度要求等）。

（2）质量数据采集的网络化特性　加工过程误差源的多源特性决定了质量数据获取的方式必然是多样的，且获取的质量数据应可以方便地提供给各类质量管理和生产人员，这就需要质量数据采集具有网络化特性，如图 5.54 所示。

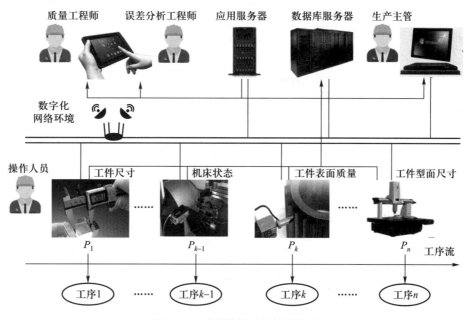

图 5.54　质量数据采集的网络化

（3）质量数据的多维特性　质量数据类型繁多，在空间关系上的表现为涉及设备、工艺、工件等的数据信息；在时间关系上表现为与溯源、在线质量控制、预测等有关的数据信息。

2. 加工过程质量数据传感网络

图 5.55 所示为面向数字化加工过程的检测传感网络环境。采用数字检测传感技术，在各工序节点配置各类相应的量具、测量仪及传感器，以获取加工过程中的各类几何量、工况量数据，并通过有线和无线数据通信模式实现各工序节点间质量数据的共享与互操作，依据工序间质量特性（零件加工特征）存在的累积传递效应，各工序节点的检测仪器形成面向工序流的检测传感网络。数字化检测传感网络的搭建主要包括两个方面：一，检测仪器的配置和检测传感网络的性能评价；二，针对具体零件采用的数字测量技术。

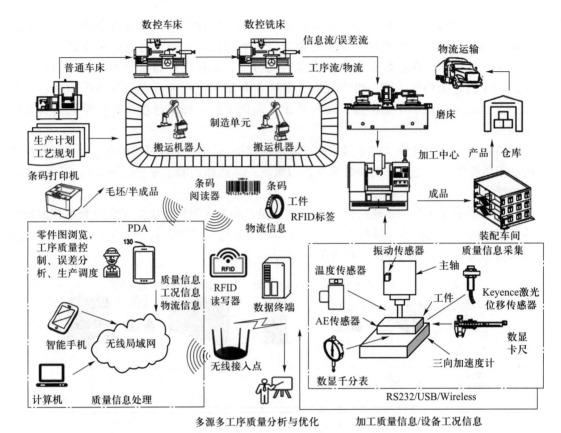

图 5.55 面向数字化加工过程的检测传感网络环境

5.9.2 加工质量数据分析方法

产品的质量特性指标需要用具体的数值来体现,用各种检测手段测得的这些数值称为质量数据。质量数据是否可靠,如何通过分析这些数据来寻找影响产品质量特性指标的原因,都要用质量管理工程的统计分析方法。分析方法种类很多,简单归纳成以下七种。

1. 控制图法

控制图是 1924 年由美国贝尔电话实验室的休哈特提出的一种质量管理工具。它是一种有控制界限的图,用来区分质量问题的原因是偶然的还是系统的,可以提供系统原因存在的信息,从而判断生产过程的受控状态。控制图按其用途可分为两类:一类是供分析用的控制图,用来控制生产过程中有关质量特性值的变化情况,看工序是否处于稳定受控状态;另一类控制图主要用于发现生产过程是否出现了异常情况,以预防产生不合格品。

控制图的基本格式如图 5.56 所示。横坐标是以时间先后排列的样本组号,纵坐标为"质量特性值"或"样本统计量"。两条控制界限一般用虚线表示,上面一条称为上控制界限(upper control limit, UCL),下面一条称为下控制界限(lower control limit, LCL),中心线(control limit, CL)用实线表示。

在生产过程中,应定时抽取样本,把测得的数据按时间先后一一描在图上。如果点子落

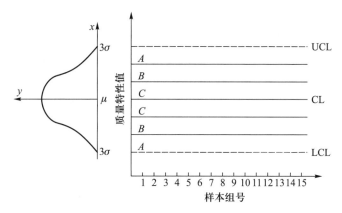

图 5.56 控制图基本格式

在两控制界限线之间,且点子排列是随机的,则表明生产过程仅有偶然性因素导致的随机误差存在。生产基本上是正常的,处于统计控制状态,此时对生产过程可不必干预。如果点子落在两控制界限之外,或点子在两控制界限内的排列是非随机的,则表明生产过程中有系统性原因导致的系统误差存在,过程已处于非统计控制状态,此时必须对过程采取措施使工序恢复正常。通过控制图对生产过程不断地进行监控,能够对系统性原因的出现及时警告,并对过程进行控制。

2. 数据分层法

数据分层法就是将性质相同的、在同一条件下收集的数据归纳在一起,以便进行比较分析找出数据的统计规律。因为在实际生产中,影响质量变动的因素很多,如果不把这些因素区别开来,就难以得出变化的规律。分层的目的在于把杂乱无章和错综复杂的数据按不同的目的进行分类,使之能更确切地反映客观事实。

分层的原则是使同一层次内的数据波动幅度尽可能小,而层与层之间的差异尽可能大。数据分层可根据实际情况按多种方式进行。例如,按不同时间、不同班次进行分层,按使用设备的种类进行分层,按原材料的进料时间、原材料成分进行分层,按检查手段、使用条件进行分层,按不同缺陷项目进行分层等。数据分层法经常与统计分析表结合使用。表 5.6 为钢筋焊接质量分层统计表。

表 5.6 钢筋焊接质量分层统计表

操作者	焊接质量	甲厂		乙厂		合计	
		焊接点	不合格率/%	焊接点	不合格率/%	焊接点	不合格率/%
A	不合格 合格	12 4	75	0 22	0	12 26	32
B	不合格 合格	0 10	0	6 8	43	6 18	25
C	不合格 合格	6 14	30	14 4	78	20 18	53
合计	不合格 合格	18 28	39	20 34	37	38 62	38

3. 调查表

调查表也称检查表、核对表、统计分析表，是用来系统地收集和整理质量原始数据，确认事实，并对质量数据进行粗略整理和分析的统计图表。因产品对象、工艺特点调查和分析目的的不同，调查表的内容也不同。常用的调查表有不合格项目调查表、不合格原因调查表、废品分类统计调查表、产品故障调查表、工序质量调查表、产品缺陷调查表等。表 5.7 为插头焊接缺陷调查表。

表 5.7　插头焊接缺陷调查表

序　号	项　目	频　数	累　计	累计频率/%
A	插头槽径大	3 367	3 367	69.14
B	插头假焊	521	3 888	79.84
C	插头焊化	382	4 270	87.69
D	插头内有焊锡	201	4 471	91.82
E	绝缘不良	156	4 627	95.02
F	芯线外漏	120	4 747	97.48
G	其他	123	4 870	100

调查表按形式可分为点检用调查表和记录用调查表。点检用调查表在记录时只作是非或选择的注记；记录用调查表用于收集计量或计数资料，通常使用划记法。图 5.57 为汽车保养作业点检用调查表。

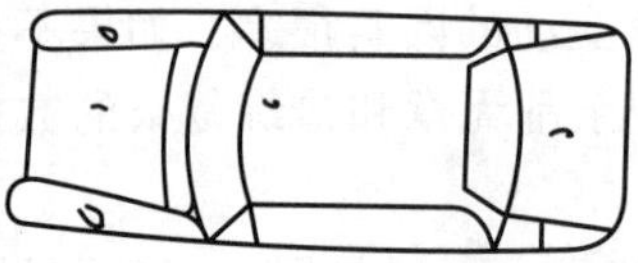

	点检内容	9月5日	9月6日	9月8日	9月9日
1处的点检	冷却水的量与是否漏水	√		√	√
	风扇皮带的损伤和挠曲	√		√	√
	机油的量与污浊程度	√		√	√
2处的点检	轮胎的气压、磨损与损伤	√	√	√	×
	弹簧的损伤	√	√	√	√
3处的点检	千斤顶、工具的有无	√			
	备用轮胎的气压	√	√	√	√
4处的点检	发动机的起动情况	√		√	√
	各仪表的功能正常与否	√	√	√	√
	离合器的离合情况	△	△	△	√
	门、锁的情况	√		√	√
	喇叭、雨刮器的情况	√	√	√	√
备注					

良好 √　不良 ×　尚可 △

图 5.57　汽车保养作业点检用调查表

4. 排列图法

排列图又叫帕累托图，是建立在帕累托原理的基础上，即关键的少数和次要的多数（80/20原则），由意大利经济学家 Pareto 和 Lorenz 创建。美国质量管理专家 Juran 把这一原理应用于质量管理中，是为寻找主要问题或影响质量的主要原因。应用这一原理，就意味着在质量改进的项目中，少数的项目往往产生主要的、决定性的影响，只要能够抓住少数的关键原因，就可以解决80%以上的问题。

排列图是由一个横坐标、两个纵坐标、几个按高低顺序依次排列的长方形和一条百分比折线所组成的图。它是根据整理的数据，以不良原因、不良状况发生的现象，系统地加以分类，计算出各项目所产生的数据（不良率、损失金额等）以及所占的比例，依照大小顺序排列，再加上累计值的图形。排列图的主要作用有：一是按重要顺序显示出每个质量改进项目对整个质量问题的作用；二是寻找主要、关键问题或原因，识别质量改进的机会。图5.58为曲轴主轴颈不合格原因排列图。

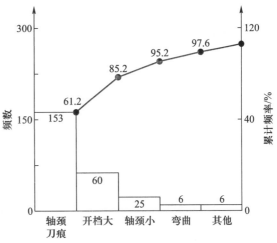

图5.58 曲轴主轴不合格原因排列图

5. 因果图法

因果图又叫特性要因图，是日本质量管理学者石川馨首先提出来的，故也叫石川馨图。它是分析质量问题与其影响因素之间关系的有效工具。

典型的因果图形式如图5.59所示。主干线表示需要解决的质量问题，"人""机""料""法""环"表示造成质量问题的五大因素，称为大原因；每个大原因可能包括若干个中原因；中原因可能还有小原因以至更小的原因等。用因果图分析影响产品质量问题的原因时，一般细分到能采取措施的原因为止。

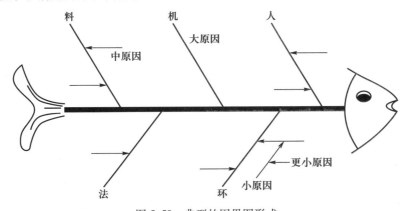

图5.59 典型的因果图形式

6. 直方图法

在质量管理中，直方图是应用很广的一种统计分析工具。直方图是用一系列等宽不等高的长方形来表示数据。宽度表示数据范围的间隔，高度表示在给定间隔内数据出现的频数，变化的高度形态表示数据的分布情况，不同形状的直方图及其应用详见 5.8.2 节。

7. 散布图法

散布图也叫相关图，是表示两个变量之间变化关系的图，将两个相关关系的变量数据对应列出，用圆点画在坐标图上以观察它们之间的关系，即相关关系。

散布图是回归分析中必用的基本工具，其目的在于确定变量之间是否存在相关关系，如果存在相关关系，可表明相关程度，有助于判断各种因素对产品质量有无影响及影响程度。

典型的散布图如图 5.60 所示。图 5.60a 为强正关系，即当 x 增大时，y 也增大，两变量表现为明显的线性相关关系；图 5.60b 为弱正关系，即当 x 增大时，y 也有增大的趋势，但这种趋势不明显，说明还有其他影响产品质量的因素；图 5.60c 表示两个变量之间不相关，说明该因素对产品质量几乎没有影响；图 5.60d 为强负相关，即当 x 增大时，y 随之减小；图 5.60e 为弱负相关，即当 x 增大时，y 有减小的趋势；而图 5.60f、g 表示两变量之间为曲线相关。

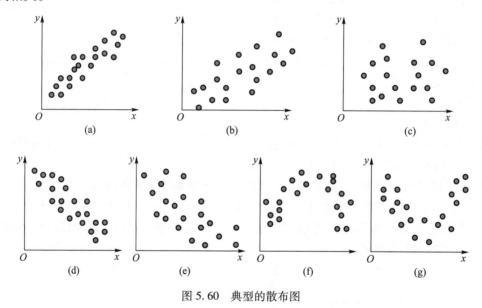

图 5.60　典型的散布图

5.9.3　数字化加工过程质量控制

1. 数字化加工过程质量控制的特点

复杂的产品一般由多个零部件组成，而每个零件又由多道工序加工完成。为了保证产品的最终加工质量，需要对每个零件的加工质量进行控制，而零件的加工质量又取决于其加工工序流（图 5.61）的稳定性。从加工质量控制的角度来看，零件加工工序流通常具有以下特征：

（1）误差源繁多，且彼此相互耦合。加工误差源可能来自设备（机床种类选择、静态精度、服役性能导致的动态精度等）、工艺（切削参数选择、刀量夹具选择、加工方法选择等）、工件(工件待加工特征、加工精度要求等)，误差类型的体现形式包括设备服役性能误差、刀具-工件系统产生的动态误差、夹具误差、测量误差等，最终体现为工件误差。

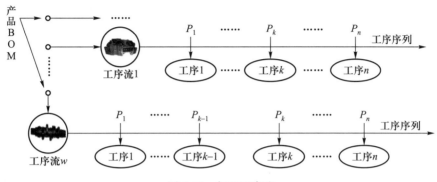

图 5.61 加工工序流

（2）工序间存在交互效应。工序流形态依赖于制造工艺能力、待加工零件的批次、零件特征要求等。正常工序流表现为随加工工序的进行，零件加工精度得到不断的提高。由此使得前、后工序间也可能存在误差传递现象。

零件加工工序流的稳定性依赖以下两个方面：

（1）制造工艺本身的成熟性。制造工艺的优劣直接决定了零件加工质量的高低，随着加工过程的进行，零件的制造工艺也会不断趋向成熟，尽快获得成熟的制造工艺是企业赢得竞争的关键。

（2）数字化加工过程质量控制理论方法及其与加工设备服役性能评价的融合。提高对制造过程中各类数据、信息（来自设备、工艺、工件等）的获取和处理能力，是提高零件加工质量和实现稳态生产过程的关键。

2. 数字化加工过程质量控制的实现

与国外制造企业相比，我国的复杂精密零件的制造工艺水平和相应的质量控制能力亟待提高。造成这种现象的直接原因是对一些重要基础件的制造工艺信息流的演变规律和过程质量控制的核心知识有待进一步掌握。主要表现在以下几个方面：

（1）对生产过程的多源和多工序误差产生与演化的机理认知不清，在误差溯源与补偿方面缺少理论与技术依据，导致同等装备条件下加工精度控制能力差，无法实现加工过程的多工序误差控制。

（2）缺乏可利用的工件、工艺、设备等底层的数字化加工质量信息及相关的数值计算方法，导致在加工误差分析中缺乏用于决策的前提信息。

（3）制造过程中诸多环节有关误差信息的提取、分析等工作互不关联，导致加工误差主要以事后控制为主，缺乏主动预测与在线控制。

数字化加工模式为解决这些问题提供了很好的环境。在数字化加工环境下，通过构建检测传感网络使获取工件、工艺、设备等底层的质量数据成为可能。这些底层数据信息通常包含了加工过程质量状态的变化特征。掌握"工件—设备群—工序流"系统的复杂关联规律与交互机理是实现多源多工序加工过程精确质量控制的关键。

数字化加工过程精确质量控制的实现需要对人、机、料、法、环、测等要素进行全面控制，为此，数字化加工过程质量控制以严格的过程管理与持续的质量改进为目标，以过程状态参数的全面监控、关联分析和工序质量维护决策来保证目标的实现。图 5.62 给出了数字化加工过程精确质量控制的实现模式。首先确定零件加工过程质量目标识别关键工序节点；其次，量化分析各工序节点间存在的传递累积效应；最后，在各工序节点对其工序质量特性状态进行监控，并识别工序质量改进的机会和方向。其基本思路是，针对不同生产模式采用不同的工序质量控制工具；在此基础上，采用神经网络方法实现对工序质量异常状态的有效识别，利用小波功能并融合多源信号，实现对工序异常状态监控与诊断的集成，为工序质量误差溯源提供基础；最后采用基于波动轨迹图的工序流能力评价方法，实现对工序能力的持续改进。

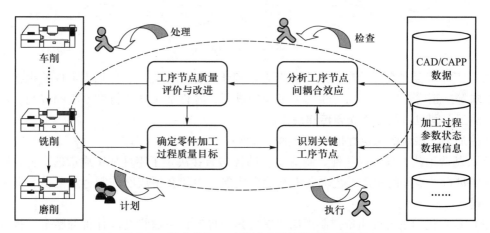

图 5.62　数字化加工过程精确质量控制实现模式

5.10　机械加工表面质量

5.10.1　表面质量的内容

机械加工表面质量包含两个方面的内容。

1. 表面粗糙度及波度

根据加工表面不平度(波距 L 与波高 H 的比值)的特性，可将不平度分为以下三种类型，如图 5.63 所示。

$L/H>1\ 000$，称为宏观几何形状误差。如圆度误差、圆柱度误差等，它们属于加工精度范畴。$L/H = 50 \sim 1\ 000$，称为波度。$L/H<50$，称为微观几何形状误差，常被称为表面粗糙度。

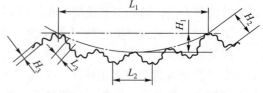

图 5.63　加工表面不平度

2. 表面层物理、力学性能的变化

零件在机械加工中由于受切削过程中力和热的综合作用，表面层金属的物理、力学性能和基体金属大不相同，主要有以下三方面的内容：

1）表面层因塑性变形引起的冷作硬化；

2）表面层中的残余应力；

3）表面层因切削热引起的金相组织变化。

5.10.2 表面质量对零件使用性能的影响

1. 表面质量对零件耐磨性的影响

（1）表面粗糙度对零件耐磨性的影响

表面粗糙度太大和太小都不耐磨。表面粗糙度太大，接触表面的实际压强增大，粗糙不平的凸峰相互咬合、挤裂、切断，导致磨损加剧；表面粗糙度太小，存不住润滑油，接触面间不易形成油膜，容易发生分子黏结而加剧磨损。表面粗糙度的最佳值与机器零件的工作情况有关，载荷加大时，磨损曲线向上、向右移动，最佳表面粗糙度值也随之右移，如图 5.64 所示。

（2）表面层的冷作硬化对零件耐磨性的影响

加工表面的冷作硬化，使摩擦副表面层金属的显微硬度提高，塑性降低，减少了摩擦副接触部分的弹性变形和塑性变形，故一般能提高零件的耐磨性。但也不是冷作硬化程度越高耐磨性就越高，这是因为过分的冷作

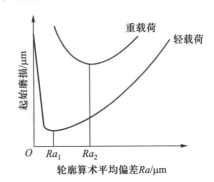

图 5.64 表面粗糙度与初期磨损量的关系

硬化将引起金属组织过度"疏松"，在相对运动中可能会产生金属剥落，在接触面间形成小颗粒，使零件加速磨损。

2. 表面质量对零件疲劳强度的影响

（1）表面粗糙度对零件疲劳强度的影响

表面粗糙度对承受交变载荷零件的疲劳强度影响很大。在交变载荷作用下，表面粗糙度的凹谷部位容易引起应力集中，产生疲劳裂纹。表面粗糙度值越小，表面缺陷越少，工件耐疲劳性能越好；反之，加工表面越粗糙，表面的纹痕越深，纹底半径越小，其抗疲劳破坏的能力越差。

（2）表面层冷作硬化与残余应力对零件疲劳强度的影响

适度的表面层冷作硬化能提高零件的疲劳强度。冷硬层不但能防止疲劳裂纹的产生，而且能阻止已有的裂纹扩大。但加工表面在发生冷作硬化的同时，会伴随产生残余应力。残余应力有拉应力和压应力之分，残余拉应力容易使已加工表面产生裂纹并使其扩展而降低疲劳强度，而残余压应力则能够部分地抵消工作载荷施加的拉应力，延缓疲劳裂纹的扩展，从而提高零件的疲劳强度。

3. 表面质量对零件工作精度的影响

（1）表面粗糙度对零件配合精度的影响

在间隙配合中，若配合表面粗糙度较大，则初期磨损量较大，从而使配合间隙增大，降低了配合精度。对于过盈配合，若配合表面粗糙度过大，装配时部分凸峰会被挤平，致使实际过盈量减小，降低了过盈配合表面的接合强度。因此对有配合要求的表面，必须规定较小的表面粗糙度。

（2）表面残余应力对零件工作精度的影响

表面残余应力虽然在零件内部是平衡的，但由于金属材料的蠕变作用，残余应力在经过一段时间后会自行减弱以至消失；但同时零件也随之变形，引起零件的尺寸和形状误差。对一些高精度零件，如精密机床的床身、精密量具等，如果表面层有较大的残余应力，就会影响它们精度的稳定性。

4. 表面质量对零件耐腐蚀性能的影响

（1）表面粗糙度对零件耐腐蚀性能的影响

零件表面越粗糙，越容易积聚腐蚀性物质，凹谷越深，渗透与腐蚀作用越强烈。因此降低零件表面粗糙度可以提高零件的耐蚀性。

（2）表面残余应力对零件耐腐蚀性能的影响

零件表面残余压应力使零件表面紧密，腐蚀性物质不易进入，可增强零件的耐蚀性；而表面残余拉应力则会降低零件的耐蚀性。

表面质量对零件使用性能还有其他方面的影响。如降低表面粗糙度可提高零件的接触刚度、密封性和测量精度；对滑动零件，可降低其摩擦系数，从而减少发热和功率损失。

5.10.3 影响加工表面粗糙度的主要因素及其控制

机械加工中，表面粗糙度形成的原因大致可归纳为几何因素和物理、力学因素两个方面。

1. 影响切削加工表面粗糙度的因素

（1）刀具几何形状

切削加工表面粗糙度值主要取决于切削残留面积的高度。影响残留面积高度的因素主要包括刀尖圆弧半径 r_ε、主偏角 κ_r、副偏角 κ_r' 及进给量 f 等。图 5.65a 为用尖刀切削的情况，切削残留面积的高度为

$$H=f/(\cot \kappa_r+\cot \kappa_r') \tag{5.10}$$

图 5.65b 为用圆弧刀刃切削的情况，切削残留面积的高度为

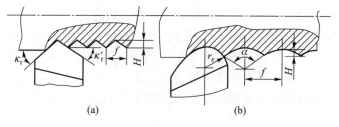

$$(a) \qquad\qquad (b)$$

图 5.65 车削时残留面积高度

$$H = f^2 / (8r_\varepsilon) \tag{5.11}$$

从式(5.10)和式(5.11)可知,进给量和刀尖圆弧半径对切削加工表面粗糙度的影响比较明显。切削加工时,选择较小的进给量和较大的刀尖圆弧半径,可降低表面粗糙度。

(2)物理、力学因素

1)工件材料的影响 切削加工后表面粗糙度的实际轮廓形状不同于理论轮廓,其原因是切削加工中发生了塑性变形。加工塑性材料时,刀具对金属挤压产生的塑性变形和刀具迫使切屑与工件分离的撕裂作用,使加工表面粗糙度值加大。工件材料韧性越好,金属塑性变形越大,加工表面越粗糙。故对中碳钢和低碳钢材料的工件,为改善切削性能,减小表面粗糙度值,常在粗加工或精加工前安排正火或调质处理。

加工脆性材料时,其切削呈碎粒状,由于切屑的崩碎而在加工表面留下许多麻点,使表面粗糙。

2)切削速度的影响 如图 5.66 所示,加工塑性材料时,切削速度 v_c 处于 20~50 m/min 时,微观不平度十点高度 Rz(表面粗糙度)值最大,因为在此速度下容易出现积屑瘤,使加工表面质量恶化;当切削速度 v_c 超过 100 m/min 时,加工表面粗糙度值减小,并趋于稳定。选择低速宽刀精切和高速精切,可以得到较小的加工表面粗糙度值。

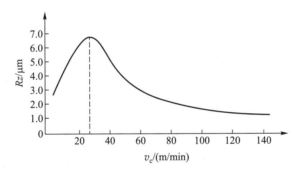

图 5.66 加工塑性材料时切削速度对表面粗糙度的影响

此外,合理使用冷却润滑液,适当增大刀具的前角,提高刀具的刃磨质量等,均能有效地减小加工表面粗糙度值。

2. 影响磨削加工表面粗糙度的因素

工件的磨削表面是由砂轮上大量磨粒刻划出无数极细的刻痕形成的,工件单位面积上通过的砂粒数越多,则刻痕越多,刻痕的等高性越好,加工表面粗糙度值越小。

(1)砂轮粒度和砂轮修整

在相同的磨削条件下,砂轮的粒度号数越大,粒度越细,单位面积上参加磨削的磨粒越多,表面的刻痕越细密,加工表面粗糙度值就越小。

修整砂轮的纵向进给量对磨削表面的表面粗糙度影响较大。用金刚石修整砂轮时,金刚石在砂轮的外缘上打出一道螺旋槽,其螺距等于砂轮转一周时金刚石笔的纵向进给量。修整砂轮时,金刚石笔的纵向进给量越小,砂轮表面磨粒的等高性越好,被磨工件的表面粗糙度值就越小。

(2)砂轮的硬度

砂轮的硬度是指磨粒在磨削力作用下从砂轮上脱落的难易程度。砂轮太硬,磨粒不易脱落，磨钝了的磨粒不能及时被新磨粒替代，使加工表面粗糙度增大。砂轮太软，磨粒容易脱落，磨削作用减弱，也会使加工表面粗糙度值增大。通常选用中软砂轮。

（3）磨削用量

砂轮转速越高，单位时间内通过被磨表面的磨粒数越多，加工表面粗糙度值就越小。

工件转速对表面粗糙度值的影响刚好与砂轮转速的影响相反。工件的转速提高，通过加工表面的磨粒数减少，因此表面粗糙度值增大。

增大磨削深度和提高工件速度将使塑性变形加剧，使表面粗糙度值增大。为提高磨削效率，通常在开始磨削时采用较大的径向进给量，而在磨削后期采用较小的径向进给量或无进给量磨削，以减小加工表面粗糙度值。

（4）工件材料性质

工件材料的硬度、塑性、热导率对加工表面粗糙度都有显著影响，太硬、太软、太韧的材料都不容易磨光。太硬易使磨粒磨钝，太软容易堵塞砂轮，韧性太大，热导率差会使磨粒过早崩落，破坏砂轮表面微刃的等高性，这些都会使加工表面粗糙度值增大。

5.10.4 影响工件表面层物理、力学性能的主要因素及其控制

机械加工中，工件受切削力和切削热的作用，其表面层金属的物理、力学性能会发生很大变化，造成与里层材料性能的差异。这些差异主要表现为表面层金属显微硬度的变化、产生残余应力和金相组织的变化。

1. 表面层的加工硬化

（1）表面层加工硬化的产生

机械加工时，工件表面层金属受到切削力的作用产生强烈的塑性变形，使晶格扭曲，晶粒间产生剪切滑移，晶粒被拉长、纤维化甚至碎化，从而使表面层的硬度增加，这种现象称为加工硬化，又称冷作硬化和强化。同时，产生的切削热提高了工件表层金属的温度，当温度高到一定程度时，已强化的金属会回复到正常状态。回复作用的速度取决于温度的高低、持续时间及硬化程度的大小。机械加工时，工件表面层金属的加工硬化实际上是由硬化作用与回复作用综合造成的。

（2）衡量表面层加工硬化的指标

衡量表面层加工硬化程度的指标有下列三项：

1）表面层的显微硬度 HV；

2）硬化层深度 h；

3）硬化程度 N。

$$N = (HV - HV_0)/HV_0 \times 100\% \tag{5.12}$$

式中，HV_0 为工件原表面层的显微硬度。

（3）影响表面层加工硬化的因素

1）刀具几何形状的影响　切削刃钝圆半径增大，径向切削分力也随之增大，加工工件表层金属的塑性变形程度加剧，导致冷硬程度增大。

如图 5.67 所示，刀具后面磨损宽度 VB 从 0 增大到 0.2 mm，表层金属的显微硬度由

220 HV增大到340 HV，这是由于磨损宽度加大之后，刀具后面与被加工工件的摩擦加剧，塑性变形增大，导致表面冷硬程度增大。但磨损宽度继续加大，摩擦热急剧增大，弱化趋势明显增大，表层金属的显微硬度逐渐下降，直至稳定在某一水平上。

2）切削用量的影响　在进给量比较大时，进给量增大，切削力也增大，表层金属的塑性变形加剧，冷硬程度增加，如图 5.68 所示。但在进给量很小时，若继续减小进给量，则表层金属的冷硬程度反而会增大。

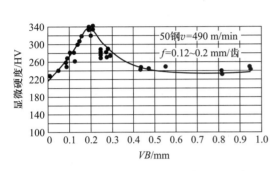

图 5.67　刀具后面磨损宽度对冷硬的影响

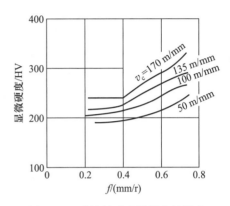

图 5.68　进给量对冷硬程度的影响

当切削速度增大时，刀具与工件的作用时间减小，使塑性变形的扩展深度减小，因而冷硬深度减小。

3）工件材料性能的影响　工件材料的塑性越大，冷硬倾向越大，冷硬程度也越严重。

2. **表面层的残余应力**

机械加工中工件表面层组织发生变化时，在表面层及其与基体材料的交界处会产生互相平衡的弹性力。这种弹性力即为表面层的残余应力。

（1）冷态塑性变形引起的残余应力

在切削或磨削加工中，工件表面受到刀具或砂轮磨粒后面的挤压与摩擦，表面层产生伸长塑性变形，此时基体金属仍处于弹性变形状态。切削后，基体金属趋于弹性恢复，但受到产生塑性变形的表面层金属的牵制，则在表面层产生残余压应力，而在里层产生残余拉应力。

（2）热态塑性变形引起的残余应力

在切削或磨削加工中，工件表面在切削热作用下产生热膨胀，此时基体温度较低，图 5.69a 所示为工件上的温度分布示意图。t_p 点相当于金属具有高塑性的温度，温度高于 t_p 的表层金属不会有残余应力产生。t_n 为标准室温，t_m 为金属熔化温度。

如图 5.69b 所示，表层金属 1 的温度超过 t_p，表层金属 1 处于没有残余应力作用的完全塑性状态；金属层 2 的温度在 t_n 和 t_p 之间，这层金属受热之后体积要膨胀，由于表层金属 1 处于完全塑性状态，故它对金属层 2 的受热膨胀不起任何阻碍作用。但金属层 2 的膨胀要受到处于室温状态的里层金属 3 的阻碍，金属层 2 由于膨胀受阻将产生瞬时压缩残余应力，而金属层 3 则受金属层 2 的牵连产生瞬时拉伸残余应力。

切削过程结束后，工件表面的温度开始下降。如图 5.69c 所示，当金属层 1 的温度低于 t_p 时，金属层 1 将从完全塑性状态转变为不完全塑性状态。金属层 1 的冷却使其体积收缩，但

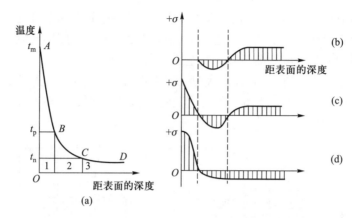

图 5.69　切削热在表层金属产生拉伸残余应力的示意图

它的收缩受到金属层 2 的阻碍，这样金属层 1 内就产生了拉伸残余应力，而在金属层 2 内的压缩残余应力将进一步增大。

如图 5.69d 所示，表层金属继续冷却，表层金属 1 继续收缩，它仍受到里层金属的阻碍，因此金属层 1 的拉伸应力还要继续加大，而金属层 2 的压缩应力则扩展到金属层 2 和金属层 3 内。

（3）金相组织变化引起的残余应力

在切削或磨削加工中，当工件表面温度高于材料的相变温度，则会引起表面层的金相组织变化。不同的金相组织有不同的密度，马氏体密度 $\gamma_{马}=7.75\ g/cm$，奥氏体密度 $\gamma_{奥}=7.96\ g/cm$，珠光体密度 $\gamma_{珠}=7.78\ g/cm$，铁素体密度 $\gamma_{铁}=7.88\ g/cm$。以淬火钢磨削为例，淬火钢原来的组织是马氏体，磨削加工后、表层若产生回火，马氏体将转变为接近珠光体的屈氏体或索氏体，密度增大而体积减小，工件表面层产生残余拉应力，里层金属则产生与之相平衡的残余压应力。如果磨削时工件表层金属的温度超过相变温度，且冷却又充分，则工件表层将因急冷形成淬火马氏体，体积膨胀，表层产生残余压应力，而里层则产生残余拉应力。

机械加工后，工件表面层的残余应力是冷态塑性变形、热态塑性变形和金相组织变化的综合结果。切削加工时起主要作用的往往是冷态塑性变形，表面层常产生残余压应力。磨削加工时起主要作用的通常是热态塑性变形或金相组织变化引起的体积变化，表面层常产生残余拉应力。

3. 表面层金相组织变化——磨削烧伤

（1）表面层金相组织变化与磨削烧伤的产生

切削加工中，由于切削热的作用，在工件的加工区及其邻近区域产生了一定的温升。当温度超过金相组织变化的临界点时，金相组织就会发生变化。对于一般的切削加工，温度一般不会上升到如此高的程度。但在磨削加工时，磨粒的切削、刻划和滑擦作用，以及大多数磨粒的负前角切削和很高的磨削速度，使加工表面层有很高的温度，当温度达到相变临界点时，表层金属就会发生金相组织变化，强度和硬度降低，产生残余应力，甚至出现微观裂纹。这种现象称为磨削烧伤。淬火钢在磨削时，由于磨削条件不同，产生的磨削烧伤有三种形式。

1）淬火烧伤　磨削时，当工件表面层温度超过相变临界温度 Ac_3（碳钢约为 720℃）时，则马氏体转变为奥氏体。若此时有充分的冷却液，工件最外层金属会出现二次淬火马氏体组织，其硬度比原来的回火马氏体高，但很薄，只有几微米，其下为硬度较低的回火索氏体和屈氏体。由于二次淬火层极薄，表面层总的硬度是降低的，这种现象称为淬火烧伤。

2）回火烧伤 磨削时，如果工件表面层温度只是超过马氏体转变温度(中碳钢一般为 250~300℃)而未超过相变临界温度 Ac_3，则表层原来的回火马氏体组织将产生回火现象而转变为硬度较低的回火组织(索氏体或屈氏体)，这种现象称为回火烧伤。

3）退火烧伤 磨削时，当工件表面层温度超过相变临界温度 Ac_3 时，则马氏体转变为奥氏体。若此时无冷却液，表层金属空冷冷却比较缓慢而形成退火组织，硬度和强度均大幅度下降。这种现象称为退火烧伤。

磨削烧伤时，表面会出现黄、褐、紫、青等烧伤色，这是工件表面在瞬时高温下产生的氧化膜颜色。较深的烧伤层，虽然可在加工后期采用无进给磨削消除烧伤色，但烧伤层并未除掉，成为将来使用中的隐患。

在磨削过程中，当工件表面层产生的残余应力超过工件材料的强度极限时，工件表面就会产生裂纹。磨削裂纹常与烧伤同时出现。

（2）影响磨削烧伤的因素及改善途径

1）磨削用量

① 磨削深度 f_r 磨削深度增大，工件表面及表面下不同深度的温度都将提高，容易造成磨削烧伤。图 5.70 为磨削深度 f_r 对磨削温度分布的影响。

② 工件纵向进给量 f_a 工件纵向进给量增大，工件表面及表面下不同深度的温度都将下降，可减轻磨削烧伤。图 5.71 为纵向进给量 f_a 对磨削温度分布的影响。

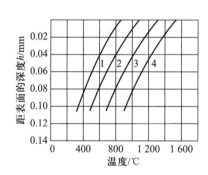

实验条件：$v_c = 35$ m/s，$v_w = 0.5$ m/min，
　　　　　$f_a = 12$ mm/单行程；
　　　　　1—$f_r = 0.01$ mm/单行程；
　　　　　2—$f_r = 0.02$ mm/单行程；
　　　　　3—$f_r = 0.04$ mm/单行程；
　　　　　4—$f_r = 0.06$ mm/单行程

图 5.70 磨削深度 f_r 对磨削温度
　　　　 分布的影响

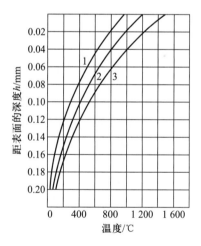

实验条件：$v_c = 35$ m/s，$v_w = 1$ m/min，
　　　　　$f_r = 0.02$ mm/单行程；
　　　　　1—$f_a = 24$ mm/单行程；
　　　　　2—$f_a = 12$ mm/单行程；
　　　　　3—$f_a = 6$ mm/单行程

图 5.71 磨削纵向进给量 f_a 对磨削
　　　　 温度分布的影响

③ 工件速度 v_w 工件速度增大，磨削区表面温度会增高，但此时热源作用时间减少，因而可减轻磨削烧伤。

2）砂轮与工件材料   磨削时，砂轮表面上大部分磨粒只是与加工面摩擦而不是切削。加工表面上的金属是在大量磨粒反复多次挤压，至疲劳后剥落。因此在切削抗力中，绝大部分是摩擦力。如果砂轮表面上磨粒的切削刃口再锋利些，磨削力就会下降，动力消耗也会减小，从而磨削区的温度会下降。

磨削导热性差的材料（如耐热钢、轴承钢及不锈钢等），容易产生磨削烧伤，应合理选择砂轮的硬度、结合剂和组织。如选择较软的砂轮，砂轮钝化后磨粒容易脱落；选择橡胶、树脂等具有一定弹性的结合剂，有利于避免产生烧伤。此外，在砂轮的孔隙内浸入石蜡之类的润滑物质，可减少砂轮与工件之间的摩擦热，对降低磨削区温度、防止工件烧伤也有一定效果。

3）改善冷却条件   以往的冷却方法往往效果很差，由于旋转的砂轮表面产生强大的气流层，使真正进入磨削区的磨削液较少，大量的磨削液喷注在已经离开磨削区的已加工表面上，而此时磨削热量已进入工件表面造成了热损伤。

内冷却是一种较为有效的冷却方法。如图 5.72 所示，砂轮是能多孔隙渗水的，冷却液进入砂轮中心腔后，靠离心力的作用甩出并直接冷却磨削区，起到有效的冷却作用。由于冷却时有大量的喷雾，机床应加防护罩；切削液必须仔细过滤，防止堵塞砂轮孔隙。这一方法的缺点是操作者看不到磨削区的火花，在精密磨削时无法通过观察火花试磨对刀。

4）采用开槽砂轮   如图 5.73 所示，在砂轮的圆周上开一些横槽，能使砂轮将冷却液带入磨削区，可有效改善冷却条件。同时砂轮间断磨削，工件受热时间短，金相组织来不及转变，可有效地防止烧伤现象的产生。

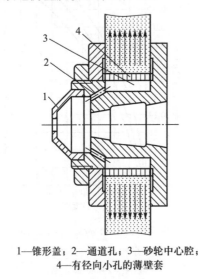

1—锥形盖；2—通道孔；3—砂轮中心腔；
4—有径向小孔的薄壁套

图 5.72   内冷却装置

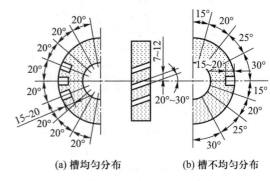

(a) 槽均匀分布   (b) 槽不均匀分布

图 5.73   开槽砂轮

4. 提高表面层物理、力学性能的方法

对于承受高应力、交变载荷的零件，可以采用滚挤压、喷丸等强化工艺使表面层产生残余压应力和冷作硬化，并减小表面粗糙度值。残余压应力可抵消磨削等工序的残余拉应力，因此可以大大提高疲劳强度及抗应力腐蚀能力。但是采用强化工艺时应注意不要造成过度硬化，过度硬化的结果会使表面层完全失去塑性，甚至引起显微裂纹和材料剥落，带来不良后果。

（1）滚压加工

滚压加工是利用经过淬火和精细研磨的滚轮或滚珠，在常温状态下对金属表面进行挤压，使受压点产生弹性和塑性变形，表层的凸起部分向下压，凹陷部分向上挤，逐渐将前工序留下的波峰压平，降低了表面粗糙度；同时还能使工件表面产生硬化层和残余压应力。滚压加工提高了零件的承载能力和疲劳强度。

滚压加工可以加工外圆、孔、平面及成形表面，通常在普通车床、转塔车床或自动车床上进行。图 5.74a、b 为典型的滚压加工示意图。

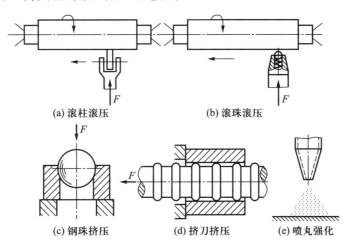

(a) 滚柱滚压　　　　　　　(b) 滚珠滚压

(c) 钢珠挤压　　　　(d) 挤刀挤压　　　(e) 喷丸强化

图 5.74　常用的表面强化工艺

滚压加工可使工件的表面粗糙度从 Ra 1.25 μm 减小到 Ra 0.8~0.63 μm，表面硬化层深度达 0.2~1.5 mm，显微硬度提高 20%~40%。

（2）挤压加工

表面经挤压加工后产生残余压应力，减小了切削加工时留下的刀纹痕迹等表面缺陷，从而降低了应力集中程度，提高了疲劳强度；表面微观凸峰被挤压平，从而降低了表面粗糙度。图 5.74c 为钢球挤压（推挤加工），一般在压力机上进行。用钢球挤压内孔时，因钢球本身不能导向，为获得有较高的轴线直线度的孔，挤压前孔轴线应具有较高的直线度要求。此方法适用于加工较浅的孔。图 5.74d 是挤刀挤压（拉挤加工），通常在拉床上进行，效率较高，可采用单环或多环挤刀。挤压加工因挤压头通过内孔表面被挤胀变大，故又称为胀孔。

当滚、挤压的工件材料硬度小于 38 HRC 时，常用 GCr15、W18Cr4V 或 T10A 等材料制作工具。对于热处理后硬度在 55 HRC 以上的零件，可使用硬质合金、红宝石或金刚石等材料制作工具。

用金刚石作挤压工具能使工件得到高的表面质量（表面粗糙度值可达到 Ra 0.025~0.20 μm），并有高的生产率。经金刚石压光后的工件表面产生压应力，工件的疲劳强度显著提高。金刚石工具一般修整成半径为 1~3 mm、表面粗糙度值 $\geqslant Ra$ 0.012 μm 的球面或圆柱面，利用压光器内的弹簧压力将其压在工件表面上。金刚石压光一般在精密级或高精密级的车床、自动车床、金刚镗床、坐标镗床和钻床上进行。

（3）喷丸强化

喷丸强化是利用大量快速运动的珠丸打击被加工工件表面(图 5.74e)，使工件表面产生冷硬层和压缩残余应力，可显著提高零件的疲劳强度。

珠丸可以是铸铁的，也可以是切成小段的钢丝（使用一段时间后会变成球状）。对于铝质工件，为避免表面残留铁质微粒而引起电解腐蚀，宜采用铝丸或玻璃丸。珠丸的直径一般为0.2~4 mm，对于尺寸较小、要求表面粗糙度值较小的工件，应采用直径较小的珠丸。

喷丸强化主要用于强化形状复杂或不宜用其他方法强化的工件，如板簧、螺旋弹簧、连杆、齿轮、焊缝等。经喷丸加工后的表面，硬化层深度可达 0.7 mm，零件表面粗糙度值可由 Ra 5~2.5 μm 减小到 Ra 0.63~0.32 μm，可几倍甚至几十倍地提高零件的使用寿命。

5.10.5　机械加工中的振动

1. 机械加工中的振动现象

（1）振动对机械加工的影响

机械加工过程中，刀具和工件之间常常产生振动，它使正常的切削过程受到干扰和破坏，会使工件加工表面出现振纹，降低了工件的加工精度和表面质量。强烈的振动会使切削过程无法进行，甚至会引起刀具崩刃、打刀。振动的产生加速了刀具或砂轮的磨损，使机床连接部分松动，影响运动副的工作性能，并导致机床丧失精度。此外，强烈的振动及伴随而来的噪声还会污染环境，危害操作者的身心健康。为减小加工过程中的振动，有时不得不降低切削用量，使机械加工生产率降低。

对于精密零件的精密加工和超精密加工，其尺寸精度要求多小于 1 μm，表面粗糙度值在 Ra 0.02 μm 以下，而且不允许出现波纹。因此，在切削过程中哪怕出现极其微小的振动，也会导致被加工零件达不到设计的质量要求。

振动一方面对机械加工不利，另一方面又可利用振动来改善或帮助机械加工。如振动切削、振动磨削、振动研抛和超声加工等。

（2）机械加工中振动的种类及其主要特点

机械加工中产生的振动，按其产生的原因可分为自由振动、强迫振动和自激振动三种类型。

1）自由振动　当系统受到初始干扰力激励破坏了其平衡状态后，系统仅靠弹性恢复力来维持的振动称为自由振动。由于系统中总存在阻尼，自由振动将逐渐衰减。切削过程中由于材料硬度不均匀或工件表面有缺陷，工艺系统就会产生这类振动，并在阻尼的作用下迅速减弱，其对机械加工的影响不大。

2）强迫振动　系统在周期性变化的激振力（干扰力）持续作用下所产生的振动，称为强迫振动。

3）自激振动　在没有周期性干扰力作用的情况下，由振动系统本身产生的交变力所激发和维持的振动，称为自激振动。切削过程中产生的自激振动也称为颤振。自激振动也属于不衰减的振动，对机械加工的影响较大。

2. 机械加工中的强迫振动

(1) 强迫振动的产生原因

1) 系统外部的周期性干扰力 工作机床附近其他机器的工作振动,经过地基传入正在进行加工的机床。

2) 旋转零件的质量偏心 工艺系统中的高速旋转零件,如电动机转子、带轮、工件、卡盘、飞轮、砂轮、联轴器等,它们在高速旋转时产生的离心惯性力也是引起系统振动的外界激振力。

3) 传动机构的缺陷 齿轮的齿距误差会使齿轮传动时齿与齿发生冲击,而引起强迫振动。平带传动中,带厚不均匀或接口处的突变,会引起带张力的周期性变化,产生干扰力,引起强迫振动。

4) 切削过程的间隙特性 常见的铣、拉、滚齿等加工,由于切削不连续,导致切削力的周期性改变而产生强迫振动。

(2) 强迫振动的特征

1) 强迫振动的稳态过程是谐振动,只要有干扰力存在,振动就不会被阻尼衰减掉。

2) 强迫振动的振动频率等于干扰力的频率。这种频率对应关系是诊断机械加工中所产生的振动是否为强迫振动的主要依据,可用来分析、查找强迫振动的振源。

3) 强迫振动的振幅主要取决于干扰力的幅值、频率 λ 和阻尼比 ζ。

当系统受周期性动载荷作用时,产生单位振幅所需要激振力的大小称为动刚度 k_d,$k_d = F_p/A$。根据强迫振动的幅频响应特性,可通过改变运动参数或工艺系统的结构,使干扰力源的频率发生变化或使工艺系统的某阶固有频率发生变化,当干扰力的频率远离系统固有频率时,强迫振动的幅值将明显减小。

(3) 减小强迫振动的途径

强迫振动是由周期性变化的激振力所引起的,其振动频率等于激振力的频率,可根据振动频率找出振源,并采取适当措施加以消除。

1) 消振与隔振 消振就是找出外界干扰力并加以去除,去除不了的,可采取隔振措施。隔振就是在振动传播途中介入具有弹性的装置,使振源产生的大部分振动被隔振装置吸收,使振源的干扰不向外传或使外界的干扰不能影响工艺系统。如用橡胶垫将电动机与机床隔开,机床下装隔振床,机床四周挖隔振沟,沟内充满锯木屑、纤维、软木、炭渣等。对于某些动力源,如电动机、液压站等,最好与机床分离。

2) 消除回转零件的不平衡 工艺系统中的回转零部件,如砂轮、卡盘、电动机转子及刀盘等,由于质量不平衡,当其高速旋转时,会产生离心力(即激振力),引起系统振动。对这类振源,主要是通过静平衡或动平衡加以消除。传动机构的缺陷和往复运动机构的惯性冲击也是使系统产生振动的重要原因之一。因此应提高传动元件的制造和装配精度。

3) 提高工艺系统的刚度和阻尼 提高系统刚度、增大阻尼是增强系统抗振能力的基本措施。如提高连接部件的接触刚度,预加载荷减小滚动轴承的间隙,采用内阻尼较大的材料制造某些零件,都能收到较好的效果。

4) 调整振源频率 由强迫振动的特性可知,当激振力的频率接近系统固有频率时会发生共振(强迫振动影响增大)。因此,可通过改变电动机转速或传动比,使激振力的频率避开系统固有频率，避免共振。

3. 机械加工中的自激振动

（1）自激振动的产生及特征

1）自激振动的产生　既然没有周期性外力的作用，那么激发自激振动的交变力是怎样产生的呢？用传递函数的概念来分析，机械加工系统是一个由振动系统和调节系统组成的闭环系统，如图 5.75 所示。激励工艺系统产生振动的交变力是由切削过程产生的，而切削过程同时又受工艺系统的振动的控制，工艺系统的振动一旦停止，动态切削力也就随之消失。如果切削过程很平稳，即使系统存在产生自激振动的条件，也因切削过程没有交变的动态切削力，使自激振动不可能产生。但在实际加工过程中，偶然性的外界干扰（如工件材料硬度不均、加工余量有变化等）总是存在的，这种偶然性外界干扰所产生的切削力变化作用在工艺系统上，就会使系统产生振动。系统的振动将引起工件、刀具间的相对位置发生周期性变化，使切削过程产生维持振动的动态切削力。

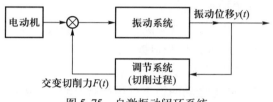

图 5.75　自激振动闭环系统

如果工艺系统不存在产生自激振动的条件，这种偶然性的外界干扰将因工艺系统存在阻尼而使振动逐渐衰减；如果工艺系统存在产生自激振动的条件，就会使工艺系统产生持续的振动。

维持自激振动的能量来自电动机，电动机通过动态切削过程把能量传输给振动系统，以维持振动运动。

2）自激振动的特征　与强迫振动相比，自激振动具有以下特征：

① 机械加工中的自激振动是在没有外力干扰下所产生的振动，这与强迫振动有明显的区别。

② 自激振动的频率接近于系统的固有频率，即颤振频率取决于振动系统的固有特性。这与自由振动相似，而与强迫振动在根本上是不同的。

③ 自由振动受阻尼作用将迅速衰减，而自激振动不会因阻尼存在而衰减。

（2）产生自激振动的条件

图 5.76a 所示为单自由度机械加工振动模型。设工件系统为绝对刚体，振动系统与刀架相连，且只在 y 方向作单自由度振动。为分析简便，暂不考虑阻尼的作用。

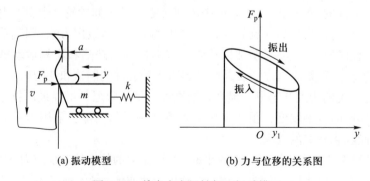

(a) 振动模型　　　　　　(b) 力与位移的关系图

图 5.76　单自由度机械加工振动模型

在切削力 F_p 作用下，刀架向外振动 y（振出），刀架振动系统将有一个反向的弹性恢复力 $F_{弹}$ 作用在刀架上。y 越大，$F_{弹}$ 也越大，当 $F_p = F_{弹}$ 时，刀架的向外振动停止（因为实际振动系统中有阻尼作用）。

对上述振动系统而言，切削力 F_p 是外力。F_p 对振动系统做功，刀架振动系统则从切削过程中吸收一部分能量 $W_{振出}$（这时刀架振动做正功），储存在振动系统中，如图 5.76b 所示。刀架的向内振动（振入）是在弹性恢复力 $F_{弹}$ 作用下产生的，振入运动与切削力方向相反，振动系统对切削过程做功，即刀架振动系统要消耗能量 $W_{振入}$（此时刀架振动做负功）。

自激振动能否产生以及振幅的大小，决定于每一振动周期内系统所获得能量与所消耗能量的对比情况。如图 5.77 所示，E^+ 为系统获得能量，E^- 为系统消耗能量，只有当 E^+ 等于 E^-，振幅达到 A_0，系统才处于稳定的等幅振动。

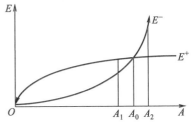

图 5.77 振动系统的能量关系

当 $W_{振出} < W_{振入}$ 时，正功小于负功，振动系统吸收的能量小于消耗的能量，故不会产生自激振动。当 $W_{振出} = W_{振入}$ 时，正功等于负功，因实际机械加工系统中存在阻尼，刀架振动系统每振动一次便会损失一部分能量，因此系统也不会产生自激振动。当 $W_{振出} > W_{振入}$ 时，正功大于负功，刀架振动系统将有持续的自激振动产生。

（3）控制自激振动的途径

1）合理选择切削用量　图 5.78 所示是车削时切削速度 v_c 与振幅 A 的关系曲线。v_c 为 20~60 m/min 时，A 增大很快，而 v_c 高于或低于此范围时，振动逐渐减弱。

图 5.79 所示是进给量 f 与振幅 A 的关系曲线，f 较小时 A 较大，之后随着 f 的增大 A 反而减小。图 5.80 所示是背吃刀量 a_p 与振幅 A 的关系曲线，a_p 越大 A 也越大。

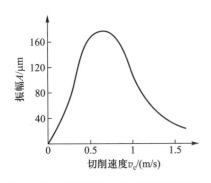

图 5.78　切削速度 v_c 与振幅 A 的关系

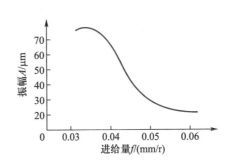

图 5.79　进给量 f 与振幅 A 的关系

2）合理选择刀具几何参数　适当增大前角 γ_o、主偏角 κ_r 能减小 F_p，从而减小振动。后角 α_o 可尽量取小，但在精加工中，由于 α_o 较小，切削刃不容易切入工件，而且 α_o 过小时，刀具后面与加工表面间的摩擦可能过大，这样反而容易引起颤振。通常在车刀的后面上磨出一段负倒棱，能起到很好的消振作用，这种刀具称为消振车刀，如图 5.81 所示。

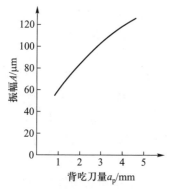

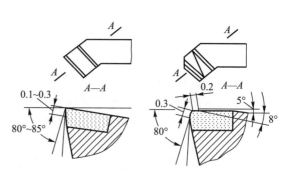

图 5.80　背吃刀量 a_p 与振幅 A 的关系　　　　图 5.81　消振车刀

3）提高工艺系统抗振性　工艺系统本身的抗振性能是影响颤振的主要因素之一。可通过以下途径减振：① 提高机床的抗振性，设法提高工艺系统的接触刚度，如对接触面进行刮研，减小主轴系统的轴承间隙，对滚动轴承施加一定的预紧力，提高顶尖孔的研磨质量等；② 提高工件安装时的刚性，加工细长轴时，使用中心架或跟刀架，尽量缩短镗杆和刀具的悬伸量，用固定顶尖代替活顶尖等；③ 提高刀具的抗振性，使刀具具有高的弯曲和扭转刚度、高的阻尼系数，采用弹性刀杆等。

4）采用减振装置　当采用上述措施仍然达不到消振的目的时，可考虑使用减振装置。减振装置通常都是附加在工艺系统中，用来吸收或消耗振动的能量，达到减振的目的。它对抑制强迫振动和颤振同样有效，是提高工艺系统抗振性的一个重要途径，但它并不能提高工艺系统的刚度。减振装置主要有阻尼器和消振器两种类型。

① 阻尼器的原理及应用　阻尼器利用固体或液体的阻尼来消耗振动的能量，实现减振。常用的有固体摩擦阻尼器、液体摩擦阻尼器和电磁阻尼器等。图 5.82 所示干摩擦阻尼器是利用多层弹簧片相互摩擦，消除振动能量。

阻尼器的减振效果与其运动速度的快慢、行程的大小有关。运动越快、行程越长，则减振效果越好。故阻尼器应装在振动体相对运动最大的地方。

② 消振器的原理及应用　图 5.83 所示为螺栓式冲击消振器。当刀具振动时，自由质量 1 也振动，自由质量与刀具是弹性连接，振动相位相差为 180°。当刀具向下挠曲时，自由质量克服弹簧 2 的弹力向上移动，这时自由质量与刀杆之间形成间隙。当刀具向上运动时，自由质量以一定速度向下运动，产生冲击而消耗能量。螺栓式冲击消振器是通过一个与振动系统刚性连接的壳体和一个在壳体内自由冲击的质量块组成。当系统振动时，由于自由质量的往复运动而冲击壳体，消耗了振动的能量，故可减小振动。

5）合理调整振型的刚度比　根据振型耦合原理，工艺系统的振动还受到各振型的刚度比及其组合的影响。合理调整它们之间的关系，就可以有效地提高系统的抗振性，抑制自激振动。

图 5.84a 所示为削扁镗杆，刀头 2 用螺钉 3 固定在镗杆的任意角度位置上。镗杆 1 削扁部分的厚度 $a = (0.6 \sim 0.8)d$，其中 d 为镗杆直径。镗杆削扁后，两个互相垂直的主振型模态具有不同的刚度 k_1 和 k_2，再通过刀头 2 在镗杆上的转位调整，即可找到稳定性较高的方位角 α（α 为加工表面法向与镗杆削边垂线的夹角）。

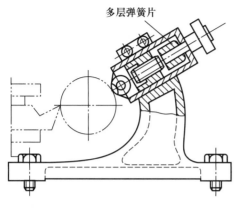

图 5.82 干摩擦阻尼器

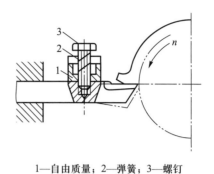

1—自由质量；2—弹簧；3—螺钉

图 5.83 螺栓式冲击消振器

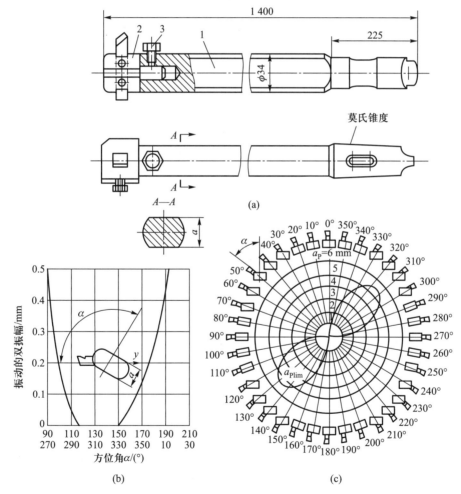

1—镗杆；2—刀头；3—螺钉

图 5.84 削扁镗杆镗孔

取镗杆 $a=0.8d$，$v_c=40$ m/min，$f=0.3$ mm/r，$a_p=3$ mm，镗杆悬伸长度为 550 mm。由图 5.84b 可知，当 $115°<\alpha<150°$ 时，不产生自激振动。由图 5.84c 所示的"8"字形区域可知，最适宜的方位角 $\alpha=120°\sim140°$（或 $\alpha=300°\sim320°$）。

思考题与习题

5.1 试举例说明加工精度、加工误差、公差的概念以及它们之间的区别。

5.2 工艺系统的静态、动态误差各包括哪些内容？

5.3 数控机床加工中有哪些原始误差？它们对加工精度有何影响？

5.4 何谓误差复映规律？如何利用这一规律测定机床的刚度？

5.5 何谓误差敏感方向？车床与镗床的误差敏感方向有何不同？

5.6 加工车床导轨时，为什么要求导轨中部要凸起一些？磨削导轨时，可采取什么措施达到此目的？

5.7 数控机床导轨与普通机床导轨相比，采取了哪些措施以减少其误差对加工精度的影响？

5.8 数控机床有哪些热源？数控机床热变形对加工精度有何影响？应采取哪些措施？

5.9 举例说明传动链误差对哪些加工的加工精度影响大，对哪些加工的加工精度影响小或没有影响。

5.10 何谓接触刚度？有哪些影响因素？

5.11 影响机床刚度的因素有哪些？提高机床部件刚度有哪些措施？

5.12 举例说明保证和提高加工精度常用方法的原理及应用场合？

5.13 何谓分布曲线法？控制图法有哪几种？各有哪些特点？

5.14 什么是工序能力系数 C_P？按 C_P 值可将工艺分为哪几级？

5.15 在外圆磨床上加工（图 5.85），当 $n_1=2n_2$，若只考虑主轴回转误差的影响，试分析在图中的两种情况下，磨削后工件的外圆应是什么形状？为什么？

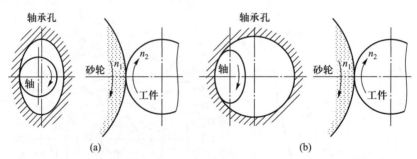

图 5.85 题 5.15 图

5.16 在卧式镗床上对箱体件镗孔：（1）采用刚性主轴镗杆；（2）采用浮动镗杆（指与主轴连接的方式）和镗模夹具。试分析影响镗杆回转精度的主要因素有哪些？

5.17 磨外圆时，工件安装在固定顶尖上有什么好处？实际使用时应注意哪些问题？

5.18 在车床上加工圆盘件的端面，有时会出现圆锥面（中凸或中凹）或端面凸轮似的形状（螺旋面）。试从机床几何误差的影响来分析造成如图 5.86 所示的端面几何形状误差的原因。

5.19 什么是主轴回转误差？它包括哪些方面的内容？

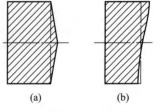

图 5.86 题 5.18 图

5.20 已知车床车削工件外圆时的 $k_{xt}=20\,000$ N/mm，毛坯偏心 $e=2$ mm，毛坯最小背吃刀量 $a_{p2}=1$ mm，$C=1\,500$ N/mm。试求：（1）毛坯最大背吃刀量 a_{p1}；（2）第一次走刀后，反映在工件上的残余偏心误差 y_1；（3）第二次走刀后，反映在工件上的残余偏心误差 y_2；（4）若其他条件不变，当 $k_{xt}=10\,000$ N/mm，工件上的残余偏心误差 y_1 及 y_2，并分析 k_{xt} 对毛坯误差复映的影响规律。

5.21 在卧式车床上加工一光轴，已知光轴长度 $L=800$ mm，加工直径 $D=80_{-0.06}^{0}$ mm，当该车床导轨相对于前、后顶尖连心线在水平面内平行度为 0.015/1 000 时，在铅垂面内平行度为 0.015/1 000（图 5.87）。试求所加工的工件几何形状的误差值，并绘出加工后光轴的形状。

5.22 上题中若该车床因使用较久，前、后导轨磨损不均，前导轨磨损较大，且中间最明显，形成导轨扭曲（图 5.88），经测量前、后导轨在垂直面内的平行度（扭曲值）为 0.015/1 000。试求所加工工件的几何形状误差，并绘出加工后光轴的形状。

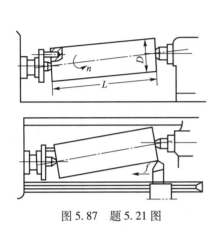 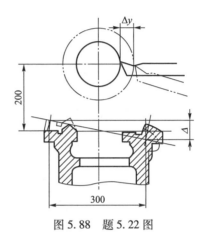

图 5.87 题 5.21 图　　　　图 5.88 题 5.22 图

5.23 如图 5.89 所示，装在心轴上车削齿轮坯 A、B、C、D、E 的五个表面（内孔 F 面已加工好），其加工顺序如下：先车 A、B、C，然后掉头车削 D、E（掉头时不从心轴上拆下工件，只调换心轴位置，即把心轴转 180°），若前顶尖相对于主轴回转中心有偏心量 e，且掉头时前顶尖处于图示位置（即处于偏心量 e 的最上方）。试分析 A、B、C、D、E 各面之间将出现何种相互位置误差。

5.24 如图 5.90 所示，在平面磨床上用端面砂轮磨削平板工件。加工中为改善切削条件，减少砂轮与工件的接触面积，常将砂轮倾斜一个很小的角度 α。若 $\alpha=2°$，试绘出磨削后平面的形状，并计算其平面度误差。

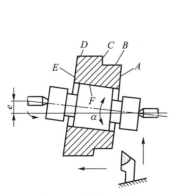 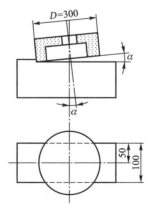

图 5.89 题 5.23 图　　　　图 5.90 题 5.24 图

5.25　精镗连杆大小头孔时，其安装情况如图 5.91 所示。精镗后在机床上测量两孔中心距、平行度均合格。工件卸下后再测量发现两孔的平行度超差，试问是什么原因引起的？

5.26　当龙门刨床床身导轨不直时(图 5.92)：(1) 当工件刚度很差时；(2) 当工件刚度很大时。分析加工后的工件会成什么形状？

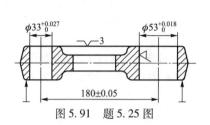

图 5.91　题 5.25 图

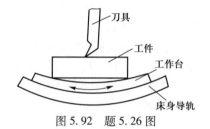

图 5.92　题 5.26 图

5.27　如图 5.93 所示，在卧式镗床上加工箱体孔，若只考虑镗杆刚度的影响：(1) 镗杆送进，有后支承(图 5.93a)；(2) 镗杆送进，没有支承(图 5.93b)；(3) 工作台送进(图 5.93c)；(4) 在镗模上加工(图 5.93d)。试画出四种镗孔方式加工后孔的几何形状，并说明为什么。

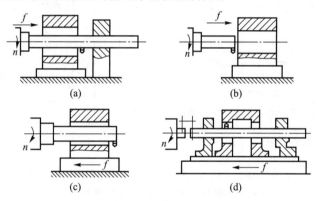

图 5.93　题 5.27 图

5.28　在车床上加工一批光轴的外圆，加工后经度量，若整批工件发现有图 5.94 所示的几何形状误差。试分别说明可能产生这些误差的各种因素。

5.29　在车床上精车一刚度很高的轴，已知直径 $D = 120$ mm，长度 $L = 600$ mm，机床部件刚度为 $k_{tz} = 80\,000$ N/mm，$k_{wz} = 50\,000$ N/mm，$k_{dj} = 60\,000$ N/mm，径向切削分力 $F_p = 500$ N。试分析在不考虑工件变形条件下，一次走刀后工件的轴向形状误差，并求出加工后工件的最小直径尺寸。

5.30　一批圆柱销外圆的设计尺寸为 $\phi 50_{-0.04}^{-0.02}$ mm，加工后测量发现外圆尺寸按正态规律分布，其均方根偏差为 0.003 mm，

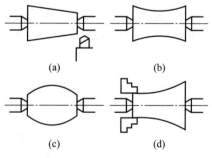

图 5.94　题 5.28 图

曲线顶峰位置偏离公差带中心，向右偏移 0.005 mm。试绘出分布曲线图，求出合格品率和废品率，并分析废品产生的原因及能否修复。

5.31　在车床上车削一批小轴，整批工件尺寸按正态分布，其中不可修复的废品率为 2%，实际尺寸大于允许尺寸而需修复加工的零件数占 24%。若小轴直径公差 $T = 0.16$ mm，试确定代表该加工方法的均方根偏差 σ。

5.32　在卧式铣床上按图 5.95 所示装夹方式夹装工件，用铣刀 A 铣削键槽。经测量发现，工件两端键槽深度大于中间，且都比未铣键槽前的调整深度小。试分析产生这一现象的原因。

5.33　在外圆磨床上磨削图 5.96 所示的轴类工件外圆。若机床几何精度良好，试分析所磨外圆出现纵向腰鼓形的原因；分析 A—A 截面加工后的形状误差，画出加工后的 A—A 截面形状，并提出减小误差的措施。

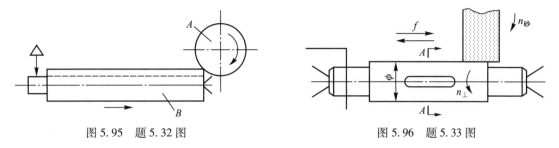

图 5.95　题 5.32 图　　　　　　　　　　　图 5.96　题 5.33 图

5.34　在自动车床上加工一批小轴，从中抽检 200 件，若以 0.01 mm 为组距将该批工件按尺寸大小分组，所测数据如下表：

尺寸间隔/mm	自	15.01	15.02	15.03	15.04	15.05	15.06	15.07	15.08	15.09	15.10	15.11	15.12	15.13	15.14
	到	15.02	15.03	15.04	15.05	15.06	15.07	15.08	15.09	15.10	15.11	15.12	15.13	15.14	15.15
零件数 n_i		2	4	5	7	10	20	28	58	26	18	8	6	5	3

若图样的加工要求为 $\phi15^{+0.14}_{-0.04}$ mm，试：

（1）绘制整批工件实际尺寸的分布曲线；

（2）计算合格率及废品率；

（3）计算工序能力系数，若该工序允许废品率为 3%，问工序精度能否满足？

（4）分析出现废品的原因并提出改进方法。

5.35　表面质量的含义是什么？其主要内容有哪些？为什么机械零件的表面质量与加工精度具有同等重要的意义？

5.36　为什么会产生磨削烧伤及裂纹？它们对零件的使用性能有何影响？试举例说明减小磨削烧伤及裂纹的办法。

5.37　加工精密零件时，为了保证加工表面的表面质量，粗加工前常有球化退火、退火、正火，粗加工后常有调质、回火，精加工前常有渗碳、渗氮及淬火工序。试分析这些热处理工序的作用。

5.38　什么是强迫振动，它有何特征？什么是自激振动，它有何特征？自激振动与强迫振动有何区别？

5.39　圆镗杆的刚度与削扁镗杆的刚度哪个高？两者的抗振性哪个好？为什么？

5.40　车外圆时，车刀安装高一点或低一点，哪种情况抗振性好？为什么？镗孔时，镗刀安装高一点或低一点，哪种情况抗振性好？为什么？

5.41　如图 5.97 所示的车削，当刀具处于水平位置（图 5.97a）时振动较强；若将刀具反装（图 5.97b），或采用前、后刀架同时切削（图 5.97c），或设法将刀具沿工件旋转方向转过某一角度（图 5.97d），这时振动可能会减弱或消失。试分析解释上述四种情况的原因。

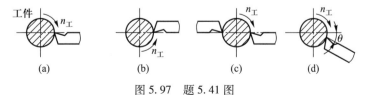

图 5.97　题 5.41 图

5.42 试分析比较图 5.98 所示刀具结构：（1）刚性车刀（图 5.98a）和弹性车刀（图 5.98b）；（2）直杆刨刀（图 5.98c）和弯头刨刀（图 5.98d）。哪一种对减振有利？为什么？

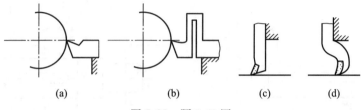

(a)　　　　　　　(b)　　　　　　　(c)　　　　(d)

图 5.98　题 5.42 图

5.43 数字化测量中需要用到哪些传感器？举例说明其中一种传感器在数字化测量中的应用。

5.44 常用的质量改进工具包括哪几种？

5.45 绘制因果图时要注意什么？

5.46 结合文献简述数字化加工过程质量控制的基本实现过程。

第6章

工艺规程设计

6.1 概　　述

将制订好的零部件的机械加工工艺过程按一定的格式（通常为表格或图样）和要求表达出来，作为指令性的技术文件，即为机械加工工艺规程。工艺规程设计是一项重要的基础工作，是连接产品设计与产品制造的桥梁，是经验性很强且随制造环境变化而变化的决策过程。工艺规程设计的质量和效率，直接影响企业制造资源的配置与优化、产品质量与成本、生产组织效率等。

6.1.1 生产过程与工艺过程

生产过程是指将原材料转变为成品的全过程。包括原材料的运输、保管与准备，产品的技术、生产准备，毛坯的制造，零件的机械加工及热处理，部件及产品的装配、检验、调试、油漆包装，以及产品的销售和售后服务等。

工艺过程是指生产过程中，直接改变加工对象的形状、尺寸、相对位置和物理、力学性能，使其成为成品或半成品的过程。工艺过程是生产过程的主要组成部分。机械产品的工艺过程主要包括铸造、锻造、冲压、焊接、机械加工、热处理、装配、油漆等。

机械加工工艺过程是指用机械加工方法（切削或磨削）改变毛坯的形状、尺寸、相对位置和表面质量等，使其成为零件的全过程。从广义上来说，特种加工（包括各种电加工、超声加工、激光加工、电子束及离子束加工）也是机械加工工艺过程的一部分，然而其实质已不属于切削加工范畴。机械加工工艺过程直接决定零件及产品的质量和性能，对产品的成本、生产周期都有较大影响，是整个工艺过程的重要组成部分。

6.1.2 机械加工工艺过程的组成

机械加工工艺过程是由一个或若干个顺序排列的工序组成的。每一个工序又可分为若干个安装、工位、工步和走刀。

1. 工序

工序是指一个或一组工人，在一个工作地对同一个或同时对几个工件所连续完成的那一部分工艺过程。

划分工序的依据是"三不变，一连续"。工人(操作者)、工作地(机床)和工件(加工对象)三个要素中任一要素的变更即构成新的工序；连续是指工序内对一个工件的加工内容必须连续完成，否则即构成另一工序。例如图6.1所示的阶梯轴，当单件小批生产时，其加工工艺及工序划分如表6.1所示。当中批生产时，其工序划分如表6.2所示。

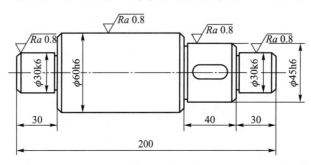

图 6.1 阶梯轴简图

表 6.1 阶梯轴加工工艺过程(单件小批生产)

工 序 号	工 序 内 容	设 备
10	车端面、钻中心孔、车全部外圆、车槽与倒角	普通车床
20	铣键槽、去毛刺	立式铣床
30	磨外圆	外圆磨床

表 6.2 阶梯轴加工工艺过程(中批生产)

工 序 号	工 序 内 容	设 备
10	铣端面、钻中心孔	铣端面、钻中心孔机床
20	车外圆、车槽与倒角	普通车床
30	铣键槽	立式铣床
40	去毛刺	钳工台
50	磨外圆	外圆磨床

工序是组成机械加工工艺过程的基本单元，又是制订生产计划、组织生产和进行成本核算的基本单元。

2. 安装

工件在机床或夹具中定位并夹紧的过程称为安装。在一道工序中，工件可能只需安装一次，也可能需要安装几次，例如表6.2中，工序30中一次安装即可加工出键槽，而工序20中为了车出全部外圆至少需要两次安装。加工过程中应尽量减少安装次数，因为这样不仅可以减少辅助时间，而且可以减小因安装误差而导致的加工误差。

3. 工位

为减少工序中的安装次数，常常采用各种移动或转动工作台、回转或移位夹具，使工件在一次安装中可先后在机床上占有不同的位置，以进行连续加工。为了完成一定的工序内容，一次安装工件后，工件与夹具或设备的可动部分相对刀具或设备的固定部分所占据的每一个位置上所完成的工艺过程称为工位。如图 6.2 所示，在三轴钻床上，利用回转工作台在一次安装中可连续完成每个工件的装卸、钻孔、扩孔和铰孔四个工位的加工。

采用多工位加工，可以提高生产率和保证加工表面间的相互位置精度。

4. 工步

在一个工序内，往往需要采用不同的工具对不同的表面进行加工。为了便于分析和描述比较复杂的工序，更好地组织生产和计算工时，工序还可以进一步划分为工步。一个工步是指加工表面、切削刀具和切削用量(仅指主轴转速和进给量)都不变的情况下所完成的那部分工艺过程。一个工序可以包括几个工步，也可以只包括一个工步。

如图 6.3 所示，车削阶梯轴 $\phi 85$ mm 外圆面为第一工步，车削 $\phi 65$ mm 外圆面为第二工步，这是因为加工的表面不同。有时为了提高生产率，把几个待加工表面用几把刀具同时加工，这也可看成一个工步，称为复合工步(图 6.4)。

5. 走刀

在一个工步内，若被加工表面要切去的金属层很厚，需要分几次切削，则每进行一次切削所完成的那部分工艺过程称为走刀。一个工步可包括一次或几次走刀，图 6.4 所示车削阶梯轴的第二工步中就包含了两次走刀。

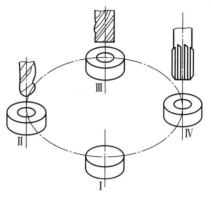

I—装卸工件；II—钻孔；
III—扩孔；IV—铰孔
图 6.2 多工位加工

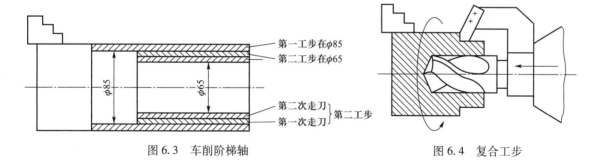

图 6.3 车削阶梯轴   图 6.4 复合工步

6.1.3 生产纲领与生产类型

1. 生产纲领

产品的年生产纲领就是产品的年产量。产品的用途不同，其市场需求量也不同，因此不同的产品有不同的年生产纲领。零件的年生产纲领按以下公式计算：

$$N=Qn(1+a)(1+b) \tag{6.1}$$

式中 N——零件的生产纲领，件/年；

　　Q——产品的年产量，台/年；

　　n——每台产品中所含该零件的数量，件/台；

　　a——零件的备品率；

　　b——零件的废品率。

2. 生产类型的划分

生产类型是指企业生产专业化程度的划分，根据产品投入生产的连续性，可大致分为三种不同的生产类型。

（1）单件生产

产品品种不固定，每一品种的产品数量很少，大多数工作地点的加工对象经常改变。例如，重型机械、造船业等一般属于单件生产。

（2）大量生产

产品品种固定，每种产品数量很大，大多数工作地点的加工对象固定不变。例如，汽车、轴承制造等一般属于大量生产。

（3）成批生产

产品品种基本固定，但数量少、品种较多，需要周期性地轮换生产，大多数工作地点的加工对象是周期性变换的。例如，机床、电动机制造一般属于成批生产。

生产类型的划分主要决定于生产纲领，同时也要考虑产品本身的大小和结构的复杂性。表 6.3 为划分生产类型的参考数据。

表 6.3　划分生产类型的参考数据

生产类型		同类零件的年产量/件		
		重型零件 （零件质量>50 kg）	中型零件 （零件质量为 15~50 kg）	轻型零件 （零件质量<15 kg）
单件生产		5 以下	10 以下	100 以下
成批生产	小批	5~100	10~200	100~500
	中批	100~300	200~500	500~5 000
	大批	300~1 000	500~5 000	5 000~50 000
大量生产		1 000 以上	5 000 以上	50 000 以上

在成批生产中，根据批量大小可分为小批、中批和大批生产。小批生产的特点接近于单件生产的特点，大批生产的特点接近于大量生产的特点，中批生产的特点介于单件和大量生产的特点之间。因此，生产类型可分为单件小批生产、大批大量生产、中批生产。各种生产类型的工艺特点见表 6.4。

表 6.4 各种生产类型的工艺特点

项 目	单件小批生产	中 批 生 产	大批大量生产
加工对象	不固定、经常换	周期性变换	固定不变
机床设备和布置	采用通用设备，按机群式布置	采用通用和专用设备，按工艺路线成流水线布置或机群式布置	广泛采用专用设备，全按流水线布置，广泛采用自动线
工艺装备	广泛采用通用夹具、量具和刀具	广泛采用专用或成组夹具、通用刀具和万能量具，部分采用专用刀具、专用量具	广泛采用高效率夹具、量具或自动检测装置、高效复合刀具
毛坯制造	广泛采用木模手工造型、自由锻造 毛坯精度低，加工余量大	部分采用金属模造型、模锻等，部分采用木模手工造型、自由锻造 毛坯精度中等	广泛采用金属模机器造型、模锻等 毛坯精度高，加工余量小
安装方法	通用夹具安装，找正安装	夹具安装	高效专用夹具
尺寸获得方法	试切法	调整法	调整法、自动化加工
零件互换性	广泛采用钳工修配	大部分零件具有互换性，同时还保留某些钳工修配工作	全部互换，高精度偶件采用分组装配、配磨
对工人的技术要求	需要技术熟练的工人	需要一定熟练程度的技术工人	对操作工人的技术要求较低，对调整工人的技术要求较高
工艺文件	只有工艺过程卡	一般有工艺过程卡，重要工序有工序卡	工艺过程卡片，工序卡，检验卡片

应当指出，生产类型对零件工艺规程的制订影响很大。此外，生产同一产品，大量生产一般具有生产率高、成本低、质量可靠、性能稳定等优点。因此，应大力推广产品结构的标准化、系列化，便于组织专业化的大批量生产，以提高经济效益。推行成组技术，以及采用数控机床、柔性制造系统和计算机集成制造系统等现代化的生产手段及方式，实现机械产品多品种、小批量生产的自动化，是当前机械制造工艺技术的发展方向。

6.1.4 机械加工工艺规程

1. 机械加工工艺规程的作用

（1）工艺规程是指导生产的主要技术文件

合理的工艺规程是在总结广大工人和技术人员实践经验的基础上，依据工艺理论和必要的工艺实验而制订的。按照工艺规程进行生产，可以保证产品质量和较高的生产率及经济效果，因此生产中应严格执行既定的工艺规程。实践表明，不按照科学的工艺规程进行生产，往往会引起产品质量严重下降、生产率显著降低，甚至使生产陷入混乱状态。

（2）工艺规程是组织生产和管理工作的基本依据

在生产管理中，产品投产前原材料及毛坯的供应、通用工艺装备的准备、机床负荷的调整、专用工艺装备的设计和制造、作业计划的编排、劳动力的组织以及生产成本的核算等，都是以工艺规程作为基本依据的。

（3）工艺规程是新建或扩建工厂或车间的基本资料

在新建、扩建工厂或车间时，只有根据工艺规程和生产纲领才能正确地确定生产所需的机床和其他设备的种类、规格和数量，确定车间的面积，机床的布置，生产工人的工种、等级和数量以及辅助部门的安排等。

随着科学技术的进步和企业生产条件的变化，工艺规程会出现某些不相适应的情况，因而应定期修改，及时吸收合理化建议、技术革新成果、新技术和新工艺，使工艺规程更加完善和合理。

2. 机械加工工艺规程制订的原则

工艺规程设计必须遵循以下原则：

1）所设计的工艺规程必须保证机器零件的加工质量和机器的装配质量，达到设计图样上规定的各项技术要求。

2）工艺过程应具有较高的生产率，使产品能尽快投放市场。

3）尽量降低制造成本。

4）注意减轻工人的劳动强度，保证生产安全。

3. 制订机械加工工艺规程的原始资料

1）产品的装配图和零件图。

2）产品的生产纲领。

3）现有生产条件和资料：毛坯的生产条件或协作关系，工艺装备及专用设备的制造能力，有关机械加工车间的设备和工艺装备的条件，技术工人的水平以及各种工艺资料和标准等。

4）国内外同类产品的有关工艺资料等。

4. 机械加工工艺规程设计的步骤

1）阅读装配图和零件图，了解产品的用途、性能和工作条件，熟悉零件在产品中的地位和作用。

2）进行工艺性分析。审查图样上的视图、尺寸和技术要求是否完整、正确、统一；找出主要技术要求和分析关键的技术问题；审查零件的结构工艺性。

3）由产品的年生产纲领确定零件的生产类型。

4）选择毛坯类型及其制造方法。

5）拟订机械加工工艺路线。选择定位基准，确定加工方法，安排加工顺序以及安排热处理、检验和其他工序等。

6）确定各工序所用机床设备和工艺装备（含夹具、刀具、量具等），对需要改装或重新设计的专用工艺装备应提出具体设计任务书。

7）确定各主要工序的技术要求及检验方法。

8）确定各工序的加工余量，计算工序尺寸及其公差。

9）确定各工序的切削用量和工时定额。

10）填写工艺文件。

6.2 机械加工工艺规程设计

目前工艺规程设计中越来越注重绿色低碳和减少工时。再化（工业化、信息化）深度融合是我国从制造大国迈向制造强国的必由之路，装备是制造的基础，工艺是智造的根本。

6.2.1 零件的结构工艺性分析

零件的结构工艺性是指所设计的零件在满足使用要求的前提下，制造的可行性和经济性。零件的结构是根据其用途和使用要求来进行设计的，功能相同的零件，其结构工艺性可以有很大差异。所谓结构工艺性好是指在现有工艺条件下既方便制造，又有较低的制造成本。

零件的制造包括毛坯生产、切削加工、热处理和装配等许多生产阶段，各个生产阶段都是有机地联系在一起的。进行结构设计时必须全面考虑，使在各个生产阶段都具有良好的工艺性；产生矛盾时，应统筹考虑予以妥善解决。并且在设计的开始阶段，就应充分注意结构设计的工艺性。

零件机械加工结构工艺性的分析，包括以下几方面：

1. 零件结构要素必须符合标准规定

零件结构要素，螺纹、花键、齿轮、中心孔、退刀槽等的结构和尺寸都应符合国家标准规定。零件结构要素标准化不仅可以简化设计工作，而且在产品加工过程中可以使用标准的和通用的工艺装备(刀具、量具等)，缩短零件的生产准备周期，降低生产成本。

2. 合理标注零件的尺寸、公差和表面粗糙度

零件图的尺寸标注既要满足设计要求，又要便于加工。直接影响装配精度的设计尺寸可通过装配尺寸链的分析计算后进行标注，详见 6.6 节机器装配工艺设计。其余尺寸应按工艺要求标注。

1) 按加工顺序标注尺寸，避免多尺寸同时保证。如图 6.5 所示的零件，端面 A 和 B 都需要最终磨削，在图 6.5a 中，磨削 A 面后同时获得尺寸 45 mm 和 165 mm，磨削 B 面后同时获得尺寸 45 mm、60 mm 和 145 mm。这两组尺寸中都只有一个尺寸可以直接获得，其余尺寸则要经过工艺尺寸链换算才能获得。这将会增加零件的精度要求，故工艺性不好。改为图 6.5b 所示的标注后，磨削 A 面时仅保证尺寸 165 mm，磨削 B 面时仅保证尺寸 60 mm，没有多尺寸同时保证问题，不会增加零件的加工难度，结构工艺性好。

2) 尽可能由定位基准或工序基准标注尺寸，避免基准不重合导致的误差。

3) 零件上的尺寸公差、几何公差和表面粗糙度的标注，应根据零件的功能，经济合理地确定。过高的要求会增加制造难度，过低的要求会影响工作性能，两者都不合理。

3. 有便于安装的定位基准和夹紧表面

产品设计人员在设计零件图时，应充分考虑零件加工时可能采用的定位基准面和夹紧表面。尽量选用能够进行稳定定位的表面作设计基准。如果零件没有合适的设计基准、装配基准作为定位基准，应考虑设置辅助基准面。辅助基准面应标注相应的尺寸公差、几何公差和表面粗糙度。

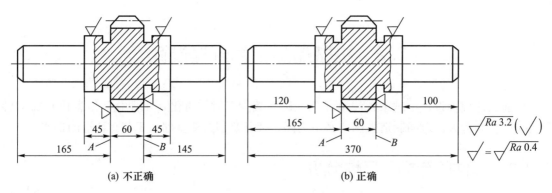

(a) 不正确 (b) 正确

图 6.5   按加工顺序标注尺寸

4. 保证刀具正常工作和能以较高的生产率加工

表 6.5 列举了在常规工艺条件下零件结构工艺性分析的案例。

表 6.5   零件结构工艺性分析案例

序号	零件结构		
	工艺性不好		工艺性好
1	孔离箱壁太近：① 钻头在圆角处易引偏；② 箱壁高度尺寸大，需加长钻头才能钻孔		① 加长箱耳，不需加长钻头即可钻孔；② 只要使用上允许，将箱耳设计在某一端，则不需加长箱耳也可方便加工
2	车螺纹时，螺纹根部易打刀；工人操作紧张，且不能根除		留有退刀槽，可使螺纹清根，操作相对容易，可避免打刀
3	插键槽时，底部无退刀空间，易打刀		留出退刀空间，避免打刀
4	无退刀空间，小齿轮无法加工		大齿轮可滚齿或插齿加工，小齿轮可以插齿加工
5	斜面钻孔，钻头易引偏		只要结构允许，留出平台，可直接钻孔

序号	零 件 结 构		
	工艺性不好		工艺性好
6	加工面设计在箱体内,加工时调整刀具不方便,观察也困难		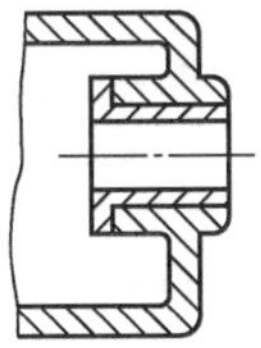 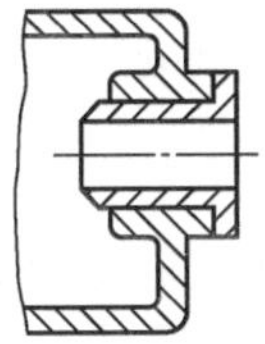 加工面设计在箱体外部,加工方便
7	加工面高度不同,需两次调整刀具加工,影响生产率		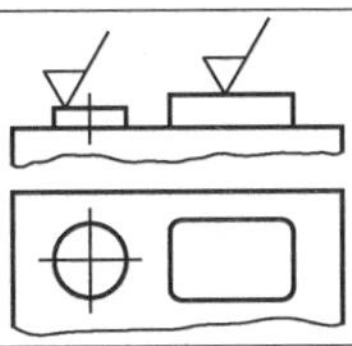 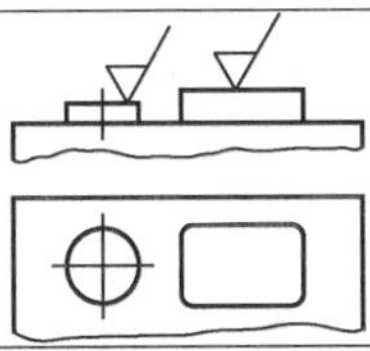 加工面在同一高度,一次调整刀具,可加工两个平面
8	三个退刀槽的宽度有三种尺寸,需用三把不同尺寸刀具加工		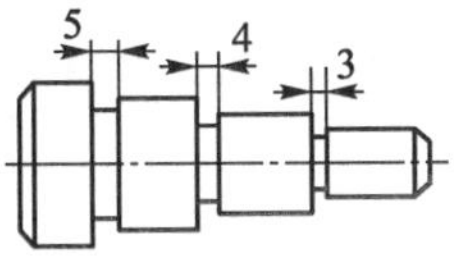 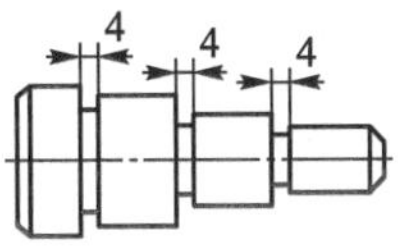 同一个宽度尺寸的退刀槽,使用一把刀具即可加工
9	加工面大,加工时间长,并且零件尺寸愈大,平面度误差愈大		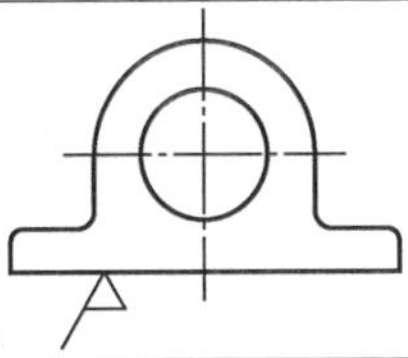 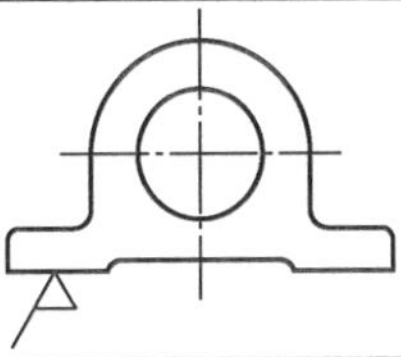 加工面减小,节省工时,减少刀具损耗,并且容易保证平面度要求
10	键槽设置在阶梯轴不同方向上,需两次安装加工		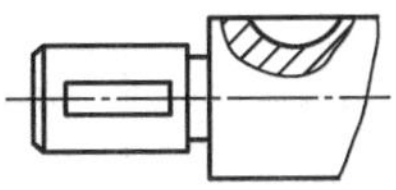 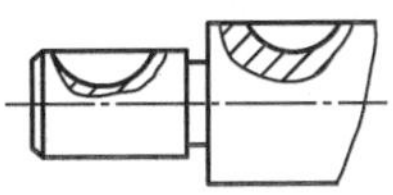 将阶梯轴的两个键槽设计在同一方向上,一次安装即可对两个键槽进行加工
11	钻孔过深,加工时间长,钻头损耗大,并且钻头易偏斜		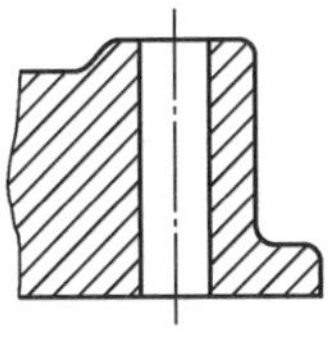 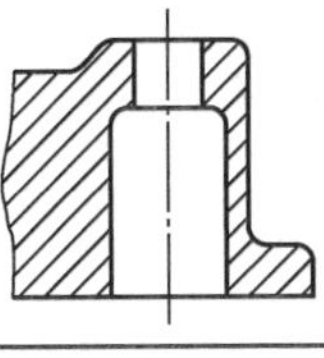 钻孔的一端留空,钻孔时间短,钻头寿命长,钻头不易偏斜

6.2.2 毛坯的选择

在制订机械加工工艺规程时,毛坯选择是否正确,不仅直接影响毛坯的制造工艺及费用,而且对零件的机械加工工艺、设备、工具以及工时的消耗等都有很大影响。毛坯的形状和尺寸越接近成品零件,机械加工的劳动量就越少,但毛坯制造的成本可能会越高。由于原材料消耗的减少,会抵消或部分抵消毛坯制造成本的增加。所以应根据生产纲领,零件的材料、形状、尺寸、精度、表面质量及具体的生产条件等作综合考虑,合理地确定毛坯的类型及制造方法，确定毛坯精度等级。在毛坯选择时，既要考虑热加工方面的因素，也要兼顾冷加工方面的要求，同时应注意采用新工艺、新技术、新材料的可能性，以降低成本、提高质量和生产率。

1. 毛坯种类的确定

常用毛坯的种类有铸件、锻件、型材、焊接件、冲压件、粉末冶金件和工程塑料件等，其特点及应用如表6.6所示。

表6.6 机械制造中常用毛坯的特点及应用

<table>
<tr><th>毛坯种类</th><th>毛坯制造方法</th><th>材　　料</th><th>形状复杂性</th><th>公差等级</th><th colspan="2">特点及适应的生产类型</th></tr>
<tr><td rowspan="2">型材</td><td>热轧</td><td rowspan="2">钢、有色金属（棒料、板、异形等）</td><td rowspan="2">简单</td><td>IT12~IT11</td><td colspan="2" rowspan="2">常用作轴、套类零件及焊接毛坯分件，冷轧坯尺寸精度高但价格昂贵，多用于自动机加工坯料</td></tr>
<tr><td>冷轧（拉）</td><td>IT10~IT9</td></tr>
<tr><td rowspan="7">铸件</td><td>木模手工造型</td><td rowspan="3">铸铁、铸钢和有色金属</td><td rowspan="3">复杂</td><td>IT14~IT12</td><td>单件小批生产</td><td rowspan="7">铸造可获得复杂形状毛坯，其中灰铸铁因其成本低廉、耐磨性和吸振性好而广泛用于机架、箱体类零件毛坯</td></tr>
<tr><td>木模机器造型</td><td>~IT12</td><td>成批生产</td></tr>
<tr><td>金属模机器造型</td><td>~IT12</td><td>大批大量生产</td></tr>
<tr><td>离心铸造</td><td>有色金属、部分黑色金属</td><td>回转体</td><td>IT14~IT12</td><td>成批或大批大量生产</td></tr>
<tr><td>压铸</td><td>有色金属</td><td>可复杂</td><td>IT10~IT9</td><td>大批大量生产</td></tr>
<tr><td>熔模铸造</td><td>铸钢、铸铁</td><td rowspan="2">复杂</td><td>IT11~IT10</td><td>成批及以上生产</td></tr>
<tr><td>失蜡铸造</td><td>铸铁、有色金属</td><td>IT7~IT5</td><td>大批大量生产</td></tr>
<tr><td rowspan="3">锻件</td><td>自由锻</td><td rowspan="3">钢</td><td>简单</td><td>IT14~IT12</td><td>单件小批生产</td><td rowspan="3">金相组织纤维化且走向合理，零件机械强度高</td></tr>
<tr><td>模锻</td><td rowspan="2">较复杂</td><td>IT12~IT11</td><td rowspan="2">大批大量生产</td></tr>
<tr><td>精密模锻</td><td>IT11~IT10</td></tr>
<tr><td>冲压件</td><td>板料加工</td><td>钢、有色金属</td><td>较复杂</td><td>IT9~IT8</td><td colspan="2">大批大量生产</td></tr>
<tr><td rowspan="2">粉末冶金件</td><td>粉末冶金</td><td rowspan="2">铁、铜、铝基材料</td><td rowspan="2">较复杂</td><td>IT8~IT7</td><td colspan="2" rowspan="2">机械加工余量极小或无机械加工余量，适用于大批大量生产</td></tr>
<tr><td>粉末冶金热模锻</td><td>IT7~IT6</td></tr>
<tr><td rowspan="2">焊接件</td><td>普通焊接</td><td rowspan="2">铁、铜、铝基材料</td><td rowspan="2">较复杂</td><td>IT13~IT12</td><td colspan="2" rowspan="2">单件小批或成批生产，生产周期短，不需准备模具，刚性好，节省材料，常用以代替铸件</td></tr>
<tr><td>精密焊接</td><td>IT11~IT10</td></tr>
<tr><td>工程塑料件</td><td>注射成形
吹塑成形
精密模压</td><td>工程塑料</td><td>复杂</td><td>IT10~IT9</td><td colspan="2">大批大量生产</td></tr>
</table>

合理选择毛坯，除参考表6.6外，还要综合考虑下列因素的影响。

（1）零件的材料及其力学性能

在选择毛坯制造方法时，首先要考虑材料的工艺特性，如可铸性、可锻性、可焊性等。

当零件的材料确定后，毛坯的类型也就大致确定了。例如，零件材料是铸铁，就选铸造毛坯；是钢材且力学性能要求高时，就选锻件；当零件的力学性能要求较低时，可选型材或铸钢。

（2）生产类型

生产类型在很大程度上决定了采用某种毛坯制造方法的经济性。大批大量生产时，可选精度和生产率都比较高的毛坯制造方法，虽然毛坯制造费用较高，但可通过材料消耗的减少和机械加工费用的降低来补偿。如锻件可采用模锻或冷轧和冷拉型材，铸件可采用金属模机器造型或精铸等。单件小批生产时，可选精度和生产率都比较低的毛坯制造方法，如木模手工造型和自由锻等。

（3）零件的形状和尺寸

形状复杂的毛坯常用铸件。薄壁零件不可用砂型铸造，尺寸大的零件宜用砂型铸造，中、小型零件可用较先进的铸造方法。一般用途的钢质阶梯轴零件，如各台阶的直径相差不大，可选用棒料，如各台阶的直径相差较大，宜用锻件。对于锻件，尺寸大的可选自由锻，尺寸小时可选用模锻。

（4）现有生产条件

确定毛坯时，必须结合具体的生产条件，如现场毛坯制造的实际水平和能力，外协的可能性等。

（5）充分考虑利用新工艺、新技术和新材料的可能性。

2. **毛坯形状和尺寸的确定**

现代机械制造技术的发展趋势之一就是使毛坯的形状和尺寸尽量接近于零件，以减少机械加工的劳动量，力求实现少、无切削加工。但是受毛坯制造技术的限制，加之对零件精度和表面质量的要求越来越高，故毛坯仍需留有一定的加工余量，以便通过机械加工来达到质量要求。毛坯尺寸与零件尺寸的差值称为毛坯加工余量，毛坯制造尺寸的公差称为毛坯公差。毛坯加工余量及公差同毛坯制造方法有关，生产中可参照有关工艺手册或企业的标准来确定。

另外，工艺人员在设计机械加工工艺规程之前，还要进一步熟悉毛坯的特点。例如，对于铸件应了解其分型面、浇口和冒口的位置，以及铸件公差和起模斜度等，这些都是设计机械加工工艺规程时不可缺少的原始资料。毛坯的种类和质量与机械加工关系密切。例如精密铸件、压铸件、精铸件等，毛坯质量好、精度高，它们对保证加工质量、提高劳动生产率和降低机械加工工艺成本有重要作用，但毛坯制作成本较高。因此，在选择毛坯时，除了要考虑零件的作用、生产纲领和零件的结构以外，还必须综合考虑产品的制作成本和市场需求。

有些零件为了加工时安装方便，常在其毛坯上做出工艺凸台。如图 6.6 所示，活塞的毛坯在顶面上铸出工艺凸台，加工时，在工艺凸台上打中心孔作为定位基准，加工结束时再将其切除。

为了保证加工质量和加工方便，常将分离零件做成一个整体毛坯，加工到一定阶段后再切割分离。对于半圆形的零件，一般应合并成一个整圆的毛坯；对于一些小的、

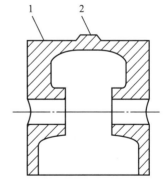

1—顶面；2—工艺凸台

图 6.6　具有工艺凸台的活塞毛坯

薄的零件(如轴套、垫圈和螺母等),可以将若干零件合成一件毛坯。图 6.7 所示为车床进给系统中的开合螺母外壳,其毛坯做成整体,待加工到一定阶段后再分割成两个零件。

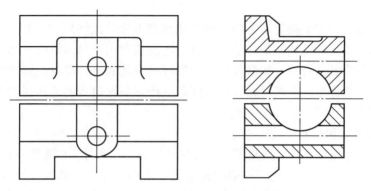

图 6.7　车床进给系统开合螺母外壳简图

6.2.3　定位基准的选择

定位基准的选择合适与否,直接影响零件的加工精度能否保证、加工顺序的安排以及夹具结构的复杂程度等,是制订工艺规程中一个十分重要的问题。

1. 基准的概念

基准是用来确定生产对象上几何要素之间的几何关系所依据的那些点、线或面。基准根据其功用的不同可分为设计基准和工艺基准。

(1) 设计基准

设计图样上标注设计尺寸所采用的基准称为设计基准。图 6.8a 中轴线 OO 是各外圆表面及内孔的设计基准,端面 A 是端面 B、C 的设计基准,内孔表面 D 的轴心线是 $\phi40\text{h}6$ 外圆表

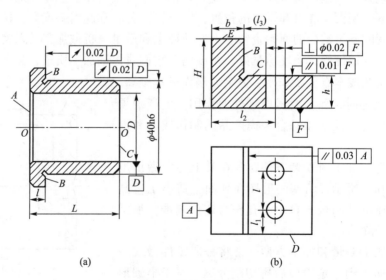

(a)　　　　　　　　(b)

图 6.8　设计基准示例

面的径向跳动和端面 B 端面跳动的设计基准。同样，图 6.8b 中的 F 面是 C 面及 E 面尺寸的设计基准，也是两孔垂直度和 C 面平行度的设计基准；A 面为 B 面尺寸及平行度的设计基准。作为设计基准的点、线、面在工件上不一定具体存在，例如表面的几何中心、对称线、对称平面等。

（2）工艺基准

零件在加工和装配过程中所采用的基准，称为工艺基准。工艺基准按其用途不同又可分为四种。

1）工序基准　在工序图上用来确定本工序加工表面尺寸、形状和位置所依据的基准，称为工序基准。图 6.9 是一个工序简图，图中端面 C 是端面 T 的工序基准，端面 T 是端面 A、B 的工序基准，孔中心线为外圆 D 和内孔 d 的工序基准。为减少基准转换误差，应尽量使工序基准和设计基准重合。

2）定位基准　在加工时用于工件定位的基准，称为定位基准。作为定位基准的点、线、面在工件上不一定具体存在(例如孔的中心线、轴的中心线、平面的对称中心面等)，而常由某些具体的定位表面来体现，这些定位表面称为定位基准面。例如，在图 6.9 中，工件被夹持在三爪自定心卡盘上车外圆 D 和镗内孔 d，此时 D 和 d 的设计基准与定位基准皆为中心线，而定位基准面则为外圆面 E。

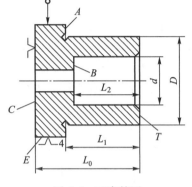

图 6.9　工序简图

3）测量基准　工件在加工中或加工后，测量尺寸和几何误差时所依据的基准，称为测量基准。例如，在图 6.9 中，尺寸 L_1 和 L_2 可用深度游标卡尺来测量，端面 T 就是端面 A、B 的测量基准。

4）装配基准　在装配时用来确定零件或部件在产品中相对位置所依据的基准，称为装配基准。图 6.8 中的外圆表面 $\phi40h6$ 就是此零件的装配基准。

上述各种基准应尽可能重合。在设计机器零件时，应尽量选用装配基准作为设计基准；在编制零件的加工工艺规程时，应尽量选用设计基准作为工序基准；在加工及测量工件时，应尽量选用工序基准作为定位基准及测量基准，以消除由于基准不重合引起的误差。

2. 定位基准的选择

在工艺规程设计中，正确选择定位基准对保证零件技术要求、确定加工先后顺序有着至关重要的影响。定位基准有精基准与粗基准之分。用毛坯上未经加工的表面作定位基准，称为粗基准；用加工过的表面作定位基准，称为精基准。在选择定位基准时，一般先根据零件的加工要求选择精基准，然后再考虑用哪一组表面作粗基准才能把精基准加工出来。

（1）精基准的选择原则

选择精基准时，应从整个工艺过程来考虑如何保证工件的尺寸精度和位置精度，并使安装方便可靠。选择精基准一般应遵循以下几项原则：

1）基准重合原则　应尽可能选择所加工表面的工序基准为精基准，这样可以避免由于基准不重合引起的定位误差。由于基准不重合而引起的定位误差的分析和计算参见第 4 章。在数控机床上安装的工件应力求使设计基准、工艺基准与编程原点重合，以减少由于基准不重合产生的误差和数控编程中的计算工作量。

2）基准统一原则　在工件的加工过程中尽可能地采用统一的定位基准称为基准统一原则。基准统一便于保证各加工表面间的位置精度，避免基准转换所产生的误差，并简化夹具的设计和制造。例如，加工轴类零件时，一般都采用两个顶尖孔作为统一的精基准来加工零件上所有的外圆表面和端面，这样可以保证各外圆表面间的同轴度和端面对轴心线的垂直度。有些工件可能找不到合适的表面作为统一基准，必要时可在工件上增设一组专供定位用的表面，即辅助基准面定位。如活塞零件的止口和端面。

3）互为基准原则　对于相互位置精度要求高的表面，可以采用互为基准、反复加工的方法。例如车床主轴的主轴颈与主轴锥孔的同轴度要求高，一般先以轴颈定位加工锥孔，再以锥孔定位加工轴颈，如此反复加工来达到同轴度要求。

4）自为基准原则　精加工或光整加工工序要求余量小而均匀，应选择加工表面本身作为定位基准。图 6.10 所示为在磨削床身导轨面，就是以导轨面本身为基准来找正定位。此外，拉孔、浮动铰孔、浮动镗孔、无心磨外圆及珩磨等都是自为基准。

精基准选择时，一定要保证工件定位准确，夹紧可靠，夹具结构简单，工件安装方便。因此，精基准应该是精度较高、表面粗糙度值较小、支承面积较大的表面。零件上的某些次要表面（非配合表面），因工艺上需要，宜用做定位基准而提高它的加工精度和表面质量以便定位时使用，这种表面也称为辅助基准。

采用数控加工的零件，以同一基准定位十分必要，否则难以保证两次定位安装加工后两个面上的轮廓位置及尺寸精度。如果零件本身有合适的孔，就用它来作定位基准孔；如果零件上没有合适的孔，可设置工艺孔作为定位基准；如零件上无法打工艺孔，可以零件轮廓的基准边定位或在毛坯上增加工艺凸耳，打出工艺孔，在完成定位加工后再切除。图 6.11 所示为增加定位用工艺凸耳的例子。

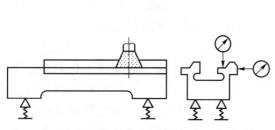

图 6.10　自为基准的例子

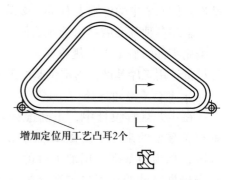

增加定位用工艺凸耳2个

图 6.11　增加定位用工艺凸耳的例子

应当指出的是，上述精基准选择的各项原则，有时不可能同时满足，必须结合具体情况，综合考虑，灵活掌握。

（2）粗基准的选择

选择粗基准主要是选择第一道机械加工工序的定位基准，以便为后续工序提供精基准。主要考虑如何合理分配各加工表面的余量和保证不加工表面与加工表面间的尺寸及相互位置要求。选择粗基准时，一般应遵循以下几项原则：

1）为了保证不加工表面与加工表面之间的位置关系，应选择不加工表面作粗基准，如图 6.12a 所示。如果零件上有多个不加工表面，则应以其中与加工表面相互位置要求较高的表面作粗基准，如图 6.12b 所示，该零件有三个不加工表面，若表面 4 与表面 2 所组成的壁厚均匀度要求较高时，则应选择表面 2 作为粗基准来加工台阶孔。

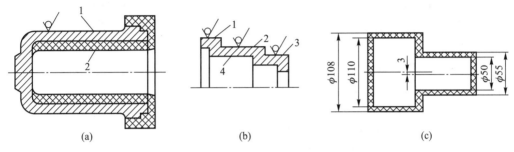

图 6.12　粗基准的选择

2）对于具有较多加工表面的工件，选择粗基准时，应考虑合理地分配各表面的加工余量。在加工余量的分配上应考虑以下两点：

① 应保证各主要加工表面都有足够的余量。为满足这一要求，应选择毛坯余量最小的表面作粗基准，如图 6.12c 所示的阶梯轴，应选择 $\phi55$ mm 外圆表面作粗基准。

② 对于工件上的某些重要表面（如床身导轨面和箱体的重要孔等），为了尽可能使其加工余量均匀，则应选择重要表面作粗基准。如图 6.13 所示的车床床身，导轨表面是重要表面，要求耐磨性好，且在整个导轨表面内具有大体一致的力学性能。因此加工时应选择导轨表面作为粗基准加工床身底面，然后以床身底面为基准加工导轨平面。

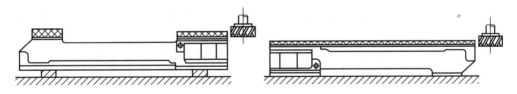

图 6.13　车床床身加工粗基准选择

3）粗基准应避免重复使用。在同一尺寸方向上，粗基准通常只允许使用一次，以免产生较大的定位误差。如图 6.14 所示的小轴加工，如重复使用 B 面去加工 A、C 面，则必然会使 A 面与 C 面的轴线产生较大的同轴度误差。

4）选作粗基准的表面应平整，没有浇口、冒口或飞边等缺陷，以便定位可靠。

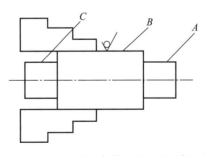

图 6.14　避免重复使用粗基准示例

6.2.4 机械加工工艺路线的拟定

1. 表面加工方案的选择

工件上的加工表面往往需要通过粗加工、半精加工、精加工等才能逐步达到质量要求。而达到同样加工质量要求的表面,其加工过程和最终加工方法可以有多种方案。表面加工方案的选择应根据零件各表面所要求的加工精度、表面粗糙度和零件结构特点。选择表面加工方案时应注意以下几点:

(1) 尽可能采用经济精度

大量统计资料表明,同一种加工方案,在不同的加工条件下所得到的精度和表面粗糙度是不一样的。某一种加工方案的加工误差(或精度)和成本的关系如图 6.15 所示。在 Ⅰ 段,当零件加工精度要求很高时,零件成本也很高,但成本再提高,其精度却不能再提高了,存在着一个极限加工精度,其误差为 Δ_α。相反,在 Ⅲ 段,虽然精度要求很低,但成本也不能无限降低,其最低成本为 S_α。因此,在 Ⅰ、Ⅲ 段应用此

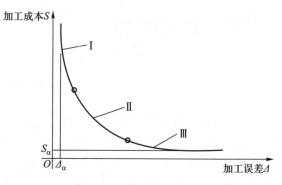

图 6.15　加工精度与加工成本的关系

加工方案是不经济的。在 Ⅱ 段,加工方案与加工精度是相互适应的,加工误差与成本基本成反比关系,可以在较好的经济性下达到一定的精度。Ⅱ 段的精度范围就称为该加工方案的经济精度。

与经济精度相似,各种加工方案所能达到的表面粗糙度也有一个较经济的范围。各种加工方案所能达到的经济精度、表面粗糙度以及表面形状、位置精度可查阅机械加工工艺手册。表6.7~表6.9分别介绍了机器零件三种最基本表面(外圆、孔和平面)常用的加工方案及其经济精度,供选择时参考。

表 6.7　外圆加工方案及其经济精度

加工方案	经济精度公差范围	表面粗糙度/μm	适用范围
粗车 　→半精车 　　　→精车 　　　　　→滚压 (或抛光)	IT13~IT11 IT9~IT8 IT8~IT7 IT7~IT6	Rz 100~50 Ra 6.3~3.2 Ra 1.6~0.8 Ra 0.2~0.08	适用于除淬火钢以外的金属材料
粗车→半精车→磨削 　　　→粗磨→精磨 　　　　　　→超精磨	IT7~IT6 IT7~IT5 IT5	Ra 0.8~0.4 Ra 0.4~0.1 Ra 0.1~0.012	不宜用于有色金属,主要适用于淬火钢件的加工

加 工 方 案	经济精度 公差范围	表面粗糙度 /μm	适 用 范 围
粗车 ── 半精车 ── 精车 ── 金刚石车	IT6~IT5	Ra 0.4~0.025	主要用于有色金属
粗车 ── 半精车 ── 粗磨 ── 精磨 ── 镜面磨 └── 精车 ── 精磨 ── 研磨 └── 粗研 ── 抛光	IT5 以上 IT5 以上 IT5 以上	Ra 0.2~0.025 Ra 0.1~0.05 Ra 0.4~0.025	主要用于高精度要求的钢件加工

表 6.8 孔加工方案及其经济精度

加 工 方 案	经济精度 公差范围	表面粗糙度 /μm	适 用 范 围

钻
 └── 扩
   └── 铰
     └── 粗铰 ── 精铰
   └── 铰
     └── 粗铰 ── 精铰
	IT13~IT11
	IT11~IT10
	IT9~IT8
	IT8~IT7
	IT9~IT8
	IT8~IT7
		Rz≥50
		Rz 50~25
		Ra 3.2~1.6
		Ra 1.6~0.8
		Ra 3.2~1.6
		Ra 1.6~0.8
			除淬火钢及铸铁的实心毛坯，也可加工有色金属（所得表面粗糙度稍大）

钻 ── (扩) ── 拉	IT8~IT7	Ra 1.6~0.8	大批大量生产

粗镗（或扩）
 └── 半精镗（或精扩）
   └── 精镗（或铰）
     └── 浮动镗
	IT13~IT11
	IT9~IT8
	IT8~IT7
	IT7~IT6
		Rz 50~25
		Rz 3.2~1.6
		Ra 1.6~0.8
		Ra 0.4~0.2
			除淬火钢外的各种钢料，毛坯上已有铸造出或锻造出的孔

粗镗 ── 半精镗 ── 磨 ── 金刚石车 └── 粗磨 ── 精磨	IT8~IT7 IT7~IT6	Ra 0.8~0.2 Ra 0.2~0.1	主要用于淬火钢，不宜用于有色金属
粗镗 ── 半精镗 ── 精镗 ── 金刚镗	IT7~IT6	Ra 0.2~0.5	主要用于精度要求高的有色金属
钻 ── (扩) ── 粗铰 ── 精铰 ── 珩磨 └── 拉 ── 珩磨 粗镗 ── 半精镗 ── 精镗 ── 珩磨	IT7~IT6 IT7~IT6 IT7~IT6	Ra 0.2~0.025 Ra 0.2~0.25 Ra 0.2~0.25	精度要求很高的孔，若以研磨代替珩磨，公差等级可达 IT6 以上，表面粗糙度可降低到 Ra 0.16~ 0.01 μm

表 6.9　平面加工方案及其经济精度

加工方案	经济精度公差范围	表面粗糙度/μm	适用范围
粗车 → 半精车 → 精车 → 磨	IT13~IT11 IT9~IT8 IT8~IT7 IT7~IT6	$Rz \geqslant 50$ $Rz\ 6.3 \sim 3.2$ $Ra\ 1.6 \sim 0.8$ $Ra\ 0.8 \sim 0.2$	适用于工件的端面加工
粗刨（或粗铣）→ 精刨（或精铣）→ 刮研	IT13~IT11 IT9~IT7 IT6~IT5	$Rz \geqslant 50$ $Rz\ 6.3 \sim 1.6$ $Ra\ 0.8 \sim 0.1$	适用于不淬硬的平面（用面铣加工，可以获得较低的表面粗糙度）
粗刨（或粗铣）→ 精刨（或精铣）→ 宽刃精刨	IT7~IT6	$Ra\ 0.8 \sim 0.2$	批量较大，宽刃精刨效率高
粗刨（或粗铣）→ 精刨（或精铣）→ 磨 → 粗磨 → 精磨	IT7~IT6 IT6~IT5	$Ra\ 0.8 \sim 0.2$ $Ra\ 0.4 \sim 0.025$	适用于精度要求较高的平面加工
粗铣 → 拉	IT9~IT6	$Ra\ 0.8 \sim 0.2$	适用于大量生产中加工较小的不淬火平面
粗铣 → 精铣 → 磨 → 研磨 → 抛光	IT6~IT5 IT5 以上	$Ra\ 0.2 \sim 0.025$ $Ra\ 0.1 \sim 0.025$	适用于高精度平面的加工

　　表中所列都是实际生产中的统计资料，可以根据零件加工表面的精度和表面粗糙度要求，零件的结构、形状、大小以及车间或工厂的具体条件，选取最经济合理的加工方案，必要时应进行技术经济论证。但必须指出，这是在一般情况下可能达到的精度和表面粗糙度，在具体条件下会有所差别。随着生产技术的发展、工艺水平的提高，同一种加工方法所能达到的精度和表面粗糙度也会不断提高。

　　（2）根据工件材料的性质及热处理，选用相应的加工方案

　　例如，淬火钢的精加工要用磨削，有色金属精加工时为避免磨削时堵塞砂轮，则要用高速精细车或精细镗等高速切削方法。

　　（3）考虑工件的结构形状和尺寸

　　例如，对于公差等级为IT7的孔，采用镗、铰、拉和磨削等都行，但是箱体上的孔一般不宜采用拉或磨，而采用镗孔(大孔时)或铰孔(小孔时)。对于由任意直线和曲线组成的形状复杂的回转体零件，可用数控车削；对于零件上的曲线轮廓，特别是由数学表达式描绘的非圆曲线和列表曲线等曲线轮廓，以及用通用铣床加工难以观察、测量和控制进给的内、外凹槽等，宜用数控铣削；但对于简单的粗加工表面、需长时间占机调整的粗加工表面、毛

坯上加工余量不太充分或不太稳定的部位及必须用细长铣刀加工的部位等，不宜用数控铣削加工。

（4）结合生产类型考虑生产率和经济性

选择加工方法必须考虑生产率和经济性。大批大量生产应选用生产率高和质量稳定的加工方法，例如平面和孔可采用拉削加工。单件小批生产则宜采用刨削、铣削平面和钻、扩、铰孔。

（5）考虑本厂（或本车间）的现有设备状况和技术条件

应充分利用现有设备，挖掘潜力，发挥人的积极性和创造性。

2. 加工阶段的划分

零件的加工质量要求较高时，应把整个加工过程划分为以下几个阶段：

（1）粗加工阶段

其主要任务是切除大部分加工余量，应着重考虑如何获得高的生产率。

（2）半精加工阶段

完成次要表面的加工，并为主要表面的精加工做好准备。

（3）精加工阶段

使各主要表面达到图样规定的质量要求。

（4）光整加工阶段

对于质量要求很高的表面，需进行光整加工，以进一步提高尺寸精度和减小表面粗糙度。

划分加工阶段的原因如下。

1）保证加工质量　工件加工划分阶段后，粗加工因余量大、切削力大等因素造成的加工误差，可通过半精加工和精加工逐步得到纠正，保证加工质量。

2）有利于合理使用设备　粗加工要求功率大、刚性好、生产率高、精度不高的设备，精加工则要求精度高的设备。划分加工阶段后，就可充分发挥粗、精加工设备的特点，避免以精干粗，做到合理使用设备。

3）便于安排热处理工序，使冷热加工工序配合得更好　例如粗加工后工件残余应力大，可安排时效处理，消除残余应力，热处理引起的变形又可在精加工中消除。

4）便于及时发现毛坯缺陷　毛坯的各种缺陷如气孔、砂眼和加工余量不足等，在粗加工后即可发现，便于及时修补或决定报废，以免继续加工后造成工时和费用的浪费。

5）精加工、光整加工安排在后，可保护精加工和光整加工过的表面少受磕碰损坏。

应当指出，加工阶段的划分不是绝对的，在应用时要灵活掌握。例如，对于加工质量要求不高，工件刚性好，毛坯精度较高、余量小时，就可少划分几个阶段或不划分阶段；有些刚性好的重型工件，由于安装及运输很费时，也常在一次安装下完成全部粗、精加工。为了弥补不分阶段带来的缺陷，重型工件在粗加工工步后，应松开夹紧机构，让工件有变形的可能，然后用较少的夹紧力重新夹紧工件，继续进行精加工。

3. 工序的集中与分散

工序集中与工序分散是拟订工艺路线时，确定工序数目（或工序内容多少）的两种不同的原则。工序集中就是将工件的加工集中在少数几道工序内完成，每道工序的加工内容较多。

工序分散就是将工件的加工分散在较多的工序内进行，每道工序的加工内容很少，最少时每道工序仅一个简单工步。

工序集中具有如下特点：

1）有利于采用高效专用机床设备及工艺装备，生产率高。

2）工件安装次数减少，不但可缩短辅助时间，还有利于保证各加工表面间的位置精度。

3）工序数目少，可减少机床数量、操作工人数和生产面积。

工序分散具有如下特点：

1）设备及工艺装备简单，调整和维修方便。

2）可采用最合理的切削用量，减少基本时间。

3）设备数量多，操作工人多，占用生产面积大。

工序集中与工序分散各有利弊，应根据生产类型、现有生产条件、工件结构特点和技术要求等进行综合分析后选用。生产批量小时多采用工序集中，生产批量大时可采用工序集中，也可采用工序分散。由于工序集中的优点较多，以及数控机床、柔性制造单元和柔性制造系统等的发展，现代生产多趋于工序集中。

4. 加工顺序的安排

复杂工件的机械加工工艺路线中要经过切削加工、热处理和辅助工序。因此，在拟订工艺路线时，工艺人员要把切削加工、热处理和辅助工序三者一起全面地加以考虑。

（1）机械加工工序的安排原则

1）基准面先行　选为精基准的表面，应安排在起始工序先进行加工，以便尽快为后续工序的加工提供精基准。

2）先粗后精　当零件需要划分加工阶段时，先安排各表面的粗加工，中间安排半精加工，最后安排主要表面的精加工和光整加工。

3）先主后次　先加工零件上的装配基准面和工作表面等主要表面，后加工键槽、紧固用的光孔与螺纹孔等次要表面。因为次要表面的加工面积较小，又往往与主要表面有一定的相互位置要求，所以一般应放在主要表面半精加工之后进行加工。

4）先面后孔　对于箱体、支架和连杆等工件，应先加工平面后加工孔。这是因为平面的轮廓平整，安放和定位比较稳定可靠，先加工好平面，就能以平面定位加工孔，保证平面和孔的位置精度。此外，先加工平面对于平面上的孔加工也带来方便，刀具的初始工作条件能得到改善。

（2）热处理工序的安排

热处理工序在工艺路线中的位置安排，主要取决于热处理的目的。一般可分为：

1）预备热处理　退火与正火常安排在粗加工之前，以改善切削加工性能和消除毛坯的内应力；调质一般应安排在粗加工之后、半精加工之前进行，以保证调质层的厚度；时效处理用以消除毛坯制造和机械加工中产生的内应力。对于精度要求不太高的工件，一般在毛坯进入机械加工之前安排一次人工时效即可。对于机床床身、立柱等结构复杂的铸件，在粗加工前、后都要进行时效处理。对于一些刚性差的精密零件（如精密丝杠），在粗加工、半精加工和精加工过程中要安排多次人工时效。

2）最终热处理　主要用于提高零件的表面硬度和耐磨性，以及防腐、美观等。淬火、渗碳淬火等安排在磨削加工之前进行；氮化处理由于温度低、变形小，且氮化层较薄，故应放在精磨之后进行。表面装饰性镀层、发蓝处理，应安排在机械加工完毕之后进行。

（3）辅助工序的安排

检验工序是主要的辅助工序，是保证产品质量的重要措施。除各工序操作者自检外，在关键工序之后，送往外车间加工前后，零件全部加工结束之后，一般均应安排检验工序。

此外，去毛刺、倒钝锐边、去磁、清洗及涂防锈油等，都是不可忽视的辅助工序。

（4）工序间的衔接

有些零件的加工是由普通机床和数控机床共同完成的，数控机床加工工序一般穿插在整个工艺过程之间，应注意解决好数控工序与非数控工序间的衔接。如作为定位基准的孔和面的精度是否满足要求，后道工序的加工余量是否足够等。

5. 机床及工艺装备选择

（1）机床设备选择

1）机床的主要规格尺寸应与加工工件的外形轮廓尺寸相适应，即小工件应选小的机床，大工件应选大的机床，做到设备合理使用。

2）机床的精度应与要求的加工精度相适应。对于高精度的工件，在缺乏精密设备时，可通过设备改装，以粗干精。

3）机床的生产率应与加工工件的生产类型相适应。单件小批生产一般选择通用设备，大批大量生产宜选高生产率的专用设备。

4）机床的选择应结合现场的实际情况。例如设备的类型、规格及精度状况，设备负荷的平衡情况以及设备的分布排列情况等。

5）合理选用数控机床。当有通用机床无法加工或难以加工，质量难以保证的情况，应考虑选用数控机床加工。对于通用机床加工效率低，工人手工操作劳动强度大的生产，可在数控机床尚存余力的基础上进行选择。

（2）工艺装备的选择

1）夹具的选择　单件小批生产应首先采用各种通用夹具和机床附件，如卡盘、虎钳、分度头等。有组合夹具站的，可采用组合夹具。大批大量生产为提高劳动生产率，应采用专用高效夹具。多品种中、小批生产可采用可调夹具或成组夹具。

2）刀具的选择　一般优先采用标准刀具。当采用工序集中时，应采用各种高效的专用刀具、复合刀具和多刃刀具等。刀具的类型、规格和精度等级应符合加工要求。

3）量具的选择　单件小批生产应广泛采用通用量具，如游标卡尺、百分尺和千分表等。大批大量生产应采用各种量规和高效的专用检验夹具和量仪等。量具的精度必须与加工精度相适应。

6.2.5 加工余量及工序尺寸的确定

1. 加工余量的概念

加工余量是指加工过程中所切去的金属层厚度。余量有工序余量和加工总余量(毛坯余量)之分。工序余量是相邻两工序的工序尺寸之差,加工总余量(毛坯余量)是毛坯尺寸与零件图样的设计尺寸之差。

加工总余量 Z_0 和工序余量 Z_i 的关系为

$$Z_0 = \sum_{i=1}^{n} Z_i \tag{6.2}$$

式中 n——某一表面所经历的加工工序数。

工序余量有单边余量和双边余量之分。对于非对称表面(图6.16a),加工余量用单边余量 Z_b 表示

$$Z_b = l_a - l_b \tag{6.3}$$

式中 Z_b——本工序的加工余量;

l_a——前工序的公称尺寸;

l_b——本工序的公称尺寸。

对于外圆与内圆这样的对称表面,其加工余量用双边余量 $2Z_b$ 表示。对于外圆表面(图6.16b):

$$2Z_b = d_a - d_b \tag{6.4}$$

对于内圆表面(图6.16c):

$$2Z_b = D_b - D_a \tag{6.5}$$

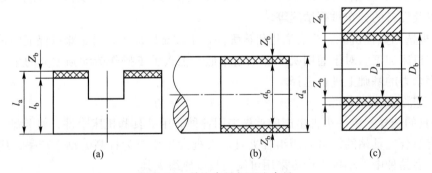

图 6.16 单边余量与双边余量

由于毛坯制造和各工序尺寸都有误差,各工序实际切除的余量值是变动的,所以加工余量又分为公称余量、最大余量 Z_{max} 和最小余量 Z_{min}。相邻两工序的公称尺寸之差即为公称余量。对于图6.17所示被包容面的加工情况,本工序加工的公称余量为

$$Z_b = l_a - l_b \tag{6.6}$$

余量的公差为

$$T_z = Z_{max} - Z_{min} = T_b + T_a \qquad (6.7)$$

式中　T_z——工序余量公差；

　　　T_b——加工面在本道工序的工序尺寸公差；

　　　T_a——加工面在前道工序的工序尺寸公差。

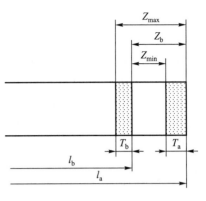

工序尺寸偏差一般按"入体原则"标注。对被包容尺寸(例如轴径)，上极限偏差为 0，其最大尺寸就是公称尺寸；对包容尺寸(例如孔径、槽宽)，下极限偏差为 0，其最小尺寸就是公称尺寸。

图 6.17　被包容面工序余量及其变动量

2. 影响加工余量的因素

加工余量的大小对于工件的加工质量和生产率均有较大的影响。加工余量过大，不仅增加机械加工的劳动量，降低生产率，而且增加材料、工具和电力的消耗，加工成本增加。若加工余量过小，则既不能消除上工序的各种缺陷和误差，又不能补偿本工序加工时工件的安装误差，造成废品。因此，应当合理地确定加工余量。确定加工余量的基本原则是在保证加工质量的前提下，越小越好。影响加工余量的因素如下：

(1) 前道工序的各种表面缺陷和误差的因素

1) 表面粗糙度 Ra 和缺陷层 H_a　本工序必须把前道工序留下的表面粗糙度 Ra 全部切除，还应切除前道工序在表面留下的一层金属组织已遭破坏的缺陷层 H_a，如图 6.18 所示。

2) 前道工序的尺寸公差 T_{i-1}　工序的基本余量中包括了前道工序的尺寸公差 T_{i-1}。

3) 前道工序的形位误差 ρ_a　ρ_a 是指不由尺寸公差 T_{i-1} 所控制的形位误差。例如图 6.19 所示小轴，当轴线有直线度误差 ρ_a 时，须在本工序中纠正，因而直径方向的加工余量应增加 $2\rho_a$。

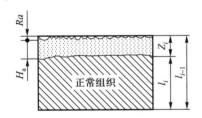

图 6.18　表面粗糙度 Ra 和缺陷层 H_a

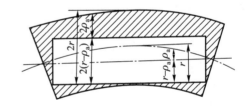

图 6.19　轴线直线度误差对加工余量的影响

(2) 本工序加工时的安装误差 ε_i

安装误差包括工件的定位误差和夹紧误差，当用夹具安装时，还有夹具在机床上的安装误差。这些误差会使工件在加工时的位置发生偏移，所以加工余量还必须考虑安装误差的影响。例如图 6.20 所示，用三爪自定心卡盘夹持工件外圆磨削孔时，由于三爪自定心卡盘定心不准，使工件轴线偏离主轴旋转轴线 e，造成孔的磨削余量不均匀，为确保上工序各项误差和缺陷的切除，孔的直径余量应增加 $2e$。

ρ_a 与 ε_i 在空间可有不同的方向，它们的合成应为向量和。

综上所述，可以得出工序余量的计算式：

对于单边余量　　　　　$Z_b = T_{i-1} + Ra + H_a + |\rho_a + \varepsilon_i| \qquad (6.8)$

对于双边余量 $$2Z_b = T_{i-1} + 2(Ra + H_a) + 2\left|\rho_a + \varepsilon_i\right| \qquad (6.9)$$

3. 确定加工余量的方法

确定加工余量的方法有以下三种：

（1）查表法

根据工艺手册或工厂中的统计经验资料查表，并结合具体情况加以修正来确定加工余量。此法在实际生产中广泛应用。

（2）经验估算法

凭经验来确定加工余量。为防止因余量过小而产生废品，所估余量往往偏大。此法只可用于单件小批生产。

（3）分析计算法

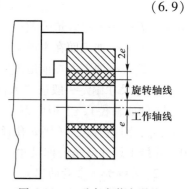

图6.20　三爪卡盘装夹误差对加工余量的影响

通过对影响加工余量的各项因素进行分析和综合计算，来确定所需要的最小工序余量。它是最经济合理的方法，但必须要有齐全而可靠的实验数据资料，且计算较烦琐，在实际生产中应用较少。应该指出，对于大批大量生产，应力求采用分析计算法。

4. 工序尺寸的确定

工序尺寸是零件加工过程中每道工序应保证的尺寸。正确地确定工序尺寸及其公差，是制订工艺规程的重要工作之一。

工序尺寸及其公差的确定不仅取决于设计尺寸及加工余量，而且还与工序尺寸的标注方法以及定位基准选择和转换有着密切的关系。所以，计算工序尺寸时应根据不同的情况采用不同的方法。

对于各工序的定位基准与设计基准重合的表面多次加工，各工序尺寸及公差取决于各工序的加工余量及加工精度。计算方法是，先确定各工序的加工余量及经济精度，然后根据设计尺寸和各工序加工余量，从后向前推算各工序的尺寸，直到毛坯尺寸，再将各工序的尺寸公差按"入体原则"标注。

例如，某车床主轴箱箱体（材料为铸铁）主轴孔的设计要求：$\phi 100^{+0.035}_{0}$ mm、$Ra\,0.8$ μm。该主轴孔的工艺过程为粗镗—半精镗—精镗—浮动镗（或铰）。根据金属切削加工工艺手册查得各工序的加工余量（工序余量）和经济精度，见表6.10，之后即可确定各工序尺寸、尺寸公差、表面粗糙度及毛坯尺寸。具体计算及结果如表6.10所示。

表6.10　工序尺寸及公差的计算

工序名称	工序余量/mm	工序		工序尺寸/mm	工序	
		经济精度/mm	表面粗糙度/μm		尺寸公差/mm	表面粗糙度/μm
铰孔	0.1	H7($^{+0.035}_{0}$)	$Ra0.8$	100	$\phi 100^{+0.035}_{0}$	$Ra0.8$
精镗孔	0.5	H8($^{+0.054}_{0}$)	$Ra1.25$	100−0.1=99.9	$\phi 99.9^{+0.054}_{0}$	$Ra1.25$
半精镗孔	2.4	H10($^{+0.14}_{0}$)	$Ra2.5$	99.9−0.5=99.4	$\phi 99.4^{+0.14}_{0}$	$Ra2.5$
粗镗孔	5	H13($^{+0.54}_{0}$)	$Ra16$	99.4−2.4=97	$\phi 97^{+0.54}_{0}$	$Ra16$
毛坯孔	—	$^{+1}_{-2}$	—	97−5=92	$\phi 92^{+1}_{-2}$	—

以上是基准重合时工序尺寸及其公差的确定方法。当基准不重合时，就必须应用尺寸链的原理进行分析计算。具体计算方法将在工艺尺寸链中介绍。

6.2.6 工艺过程的生产率

1. 时间定额

时间定额是在一定生产条件下，规定生产一件产品或完成一道工序所需消耗的时间。时间定额是安排生产计划、核算生产成本的重要依据，也是设计或扩建工厂（或车间）时计算设备和工人数量的依据。

完成一个工件的一个工序的时间称为单件时间 t_d，它由下列几部分组成：

（1）基本时间 t_j

基本时间是指直接改变生产对象的尺寸、形状、相对位置、表面状态或材料性质等工艺过程所消耗的时间。对于切削加工来说，基本时间是切除金属所耗费的机动时间（包括刀具的切入和切出时间）。

（2）辅助时间 t_f

辅助时间是指为实现工艺过程所必须进行的各种辅助动作所消耗的时间。如装卸工件、操作机床、改变切削用量、试切和测量工件、引进及退回刀具等动作所消耗的时间。

辅助时间的确定方法随生产类型不同而不同。大批大量生产时，为了使辅助时间规定得合理，须将辅助动作分解成单一动作，再分别查表求得各分解动作的时间，最后予以综合；对于中批生产则可根据以往的统计资料确定；在单件小批生产中，一般用基本时间的百分比进行估算。

基本时间和辅助时间的总和称为作业时间。

（3）布置工作地时间 t_b

布置工作地时间是为使加工正常进行，工人照管工作地（如更换刀具、润滑机床、清理切屑、收拾工具等）所消耗的时间。一般按作业时间的 2%~7% 估算。

（4）休息和生理需要时间 t_x

休息和生理需要时间是指工人在工作班内恢复体力和满足生理上的需要所消耗的时间。一般按作业时间的 2% 估算。

以上四部分时间的总和即为单件时间 t_d，即

$$t_d = t_j + t_f + t_b + t_x \tag{6.10}$$

在成批生产中，每加工一批工件的开始和终了时，工人需要做以下工作：开始时，需熟悉工艺文件，领取毛坯、材料，领取和安装刀具和夹具，调整机床及其他工艺装备等；终了时，要拆下和归还工艺装备，送交成品等。为了生产一批产品和零、部件，进行准备和结束工作所消耗的时间，称为准备终结时间 t_z，设一批工件的数量为 N，则分摊到每个工件上的准备终结时间为 t_z/N，将这部分时间加到单件时间上去，即为成批生产的单件核算时间 t_h

$$t_h = t_d + t_z/N \tag{6.11}$$

大批大量生产时，每个工作地始终完成某一固定工序，$t_z/N \approx 0$，故不考虑准备终结时

间，即

$$t_h = t_d \tag{6.12}$$

2. 提高机械加工生产率的工艺措施

提高劳动生产率不单纯是一个工艺技术问题，而是一个综合性问题，涉及产品设计、制造工艺和生产组织管理等方面的问题。这里仅就通过缩短单件时间来提高机械加工生产率的工艺途径作一简要说明。

（1）缩短基本时间

大批大量生产中，基本时间在单件时间中占有较大比重。缩短基本时间的主要途径有以下几种：

1）提高切削用量　增大切削速度、进给量和背吃刀量都可缩短基本时间。但切削用量的提高，受到刀具寿命和机床刚度的制约，随着新型刀具材料的出现，切削速度得到了迅速的提高。目前硬质合金刀具的切削速度可达 200 m/min，近年来出现的聚晶人造金刚石和聚晶立方氮化硼新型材料刀具，其切削速度可达 900 m/min。

采用高速磨削和强力磨削可大大提高磨削生产率，目前，国内生产的高速磨削磨床和砂轮的磨削速度已达 60 m/s，国外已达 90~120 m/s。强力磨削的切入深度可达 6~12 mm，已可用来直接取代铣削或刨削进行表面粗加工。

2）缩短工作行程长度　采用多刀加工可大大缩短工作行程的长度，从而极大缩短基本时间。图 6.21a 所示为多刀加工实例，每把车刀的实际切削长度只有工件长度的三分之一。图 6.21b 所示为用几把刀具同时对工件上的不同表面进行加工的方法，使切削行程重合，从而极大地缩短了工作行程长度。

3）多件加工　这种方法是通过减少刀具的切入、切出时间或使基本时间重合，从而缩短每个零件加工的基本时间来提高生产率，如图 6.22 所示。其中图 6.22a 为顺序加工，图 6.22b 为平行加工，图 6.22c 为平行顺序加工。

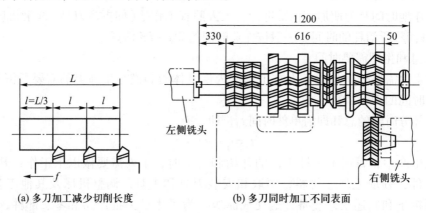

(a) 多刀加工减少切削长度　　(b) 多刀同时加工不同表面

图 6.21　缩短工作行程长度示例

（2）缩减辅助时间

辅助时间在单件时间中占有较大的比重，尤其是在大幅度提高切削用量之后，基本时间显著减少，辅助时间所占比重就更高。此时，采取措施缩减辅助时间就成为提高生产率的重

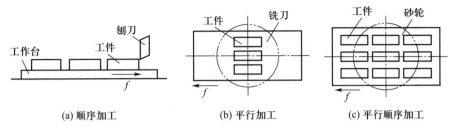

图 6.22　多件加工示例

要措施。缩减辅助时间有两种不同途径，一是使辅助动作实现机械化和自动化，从而直接缩减辅助时间；二是使辅助时间与基本时间重合。

1) 直接缩减辅助时间　采用专用夹具安装工件，工件在安装中不需找正，可缩短装卸工件的时间。大批大量生产中，广泛采用高效的气动、液压夹具来缩短装卸工件的时间。单件小批生产中，由于受专用夹具制造成本的限制，为缩短装卸工件的时间，可采用组合夹具及可调夹具。

为减少加工中停机测量的辅助时间，可采用主动检测装置或数字显示装置在加工过程中进行实时自动测量。自动测量装置能在加工过程中测量工件的尺寸，并能由测量结果自动控制机床的进给运动。以光栅、感应同步器为检测元件的数字显示装置，可以连续显示刀具或工件在加工过程中的位移量，操作者能直接看到加工过程中工件尺寸的变化情况，大大地节省了停机测量的时间。

2) 使辅助时间与基本时间重合　为了使辅助时间与基本时间重合，可采用多工位夹具和连续加工的方法。图 6.23 所示为在立式铣床上采用多工位夹具连续加工的实例。当在一个工位上加工工件时，工人可在工作台的其他工位上装、卸工件，使辅助时间与基本时间完全重合，大大提高了生产率。

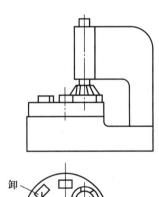

(3) 缩短布置工作地时间

布置工作地时间大部分消耗在更换刀具(包括小调整刀具)的工作上，因此必须减少换刀次数，并缩短每次换刀的时间。可通过提高刀具或砂轮的寿命以减少换刀次数，改进刀具的安装方法和采用装刀夹具以缩短换刀、对刀所需的时间。

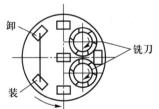

(4) 缩短准备终结时间

缩短准备终结时间的主要方法有：

图 6.23　多工位连续加工示例

1) 扩大零件的生产批量　中小批生产中，产品经常更换，准备终结时间在单件时间中占有较大比重。因此，应尽量设法使零件标准化、通用化，或采用成组技术，以增加零件的加工批量，这样分摊到每个零件上的准备终结时间就可大大减少。

2) 减少调整机床、刀具和夹具的时间　采用易于调整的机床，如液压仿形机床、数控机床等先进设备；充分利用夹具与机床连接用的定位元件，减少夹具在机床上的找正安装时间；

采用机外对刀的可换刀架或刀夹，以减少调整刀具时间。

提高机械加工生产率的工艺途径还有很多，如在大批大量生产中广泛采用组合机床和组合机床自动生产线，在单件小批生产中广泛采用各种数控和柔性制造系统及成组技术等，都可以缩短单件时间，有效地提高劳动生产率。

6.2.7　工艺方案的技术经济分析

在制订某一零件的机械加工工艺规程时，一般可以拟订出几种不同的加工方案。有些方案具有很高的生产率，但设备和工装方面的投资大；另一些方案则可能节省投资，但生产率低。为了选取在给定的生产条件下最经济合理的方案，必须对不同的工艺方案进行技术经济分析。

所谓技术经济分析，就是通过比较不同工艺方案的生产成本，选出最经济的工艺方案。生产成本是指制造一个零件或一台产品必需的一切费用的总和。生产成本包括两大类费用：第一类是与工艺过程直接有关的费用，叫作工艺成本，一般占生产成本的70%~75%；第二类是与工艺过程无关的费用，如行政人员工资、厂房折旧、照明取暖等。由于在同一生产条件下与工艺过程无关的费用基本上是相等的，因此对零件工艺方案进行经济分析时，只要分析与工艺过程直接有关的工艺成本即可。

1. 工艺成本的组成

工艺成本由可变费用 V 与不变费用 C 两部分组成。可变费用与零件（或产品）的年产量有关，它包括材料费或毛坯费、操作工人的工资、机床的维护费、万能机床和万能夹具及刀具的折旧费。不变费用与零件（或产品）的年产量无关，它是指专用机床和专用夹具、刀具的折旧和维护费用。因为专用机床、专用夹具及刀具是专为加工某零件所用，不能用来加工其他零件，而工艺装备及设备的折旧年限是一定的，因此专用机床、专用夹具及刀具的费用与零件（或产品）的年产量无直接关系，即当年产量在一定范围内变化时，这种费用基本上保持不变。

一种零件（或一道工序）的全年工艺成本 E 和单件工艺成本 E_d，可用下式表示：

$$E_d = V + \frac{C}{N}$$

$$E = NV + C \tag{6.13}$$

式中　V——每个零件的可变费用，元/件；

　　　　N——工件的年产量，元/件；

　　　　C——全年的不变费用，元。

图 6.24 及图 6.25 分别表示全年工艺成本及单件工艺成本与年产量之间的关系。由图 6.24可知，全年工艺成本 E 与年产量 N 呈直线关系，说明全年工艺成本的变化量 ΔE 与年产量的变化量 ΔN 成正比。而由图 6.25 可知，单件工艺成本 E_d 与 N 呈双曲线关系。图 6.25 曲线的 A 区相当于单件小批生产时设备负荷很低的情况，此时若 N 略有变化，E_d 就会有很大变化；曲线的 B 区，即使 N 变化很大，其工艺成本的变化也不大，这相当于大批大量生产的

情况，此时，不变费用对单件成本影响很小；A、B 之间相当于成批生产的情况。

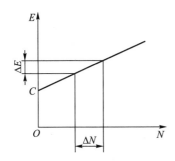

图 6.24 全年工艺成本与年产量的关系

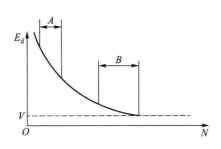

图 6.25 单件工艺成本与年产量的关系

2. 工艺方案的经济比较

对不同的工艺方案进行经济比较时，有以下两种情况：

（1）工艺方案的基本投资相近或都采用现有设备的情况

这时工艺成本即可作为衡量各方案经济性的依据。比较方法如下：

1）当两方案中少数工序不同，多数工序相同时，可通过计算少数不同工序的单件工序成本进行比较

$$E_{d1} = V + \frac{C_1}{N}$$

$$E_{d2} = V + \frac{C_2}{N}$$

若产量 N 为一定数，可根据上面两式直接算出 E_{d1} 和 E_{d2}，若 $E_{d1} > E_{d2}$，则第二方案的经济性好。

若产量 N 为一变量，则可根据上述方程式作出曲线进行比较（图 6.26），图中 N_c 为两条曲线交点，称为临界产量。当产量 $N < N_c$ 时，$E_{d2} < E_{d1}$，第二方案为可取方案；当 $N > N_c$ 时，则第一方案为可取方案。

2）两方案中多数工序不同，少数工序相同时，则以该零件全年工艺成本进行比较，两方案全年工艺成本分别为

$$E_1 = NV_1 + C_1$$

$$E_2 = NV_2 + C_2$$

同样，若产量 N 为一定数，可根据上式直接算出 E_1 及 E_2，若 $E_1 > E_2$，则第二方案经济性好，为可取方案。

若产量 N 为一变量，可根据上述公式作图进行比较，如图 6.27 所示。由图可知，各方案的优劣与加工零件的年产量有密切关系。当 $N < N_c$ 时，宜采用第一方案，当 $N > N_c$ 时，宜采用第二方案。图中 N_c 为临界产量，当 $N = N_c$ 时，$E_1 = E_2$，于是有

$$N_c V_1 + C_1 = N_c V_2 + C_2$$

所以

$$N_c = \frac{C_2 - C_1}{V_1 - V_2}$$

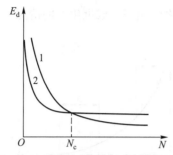

图6.26 两种方案单件工艺成本比较

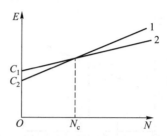

图6.27 两种方案全年工艺成本比较

（2）两种工艺过程方案的基本投资差额较大的情况

这时，在考虑工艺成本的同时，还要考虑基本投资差额的回收期限。

设方案1采用了价格较高的高生产率机床及工艺装备，基本投资K_1大，但工艺成本E_1较低；方案2采用了价格较低的低生产率的一般机床及工艺装备，基本投资K_2小，但工艺成本E_2较高。这时只比较其工艺成本是难以全面评定其经济性的，而应同时考虑两个方案基本投资差额的回收期限，也就是应考虑方案1比方案2多的投资需要多长时间收回。回收期限的计算公式为

$$\tau = \frac{K_1 - K_2}{E_2 - E_1} = \frac{\Delta K}{\Delta E}$$

式中　τ——回收期限，年；

　　　ΔK——基本投资差额，元；

　　　ΔE——全年生产费用节约额，元/年。

回收期愈短，则经济效果愈好。回收期限一般应满足以下要求：

1）回收期限应小于所采用的设备的使用年限；

2）回收期限应小于该产品由于结构性能及国家计划安排等因素所决定的生产年限；

3）回收期限应小于国家所规定的标准回收期限，例如采用新机床的标准回收期通常规定为4~6年。

6.2.8　编制工艺规程文件

工艺规程设计好后，要用规定的形式和格式固定成文件，以便贯彻执行。这些文件（图表、卡片和文字材料）统称为工艺文件。生产中使用的工艺文件种类很多，这里只介绍两种最常用的工艺文件。

1. 机械加工工艺过程卡

如表6.11所示，是以工序为单位说明零件加工工艺过程的工艺文件。由于各工序的内容规定得不够具体，因此不能直接指导工人操作，主要用来表示工件的加工流向，供安排生产计划，组织生产调度。

2. 机械加工工序卡片

如表6.12所示，是为每道工序详细制订的，用来具体指导操作工人进行生产的一种工艺文件。多用于大批大量生产或成批生产中比较重要的零件。

表 6.11 机械加工工艺过程卡片

						文件编号	
(厂名全称)	机械加工工艺过程卡片	产品型号		零(部)件图号		共 页	
		产品名称		零(部)件名称		第 页	
材料牌号		毛坯种类		毛坯外形尺寸		每坯件数	
每台件数		备注					

	工序号	工序名称	工序内容	车间	工段	设备	工艺装备	工序时间 准终	工序时间 单件
描图									
描校									
底图号									
装订号									

											编制(日期)	审核(日期)	会签(日期)	*	*
*	a	①													
	标记	处数	更改文件号	签字	日期	标记	处数	更改文件号	签字	日期					

表 6.12 机械加工工序卡片

（厂名全称）	机械加工工序卡片	产品型号		零（部）件图号		文件编号	
		产品名称		零（部）件名称		共 页 第 页	

	车间	工序号	工序名称	材料牌号
	毛坯种类	毛坯外形尺寸	每坯件数	每台件数
（工序简图）	设备名称	设备型号	设备编号	同时加工件数
	夹具编号	夹具名称		冷却液
			工序时间	准终 单件

工步号	工步内容	工艺装备	主轴转速 /(r/min)	切削速度 /(m/min)	进给量 /(mm/r)	背吃刀量 /mm	走刀次数	工时定额 基本 辅助
描图								
描校								
底图号								
装订号								
① *			编制 （日期）	审核 （日期）	会签 （日期）			* *
标记 处数 更改文件号 签字 日期		标记 处数 更改文件号 签字 日期						

6.3 工艺尺寸链

6.3.1 尺寸链的基本概念

1. 尺寸链的定义与基本术语

（1）尺寸链的定义

尺寸链是在零件加工或机器装配过程中，由相互联系并按一定顺序排列的封闭尺寸组合。

如图 6.28a 所示，某工件以 1 面定位加工 2 面，工序尺寸为 A_1，然后仍以 1 面定位加工 3 面，工序尺寸为 A_2，2 面和 3 面之间的距离为 A_0。又如图 6.28b 所示，在尺寸为 A_1 的孔内装入尺寸为 A_2 的轴，其形成的间隙为 A_0。以上两例中 $A_1-A_2-A_0$ 形成了一个封闭的尺寸组，即尺寸链。其中 A_0 是在加工或装配后间接形成的，它的误差与 A_1、A_2 的误差大小有关。

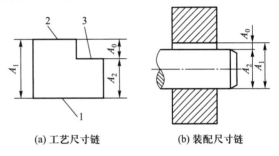

(a) 工艺尺寸链　　　　(b) 装配尺寸链

图 6.28　尺寸链示例

（2）尺寸链的基本术语

1）环　尺寸链中的每一个尺寸。它可以是长度，也可以是角度。

2）封闭环　尺寸链中，在加工或装配过程中最后形成的一环，用 A_0 表示。

3）组成环　尺寸链中对封闭环有影响的全部环。这些环中任一环的变动必然引起封闭环的变动。组成环又可分为增环和减环：

① 增环　若该环的变动引起封闭环的同向变动，则该环为增环，用 $\vec{A}$ 表示。

② 减环　若该环的变动引起封闭环的反向变动，则该环为减环，用 $\overleftarrow{A}$ 表示。

对于环数较多的尺寸链来说，用定义来判别增、减环很麻烦且易弄错。为了能迅速地判别增、减环，可在尺寸链图上先给封闭环任定一个方向画上箭头，然后沿此方向环绕尺寸链依次给每一组成环画出箭头，凡是组成环箭头与封闭环箭头方向相反的，为增环，相同的则为减环。如图 6.29 中，$\vec{A}_8$、$\vec{A}_7$、$\vec{A}_5$、$\vec{A}_4$、$\vec{A}_2$、$\vec{A}_1$ 为增环，而 $\overleftarrow{A}_{10}$、$\overleftarrow{A}_9$、$\overleftarrow{A}_6$、$\overleftarrow{A}_3$ 为减环。

（3）尺寸链的建立

尺寸链的建立主要包括以下三个步骤：

1）封闭环的确定　首先根据工艺过程，找出间接（或最后）获得的尺寸，作为封闭环，如图 6.28 中的 A_0。

2）组成环的查找　从封闭环的一端起，按照零件（或装配体）表面间的联系，依次找出有关直接获得且对封闭环有影响的尺寸作为组成环，直到尺寸的终端回到封闭环的另一端，形成一个封闭的尺寸链图。如图 6.28 中的 A_1、A_2。

3）增、减环的判断　在确定全部组成环的基础上，可进一步根据定义或采用图 6.29 所示的简易判别法来确定各组成环是增环还是减环。

2. 尺寸链的分类

尺寸链分类的方法较多，一般有以下两种。

1）按尺寸链的形成与应用范围，可分为工艺尺寸链及装配尺寸链。

2）按尺寸链中各组成尺寸所处的位置和几何特征分类，又可分为以下几种：

① 直线尺寸链　全部组成环平行于封闭环（图6.28）。

② 平面尺寸链　全部组成环位于一个或几个平行平面内，但某些组成环不平行于封闭环（图6.30）。

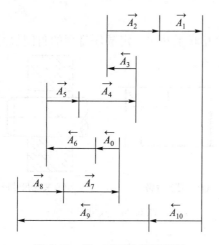

图6.29　增、减环的简易判别

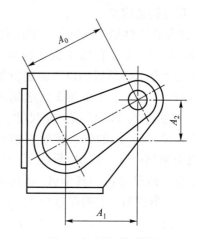

图6.30　平面尺寸链

③ 空间尺寸链　组成环位于几个不平行平面内。

④ 角度尺寸链　全部环为角度（图6.31）。

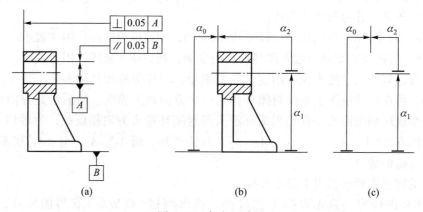

图6.31　角度尺寸链

6.3.2　尺寸链计算的基本公式

尺寸链计算有极值法和概率法两种方法。

1. 极值法

(1) 封闭环的公称尺寸

封闭环的公称尺寸 A_0 等于增环的公称尺寸 $\overrightarrow{A_i}$ 之和减去减环的公称尺寸 $\overleftarrow{A_i}$ 之和,即

$$A_0 = \sum_{i=1}^{m} \overrightarrow{A_i} - \sum_{i=m+1}^{n-1} \overleftarrow{A_i} \tag{6.14}$$

式中　m——增环的环数;

　　　n——尺寸链总环数。

(2) 封闭环的极限尺寸

封闭环的上极限尺寸 $A_{0\max}$ 等于增环的上极限尺寸 $\overrightarrow{A}_{i\max}$ 之和减去减环的下极限尺寸 $\overleftarrow{A}_{i\min}$ 之和,即

$$A_{0\max} = \sum_{i=1}^{m} \overrightarrow{A}_{i\max} - \sum_{i=m+1}^{n-1} \overleftarrow{A}_{i\min} \tag{6.15}$$

封闭环的下极限尺寸 $A_{0\min}$ 等于增环的下极限尺寸 $\overrightarrow{A}_{i\min}$ 之和减去减环的上极限尺寸 $\overleftarrow{A}_{i\max}$ 之和,即

$$A_{0\min} = \sum_{i=1}^{m} \overrightarrow{A}_{i\min} - \sum_{i=m+1}^{n-1} \overleftarrow{A}_{i\max} \tag{6.16}$$

(3) 封闭环的上、下极限偏差

封闭环的上极限偏差 $ES(A_0)$ 等于增环的上极限偏差 $ES(\overrightarrow{A_i})$ 之和减去减环的下极限偏差 $EI(\overleftarrow{A_i})$ 之和,即

$$ES(A_0) = \sum_{i=1}^{m} ES(\overrightarrow{A_i}) - \sum_{i=m+1}^{n-1} EI(\overleftarrow{A_i}) \tag{6.17}$$

封闭环的下极限偏差 $EI(A_0)$ 等于增环的下极限偏差 $EI(\overrightarrow{A_i})$ 之和减去减环的上极限偏差 $ES(\overleftarrow{A_i})$ 之和,即

$$EI(A_0) = \sum_{i=1}^{m} EI(\overrightarrow{A_i}) - \sum_{i=m+1}^{n-1} ES(\overleftarrow{A_i}) \tag{6.18}$$

(4) 封闭环的公差

封闭环的公差 $T(A_0)$ 等于各组成环的公差 $T(A_i)$ 之和,即

$$T(A_0) = \sum_{i=1}^{m} T(\overrightarrow{A_i}) + \sum_{i=m+1}^{n-1} T(\overleftarrow{A_i}) = \sum_{i=1}^{n-1} T(A_i) \tag{6.19}$$

用极值法计算尺寸链的特点是简便、可靠,但当封闭环公差较小、组成环数目较多时,分摊到各组成环的公差可能过小,从而造成加工困难,制造成本增加。在此情况下,常采用概率法进行尺寸链的计算。

2. 概率法

这种方法是运用概率理论来求解封闭环尺寸与各组成环尺寸间的关系。各环公差、平均尺寸、平均偏差之间的关系如下:

(1) 各环公差之间的关系

$$T(A_0) = \sqrt{\sum_{i=1}^{n-1} T^2(A_i)} \tag{6.20}$$

（2）各环平均尺寸之间的关系

$$\overline{A_0} = \sum_{i=1}^{m} \overrightarrow{A_i} - \sum_{i=m+1}^{n-1} \overleftarrow{A_i} \tag{6.21}$$

$$\Delta A_0 = \sum_{i=1}^{m} \overrightarrow{\Delta A_i} - \sum_{i=m+1}^{n-1} \overleftarrow{\Delta A_i} \tag{6.22}$$

（3）各环平均偏差之间的关系

当计算出各环的公差、平均尺寸、平均偏差之后，应将该环的公差对平均尺寸对称分布，即写成 $A_i \pm \dfrac{T(A_i)}{2}$，然后将之改写成上、下极限偏差的形式，即

$$ES(A_i) = \Delta A_i + \frac{T(A_i)}{2}$$

$$EI(A_i) = \Delta A_i - \frac{T(A_i)}{2}$$

尺寸链求解中，多用极值法计算，概率法应用较少，此处不多做介绍。

3. 尺寸链计算的几种情况

在利用尺寸链来解决生产实际问题时，往往会遇到三种计算问题。

（1）正计算

已知各组成环，求封闭环。正计算主要用于验算所设计的产品能否满足性能要求及零件加工后能否满足零件的技术要求。

（2）反计算

已知封闭环，求各组成环。反计算主要用于产品设计、加工和装配工艺计算等方面，在实际工作中经常碰到。反计算的解不是唯一的。如何将封闭环的公差正确地分配给各组成环，这里有一个优化的问题。

1）在确定各组成环公差大小时，主要有以下三种方法：

① 按等公差值分配 按等公差值分配的方法来分配封闭环的公差时，各组成环的公差值取相同的平均公差值 T_{av}，即

极值法 $\qquad\qquad\qquad T_{av} = T_0/(n-1) \tag{6.23}$

概率法 $\qquad\qquad\qquad T_{av} = T_0/\sqrt{n-1} \tag{6.24}$

这种方法计算比较简单，但没有考虑各组成环加工的难易、尺寸的大小，显然是不够合理的。

② 按等公差级分配 按等公差级分配的方法来分配封闭环的公差时，各组成环的公差取相同的公差等级，公差值的大小根据公称尺寸的大小，由标准公差数值表中查得。这种方法考虑了由于尺寸大小对加工的影响，但没考虑由于形状、结构而引起的加工难易程度的影响（如同一公差等级的内孔和外圆，内孔的加工要比外圆困难），并且计算也比较麻烦。

③ 按具体情况分配 按具体情况来分配封闭环的公差时，第一步先按等公差值或等公差级的分配原则求出各组成环所能分配到的公差，第二步再从加工的难易程度和设计要求等具体情况调整各组成环的公差。这种方法在尺寸链的反计算中应用较为广泛。

2）在确定各待定组成环公差带的分布时，主要有以下两种标注：

① 按"入体原则"标注 公差带的分布按"入体原则"标注时，对于被包容面尺寸，可标注成上极限偏差为零、下极限偏差为负的形式，即 $_{-T}^{0}$；对于包容面的尺寸，可标注成下极限偏差为零、上极限偏差为正的形式，即 $_{0}^{+T}$。

② 按双向对称分布标注 对于诸如孔系中心距、相对中心两平面之间的距离等尺寸，一般按对称分布标注，即可标注成上、下极限偏差绝对值相等、符号相反的形式，即 $\pm T/2$。

当组成环是标准件时，其公差大小和分布按相应标准确定。当组成环是公共环时，其公差大小和分布应根据对其有严格要求的那个尺寸链来确定。

应当指出，应尽可能使各组成环的公差大小和分布符合相应的国家标准，从而给生产组织工作带来便利。

（3）中间计算

已知封闭环和部分组成环的公称尺寸及公差，求其余的一个或几个组成环的公称尺寸及公差（或偏差）。中间计算可用于设计计算与工艺计算，也可用于验算。

6.3.3　工艺过程尺寸链的分析与计算

正确地分析与计算工艺过程尺寸链是制订工艺规程不可缺少的重要内容，应用它可以合理地确定工序尺寸，也有助于分析工艺路线的合理性。在工艺过程尺寸链计算中，主要采用极值法，当组成环较多时，才采用概率法。下面介绍几种利用尺寸链原理计算工序尺寸及其公差的示例。

1. 基准不重合时尺寸计算

在制订机械加工工艺路线时，若最终工序选择的工序基准与设计基准不重合，工序基准就无法直接使用零件图上的设计尺寸，必须进行尺寸换算来确定其工序尺寸。但在利用工艺尺寸链原理对工艺尺寸进行计算时，需要注意可能出现假废品。

例 6.1 某零件设计简图如图 6.32a 所示。设 1 面已加工好，现以 1 面定位加工 2、3 两面，其工序简图如图 6.32b 所示，试确定工序尺寸 A_1 及 A_3。

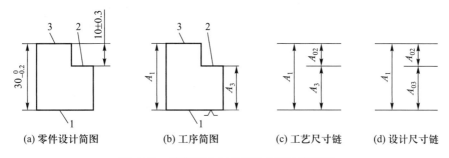

(a) 零件设计简图　　(b) 工序简图　　(c) 工艺尺寸链　　(d) 设计尺寸链

图 6.32　基准不重合工艺尺寸链计算图例

解　根据加工情况可列出工艺尺寸链如图 6.32c 所示，在此尺寸链中，A_{02} 是间接获得的尺寸，为封闭环，A_1、A_2 是直接保证的尺寸，故为组成环，其中 A_1 为增环，A_2 为减环。

由于加工 3 面时工艺基准与设计基准重合，因此工序尺寸 A_1 就等于设计尺寸，$A_1 = 30_{-0.2}^{0}$ mm，工序尺寸 A_3 通过工艺尺寸链计算

$$A_3 = A_1 - A_2 = (30-10)\text{ mm} = 20\text{ mm}$$
$$ES(A_{02}) = ES(A_1) - EI(A_3)，EI(A_3) = ES(A_1) - ES(A_{02}) = (0-0.3)\text{ mm} = -0.3\text{ mm}$$
$$EI(A_{02}) = EI(A_1) - ES(A_3)，ES(A_3) = EI(A_1) - EI(A_{02}) = [-0.2-(-0.3)]\text{ mm} = 0.1\text{ mm}$$

所以
$$A_3 = 20^{+0.1}_{-0.3}\text{ mm}$$

从零件设计要求看，A_{03}是零件设计尺寸链(图6.32d)的封闭环，它的上、下极限偏差要求应为

$$ES(A_{03}) = ES(A_1) - EI(A_2) = [0-(-0.3)]\text{ mm} = 0.3\text{ mm}$$
$$EI(A_{03}) = EI(A_1) - ES(A_2) = (-0.2-0.3)\text{ mm} = -0.5\text{ mm}$$

所以
$$A_{03} = 20^{+0.3}_{-0.5}\text{ mm}$$

如果工序尺寸不满足$A_3 = 20^{+0.1}_{-0.3}\text{ mm}$，但仍满足设计要求$A_{03} = 20^{+0.3}_{-0.5}\text{ mm}$，则不能断定该零件一定为废品。此时应测量工序尺寸$A_1$的实际值，经过计算才能确定该零件是否是废品。例如，若实际测得$A_3 = (30-10.5)\text{ mm} = 19.5\text{ mm}$，已超差，此时需再测量一下$A_1$；若测得$A_1 = (30-0.2)\text{ mm} = 29.8\text{ mm}$，则$A_2 = A_1 - A_3 = (29.8-19.5)\text{ mm} = 10.3\text{ mm}$，不超差，该零件为假废品；若测得$A_1 = 29.9\text{ mm}$，不超差，但$A_2 = A_1 - A_3 = (29.9-19.5)\text{ mm} = 10.4\text{ mm}$，已超差，则该零件为废品。

假废品的出现给生产质量管理带来诸多麻烦，因此不到万不得已，尽量不要使工艺基准与设计基准不重合。

2. 一次加工满足多个设计尺寸要求时的尺寸计算

例6.2 如图6.33a所示具有键槽的内孔，加工工艺路线为：

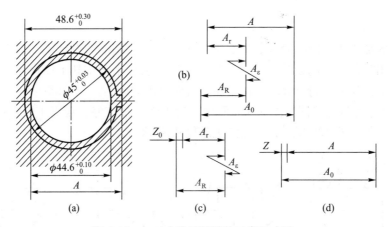

图6.33 加工内孔及键槽的工序尺寸链

工序1 镗孔至$\phi 44.6^{+0.10}_{0}\text{ mm}$；

工序2 插键槽至尺寸A；

工序3 热处理；

工序4 磨孔至$\phi 45^{+0.03}_{0}\text{ mm}$，同时间接获得键槽深度尺寸$48.6^{+0.3}_{0}\text{ mm}$。

若考虑磨孔中心线与镗孔中心线的同轴度误差为$\phi 0.06\text{ mm}$。试确定插键槽的工序尺寸A。

解 键槽设计尺寸$48.6^{+0.30}_{0}\text{ mm}$的设计基准是内孔，而所求工序尺寸$A$的工序基准是尚未磨削的孔。在磨孔工序中，一方面要直接保证设计尺寸$\phi 45^{+0.03}_{0}\text{ mm}$，另一方面还须间接保证

设计尺寸 $48.6^{+0.30}_{0}$ mm。

镗孔直径和磨孔直径是通过彼此的中心线发生位置联系的，分别以半径尺寸 A_r 和 A_R 表示。按加工路线可画出图 6.33b 所示的工艺尺寸链，其中 $A_0 = 48.6^{+0.30}_{0}$ mm 为封闭环，$A_R = 22.5^{+0.015}_{0}$ mm 和 A 同为增环，$A_r = 22.3^{+0.05}_{0}$ mm 为减环，同轴度误差 $A_\varepsilon = (0 \pm 0.03)$ mm 为减环（因其为对称偏差，也可将之作为增环，计算结果一样）。

$$A = A_0 - A_R + A_r + A_\varepsilon = (48.6 - 22.5 + 22.3 + 0) \text{mm} = 48.4 \text{ mm}$$
$$ES(A) = (0.30 - 0.015 + 0 - 0.03) \text{mm} = 0.255 \text{ mm}$$
$$EI(A) = (0 - 0 + 0.05 + 0.03) = 0.08 \text{ mm}$$

故工序尺寸 $A = 48.4^{+0.255}_{+0.08}$ mm，若按入体原则标注，则为 $A = 48.48^{+0.175}_{0}$ mm。

由于中间工序尺寸 A 是从还需继续加工的表面标注，所以它与设计尺寸 $48.6^{+0.30}_{0}$ mm 之间有着半径磨削余量 Z 的差别，这样也可把图 6.33b 所示的尺寸链分解成两个加工尺寸链，如图 6.33c、d 所示，因而工序尺寸 A 也可按这两个尺寸链求出。只是在图 6.33c 中半径余量 Z_0 为封闭环；在图 6.33d 中设计尺寸 $48.6^{+0.30}_{0}$ mm 为封闭环，半径余量 Z 为组成环。

3. 有关余量的尺寸计算

工序余量的变动量不仅与本工序的公差及前一工序的公差有关，而且还与其他有关工序的公差有关。在以工序余量为封闭环的工艺尺寸链中，如果组成环数目较多，由于误差累积原因，有可能使工序的余量过大或过小，因此，必须对余量进行校核。由于粗加工的余量一般取值较大，故粗加工余量一般不进行校核而仅对精加工余量进行校核。

例 6.3　如图 6.34a 所示的小轴，其轴向尺寸的加工过程：车端面 A；车台阶面 B（保证尺寸 $49.5^{+0.3}_{0}$ mm）；车端面 C，保证总长 $80^{0}_{-0.2}$ mm；热处理；钻顶尖孔；磨台阶面 B，保证尺寸 $30^{0}_{-0.14}$ mm。试校核台阶面 B 的加工余量。

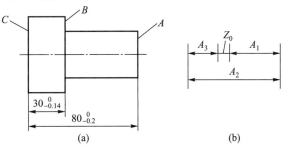

图 6.34　精加工余量校核示例

解　工艺尺寸链如图 6.34b 所示，由于余量 Z_0 是间接获得的，为封闭环；$80^{0}_{-0.2}$ mm 为增环，$49.5^{+0.3}_{0}$、$30^{0}_{-0.14}$ mm 为减环。余量 Z_0 的有关尺寸及偏差为

$$Z_0 = (80 - 49.5 - 30) \text{mm} = 0.5 \text{ mm}$$
$$ES(Z_0) = [0 - (0 - 0.14)] \text{mm} = +0.14 \text{ mm}$$
$$EI(Z_0) = [-0.2 - (0 + 0.3)] \text{mm} = -0.5 \text{ mm}$$

故 $Z_0 = 0.5^{+0.14}_{-0.5}$ mm，$Z_{0max} = 0.64$ mm，$Z_{0min} = 0$ mm。

因 $Z_{0min} = 0$ mm，在磨台阶面 B 时，有的零件可能磨不着，因而要将最小余量加大，现取 $Z_{0min} = 0.10$ mm，则

$$EI(Z_0) = Z_{0min} - Z_0 = (0.1 - 0.5) \text{mm} = -0.4 \text{ mm}$$
$$-0.2 \text{ mm} - 0 \text{ mm} - ES(A_1) = -0.4 \text{ mm} \quad ES(A_1) = +0.2 \text{ mm}$$

因此可将中间工序尺寸改为 $A_1 = 49.5^{+0.2}_{0}$ mm，以确保有最小的磨削余量 0.1 mm。

4. 零件进行表面处理的尺寸计算

表面处理一般分为两类：一类是渗入类的表面热处理，如渗碳、渗氮、氰化等；另一类是电镀类的表面处理，如镀铬、镀锌、镀铜等。

（1）渗入类的表面热处理

有些零件的表面需要进行渗碳、渗氮、氰化等表面热处理，热处理后通常还需进一步加工，以达到零件图尺寸及渗层深度的要求，此时图样上的渗层深度应为封闭环。

例6.4　如图6.35a所示的轴套，内孔 $\phi 120^{+0.04}_{0}$ mm 的表面要求渗碳，要求渗层深度为 $0.3 \sim 0.5$ mm（即单边为 $0.3^{+0.2}_{0}$ mm，双边为 $0.6^{+0.4}_{0}$ mm）。其工艺路线：车内孔至 $\phi 119.7^{+0.06}_{0}$ mm；渗碳，渗入深度为 A_t；磨内孔至 $\phi 120^{+0.04}_{0}$ mm。求渗碳工序的渗入深度为 A_t。

解　在图6.35b所示的加工尺寸链中，$A_0 = 0.3^{+0.2}_{0}$ mm 为封闭环，$A_r = 59.85^{+0.03}_{0}$ mm 和 A_t 同为增环，$A_R = 60^{+0.02}_{0}$ mm 为减环。则

$$A_t = A_0 - A_r + A_R = (0.3 - 59.85 + 60)\ \text{mm} = 0.45\ \text{mm}$$
$$ES(A_t) = (0.2 - 0.03 + 0)\ \text{mm} = 0.17\ \text{mm}$$
$$EI(A_t) = (0 - 0 + 0.02)\ \text{mm} = 0.02\ \text{mm}$$

故渗碳工序的渗入深度为 $A_t = 0.45^{+0.17}_{+0.02}$ mm。

（2）电镀类的表面处理

某些零件的表面需要进行电镀等处理，其目的是为了美观和防锈，因此在表面处理后一般不再进行机械加工。由于可通过控制电镀时的工艺参数来控制镀层厚度（即为图样上的镀层厚度），故在工艺尺寸链中，图样上的镀层厚度为组成环，而镀后零件的设计尺寸则是间接获得的，为封闭环。

例6.5　如图6.36a所示的零件，外表面镀铬，其尺寸要求为 $\phi 28^{0}_{-0.045}$ mm，镀层厚度要求为 $0.025 \sim 0.04$ mm（即单边为 $0.04^{0}_{-0.015}$ mm 双边为 $0.08^{0}_{-0.030}$ mm）。采用的工艺线：车—磨—镀铬。求镀前工序尺寸 A。

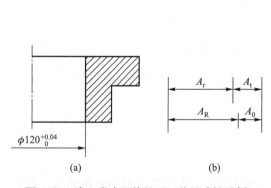

图6.35　渗入类表面热处理工艺尺寸链示例

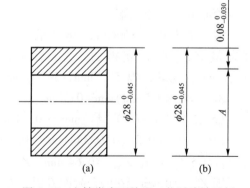

图6.36　电镀类表面处理工艺尺寸链示例

解　在图6.36b所示的加工尺寸链中，设计尺寸 $A_0 = \phi 28^{0}_{-0.045}$ mm 为封闭环，镀前尺寸 A、镀层厚度 $A_t = 0.08^{0}_{-0.030}$ mm 同为增环。

$$A = (28 - 0.08)\ \text{mm} = 27.92\ \text{mm}$$
$$ES(A) = 0 - 0 = 0\ \text{mm}$$

$$EI(A) = [-0.045 - (-0.03)] \text{mm} = -0.015 \text{ mm}$$

故镀前尺寸为 $A = 27.92_{-0.015}^{0}$mm。

5. 直线工艺尺寸链的综合图表跟踪法

上面所介绍的直线工艺尺寸链的分析计算法，在一般情况下，能迅速地得出所要求的计算结果，应用起来也比较方便。但是对于工件形状复杂、工艺过程很长、工艺基准多次转换、工艺尺寸链环数较多的情况，就不容易快速、简便地列出相应的工艺尺寸链来进行工序尺寸的计算。如果采用综合图表跟踪法（跟踪图法），就能够更直观、更简便地去解工艺尺寸链的问题，而且也便于利用计算机进行辅助工艺设计。

（1）跟踪图的绘制

跟踪图的格式如图 6.37 所示，其绘制过程如下：

1）在图表的上方画出零件的简图，标出有关设计尺寸，并将有关表面向下引出表面线。

2）按加工顺序自上而下地填入工序号。

3）将查表法或经验比较法所确定的工序基本余量填入表中。

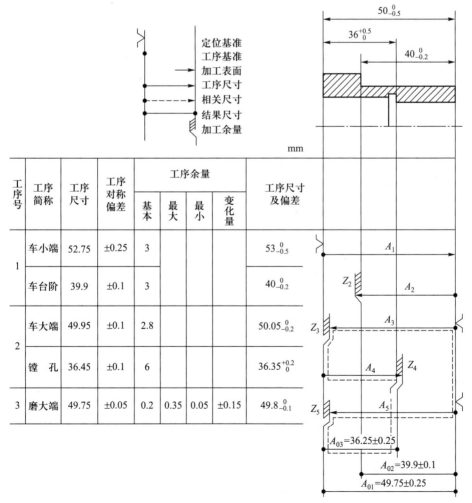

工序号	工序简称	工序尺寸	工序对称偏差	工序余量				工序尺寸及偏差
				基本	最大	最小	变化量	
1	车小端	52.75	±0.25	3				$53_{-0.5}^{0}$
	车台阶	39.9	±0.1	3				$40_{-0.2}^{0}$
2	车大端	49.95	±0.1	2.8				$50.05_{-0.2}^{0}$
	镗孔	36.45	±0.1	6				$36.35_{0}^{+0.2}$
3	磨大端	49.75	±0.05	0.2	0.35	0.05	±0.15	$49.8_{-0.1}^{0}$

图 6.37 加工尺寸链的跟踪图表

4）按图 6.37 规定的符号，标出定位基准、工序基准、加工表面、工序尺寸、相关尺寸、结果尺寸及加工余量。加工余量的剖面线部分按"入体"方向画出；与确定工序尺寸无关的粗加工余量一般不标出；同一工序内的所有工序尺寸，应按加工时或尺寸调整时的先后顺序依次列出。

5）为方便计算，将设计尺寸的公差换算成平均尺寸和对称偏差的形式，标于图表下方。

（2）用跟踪图法列工艺尺寸链的方法

一般情况下，设计要求和加工余量（除直接控制余量的加工方式外）往往是工艺尺寸链的封闭环，所以应查找出所有以设计要求和加工余量为封闭环的工艺尺寸链。查找方法为，从封闭环的两端出发，沿零件表面引线同时垂直向上跟踪，当遇到尺寸箭头时就沿箭头拐入，经过该尺寸线到末端后垂直折向继续向上跟踪，直至两路跟踪线汇合封闭为止。图 6.37 中的虚线就是以结果尺寸 A_{03} 为封闭环向上跟踪所得到的一个工艺尺寸链。按照上述方法，可分别列出以各个结果尺寸和加工余量为封闭环的尺寸链，如图 6.38 所示。

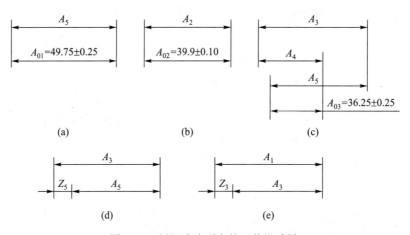

图 6.38　用跟踪法列出的工艺尺寸链

（3）工艺尺寸链的解题方法

在图 6.38 所示的五个尺寸链中，图 6.38d 所示尺寸链并不是独立的，它可以由图 6.38c 所示尺寸链分解出来。在其他四个尺寸链中应先解哪个尺寸链呢？因为环 A_5 同时属于图 6.38a、c 所列尺寸链，为公共环，比较图 6.38a 和图 6.38c 可见，其在图 6.38c 中要求较高，故应先解图 6.38c 所示尺寸链。确定先解哪个尺寸链，是跟踪图法解尺寸链关键的一步，处理不好就会造成计算上较大量的返工。解题过程如下：

1）确定各工序尺寸的尺寸

由图 6.38a 可知　　　　　　　　　　$A_5 = A_{01} = 49.75$ mm

由图 6.38c 可知　　　　　　$A_3 = A_5 + Z_5 = (49.75 + 0.2)$ mm $= 49.95$ mm

$$A_4 = A_{03} + Z_5 = (36.25 + 0.2) \text{mm} = 36.45 \text{ mm}$$

2）确定各工序尺寸的公差

将封闭环 A_{03} 的公差 $T(A_{03})$ 按等公差原则，并考虑加工方法的经济精度及加工的难易程度分配给工序尺寸 A_3、A_4、A_5。

令　　　　$T(A_3)=\pm0.10$ mm,　　　　$T(A_4)=\pm0.10$ mm,　　　　$T(A_5)=\pm0.05$ mm

则　　　　$A_3=(49.95\pm0.1)$ mm, $A_4=(36.45\pm0.1)$ mm, $A_5=(49.75\pm0.05)$ mm

3) 解图 6.38b 所示尺寸链

因为 A_2 不是有关尺寸链的公共环, 所以可直接由图 6.38b 得到

$$A_2=A_{02}=(39.9\pm0.10)\,\text{mm}$$

4) 解图 6.38e 所示尺寸链

因为 A_1 也不是有关尺寸链的公共环, 所以可直接由图 6.38e 得到

$$A_1=A_3+Z_3=(49.95+2.8)\,\text{mm}=52.75\,\text{mm}$$

按粗车的经济精度取 $T_1=\pm0.25$ mm

所以　　　　　　　　　　　　$A_1=(52.75\pm0.25)\,\text{mm}$

5) 按图 6.38d 所示尺寸链验算磨削余量

$$Z_{5\text{max}}=A_{3\text{max}}-A_{5\text{min}}=(50.05-49.7)\,\text{mm}=0.35\,\text{mm}$$

$$Z_{5\text{min}}=A_{3\text{min}}-A_{5\text{max}}=(49.85-49.8)\,\text{mm}=0.05\,\text{mm}$$

$Z_5=(0.05\sim0.35)$ mm, 满足磨削余量要求。

6) 将各工序尺寸按入体原则转换

$A_1=53_{-0.5}^{0}$ mm, $A_2=40_{-0.2}^{0}$ mm(按图样要求标注偏差), $A_3=50.05_{-0.2}^{0}$ mm, $A_4=36.35_{0}^{+0.2}$ mm,
$A_5=49.8_{-0.1}^{0}$ mm(不可按图样尺寸标注)。

最后, 将上述计算过程的有关数据及计算结果填入跟踪图中。

6.4　数控加工的工艺设计

数控机床的加工工艺与普通机床的加工工艺有许多相同之处, 但也有许多不同之处。在数控机床上加工的零件通常要比在普通机床上加工的零件的工艺规程复杂得多。在数控机床加工前, 要将机床的运动过程、零件的工艺过程、刀具的形状、切削用量和走刀路线等都编入程序, 这就要求程序设计人员有多方面的知识。合格的程序员首先是一个很好的工艺人员, 应对数控机床的性能、特点、切削范围和标准刀具系统等有较全面的了解, 否则就无法做到全面、周到地考虑零件加工的全过程, 以及正确、合理地确定零件的加工程序。数控加工工艺主要包括下列内容:

(1) 选择并决定零件的数控加工内容;

(2) 零件图的数控工艺性分析;

(3) 数控加工的工艺路线设计;

(4) 数控加工工序设计;

(5) 数控加工专用技术文件的编写。

数控加工工艺设计的原则和内容在许多方面与普通加工工艺相同, 下面主要针对不同点进行简要说明。

6.4.1 数控加工工艺内容的选择

对于某个零件来说，并非全部加工工艺过程都适合在数控机床上完成。这就需要对零件图样进行仔细的工艺分析，选择那些适合进行数控加工的内容和工序。在选择时，一般可按下列顺序考虑：

（1）通用机床无法加工的内容应作为优选内容；

（2）通用机床难加工、质量也难以保证的内容应作为重点选择内容；

（3）通用机床效率低、工人手工操作劳动强度大的内容，可在数控机床尚存余力的基础上进行选择。

一般来说，上述这些加工内容采用数控加工后，在产品质量、生产率与综合效益等方面都会得到明显提高。相比之下，下列一些内容则不宜采用数控加工：

（1）占机调整时间长。如以毛坯的粗基准定位加工第一个精基准，要用专用工装协调的加工内容。

（2）加工部位分散，要多次安装、设置原点。这时采用数控加工很麻烦，效果不明显，可安排通用机床加工。

（3）按某些特定的制造依据（如样板等）加工的型面轮廓。主要原因是获取数据困难，易与检验依据发生矛盾，增加编程难度。

此外，在选择和决定加工内容时，也要考虑生产批量、生产周期、工序间周转情况等。总之，加工工艺的选择要尽量做到合理，达到多、快、好、省的目的。

6.4.2 数控加工工艺性分析

对图样的工艺性分析与审查，一般是在零件图设计和毛坯设计以后进行的。把原来采用通用机床加工的零件改为用数控加工，零件设计已经定型，如果再要求根据数控加工工艺的特点对图样或毛坯进行较大的更改，一般是比较困难的。这种情况下，一定要把重点放在零件图样或毛坯图样初步设计定型之间的工艺性审查与分析上。因此，编程人员要与设计人员密切合作，参与零件图审查，提出恰当的修改意见，在不损害零件使用特性的许可范围内，更多地满足数控加工工艺的各种要求。

数控加工的工艺性问题涉及面很广，这里仅从数控加工的可能性与方便性两个角度提出一些必须分析和审查的主要内容。

1. 尺寸标注应符合数控加工的特点

在数控编程中，所有点、线、面的尺寸和位置都是以编程原点为基准的，因此零件图中最好直接给出坐标尺寸，或尽量以同一基准引注尺寸。这样既便于编程，也便于尺寸之间的相互协调，在保持设计、工艺、检测基准与编程原点设置的一致性方面带来很大方便。零件设计人员往往在尺寸标注中较多地考虑装配等使用特性方面的问题，而采取局部分散的标注方法，这样会给工序安排与数控加工带来诸多不便。事实上，数控加工精度及重复定位精度都很高，不会因累积误差而破坏零件的使用性能，因而改动局部的分散标注法为集中引注或给出坐标式尺寸是完全可以的。

2. 几何要素的条件应完整、准确

在程序编制中，编程人员必须充分掌握构成零件轮廓的几何要素及各几何要素间的关系。因为在自动编程时要对构成零件轮廓的所有几何要素进行定义，手工编程时要计算出每一个节点的坐标，无论哪一点不明确或不确定，编程都无法进行。由于零件设计人员在设计过程中考虑不周，可能会出现给出参数不全或不清楚，也可能参数间有矛盾之处，如圆弧与直线、圆弧与圆弧是相切还是相交或分离，这就增加了数学处理与节点计算的难度。所以，在审查与分析图样时一定要仔细认真，发现问题及时找设计人员更改。

图 6.39 所示为套筒零件的尺寸标注方法，图 6.39a 为局部分散的标注方法，图 6.39b 为集中引注方法，适合数控加工。图 6.39b 中轴向尺寸均从右端面引注。为表示圆弧与直线相切，将图 6.39a 中外圆与台肩之间的过渡圆弧 $R4$ mm，标注为图 6.39b 中的切点径向尺寸 $\phi65$ mm 和 $R4$ mm。为表示圆弧与直线相交，将图 6.39a 中内螺纹退刀槽 $R0.8$ mm，标注为图 6.39b 中的轴向尺寸 19.2 mm 和径向尺寸 $\phi39.4$ mm 及 $R0.8$ mm。集中引注法使构成零件轮廓的各几何要素定义充分。

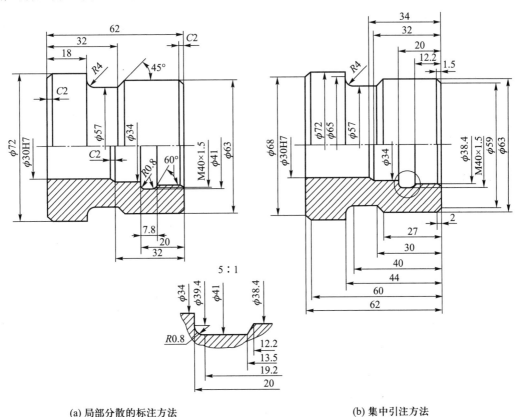

(a) 局部分散的标注方法   (b) 集中引注方法

图 6.39 套筒零件的尺寸标注方法

3. 尽量统一零件轮廓内圆弧的有关加工尺寸

轮廓内圆弧半径 R 常常限制刀具的直径。如图 6.40 所示，若工件的被加工轮廓高度低，转接圆弧半径大，可以采用较大直径的铣刀来加工，且加工其底板面时进给次数也相应减少，表面加工质量会更好，因此工艺性好。当 $R<0.2H$（H 为被加工轮廓面的最大高度）时，该部位的工艺性不好。同一个零件上的凹圆弧半径尺寸应尽量一致，以减少铣刀规格与换刀次数，避免因频繁换刀而增加零件加工面上的接刀阶差，降低表面质量。

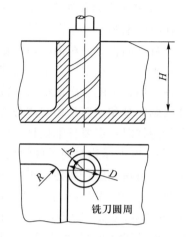

4. 定位基准应可靠

为了提高产品的精度，必须提高安装时工件的定位精度，同时尽可能减少加工过程中的安装次数。在数控加工中，加工工序往往较集中，可对零件进行双面、多面的顺序加工。因此，以同一基准定位十分必要，否则很难保证两次安装加工后两个面上的轮廓位置及尺寸协调。如果零件本身有合适的孔，最好就用它来作定位基准，即使零件上没有合适的孔，也要想办法设置工艺孔作为定位基准。

图 6.40 肋板的高度与内转接圆弧

如果零件上实在无法制出工艺孔，可以考虑采取以零件轮廓的基准边定位，或在毛坯上增加工艺凸耳，在完成定位加工后再去除凸耳。

6.4.3 数控加工工艺路线的设计

数控加工的工艺路线设计与通用机床加工的工艺路线设计的主要区别在于它不是指从毛坯到成品的整个工艺过程，而仅是几道数控加工工序过程的具体描述。因此在工艺路线设计中一定要注意到，由于数控加工工序一般均穿插于零件加工的整个工艺过程中间，因而要与普通加工工艺衔接好。

另外，许多在通用机床加工时由工人根据自己的实践经验和习惯自行决定的工艺问题，如工艺中各工步的划分与安排、刀具的几何形状、走刀路线及切削用量等，都是数控工艺设计时必须认真考虑的内容，应将正确的选择编入程序中。在数控工艺路线设计中应注意以下几个问题。

1. 工序的划分

根据数控加工的特点，数控加工工序的划分一般可按下列方法进行：

（1）以一次安装、加工作为一道工序。这种方法适合于加工内容不多的工件，加工完后就能达到待检状态。

（2）以同一把刀具加工的内容划分工序。有些零件虽然能在一次安装中加工出很多待加工面，但程序太长，会受到某些限制，如控制系统的限制（主要是内存容量）、机床连续工作时间的限制（一道工序在一个工作班内不能结束）等。此外，程序太长会使检索困难从而增加出错的可能，因此一道工序的内容不能太多。

（3）以加工部位划分工序。对于加工内容很多的零件，可按其结构特点将加工部位分成几个部分，如内形、外形、曲面或平面。

（4）以粗、精加工划分工序。对于易发生加工变形的零件，由于粗加工后可能发生的变形而需要进行校形。故一般来说，凡要进行粗、精加工的都要将工序分开。

总之，在划分工序时，一定要视零件的结构与工艺性、机床的功能、零件数控加工内容的多少、安装次数及本企业生产组织状况灵活掌握。另外，采用工序集中的原则还是采用工序分散的原则，也要根据实际情况合理确定。

2. 加工顺序的安排

加工顺序的安排应根据零件的结构和毛坯状况以及安装和定位的需要来考虑，重点保证在加工过程中工件有足够的刚性。加工顺序的安排一般应按以下原则进行：

（1）上道工序的加工不能影响下道工序的定位与夹紧，中间穿插通用机床加工工序的也要综合考虑；

（2）先进行内形内腔加工工序，后进行外形加工工序；

（3）以相同定位、夹紧方式或同一把刀具加工的工序最好接连进行，以减少重复定位、换刀与挪动压板的次数；

（4）在同一次安装中进行的多道工序，应先安排对工件刚性破坏较小的工序。

3. 数控加工工艺与普通工序的衔接

数控工序前后一般都会穿插其他普通工序，如衔接得不好就容易产生矛盾。因此在熟悉整个加工工艺内容的同时，要清楚数控加工工序与普通加工工序各自的技术要求、加工目的和加工特点。如要不要留加工余量以及留多少，定位面与孔的精度要求及几何公差，对校形工序的技术要求，毛坯的热处理状态等。这样才能使各工序满足加工需要，且质量目标及技术要求明确，交接验收有依据。

数控工艺路线设计是下一步工序设计的基础，其设计质量会直接影响零件的加工质量与生产率。设计工艺路线时应对零件图、毛坯图认真消化，结合数控加工的特点灵活运用普通加工工艺的一般原则，尽量把数控加工工艺路线设计得合理。

6.4.4 数控加工工序的设计

当数控加工工艺路线设计完成后，各道数控加工工序的内容已基本确定，要达到的目标已比较明确，对其他一些问题(诸如刀具、夹具、量具、安装方式等)也已初步确定，接下来便可以着手进行数控工序设计。

数控加工的工艺是十分严密的。数控机床虽然自动化程度较高，但自适应性差，不像通用机床，加工时可以根据加工过程中出现的问题比较自由地进行人为调整。即使现代数控机床在自适应调整方面做出了不少努力与改进，但自适应程度还不足够。例如，数控机床在攻螺纹时，无法得知孔中切屑是否已满，是否需要退刀清理切屑再加工。所以，在数控加工的工序设计中必须注意加工过程中的每一个细节，同时，在对图形进行数学处理、计算和编程时，都要力求准确无误。

数控工序设计的主要任务是进一步把本工序的加工内容、切削用量、工艺装备、定位夹紧方式及刀具运动轨迹都确定下来，为编制加工程序做好充分准备。

1. 确定走刀路线和安排工步顺序

在数控加工工艺过程中，刀具时刻处于数控系统的控制下，因而每一时刻都应有明确的运动轨迹及位置。走刀路线就是刀具在整个加工工序中的运动轨迹，它不仅包括工步内容，也反映工步顺序。走刀路线是编写程序的依据之一，因此在确定走刀路线时，最好画一张工序简图，将已经拟订的走刀路线画上去（包括进、退刀路线），这样可为编程带来方便。工步的划分与安排一般可随走刀路线来进行，在确定走刀路线时，主要应考虑以下几点：

（1）寻求最短加工路线，减少空刀时间以提高加工效率。

（2）为保证工件轮廓、表面加工后的精度和表面质量要求，最终轮廓表面应尽可能在最后一次走刀中连续加工出来。

（3）刀具的进、退刀（切入与切出）路线要认真考虑，以尽量减少在轮廓切削中停刀（切削力突然变化造成弹性变形）留下刀痕，也要避免在工件轮廓面上垂直进刀而划伤工件。

（4）要选择工件加工后变形小的路线，对截面小的细长零件或薄板零件，应采用分几次走刀加工或对称去余量法安排走刀路线。

2. 定位基准与夹紧方案的确定

在确定定位基准与夹紧方案时应注意下列三点：

（1）尽可能做到设计、工艺与编程计算的基准统一。

（2）尽量将工序集中，减少安装次数，尽量做到在一次安装后就能加工出全部待加工表面。

（3）避免采用占机人工调整安装方案。

3. 夹具的选择

夹具确定了零件在机床坐标系中的位置。所用夹具应能保证零件在编程时所用坐标系和机床坐标系的所有同名坐标方向一致。除此之外，要考虑下列几点：

（1）当零件加工批量小时，尽量采用组合夹具、可调式夹具及其他通用夹具；

（2）当小批或成批生产时才考虑采用专用夹具，但应力求结构简单；

（3）夹具的定位、夹紧机构元件不能影响加工中的走刀（如产生碰撞等）；

（4）装卸零件要方便可靠，以缩短准备时间；有条件时，批量较大的零件可采用气动或液压夹具、多工位夹具。

4. 刀具的选择

数控机床对所使用的刀具有许多性能上的要求，只有达到这些要求才能使数控机床真正发挥效率。在选择数控机床所用刀具时应注意以下几个方面。

（1）良好的切削性能

现代数控机床正向着高速、高刚性和大功率方向发展，因而所使用的刀具必须具有能够承受高速切削和强力切削的性能。同一批刀具在切削性能和刀具寿命方面要稳定，这是由于数控机床为了保证加工质量，往往按刀具使用寿命换刀，或由数控系统对刀具寿命进行管理。

（2）较高的精度

随着数控机床、柔性制造系统的发展，要求刀具能实现快速和自动换刀；又由于加工零件日趋复杂和精密，这就要求刀具必须具备较高的形状精度。对数控机床所使用的整体式刀具也提出了较高的精度要求，有些立铣刀的径向尺寸精度高达 5 μm，可以满足精密零件的加工需要。

（3）先进的刀具材料

刀具材料是影响刀具性能的重要环节。除了不断发展常用的高速钢和硬质合金材料外，涂层硬质合金刀具已在国内外普遍使用。硬质合金刀片的涂层工艺是在韧性较大的硬质合金基体表面沉积一高硬度的耐磨材料薄层（一般 5~7 μm），把硬度和韧性很好地结合在一起，从而改善硬质合金刀片的切削性能。

在使用数控机床刀具方面，应根据零件的形状尽可能选用直径大、长度短的刀具加工，以提高刀具的刚性，减少因刀具在加工中的变形而引起的让刀现象，从而可以加大切削用量，提高生产率。对于不同的零件材质，有一个切削速度、背吃刀量、进给量三者互相适应的最佳切削用量，应尽量采用。这对于大零件、稀有金属零件、贵重零件更为重要，应在实践中不断摸索这个最佳切削用量。

在选择刀具时，要注意对工件的结构工艺性进行认真分析，结合工件材料、毛坯余量及刀具加工部位综合考虑。在确定好刀具以后，要把刀具规格、专用刀具代号和该刀所要加工的内容列表记录下来，供编程时使用。

5. 确定刀具与工件的相对位置

对于数控机床，在加工开始时确定刀具与工件的相对位置很重要，可通过确定对刀点来实现。对刀点是刀具与工件相对位置的基准点。在程序编制时，不管是刀具相对工件移动，还是工件相对刀具移动，都是把工件看作静止，而刀具在运动。对刀点往往就是零件的加工原点，可以设在被加工零件上，也可以设在夹具上与零件定位基准有一定尺寸联系的某一位置。对刀点的选择原则如下：

（1）便于机床操作人员对刀操作；

（2）编程和操作人员都不容易误解或弄错；

（3）刀具不容易和工件发生干涉，下刀、抬刀较方便。

刀位点是指刀具上的定位基准点。圆柱铣刀的刀位点是刀具中心线与刀具底面的交点，球头铣刀是球头的球心点，车刀是刀尖或刀尖圆弧中心，钻头是钻尖。使刀位点与对刀点重合的操作称为对刀。

加工中心、数控车床等多刀加工的机床，在加工过程中要自动换刀，因此还需要设置换刀点。对于手动换刀的数控铣床等机床，也应确定相应的换刀位置。为防止换刀时碰伤零件或夹具，换刀点要设置在被加工零件的轮廓之外，并要有一定的安全量。

6. 确定切削用量

当编制数控加工程序时，编程人员必须确定每道工序的切削用量。确定时要根据机床说明书的规定以及刀具寿命去选择，也可结合实践经验采用类比的方法来确定切削用量。选择切削用量时要充分保证刀具能加工完一个零件或保证刀具寿命不低于一个工作班，最少也不低于半个工作班的工作时间。

背吃刀量主要受机床刚度的限制，在机床刚度允许的情况下，尽可能使背吃刀量接近零件的加工余量，这样可以减少走刀次数，提高加工效率。对于表面粗糙度和精度要求较高的零件，要留有足够的精加工余量。数控加工的精加工余量可以比普通机床加工的小一些。切削速度、进给速度等参数的选择可比普通机床加工略高或基本相同，选择时还应仔细阅读机床的使用说明书。

6.4.5　数控加工专用技术文件的编写

编写数控加工专用技术文件是数控加工工艺设计的内容之一。这些专用技术文件是数控加工和产品验收的依据，也是需要操作者遵守、执行的规程，有的则是加工程序的具体说明或附加说明。编写技术文件的目的是让操作者更加明确程序的内容，零部件的安装方式，以及各个加工部位所选用的刀具及其他问题。

为加强技术文件管理，数控加工专用技术文件也应标准化、规范化，但目前国内尚无统一标准，下面介绍几种数控加工专用技术文件，供参考。

1. 数控加工工序卡

数控加工工序卡与普通加工工序卡有许多相似之处，所不同的是，工序图中应注明编程原点与对刀点，要进行编程的简要说明（如所用机床型号、程序介质、程序编号、刀具半径补偿方式、镜像加工对称方式等）及切削参数（即程序编入的主轴转速、进给速度、最大背吃刀量或宽度等）的确定。

在工序加工内容不十分复杂的情况下，用数控加工工序卡的形式较好，可以把零件草图、尺寸、技术要求，工序内容及程序要说明的问题集中反映在一张卡片上，做到一目了然。

2. 数控加工程序说明卡

实践证明，仅用加工程序单和工艺规程来进行实际加工还有许多不足之处。由于操作者对程序的内容不清楚，对编程人员的意图不够理解，经常需要编程人员在现场进行解释、说明与指导。因此，对加工程序进行必要的说明是很有用的，特别是对于那些需要长时间保留和使用的程序尤其重要。

一般应对加工程序作出说明的主要内容如下：

（1）原始工件的图样号码及名称，所用数控设备型号及数控系统型号；

（2）对刀点（编程原点）及允许的对刀误差；

（3）加工原点的位置及坐标方向，编程坐标系在工件中的位置和方向；

（4）镜像加工使用的对称轴；

（5）所用刀具的规格及其在程序中对应的刀具号，必须按实际刀具半径或长度加大或缩小补偿值的特殊要求（如用同一条程序、同一把刀具通过改变刀具半径补偿值作粗、精加工时），更换该刀具的程序段号等；

（6）整个程序加工内容的安排（相当于工步内容说明与工步顺序）；

（7）子程序的说明，对程序中编入的子程序应说明其内容，使操作者明白这一子程序的作用；

（8）其他需要作特殊说明的问题，如需要在加工中更换夹紧点、挪动压板的计划停车程序段号、中间测量用的计划停车段号、允许的最大刀具半径和长度补偿值等。

3. 数控加工走刀路线图

在数控加工中，要注意并防止刀具在运动中与夹具、工件等发生碰撞。为此必须告诉操作者关于编程中的刀具运动路线（如从哪里下刀，在哪里抬刀，哪里是斜下刀等），使操作者在加工前就有所了解并计划好夹紧位置及控制夹紧元件的高度，以避免或减少碰撞事故的发生。

此外，对有些被加工零件，由于工艺性问题必须在加工中更换夹紧位置，这时需要事先告诉操作者在哪个程序段前更换，夹紧点在零件的什么位置，更换到什么位置，需要在什么位置事先备好夹紧元件等。这些用程序说明卡和工序说明卡是难以说明或表达清楚的，如果用走刀路线图加以说明，效果会更好。

6.5 制订机械加工工艺规程实例

6.5.1 主轴类零件机械加工工艺规程的制订

1. 主轴的主要技术要求分析

在工作中，金属切削机床的主轴把旋转运动和转矩通过端部的夹具传递给工件或刀具，主轴不但要承受转矩，还要承受弯矩，所以对主轴的扭转和弯曲刚度要求都很高。除传递运动和动力外，对装在主轴上的工件或刀具的回转精度（如径向圆跳动、端面圆跳动）要求也很高，这就要求主轴的回转精度应更高。影响主轴回轴精度的因素有，主轴本身的结构形状、尺寸及动态特性（如动态刚度、固有频率等），主轴及轴承的制造精度，轴承的结构及润滑，装在主轴上的齿轮等的布置情况，主轴及主轴上固定件的动平衡等。

根据工作特点，主轴应该满足以下几方面的要求：① 合理的结构设计；② 足够的刚度；③ 一定的尺寸精度、形状精度、位置精度和表面质量；④ 足够的耐磨性及尺寸稳定性；⑤ 足够的抗振性；⑥ 由于主轴在旋转过程中承受交变载荷，因此它还应具有一定的抗疲劳强度。这些要求可以通过合理的结构设计、正确选择材料及热处理工艺和制订合理的制造工艺过程来满足。下面就以 CA6140 型卧式车床主轴为例，来分析对机床主轴的技术要求。

（1）从图 6.41 所示的 CA6140 型卧式车床主轴结构图可见，三处支承轴颈是主轴部件的装配基准，前、后带锥度的轴颈是主要支承，中间轴颈是辅助支承。主轴支承轴颈的同轴度误差会引起主轴的径向圆跳动，中间轴颈的同轴度误差会影响传动齿轮的传动精度和传动平稳性，所以对主轴的支承轴颈有较高的技术要求。这些技术要求主要有：主轴前、后支承轴颈 A 和 B 的圆度公差为 0.005 mm，径向圆跳动公差为 0.005 mm，两支承轴颈的 1:12 锥面的接触率≥70%，包括中间支承在内的支承轴颈直径按 IT6~IT5 级精度制造，表面粗糙度≤Ra 0.63 μm。关于机床主轴外圆的圆度要求，对一般机床，其误差通常不超过尺寸公差的 50%；对于高精度机床，则应控制在 5%~10%。

（2）主轴锥孔是用于安装顶尖或工具的锥柄，其轴心线要与两个支承轴颈 A 和 B 的中轴线严格同轴，否则将影响加工精度。对主轴锥孔的主要技术要求有：主轴锥孔（莫氏 6 号锥度）对支承轴颈 A 和 B 的径向圆跳动公差，近轴端为 0.005 mm，离轴端 300 mm 处为 0.01 mm；锥面接触率≥70%；表面粗糙度≤Ra 0.63 μm；硬度要求为 52 HRC。

（3）对短锥和端面的技术要求：主轴前端圆锥面和端面是安装卡盘的定位基准表面，为确保卡盘的定心精度，该圆锥面必须与支承轴颈同轴，端面应与主轴的回转轴线垂直。短锥 C 对主轴支承轴颈 A 和 B 的径向圆跳动为 0.008 mm；端面 D 对轴颈 A 和 B 的端面圆跳动为

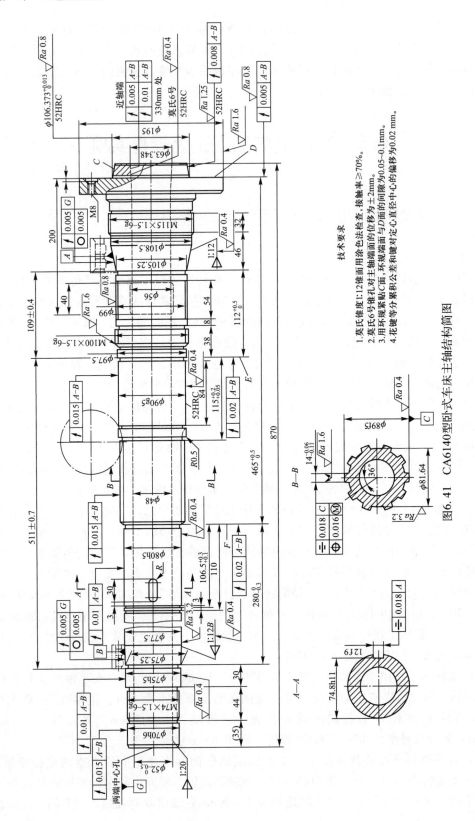

技术要求

1. 莫氏锥度1:12锥面用涂色法检查,接触率≥70%。
2. 莫氏6号锥孔对主轴端的位移量为±2mm。
3. 用环规端面贴紧C面,环规端面与D面的间隙为0.05~0.1mm。
4. 花键等分累积公差和键对定心直径中心的偏移为0.02mm。

图6.41 CA6140型卧式车床主轴结构简图

0.008 mm；锥面及端面的表面粗糙度≤Ra1.25 μm；表面硬度为 52 HRC。

主轴螺纹一般用来固定零件或调整轴承间隙。若主轴螺纹中心线与支承轴颈中心线偏斜，螺母压紧后会使主轴产生较大的端面圆跳动，这是由于歪斜的压紧螺母压迫导致轴承内环轴线倾斜的结果。实践证明，当压紧螺母端面圆跳动≥0.05 mm 时，对主轴径向圆跳动的影响就很明显。因此，在加工主轴螺纹时，必须控制螺纹轴心线与轴颈 A 和 B 轴线的同轴度误差，一般规定不超过 0.025 mm。为了限制与螺纹配合的压紧螺母的端面跳动，取螺纹公差带为 h6。

（4）主轴次要轴颈是与齿轮孔相配合的表面，它们的尺寸精度一般为 IT6~IT5，对支承轴颈 A 和 B 的径向圆跳动为 0.01~0.015 mm。由于这些次要轴颈是装配齿轮、轴套等零件的定位表面，它们相对于支承轴颈应有一定的同轴度要求，否则会引起主传动链的传动误差和影响传动平稳性，并产生噪声。主轴轴向定位面与主轴回转轴线若不垂直，将会产生周期性的轴向窜动，影响工件端面的平面度及其对轴线的垂直度，加工螺纹时会造成螺距误差。

从上述分析可知，主轴的主要加工表面是支承轴颈、锥孔、前端短锥面、锁紧螺母的螺纹面以及装齿轮的两个轴颈等，并且表面粗糙度要求很小（见表 6.13）。因此，主轴加工的关键在于保证支承轴颈的尺寸精度、几何精度、支承轴颈之间的同轴度以及其他表面与支承轴颈的相互位置精度和表面粗糙度的要求。

表 6.13 主轴各表面的表面粗糙度要求 μm

表面类别		表面粗糙度 Ra	
		一般机床	精密机床
支承轴颈	采用滑动轴承	0.32~0.08	0.08~0.01
	采用滚动轴承	0.63	0.32
工作表面		0.63	0.32~0.08
其他配合表面		1.25	1.25~0.32

2. 主轴的材料、毛坯和热处理

（1）主轴材料和热处理

常用的轴类零件材料有碳钢、合金钢及球墨铸铁。

1）一般轴类零件 常用 45 钢，经调质或正火后，能得到较好的切削性能、较高的强度和一定的韧性，具有较好的综合力学性能。但淬透性较差，淬火后易产生较大的内应力。

2）中等精度且转速较高的轴类零件 可选用 40Cr 等合金结构钢。这类钢经调质和表面淬火处理后具有较高的综合力学性能，内应力较小。

3）精度较高的轴 可用 GCr15、弹簧钢 65Mn。经调质和表面感应淬火后再回火，表面硬度可达 50~58 HRC，具有较高的抗疲劳性能和较好的耐磨性，但韧性较差。

4）高转速、重载荷的轴 可用 20CrMnTi、20Mn2B、20Cr 等低碳合金钢。经正火和渗碳淬火处理可获得较高的表面硬度、较软的心部，抗冲击，韧性好，但热处理变形较大。

5）高精度、高转速的轴 可用 38CrMoAlA 氮化钢。经调质和表面氮化后，有优良的耐磨性、抗疲劳性和很高的心部强度，且热处理变形很小。

6）大型轴或加工复杂的轴 可采用铸钢或球墨铸铁。例如，曲轴一般选用 QT900-2，等温淬火后综合力学性能好，切削加工性能也较好。

主轴是机床中的重要零件，除要求有足够的强度、较高的刚度外，其端部、锥部、轴颈及花键部分还须有较高的硬度、一定的韧性和耐磨性。主轴材料的选择及热处理方法可参看表 6.14。

表 6.14 主轴的材料及热处理

主轴类别	材料	预备热处理	最终热处理	表面硬度/HRC
车床主轴 铣床主轴	45 钢	正火或调质	局部加热淬火后回火（铅浴炉加热淬火、火焰加热淬火、高频加热淬火等）	45~52
外圆磨床砂轮轴	65Mn	调质	感应淬火后回火	45~50
专用车床主轴	40Cr	调质	局部加热淬火后回火	50~55
齿轮磨床主轴	18CrMnTi	正火	渗碳淬火后回火	58~63
卧式镗床主轴 精密外圆磨床砂轮轴	38CrMoAlA	调质，消除内应力处理	氮化	65 以上

（2）主轴的毛坯

毛坯制造方法主要与零件使用要求和生产类型有关。轴类零件最常用的毛坯是圆棒料和锻件，某些大型的、结构复杂的轴类零件（如曲轴）也有采用铸件；光滑轴、直径相差不大的阶梯轴可使用热轧棒料和冷拉棒料；外圆直径相差较大的轴或重要的轴宜选用锻件，既节省材料又能减少切削加工的劳动量，还可改善其力学性能。主轴通常使用锻造毛坯，由于毛坯经过热锻后能使金属内部纤维组织按轴向排列，分布致密均匀，从而可以获得较高的抗拉、抗弯及抗扭强度。单件及中小批生产中锻件多用自由锻，大批量生产宜采用模锻。

3. 主轴零件机械加工工艺规程的制订

下面以 CA6140 型卧式车床的主轴（图 6.41）为例来说明主轴机械加工工艺规程的制订。CA6140 型卧式车床主轴的生产类型为大批量生产，材料是 45 钢，毛坯采用模锻件，主轴加工工艺过程见表 6.15。

表 6.15 CA6140 型卧式车床主轴加工工艺过程

序号	工序名称	工序内容	定位基准	设备
1	备料			
2	锻造	精锻		立式精锻机
3	热处理	正火		
4	锯头	锯削切除毛坯两端		专用机床
5	铣、钻	铣端面，钻中心孔	外圆柱面	专用机床
6	粗车	粗车各外圆	中心孔及外圆柱面	卧式车床
7	粗车	粗车大端、外圆短锥、端面及台阶	中心孔及外圆柱面	卧式车床
8	粗车	仿形车小端各部外圆	中心孔，短锥外圆	仿形车床
9	热处理	调质，硬度 220~240 HBW		
10	钻、镗	钻、镗 φ52 导向孔	夹小端，架大端	卧式车床

续表

序号	工序名称	工 序 内 容	定 位 基 准	设 备
11	钻	钻 φ48 的通孔	夹小端，架大端	深孔钻床
12	车	车小端内锥孔（配 1∶20 锥堵），用涂色法检查 1∶20 锥孔，接触率≥50%	夹大端，架小端	卧式车床
13	车	车大端锥孔（配莫氏 6 号锥堵），车外短锥及端面，用涂色法检查莫氏 6 号锥孔，接触率≥30%	夹小端，架大端	卧式车床
14	钻	钻大端端面各孔	大端锥孔	摇臂钻床
15	精车	精车各外圆及切槽	中心孔	数控车床
16	钻、铰	钻、铰 φ4H7 孔	外圆柱面	立式钻床
17	检验			
18	热处理	感应淬火前、后支承轴颈，前锥孔短锥 φ90g5 外圆		感应淬火设备
19	研磨	中心孔	外圆柱面	专用磨床
20	粗磨	粗磨两段外圆	堵头中心孔	外圆磨床
21	粗磨	粗磨莫氏 6 号锥孔（重配莫氏 6 号锥堵）	外圆柱面	专用磨床
22	检验			
23	铣花键	粗、精铣花键	堵头中心孔	花键铣床
24	铣键槽	铣 30×12f9 键槽	外圆柱面	立式铣床
25	车螺纹	车大端内侧及三处螺纹	堵头中心孔	卧式车床
26	研磨	中心孔	外圆柱面	专用磨床
27	磨	粗、精磨各外圆及端面	堵头中心孔	万能外圆磨床
28	磨	粗磨 1∶12 两外锥面	堵头中心孔	专用组合磨床
29	磨	精磨 1∶12 两外锥面、端面 D、短锥面 C	堵头中心孔	专用组合磨床
30	检验	用环规贴紧 C 面，环规端面与 D 面的间隙为 0.05~0.1 mm；两处 1∶12 锥面涂色检查，接触率≥70%		
31	磨	精磨莫氏 6 号锥孔，用涂色检查，接触率≥70%，对主轴端面的位移为±2 mm	外圆柱面	主轴锥孔磨床
32	检验	终检		

（1）制订主轴加工工艺规程应考虑的主要问题

制订主轴加工工艺规程的依据是主轴的结构、技术要求、生产批量和设备条件等。从 CA6140 型卧式车床主轴的技术条件分析可知，在拟订主轴加工工艺规程时应注意以下几个要点。

1）主轴是一种多阶梯的空心轴，而主轴毛坯往往是实心锻件，因此需要从外圆和中心切去大量金属，进行深孔加工。

2）主轴质量要求高，其加工过程应按粗加工阶段、半精加工阶段、精加工阶段的顺序展开。

3）热处理工序通常安排在精加工和半精加工之前。

4）主轴两个支承轴颈的尺寸精度与几何精度要求高，必须正确选择定位基准，合理安排精加工和超精加工工序。

5）适当安排包括材质、毛坯、硬度、加工精度、表面质量等方面的检验工序。

由于不同机床上主轴的工作要求不同，从而导致其加工精度、表面质量、材料、毛坯、热处理等工艺的不同。对结构和技术条件不同的轴类零件，其加工工艺过程是不同的，另外，由于批量不同，或选用的材料不同，或者生产条件不同，主轴的加工工艺过程也不相同。尤其是批量大小，对主轴加工工艺规程的影响较大。

下面列出了四种主轴的机械加工工艺路线，可看到在材料、热处理、精度等方面的差别。

① 整体淬火的主轴：备料→锻造→正火或退火→粗车→消除应力或调质→精车→整体淬火→粗磨→低温人工时效→精磨至最终尺寸。

② 合金渗碳钢淬火的主轴：备料→锻造→正火→粗车、精车→渗碳→车去不需淬硬部分的渗碳表面→淬火→粗磨→低温人工时效→精磨（或精磨后超精加工）。

③ 中碳结构钢或合金工具钢经预备热处理后表面淬火的主轴：备料→锻造→退火或正火→粗车→调质→精车→表面淬火→粗磨→低温人工时效→精磨（或精磨后超精加工）。

④ 渗氮的主轴：备料→锻造→退火→粗车→调质→精车→消除应力→粗磨→不渗氮部分镀镍或锡→渗氮→半精磨→超精研磨至最终尺寸。

（2）定位基准的选择

在轴类零件加工中，为保证各主要表面的相互位置精度，选择定位基准时应尽可能做到基准统一、基准重合、互为基准，并保证在一次安装中尽可能加工出较多的表面。常见定位基准选择方法的有以下四种。

1）以工件的中心孔定位 在轴类零件加工中，一般以重要的外圆面作为粗基准定位，加工出中心孔，在此后的加工过程中尽量以轴两端的中心孔为定位精基准。因为轴类零件各外圆表面、螺纹表面的同轴度及端面对轴线的垂直度是主要保证的项目，而这些表面的设计基准一般都是轴的中心线，采用两中心孔定位符合基准重合原则。而且，多数工序都采用中心孔作为定位基准面，能最大限度地加工出多个外圆和端面，这也符合基准统一原则。这样可以很好地保证各外圆表面的同轴度以及外圆与端面的垂直度，并且能在一次安装中加工出各段外圆表面及其端面，加工效率高，所用夹具结构简单。

2）以外圆和中心孔作为定位基准（一夹一顶） 用两中心孔定位虽然定心精度高，但刚性较差，加工较重的工件时不够稳固，切削用量也不能太大。粗加工时，为了提高零件的刚性，可采用轴的外圆表面和一中心孔作为定位基准。这种定位方法能承受较大的切削力矩，是轴类零件常见的一种定位方法。

3）以两外圆表面作为定位基准 在加工空心轴的内孔时，不能采用中心孔作为定位基准，此时可用轴的两外圆表面作为定位基准。当工件是机床主轴时，常以两支承轴颈（装配基准）为定位基准，可消除基准不重合误差，保证锥孔相对支承轴颈的同轴度要求。

4）以带有中心孔的锥堵作为定位基准 主轴的深孔加工是粗加工，要切除大量金属，会引起主轴变形，所以应该在粗车外圆之后，安排深孔加工工序。在成批生产中，深孔加工后，为了仍能用顶尖孔定位，可考虑在轴的通孔两端加工出工艺锥面，插上两个带中心孔的锥堵作为定位基准,如图 6.42 所示;当主轴孔的锥度较大或为圆柱孔时,可使用带有锥堵的拉杆心轴,如图 6.43 所示。

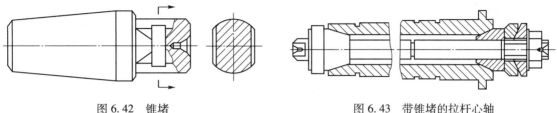

图 6.42 锥堵   图 6.43 带锥堵的拉杆心轴

必须注意,使用的锥套心轴和锥堵应具有较高的精度并尽量减少安装次数。若为中小批生产,工件在锥堵上安装后一般不中途更换。若外圆和锥孔需反复多次互为基准进行加工,则在重装锥堵或心轴时,必须按外圆找正,或重新修磨中心孔。

为保证支承轴颈与主轴内锥面的同轴度要求,当选择精基准时,要根据互为基准的原则,通过基准转换,逐步提高定位精度,基准转换过程是精度提高的过程。

(3)加工顺序的安排

主轴主要表面的加工顺序很大程度上取决于定位基准的选择,每个阶段都应该先加工定位基准面。例如,CA6140 型卧式车床主轴加工工艺过程,一开始就铣端面、钻中心孔,为粗车和半精车外圆准备定位基准;半精车外圆又为深孔加工准备好定位基准;前、后锥孔装上锥堵后的顶尖孔又是之后半精加工、精加工的定位基准;最后磨锥孔的定位基准又是上道工序磨好的轴颈表面。

安排主轴加工顺序时,应注意以下几点:

1)深孔加工工序应安排在调质以后进行。这是因为调质处理时工件变形较大,加工深孔后调质处理会使深孔弯曲变形,无法纠正。此外,深孔加工应安排在外圆粗车或半精车之后,以便有一个较精确的轴颈作为定位基准,保证深孔与外圆的同轴度,也就保证了主轴壁厚均匀。

2)外圆表面的加工顺序,应先加工大直径外圆,然后加工小直径外圆,以免一开始就降低了工件的刚度。

3)主轴上的花键、键槽等次要表面的加工,一般应安排在外圆精车或粗磨之后进行,否则精车和粗磨就会处于断续切削状态,影响加工质量,还会损坏刀具。

4)主轴上的螺纹和不淬火部位的精密小孔加工,最好安排在淬火工序后进行。

5)为了保证主轴的加工质量,应合理安排检验工序,除终检外,还应在重要工序后安排中间检验工序。如果对主轴材料金相组织有要求,应在外圆粗车后割取试样,进行金相检验。对大型和重型机床主轴的锻造毛坯,应进行无损检测(如 X 射线检测、涡流检测等),查找裂纹、疏松、夹杂等缺陷。

(4)加工阶段的划分

由于主轴精度要求高,且在加工过程中要切除大量金属,因此必须将主轴的工艺过程划分为几个阶段,将粗加工和精加工安排在不同的阶段。从表 6.15 中可以看出,CA6140 型卧式车床主轴的加工过程可分为三个阶段。

1）粗加工阶段的主要目的是用较大的切削用量切除大部分余量，把毛坯加工至接近工件的最终形状和尺寸，只留下少量的半精加工余量和精加工余量。粗加工阶段还应检查锻件缺陷，判断毛坯是否合格。

CA6140型卧式车床主轴加工工艺过程中，粗加工阶段的内容主要有毛坯处理和粗加工：

① 毛坯处理：备料、锻造和正火（工序号1~3）。

② 粗加工：锯去多余部分，铣端面，打中心孔和粗车外圆等（工序号4~8）。

2）半精加工阶段的主要目的是为精加工做准备，尤其是为精加工做定位基准的准备。对一些要求不高的表面，例如钻深孔，在这个阶段就可以完成。半精加工阶段的内容如下：

① 半精加工前的热处理：对45钢一般采用调质处理（工序号9）。

② 半精加工：工序号10~16，主要是钻ϕ48 mm深孔、车锥面、车锥孔、精车外圆、精车端面等。

3）精加工阶段加工的目的是粗、精磨各重要表面，以保证主轴精度。

① 精加工前的热处理：局部感应淬火（工序号18）；

② 精加工前各种加工：工序号19~26，研磨中心孔、粗磨外圆、粗磨锥面（定位基准）、铣花键和键槽，以及车螺纹等。

③ 精加工：工序号27~31，粗、精磨各重要表面。

可见，主轴加工划分加工阶段的目的：加工过程中由于切削力、切削热、夹紧力等原因，会使工件产生加工误差，为逐渐减小加工误差，需进行多次加工，精度要求越高，加工次数越多；热处理后，工件也会变形，并产生内应力，因此需在其后安排一次机械加工；另外，对于精度要求特别高的主轴，还需要在粗磨和精车之后进行低温时效处理，以提高工件精度的稳定性。

（5）磨削主轴锥孔工序的分析

主轴前端锥孔是安装顶尖的定位面，主轴锥孔对主轴支承轴颈及主轴前端短锥的同轴度精度要求较高，因此磨削主轴前端锥孔是主轴加工的一个关键工序。在磨削时要获得较高的加工精度，应尽量减少磨床头架主轴的径向圆跳动和轴向跳动对工件的影响，因此在磨床头架与工件之间的传动应采用浮动连接。

（6）主轴的精度检验

轴类零件在加工过程中和加工完成以后都要按工艺规程的要求进行检验。检验的项目包括表面几何形状精度、尺寸精度、相互位置精度、表面粗糙度和表面硬度。轴类零件精度检验的一般顺序：先检验几何形状误差，再检验尺寸误差、圆度和圆柱度误差，然后检验表面粗糙度及硬度，最后检验各表面之间的相互位置误差。这样可以判明各种误差，并排除不同性质误差之间的干扰。

加工过程中检验的主要目的是及早发现不合格品，查找原因并采取必要措施。使用在线自动测量装置，可实现主动检验，并为加工过程提供尺寸控制信息。

对于主轴各表面的位置精度，一般以两端中心孔为定位基准，或利用V形块使用两支承轴颈定位，采用打表法对各主要表面进行检验。如图6.44所示，轴的一端用挡铁1、钢球2限制其轴向滑动，平板7应倾斜大约15°，使工件靠自重压向钢球而紧密接触。

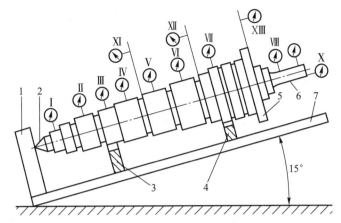

1—挡铁；2—钢球；3—可调V形块；4—V形块；5—锥堵；6—检验心棒；7—平板

图 6.44 轴的相互位置精度检验

6.5.2 箱体类零件机械加工工艺规程的制订

箱体是机器的基础件之一，可将一些轴、套和齿轮等零件组装在一起，以保持正确的相互位置关系，并且能按照一定的传动要求传递动力和运动。因此，箱体的加工质量不但直接影响箱体的装配精度及机器的运动精度、工作精度，而且还会影响机器的使用性能和寿命。

下面以 CA6140 型卧式车床主轴箱箱体为例，分析箱体类零件加工工艺特点。

1. 箱体类零件的结构及主要技术要求分析

箱体的种类很多，其结构形式和尺寸大小随箱体在机器中的功用不同而有较大的差异。但箱体类零件仍有很多共同的特点：结构形状一般都比较复杂，壁薄且不均匀，内部呈腔形；箱体的加工表面主要是平面和孔。一般说来，箱体零件需要加工的部位较多，加工的难度也较大，但大多数箱体的加工工艺过程都有相似之处。

（1）箱体类零件结构特点

箱体类零件上的孔可分为通孔、阶梯孔、不通孔和交叉孔等几类。通孔的工艺性最好，特别是孔的长径比 $L/D \leqslant 1 \sim 1.5$ 的短圆柱通孔，其工艺性最好；深孔（$L/D > 5$）加工较困难，尤其是当其精度要求较高而表面粗糙度要求又比较小时，加工就更加困难；阶梯孔、不通孔和交叉孔的加工工艺性都不是很好，有的甚至很差。

箱体装配基准面尺寸应尽可能大，形状应力求简单，以利于加工、装配和检验；箱体的内端面加工比较困难，如确需加工，应考虑刀具进出的可能性；箱体的外端面凸台应尽可能位于同一个平面上，以便于在一次走刀中加工出来。此外，箱体加工性方面需要考虑的问题还很多。

（2）箱体类零件的主要技术要求

箱体类零件加工的技术要求主要有以下几方面。

1）箱体的配合孔均有较高的尺寸精度，多为 IT7～IT6 级，这是保证滚动轴承与箱体孔正确配合的基本条件。

2）箱体孔系对定位表面以及重要平面之间都有较高的位置精度要求，这是保证齿轮副啮合的基本条件，也是保证箱体在机床上获得正确位置的基本条件。例如，同轴线上孔的同轴度误差和轴孔端面对轴线的垂直度误差，会使轴和轴承装配到箱体内后产生歪斜，引起主轴的径向圆跳动和轴向窜动,加剧轴承磨损;各轴线之间的平行度误差会影响轴上齿轮的啮合质量。

3) 较小的表面粗糙度要求,是保证零件工作表面正确装配,零件运行良好和寿命长的基本条件。

4) 箱体装配基准面和加工中的定位基准面具有较高的形状(平面度)精度及较小的表面粗糙度要求。这是为保证箱体在加工过程中获得正确、稳定的定位位置,以及能够可靠安装或可靠夹紧。否则,在加工箱体时会影响定位精度,在机器部装和总装时会影响接触刚度和相互位置精度。

图6.45为CA6140型卧式车床主轴箱箱体零件图。其主要技术指标如下:

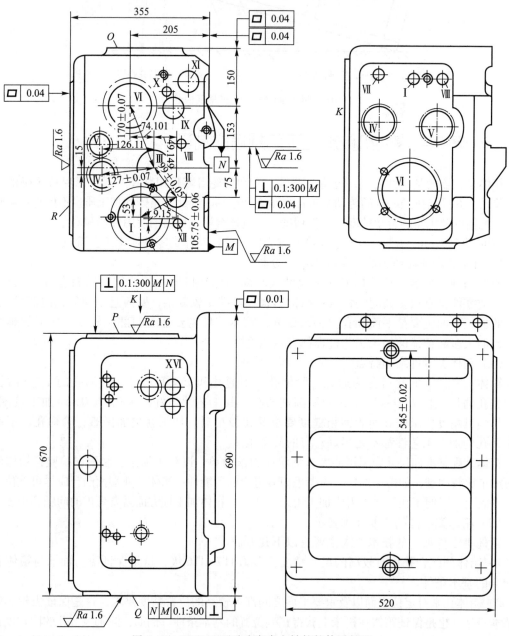

图 6.45 CA6140 型卧式车床主轴箱箱体零件图

① 孔的尺寸精度与几何形状精度　同轴线孔的同轴度公差一般为 0.01~0.02 mm，支承主轴的三孔同轴度公差为 0.012 mm，有传动关系的各轴孔间的中心距公差为±0.05 mm，各纵向孔轴线的平行度公差为 0.05:400~0.04:300。

② 主要平面的精度　基准平面的平面度其公差为 0.04 mm，主要平面与基准平面的垂直度公差为 0.1:300。

③ 孔与面的位置精度　孔与装配基准平面的平行度公差为 0.1:600。

④ 表面粗糙度　主轴孔为 $Ra0.4$ μm，其他各纵向孔为 $Ra1.6$ μm，基准平面为 $Ra0.63$~2.5 μm。

2. 箱体类零件的材料、毛坯及热处理

箱体类零件材料常选用各种牌号的灰铸铁。因为灰铸铁具有较好的耐磨性、铸造性和可切削性，而且吸振性好，成本又低。常用牌号为 HT200 和 HT300。负荷较大的箱体可采用铸钢件；单件小批生产的简易箱体为了缩短毛坯制造的周期，可采用钢板焊接结构。

铸件毛坯的加工余量视其生产批量而定。单件小批生产常采用木模手工造型，毛坯精度低，加工余量较大；成批或大量生产常采用金属模机器造型，毛坯精度较高，加工余量较小。另外，单件小批生产时直径大于 50 mm、成批生产时直径大于 30 mm 的孔，均可在毛坯上铸出，以减少加工余量。

结构特点决定了箱体类零件在铸造时会产生较大的残余应力。为了消除残余应力，减少加工后的变形和保证精度的稳定，在铸造之后应安排人工时效处理。普通精度的箱体类零件，一般在铸造之后安排 1 次人工时效处理；对一些高精度或形状特别复杂的箱体类零件，在粗加工之后还要安排 1 次人工时效处理，以消除粗加工所造成的残余应力。对精度要求不高的箱体类零件毛坯，有时不安排时效处理，而是利用粗、精加工工序间的停放和运输时间，使之得到自然时效。箱体类零件人工时效的方法，除了加热保温法外，也可采用振动时效来达到消除残余应力的目的。

3. 箱体类零件的机械加工工艺规程制订

（1）定位基准的选择

1）精基准的选择　选择合适的精基准对保证箱体加工质量尤为重要。首先应考虑"基准统一"的原则，使具有相互位置精度要求的大多数加工表面的大多数工序采用同一组定位基准来定位；其次应尽可能选择设计基准作为精基准，以保证加工精度。CA6140 型卧式车床主轴箱常选一个大平面作为统一基准，通常有以下两种方案。

① 以箱体底面和导向面作为精基准　M 和 N 面是主轴箱的装配基准，也是主轴孔的设计基准。此方案符合基准重合和基准统一原则，定位稳定可靠，而且加工各孔时箱口朝上，所以更换导向套、安装调整刀具、测量孔径尺寸、观察加工情况等都很方便。

箱体内中间壁上有支承孔需要镗削，必须设置导向支承模板，以提高刚度。由于箱口朝上，中间导向支承模板只能选在夹具上，如图 6.46 所示。每加工一个工件，吊架都需要装卸一次，这使工序辅助时间增加。吊架由定位销定位，但其制造安装精度较低，且吊架本身刚性较差，影响了加工孔的位置精度。因此，这种方案仅在单件和中小批生产中应用比较广泛。

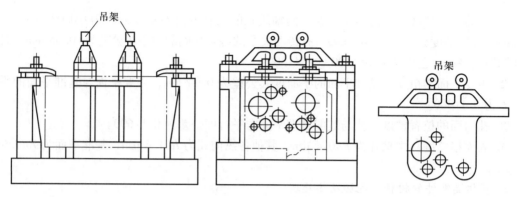

图 6.46 吊架式镗模夹具

② 以箱体顶面 R 及两销孔作定位精基准 如图 6.47 所示。其特点：箱体口朝下，中间导向支承模板紧固在夹具上，固定支架刚性好，对保证各支承孔的加工位置精度有利，工件装卸方便，辅助时间少；各工序定位基准符合基准统一的原则，但与设计基准或装配基准不重合，存在基准不重合误差；由于箱口朝下，加工过程中不便于观察、调整刀具及测量。为此，可采用定尺寸刀具控制孔径误差；零件上本无销孔，但因工艺定位需要，在前几道工序中必须增加钻—扩—铰，以加工两工艺销孔。此方案生产率高，精度也高，因此适用于大批量生产。

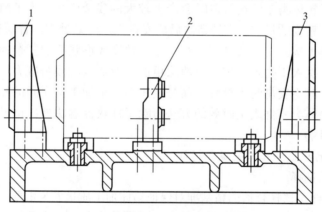

1、3—镗模板；2—中间导向支承架

图 6.47 用箱体顶面及两孔定位的镗模

2）粗基准的选择 选择主轴箱箱体粗基准时应注意：保证最重要的主轴孔有足够且均匀的加工余量；装入箱内的回转零件如齿轮等距内壁有足够的空隙。CA6140 型卧式车床主轴箱是以主轴孔Ⅵ及距主轴孔较远的轴孔Ⅰ作为粗基准，以此定位先加工顶面 R。铸造时，形成主轴孔与其他支承孔及箱体内壁的泥芯是一个整体的组合型芯，可较好地保证主轴孔与其他支承孔的加工余量均匀，以及各孔与箱体内壁之间的位置精度。

（2）加工方法的选择

箱体零件的主要加工表面是平面和轴承支承孔。

箱体平面的粗加工、半精加工主要采用刨削和铣削，也可采用车削（在立式车床上）。在单件小批生产时，精加工采用刮研或磨削；在大批大量生产时，采用磨削。CA6140 型卧式车床主轴箱零件主要平面的平面度小于 0.04 mm，表面粗糙度为 $Ra1.6\ \mu m$，宜采用粗铣（刨）→

半精铣(刨)→精铣、刮研或半精磨的工艺方案。单件小批生产时可用龙门铣(或龙门刨)进行粗加工,成批或大量生产时用多轴龙门铣进行粗加工。

箱体零件上精度为 IT7 的孔,一般要经过 3~4 次切削加工。可采用镗(扩)→半精镗→精镗→细镗的工艺路线。当孔的精度在 IT6 以上、表面粗糙度小于 $Ra0.63\ \mu m$ 时,还应增加最后的精加工工序,如滚压或珩磨等。

(3) 加工阶段的划分

箱体零件结构复杂,主要表面和孔系的加工精度都比较高,拟订工艺路线时应划分好粗加工、半精加工和精加工阶段。对要求不高的次要表面,可将粗、精加工安排在一个工序内完成,以缩短加工过程,提高效率。由于箱体零件质量大、刚性好,为避免不必要的搬动,工序不宜划分过细。

(4) 加工顺序的安排

箱体零件加工顺序安排的原则如下:

1) 先面后孔、基准面先行 先加工平面,后加工支承孔是箱体零件加工的一般规律。因为箱体上的大平面经加工后作定位基准面,稳定、可靠,有利于保证后续加工表面的加工精度,作为精基准的表面先加工,这也符合基准面先行的原则。另外,箱体零件上的支承孔一般都分布在外壁和中间隔板的平面上,先加工平面可切去铸件表面的凹凸不平及夹砂等缺陷,对孔加工有利,可减少钻头引偏,防止刀具崩刃等。

2) 先粗后精,粗、精分开 箱体均为铸件,加工余量较大,在粗加工中切除的金属较多,因而夹紧力、切削力都较大,切削热也较多。粗加工后,工件内应力重新分布也会引起工件变形,多种因素引起的变形对加工精度影响较大。为此,把粗、精加工分开进行,有利于把粗加工后由于各种原因引起的工件变形充分暴露出来,然后在精加工中将其消除,并有利于合理地选用设备。

粗、精加工分开进行,会使机床、夹具的数量及工件安装次数增加,而使成本提高,所以对单件小批生产且精度要求不高的箱体,常常将粗、精加工合并在一道工序进行,但必须采取相应措施,以减少加工过程中的变形。例如粗加工后松开工件,让工件充分冷却,然后用较小的夹紧力,以较小的切削用量,多次走刀进行精加工。

3) 工序集中,先主后次 箱体类零件上相互位置要求较高的孔系和平面,尽量集中在同一工序中加工,以保证其相互位置要求和减少装夹次数;紧定螺钉孔、油孔等辅助孔的加工应放在轴孔精加工之后。因为箱体零件上的紧定螺钉孔数量多,加工面小,位置又分散,其加工劳动量大而精度低,加工时不易出废品,也不致影响已加工面的精度;此外,一些紧定螺钉孔要以加工好的轴孔定位;与轴孔相交的油孔必须在轴孔精加工后才能钻出,否则精镗轴孔时会产生断续切削和振动。

此外,还必须合理地安排热处理工序。因主轴箱结构复杂,壁厚不均,铸造时形成的内应力较大,因此应安排人工时效,以消除其内应力,改善材料的加工性能,减少变形,保证加工精度。在粗加工后,精加工之前,也应安排一段自然时效的时间,以消除加工内应力。对精密机床主轴箱箱体,在粗加工后或半精加工后,还应再安排一次去应力处理。主轴箱人工时效处理的工艺规程是:加热至 530~560℃,保温 6~8 h,冷却速度≤30℃/h,出炉温度≤200℃。

(5) 制订工艺路线

大批量生产的 CA6140 型卧式车床主轴箱箱体的机械加工工艺路线见表 6.16。

表 6.16 CA6140 型卧式车床主轴箱箱体机械加工工艺路线

工序 1	铸造
工序 2	时效
工序 3	涂底漆
工序 4	粗铣顶面 R，以主轴支承孔 Ⅵ 及铸造轴孔 Ⅰ 定位
工序 5	钻、扩、铰顶面 R 上的两个工艺孔，保证其对 R 面的垂直度误差小于 0.1 mm/600 mm；并加工 R 面上 8 个 M8 螺孔
工序 6	粗铣底面 M、N，侧面 P、Q，用顶面 R 及两个工艺孔定位
工序 7	磨顶面 R，保证平面度误差小于 0.04 mm，以底面 M 和侧面 Q 定位
工序 8	粗镗各纵向孔，以顶面 R 及两工艺孔定位
工序 9	精镗各纵向孔，以顶面 R 及两工艺孔定位
工序 10	半粗镗、精镗主轴三孔（$\phi115K6$、$\phi140J6$、$\phi160K6$），以顶面 R 及两工艺孔定位
工序 11	加工各横向孔，以顶面 R 及两工艺孔定位
工序 12	钻、锪、攻（螺纹）各平面上的孔
工序 13	滚压主轴支承孔，以顶面 R 及两工艺孔定位
工序 14	磨底面 M，导向面 N，侧面 P、Q 及端面 O，以顶面 R 及两工艺孔定位
工序 15	钳工去毛刺
工序 16	清洗
工序 17	终检

（6）箱体的检验

箱体类零件的主要检验项目包括：各加工表面的表面粗糙度及外观，孔与平面的尺寸精度及几何形状精度，孔距精度和孔系相互位置精度等。利用三坐标测量机可同时对零件的尺寸、形状和位置等进行高精度的测量。一般检验方法是根据需要对各项目分别检验。

表面粗糙度检验通常用目测或样板比较法，只有当 Ra 值很小时，才考虑使用光学量仪。外观检查只需根据工艺规程检查完工情况及加工表面有无缺陷即可。

孔的尺寸精度一般用塞规检验，在需确定误差数值或单件小批生产时可用内径千分尺或内径千分表检验；若精度要求很高，可用气动量仪检验。平面的直线度可用平尺和厚薄规或水平仪与桥板检验；平面的平面度可用自准直仪或水平仪与桥板检验，也可用涂色检验。

箱体类零件各孔系相互位置精度的检测项目较多，分述如下。

孔的距离精度检验。孔距精度要求不高时，可直接用游标卡尺检验；当孔距精度要求较高时，用心轴与千分尺检验或使用心轴、块规检验。

使用综合量规检验孔的同轴度，是一种简便的方法，如图 6.48 所示。量规的直径尺寸为孔的实效尺寸，若量规能通过被测零件的同轴线孔时，即说明两孔同轴度在允差之内。

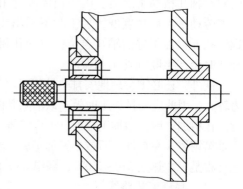

图 6.48 孔同轴度的检验

孔轴线相互平行度的检验。孔的轴线对基准面平行度的检验方法如图 6.49a 所示。将被测零件放在平板上，在被测孔内插入一根心轴，用百分表测量心轴两端，其差值即为测量长度内孔的轴心线对基准面的平行度。孔系轴线之间的平行度的检验方法如图 6.49b 所示。将被测零件放在等高支承上，或放在可调支承上将其调至等高。在基准孔与被测孔内插入心轴，用百分表分别在水平与垂直方向（工件需转 90°）上测量其平行度。

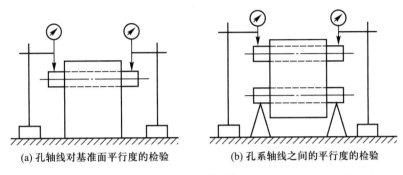

(a) 孔轴线对基准面平行度的检验　　　　(b) 孔系轴线之间的平行度的检验

图 6.49　孔轴心线平行度的检验

两孔轴线垂直度的检验。两孔轴线垂直度检验如图 6.50 所示。将工件放在可调支承上，让基准孔轴线与平板面垂直；然后用分度表测量被测孔内的心轴的两处，其差值即为测量长度内两孔中心线的垂直度误差。

孔轴线与端面垂直度的检验如图 6.51 所示。在心轴上装上百分表，心轴左端使用钢球支承在直角铁上，将心轴旋转一周，即可测出直径 D 范围内孔与端面的垂直度。

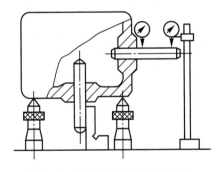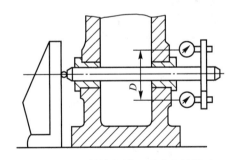

图 6.50　两孔轴线垂直度的检验　　　　图 6.51　孔轴线与端面垂直度的检验

6.5.3　智能制造工艺

智能制造是一种由智能机器和人类专家共同组成的人机一体化智能系统，它在制造过程中能进行智能活动，诸如分析、推理、判断、构思和决策等。通过人与智能机器的合作，可扩大、延伸和部分地取代人类专家在制造过程中的脑力劳动。智能制造的核心就是制造工艺。

智能制造作为"中国制造2025"的主攻方向，在工业装备领域建设智能工厂，加快工业机器人、人机智能交互、智能物流管理、3D打印技术的应用，使制造工艺实现可视化、数字化控制，适应实时状态变化。工艺作为机械加工的基础，应将传统的工艺设计与智能制造思想融合，设计出符合智能产线的加工工艺，逐步实现制造过程智能化。

智能产线加工工艺需要对现有工序进行大幅度修正，合理利用智能产线的自动化设备优势，采取工序集中原则，可大量减少工序步骤，使装夹次数减少。利用智能设备的功能优势，还可保证加工的一致性并提高加工质量，减少对人工操作技能的要求，实现零件在产线上的高效加工与运转。下面以智能产线为基础，介绍伺服轴前端盖的工艺设计过程。

（1）伺服轴前端盖的结构特性分析

此伺服轴前端盖（以下简称"端盖"）如图6.52所示，材料为铸件，主要的加工部位分为五部分：轴承内孔（$\phi 62$ mm），前、后端面，后面内孔（$\phi 45$ mm），$\phi 8.5$ mm 和 $\phi 6.7$ mm 小孔。特性分析：$\phi 62$ mm 轴承内圆加工精度高，分别与 $\phi 125$ mm、$\phi 110$ mm、$\phi 55$ mm 有公差为 0.2 mm 的同轴度要求，故其为定位基准；重要表面还有 $\phi 125$ mm 和 $\phi 110$ mm 的外圆，前、后两个端面以及 $\phi 41$ mm 台阶面。

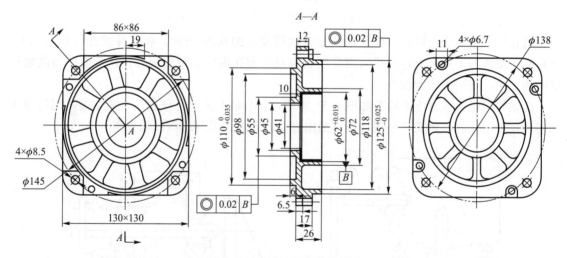

图6.52 伺服轴前端盖零件图

（2）端盖的智能工艺设计

MES系统用来实现对生产管理、生产流程的逻辑控制。依照接收的订单信息，以工艺流程为基础，将各工序内容分解为工步指令，生成当日的排产计划。总控软件根据排产计划，调用数控机床加工程序和机器人，驱动生产线实现物料的配送，组织各单元运行。面向智能制造的工艺设计是智能产线的基础，设计时需考虑以下几个方面：

1）工艺应该合理利用现有设备，提高设备的利用率；

2）加工工艺流程需满足零件在各设备之间的流转顺序；

3）选用合适的刀具、夹具，避免中途换装问题。

基于上述考虑，该零件总共可分为两个加工工序：数控车床加工和加工中心加工。面向智能制造的加工工艺设计应考虑机器人装夹，故需减少装夹次数；在刀具和夹具选择上，应选择专用夹具和刀具,避免掉头换装,以提高精度和效率。如图 6.53 所示,端盖工艺设计流程大体上可以分为四个工序,分别为装料运送、车床加工、加工中心加工、清洗检验,四个工序涵盖了整个智能产线的运转流程。

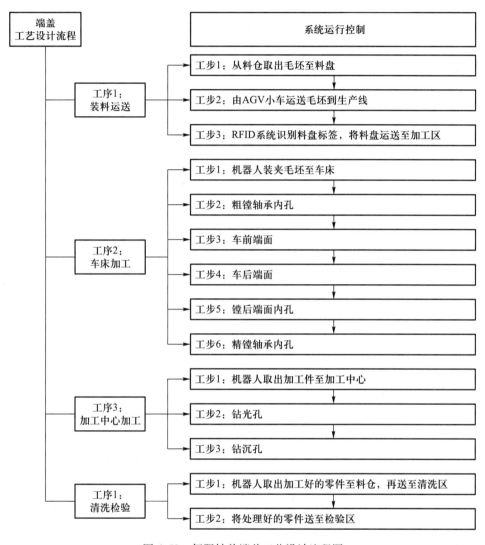

图 6.53 伺服轴前端盖工艺设计流程图

在车床和加工中心加工中,依然遵循先粗后精、先近后远、内外交叉、基准面先行的加工原则,充分利用智能设备,合理科学地规划工步。

面向智能制造的工艺设计应重视基础工艺技术的研发和优化,以柔性制造系统的设计思路为基础,以提高生产率为目标,在适当的环节引入机器人,研发出合理的工艺流程,进而实现更优化的智能制造。

6.6 计算机辅助工艺规程设计原理

随着机械制造生产技术的发展及多品种、小批量生产的需求，特别是计算机辅助设计及制造系统向集成化、智能化方向的发展，传统的工艺设计方法已远远不能满足要求。计算机辅助工艺规程设计(computer aided process planning,CAPP)的出现解决了这一问题。CAPP 是通过向计算机输入被加工零件的原始数据、加工条件和加工要求，由计算机进行编码、编程直至最后输出优化的工艺规程。CAPP 的基础技术之一是成组技术。

6.6.1 成组技术

1. 成组技术的基本概念

成组技术(group technology, GT)是将企业的多种产品、部件和零件，按一定的相似性准则分类编组，并以这些组为基础组织各个生产环节，从而实现多品种中小批量的生产，使产品设计、制造和管理合理化。在机械加工中，是将多种零件按上述准则分类以形成零件族(组)，并对一个零件族设计一种工艺方法或工艺路线，使该族中的零件都能用该工艺方法和路线进行加工。

2. 零件的分类编码

用数字描述零件的几何形状、尺寸大小和工艺特征，即将零件的特征数字化，是标志零件相似性的手段。目前采用的零件分类编码系统很多，其中德国的奥皮茨(opitz)分类编码系统应用最广。我国于 1984 年底制订了"机械零件编码系统"(JLBM-1 系统)，其结构如图 6.54 所示。

该系统由功能名称代码、形状及加工码、辅助码三部分共 15 个码位组成，每一码位均有 10 个特征项来描述零件的各种信息。该系统的特点是，零件类别按名称类别矩阵划分，便于检索；码位适中，又有足够的描述信息的容量。各码位及其特征项号的具体内容可查阅机械制造工艺手册。根据编码系统，即可对所有零件进行编码，图 6.55 给出了非回转体零件座的编码示例。

3. 成组工艺

(1) 划分零件族(组)

根据零件编码划分零件族(组)的方法主要有以下几种：

1) 特征码位法 将对某种目的要求影响最大的码位作为划分零件组的依据，而不考虑那些影响不大的码位。例如制造部门从加工要求的相似性出发，把影响最大的零件类别、外形、尺寸和材料等码位作为特征码位。如果采用奥皮茨系统，即将 1、2、6、7 四个码位相同的零件划分为一组，如编码为 043603072、041103070、047023072 的这三个零件可划分为同一组。

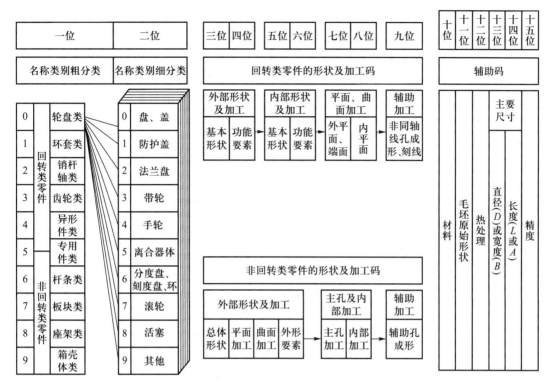

图 6.54 JLBM-1 系统

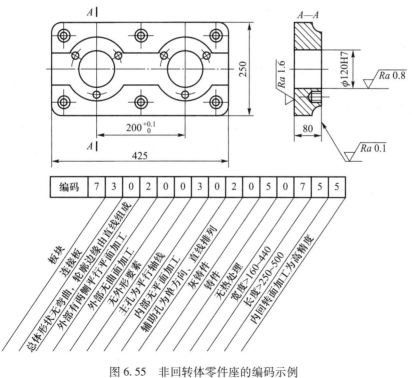

| 编码 | 7 | 3 | 0 | 2 | 0 | 0 | 0 | 3 | 0 | 2 | 0 | 5 | 0 | 7 | 5 | 5 |

板块
连接板
总体形状无弯曲，轮廓边缘由直线组成
外部有两侧平行平面加工
外部无曲面加工
无外形要素
主孔为平行轴线
内部无平面加工
辅助孔为单方向、直线排列
灰铸件
无热处理
宽度>160~440
长度250~500
内回转面加工为高精度

图 6.55 非回转体零件座的编码示例

2）码域法　就是将每个码位上的特征码规定一定的允许变动范围，凡零件的代码在这个允许范围内的，就属于这个零件组。例如可以规定某一组零件的第一码位的特征码只允许取0和1，第二码位的特征码只允许取0、1、2、3等。

3）特征位码域法　在分组时，若采用特征码位法，则分组数多，但每组中的零件种数少。而采用码域法分组时，由于在非主要码位上对零件的相似程度也进行了限制，而那些被摒弃在外的零件特征并不一定影响成组技术的效果，这对扩大零件组中的零件数是不利的。因此通常将上述两种方法结合起来使用，既按要求选取特征性较强的特征码位，又规定这些码位上特征码允许的变化范围（码域），并以此作为零件分组的依据。

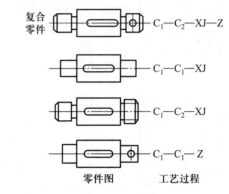

C_1—车一端外圆；C_2—车另一端外圆、螺纹、倒角；
XJ—铣键槽；Z—钻径向辅助孔

图6.56　复合零件示例

（2）拟订成组工艺路线

在零件组组成以后，选择一个能包括组内所有零件结构要素的复合零件，复合零件既可以是实际零件，也可以是假想的（人为虚拟的）零件。图6.56中第一个复合零件包含其他三个零件的所有待加工表面的特征，零件组的加工工艺过程就按复合零件来编制。这样编制的工艺过程，便能用来加工该组零件中的任何一个零件。

对结构复杂的零件，要将组内全部形状结构要素综合而形成一个复合零件常常是困难的。此时可采用流程分析法，即分析组内各零件的工艺路线，综合成为一个工序完整、安排合理、适合全组零件的工艺路线，编制出成组工艺卡片。

（3）选择设备并确定生产组织形式

根据拟订的工艺过程，选择合适的机床（或进行改装）将它们编制成机床组，并按工艺流程原则布置这一机床组。随着成组技术的推广和发展，生产组织形式已由初级的成组单机逐步发展到成组生产单元、成组流水线和自动线，以至目前最先进的柔性制造系统和无人化工厂。

（4）设计成组夹具、刀具的结构和调整方案

在成组加工中，更换工件时机床上的夹具并不更换，只作适当的调整，但要求调整简便、迅速。应根据这个原则，设计成组夹具及刀具的结构和调整方案。

6.6.2　计算机辅助工艺规程设计

1. 计算机辅助工艺规程（CAPP）设计方法

（1）派生法

在成组技术的基础上将编码相同或相近的零件组成零件组，并设计一个能集中反映该组零件全部结构特征和工艺特征的主样件（复合零件），然后按主样件设计适合本厂生产条

件的典型工艺规程。当需要设计某一零件的工艺规程时，输入该零件的编码，计算机自动识别它所属的零件组(族)，并调用该组主样件的典型工艺文件，然后根据型面编码、加工精度和表面质量要求，从典型工艺文件中筛选出有关工序，并进行切削用量计算。对所编制的工艺规程还可以通过人机对话方式进行修改，最后输出零件的工艺规程。这种方法的特点是系统简单，但要求工艺人员参与并进行决策，所编制的工艺规程只局限于特定的工厂和产品。

(2) 创成法

创成法只要输入零件的图形和工艺信息(材料、毛坯、加工精度和表面质量要求等)，由计算机软件系统按照各种工艺决策的算法和逻辑步骤，自动生成工艺规程，其特点是自动化程度高，但系统复杂，技术上尚不成熟，其通用系统有待进一步研究开发。

(3) 综合法

这是一种以派生法为主、创成法为辅的设计方法，综合法兼取两者之长，是很有发展前途的方法。

2. 派生法计算机辅助工艺规程设计原理

(1) 工艺信息数字化

1) 零件编码矩阵化　为使零件按其编码输入计算机后能够找到相应的零件组(族)，必须先将零件的编码转换为矩阵。图 6.57 所示零件按 JLBM - 1 系统的编码为 252700300467679，为将该零件编码转换为矩阵，首先需将该零件编码的一维数组转换成二维数组。二维数组中的第 1 个数表示原编码的数位序号，第 2 个数表示原编码在该数位序号上的数，表 6.17 列出了零件编码 252700300467679 的二维数组表示。这个二维数组再用矩阵表示，矩阵行的序号 i 表示零件编码数字的位序数，矩阵列的序号 j 表示零件编码该位的数字。矩阵元素 a_{ij} 表示零件编码的左起第 i 位数值为 j。$a_{ij}=1$，表示该零件具有相对应的结构特征和工艺特征。如该零件不具有与此相对应的结构特征和工艺特征，则矩阵对应元素 $a_{ij}=0$。

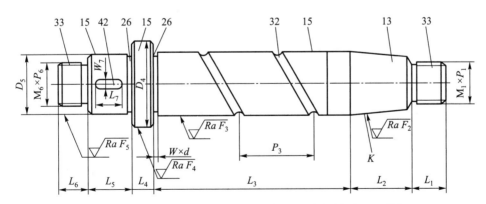

型面尺寸代号：D—直径；L—长度；K—锥度；W—宽度或键宽；d—槽深；M—外螺纹外径；P—螺距；F—粗糙度等级型面编码；13—外锥面；15—外圆面；26—退刀槽；32—油槽；33—外螺纹；42—键槽

图 6.57　轴类零件组主样件的型面代号及编码

表 6.17　零件编码的二维数组

一维数组	2	5	2	7	0	0	3	0	0	4	6	7	6	7	9
二维数组	1, 2	2, 5	3, 2	4, 7	5, 0	6, 0	7, 3	8, 0	9, 0	10, 4	11, 6	12, 7	13, 6	14, 7	15, 9

2）零件组特征的矩阵化　按照上述由零件编码转换为特征矩阵的原理，将零件组内所有零件都转换成各自的特征矩阵。将同组所有零件的特征矩阵叠加起来就得到了零件组的特征矩阵。

3）主样件设计　在特征矩阵交点上出现"1"与"0"的频数是各不相同的，频数大的特征必须反映到主样件中去，频数小的特征可以舍去，使主样件既能反映零件组的多数特征，又不至于过分复杂。

4）零件上各种型面的数字化　零件的编码只表示该零件的结构、工艺特征，没有提供零件表面信息，而设计工艺规程必须了解零件的表面构成，因此必须对零件表面逐一编码。例如用 13 表示外锥面，用 15 表示外圆面等，使零件型面数字化。

5）工序工步名称编码　为使计算机能按预定的方法调出工序和工步的名称，必须对所有工序、工步按其名称进行统一编码。编码以工步为单位，热处理、检验等非机械加工工序以及诸如安装、调头等操作也当作一个工步编码。设某 CAPP 系统有 99 个工步，就可用 1、2、3、4……99 这 99 个数来表示这些工步的编码，例如用 32、33 分别表示粗车、精车，1 表示安装，5 表示检验，10 表示调头安装等。

6）综合加工工艺路线的数字化　有了零件各种型面和各种工步的编码之后，就可用一个（N×4）的矩阵来表示零件的综合加工工艺路线，如图 6.58 所示。图 6.58a 所示矩阵中第 1 列为零件组综合加工工艺路线中的工序号，当某工序有几个工步时，该列中相同的数字表示同一工序；矩阵中第 2 列为每个工序中工步的序号；第 3 列为工步加工的型面编码，如果某工步不是加工工步，则用"0"表示；第 4 列为所属工步的名称编码。分析图 6.58b 所示矩阵可知，该综合加工工艺路线由 4 道工序组成，其中第 1、2 道工序都有 4 个工步；在第 3 列中，"0"表示该工步不加工零件表面，15 表示外圆面，13 表示外锥面；在第 4 列中，1 表示安装，14 表示钻中心孔，32、33 分别表示粗和精车，10 表示调头安装，44 表示磨，5 表示检验。综上分析可知，图 6.58b 所示加工工艺路线矩阵描述了一个由外圆面与外锥面组成的主样件的综合加工工艺路线；第 1 道工序安装工件，钻顶尖孔，粗车外圆面，精车外圆面；第 2 道工序

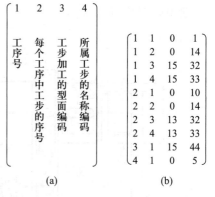

图 6.58　主样件综合加工工艺路线矩阵

调头安装，钻顶尖孔，粗车外锥面，精车外锥面；第 3 道工序磨外圆面；第 4 道工序检验。

7）工序工步内容矩阵　对工序工步名称进行编码后，就可以用一个矩阵来描述工序工步的具体内容。在图 6.59 所示矩阵中一个工步占一行；矩阵第 1 列是工步序号，第 2 列为工步名称编码，第 3、4 列是该工步所用机床和刀具编码（对某一工厂而言，所用机床、刀具的型

号和性能都是已知的，可以对工厂内所有机床和刀具进行统一编码，计算机可根据这些编码，
到机床、刀具数据库中查找所需要的各种数据）；第
5、6 两列为工步的进给量和背吃刀量；第 7、8 两列
为计算切削数据的公式编码和计算基本时间的公式编
码；第 9 列为该工步所属工序编码。

图 6.59　工序工步内容矩阵

（2）计算机辅助工艺规程设计系统数据库

工艺信息经过数字化后便形成了大量数据，这些
数据必须以一定的工艺文件形式集中起来，存储于计
算机内，形成数据库。数据文件的格式主要有以下
几种：

1）特征矩阵文件　每个零件组都有其特征矩阵，
如果一个系统有 m 个零件组，相应地也有 m 个特征矩阵与之一一对应。将这些特征矩阵按一
定方式排列起来，存储于计算机内，构成特征矩阵文件，以备在编制工艺规程时查找某一零
件所属零件组别用。

2）综合工艺路线　每个零件组都有其综合工艺路线矩阵，将系统中所有零件组的综合工
艺路线矩阵按一定方式排列起来，存储于计算机内，构成综合工艺路线文件。零件组的综合
工艺路线矩阵是和零件组特征矩阵相互对应的，只要找到特征矩阵，就能调出与其相对应的
综合工艺路线矩阵。

3）工序、工步文件　这个文件就是工序、工步的内容矩阵，它容纳了系统内所有工序和
工步的具体内容，计算机可以按工序、工步的编码，从该文件中提取与该编码相对应的工序、
工步内容，进而形成工艺规程。

4）工艺数据文件　包括与工件材料、机床、刀具、加工余量、切削用量等有关的工艺
数据。

（3）计算机辅助工艺规程设计过程

当用计算机编制某一零件工艺规程时，首先须将表示该零件特征的编码转换成零件的特
征矩阵输入计算机。计算机从特征矩阵文件中逐一调出各个零件组的特征矩阵，用以查找该
零件所属零件组，并据此从综合工艺路线文件中调出与该零件组相对应的综合工艺路线矩阵。
然后，用户再将零件的型面编码及各有关表面的尺寸公差、表面粗糙度要求等数据输入计算
机，计算机根据输入的这些数据，从已调出的综合工艺路线矩阵中选取该零件的加工工序及
工步编码，这样就得到了由工序及工步编码组成的零件加工工艺路线。然后，计算机根据该
零件的工序及工步编码，从工序、工步文件中逐一调出工序及工步的具体内容，并根据机床、
刀具的编码查找该工步使用的机床、刀具名称和型号，再根据输入的零件材料、尺寸等信息
计算该工步的切削用量、切削力和功率、基本时间、单件时间、工序成本等。计算机将每次
查到的工序或工步的具体内容都存入存储区内，最后形成一份完整的加工工艺规程，并以一
定的格式打印出来。图 6.60 所示为计算机按派生式原理自动设计机械加工工艺规程的流
程图。

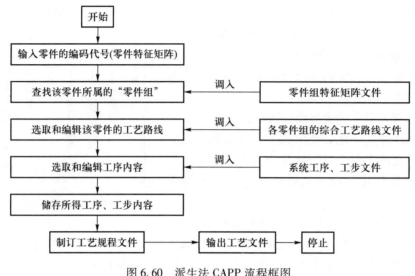

图 6.60 派生法 CAPP 流程框图

6.7 机器装配工艺规程设计

"十三五"期间,中国天眼、航母、嫦娥探测器、复兴号列车、C919 大飞机等一大批高端装备,引领着中国制造在"深海、深陆、深空、深蓝"开疆拓土。只有每个零部件的"团队协作",才能保证装配的机器正常运行,只有细致入微的零件加工以及精巧的装配工艺,才能打磨出"国之重器"。

任何机器都是由许多零件和部件装配而成的。按照规定的技术要求,将零件组成组件,并进一步组成部件以至整台机器,分别称为组装、部装和总装。此外,装配还包括对产品的调整、检验、实验、油漆和包装等工作。

机器的质量是以机器的工作性能、使用效果、可靠性和寿命等综合指标评定的,这些除了与产品的设计及零件的制造质量有关外,还取决于机器的装配质量。装配是机器制造过程中的最后一个阶段,是保证产品质量的重要环节。装配过程中还可以发现机器在设计和加工过程中存在的问题,如设计上的错误和不合理的结构尺寸,零件加工工艺中存在的质量问题以及装配工艺本身的问题等,从而加以改进。因此,机器装配在产品制造过程中占有非常重要的地位。

6.7.1 装配精度与装配尺寸链

1. 装配精度

装配精度是产品设计时根据使用性能要求规定的、装配时必须保证的质量指标。机器的装配精度一般包括零部件间的尺寸精度、相互位置精度和相对运动精度等。此外,接触精度也属装配精度的范畴,它主要影响接触变形,同时也影响配合质量,如齿轮啮合、锥体配合以及导轨副配合等。正确地规定机器的装配精度是机械产品设计所要解决的最为重要问题之一，不仅关系到产品质量，也关系到制造的难易和产品成本的高低。

机器的装配精度是在装配时达到的。保证零件的精度特别是关键零件的加工精度，其目的是最终保证机器的装配精度。因此机器的装配精度与零、部件的制造精度密切相关。

例如，在车床精度标准中，第 4 项是尾座移动对滑板移动的平行度要求，该项精度主要取决于床身导轨 A 和 B 的平行度(图 6.61)，当然也与导轨面间的配合质量有关。

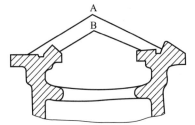

A—滑板移动导轨；B—尾座移动导轨

图 6.61　床身导轨简图

2. 装配尺寸链

装配尺寸链是在机器的装配过程中，由相关零件的有关尺寸(表面或轴线间距离)或相互位置关系所组成的尺寸链。其中组成环由相关零件的尺寸或相互位置关系所组成，封闭环由装配过程最后形成，即装配后获得的精度(或技术要求)。

装配尺寸链的封闭环多为产品或部件的装配精度。找出对装配精度有直接影响的零部件尺寸和位置关系，即可查明装配尺寸链的各组成环。一般查找装配尺寸链组成环的方法是，首先根据装配精度要求确定封闭环，然后以封闭环两端的零部件为起点，沿着装配精度要求的方向，以相邻零件装配基准间的联系为线索，由近及远地查找与封闭环有关的零件尺寸，直至找到同一个基准零件或同一基准表面为止。这样，所有相关零件上直接影响封闭环大小的尺寸或位置关系，便是装配尺寸链的全部组成环。

在装配精度要求一定时，尺寸链的组成环数越少，则每个环分配到的公差越大，这有利于减小加工难度和降低成本。因此，在建立装配尺寸链时，要遵循最短路线(环数最少)原则，即应使每一相关零件仅有一个组成环列入尺寸链。

下面以实例说明如何建立装配尺寸链。

图 6.62 是 CA6140 型卧式车床主轴局部装配简图。双联齿轮是空套在主轴上的，其轴向需有适当的间隙，以保证转动灵活又不致引起过大的轴向窜动，故规定此轴向间隙 A_0 为 0.05 ~ 0.2 mm。A_0 是装配后形成的，所以是封闭环，下面就查找以 A_0 为封闭环的尺寸链。从 A_0 的右侧开始，第一个零件是隔套 2，隔套端面到装配基准面的尺寸(隔套宽度尺寸)为 A_2，A_2 对 A_0 有影响，是组成环，隔套装配基准面由主轴 1 端面确定，主轴 1 为基础件；再从 A_0 的左侧查找，第一个零件是双联齿轮 3，齿轮右端面到其装配基准面(左端面)的尺寸为 A_3，根据基准间的联系，依次找到垫圈 5、弹性挡圈 4，其宽度尺寸

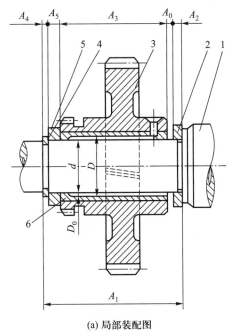

(a) 局部装配图

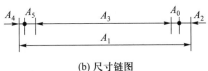

(b) 尺寸链图

1—主轴；2—隔套；3—双联齿轮；
4—弹性挡圈；5—垫圈；6—轴套

图 6.62　装配尺寸链举例

分别为 A_5、A_4，A_3、A_4 和 A_5，对 A_0 都有影响，均为组成环；由于弹性挡圈轴向位置由基础件主轴1确定，故找到基础件的两个装配基准，主轴1尺寸 A_1 为两个装配基准间的距离，所以由 A_2、A_3、A_4、A_5、A_1 和 A_0 组成的封闭图形，就是以 A_0 为封闭环的装配尺寸链。

6.7.2　保证装配精度的方法

在生产中利用装配尺寸链来达到装配精度的工艺方法有互换法、分组法、修配法和调整法四种，应根据生产纲领、生产技术条件，及机器的性能、结构和技术要求来选择。这四种方法既是机器或部件的装配方法，也是装配尺寸链的计算方法。

1. 互换法

互换法是装配过程中，同种零部件互换后仍能达到装配精度要求的一种方法。产品采用互换法装配时，装配精度主要取决于零部件的加工精度。因此，互换法的实质就是用控制零部件的加工误差来保证产品的装配精度。根据零件的互换程度，互换法装配可分为完全互换法和不完全互换法(又称大数互换法)。

(1) 完全互换法

合格的零件在进入装配时，不经任何选择、调整和修配就可以使装配对象全部达到装配精度的装配方法，称之为完全互换法。完全互换法用极值法计算装配尺寸链。

例6.6　图6.62a所示为车床主轴部件的局部装配图，要求装配后保证轴向间隙 $A_0 = 0.1 \sim 0.35$ mm。已知各组成环的公称尺寸：$A_1 = 43$ mm，$A_2 = 5$ mm，$A_3 = 30$ mm，$A_4 = 3_{-0.04}^{0}$ mm，$A_5 = 5$ mm，A_4 为标准件的尺寸，试按极值法求出各组成环的公差及上、下极限偏差。

解　1) 画出装配尺寸链图(图6.62b)，校验各环公称尺寸：

尺寸链中的组成环为 $\overrightarrow{A_1}$、$\overleftarrow{A_2}$、$\overleftarrow{A_3}$、$\overleftarrow{A_4}$、$\overleftarrow{A_5}$，封闭环 A_0 的公称尺寸为

$$A_0 = \overrightarrow{A_1} - (\overleftarrow{A_2} + \overleftarrow{A_3} + \overleftarrow{A_4} + \overleftarrow{A_5}) = 43 - (5 + 30 + 3 + 5) = 0$$

由此可知，各组成环公称尺寸的数值正确。

2) 确定各组成环的公差

从题意得知封闭环的公差 $T(A_0) = (0.35 - 0.1)$ mm $= 0.25$ mm。组成环的平均极限公差 T_{avL} 为

$$T_{avL} = \frac{T(A_0)}{n-1} = \frac{0.25}{6-1} \text{mm} = 0.05 \text{ mm}$$

现参考 T_{avL} 来确定各组成环的公差：$\overrightarrow{A_1}$ 和 $\overleftarrow{A_3}$ 尺寸大小和加工难易度大体相当，故取 $T(A_1) = T(A_3) = 0.06$ mm；$\overleftarrow{A_2}$ 和 $\overleftarrow{A_5}$ 尺寸大小和加工难易度相当，故取 $T(A_2) = T(A_5) = 0.045$ mm；A_4 为标准件，其公差为已定值 $T(A_4) = 0.04$ mm。

$$\sum T_i = (0.06 + 0.045 + 0.06 + 0.045 + 0.04) \text{mm} = 0.25 \text{ mm} = T(A_0)$$

从计算可知，各组成环公差之和未超过封闭环公差。封闭环可写成 $A_0 = 0_{+0.10}^{+0.35}$ mm。

协调环 A_3 的上、下极限偏差计算如下：

$$ES(A_0) = \sum_{i=1}^{m} ES\overrightarrow{A_i} - \sum_{i=m+1}^{n-1} EI\overleftarrow{A_i}$$

即 $+0.35 \text{ mm} = 0.06 \text{ mm} - [-0.045 \text{ mm} + EI(A_3) - 0.045 \text{ mm} - 0.04 \text{ mm}]$

所以 $EI(A_3) = -0.16 \text{ mm}$

$ES(A_3) = T(A_3) + EI(A_3) = [0.06 + (-0.16)] \text{ mm} = -0.10 \text{ mm}$

所以 $A_3 = 30^{-0.10}_{-0.16} \text{ mm}$

完全互换法装配的优点：装配工作简单，生产率高，有利于组成流水线生产、协作生产，同时也有利于维修和配件制造，生产成本低。但是当装配精度要求较高，尤其是组成环较多时，零件难以按经济精度制造，因此，完全互换法多用于少环尺寸链或精度不高的多环尺寸链中。

（2）不完全互换法

用完全互换法装配，装配过程虽然简单，但它是根据增环、减环同时出现极值的情况来建立封闭环与组成环之间的尺寸关系的，由于组成环分得的制造公差过小常使零件加工困难。实际上，在一个稳定的工艺系统中进行成批生产和大量生产时，零件尺寸出现极值的可能性极小；装配时，所有增环同时接近最大（或最小），所有减环同时接近最小（或最大）的可能性极小，可以忽略不计。完全互换法装配以提高零件加工精度为代价来换取完全互换装配，有时是不经济的。

不完全互换法是将组成环的制造公差适当放大，使零件容易加工，这会使极少数产品的装配精度超出规定要求，但这是小概率事件，很少发生，从总的经济效果分析，仍然是经济可行的。

例 6.7 已知条件与例 6.6 相同，试用不完全互换法确定各组成环的公差及其上、下极限偏差。

解 解题步骤与极值法相同，首先建立装配尺寸链；然后计算组成环的平均公差 T_{av}；以 T_{av} 作参考，根据各组成环公称尺寸的大小和加工难易程度确定各组成环的公差及其分布。

1）组成环的平均公差

$$T_{av} = \frac{A(A_0)}{\sqrt{n-1}} = \frac{0.25}{\sqrt{6-1}} \text{ mm} \approx 0.112 \text{ mm}$$

根据组成环公差的上述确定原则，确定 $T(A_1) = 0.15 \text{ mm}$，$T(A_2) = T(A_5) = 0.10 \text{ mm}$，$A_4$ 为标准件，$T(A_4)$ 为定值，即 $T(A_4) = 0.04 \text{ mm}$。选 A_3 为协调环，其公差 $T(A_3)$ 可通过下式算出：

$$T(A_3) = \sqrt{T(A_0)^2 - \sum_{i=1}^{n-2} T(A_i)^2}$$
$$= \sqrt{0.25^2 - (0.15^2 + 0.10^2 + 0.10^2 + 0.04^2)} \text{ mm} \approx 0.13 \text{ mm}$$

确定各组成环公差带的位置。除协调环 A_3 以外，其他组成环均按入体原则分布，即 $A_1 = 43^{+0.15}_0 \text{ mm}$，$A_2 = A_5 = 5^0_{-0.10} \text{ mm}$，$A_4 = 3^0_{-0.04} \text{ mm}$。

2）计算协调环 A_3 的上、下极限偏差

各组成环相应的中间偏差为：$\Delta_1 = 0.075 \text{ mm}$，$\Delta_2 = \Delta_5 = -0.05 \text{ mm}$，$\Delta_4 = -0.02 \text{ mm}$；封闭环的中间偏差 $\Delta_0 = 0.225 \text{ mm}$。

现计算协调环的中间偏差 Δ_3

$$\Delta_0 = \overrightarrow{\Delta_1} - (\overleftarrow{\Delta_2} + \overleftarrow{\Delta_3} + \overleftarrow{\Delta_4} + \overleftarrow{\Delta_5})$$

$$0.225\ \text{mm} = 0.075\ \text{mm} - (-0.05\ \text{mm} + \Delta_3 - 0.02\ \text{mm} - 0.05\ \text{mm})$$

所以
$$\Delta_3 = -0.03\ \text{mm}$$

$$ES(A_3) = \Delta_3 + \frac{T(A_3)}{2} = \left(-0.03 + \frac{0.13}{2}\right)\ \text{mm} = +0.035\ \text{mm}$$

$$EI(A_3) = \Delta_3 - \frac{T(A_3)}{2} = \left(-0.03 - \frac{0.13}{2}\right)\ \text{mm} = -0.095\ \text{mm}$$

所以
$$A_3 = 30^{+0.035}_{-0.095}\ \text{mm}$$

不完全互换法装配的优点：与完全互换法装配相比，组成环的制造公差较大，零件制造成本低；装配过程简单，生产率高。不足之处：装配后有极少数产品达不到规定的装配精度要求，需采取相应的返修措施。不完全互换法适于在大批大量生产中装配那些装配精度要求较高且组成环数又多的机器结构。

2. 分组法

在大批大量生产中，当装配精度要求很高（即使组成环数不多）时，若采用互换法装配，则组成环的公差将非常小，使加工十分困难或很不经济。在这种情况下，可将组成环公差增大若干倍（一般为2~4倍），按经济精度进行加工，然后再将各组成环按实际尺寸大小分为若干组，各对应组进行装配，同组零件具有互换性，并保证全部装配对象达到规定的装配精度。这就是分组法。该方法通常采用极值公差公式计算。

现以汽车发动机活塞、活塞销和连杆组装为例，对分组装配法进行分析。图6.63a 所示为发动机活塞、活塞销和连杆的组装简图，其中活塞销与活塞销孔为过盈配合，活塞销与连杆小头孔为间隙配合。

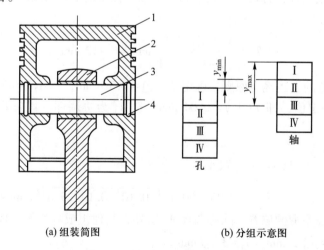

(a) 组装简图　　(b) 分组示意图

1—活塞；2—连杆；3—活塞销；4—挡圈

图6.63　活塞、活塞销和连杆分组装配实例

根据装配技术要求，活塞销孔直径 D 与活塞销直径 d 在冷态装配时，应有 0.002 5 ~ 0.007 5 mm的过盈量，即

$$y_{\min} = D_{\max} - d_{\min} = -0.002\ 5\ \text{mm}$$

$$y_{\max} = D_{\min} - d_{\max} = -0.007\ 5\ \text{mm}$$

从公差与配合的知识可知

$$y_{\min} - y_{\max} = T_0 = T_h + T_s = 0.005\ \text{mm}$$

若活塞与活塞销采用完全互换法装配，并且销孔与销直径的公差按"等公差"分配时，则各自的公差仅为 0.002 5 mm，设活塞销直径 d 为 $\phi 25^{-0.010\ 0}_{-0.012\ 5}$ mm，销孔直径 D 为 $\phi 25^{-0.015\ 0}_{-0.017\ 5}$ mm，显然加工十分困难。现将它们的公差都按同方向放大四倍，放大后 $d = \phi 25^{-0.002\ 5}_{-0.012\ 5}$ mm，$D = \phi 25^{-0.007\ 5}_{-0.017\ 5}$ mm。这样可采用高效率的无心磨和金刚镗分别加工活塞销外圆和活塞销孔，然后用精密量仪进行测量，并按尺寸大小分成四组，涂上不同颜色便于分组装配，见表 6.18。

表 6.18　活塞销与活塞销孔分组互换装配　　　　　　　　　　　　　　　　mm

分组互换组别	标志颜色	活塞销孔直径	活塞销直径	配合性质	
				最大过盈	最小过盈
第一组	白	$\phi 25^{-0.007\ 5}_{-0.010\ 0}$	$\phi 25^{-0.002\ 5}_{-0.005\ 0}$		
第二组	绿	$\phi 25^{-0.010\ 0}_{-0.012\ 5}$	$\phi 25^{-0.005\ 0}_{-0.007\ 5}$	0.007 5	0.002 5
第三组	黄	$\phi 25^{-0.012\ 5}_{-0.015\ 0}$	$\phi 25^{-0.007\ 5}_{-0.010\ 0}$		
第四组	红	$\phi 25^{-0.015\ 0}_{-0.017\ 5}$	$\phi 25^{-0.010\ 0}_{-0.012\ 5}$		

将表 6.18 所示互配零件加工尺寸的公差带放大并分组后的情况用图 6.63b 表示。可见虽然互配零件的公差扩大了四倍，但只要用对应组的零件进行互配，其装配精度完全符合设计要求。

分组装配法除了广泛用于减小加工难度的目的外，还可用来提高装配精度。图 6.64 所示为配偶件 A、B 的公差带图。分组前的最大间隙 $x_{1\max} = 0.2$ mm，最小间隙 $x_{1\min} = 0$，配合公差为 $x_{1\max} - x_{1\min} = 0.2$ mm。现在零件原定公差不变的条件下，按加工后合格零件的实际尺寸分为两组，实行对应组装配，此时的最大间隙 $x_{2\max} = 0.15$ mm，最小间隙 $x_{2\min} = 0.05$ mm，配合公差为 $x_{2\max} - x_{2\min} = (0.15 - 0.05)$ mm $= 0.1$ mm。由此可见，装配精度提高了一倍。分组数越多，装配精度提高得越多。

分组装配时须注意如下事项：

（1）要保证分组后各组的配合精度和配合性

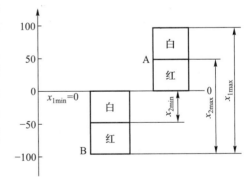

图 6.64　配偶件公差带图

质符合原设计要求，原来规定的几公差不能扩大，表面粗糙度值不能因公差增大而增大；配合件公差应当相等；公差增大的方向要同向，增大的倍数要等于以后的分组数。

（2）零件分组后，各组内相配合零件的数量要相等，以形成配套。按照一般正态分布规律，零件分组后可以互相配套，不会产生各对应组内相配合零件数量不等的情况。但是受某些因素的影响，可能造成加工尺寸非正态分布（图 6.65），从而造成各组尺寸分布不对应，使得各对应组相配零件数不等而不能配套。生产中这种情况难以避免，一旦出现，且待不配套的零件聚集至一定数量时，可专门加工一批零件与之配套。

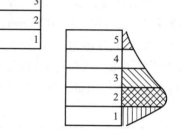

（3）分组数不宜太多。分组数多则公差扩大倍数多，这将使装配工作复杂化，使零件的测量、分类、保管和运输的工作量增加，因此分组数只要使零件制造精度达到经济精度即可。

分组法只适用于封闭环精度要求很高的少环尺寸链，一般相关零件只有 $2\sim3$ 个。因其生产组织复杂，应用范围受到一定限制。它通常用于汽车、拖拉机制造及轴承制造业等大批大量生产中。

图 6.65　加工尺寸非正态分布

3. 修配法

在单件小批生产中，当装配精度要求很高，组成环数又多时，常用修配法装配。采用修配法装配时，各组成环均按经济精度制造，而对其中某一环（补偿环或修配环）预留一定的修配量，在装配时用钳工或机械加工的方法将修配量去除，达到装配精度的要求。修配环一般应选形状比较简单、修配面小，便于修配加工、便于装卸，并对其他尺寸链没有影响的零件。修配法通常采用极值法计算尺寸链。

（1）修配法分类

1）单件修配法　装配时，选定某一固定的零件作修配件进行修配，以保证装配精度的方法称为单件修配法。它在修配法中应用最广，如车床尾架底板的修配，平键连接中的平键或键槽的修配就是常见的例子。

2）合并加工修配法　该方法是将两个或多个零件合并在一起进行加工修配，合并加工所得尺寸作为一个补偿环，并看作一个零件参与总装，从而减少了组成环的环数。此法减少了修配的劳动量，又能满足装配精度的要求。

合并加工修配法的例子很多。如卧式升降台铣床在总装前，将加工好的工作台和回转盘装在一起再进行精加工，以保证工作台面和回转盘底面的平行度；并作为一个合件参与总装，保证主轴回转轴线对工作台面的平行度。这样就减少了尺寸链的组成环数，因而组成环的公差可以相应加大。

合并加工修配法在装配时不能进行互换，相配零件要打上号码以便对号装配，给生产组织管理工作带来不便，因此多用于单件小批生产。

3）自身加工修配法　利用机床本身具有的切削能力，在装配过程中，将待修配（即加工）零件表面上的修配量（加工余量）去除，使装配对象达到设计要求的装配精度，这就是自身加工修配法。

（2）修配环尺寸的确定

修配环在修配时对封闭环尺寸变化的影响分两种情况。一种是使封闭环尺寸变小，另一种是使封闭环尺寸变大。因此在求解修配法尺寸链时，应根据具体情况分别进行。

1）修配环修配时，封闭环尺寸变小的情况（简称"越修越小"）。由于各组成环均按经济精度制造，加工难度降低，从而导致封闭环实际误差值 δ_0 大于封闭环规定的公差值 T_0，即 $\delta_0>$

T_0(图 6.66a)。为此，要通过修配方法使 $\delta_0 \leq T_0$。但是，修配环现处于"越修越小"的状态，所以封闭环实际尺寸最小值 A'_{0min} 不能小于封闭环最小尺寸 A_{0min}。因此，δ_0 与 T_0 之间的相对位置应如图 6.66a 所示，即 $A'_{0min} = A_{0min}$。

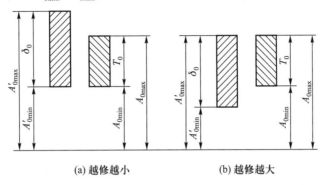

(a) 越修越小　　　　　　(b) 越修越大

图 6.66　修配环调节作用示意图

按极值法计算时，可用下式计算封闭环实际尺寸的最小值 A'_{0min} 和公差增大后的各组成环之间的关系

$$A'_{0min} = A_{0min} = \sum_{i=1}^{m} \overrightarrow{A}_{imin} - \sum_{i=m+1}^{n-1} \overleftarrow{A}_{imax} \tag{6.25}$$

上式只有修配环为未知数，可以利用它求出修配环的一个极限尺寸(修配环为增环时可求出最小尺寸，为减环时可求出最大尺寸)。修配环的公差也可按经济加工精度给出。求出一个极限尺寸后，修配环的另一个极限尺寸也可以确定。

2) 修配环修配时，封闭环尺寸变大的情况(简称"越修越大")。修配前 δ_0 相对于 T_0 的位置如图 6.66b 所示，即 $A'_{0max} = A_{0max}$。

修配环的一个极限尺寸可按下式计算：

$$A'_{0max} = A_{0max} = \sum_{i=1}^{m} \overrightarrow{A}_{imax} - \sum_{i=m+1}^{n-1} \overleftarrow{A}_{imin} \tag{6.26}$$

修配环的另一个极限尺寸，在公差按经济加工精度给定后也随之确定。

(3) 修配量的确定

修配量可由 δ_0 与 T_0 之差直接算出

$$\delta_c = \delta_0 - T_0 \tag{6.27}$$

对于机床、仪器等，由于精度、配合等要求较高，在装配时要进行刮研，因此要有刮研量。这时应在修配量中加上刮研量，最小修配量即为刮研量。在修配环的公称尺寸中也要加上刮研量。

例 6.8　已知条件与例 6.6 相同，试用修配法求出各组成环的公差及上、下极限偏差。

解　在建立了装配尺寸链以后，则要确定修配环。按修配环的选取原则，现选 A_5 为修配环。然后按经济加工精度，给各组成环定出公差及上、下极限偏差：$A_1 = 43^{+0.20}_{0}$ mm，$A_2 = 5^{0}_{-0.10}$ mm，$A_3 = 30^{0}_{-0.20}$ mm，$A_4 = 3^{0}_{-0.05}$ mm。修配环 A_5 的公差定为 $T(A_5) = 0.10$ mm，但上、下极限偏差则应通过式(6.17)求出。之所以使用式(6.17)，是因为修配环的修配属于"越修越大"的情况，其 δ_0 与 T_0 的位置关系如图 6.66b 所示。按式(6.17)有

$$ES(A_0) = \sum_{i=1}^{m} ES(\overrightarrow{A_i}) - \sum_{i=m+1}^{n-1} EI(\overleftarrow{A_i})$$

$$0.35 \text{ mm} = 0.20 \text{ mm} - [-0.10 \text{ mm} - 0.20 \text{ mm} - 0.05 \text{ mm} + EI(A_5)]$$

所以 $$EI(A_5) = +0.20 \text{ mm}$$

$$ES(A_5) = EI(A_5) + T(A_5) = (0.20 + 0.10) \text{ mm} = 0.30 \text{ mm}$$

所以 $$A_5 = 5^{+0.30}_{+0.20} \text{ mm}$$

$$\delta_0 = \sum_{i=1}^{n-1} T(A_i) = (0.20 + 0.10 + 0.20 + 0.05 + 0.10) \text{ mm} = 0.65 \text{ mm}$$

最大修配量 $$\delta_{cmax} = (0.65 - 0.25) \text{ mm} = 0.40 \text{ mm}$$

最小修配量 $$\delta_{cmin} = 0$$

修配法的主要优点是既可放宽零件的制造公差，又可获得较高的装配精度。缺点是增加了一道修配工序，对工人的技术水平要求较高，且不适宜组织流水生产。修配法常用于单件小批生产中产品结构比较复杂（或尺寸链环数较多）、装配精度要求高的场合。

4. 调整法

调整法与修配法相似，各组成环也按经济精度加工，但所引起的封闭环累积误差的扩大，不是装配时通过对修配环的补充加工来实现补偿，而是采用调整的方法改变某个组成环（补偿环或调整环）的实际尺寸或位置，使封闭环达到其公差和极限偏差的要求。

根据调整方法的不同，常见的调整法可分为以下几种：

（1）可动调整法

在装配尺寸链中，选定某个零件为调整环，根据封闭环的精度要求，采用改变调整环的位置，即移动、旋转或移动旋转同时进行，以达到装配精度，这种方法称为可动调整法。此方法在调整过程中不必拆卸零件，比较方便。

在机器装配中可动调整法的应用较多，图6.67所示的结构是靠转动螺钉1来调整轴承外圈相对于内圈的位置，以取得合适的间隙或过盈，调整后用螺母2锁紧，保证轴承既有足够的刚性又不至于过分发热。图6.68所示为丝杠螺母副轴向间隙调整机构。当发现丝杠螺母副间隙不合适时，可转动中间的调节螺钉5，通过楔块2的上下移动来改变轴向间隙的大小。

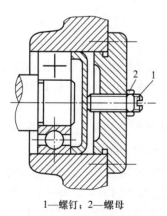

1—螺钉；2—螺母

图6.67 轴承间隙的调整

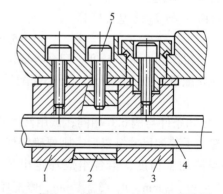

1、3—螺母；2—楔块；4—丝杠；5—调节螺钉

图6.68 丝杠螺母副轴向间隙调整机构

可动调整法能获得比较理想的装配精度。不但用于装配中,而且当产品在使用过程中,由于某种零件的磨损、受力和受热变形等使装配精度下降时,利用此法可以及时进行调整以保持或恢复所要求的精度,所以在实际生产中应用较广。

(2)固定调整法

这种装配方法,是在装配尺寸链中选择一个组成环作调整环,作为调整环的零件是按一定尺寸间隔制成的一组零件,装配时根据封闭环超差的大小,从中选出某一尺寸等级适当的零件来进行补偿,从而保证规定的装配精度。通常使用的调整环有垫圈、垫片、轴套等。

在产量大、精度要求高的装配中,固定调整环可用不同厚度的薄金属片冲出,再与一定厚度的垫片组合成需要的各种尺寸,在不影响接触刚度的情况下使调整更为方便,故在汽车、拖拉机和自行车等生产中应用很广。

(3)误差抵消调整法

这种方法是在总装或部装时,通过对尺寸链中某些组成环误差的大小和方向的合理配置,达到使加工误差相互抵消或使加工误差对装配精度的影响减小的目的。由于篇幅所限,在此不再赘述。

6.7.3 装配工艺规程制订

1. 研究产品装配图和装配技术条件

制订装配工艺规程时,要通过对产品的总装配图、部件装配图、零件图及技术要求的研究,深入地了解产品及其各部件的具体结构,产品及各部件的装配技术要求,设计人员所确定的保证产品装配精度的方法,以及产品的实验内容、方法等,从而对与制订装配工艺规程有关的一些原则性问题做出决定,如采取何种装配组织形式、装配方法及检查和实验方法等。此外,还要对图样的完整性、装配技术要求及装配结构工艺性等方面进行审查,如发现问题应及时提出,由设计人员研究后予以修改。下面针对产品结构的装配工艺性问题加以阐述。

产品结构的装配工艺性是指,在一定的生产条件下,产品的结构应符合装配工艺上的设计原则。表 6.19 列举了机器结构装配工艺性的设计原则。

表 6.19 机器结构装配工艺性设计原则

序号	设计原则	结构对比			
		工艺性不好		工艺性好	
1	机器结构应能分成独立的装配单元	轴上齿轮直径大于箱体轴承孔孔径,轴上零件需依次在箱体内装配			齿轮直径小于轴承孔孔径,轴上零件可在组装成组件后,一次装入箱体内,从而简化装配过程,缩短装配周期

序号	设计原则	结 构 对 比		
		工艺性不好		工艺性好
2	机器结构应能分成独立的装配单元	各齿轮轴系分别装在大箱体上,装配过程十分不便		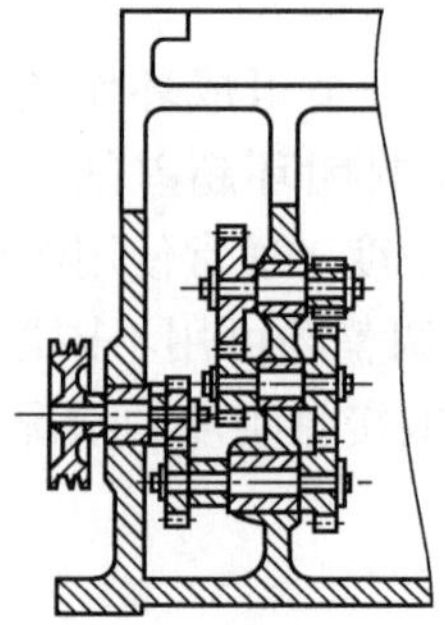 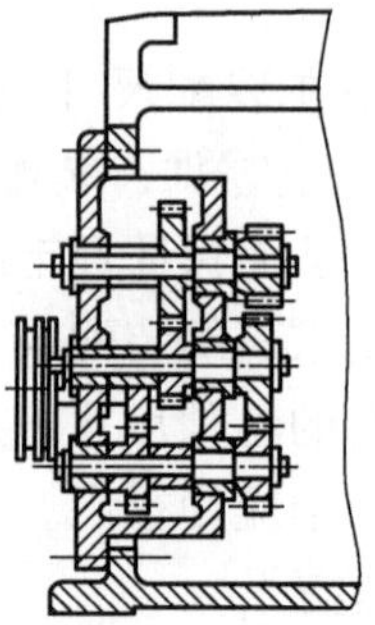 传动齿轮轴系装配在分离的小齿箱内,成为独立的装配单元,既提高了装配的劳动生产率,又便于以后的维修
3	减少装配的修配量	主轴箱采用山形导轨定位,装配时基准面修刮工作量大		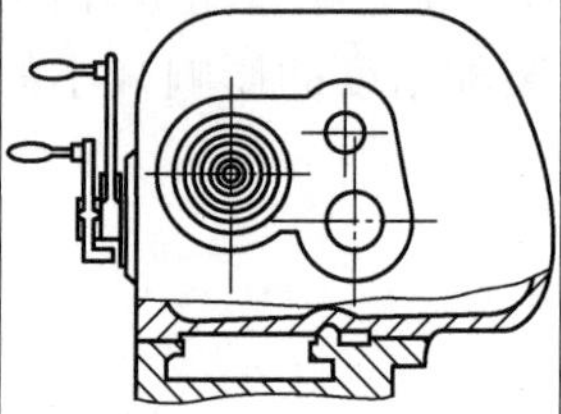 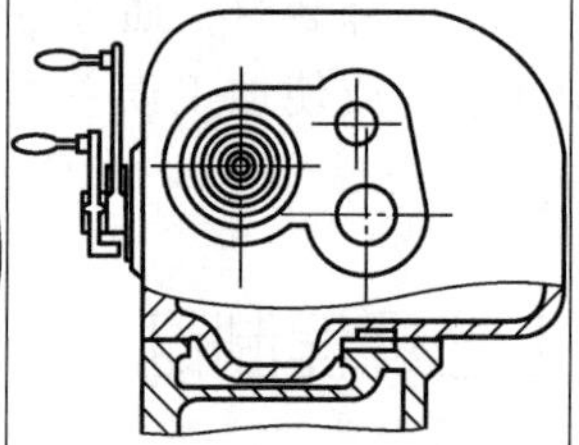 主轴箱以平导轨定位,装配时基准面修刮工作量显著减少
4		锥齿轮轴向定位时,采用修配轴肩的方式调整锥齿轮的啮合间隙,修配工作量大		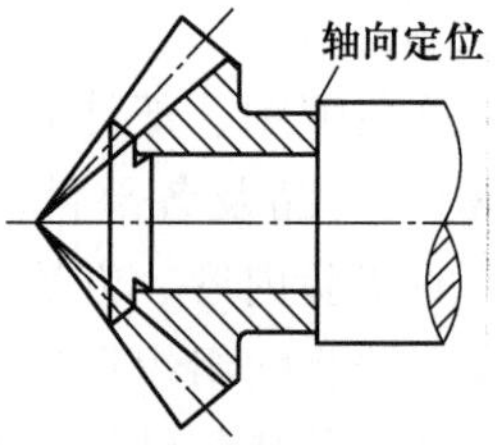 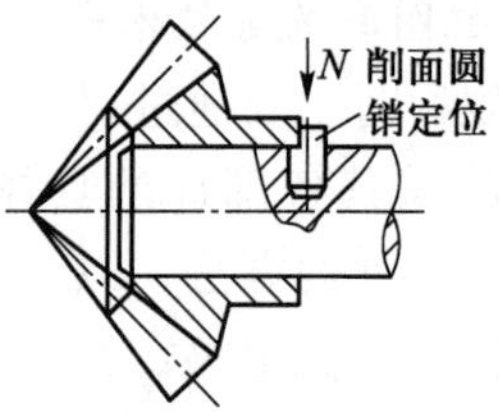 采用削面圆销定位结构,只需修刮圆销的削面来调整锥齿轮的啮合间隙,修刮工作量显著减少
5		该结构通过修刮压板装配面来保证滑板压板与床身导轨间具有合理的间隙		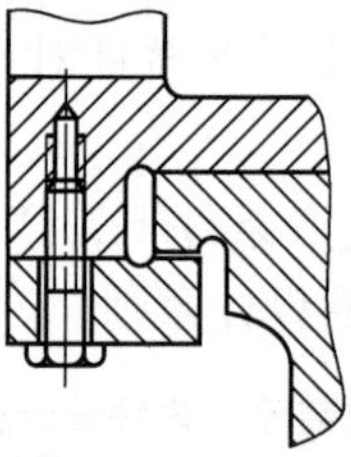 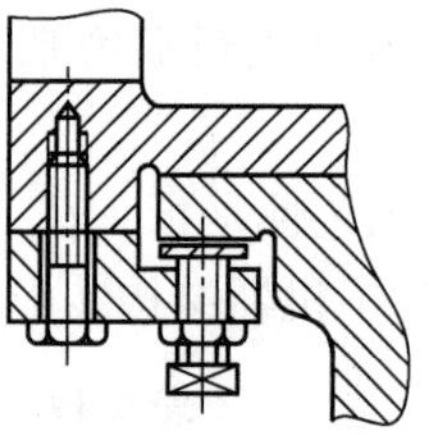 该结构采用调整装配法代替修配法,从根本上减少修配工作量
6	减少装配时机械加工量	该结构在轴套装到箱体上后需配钻油孔,增加了装配中的机械加工量		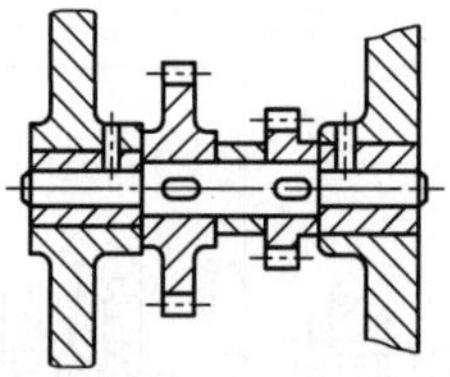 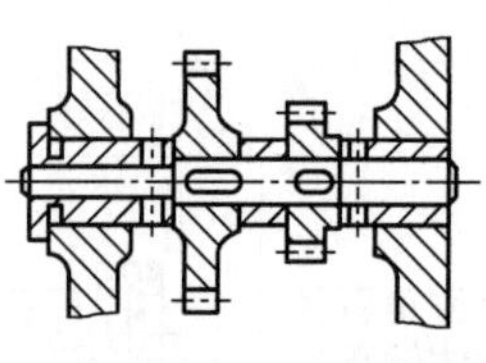 该结构改在轴套上预先加工油孔,装配工艺性好
7		活塞上的销连接孔需在装配时配钻		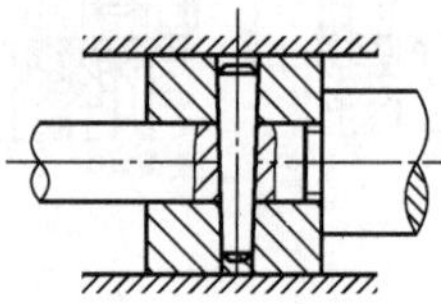 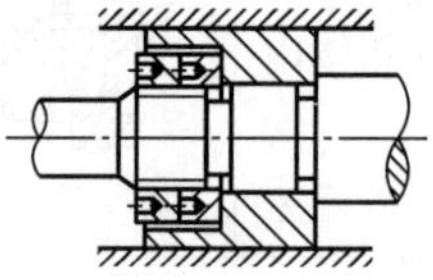 将销连接改为螺纹连接,取消了装配中的机械加工

续表

序号	设计原则	结 构 对 比			
		工艺性不好		工 艺 性 好	
8		轴上的两个轴承同时装入箱体孔中，既不好观察，也不易同时对准	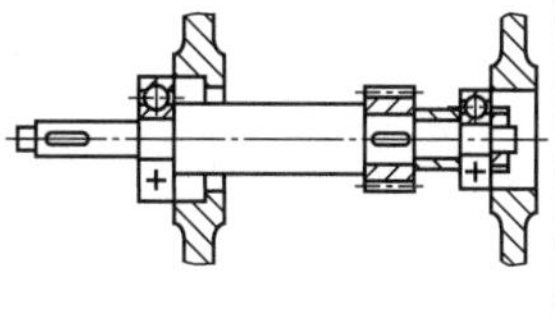	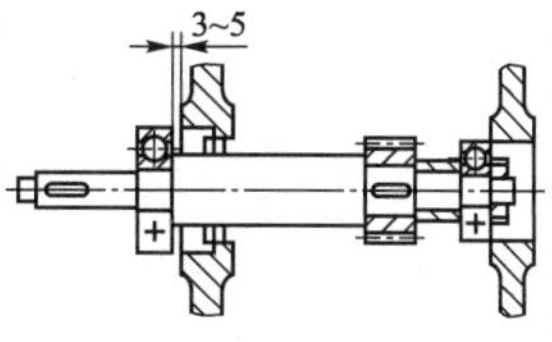	轴上右端轴承先行装入孔中3 mm后，左端轴承才开始装入孔中，容易装配
9	便于装配和拆卸	扳手操作空间过小，螺栓拧紧困难	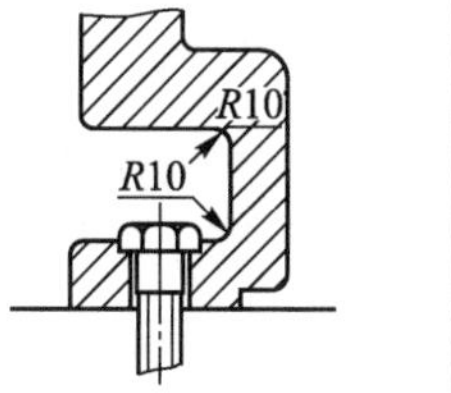	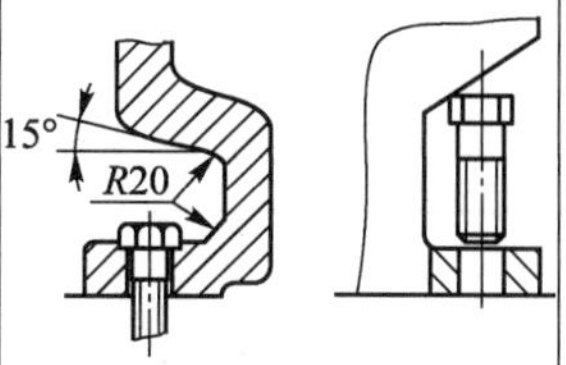	扳手操作空间大，操作方便
10		轴承更换时拆卸困难	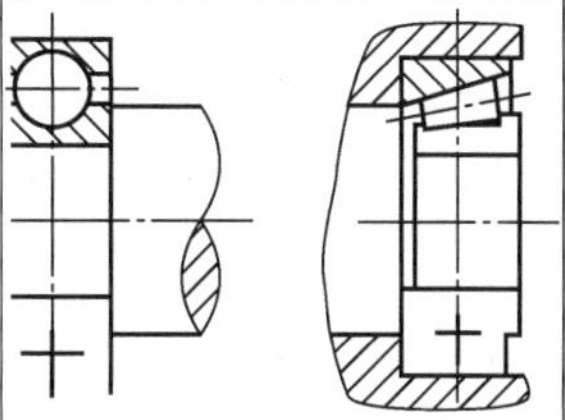	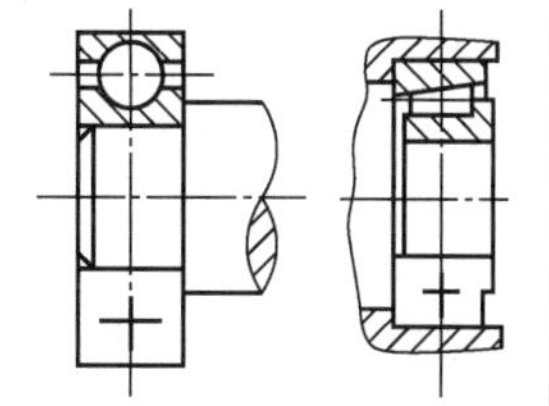	轴承更换时拆卸容易
11		定位销孔为盲孔，定位销取出困难	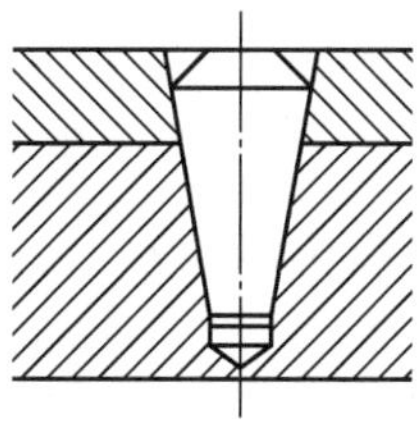	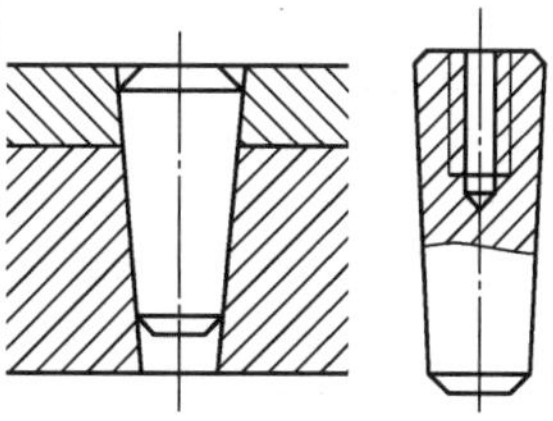	采用通孔或带螺纹孔的定位销，可方便地取出

2. 确定装配的组织形式

产品装配工艺规程的制订与装配的组织形式有关。例如，总装、部装的具体划分，装配工序划分时的集中或分散程度，产品装配的运输方式以及工作地的组织等，均与装配的组织形式有关。装配的组织形式要根据生产纲领及产品结构特点来确定。下面介绍各种装配组织形式的特点及应用。

（1）固定式装配

全部的装配工作在一个固定的工作地进行。装配过程中装配对象的位置不变，装配所需要的零部件都汇集在工作地附近。固定式装配的特点是装配周期长，装配面积利用系数低，且需要工人的技术水平较高。多用于单件小批生产，尤其适合于批量不大的大型产品，如飞机、重型机床、大型发电设备等。

（2）移动式装配

装配过程在装配对象的连续或间歇的移动中完成。当生产批量很大时，采用移动式装配更为经济，此时装配对象有规律地从一个工作地点运送到另一个工作地点。为实现移动式装配,产品的装配工艺性要好,装配工艺规程的制订应与移动式装配相适应,流水线上的供应工作(如蒸汽、压缩空气的供应等)要予以保证。对批量很大的定型产品,还可以采用自动装配线进行装配。汽车、拖拉机等一般均采用移动式装配。

3. 装配方法的选择

这里所指的装配方法包含两个方面含义:一方面指手工装配还是机械装配;另一方面指保证装配精度的工艺方法和装配尺寸链的计算方法,如互换法、分组法等。对前者的选择,主要取决于生产纲领和产品的装配工艺性,但也要考虑产品尺寸和质量的大小,以及结构的复杂程度。对后者的选择,则主要取决于生产纲领和装配精度,但也与装配尺寸链中组成环的多少有关。表6.20综合了各种装配方法的适用范围,并举出了一些应用实例。

表 6.20 各种装配方法的适用范围和应用实例

装 配 方 法	适 用 范 围	应 用 实 例
完全互换法	适用于零件数较少、批量很大,零件可用经济精度加工时	汽车、拖拉机、中小型柴油机、缝纫机及小型电动机的部分部件
不完全互换法	适用于零件数较多、批量大,零件加工精度可适当放宽时	机床、仪器仪表中的某些部件
分组法	适用于成批或大量生产中,装配精度很高,零件数很少,又不采用调整装配时	中小型柴油机的活塞与缸套、活塞与活塞销,滚动轴承的内、外圈与滚子
修配法	适用于单件小批生产,装配精度要求高且零件数较多的场合	车床尾座垫板,滚齿机分度蜗轮与工作台装配后精加工齿形
调整法	除必须采用分组法选配的精度配件外,调整法可用于各种装配场合	机床导轨的楔形镶条,滚动轴承调整间隙的间隔套垫圈

4. 划分装配单元,确定装配顺序,绘制装配工艺系统图

将产品划分为套件、组件、部件等能进行独立装配的装配单元,是制订装配工艺规程最为重要的环节,对于大批大量生产中结构较为复杂产品的装配尤为重要。无论是哪一级装配单元,都要选定某一零件或比它低一级的装配单元作为装配基准件。装配基准件通常应是产品的基体件或主干零部件,基准件应有较大的体积、质量和足够的支承面。

在划分装配单元确定装配基准零件之后即可安排装配顺序,并以装配工艺系统图的形式表示出来。安排装配顺序的原则:先下后上,先内后外,先难后易,先精密后一般,先重后轻。图6.69是车床床身部件图,图6.70是它的装配工艺系统图。

5. 划分装配工序,进行工序设计

划分装配工序,进行工序设计的主要任务如下:

1) 划分装配工序,确定工序内容;

2) 确定各工序所需设备及工具,如需专用夹具与设备,需提交设计任务书;

3) 制订各工序装配操作规范,例如过盈配合的压入力、装配温度、拧紧固件的额定扭矩等;

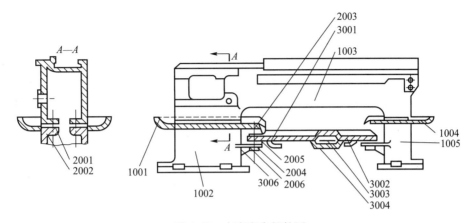

图 6.69 车床床身部件图

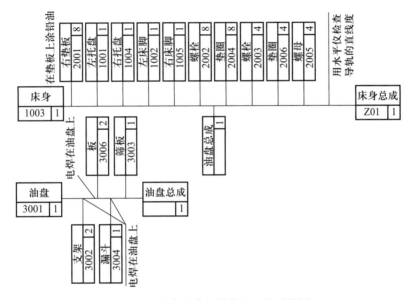

图 6.70 车床床身部件装配工艺系统图

4）规定装配质量要求与检验方法；

5）确定时间定额，平衡各工序的装配节拍。

6. 编制装配工艺文件

单件小批生产时，通常不需要编制装配工艺过程卡片，而是用装配工艺流程图来代替。装配时，工人按照装配图和装配工艺流程图进行装配。

成批生产时，通常需要制订部装及总装的装配工艺过程卡片。它是根据装配工艺流程图将部件或产品的装配过程分别按照工序的顺序记录在单独的卡片上。卡片的每一工序内应简要地说明该工序的工作内容、所需要的设备和工艺装备的名称及编号、时间定额等。

在大批大量生产中，不仅要制订装配工艺过程卡片，还要制订装配工序卡片，以直接指导工人进行操作。此外还应按产品装配要求，制订检验卡片、实验卡片等工艺文件。

??? 思考题与习题

6.1 什么是生产过程、工艺过程和工艺规程?

6.2 什么是工序、工位、工步和走刀? 试举例说明。

6.3 单件生产、成批生产、大量生产各有哪些工艺特征?

6.4 什么是零件的结构工艺性? 试指出图 6.71 中零件的结构工艺性存在什么问题,如何改进?

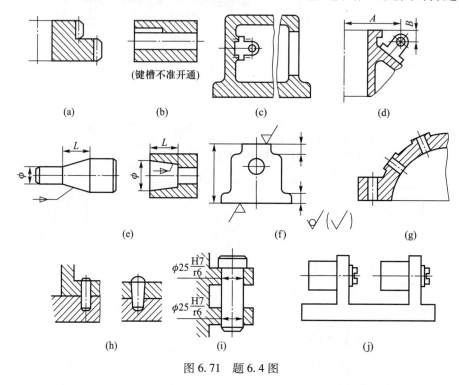

图 6.71 题 6.4 图

6.5 零件的加工为什么一般要划分加工阶段? 在什么情况下可以不划分或不严格划分加工阶段?

6.6 何谓"工序集中"与"工序分散"? 它们各有什么优、缺点? 各用于哪些情况? 试举例说明。

6.7 安排机械加工工序时,一般应遵循哪些原则?

6.8 退火、正火、时效、调质、淬火、渗碳淬火、渗氮等热处理工序安排在工艺过程中哪个位置才恰当?

6.9 如图 6.72 所示的支架零件,已知其加工工艺过程如下表,试选择各工序的定位基准,并指出各限制几个自由度(中批生产,零件材料 HT200)。

工 序 号	工 序 内 容	设 备	定 位 基 准
1	铣底面	铣床	
2	车端面、钻孔、镗孔、倒角	车床	
3	车另一端面、倒角	车床	
4	钻扩小孔	钻床	

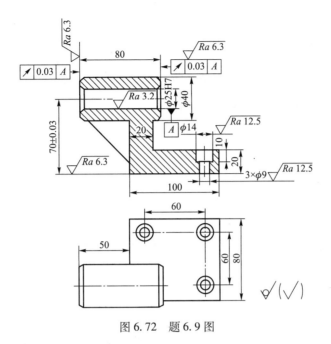

图 6.72　题 6.9 图

6.10　图 6.73 所示各零件，加工时的粗、精基准应如何选择？试简要说明理由。

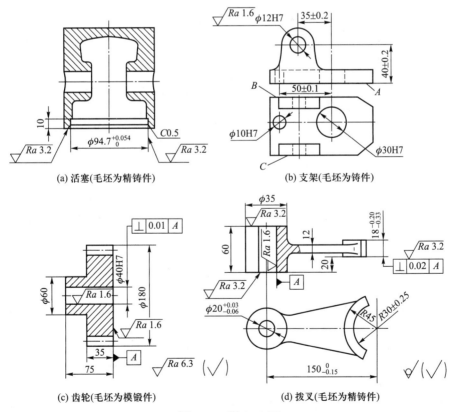

(a) 活塞(毛坯为精铸件)　　　　　(b) 支架(毛坯为铸件)

(c) 齿轮(毛坯为模锻件)　　　　　(d) 拨叉(毛坯为精铸件)

图 6.73　题 6.10 图

6.11 某轴类零件,其中有一外圆直径的设计尺寸为 $\phi 45_{-0.016}^{0}$ mm,现已知其加工过程及各工序余量和精度。试确定各工序尺寸、偏差和毛坯尺寸,将结果填入下表(表中余量为双边余量)。

工 序 名 称	工序余量/mm	精度/mm	工序尺寸及偏差(或毛坯尺寸)
磨外圆	0.2	IT6(0.016)	
精车外圆	0.8	IT7(0.025)	
半精车外圆	1.5	IT9(0.062)	
粗车外圆	3.5	IT10(0.100)	
毛坯	—	±1.0	

6.12 拟订图 6.74 所示零件的机械加工工艺路线(按工序号、工序内容及要求、定位基准等列表示,生产类型为中批)。

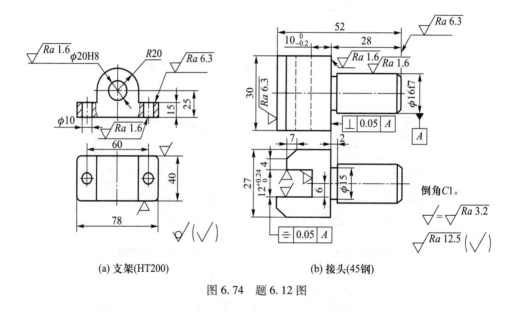

(a) 支架(HT200)   (b) 接头(45钢)

图 6.74 题 6.12 图

6.13 何谓尺寸链?何谓封闭环、组成环?何谓增环、减环?

6.14 火花磨削工序的余量在工艺尺寸链中是组成环还是封闭环?为什么该工序的工序尺寸公差比上一道相应工序的公差还大?

6.15 某零件的有关尺寸如图 6.75 所示,因 $343_{-0.25}^{+0.05}$ mm 不便于直接测量,故选取测量尺寸为 A,试确定测量尺寸 A 及其偏差。若实测尺寸 A 超差,能否判断该零件为废品?

6.16 零件的加工路线如图 6.76 所示,工序 Ⅰ:粗车小端外圆、台阶面及端面;工序 Ⅱ:车大端外圆及端面;工序 Ⅲ:精车小端外圆、台阶面及端面。有关工序尺寸如图所示,试校核工序 Ⅲ 精车小端端面的余量是否合适。若不合适,应如何改进?

6.17 图 6.77 为某轴截面图,图样要求 $\phi 28_{+0.008}^{+0.024}$ mm 和 $t=4_{0}^{+0.16}$ mm。加工过程:(1) 车外圆至 $\phi 28.5_{-0.1}^{0}$ mm;(2) 铣键槽,保持工序尺寸 H;(3) 热处理;(4) 磨外圆至尺寸要求。求工序尺寸 H 及其偏差。

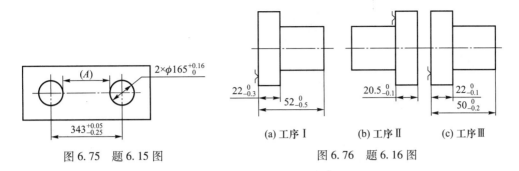

图 6.75　题 6.15 图　　　　　图 6.76　题 6.16 图

6.18　设汽车传动轴上的十字头零件(图 6.78)的各轴颈已加工完毕,各端面也已完成半精加工,最后在平面磨床上精磨 A、B 面。先在第 I 工位将 d 外圆放在平面定位件上终磨 A 面,后在第 II 工位上以 A 面定位终磨 B 面,要求保证 A、B 两面之间的尺寸为 $K = 107.96_{-0.035}^{0}$ mm,并且对 OO 中心线的对称度要求为 0.1 mm。已知 $d = 24.98_{-0.02}^{0}$ mm,试确定在第 I 工位磨削端面 A 时的工序尺寸 C。

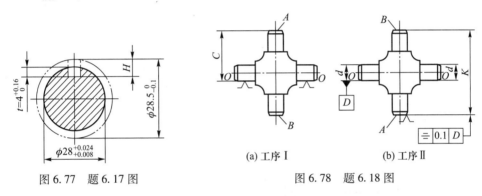

图 6.77　题 6.17 图　　　　　图 6.78　题 6.18 图

6.19　有一配合件 $\phi 40H9/f9$,两者均需电镀,镀层厚度 $t = 0.008 \sim 0.012$ mm,试计算两零件电镀前的尺寸。

6.20　简述进行工艺方案经济评比的方法。

6.21　举例说明生产中提高劳动生产率的主要方法。

6.22　产品的装配精度与零件的加工精度之间有何关系?

6.23　采用修配法进行装配时,如何选择修配环?

6.24　说明制订装配工艺规程的基本原则。

6.25　装配组织形式可分为哪几种?

6.26　机械产品中,可以独立进行装配的装配单元有哪几种?

6.27　简述装配过程在机器生产中的重要作用。

6.28　采用调整法装配主轴部件时,是否可以提高主轴的回转精度?

6.29　什么是产品结构的装配工艺性?装配工艺性的好坏体现在哪几个方面?

6.30　什么是装配单元系统图、装配工艺流程图?它们在装配过程中所起的作用是什么?

6.31　装配工艺文件的主要内容有哪些?

6.32　指出图 6.79 所示结构装配工艺性的不合理之处,说明原因,及如何改进。

6.33　如图 6.80 所示,滑板 2 与床身 1 装配前有关组成零件的尺寸分别为 $A_1 = 46_{-0.04}^{0}$ mm, $A_2 = 30_{0}^{+0.03}$ mm, $A_3 = 16_{+0.03}^{+0.06}$ mm。试计算装配后滑板压板 3 与床身下平面之间的间隙 A_0。

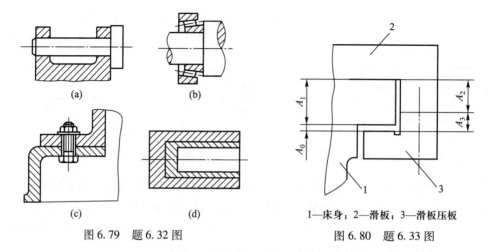

图 6.79 题 6.32 图

1—床身；2—滑板；3—滑板压板

图 6.80 题 6.33 图

6.34 如图 6.81 所示主轴部件，为保证弹性挡圈能顺利装入，要求保持轴向间隙 A_0 为 $0.05 \sim 0.42$ mm。已知 $A_1 = 32.5$ mm，$A_2 = 35$ mm，$A_3 = 2.5$ mm，计算并确定各组成零件尺寸的上、下极限偏差。

6.35 图 6.82 所示为键槽与键的装配尺寸结构，其尺寸为 $A_1 = 20$ mm，$A_2 = 20$ mm，$A_0 = 0^{+0.15}_{+0.05}$ mm。（1）大批大量生产时采用完全互换法装配，试求各组成零件尺寸的上、下极限偏差。（2）小批生产时采用修配法装配，试确定修配的零件，并求出各有关零件尺寸的公差及修配量。

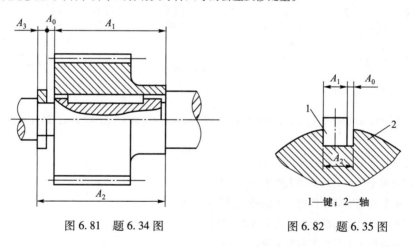

图 6.81 题 6.34 图

1—键；2—轴

图 6.82 题 6.35 图

第 **7** 章

精密、超精密加工与特种加工

随着当代社会工业技术的进步与发展，制造技术也取得了突飞猛进的发展。传统的加工技术，如车削、铣削、磨削以及钳工等虽然已经非常成熟，然而对于精密机械零件、特殊材料零件或特殊形状零件进行加工时，则稍显不足。这时就需要采用精密、超精密加工与特种加工技术手段。当前，精密、超精密加工技术和特种加工技术已成为机械制造领域的重要技术手段，是机械制造的重要组成部分。尤其是精密、超精密加工技术，是推动机械制造行业深化发展的重要条件，精细化程度也代表着一个国家现代制造业的发展水平。本章简要介绍目前国内外发展应用的一些精密、超精密加工技术和特种加工技术。

7.1 精密、超精密加工技术

随着高精密仪器仪表、惯导系统、光学和激光等技术的迅速发展以及在多领域的广泛应用，对各种高精度复杂零件，光学零件，高精度平面、曲面和复杂形状的加工需求日益迫切。目前国外已开发出了多种精密和超精密的车削、磨削、抛光等机床设备，发展了新的精密加工和精密测量技术。精密、超精密加工技术的发展水平，直接影响到国家的尖端技术和国防工业的发展，研究并掌握相关技术对国家是十分重要的。

特种加工亦称"非传统加工"或"现代加工方法"，发展于 20 世纪 40 年代。虽然传统加工方法历史悠久，在机械制造业中长期以来占据主导地位，但是随着科学技术、工业生产的发展及各种新兴产业的涌现，工业产品内涵和外延都在扩大，正向着高精度、高速度、高温、高压、大功率、小型化、绿色及可持续方向发展，因此传统机械制造技术和工艺方法面临着更多、更新、更难的问题，主要体现在以下几方面：

（1）新型材料及传统的难加工材料，如碳素纤维增强复合材料、工业陶瓷、硬质合金、钛合金、耐热钢、镍合金、钨钼合金、不锈钢、金刚石、宝石、石英以及锗、硅等各种高硬度、高强度、高韧性、高脆性、耐高温的金属或非金属材料的加工。

（2）各种特殊复杂表面，如涡轮发动机叶片、整体涡轮、发动机机匣和锻压模的立体成形表面，各种冲模、冷拔模上特殊断面的异型孔、炮管内膛线、喷油嘴、棚网、喷丝头上的小孔、窄缝、特殊用途的弯孔等表面的加工。

（3）各种超精、光整或具有特殊要求的零件，如对表面质量和精度要求很高的航空航天陀螺仪，伺服阀，以及细长轴、薄壁零件、弹性组件等低刚度零件的加工。

上述加工工艺问题仅仅依靠传统的切削加工方法很难甚至根本无法解决。因此，一方面机械制造业必须开拓新的加工领域，寻求新的加工方法，以适应科学技术的发展；另一方面，科学技术的发展也为机械加工开辟了新的加工途径。特种加工就是在这种前提条件下产生和发展起来的。特种加工的种类很多，其中有一些加工方法的机理尚待进一步地探索。本章将对精密、超精密加工的概念、基本方法、特点和应用以及几种常用特种加工方法的加工原理、特点和应用作简要的介绍。

7.1.1　概述

1. 精密、超精密加工的范畴

精密、超精密加工主要是根据加工精度和表面质量两项指标来划分的。精密加工是指在一定时期内，加工精度和表面质量能达到较高等级的加工工艺，超精密加工是指加工精度和表面质量能达到最高等级的精密加工工艺，可见这种划分是相对的。随着生产技术的不断发展，其划分界限也将逐渐向前推移，因而精密和超精密在不同的时期必须使用不同的尺度来划分。1983 年，日本的 Taniguchi 教授在考查了许多超精密加工实例的基础上对超精密加工的现状进行了完整的综述，并对其发展趋势进行了预测。他把精密和超精密加工的过去、现状和未来系统地归纳为图 7.1 所示的几条曲线。回顾过去十几年精密、超精密加工的发展不难发现，这几条曲线大体上反映了这一领域的发展规律，今天仍可用它来衡量加工工艺的精密程度，并以此来区分精密和超精密的范畴。

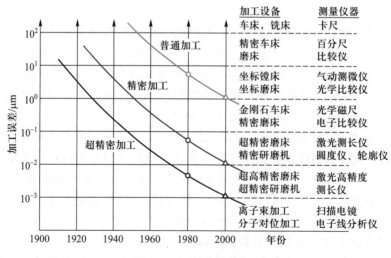

图 7.1　加工精度的进展

加工精度虽然常被提及，但它实际上是一个十分模糊的概念。要准确地定义加工精度，除加工误差本身外，还必须说明测定该误差的几何长度或形貌频率。图 7.2 是 Langenbeck 提出的定性分析微细加工时的曲线。图中斜线部分表示相应于微细加工零件的形状、位置（斜度)和微观不平度的几何长度与对应的误差范围。并认为误差幅值与形貌频率是评价加工精度的重要因素，根据误差形貌的频率可以找出导致该误差的相关原因。

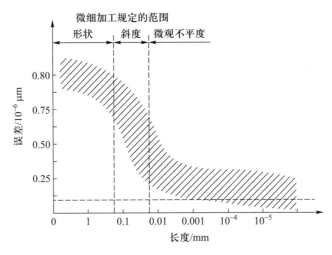

图 7.2 加工误差与长度的关系

就目前的发展水平，一般加工、精密加工和超精密加工可按下面标准划分：

（1）一般（传统）加工 指加工精度在 10 μm 左右，相当于公差等级 IT6~IT5，表面粗糙度值为 $Ra0.8 \sim 0.2$ μm 的加工方法，如车、铣、刨、磨、铰等工艺方法。适用于一般机械制造行业（如汽车、机床等）。

（2）精密加工 指加工精度在 $10 \sim 0.1$ μm，公差等级在 IT5 以上，表面粗糙度值在 $Ra0.1$ μm 以下的加工方法，如精密车削、研磨、抛光、精密磨削等。适用于精密机床、精密测量等行业，在当前的制造工业中占据极其重要的地位。

（3）超精密加工 指加工精度在 $0.1 \sim 0.01$ μm，表面粗糙度小于 $Ra0.05$ μm 的加工方法，或称为亚微米级加工。加工精度高于 0.01 μm，表面粗糙度小于 $Ra0.005$ μm 的加工方法，被认为是纳米级（nm，1 μm $= 10^3$ nm）加工，它是超精密加工技术研究的主要目标。

更进一步的细分如表 7.1 所示。

表 7.1 按加工精度划分加工精密级别

	一般加工	精密加工	高精密加工	超精密加工	极超精密加工
加工精度（μm）	100~10	10~3	3~0.1	0.1~0.005	≤0.005

2. 精密、超精密加工的特点及其影响因素

精密、超精密加工发展至今，已不再是一种孤立的加工方法和单纯的工艺过程，已形成了内容极为广泛的制造系统工程，它涉及超微量切除技术、高稳定性和高净化的工作环境，以及相关计量技术、工况检测及质量控制等。影响精密、超精密加工的因素如图 7.3 所示。这其中的任一因素对精密、超精密加工的加工精度和表面质量，都将产生直接或间接的不同程度的影响。要有效地实现精密、超精密加工（尤其是超精密加工），必须具备图中所示的多

方面的条件。精密、超精密加工的特点主要包括以下几方面：

（1）多学科综合技术 精密、超精密加工光凭孤立的加工方法是不可能得到满意的效果的，还必须考虑整个制造工艺系统和综合技术。在研究超精密切削理论和表面形成机理时，还要研究与其有关的其他技术。

（2）加工检测一体化 超精密加工的在线检测和在位检测极为重要，因为加工精度很高，表面粗糙度很低，如果工件加工完毕后卸下检测，发现问题就再难进行修整。

（3）生产自动化技术 采用计算机控制、误差补偿、适应控制和工艺过程优化等生产自动化技术，可以进一步提高加工精度和表面质量，避免手工操作引起的误差，保证加工质量及其稳定性。

图 7.3 精密、超精密加工的影响因素

3. 常用精密、超精密加工方法

精密、超精密加工主要可分为两类：一类是采用金刚石刀具对工件进行超精密的微细切削，以及应用磨料磨具对工件进行珩磨、研磨、抛光、精密和超精密磨削等；第二类是采用激光加工、微波加工、等离子体加工、超声加工、光刻等特种加工方法，它们的加工原理详见本章第二节。另外，现在还经常提及的微细加工是指制造微小尺寸零件的生产加工技术，它的出现和发展与大规模集成电路有密切关系，其加工原理也与一般尺寸加工有区别。它是超精密加工的一个分支。表 7.2 给出了常用精密、超精密加工方法（分类及主要参数）。

7.1.2 金刚石刀具的超精密切削

1. 切削机理

金刚石刀具的超精密切削主要是应用天然单晶金刚石车刀对铜、铝等软金属及其合金进行切削加工，以获得极高的精度和极低表面粗糙度的一种超精密加工方法。它属于原子、分子级加工单位的加工方法，其机理与一般切削机理有很大的不同。金刚石刀具切削时，其背吃刀量 a_p 在 1 μm 以下，刀具可能处于工件晶粒内部切削状态。这样，切削力就要超过分子或原子间巨大的结合力，从而使刀刃承受很大的剪切应力，并产生很大的热量，造成刀刃的高应力、高温的工作状态。这对于普通的刀具材料是无法承受的，因为普通材料刀具的切削刃不可能刃磨得非常锐利，平刃性也很难保证，且在高温、高压下会快速磨损和软化；而金刚石刀具却能胜任，因为金刚石刀具不仅具有很好的高温强度和高温硬度，而且其材料本身质地细密，经过仔细修研，刀刃的几何形状很好，切削刃钝圆半径可达 0.01～0.005 μm，其直线度误差极小（0.1～0.01 μm）。

在金刚石刀具超精密切削过程中，虽然刀刃处于高应力高温环境，但由于其速度很高、进给量和背吃刀量极小，故工件的温升并不高，塑性变形小，可以获得高精度、低表面粗糙度的加工表面。

表 7.2 常用精密、超精密加工方法

分类		加工方法	加工刀具	精度/μm	表面粗糙度 Ra/μm	被加工材料	应 用
刀具切削加工	切削	精密、超精密车削	天然单晶金刚石刀具、人造聚晶金刚石刀具、立方氮化硼刀具、陶瓷刀具、硬质合金刀具	1~0.1	0.05~0.008	有色金属及其合金等软材料（金刚石刀具），各种材料（其他材料刀具）	球、磁盘、反射镜
		精密、超精密铣削					多面棱体
		精密、超精密镗削					活塞销孔
		微孔钻削	硬质合金钻头、高速钢钻头	20~10	0.2	低碳钢、铜、铝、石墨、塑料	印制电路板、石墨模具、喷嘴
磨料加工	磨削	精密、超精密砂轮磨削	砂轮 / 氧化铝、碳化硅、立方氮化硼、金刚石等磨料	5~0.5	0.05~0.008	黑色金属、硬脆材料、非金属材料	外圆、孔、平面
		精密、超精密砂带磨削	砂带				平面、外圆磁盘、磁头
	研磨	精密、超精密研磨	铸铁、硬木、塑料等研具，氧化铝、碳化硅、金刚石等磨料	1~0.1	0.025~0.008	黑色金属、硬脆材料、非金属材料	外圆、孔、平面
		油石研磨	氧化铝油石、玛瑙油石、电铸金刚石油石				平面
		磁性研磨	磁性磨料	10~1	0.01	黑色金属等	外圆、去毛刺
		滚动研磨	固结磨料、游离磨料、化学或电解作用液体			黑色金属等	型腔
	抛光	精密、超精密抛光	抛光器、氧化铝、氧化铬等磨料	1~0.1	0.025~0.008	黑色金属、铝合金	外圆、孔、平面
		弹性发射加工	聚氨酯球抛光器、高压抛光液	0.1~0.001	0.025~0.008	黑色金属、非金属材料	平面、型面

续表

分类		加工方法	加工刀具	精度/μm	表面粗糙度 Ra/μm	被加工材料	应用
	抛光	液体动力抛光	带有楔槽工作表面的抛光器、抛光液	0.1~0.01	0.025~0.008	黑色金属、有色金属、非金属材料	平面、圆柱面
		水合抛光	聚氨酯抛光器、抛光液	0.1~0.01	0.01	黑色金属、有色金属、非金属材料	平面
		磁流体抛光	非磁性磨料、磁流体	0.1~0.01	0.01	黑色金属、有色金属、非金属材料	平面
磨料加工		挤压研抛	粘弹性物质、磨料	5	0.01	黑色金属等	型面、型腔去毛刺、倒棱
		喷射加工	磨料、液体	5	0.02~0.01	黑色金属等	孔、型腔
		砂带研抛	砂带、接触轮	1~0.1	0.01~0.008	黑色金属、有色金属、非金属材料	外圆、孔、平面、型面
		超精研抛	研具(脱脂木材、细毛毡)、磨料、纯水	1~0.1	0.01~0.008	黑色金属、有色金属、非金属材料	平面
	超精加工	精密超精加工	磨条、磨削液	1~0.1	0.025~0.01	黑色金属等	外圆
	珩磨	精密珩磨	磨条、磨削液	1~0.1	0.025~0.01	黑色金属等	孔
特种加工	电火花加工	电火花成形加工	成形电极,脉冲电源、煤油、去离子水	50~1	2.5~0.02	导电金属	型腔模

续表

分类	加工方法	加工刀具	精度/μm	表面粗糙度 Ra/μm	被加工材料	应用
电火花加工	电火花线切割加工	钼丝、铜丝、脉冲电源、煤油、去离子水	20~3	2.5~0.16	导电材料	冲模、样板(切断开槽)
电化学加工	电解加工	工具板(铜、不锈钢)、电解液	100~3	1.25~0.06	导电金属	型孔、型面、型腔
	电铸	导电原模、电铸溶液	1	0.02~0.012	金属	成形小零件
化学加工	蚀刻	掩模板、光敏抗蚀剂、离子束装置、电子束装置	0.1	2.5~0.2	金属、非金属、半导体	刻线、图形
	化学铣削	刻形、光学腐蚀溶液、耐腐蚀涂料	20~10	2.5~0.2	黑色金属、有色金属等	下料、成形加工(如印制电路板)
特种加工	超声加工	超声波发生器、换能器、变幅杆、工具	30~5	2.5~0.04	任何硬脆金属和非金属	型孔、型腔
	微波加工	针状电极(钢丝、铱丝)、波导管	10	6.3~0.12	绝缘材料、半导体	打孔
	红外光加工	红外光发生器	10	6.3~0.12	任何材料	打孔、切割
	电子束加工	电子枪、真空系统、加工装置(工作台)	10~1	6.3~0.12	任何材料	微孔、镀膜、焊接、蚀刻
	离子束加工 离子束去除加工	离子枪、真空系统、加工装置(工作台)	0.01~0.001	0.02~0.01	任何材料	成形表面、刃磨、蚀刻
	离子束附着加工		1~0.1	0.02~0.01		镀膜
	离子束结合加工					注入、掺杂
	激光加工	激光器、加工装置(工作台)	10~1	6.3~0.12	任何材料	打孔、切割、焊接、热处理

续表

分类		加工方法	加工刀具	精度/μm	表面粗糙度 Ra/μm	被加工材料	应用
复合加工	电解	精密电解磨削	工具极、电解液、砂轮	20~1	0.08~0.01	导电黑色金属、硬质合金	轧辊、刀具刃磨
		精密电解研磨	工具极、电解液、磨料	1~0.1	0.025~0.008	合金	平面、外圆、孔
		精密电解抛光	工具极、电解液、磨料	10~1	0.05~0.008	导电金属	平面、外圆、孔、型面
	超声	精密超声车削	超声波发生器、变幅杆、车刀	5~1	0.1~0.01	难加工材料	外圆、孔、端面、型面
		精密超声磨削	超声波发生器、变幅杆、砂轮	3~1	0.1~0.01		外圆、孔、端面
		精密超声研磨	超声波发生器、变幅杆、研磨剂研磨具	1~0.1	0.025~0.008	黑色金属等硬脆材料	外圆、孔、平面
	化学	机械化学研磨	研磨料、磨料、化学活化研磨剂	0.1~0.01	0.025~0.008	黑色金属、非金属材料	外圆、孔、平面、型面
		机械化学抛光	抛光器、增压活化抛光液	0.01	0.01	各种材料	外圆、孔、平面、型面

金刚石刀具的超精密切削是当前软金属材料最主要的超精密加工方法，但用它切削铁碳合金材料时，由于高温环境下刀具上的碳原子会向工件材料扩散，刀刃会很快磨损（即扩散磨损），所以一般不用金刚石刀具加工钢铁等黑色金属。这些材料的工件常用立方氮化硼（CBN）等超硬刀具材料进行切削，或用超精密磨削的方法来得到高精度的表面。目前，金刚石刀具的切削机理正在进一步研究之中。

2. 金刚石刀具及其刃磨

衡量金刚石刀具质量的标准：① 能否加工出高质量的超光滑表面（$Ra\ 0.02 \sim 0.005\ \mu m$）；② 能否在较长的切削时间内保持刀刃锋锐（一般要求切削长度达数百千米）。

设计金刚石刀具时最主要解决的问题有以下三个：① 确定切削部分的几何形状；② 选择合适的晶面作为刀具的前、后面；③ 确定金刚石在刀具上的固定方法和刀具结构。

（1）金刚石刀具切削部分的几何形状

1）刀头形式　金刚石刀具刀头一般采用在主切削刃和副切削刃之间加过渡刃——修光刃的形式，以对加工表面起修光作用，从而获得好的表面加工质量。若采用主切削刃与副切削刃相交为一点的尖锐刀尖，则刀尖不仅容易崩刃和磨损，而且还容易在加工表面上留下加工痕迹，从而增大表面粗糙度。

修光刃有小圆弧修光刃、直线修光刃和圆弧修光刃之分。国内多采用直线修光刃，这种修光刃制造研磨简单，但对刀要求高。国外标准的金刚石刀具，推荐的修光刃圆弧半径 $R = 0.5 \sim 3\ mm$。采用圆弧修光刃时，对刀容易，使用方便，但刀具制造研磨困难，所以价格也高。

金刚石刀具的主偏角一般为 $30° \sim 90°$，以 $45°$ 主偏角应用最为广泛。

图 7.4 所示为几种不同的刀头形式，其中图 7.4a 所示的形式一般不采用。

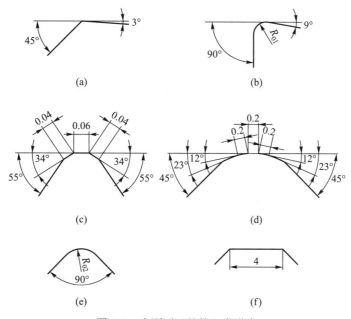

图 7.4　金刚石刀具的刀头形式

2）前角和后角　根据加工材料不同，金刚石刀具的前角可取 $0° \sim 5°$，后角一般可取 $5° \sim 6°$。因为金刚石为脆性材料，在保证获得较小的加工表面粗糙度的前提下，为提高刀刃的强度，应采用较大的刀具楔角 β，所以宜取较小的刀具前角和后角。增大金刚石刀具的后角，减少刀具后面和加工表面的摩擦，可减小表面粗糙度值，所以加工球面和非球曲面的圆弧修光刃刀具，常取后角为 $10°$。美国 EI Contour 精密刀具公司的标准圆弧修光刃金刚石车刀结构如图 7.5 所示。该车刀采用圆弧修光刃，修光刃圆弧半径 $R=0.5\sim1.5$ mm，后角采用 $10°$，刀具前角可根据加工材料由用户选定。

一种可用于车削铝合金、铜、黄铜的通用金刚石车刀的结构如图 7.6 所示，该车刀可获得表面粗糙度为 $Ra0.02\sim0.005$ μm 或更小的表面。

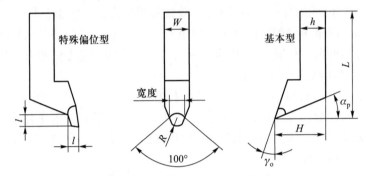

图 7.5 标准圆弧修光刃金刚石车刀

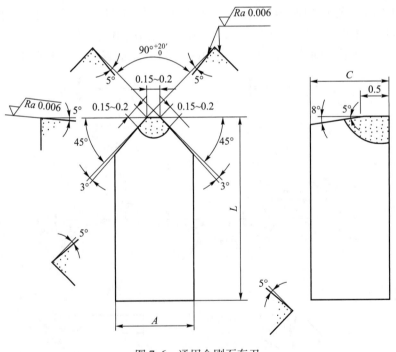

图 7.6 通用金刚石车刀

（2）选择合适的晶面作为金刚石刀具前、后面

单晶金刚石各向异性。目前国内制造金刚石刀具，一般前面和后面都采用(110)晶面或者和(110)晶面相近的面($\pm3°\sim5°$)。这主要是从金刚石的这两个晶面易于研磨加工的角度考虑的，而未

考虑对金刚石刀具的使用性能和刀具寿命的影响。

（3）金刚石刀具上的金刚石固定方法

1）机械夹固　将金刚石的底面和加压面磨平，用压板加压固定在小刀头上。此法需要较大颗粒的金刚石。图7.7为机械夹固式金刚石车刀。金刚石刀头被安装在刀体5的槽中，上、下各垫一层0.1 mm厚的紫铜垫片1，以防止压紧时刀头破裂，通过螺钉3与压板4将金刚石刀刃2固定在刀体上。

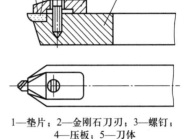

1—垫片；2—金刚石刀刃；3—螺钉；
4—压板；5—刀体

图7.7　机械夹固式金刚石车刀

2）用粉末冶金法固定　将金刚石放在合金粉末中，经加压在真空中烧结，使金刚石固定在小刀头内。此法可使用较小颗粒的金刚石，较为经济，因此目前国际上多采用该方法。

3）使用黏结或钎焊固定　使用无机黏结剂或其他黏结剂固定金刚石。黏结强度有限，金刚石容易脱落。钎焊固定是一种好办法，但技术不易掌握。

（4）金刚石刀具的刃磨

金刚石刀具的刃磨是一个关键技术。图7.8是一种带直线修光刃的金刚石车刀刀头部分。它的过渡刀刃为直线，调整较为困难，故常用圆弧刃代替。刀具的前角不宜太大，否则易产生崩裂，常取 $\gamma_\circ < 6°$，后角 $\alpha_\circ$ 通常取 $6°$ 左右，取主偏角 $\kappa_r = 30°$，但由于在刀尖处两侧各有一个 0.1 mm 的过渡刃，故实际主偏角为 $6°$ 左右。同时还要求刀具前、后面的表面粗糙度值极小（$Ra0.01\ \mu m$），且不能有崩口、裂纹等表面缺陷。因此，对金刚石刀具的刃磨质量要求非常高。

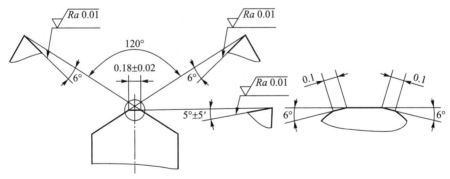

图7.8　带直线修光刃的金刚石精车刀刀头部分

金刚石刀具的刃磨可采用320号天然金刚石粉与L-AN15全损耗系统用油配制的研磨剂，在高磷铸铁盘上进行，如图7.9所示。以红木上轴承支撑，具有很高的回转精度及精度保持性，并能起到消振的作用。

金刚石刀具一般不自己刃磨，而是送回原制造厂重磨。重磨收费很高且很不方便。Sumitomo 公司推出了一次性使用的精密金刚石刀具，即将金刚石钎焊在硬质合金片上，再用螺钉夹固在车刀杆上。刀片上的金刚石由制造厂研磨得很锋锐，使用厂用钝后不再重磨。这种刀具使用颗粒很小的金刚石，因而价格比较便宜。

3. 超精密机床及其关键部件

（1）典型超精密机床 超精密加工机床是超精密加工最重要、最基本的加工设备。超精密加工机床的基本要求如下：

1）高精度 包括高的静态精度和动态精度。主要性能指标有几何精度、定位精度和重复定位精度，以及分辨力等。

2）高刚度 包括高的静刚度和动刚度。除本身刚度外，还要考虑接触刚度，及由工件、机床、刀具、夹具所组成的工艺系统刚度。

3）高稳定性 在规定的工作环境和使用过程中能长时间保持精度，具有良好的耐磨性、抗振性等。

4）高自动化 为了保证加工质量的一致性，减少人为因素的影响，采用数控系统实现自动化。

日本丰田公司生产的 AHNIO 型高效专用超精密机床（图 7.10），主轴由空气轴承支承，刀架设计成滑板结构，由气动透平驱动的砂轮轴转速为 100 000 r/min；采用激光测量反馈系统，直线移动分辨力为 0.01 μm，定位精度全行程 0.03 μm，B 轴回转分辨力为 1.3″。该机床加工的模具形状精度可达 0.05 μm，表面粗糙度可达 Ra0.025 μm。

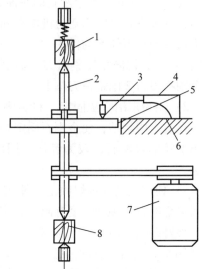

1—红木上轴承；2—主轴；3—金刚石刀具；
4—夹具；5—磨盘；6—台面；
7—电动机；8—红木下轴承

图 7.9 金刚石车刀刃磨机

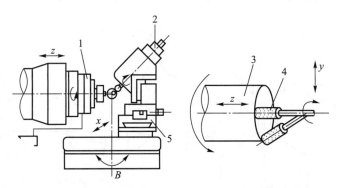

1—主轴；2—磨头主轴；3—工件；4—砂轮；5—刀架

图 7.10 日本 AHNIO 型高效专用精密机床工作部分

（2）超精密机床的主轴部件 主轴部件是保证超精密机床加工精度的核心。超精密加工要求机床主轴有极高的回转精度，转动平稳，无振动。而满足该要求的关键在于所用的精密轴承。早期的主轴采用超精密级的滚动轴承，现在多使用液体静压轴承和空气静压轴承主轴单元。图 7.11 所示为一种液体静压轴承主轴单元。

1）液体静压轴承主轴单元 液体静压轴承具有回转精度高（0.1 μm）、刚度较高、转动平稳、无振动的特点，因此被广泛用于超精密机床。

液体静压轴承的主要缺点有两点：一是液体静压轴承的油温随着转速的升高而升高，产生热变形,影响主轴精度;二是静压油回油时将空气带入油源,形成微小气泡悬浮在油中,不易排出,降低了液体静压轴承的刚度和动特性。

2)空气静压轴承主轴单元 空气静压轴承的工作原理和液体静压轴承相同。空气静压轴承具有很高的回转精度,在高速转动时温升很小,基本达到恒温状态,因此热变形误差很小。与液体静压轴承相比,空气静压轴承刚度低,承受载荷较小。但超精密加工切削力很小,所以空气静压轴承可以满足要求。

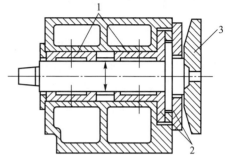

1—径向轴承;2—推力轴承;3—真空吸盘

图 7.11 液体静压轴承主轴单元

下面介绍两种典型的空气静压轴承主轴单元。

图 7.12 所示是一种径向推力空气静压轴承主轴单元。该结构是在液体静压轴承主轴结构基础上发展起来的,只是节流孔和气腔大小、形状不同。该结构中径向轴承的外鼓形轴套可起自动调整定心的作用,具体方法是先通气使轴套自动将位置调好后再固定,这样可提高前、后轴套的同心度。

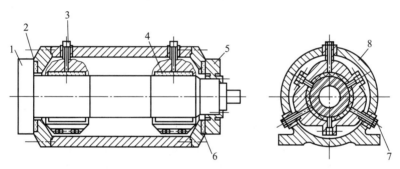

1—主轴;2—前推力板;3—进气孔;4—多孔石墨轴套;5—挠性推力环;
6—后推力板;7—调整螺钉;8—外壳体

图 7.12 径向推力空气静压轴承主轴单元

图 7.13 所示为一种立式空气静压轴承主轴单元。该结构主要用于大型超精密车床,以保证加工系统具有较高的刚度,且便于零件的装夹。其圆弧面的径向轴承起到自动调心、提高精度的作用。

3)主轴的驱动方式 主轴驱动方式也是影响超精密机床主轴回转精度的主要因素之一。早期的超精密机床应用带传动,通常采用直流电动机或交流变频电动机驱动,以实现无级调速,避免了齿轮传动调速产生的振动。要求电动机经过精密平衡,并用单独地基,以免振动影响超精密机床精度。传动带用柔软的无接缝的丝质材料制成,以产生吸振效果。

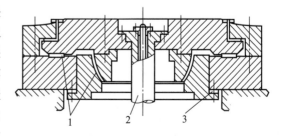

1—多孔石墨轴套;2—主轴;3—空隙

图 7.13 立式空气静压轴承主轴单元

目前，超精密机床主轴主要有柔性联轴器驱动和内装式同轴电动机驱动两种方式。前者是机床主轴和电动机在同一轴线上，主轴通过电磁联轴器或其他柔性联轴器与电动机相连。后者是采用特制的内装式电动机，其转子直接装在机床主轴上，定子装在主轴箱内，电动机本身没有轴承，而是依靠机床的高精度空气静压轴承支承转子的转动。采用无刷直流电动机，可以很方便地进行主轴转速的无级变速。由于电动机没有电刷，不仅可以消除电刷引起的摩擦振动，而且避免了电刷磨损对电动机运转的影响。

（3）精密导轨部件 超精密机床常采用平面导轨结构的液体静压导轨和空气静压导轨，滚动导轨应用也较广泛。常用的超精密机床导轨结构形式有燕尾型、平面型、V-平面型、双V型等。

1）液体静压导轨 液体静压导轨具有刚度高，承载能力大，直线运动精度高，运动平稳且无爬行现象等优点。图7.14a所示为平面型液体静压导轨，图7.14b所示为双圆柱型液体静压导轨。

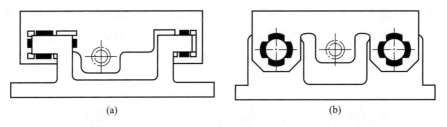

图7.14 两种不同结构的液体静压导轨

2）空气静压导轨 空气静压导轨可以达到很高的直线运动精度，运动平稳、无爬行，且摩擦系数接近于零，不发热。导轨运动件的导轨面上下、左右均在静压空气的约束下，有较高的刚度和运动精度，但比液体静压导轨要差一些。空气静压导轨有多种形式，其中平面型导轨用得较多，如图7.15所示。常用的静压空气压力为$4 \times 10^5 \sim 6 \times 10^5$ Pa，气压高于6×10^5 Pa时容易产生振荡。

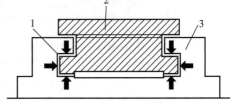

1—静压空气；2—移动工作台；3—底座

图7.15 平面型空气静压导轨

3）床身及导轨的材料 超精密机床床身结构与所用材料有关。常用的床身及导轨材料有优质耐磨铸铁、花岗岩、人造花岗岩等。

4）微量进给装置 超精密机床的进给系统一般采用精密滚珠丝杠副、液体静压和空气静压丝杠副。而高精度微量进给装置则有电致伸缩式、弹性变形式、机械传动或液压传动式、热变形式、流体膜变形式、磁致伸缩式等。其中电致伸缩式和弹性变形式微量进给机构能够满足精密和超精密微量进给装置的要求，且技术成熟。目前高精度微量进给装置的分辨力可达到$0.001 \sim 0.01$ μm。

在超精密加工中，为了实现精确、稳定、可靠和快速微位移，精密和超精密微位移机构设计时要考虑将精微进给和粗进给分开，以提高微位移的精度、分辨力和稳定性。运动部分必须是低摩擦和高稳定度的，以实现很高的重复精度。末级传动元件必须有很高的刚度，即夹持金刚石刀具处须是高刚度的。内部连接必须可靠，尽量采用整体结构或刚性连接，否则微量进给机构很难实现很高的重复精度。此外，结构工艺性要好，容易制造；动态特性好，即具有高的频响，能实现微进给的自动控制。

7.1.3 精密、超精密磨削

精密磨削是指加工精度为 $1 \sim 0.1\ \mu m$、表面粗糙度为 $Ra0.2 \sim 0.025\ \mu m$ 的磨削方法，而超精密磨削是指加工精度在 $0.1\ \mu m$ 以下，表面粗糙度为 $Ra0.04 \sim 0.02\ \mu m$ 或更低的磨削方法。精密和超精密磨削一般用于机床主轴、轴承、液压滑阀、滚动导轨、量规等的精密加工。

超精密磨削是一种亚微米级的加工方法，对于钢铁材料和陶瓷、玻璃等硬脆材料是一种重要的加工方法。镜面磨削加工的表面粗糙度达到 $Ra0.02 \sim 0.01\ \mu m$，属于精密和超精密磨削范畴。

1. 精密、超精密磨削机理

（1）精密磨削机理

精密磨削主要是靠砂轮磨粒具有微刃和微刃的等高性实现的。精密磨削机理主要包括以下三个方面：

1）微刃的微切削作用　应用较小的进给量对砂轮实施精修，从而得到如图 7.16 所示的微刃，微刃的切削作用形成了表面粗糙度小的表面。

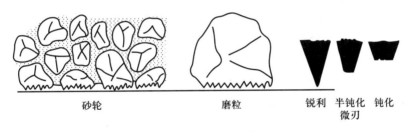

图 7.16　磨粒的微刃性和等高性

2）微刃的等高切削作用　砂轮的精修使砂轮表层同一深度上的微刃数量多、等高性好，从而使加工表面的残留高度极小。

3）微刃的滑挤、摩擦、抛光作用　砂轮微刃随着磨削时间的增加而逐渐钝化，但等高性逐渐得到改善，因而切削作用减弱，滑挤、摩擦、抛光作用加强。同时磨削区的高温使金属软化，钝化微刃的滑擦和挤压将工件表面的凸峰碾平，减小了表面粗糙度值。

（2）超精密磨削机理

1）超微量切除

超精密磨削是一种极薄切削，切屑厚度极小，磨削深度可能小于晶粒的大小，磨削就在晶粒内进行。因此磨削力一定要超过晶体内部非常大的原子、分子结合力，从而磨粒上所承受的切应力就急速地增加并变得非常大，可能接近被磨削材料的剪切强度极限。磨粒切削刃处受到高温和高压作用，要求磨粒材料有很高的高温强度和高温硬度。对于普通磨料，在这种高温、高压和高剪切力的作用下，磨粒会很快磨损或崩裂，以随机方式不断形成新切削刃，虽然可以连续磨削，但不能得到高精度，表面粗糙度小的磨削质量。因此，超精密磨削一般多采用人造金刚石、立方氮化硼等超硬磨料砂轮。

2）磨削加工过程

单颗粒磨削 砂轮中磨粒的分布是随机的，磨削时磨粒与工件的接触也是无规律的，为研究方便，先对单颗粒的磨削加工过程进行分析。图 7.17 所示为单颗粒磨削的切入模型。设磨粒以切速 v、切入角 α 切入平面工件，理想磨削轨迹是从接触始点开始至磨削终点结束，但由于磨削系统的刚性，实际磨削轨迹变短，磨削深度减小。

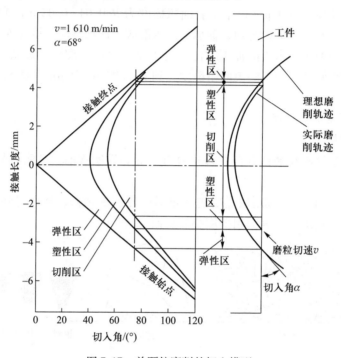

图 7.17 单颗粒磨削的切入模型

连续磨削 工件连续转动，砂轮持续切入。开始时，由于磨削系统的弹性变形，磨削切入量（即磨削深度）和工件尺寸的减小量之间产生差值，这种差值称为弹性让刀量。此后，磨削切入量逐渐变得与工件尺寸减小量相等，磨削系统处于稳定状态。最后，磨削切入量到达给定值，但磨削系统弹性变形逐渐恢复，为无切深磨削状态，或称无火花磨削状态。在超精密磨削中，掌握弹性让刀量十分重要，应尽量减小弹性让刀量，即磨削系统刚度要高，砂轮修锐质量好，形成切屑的磨削深度小。

2. 精密磨削的砂轮选择

精密磨削所用砂轮的选择以易产生和保持微刃及其等高性为原则。

磨削钢件及铸铁件时，宜采用刚玉磨料，因为刚玉磨料韧性较高，能保持微刃和其等高性。碳化硅磨料韧性差，颗粒呈针片状，修整时难以形成等高性好的微刃，磨削时微刃易产生微细破裂，不易保持微刃和其等高性。在刚玉类磨料中，单晶刚玉最好，白刚玉、铬刚玉应用最普遍。

砂轮的粒度可选择粗粒度和细粒度两类。粗粒度经过精修，微刃的切削作用是主要的；细粒度经过精修，半钝态微刃在适当压力下与工件表面的摩擦抛光作用比较显著，可以得到质量更高的加工表面和较长的砂轮使用寿命。

结合剂的选择，以树脂类较好，加入石墨填料可加强摩擦抛光作用。近年来，采用聚乙烯醇缩醛新型树脂加上热固性树脂作为结合剂的砂轮，有良好的弹性，抛光效果较好。对粗粒度砂轮也可用陶瓷结合剂，加工效果也较好。

精密磨削砂轮的选择见表 7.3。

表 7.3　精密磨削砂轮选择

砂轮					被加工材料
磨粒材料	粒度号	结合剂	组织	硬度	
白刚玉（WA）	F60 ~F80　　F230 ~F800	树脂（B） 陶瓷（V） 橡胶（R）	密 分布均匀 气孔率小	中软（K、L） 软（H、J）	淬火钢，15Cr，40Cr，9Mn2V，铸铁
铬刚玉（PA） 棕刚玉（A）					工具钢，38CrMoAl
绿碳化硅（GC）					有色金属

3. 精密磨床的要求

（1）几何精度高：主要有砂轮主轴回转精度和导轨平直度，以保证工件的几何形状精度要求。主轴轴承可采用液体静压轴承、短三块瓦或长三块瓦油膜轴承、整体多油楔式动压轴承及动、静压组合轴承等。当前多采用整体多油楔式动压轴承和动、静压组合轴承，这两种轴承精度高、刚度好，转速也较高，而液体静压轴承精度高、转速高，但刚度较差，不适用于功率较大的磨床。主轴的径向圆跳动一般应<1 μm，轴向圆跳动应限制在 2~3 μm 以内。

（2）低速进给运动稳定性好：砂轮的修整速度为 10~15 mm/min，因此工作台必须有低速进给运动，并要求无爬行和冲击现象，能平稳工作。为此特殊设计的液压系统采取了排出空气、低流量节流阀、工作台导轨压力润滑等措施。对于横向进给，也应保证运动的平稳性和准确性，有时在砂轮头架上配置相应精度要求的微进给机构。

（3）减少振动：电动机的转子应进行动平衡，电动机与砂轮架之间进行隔振；砂轮也要进行动平衡；精密磨床最好安装在防振地基上。

4. 精密、超精密磨削用量

精密、超精密磨削参数见表 7.4。

表 7.4　精密、超精密磨削参数

磨削参数	精密磨削	超精密磨削
砂轮线速度/（m/s）	32	12~20
修整导程/（mm/r）	0.03~0.05	0.02~0.03
修整深度/mm	0.002 5~0.005	≤0.002 5
修整横向进给次数	2~3	2~3
工件线速度/（m/min）	6~12	4~10

续表

磨 削 参 数	精 密 磨 削	超精密磨削
工作台纵向进给速度/(mm/min)	50~100	50~100
背吃刀量/mm	0.002 5~0.005	≤0.002 5
磨削横进给次数	1~2	1~2
无火花光磨工作台往复次数	5~6	5~6
磨削余量/mm	0.002~0.005	0.002~0.005
可达到的表面粗糙度 Ra/μm	0.2~0.01	0.01~0.025

应当指出,磨削用量与被加工材料和砂轮材料有关,确定磨削用量时这些因素要加以考虑。

7.1.4 光整加工

光整加工是生产中常用的精密加工方法,通常是在精车、精铣、精铰和精磨的基础上进行的,可以获得比普通加工更高的精度(公差等级 IT6~IT5 或更高)和更小的表面粗糙度(Ra0.1~0.01 μm)。以下阐述几种常用的光整加工方法。

(1) 研磨

研磨是在研具与工件之间置以研磨剂,对工件表面进行光整加工的方法。研磨时,研具在一定压力下与工件作复杂的相对运动,通过研磨剂的机械和化学作用,从工件表面切除一层极微薄的材料,从而达到很高的精度和很小的表面粗糙度。

研磨剂由磨料、研磨液和辅助填料等混合而成,有液态、膏状和固态三种,以适应不同的加工需要。磨料主要起切削作用,常用的有刚玉、碳化硅等,其粒度在粗研时选 F80~F120,精研时选 F150~F220。研磨液有煤油、全损耗系统用油、工业用甘油等,主要起冷却和润滑作用,并能使磨粒较均匀地分布在研具表面。辅助填料可使金属表面生成极薄的软化膜,易于切除,常用的有硬脂酸、油酸等化学活性物质。

研磨前加工面应进行良好的精加工,研磨余量为 0.005~0.03 mm,压力一般为 0.1~0.3 MPa。粗研时的速度为 40~50 m/min,精研取 10~15 m/min。

研磨分手工和机械研磨两种。手工研磨采用手持研具或工件进行。例如在车床上研磨外圆时,工件装在卡盘或顶尖上,由主轴带动作低速旋转(20~30 r/min),研套套在工件上,用手推动研套作往复直线运动。机械研磨在研磨机上进行。图 7.18 为研磨小尺寸外圆,其研具由两块同轴的上、下铸铁研磨盘 1 组成,它们可同向或反向旋转。分隔盘 4 由下研磨盘上的偏心销 5 带动与下研磨盘同向旋转。工作时,工件 3 既可在分隔盘的槽中自由转动,又可因分隔盘的偏心而产生轴向滑动。由于研磨盘的转动和分隔盘的摆动,工件表面形成了复杂的运动轨迹,可均匀地切除加工余量。研磨时的压力通过改变作用于法兰 6 上的力 F 来进行调节。

研磨的工艺特点是设备和研具简单,成本低,加工方法简便可靠,质量容易得到保证,但研磨不能提高表面的相对位置精度,生产率较低。研磨后工件的形状精度高(圆度为0.003~

0.001 mm），表面粗糙度小（Ra 0.1~0.008 μm），尺寸公差等级可达 IT6~IT4。此外，研磨还可以提高零件的耐磨性、耐蚀性、疲劳强度和使用寿命。常用作精密零件的最终加工。

1）硬脆材料的研磨　硬脆材料研磨的机理如图 7.19 所示。一部分磨粒在研磨压力的作用下用露出的尖端刻划工件表面进行微切削加工；另一部分磨粒则产生滚轧效果，使工件表面产生脆性崩碎形成切屑。研磨磨粒为 1 μm 的氧化铝和碳化硅等。

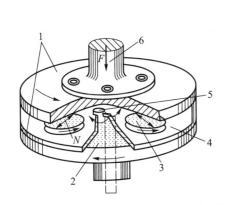

1—研磨盘；2—研磨剂；3—工件；4—分隔盘；5—偏心销；6—法兰

图 7.18　研磨小尺寸外圆

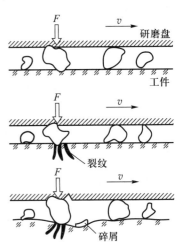

图 7.19　硬脆材料研磨机理

2）金属材料的研磨　金属材料研磨时，磨粒的研磨作用相当于切削深度极小的普通切削和磨削，没有裂纹产生。由于磨粒处于游离状态，难以形成连续的切削，磨粒与工件间仅是断续的研磨动作，从而形成磨屑。

研磨在实际生产中应用比较广，可加工钢、铸铁、铜、铝、硬质合金、陶瓷、半导体和塑料等材料的内外圆柱面、圆锥面、平面、螺纹和齿形等表面。

（2）珩磨

珩磨是研磨的发展，是磨削的特殊形式之一，它是利用带有磨条（油石）的珩磨头对孔进行光整加工的方法。图 7.20 所示为珩磨加工原理图。珩磨时，珩磨头上的磨条以一定压力压在工件的被加工表面上，由机床主轴带动珩磨头旋转并沿轴向作往复运动（工件固定不动），如图 7.20a 所示。在相对运动的过程中，磨条从工件表面切除一层极薄的金属，工件表面的切削轨迹是交叉而不重复的网纹（图 7.20b），能获得很高的精度和很小的表面粗糙度。

珩磨头分磨条手动胀开和液压（或气压）自动胀开两种。图 7.21 所示为一种手动珩磨头结构，为使珩磨头沿孔壁自动导向，珩磨头与机床主轴一般采用浮动连接，这种连接可以使磨条与孔壁接触均匀，有利于提高工件的形状精度。磨条 7 用黏结剂或机械方法与垫块 6 固定，装在珩磨头本体 5 的轴向等分槽中，上下两端用弹簧卡箍 8 卡住，使磨条有向内收缩的趋势。转动螺母 1 使锥体 3 下移，经推动垫块和磨条沿径向胀开，珩磨头直径增大。若反向转动螺母，压力弹簧 2 使锥体上移，弹簧卡箍迫使珩磨头直径缩小。与自动珩磨头相比，手动珩磨头调整费时，压力准确性差，生产率低，只适用于单件小批生产。大批大量中广泛采用气动、液压装置调节珩磨头的工作压力。

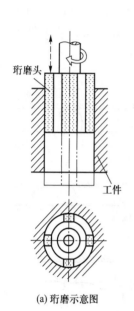

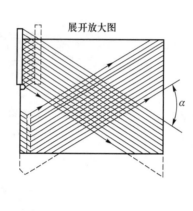

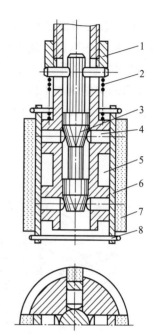

1—螺母；2—弹簧；3—锥体；4—顶销；
5—本体；6—垫块；7—磨条(油石)；8—弹簧卡箍

(a) 珩磨示意图   (b) 磨削螺旋线轨迹

图 7.20 珩磨加工原理图   图 7.21 手动珩磨头结构

　　珩磨头磨条一般有 4~6 个，磨条选用原则与普通磨削用砂轮相同，磨条长度是孔长的 1/8~1/2，珩磨余量为 0.01~0.2 mm。

　　为排出破碎的磨粒和切屑，降低切削温度和提高加工质量，应使用充足的切削液。珩磨铸铁和钢时，通常使用煤油作切削液；珩磨青铜时，可用水作切削液或不用切削液。

　　珩磨的工艺特点是生产率较高；珩磨能获得较高的尺寸精度和形状精度，珩磨后工件公差等级可达 IT6~IT5，孔的圆柱度误差可控制在 3~5 μm 之内，但不能提高孔的位置精度；珩磨能获得较高的表面质量，表面粗糙度为 $Ra0.2~0.025$ μm，珩磨表面金属变质层极薄。珩磨主要用于精密孔的最终加工工序，能加工直径 φ15~500 mm 或更大的孔，并可加工深径比大于 10 的深孔。珩磨适于大批大量生产，也适于单件小批生产，但珩磨不宜加工塑性较大的有色金属，也不能加工带键槽孔、花键孔等的断续表面。

　　(3) 超精加工

　　超精加工是用细粒度磨粒、低硬度的油石，在一定的压力下对工件表面进行加工的一种光整加工方法。如图 7.22 所示，加工时，工件旋转，油石以一定的压力(0.1~0.3 MPa)轻压于工件表面，在轴向进给的同时，作轴向低频振动(频率 8~35 Hz，振幅为 2~6 mm)，从而对工件表面进行微量磨削。

　　加工时，在磨条和工件之间注入切削液(煤油加锭子油)，以起冷却、润滑、清理切屑和形成油膜的作用。当磨条最初与工件表面接触时，

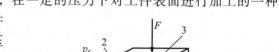

1—工件；2—油石；3—振动头

图 7.22 超精加工原理图

因表面凹凸不平、接触面积小、压强大，不能形成完整油膜，加工面微观凸峰很快被切除。随着加工面逐渐被磨平，以及细微切屑嵌入磨条，使磨条表面也逐渐平滑，接触面不断增大，压强不断下降，接触面间逐渐形成完整油膜，切削作用逐渐减弱，经过摩擦抛光阶段，加工便自动停止，最终形成很小的表面粗糙度。

超精加工的工艺特点是设备简单，自动化程度较高，操作简便，对工人技术水平要求不高；切削余量极小（3~10 μm），加工时间短（30~60 s），生产率高；因磨条运动轨迹复杂，加工后表面具有交叉网纹，利于储存润滑油，耐磨性好。超精加工只能提高加工面质量（$Ra0.1~0.008$ μm），不能提高尺寸精度和几何精度。主要用于轴类零件的外圆柱面、圆锥面和球面等的光整加工。

（4）抛光

抛光是利用机械、化学或电化学的作用，在抛光机或砂带磨床上进行的一种光整加工方法。加工时，将抛光膏涂在高速（30~40 m/s）旋转的软弹性轮（一般用毛毡、橡胶、皮革、布或压制纸板制成）或砂带上，在抛光轮或砂带与工件加工表面间施以一定的压力，由于它们之间的剧烈摩擦产生的高温，使加工表面形成极薄的熔流层，熔流层将加工面上的凹凸微观不平填平；此外，抛光膏中的硬脂酸在加工表面形成的氧化膜，可加速切削作用。因此，抛光加工表面在高速滚压和微弱的切削下，可获得很小的表面粗糙度（可达 $Ra0.1~0.012$ μm）。

抛光膏由磨料和油脂（硬脂酸、石蜡、煤油）调制而成。磨料的种类取决于工件材料。抛光钢件可用刚玉，铸铁件可用碳化硅，铜、铝件可用氧化铬。

与其他光整加工方法相比，抛光主要用于减小表面粗糙度，使加工表面光亮、美观，提高零件的疲劳强度及耐蚀性。抛光设备及加工方法简单，生产率高，成本低；抛光轮有弹性，能与曲面相吻合，便于对曲面及模具型腔进行抛光；抛光的零件表面形状不限，可加工外圆、孔、平面及各种成形面；抛光轮与工件之间没有刚性的运动联系，不能保证从工件表面均匀地切除材料，故只能去除前道工序所留下的痕迹而得到光亮的表面，而不能提高工件原有的尺寸和形状精度。抛光劳动强度大，飞溅的磨粒、介质等污染环境，劳动条件差。

7.2 特种加工技术

7.2.1 概述

特种加工能够解决常规切削方法所难以解决或无法解决的加工问题。它的种类很多，目前生产中应用较多的主要有电火花加工及电火花线切割，其次是激光加工、超声加工、电子束加工、离子束加工，此外还有电化学加工、微波加工等。常用特种加工方法见表7.5。

如果仅从材料去除的效率来考虑，特种加工目前尚难与常规的切削加工相匹敌，这也是在现阶段的加工领域中，常规的切削加工仍占主导地位的主要原因之一。特种加工的优越性体现在对难切削材料的加工、微细加工、特殊复杂形状零件的加工，以及高精度和有特殊表面质量要求的加工等方面，它已经成为当前机械制造中不可缺少的加工方法，打破了许多传统加工手段的限制，为新材料的研制提供了很好的应用基础。同时使用两种或两种以上的能量

表7.5 常用特种加工方法

特种加工方法	加工所用能量	可加工的材料	工具损耗率/% 最低/平均	金属去除率/(mm³/min) 平均/最高	尺寸精度/mm 平均/最高	表面粗糙度 Ra/μm 平均/最高	特殊要求	主要适用范围
电火花加工	电、热能	任何导电的金属材料，如硬质合金、耐热钢、不锈钢、淬火钢等	1/50	30/3 000	0.05/0.005	10/0.16		各种冲、压、锻模及三维成形曲面的加工
电火花线切割	电、热能		极小（可补偿）	5/20	0.02/0.005	5/0.63		各种冲模及二维曲面的成形切割
电化学加工	电、化学能		无	100/10 000	0.1/0.03	2.5/0.16	机床、夹具、工件需采取防锈、防腐蚀措施	锻模及各种二维、三维成形表面加工
电化学加工	电、化学、机械能		1/50	1/100	0.02/0.001	1.25/0.04		硬质合金等难加工材料的磨削
超声加工	声、机械能	任何脆硬的金属及非金属材料	0.1/10	1/50	0.03/0.005	0.63/0.16		石英、玻璃、锗、硅、硬质合金等脆硬材料的加工、研磨
快速成形	光、热、化学能	树脂、塑料、陶瓷、金属、纸张、ABS树脂	无				增材制造	制造各种模型
激光加工	光、热能	任何材料	无	瞬时去除率很高，受功率限制，平均去除率不高	0.01/0.001	10/1.25		加工精密小孔、小缝及薄板材成形切割、刻蚀
电子束加工	电、热能						需在真空中加工	
离子束加工	电、热能			很低	—/0.01 μm	0.01		表面超精、超微量加工、抛光、刻蚀、材料改性、镀覆

去除工件材料的特种加工方法，称为复合加工。特种加工技术主要应用在以下几个方面：

（1）难加工材料 如钛合金、耐热不锈钢、高强钢、复合材料、工程陶瓷、金刚石、红宝石、硬化玻璃等高硬度、高韧性、高强度、高熔点材料。

（2）难加工零件 如复杂零件三维型腔、型孔、群孔和窄缝等的加工。

（3）低刚度零件 如薄壁零件、弹性元件等零件的加工。

（4）以高能量密度束流实现焊接、切割、制孔、喷涂、表面改性、刻蚀和精细加工。

随着科学技术的发展，在未来的机械制造中，特种加工的应用范围将更为广泛。

7.2.2 电火花加工及电火花线切割加工

电火花加工（electro-discharge machining，EDM）又称放电加工、电蚀加工，是一种利用脉冲放电产生的热能进行加工的方法。其加工过程为，使工具和工件之间不断产生脉冲的火花放电，靠放电时局部、瞬时产生的高温把金属熔解、气化而蚀除材料。放电过程可见到火花，故称之为电火花加工。

1. 电火花加工基本原理、装置及特点

（1）电火花加工的基本原理与装置

电火花加工的原理是利用工具和工件（正、负电极）之间脉冲性火花放电时的电腐蚀现象来蚀除多余的金属，以达到零件的尺寸、形状及表面质量的加工要求。图 7.23 所示是电火花加工原理与设备组成。工件 1 与工具 4 分别与脉冲电源 2 的两输出端相连接，自动进给调节装置 3（此处为液压缸及活塞）使工具和工件间保持一很小的放电间隙。当脉冲电压加到两极之间，在间隙最小或绝缘强度最低处击穿介质，产生火花放电，瞬时高温使工件表面蚀除掉一小部分金属，形成一个小凹坑。一次脉冲放电结束后，经过一段时间间隔（即脉冲间隔 t_0）工作液恢复绝缘，第二个脉冲电压又加到两极上，又会在当时极间间隙最小或绝缘强度最低处击穿放电，又电蚀出一个小凹坑。这样连续不断地重复放电，工具电极不断地向工件进给，就可将工具的形状复制在工件上，加工出所需要的零件。整个加工表面由无数个小凹坑组成。图 7.24a 表示单个脉冲放电后的电极表面，图 7.24b 表示多次脉冲放电后的电极表面。

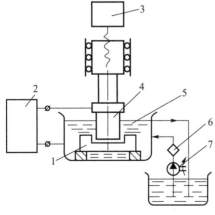

1—工件；2—脉冲电源；3—自动进给调节装置；
4—工具；5—工作液；6—过滤器；7—工作液泵

图 7.23 电火花加工原理与设备组成

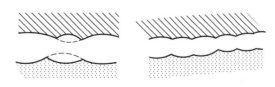

(a) 单次脉冲放电　　　　(b) 多次脉冲放电

图 7.24 电火花加工表面局部

电火花加工装置设备必须满足以下三个条件：

1）工具电极和工件被加工表面之间保持一定的放电间隙（通常约为几微米至几百微米）。间隙过大，极间电压不能击穿极间介质，因而不会产生火花放电。间隙过小，会形成短路，不仅不能产生火花放电，而且会烧伤电极。

2）火花放电必须是瞬时的脉冲性放电，放电延续一段时间后，需停歇一段时间，放电延续时间一般为 $10^{-7} \sim 10^{-3}$ s。这样才能使放电所产生的热量集中，把每一次的放电点局限在很小的范围内。否则，像持续电弧放电，会使表面烧伤而无法用作尺寸加工。为此，电火花加工必须采用脉冲电源。图 7.25 为脉冲电源的电压波形，图中 t_i 为脉冲宽度，t_0 为脉冲间隔，t_p 为脉冲周期，u_i 为脉冲峰值电压或空载电压。

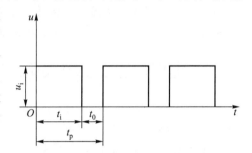

图 7.25　脉冲电源电压波形

3）火花放电必须在有一定绝缘性能的液体介质中进行，例如煤油、皂化液或去离子水等。液体介质又称工作液，必须具有较高的绝缘强度（$10^3 \sim 10^7$ Ω·cm），以利于产生脉冲性的火花放电；同时，液体介质还能把电火花加工过程中产生的金属小屑、炭黑等电蚀产物从放电间隙中悬浮排出，并且对电极和工件表面有较好的冷却作用。

（2）电火花加工的特点

1）电火花加工的优点

① 适合于难切削材料的加工　可以突破传统切削加工对刀具的限制，实现用软的工具加工硬韧的工件，甚至可以加工像聚晶金刚石、立方氮化硼一类的超硬材料。目前工具电极材料多采用紫铜或石墨，因此工具电极较容易加工。

② 可以加工特殊及复杂形状的零件　由于加工中工具电极和工件不直接接触，没有机械加工的切削力，因此适宜加工低刚度工件及微细加工。由于可以简单地将工具电极的形状复制到工件上，因此特别适于复杂表面形状工件的加工，如复杂型腔模具加工等。数控电火花加工可用简单形状的电极加工复杂形状的零件。

③ 主要用于加工金属等导电材料，一定条件下也可以加工半导体和非导体材料。

④ 加工表面微观形貌圆滑，工件的棱边、尖角处无毛刺、塌边。

⑤ 工艺灵活性大，本身有"正极性加工"（工件接电源正极）和"负极性加工"（工件接电源负极）加工之分；还可与其他工艺结合，形成复合加工，如与电解加工复合。

2）电火花加工的局限性

① 加工速度较慢　安排工艺时可采用机械加工去除大部分余量，然后再进行电火花加工以提高生产率。最新的研究成果表明，采用特殊水基不燃性工作液进行电火花加工，其生产率甚至高于切削加工。

② 存在电极损耗和二次放电　电极损耗多集中在尖角或底面，最近的机床产品已能将电极相对损耗比降至 0.1%，甚至更小；电蚀产物在排出过程中与工具电极距离太小时会引起二次放电，形成加工斜度和圆角，影响成形精度，如图 7.25 所示。二次放电甚至会使加工无法继续。

③ 最小角部半径有限制 一般电火花加工能得到的最小角部半径等于加工间隙(通常为 0.02~0.3 mm),若电极有损耗或采用平动、摇动加工,则角部半径还要增大。

2. 影响电火花加工精度和表面质量的主要因素

(1) 影响加工精度的主要因素

与传统的机械加工一样,机床本身的各种误差,工件和工具电极的定位、安装误差都会影响电火花加工的精度。另外,与电火花加工工艺有关的主要因素是放电间隙的大小及其一致性、工具电极的损耗及其稳定等。电火花加工时工具电极与工件之间的放电间隙实际上是变化的,电参数对放电间隙的影响非常显著,精加工放电间隙一般只有 0.01 mm(单面),而粗加工时则可达 0.5 mm 以上。

1) 放电间隙的大小 电火花加工时,工具与工件电极之间必须有一定的放电间隙。随着工具电极的进给,工具与工件的侧面之间也要产生火花放电而形成侧面间隙,以致工件上的被加工孔、腔的尺寸会稍大于工具的相应尺寸。若加工中间隙大小能保持不变,则在设计工具电极时只要缩小一定量,就可以达到所需的工件尺寸。但在放电过程中,工具也逐步损耗,以及由电参量(如脉冲宽度、电流峰值等)、机械参量(如主轴精度等)、工作液的清洁度等因素造成的放电间隙的偏差,都会导致加工误差的产生。

2) 工具电极的损耗 加工时一般从工具电极的端面开始放电。电火花加工时,工具电极的端面和侧面均因脉冲放电而受损耗,随着加工深度的增加,电极损耗也加剧。因此工具电极由于损耗而形成锥度,反映到工件上就形成了加工斜度(图 7.26a)。

此外,二次放电对电火花加工形状精度的影响不容忽视。二次放电是指已加工表面由于电蚀产物等的介入而再次进行的非正常放电,通常发生在工具和工件的侧面。尤其当工作液污浊,电蚀产物排出不畅时更为严重,最终导致加工斜度的增大(图 7.26b)。

3) 工具电极相对于工件电极的安装和导向误差 这类误差属于机床的机械精度,其大小对加工精度有着不可忽视的影响。近年来,

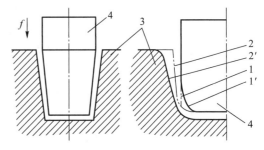

(a) 工具损耗产生加工斜度　　(b) 轮廓对比图

1—工具电极无损耗时的轮廓线；2—工具电极有损耗但不考虑二次放电时的工件轮廓线；1′—工具电极有损耗时的轮廓线；2′—工具电极有损耗且产生二次放电时的工件轮廓线；3—工件；4—工具电极

图 7.26 加工斜度的产生

将电火花加工机床设计与典型的精密机床设计结合起来,可使该项误差大大减小。

目前,电火花穿孔加工的精度可达 0.05~0.01 mm,型腔加工可达 0.1 mm 左右,线切割加工可达 0.01~0.005 mm。

(2) 影响表面质量的主要因素

1) 表面粗糙度 影响表面粗糙度的主要因素是单个脉冲能量,亦即脉冲电压和脉冲电流的大小。如果增加单个脉冲的能量,虽然加工速度得以提高,但是每个脉冲留下的凹坑较深,使加工表面粗糙度增大。但在同样加工条件下加工硬质合金可比加工钢获得的表面粗糙度值小一些,原因是硬质合金的熔点较高,单个脉冲腐蚀的凹坑较浅,相应的加工速度也比较低。另外,由于工具电极的相对运动,工件侧面的表面粗糙度要比端面的小一些。

值得注意的是，电火花加工后的表面由无数小凹坑和光滑的硬凸起组成，特别利于储存润滑油。在同样的表面粗糙度下，其减摩性和耐磨性均比切削加工表面好。因此，电火花加工的工件表面粗糙度允许比原要求适当加大。

电火花加工的表面粗糙度与加工速度之间存在很大矛盾。按照目前的工艺水平，电火花加工达到 $Ra0.32\ \mu m$ 是比较困难的。通常电火花表面粗糙度稍有减小，加工速度将成倍下降，尤其是在精加工时更为明显。一般采用电火花加工达到 $Ra2.5 \sim 0.63\ \mu m$，然后用人工研磨或电解修磨的方法来减小表面粗糙度比较经济。

总之，脉冲能量越大，加工速度越高，Ra 值越大；工件材料越硬、熔点越高，Ra 值越小；工具电极的表面粗糙度越大，工件的 Ra 值越大。

2）表面变质层　加工过程中，在火花放电的瞬时高温和工作液的冷却作用下，材料的表面层将发生很大变化。

熔化层位于工件表面最上层，是一种树枝状的淬火铸造组织，不同的金属材料在相同的加工条件下，其熔化层的组织结构并不相同。热影响层分布在熔化层和基体之间，材料、脉冲能量以及热处理方法的不同都会使其金相组织产生不同的结构。

电火花加工表面由于受高温作用并迅速冷却而产生拉应力，往往会导致显微裂纹，且多在熔化层内出现（脉冲能量很大的粗加工时才有可能扩展到热影响层）。脉冲能量对显微裂纹的影响很明显，能量越大，显微裂纹的宽度和渗入深度也随之增大，脉冲能量很小时一般不会出现裂纹。不同材料对裂纹的敏感性不同，通常加工硬、脆性材料比较容易产生裂纹。

3）表面物理、力学性能　以下仅从显微硬度和耐疲劳性能两方面来阐述。

工件在电火花加工前由于热处理状态和加工中脉冲参数的不同，加工后表面变质层的显微硬度变化也不同。一般工件材料越软，加工后表面变质层的显微硬度提高得越多。如纯铁表面变质层的显微硬度比基体硬度提高了 5~10 倍，而冷作模具钢只提高了 0.4 倍。

经过淬火的钢材在电火花加工后，表面产生重新淬火层和热影响层，使硬度有所变化。电火花加工条件和工件材料热处理状态不同，对表面变质层的显微硬度的影响也不同。并且，淬火钢表面变质层的残余应力要比未淬火钢的大，残余拉应力的大小和分布深度则随脉冲能量的增大而增大。

由于存在拉应力甚至显微裂纹，加之表面金相组织的变化，因此电火花加工表面的抗疲劳性能比切削加工表面低很多。为此，可采用回火、喷丸等工艺方法来降低残余应力，或使残余拉应力转变为压应力，从而提高其抗疲劳性能。在加工余量足够的条件下，还可采用机械抛光或电解抛光的方法去除表面变质层，以改善表面质量。

3. 电火花加工的工艺特点及其应用

（1）工艺特点

电火花加工适用于各种不同力学性能的导电材料，在一定条件下还可加工半导体和非导体材料。由于加工时无显著切削力，因此适合于具有小孔、薄壁、窄槽以及各种复杂形状的型孔、型腔和曲线孔等几何表面和低刚度结构的零件的加工，也适合于精密微细加工。电火花加工脉冲放电持续时间短，工件被加工表面受热影响很小，不会产生工件的热变形，很适合加工热敏性材料。

由于脉冲参数可以任意调节，加工中只要更换工具电极或采用阶梯形工具电极，就可以在同一台机床上通过改变电规准(指电火花加工中的一组电参数,如电压、电流、脉宽、脉间等)连续进行粗、半精和精加工。此外,工具和工件还具有仿形加工(复制)的特性,且直接利用电能进行加工,便于实现自动控制和加工的自动化。

电火花加工的局限性主要是加工速度慢,而且加工速度与表面质量之间矛盾突出,目前尚无较理想的解决办法;工具电极存在损耗,大多集中于底部和角部,影响成形精度,最小角部半径受到限制。

(2)主要应用

按工具电极和工件相对运动的方式和用途的不同,电火花加工大致可分为电火花穿孔成形加工、电火花线切割、电火花内外圆和成形磨削、电火花同步共轭回转加工、电火花高速小孔加工、电火花表面强化与刻字六大类,它们的特点及用途见表7.6。

表 7.6 电火花加工工艺方法分类及应用

类别	工 艺	特 点	用 途
I	电火花穿孔成形加工	工具和工件间只有一个相对的伺服进给运动 工具为成形电极,与被加工表面有相同的截面或形状	型腔加工:加工各类型腔模及各种复杂的型腔零件 穿孔加工:加工各种冲模、挤压模、粉末冶金模,各种异形孔及微孔等 约占电火花机床总数的30%,典型机床有穿孔成形机床
II	电火花线切割加工	工具电极为顺电极丝轴线移动的线状电极 工具与工件在两个水平方向同时有相对伺服进给运动	切割各种冲模和具有直纹面的零件 下料、截割和窄缝加工 约占电火花机床总数的60%,典型机床有DK7725、DK7732数控电火花线切割机床
III	电火花内外圆和成形磨削	工具与工件有相对的旋转运动 工具与工件间有径向和轴向的进给运动	加工高精度、良好表面粗糙度的小孔,如拉丝模、挤压模、微型轴承内环、钻套等 加工外圆、小模数滚刀等 约占电火花机床总数的3%,典型机床有D6310电火花小孔内圆磨床等
IV	电火花同步共轭回转加工	成形工具与工件均作旋转运动,但二者角速度相等或成整倍数,相对应接近的放电点可有切向相对运动速度 工具相对工件可作纵、横向进给运动	以同步回转、展成回转、倍角速度回转等不同方式,加工各种复杂型面的零件,如高精度的异形齿轮,精密螺纹环规,高精度、高对称度、良好表面粗糙度的内、外回转体表面 约占电火花机床总数的1%,典型机床有JN-2、JN-8内、外螺纹加工机床等
V	电火花高速小孔加工	采用细管($> \phi 0.3$ mm)电极,管内冲入高压水基工作液 细管电极旋转 穿孔速度极高(60 mm/min)	线切割预穿丝孔 深径比很大的小孔,如喷嘴等 约占电火花机床总数的1%,典型机床有D7003A电火花高速小孔加工机床
VI	电火花表面强化与刻字	工具在工件表面振动 工具相对工件移动	模具、刀具、量具刃口表面强化和镀覆 电火花刻字、打印机 占电火花机床总数的2%~3%,典型机床有D9105电火花强化机等

4. 电火花线切割加工

电火花线切割加工(wire cut EDM，WEDM)是在电火花加工基础上发展起来的一种新的工艺形式，是用线状电极(电极丝，钼丝或铜丝)靠火花放电对工件进行切割，故称为电火花线切割，简称线切割。目前已获得广泛的应用，国内外线切割机床已占电加工机床的60%以上。

(1) 线切割加工的工作原理与装置

电火花线切割工作原理及设备构成如图7.27所示。它是利用钼丝(或铜丝)4作工具电极进行切割，储丝筒7使钼丝作正、反向交替移动，加工能源由脉冲电源3供给。在钼丝和工件之间浇注工作液介质，工作台在水平面两个坐标方向各自按预定的控制程序，根据火花间隙状态作伺服进给移动，从而合成各种曲线轨迹，把工件切割成形。

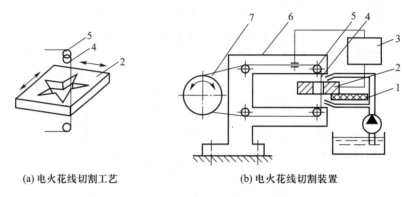

(a) 电火花线切割工艺   (b) 电火花线切割装置

1—绝缘底板；2—工件；3—脉冲电源；4—钼丝；5—导向轮；6—支架；7—储丝筒

图7.27 电火花线切割工作原理及设备构成

根据电极丝的运行速度，电火花线切割机床通常分为两大类：一类是高速走丝电火花线切割机床(WEDM-HS)，这类机床的电极丝作高速往复运动，一般走丝速度为 8~10 m/s，这是我国生产和使用的主要机种，也是我国独有的电火花线切割加工模式；另一类是低速走丝电火花线切割机床(WEDM-LS)，这类机床的电极丝作低速单向运动，走丝速度低于 0.2 m/s，这是国外生产和使用的主要机种。此外，电火花线切割机床还可按控制方式分为靠模仿形控制、光电跟踪控制、数字过程控制等；按加工尺寸范围分为大、中、小型，以及普通型与专用型等。目前，线切割机床都已采用计算机数控系统，同时还具有自动编程功能。目前的线切割加工机多数都具有锥度切割、自动穿丝和找正功能。

(2) 线切割加工的特点

电火花线切割加工的工艺方法和机理与电火花穿孔成形加工有许多共同点，但也有不同点，其特点表现在：

1) 采用水或水基工作液不会引燃起火，容易实现安全无人运转。

2) 电极丝与工件始终有相对运动，尤其是高速走丝电火花线切割加工，间隙状态可以认为是由正常火花放电、开路和短路这三种状态组成，不可能产生稳定的电弧放电。电极与工件之间存在着"疏松接触"式轻压放电现象。在电极丝和工件之间存在着某种电化学产生的绝缘薄膜介质，当电极丝被顶弯所造成的压力和电极丝相对工件的移动摩擦使这种介质减薄到可被击穿的程度，才发生火花放电。因此电极短路已不成为问题。

3）不需要成形的工具电极，大大降低了成形工具电极的设计和制造费用，缩短了生产准备时间。

4）电极丝比较细，可以加工微细异形孔、窄缝和复杂形状的工件。且切缝很窄，只对工件材料进行"套料"加工，实际金属去除量很少，材料利用率和能量利用率都很高。

5）采用移动的长电极丝进行加工，单位长度电极丝的损耗少，对加工精度的影响小。特别在低速走丝线切割加工时，电极丝一次使用，电极损耗对加工精度的影响更小。

此外，电火花线切割加工在实体部分开始切割时，还需加工穿丝用的预孔。

当今电火花线切割加工在国内外发展很快，在加工各种形状复杂的零件、直纹曲面、窄缝和栅网以及各种稀有、贵重金属和难加工材料，特别在试制新产品时，用线切割有显著优势。在加工模具方面，适用于各种硬质合金和淬硬钢的冲模，调整不同的间隙补偿量，只需一次编程就可以切割凸模、凸模固定板、凹模及卸料板等，模具配合间隙、加工精度通常都能达到要求。还可加工挤压模、粉末冶金模、冲压模、注塑模等带锥度的模具，以及电火花成形加工用的电极。线切割工艺可大大缩短制造周期、降低成本，为新产品试制、精密零件和模具的制造开辟了一条新的工艺途径，受到了行业的高度重视。

7.2.3 电解加工

虽然电化学加工的有关的基本理论在 19 世纪末已经建立，但真正在工业上得到大规模应用还是 20 世纪 30—50 年代以后。电化学加工过程的电化学反应原理如图 7.28 所示。当两金属片接上电源并插入任何导电的溶液中（例如水中加入少许 NaCl），即形成通路，导线和溶液中均有电流流过。然而金属导线和溶液是两类性质不同的导体。金属导体是靠自由电子在外电场作用下按一定方向移动而导电，是电子导体，或称第一类导体。导电溶液是靠溶液中的正负离子移动而导电，是离子导体，或称第二类导体。例如，上述的 NaCl 溶液即为离子导体，溶液中含有正离子 Na^+ 和负离子 Cl^-，还有少量的 H^+ 和 OH^-。两类导体构成通路时，在金属片（电极）和溶液的界面上必定有交换电

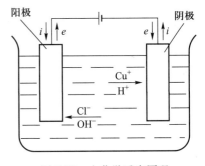

图 7.28　电化学反应原理

子的电化学反应。如果所接的是直流电源，则溶液中的离子将做定向移动，正离子移向阴极，在阴极上得到电子而进行还原反应；负离子移向阳极，在阳极表面失掉电子而进行氧化反应（也可能是阳极金属原子失掉电子而成为正离子进入溶液）。溶液中正、负离子的定向移动称为电荷迁移，在阴、阳电极表面发生得失电子的化学反应称为电化学反应，以电化学反应为基础对金属进行加工（包括电解和镀覆）的方法即电化学加工。电化学加工包括电解加工、电解抛光、电镀、局部涂镀、电铸、复合电镀、电解磨削、电解珩磨、电解研磨等，本书主要讲述电解加工。

1. 电解加工过程及成形原理

（1）电解加工原理

电解加工是利用金属在电解液中产生阳极溶解的原理去除工件上多余的材料。如图 7.29

所示，加工时，在工件和工具电极之间接直流电源，工件接正极（阳极），工具接负极（阴极）。两极之间保持较小的间隙（通常为 0.02~0.7 mm），利用电解液泵在间隙中间通以高速（5~50 m/s）流动的电解液。在工件和工具之间施加一定的电压，工件表面的金属就会不断地溶解，溶解的产物被高速流动的电解液带走，工具阴极则要不断地匀速进给，才能使阳极溶解过程不断地进行，直到获得所需要的零件形状和尺寸为止。电解液经过滤后可重复使用。

　　如图 7.30 所示，电解加工开始时，工件阳极与工具阴极的形状不同，工件表面上各点至工具表面的距离不等，因而各点的电流密度不同。距离较近处的电流密度大（图 7.30a 中竖线较密），电解液的流速也较高，阳极溶解的速度较快；距离较远处的电流密度小（竖线较疏），阳极溶解的速度较慢。当工具不断进给，工件表面上各点就以不同的速度进行溶解，工件的形状逐渐接近于工具的形状，直到把工具的形状"复印"在工件上，得到所需要的形状为止（图 7.30b）。

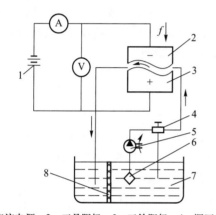

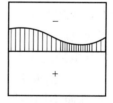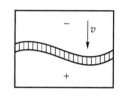

1—直流电源；2—工具阴极；3—工件阳极；4—调压阀；
5—电解液泵；6—过滤器；7—电解液；8—过滤网

图 7.29　电解加工原理图

(a) 加工开始状态　　(b) 加工结束状态

图 7.30　电解加工成形原理图

（2）常用电解液种类

电解液是电解加工的工作液，对电解加工的各项工艺指标有很大影响。对电解液的基本要求如下：

1）具有足够的蚀除速度　这就要求电解质在溶液中有较高的溶解度和离解度。例如 NaCl 在水溶液中几乎能完全离解为 Na^+、Cl^- 离子，并能与水中的 H^+、OH^- 离子共存。另外，电解液中所含的阴离子应具有标准的正电极电位，如 Cl^-，ClO_3^- 等，以免在阳极上产生析氧等副反应，降低电流效率。

2）具有较高的加工精度和表面质量　电解液中的金属阳离子不应在阴极上产生放电反应而沉积到阴极工具上，以免改变工具形状尺寸。因此，在选用的电解液中所含的金属阳离子必须具有标准的负电极电位，如 Na^+、K^+ 等活泼金属离子。

3）阳极反应的最终产物是不溶性的化合物　一方面，使最终产物不再进入加工区域，因而不影响后续的电解过程和精度的保持；另一方面，最终产物便于收集处理，且不会使溶解的金属阳离子在阴极上沉积。通常被加工工件的主要组成元素的氢氧化物大都难溶于中性盐溶液，故这一要求容易满足。除此之外，还要求电解液性能稳定，操作安全，对设备的腐蚀性小且价格便宜。

最常使用的电解液有 NaCl、NaNO₃ 以及 NaClO₃ 电解液。在电解液中使用添加剂能改善其性能。例如，为了减少 NaCl 电解液的散蚀能力，可加入少量磷酸盐等缓冲剂，使阳极表面产生钝化性抑制膜，以提高成形精度。NaNO₃ 电解液虽有成形精度高的优点，但其生产率低，可添加少量 NaCl，使其加工精度及生产率均有提高。为改善加工表面质量，可在电解液中添加络合剂、光亮剂等，如 NaF，可降低加工表面粗糙度值。为减轻电解液的腐蚀性，可添加缓蚀剂等。

（3）加工设备

电解加工的基本设备主要包括直流电源、机床、电解液系统和自动控制系统。

1）直流电源　电解加工要求电压不高，一般为 8～24 V，加工电压要恒定，并在一定范围内连续可调。要求加工电流较大（几千至几万安培），以确保较高的生产率。通常采用硅整流电源及可控硅整流电源。

2）机床　电解加工机床用来安装夹具、工件（阳极）及工具（阴极），并实现其相对运动，输送直流电和电解液。因此要求机床具有足够的刚性，工具电极进给速度稳定，耐蚀性、绝缘性能好，并具备安全保护措施。

3）电解液系统　电解液系统的作用是，连续平稳地向加工区供给足够压力、流量稳定、温度合适而清洁的电解液，并带走电解产物。它是电解加工系统中重要的组成部分，主要由泵、电解液槽、过滤装置、管道和阀等元件组成。

4）自动控制系统　电解加工设备的自动控制系统由程序控制、参数控制和保护联锁控制三大部分组成。

2. 影响电解加工精度、表面质量及生产率的主要因素

影响电解加工精度的因素很多，加工间隙是主要因素之一。随着工具阴极的不断进给，底面加工间隙由初始间隙逐渐趋近于一平衡间隙。平衡间隙越小，则精度越高，反之则精度越低。此外，与传统工艺一样，电解加工机床的几何误差、调整误差、工艺系统受力和受热变形所引起的误差等都对加工质量有影响。

电解加工的表面质量包括表面粗糙度和表面的物理、化学性能两方面。通常其表面粗糙度能达到 Ra1.25～0.16 μm。由于加工中无切削力和切削热的影响，所以加工表面不会产生塑性变形，不存在残余应力、冷作硬化或烧伤退火层等缺陷。影响工件表面质量的主要因素如下：

1）工件材料的合金成分、金相组织及热处理状态　工件材料中合金成分和杂质的多少、金相组织均匀与否、结晶是否粗大，都会造成溶解速度的差别，从而影响工件的表面粗糙度。

2）工艺参数对表面质量的影响　一般情况下，电流密度较高有利于阳极的均匀溶解。电解液的流速过低，使电解产物无法及时排出，氢气泡分布不均匀，或由于加工间隙内电解液的局部沸腾汽化，都会导致加工表面出现缺陷。如加工表面的纵向条纹，就是由于电解液流速过低，电流密度过高，使加工区域内流场分布不均匀，各处溶解条件不同，导致加工表面发生与液流方向一致的不均匀溶解形成的。电解液的流速过高，也有可能使流场分布不均匀，局部形成真空而影响表面质量。电解液的温度过高，会引起阳极表面的局部剥落而造成表面

缺陷；温度过低，钝化会比较严重，也会引起阳极表面的不均匀溶解，或形成黑膜。在不均匀的钝化膜破损处电流密度高，将产生金属的不均匀溶解，形成麻点。

3）工具阴极的表面质量 工具的表面条纹、刻痕等都会相应地"复印"到工件表面，所以工具表面必须平整光洁。并且工具阴极的进给速度应保持均匀，避免在工件表面产生横向条纹。

此外，工件表面必须除油去锈，电解液必须沉淀过滤，不含固体颗粒杂质，以防止在加工表面产生瘤子，形成细小的点状凸起及小凹点等缺陷。

电解加工的生产率一般用单位时间内去除的金属体积或质量来表示，其量纲为 mm^3/min 或 g/min。生产率的高低主要取决于以下几点：

1）工件金属的电化学当量 电化学当量（有质量、体积电化学当量之分）越大，生产率越高。

2）电流密度 金属的蚀除速度与电流密度成正比。但在增加电流密度的同时，电压也随之增高，故应以不击穿加工间隙为度。此外，在电流密度增大时，应加大电解液的流速（以便及时排出蚀除物），同时还要防止温度过高而使表面粗糙度值变大。

3）加工间隙 一般来说，电极之间的加工间隙越小，电流密度越大，蚀除速度也就越高。但是间隙若过小，则容易导致火花放电或间隙通道内电解液流动受阻，蚀除物排出不畅，以致产生短路现象。间隙较小时应及时加大电解液的流速和压力。

此外，影响电解加工生产率的因素还与工件材料的化学成分和组织结构以及电解液的种类等因素有关。

3. 电解加工的工艺特点及应用

（1）电解加工的工艺特点

1）加工范围广，不受金属材料本身硬度、强度以及加工表面复杂程度的限制。可以加工硬质合金、淬火钢、不锈钢、耐热合金等高硬度、高强度及高韧性的金属材料，并可加工叶片、锻模等各种复杂型面。

2）加工生产率较高。约为电火花加工的 5~10 倍，在某些情况下，比切削加工的生产率还高，且加工生产率不直接受加工精度和表面粗糙度的限制。

3）可以达到较小的表面粗糙度（Ra 1.25~0.2 μm）和尺寸公差±0.1 mm 左右的平均加工精度。

4）加工过程不存在机械切削力，不会产生切削力引起的残余应力和变形，没有飞边、毛刺。

5）加工过程中阴极工具理论上不会耗损，可长期使用。

但电解加工不易达到较高的加工精度和加工稳定性，一方面是由于阴极的设计、制造和修正都比较困难，阴极本身的精度难以保证；另一方面是影响电解加工间隙的稳定性、流场和电场的均匀性的参数很多，控制比较困难。此外，电解加工的附属设备比较多，占地面积较大，机床需有足够的刚性和耐蚀性，造价较高，因此单件小批生产时的成本比较高；加工后工件需净化处理；电解产物需进行妥善处理，否则可能污染环境。

（2）电解加工的应用

电解加工在解决生产中的难题方面和特殊行业（航空、航天）中有着广泛的应用。目前，电解加工的主要应用类别见表 7.7。

表 7.7 电解加工的主要应用类别

序号	名　称	应　用　说　明
1	深孔扩孔加工	按阴极的运动分为固定式和移动式加工两种；立式布局可使电解液流动更为均匀，加工精度可以更高，但设备安装困难
2	型孔加工	适合在实体材料上加工型孔、方孔、椭圆孔、半圆孔、多棱形孔等异形孔，弯曲电极可加工各类孔的弯孔
3	型腔加工	压铸模、锻压模等型腔加工，常用硝酸钠、氯酸钠等钝性电解液，阴极的拐角处常开设增液孔或槽以保持流速均匀
4	套料加工	大面积的异形孔或圆孔的下料，平面凸轮的成形加工
5	叶片加工	发动机、汽轮机等的整体叶片加工
6	电解倒棱、去毛刺	特别适于对齿轮渐开线端面、阀组件交叉孔去毛刺和倒棱
7	电解蚀刻	适合于在淬硬后的零件表面或模具上打标记、刻商标等刻字加工
8	电解抛光	使用大间隙、低电流密度，对工件表面微加工、抛光
9	数控电解加工	与数控技术和设备有机结合，加工型腔、型面和复杂表面

7.2.4　激光加工

激光加工是利用聚焦后能量密度极高的激光照射工件，使工件加工区域的温度达数千度甚至上万度，将材料瞬时熔化、蒸发，并在热冲击波作用下，将熔融材料爆破式喷射去除，以达到加工目的。激光加工是利用光能量进行加工的方法。直接利用太阳光进行加工是相当困难的，因为太阳光的能量密度不大，并且是由各种波长组成的非单色光，难以聚焦成很细的光束，这样就不可能在焦点附近获得很高的能量密度和极高的温度。激光是能量密度非常高的单色光，可以通过一系列的光学系统聚焦成平行度很高的微细光束，因而得到应用。激光加工是激光应用的一个重要领域，是把激光所具有的能量变换成热能进行加工的新方法，初期主要用于各种材料的微细加工，目前已发展到大尺寸和厚材料的加工，其应用也越来越广泛。

1. 激光的特性及激光加工的基本原理

（1）激光的特性

普通光源发光是以自发辐射为主，激光光源则是以受激辐射为主，正是这个质的区别，才导致激光具有不同于普通光的一些特性：

1）亮度高　激光的亮度远远高于一般光源，原因在于激光的发散角很小、频带很窄，能够实现光能在空间和时间上的高度集中。例如，一只 1 mW 的氦氖激光器，它的亮度比太阳表面的亮度高一百多倍。

2）方向性好　由于激光的各个发光中心是相互关联地定向发光，其发散角很小，一般约为几个毫弧度，因此激光的方向性好，可以经过透镜聚焦成很小的斑点（直径可小于 10 μm），聚焦后在焦点附近的温度可高达数万度。

3）单色性好　单色性是指光的波长或频率为一个确定的数值。实际上，严格的单色光并不存在。所谓波长为 λ_0 的单色光，都是指中心波长为 λ_0，谱线宽度为 $\Delta\lambda$ 的一个光谱范围（如图 7.31 所示）。$\Delta\lambda$ 可以用来衡量单色性的好坏，$\Delta\lambda$ 越小单色性就越好。

在激光出现以前，单色性最好的光源是氪灯。激光出现以后有了很大的飞跃，激光的单色性比氪灯要高上万倍。

激光还具有良好的相干性。光的相干性与光的单色性密切相关，即光的相干性越好，其单色性也就越好。

（2）激光加工的基本原理

激光束的能量密度极高，照射到被加工表面时，一部分光能被反射，一部分光能穿透物质，而剩余的光能被加工表面吸收并转换成热能。对不透明的物质，因为光的吸收深度非常小，所以热能的转换只发生在表面的

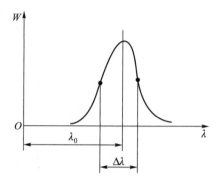

图 7.31　单色性示意图

极浅层，再由导热作用传递到物质的内部。由加工表面吸收并转换的热能使照射斑点的局部区域迅速熔化以致气化蒸发，形成小凹坑，同时由于热扩散使斑点周围的金属熔化，随着激光能量继续被吸收，凹坑中的金属蒸气迅速膨胀，压力突然增大，相当于产生一个微型爆炸，把熔融物高速喷射出来。熔融物高速喷射所产生的反冲击力又在工件内部形成一个方向性很强的冲击波。这样，工件材料就在高温熔融和冲击波的同时作用下蚀除了部分物质，从而达到相应的加工目的。

激光加工的原理可用图 7.32 所示的固体激光器打孔简图来说明。图中 2 为激光工作物质，它是一种发光材料。激光工作物质可以是固体，如红宝石、钕玻璃等，也可以是气体，如二氧化碳。3 为激励能源，其主体是一个光泵，即脉冲氙灯或氪灯，作用是给激光工作物质提供能量，使其粒子由低能级激发到高能级，产生受激辐射。当激光工作物质 2 被激发以后，在一定的条件下可使光得到放大，并通过全反射镜 1 和部分反射镜 4 组成的光谐振腔的作用产生光的振荡，并由光谐振腔的部分反射镜 4 输出激光。由固体激光器发射的激光再通过透镜 5 聚焦到工件 6 的待加工表面，对工件 6 进行预定的加工。

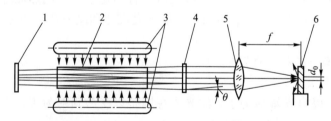

1—全反射镜；2—激光工作物质；3—激励能源；4—部分反射镜；
5—透镜；6—工件；θ—激光束发散全角；d_0—激光焦点直径；f—焦距

图 7.32　固体激光器打孔简图

（3）加工设备

激光加工的基本设备由激光器、激光器电源、光学系统及机械系统等四大部分组成。

1）激光器　激光器是激光加工的重要设备，其作用是将电能转变成光能，产生所需要的激光束。常用激光器的性能特点见表 7.8。

表 7.8 常用激光器的性能特点

种类	工作物质	激光波长/μm	发散角/rad	输出方式	输出能量或功率	主要用途
固体激光器	红宝石(Al_2O_3,Cr^{3+})	0.69	$10^{-2} \sim 10^{-8}$	脉冲	数焦耳至10焦耳	打孔、焊接
	钕玻璃(Nd^{3+})	1.06	$10^{-2} \sim 10^{-3}$	脉冲	数焦耳至几十焦耳	打孔、焊接
	掺钕钇铝石榴石 YAG ($Y_3Al_5O_{12}$,Nd^{3+})	1.06	$10^{-2} \sim 10^{-3}$	脉冲	数焦耳至几十焦耳	打孔、切割、焊接、微调
				连续	100至1 000 W	
气体激光器	二氧化碳 CO_2	10.6	$10^{-2} \sim 10^{-3}$	脉冲	几焦耳	切割、焊接、热处理、微调
				连续	几十至几千瓦	
	氩(Ar^+)	0.514 5 0.488 0				光盘录刻存储

2）激光器电源 激光器电源根据加工工艺的要求，为激光器提供所需要的能量及控制功能。

3）光学系统 光学系统可将光束聚焦，并能观察和调整焦点位置，还可在投影仪上显示加工位置等。

4）机械系统 机械系统主要包括床身、可在多坐标范围内移动的工作台及机电控制系统等。

2. 激光加工的工艺特点及应用

（1）激光加工的工艺特点

1）激光功率密度大。工件吸收激光后温度迅速升高而熔化或气化，即使熔点高、硬度大和质脆的材料（如陶瓷、金刚石等）也可用激光加工。

2）对材料的适应性强。激光加工的功率密度是各种加工方法中最高的，激光打孔工艺几乎可以用于任何金属材料和非金属材料，对高熔点材料、耐热合金及陶瓷、宝石、金刚石等硬脆性材料均可加工。对透明材料（如玻璃）采取色化和打毛措施也可以加工。最突出的是对坚硬材料可进行微孔加工，并可加工异形孔。

激光切割不仅适用于多种材料，而且加工效率很高，切缝很窄。可切割厚度达 10 mm 以上的金属材料，非金属材料则可达几十毫米。

3）打孔速度极快，热影响区小。工件热变形很小，易于实现自动化和流水作业。

4）属于非接触加工，加工时工件不受力，也无变形，因此能对刚性很差的零件（如飞机薄板等）实现高精度加工。

5）穿越介质进行加工。激光加工可以通过空气、惰性气体或透明介质对工件进行加工，因此可以透过由玻璃等光学透明介质制成的窗口对隔离室或真空室内的工件进行加工。

6）激光束的发散角可小于 1 毫弧，光斑直径可小到微米量级，作用时间可以短到纳秒和皮秒量级。大功率激光器的连续输出功率可达千瓦至十千瓦量级，因而激光加工既适于精密微细加工，又适于大型材料加工。

7）激光束容易控制，易于与精密机械、精密测量技术和电子计算机相结合，以实现加工的高度自动化和达到很高的加工精度。

8）在恶劣环境或人难以接近的地方，可用机器人进行激光加工。

9）激光加工是向局部的加工点施加高速的大能量，故能源消耗少，无加工污染，且工件搬运较方便。在节能、环保等方面有很大的优越性。

（2）激光加工的应用

激光加工是对传统产业进行改造的重要手段。主要是使用 kW 级到 100 kW 级的 CO_2 激光器和 100 W 到 kW 级的 YAG 激光器对各种材料切割、焊接、打孔、刻划和热处理等。激光加工应用领域中，CO_2 激光器以切割和焊接应用最广，分别占到 70% 和 20%，表面处理则不到 10%。而 YAG 激光器的应用是以焊接、标记（50%）和切割（15%）为主。在美国和欧洲国家，CO_2 激光器占到 70%~80%。我国激光加工中以切割为主的占 10%，其中 98% 以上的 CO_2 激光器，功率在 1.5~2 kW 范围内；而以热处理为主的约占 15%，大多数是进行汽车发动机气缸套的激光热处理。激光加工技术的经济性和社会效益都很高，故有很大的市场前景，主要表现在以下几方面：

1）激光打孔 它是利用材料的蒸发现象去除材料的激光加工。为了保证加工精度，必须采用最佳的能量密度和照射时间，使加工部分快速蒸发，并防止加工区外的材料由于热传导而熔化。因此，宜采用脉冲激光，经过多次重复照射后将孔完成，这样有利于提高孔的几何形状精度，并且使孔周围的材料不受热影响。

激光打孔的最大优点是效率非常高，特别是对金刚石和宝石等特硬材料，打孔时间可以缩短到切削加工方法的百分之一以下。例如加工宝石轴承，采用工件自动传递激光打孔的方法，3 台激光打孔机即可代替 25 台钻床 50 名工人的工作量。这不仅大大地提高了生产率，减轻了工人的劳动强度，而且加工质量有所提高。

激光打孔的尺寸精度可达 IT7，表面粗糙度为 $Ra0.16~0.08~\mu m$。值得注意的是，激光打孔以后，被蚀除的材料要重新凝固，除大部分飞溅出来变为小颗粒以外，还有一部分黏附在孔壁，有的甚至黏附到聚焦的物镜及工件表面。为此，大多数激光加工机都采取了吹气或吸气措施，以排出蚀除产物。有的还在聚焦的物镜上装上一块透明的保护膜，以免损坏聚焦物镜。

2）激光切割 激光切割的原理和激光打孔的原理基本相同，都是基于聚焦后的激光具有极高的能量密度，而使工件材料瞬时气化蚀除。所不同的是，进行激光切割时，工件与激光束之间要有相对移动。

一般切割时，可在激光照射部位同时喷吹氧（对金属）、氮（对非金属）等气体，其作用是吹去熔化物并提高加工效率。此外，对金属吹氧还可利用氧与高温金属的反应，促进照射点的熔化；对非金属喷吹氮等惰性气体，则可利用气体的冷却作用，防止切割区周围材料的熔化和燃烧。如果切割直线，还可借助于柱面透镜将激光束聚焦成线，以提高切割速度。

激光切割不仅具有切缝窄、速度快、热影响区小，在加工中无机械作用力、省材料、成本低等优点，而且可以在任何方向上切割，可以十分方便地切割出各种曲线形状，包括内尖角。目前激光已成功地用于切割钢板、不锈钢、钛、钽、铌、镍等金属材料以及石英、陶瓷、塑料、木材、布匹、纸张等非金属材料，其工艺效果都较好。目前薄材切割速度可达 15 m/min，切缝窄，一般在 0.1~1 mm 之间，热影响区只有切缝宽的 10%~20%，最大切割厚度可达 45 mm，已广泛应用于飞机三维蒙皮、框架、舰船船身板架、直升机旋翼、发动机燃烧室等。此外，在大规模集成电路中，厚度在 30~100 μm 的晶圆可用激光划片，1 cm^2 的硅片可切割成几十个集成电路块或上百个晶体管的管芯。激光切割还可用于化学纤维喷丝头的型孔加工、精密雕刻及动平衡去重等。

3）激光焊接　激光焊接与激光打孔的原理稍有不同，焊接时不需要很高的能量密度使工件材料气化蚀除，而只要将激光束直接照射到材料表面，通过激光与材料的相互作用，使材料局部熔化，以达到焊接的目的。因此激光焊接所需的能量密度比激光切割要低，通常可用减小激光输出功率来实现。激光焊接薄板已相当普遍，大部分用于汽车、航空航天和仪表工业。激光精微焊接技术已成为航空电子设备、高精密机械设备中微型件封装结点微型连接的重要手段。

4）激光热处理　用大功率激光进行金属表面热处理是一项新工艺。其作用原理是，用激光对金属工件表面扫描，使其在极短时间内加热到相变温度，时间的长短则由扫描速度所决定；表层由于热量迅速向内传导而快速冷却，实现了工件表层材料的相变硬化。

在汽车工业中，激光加工技术充分发挥了其先进、快速、灵活的加工特点。如在汽车样机和小批量生产中大量使用三维激光切割机，不仅节省了样板及工装设备，还大大缩短了生产准备周期；激光束在高硬度材料和复杂而弯曲的表面打小孔，速度快而不产生破损。激光焊接在汽车工业中已成为标准工艺，日本丰田汽车公司已将激光焊接用于车身面板，将不同厚度和不同表面涂敷的金属板焊接在一起，然后再进行冲压。虽然激光热处理在国外不如激光焊接和激光切割普遍，但在汽车工业中仍应用广泛，如缸套、曲轴、活塞环、换向器、齿轮等零部件的热处理。在工业发达国家，激光加工技术和计算机数控技术及柔性制造技术相结合，发展出了激光快速成形技术，该项技术不仅可以快速制造模型，而且还可以直接由金属粉末熔融，制造出金属模具。用激光在普通金属表层溶入其他元素，使之具有优良的合金性能，而成本却可大大降低。此外，激光合金化、激光抛光、激光冲击硬化、激光非晶化处理等应用越来越广，激光微细加工在电子、生物、医疗工程方面的应用已成为无可替代的特种加工技术。

7.2.5　超声加工

人耳的听觉范围为 16~16 000 Hz 的声波。频率低于 16 Hz 的振动波称为次声波，高于 16 000 Hz 的振动波称为超声波。超声波具有很强的能量传递能力，能够在传播方向上施加压力；在液体介质中传播时能形成局部的"伸""缩"冲击效应和空化现象；通过不同介质时，产生波速突变，形成波的反射和折射；一定条件下能产生干涉、共振。利用超声波特性进行加工的工艺称为超声加工。加工用的超声波频率为 16 000~25 000 Hz。

前述电火花加工和电解加工，都只能加工金属导电材料，不易加工不导电的非金属材料。然而超声加工不仅能加工高熔点的硬质合金、淬火钢等脆硬合金材料，而且更适合于加工玻璃、陶瓷、半导体锗和硅片等不导电的非金属脆硬材料，同时还可用于清洗、焊接和探伤等。

1. 工作原理

（1）超声加工原理

如图 7.33 所示。超声加工时，在工具 1 和工件 2 之间加入液体（水或煤油等）和磨料混合的磨料悬浮液 3，并使工具以很小的力 F 轻轻压在工件上。高频电源连接换能器 6，由此将电振荡转换为同一频率、垂直于工件表面的超声机械振动，并借助于变幅杆4、5把振动位移振幅放大到 0.05~0.1 mm 左右，驱动工具端面作超声振动，迫使磨料悬浮液中的悬浮磨粒以很大的速度不断地撞击、抛磨被加工表面，把加工区域的材料粉碎成很细的微粒，并打击下来。又由于超声振动产生的空化现象，在加工表面形成液体空腔，促使磨料悬浮液渗入工件材料的缝隙里，而空腔的瞬时闭合产生强烈的液压冲击，可以强化加工过程。此外，正、负交变的液压冲击也使磨料悬浮液在加工间隙强迫循环，使变钝了的磨粒不断更新、加工产物不断排出，从而达到了超声加工的目的。由此可见，超声加工是磨料悬浮液中的磨粒，在超声波振动作用下的机械冲击、抛磨和超声空化作用的综合结果，其中磨粒的撞击作用是主要的。

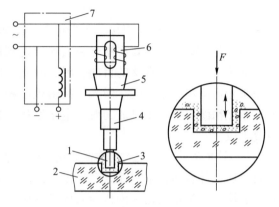

1—工具；2—工件；3—磨料悬浮液；4、5—变幅杆；
6—换能器；7—超声波发生器

图 7.33　超声加工原理图

（2）加工设备

超声加工设备的基本组成一般包括超声波发生器、超声波振动系统、磨料悬浮液循环系统和机床四大部分。

1）超声波发生器　超声波发生器的作用是将工频交流电转变为具有一定功率输出的超声频振荡，以提供工具端面往复振动和去除被加工材料的能量。

2）超声波振动系统　超声波振动系统的作用是把高频电能转变为机械能，使工具端面作小振幅的高频振荡，以进行超声加工，它由换能器、变幅杆和工具组成。

3）磨料悬浮液循环系统　简单的超声加工装置，其磨料悬浮液靠人工输送和更换。大型超声加工机床采用流量泵自动向加工区供给磨料悬浮液，磨料悬浮液品质好，且可循环使用。

4）机床　超声加工机床一般比较简单，包括支承振动系统的机架及工作台面，使工具以一定压力作用在工件上的进给机构，以及床身等部分。

2．超声加工的工艺特点及应用

（1）超声加工的工艺特点

1）适合于加工各种硬脆材料。脆硬材料受冲击作用容易被破坏，所以适合于超声加工，特别是玻璃、陶瓷、石英、锗、硅、玛瑙、石墨、金刚石等不导电的非金属材料。对于淬火钢、硬质合金、不锈钢、钛合金等硬质或耐热的金属材料也能进行加工，但生产率较低。

2）加工过程中不需要工具和工件作比较复杂的相对运动，因此易于加工各种形状复杂的型孔、型腔和成形表面等。超声加工设备的结构一般比较简单，操作、维修也比较方便。

3）由于超声加工主要靠磨粒瞬时的局部冲击作用，故工件表面的宏观切削力很小，切削应力、切削热更小，不会产生变形及烧伤，加工精度较高。表面粗糙度可达 $Ra0.63$ ~ 0.08 μm，尺寸精度可达 0.02~0.01 mm，也适合于加工薄壁、窄缝及低刚度零件。

4）工具可采用较软的材料，可做成较复杂的形状。

5）缺点是加工面积不够大，工具头磨损较大，故生产率较低。

（2）超声加工的应用

虽然超声加工的生产率比电火花、电解加工等低，但是加工精度及表面质量均优于后者，而且能加工半导体、非导体的脆硬材料。电火花加工后的淬火钢、硬质合金冲压模、拉丝模、塑料模具等，常用超声加工进行抛磨、光整加工。目前，在生产上应用较多的有如下几个方面：

1）成形加工　图 7.34 所示超声加工示例主要用于各种脆硬材料的成形加工。

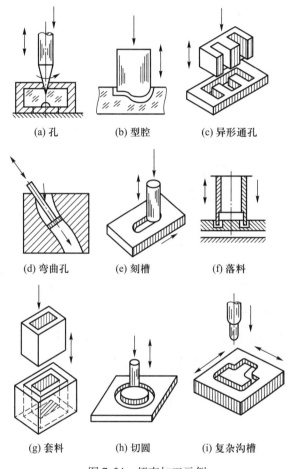

(a) 孔　　　　　(b) 型腔　　　　　(c) 异形通孔

(d) 弯曲孔　　　　(e) 刻槽　　　　(f) 落料

(g) 套料　　　　(h) 切圆　　　　(i) 复杂沟槽

图 7.34　超声加工示例

2）切割加工　用普通机械加工切割脆硬材料是很困难的，采用超声加工较为容易。用超声加工切割半导体、铁氧体、石英、宝石、陶瓷等，比用金刚石刀具切割具有切片薄、切口窄、精度高、生产率高、经济性好等优点。

3）焊接加工　超声焊接是利用超声振动作用去除工件表面的氧化膜，显露出新的本体表面，两个被焊工件表面分子高速振动撞击，摩擦发热，黏结在一起。它不仅可以焊接尼龙、塑料及表面易生成氧化膜的铝制品等，而且可以在陶瓷等非金属表面挂锡、挂铜，涂覆熔化的金属薄层。图 7.35 所示为超声焊接示意图。

由于超声焊接不需要外加热和焊剂，焊接热影响区很小，施加压力微小，不产生污染，故可焊接直径或厚度很小(0.015~0.03 mm)的材料，也可焊接塑料薄膜、丝、化学纤维及不规则形状的硬热塑料。目前，大规模集成电路引线连接等，已广泛采用超声焊接。

4) 超声清洗　主要用于几何形状复杂、清洗质量要求高的中小精密零件，特别是工件上的深小孔、微孔、弯孔、盲孔、沟槽、窄缝等部位的精清洗。采用其他方法效果差，甚至无法清洗，采用超声清洗效果好，生产率和净化度都很高。目前，在半导体和集成电路元件、仪器仪表零件、电真空器件、光学零件、精密机械零件、医疗器械、放射性污染物等的清洗中都有广泛应用。超声清洗装置如图 7.36 所示。

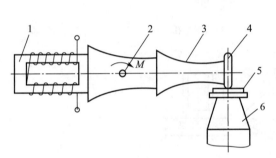

1—换能器；2—固定轴；3—变幅杆；
4—焊接工具头；5—被焊工件；6—反射体

图 7.35　超声焊接示意图

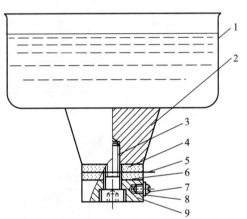

1—清洗槽；2—硬铅合金；3—压紧螺钉；
4—压电陶瓷换能器；5、6—镍片；
7—接线螺钉；8—垫圈；9—钢垫块

图 7.36　超声清洗装置

超声清洗的原理主要是清洗液在超声波的作用下产生空化效应。空化效应产生的强烈冲击波直接作用到被清洗部位，使污物脱落下来；空化作用产生的空化气泡渗透到污物与被清洗部位之间，促使污物脱落；在污物溶解于清洗液的情况下，空化效应可加速溶解过程。

此外，超声波的定向发射、反射等特性，还可用于测距和探伤等。

7.2.6　水射流加工

水射流加工(water jet machining，WJM)又称为超高压水射流加工、液力加工、液体喷射加工，俗称"水刀"，主要靠液流能和机械能实现材料加工。

1. 水射流加工原理及特点

水射流加工的工作原理如图 7.37 所示，将储存在供水器中水或加入添加剂的水溶液，经过过滤器处理后，由水泵抽出送至蓄能器中，使高压液体流动平稳；液压装置驱动增压器，使水加压到 70~400 MPa 甚至更高的压力；高压水经控制器、阀，从细小的喷嘴(孔径 0.15~0.35 mm)喷射而出，将势能转换为动能，从而形成高速射流(射流，300~1 000 m/s)喷射到工件部位进行加工，产生的切屑和水一起排入回收槽。

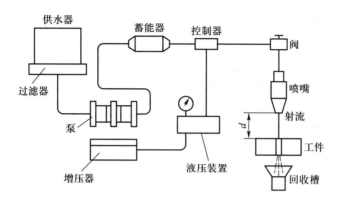

图 7.37 水射流加工原理

水射流加工大体可分为以下两个过程:

(1) 射流液滴与材料的相互作用过程

射流液滴接触到物体表面时,速度发生突变,导致液滴状态、内部压力及接触点材料内应力场也发生突变。在液/固接触面上存在着极高的压应力区域,对材料的去除过程起着重要的作用。当液滴作用于物体表面时,在冲击的第二阶段射流保持平坦,液/固边缘的液体可自由径向流动。在高速射流冲击下,材料表面受冲击区处的中心产生微变形,从而形成突增的局部压力(即水锤压力)。

液滴中心在强大的水锤压力下处于受压状态。随着液/固边缘液体的径向流动,流体压力得到释放。同时,压缩波由液/固接触面边缘向中心传播。当其达到中心后,物体表面的压力全部从最高压力降至冲击液滴的滞止压力,液体内部的受压状态消失。在此过程中,液滴内部压力随时间波动,液滴与材料相互作用过程的最高压力维持时间很短($1\sim2\ \mu s$),它同射流压力、射流结构及压缩波速度有关。

(2) 材料的去除过程

在高速射流冲击下,造成材料去除的首要因素是射流冲击力;此外,材料的力学性能(抗拉、抗压强度)、结构特性(微观裂缝、孔隙率等)以及液体对材料的渗透性等也是影响材料去除速度的重要因素。射流作用的初始阶段,施加在材料表面极小区域内的射流产生极高的压强,材料受到切应力的作用发生变形。当切应力达到临界值时,导致材料去除。这一过程的特征是,材料微粒在射流或磨料的冲击下迅速自本体分离。

随着高压射流对材料的穿透,流体深入微小裂缝和微小孔隙等材料缺陷处,降低了材料的强度,并在材料内部造成了瞬时的强大压力,造成裂缝数量的增加与扩展。当作用力超过材料的强度时,导致一些微粒从大块材料上破裂出来,并最终导致材料去除。

材料的去除形式大致可分为两类:一是以金属为代表的延展性材料在切应力作用下的塑性去除;二是以岩石为代表的脆性材料在拉应力或应力波作用下的脆性去除。有一些材料在去除过程中,两种去除形式会同时发生。

2. 水射流加工的特点

与其他高能束流加工技术相比,水射流加工技术特点鲜明,具有独特的优越性。

(1) 水射流加工是一种冷加工方式,加工过程无热量产生,加工时工件材料不会受热变形，加工表面不会出现热影响区，几乎不存在机械应力与应变，切割缝隙及切割斜边都很小，切口平整、无毛刺、无浮渣，无须二次加工，切割品质优良。所使用的水可循环利用，成本低。

（2）加工过程中，作为"刀具"的高速射流不会变"钝"，各个方向都有切削作用，切削过程稳定。

（3）清洁环保，无污染。在切割过程中不产生弧光、灰尘及有毒气体，操作环境清洁。

（4）切割加工过程中温度较低，无热变形，无烟尘、渣土等，加工产物随液体排出，可用于加工木材、纸张等易燃材料及制品。

（5）不需退刀槽、工艺孔，工件上的任何位置都可作为加工开始点和结束点。

（6）"切屑"混入液体中，不存在灰尘，不存在爆炸或火灾危险。

对某些材料，夹裹在射流束中的空气将产生噪声，噪声随压射距离的增加而增加，可通过在水中加入添加剂或调整到合适的正前角的方法降低噪声。

目前，超高压水射流加工存在的主要问题是喷嘴成本较高，使用寿命、切割速度和精度仍有待进一步提高。

3. 水射流加工的应用

水射流加工是目前最先进的加工工艺方法之一，可加工各种金属、非金属材料，各种硬、脆、韧性材料，可用于切割复杂的三维形状。水射流加工属"绿色加工"方法，在对材料进行切割、清洗和除锈等方面得到了广泛的应用。

（1）水射流切割

水射流切割从某种意义上讲是切割领域的一次革命，对其他切割工艺是一种完美的补充，在难加工材料方面优势明显，广泛用于陶瓷、硬质合金、高速钢、模具钢、钛合金、复合材料等的切割加工。

在建筑业中，水射流切割技术用来切割大理石、花岗岩、陶瓷、玻璃、水泥构件等，切口光滑且很窄，省时省力、附加值高。在航空航天工业中，水射流切割技术可用于切割特种材料，如钛合金、碳纤维复合材料及层叠金属或增强塑料玻璃等；用水射流切割涡轮叶片，切割边缘无热影响区和加工硬化现象，省去了后序加工。在汽车制造业中，利用水射流切割各种非金属材料及复合材料构件，如车用玻璃，汽车内装饰板，橡胶、石棉刹车衬垫等。

随着控制技术的进步，目前已经实现了5轴水射流切割系统（加砂或纯水切割），五个轴被命名为 X（前后）、Y（左右）、Z（上下）、A（垂直角）和 C（围绕 A 旋转）。水射流切割作为一种新兴的技术，主要面向高端产业。图7.38所示为水射流切割头及部分利用水射流切割加工的工件，图7.38a为水射流切割头，图7.38b 为加工的工件。

（2）水射流清洗

水射流清洗是物理清洗方法中一项重要的新技术，利用高压射流的冲击动能，连续不断地对被清洗基体进行打击、冲蚀、剥离、切除，以达到清除基体污垢的目的。主要用于机械加工设备及模具的清洗，铸件的清砂、去毛刺及钢板除鳞等。

水射流清洗具有以下优点：

1）压力等级可根据需要选择，不会损伤被清洗的基体。

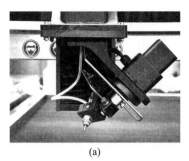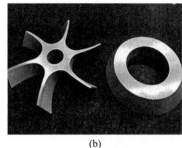

(a)　　　　　　　　　　　　(b)

图 7.38　水射流切割头及水射流切割加工的工件

2）清洗后的零部件不需进行洗后处理。

3）能清洗形状和结构复杂的零件，易于实现机械化、自动化和智能控制。

4）清洗速度快、效果好，成本低、节能，同时不污染环境。

5）能胜任空间狭窄、环境复杂、条件恶劣的清洗作业，如长管道内壁、小口径容器的内部除垢，以及危险物品的清洗等。

（3）水射流除锈

利用水射流的打击力作用于锈层表面，同时高速切向流产生水楔作用，扩展锈层裂纹，继而在水流冲刷作用下将锈蚀去除。该方法属于湿法除锈，不产生粉尘，安全卫生，劳动条件好，对环境无污染。因此，在金属除锈领域水射流技术的广泛应用是未来发展的趋势。为了提高除锈效果，同时降低高压系统的压力，常在水中添加磨料形成磨料射流。

??? 思考题与习题

7.1　试述精密、超精密加工的概念、特点及主要影响因素。

7.2　分析金刚石刀具超精密切削的机理及其应用范围。

7.3　光整加工的主要目的是什么？它能否提高被加工表面与其他表面之间的相对位置关系？为什么？

7.4　简述精密、超精密磨削加工出高精度工件表面的原理。

7.5　判断正误：

（1）特种加工主要采用机械能以外的其他能量，如电能、化学能、光能、声能等进行加工。

（2）电火花加工采用普通电源即可。

（3）在电火花加工中，工具电极与工件不直接接触，而在切削加工中，刀具直接切削工件。

（4）在电解加工过程中，被加工工件应接电源的负极。

（5）激光焊接所需要的能量密度比激光切割要高。

（6）超声加工更适合于韧性材料。

7.6　生产中常用电火花加工型腔模，在编制加工工艺路线时，电火花加工应安排在热处理之前还是之后进行？为什么？

7.7　电火花线切割加工有什么特点？

7.8　电火花加工的工作液与电解加工的电解液的作用有何不同？

7.9　哪些因素影响电解加工的生产率？

7.10 电解加工有何特点？

7.11 超声加工的基本原理是什么？

7.12 为什么电解磨削后的工件表面质量较好？

7.13 为什么激光可以作为加工工具，而普通可见光却不能？

7.14 什么是激光工作物质？常见的激光工作物质有哪些？

7.15 激光加工的机理是什么？

7.16 激光加工应用的共同技术基础是什么？可以从中获得哪些启示？

7.17 超声波为什么能作为"强化"的工艺过程？试列举几种超声波在工业、农业或其他行业中的应用。

7.18 水射流加工的原理是什么？

第**8**章

现代制造技术

8.1　快速成形制造技术

快速成形制造(rapid prototyping & manufacturing，RP&M)技术是 20 世纪 90 年代发展起来的一种先进制造技术，被认为是近年来制造技术领域的一次重大突破。RP&M 系统综合了机械工程、CAD、数控技术、激光技术及材料科学技术，可以自动、直接、快速、精确地将设计思想物化为具有一定结构和功能的原型或直接制造零件，从而可以对产品设计进行快速评价、修改及功能实验，有效地缩短了产品的研发周期，可以快速响应市场需求，提高企业的竞争力。

RP&M 就是利用三维 CAD 的数据，通过快速成形机，将一层层的材料堆积成实体原型。它彻底摆脱了传统的"去除"加工法(部分去除大于工件的毛坯上的材料来得到工件)，而采用全新的"增长"堆积法(用一层层的小毛坯逐步叠加成大工件，将复杂的三维加工分解成简单的二维加工的组合)。因此，它不必采用传统的加工机床和工模具，只需传统加工方法的 10%~30% 的工时和 20%~35% 的成本，就能制造出产品样品或模具。由于快速成形具有上述突出的优势，所以近年来发展迅速，已成为现代先进制造技术中的一项支柱技术。

8.1.1　RP&M 技术的原理及主要方法

RP&M 技术采用离散/堆积成形原理，通过离散获得堆积的路径和方式，通过精确堆积将材料"叠加"起来形成复杂三维实体，其成形过程如图 8.1 所示。离散/堆积的过程是由三维 CAD 模型开始的：先将 CAD 模型离散化，将某一方向(常取 Z 向)切成许多层面，即分层，属于信息处理过程；然后在分层信息控制下顺序堆积各片层，并使层层结合，堆积出三维实体零件，这是 CAD 模型的物理体现过程。每种快速成形设备及其操作原理都是基于逐层叠加的过程的。

RP&M 技术的具体工艺很多，主要可分为以下三种类型：

(a) 待加工零件　　(b) 用CAD软件将待　(c) 由CAD文件转换　(d) STL文件的切片和扫描　(e) 零件的形成
　　　　　　　　　　加工零件转化为　　成STL格式文件
　　　　　　　　　　三维实体模型

图 8.1　零件的快速成形制造过程

1. 激光快速成形制造法

用激光束扫描各层材料,生成零件的各层切片形状,并连接各层切片形成所要求的零件,这种方法就是激光快速成形制造法。

2. 成形焊接快速制造法

用焊接材料的方法来堆积形成复杂的三维零件就是成形焊接快速制造法。它是用 CAD 软件生成待加工零件的三维实体模型,并进行切片分层离散化,再控制生成焊枪在每层切片上所走的空间轨迹以及对应的焊枪开关状态,进行零件的成形焊接快速制造,加工出所要求的零件。

3. 喷涂式快速成形制造法

用计算机控制喷嘴在 XY 平面内的运动轨迹,通过喷嘴中喷出的液体或微粒,来形成零件的各层切片形状,再堆积制造出三维零件。

8.1.2　RP&M 技术的应用

RP&M 技术应用发展很快,最早应用于机械零件或产品整体设计效果的直观物理实现(第一类用途)。因为只是用于审查最终产品的造型、结构和装配关系等,因此对造型材料要求较低。第二类用途是制造用于造型的模型,如陶瓷型精铸模、熔模铸造模、冷喷模和电铸模等。第三类用途则为最终产品,如采用金属粉直接成形机械零件和压力加工模具等。

我国先后发展了立体光刻(stereo lithography apparatus, SLA)、分层实体制造(laminated object manufacturing, LOM)、熔融沉积成形(fused deposition modeling, FDM)、选择性激光烧结(selective laser sintering, SLS)四种 RP&M 工艺,并发展了相应的装备及配套材料,其成果已经商品化。2002 年,我国快速成形制造的设备已近千台套,仅次于美国和日本,居世界第三位,其中 60% 是我国自己研发制造的。我国自主开发了无模砂型制造(PLC)、低温冰型(LIRP)工艺以及不采用激光器的紫外光快速成形机等几种快速成形制造新设备、新技术,引起了国内外同行的高度重视。RP&M 在国民经济各个领域得到了广泛应用,目前已可应用于一般制造业、家用电器、航空航天、工程结构模型制造、美学及其相关工程、医学康复和考古等领域,并且还在向新的领域拓展。

在制造业中,以 RP&M 系统为基础发展起来并已成熟的快速模具工装制造(quick tooling)、快速精铸(quick casting)和快速金属粉末烧结(quick powder sintering)等技术,可实现零件的快速制造。

近年来，RP&M 技术因其不可比拟的优势而被用来进行组织工程材料的人体器官诱导成形研究。组织工程材料是与生命体相容的、能够参与生命体代谢并能在一定时间内逐渐降解的特种材料。用 RP&M 技术及组织工程材料制成的细胞载体框架结构能够创造一种微环境，以利细胞的黏附、增殖和功能发挥。细胞载体框架是一种极其复杂的非均质多孔结构，是充满生机的蛋白和细胞活动、繁衍的环境，在新的组织、器官生长完毕后，组织工程材料随代谢而降解、消失。在细胞载体框架结构支撑下生长的新器官是全天然器官，这一技术将为人们的健康提供更强有力的保证。

RP&M 经过多年的发展，已经显示出了无限的生命力，成功实现了 CAD/CAM 的集成。该项技术以其不可比拟的优势必将成为 21 世纪具有重要地位的先进制造技术。

8.2 微机械制造技术

微机械被认为是一项面向 21 世纪的新技术。目前所谓的微机械大致分为两大类：一类称之为微机械电子系统 MEMS(micro electric mechanical system)，侧重于用集成电路可兼容技术加工制造的元器件；另一类就是微缩后的传统机械，如微型机床、微型汽车、微型飞机、微机器人等。

微机械加工起始于硅基(电子)微加工技术，本质上是集成电路(IC)制造工艺和硅微加工技术的结合，后来发展出了一系列独立于硅微加工技术的新技术，而且加工材料也不仅限于硅。概括来讲，微机械制造(micromachining)技术是在微电子制造工艺基础上吸收融合其他加工工艺技术逐渐发展起来的，是实现各种微机械结构的手段。

8.2.1 对微机械的认识

随着超精加工、精细加工和硅集成电路技术的不断提高，微机械制造技术迅速发展，应用越来越广泛。尽管目前微机械有很多名称，但所指的都是同一领域。对微型机械的尺寸，世界上并没有统一的标准。日本的划分是，$1 \sim 10 \ mm$ 为"小型机械"，$1 \ \mu m \sim 1 \ mm$ 为"微型机械"，$1 \ nm \sim 1 \ \mu m$ 为"纳米机械或分子机械"，一般统称为微型机械。

美国最早研究并试制成功微机械，在微机械的基础研究与产品开发方面都处于世界领先地位。微机械在美国通常被称为 MEMS，日本称之为微型机械(micro machine)，欧洲称之为微型系统(micro system)。美国所说的 MEMS 侧重于用集成电路可兼容技术加工元器件，把微电子和微机械集成在一起，或者说是把微机构及其致动器、控制器、传感器、信号处理以及接口、通信和电源等集成在一个微小的空间内，发挥机械功能的集成型机电一体化系统。MEMS并不是传统机械电子的直接微型化，它在物质结构、尺度、材料、制造工艺和工作原理等方面都远远超出了传统机械电子的概念和范畴。广义的微机械除了包含 MEMS 之外，还应包括微缩后的传统机械，如微型机床、微型汽车、微型飞机等。

微机械技术综合应用了当今世界科学技术的尖端成果，是影响产业竞争力的基础技术之一。它的发展将使未来世界的科技、经济和社会等诸多领域产生重大变革。图 8.2 是微机械及其支撑体系框图。

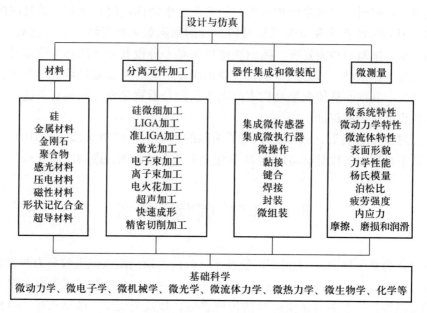

图 8.2　微机械及其支撑体系框图

8.2.2　微机械的制造工艺

1. 微机械的制造技术

这种微机械的尺寸在 1~10 mm 之间，可以看成是传统机械的微缩。它们大都结构复杂，运动也复杂。一般是用传统的工艺（切削加工、特种加工）制造，即用小型精密金属切削机床及电火花、线切割机床加工，制作毫米级的微型机械零件，是一种三维立体加工技术。其特点是加工材料广泛，但是多半是单件加工和装配，成本高。目前已用这种方法制造出能开动的 3 mm 长的小汽车和花生米大的微型飞机。

2. 微型机械制造技术

这种微机械的尺寸在 1 μm~1 mm 之间，其制造技术有多种，在此主要介绍以下几种。

（1）硅微机械制造技术

它是一种以硅为材料制造微机械的方法，它有两个分支：

1）集成电路 IC 技术　超大规模集成电路中的各种光刻工艺是微机械制造中的一种主要手段。它是利用物理层蚀刻工艺，在硅片上通过沉积、光刻与蚀刻的巧妙结合制作微型机电系统或元件。但是由于刻蚀深度小，只有几百纳米，微结构陡直性差，仅适用于二维结构和深宽比很小的三维结构。此外，IC 工艺仅适用于硅材料加工。由于硅材料的方向性，这种制作仅限于平面工艺，而对于深宽比较大的微结构和其他材料的元件，这种工艺就无能为力了。目前应用这种方法制造的微机械有微型齿轮、微型发动机、带有振动片的压力传感器、加速度计和陀螺仪等。

2）腐蚀成形技术　腐蚀成形技术的特点是在基片上生成一个称为"牺牲层"的 SiO_2 层。

蚀刻后再将其溶解、清洗掉。腐蚀成形技术有湿法和干法两种，湿法又分溶液法和阳极法，干法又分离子法和激光法。其中溶液法由于使用简单、成本低、工艺效果好、加工范围宽而备受青睐，而激光腐蚀法通过照射剂量的调节，能腐蚀加工几乎任何形状的微型机构，这是其他方法所不能比拟的。腐蚀成形技术与 IC 技术相比，所制造的 MEMS 更小、更复杂和精密，结构高度可在 20 μm 以内，加工材料的范围也更加广泛。

硅微机械制造技术的最大优点是利用了已有的集成电路生产线，电子电路能以微机械结构的形式与机械结构制作在同一芯片上，因而生产率高、成本低，这种结构又称为片式结构。

（2）激光微加工技术

激光加工（laser beam machining，LBM）是 20 世纪 90 年代初发展起来的，主要有激光束和各向异性刻蚀相结合的激光蚀刻加工、激光化学辅助微加工等，其优越性是激光器可在市场上买到，容易满足加工条件，发展前景看好。

激光加工具有以下特点：① 加工精度高，激光束光斑直径可达 1 μm 以下，可进行超微细加工；它属于非接触式加工，无明显机械作用力，加工变形小；② 可加工材料范围广，可加工各种金属和非金属材料；③ 加工性能好，对加工条件和环境要求不高，在某些特殊工况下可方便地进行加工；④ 加工速度快，热影响区域小、效率高。

（3）薄膜成形技术

采用金刚石、陶瓷、超导材料以及各种半导体材料生成的薄膜具有独特的理化性能。其厚度可以小到微米甚至纳米级，此时材料的特性与毫米级（或更大尺寸）的相同材料有着难以想象的差别。例如，硅材料在宏观尺寸时脆性大、强度低，但是在薄膜状态，却具有很高的韧性，并且不像金属材料那样会产生疲劳破坏。薄膜成形技术将不同的基片材料与相应的薄膜结合起来，可构成功能十分复杂的微机械，特别是传感器。薄膜一般可以用气相沉积、液相沉积和固相沉积等方法制备。

（4）微细切削技术

微细切削技术是一种由传统切削技术衍生出来的微细切削加工方法，主要包括微细车削、微细铣削、微细钻削、微细磨削、微冲压等。微细车削是加工微小型回转类零件的主要方法，与宏观加工类似，需要微细车床（图 8.3）、相应的检测与控制系统，但其对主轴的精度以及刀具的硬度和微型化有很高的要求。

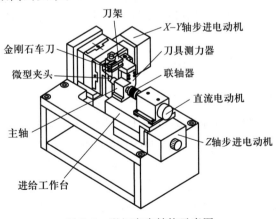

图 8.3 微细车床结构示意图

微细钻削的关键是微细钻头的制备，目前借助于电火花线电极磨削可以稳定地制成直径为 10 μm 的钻头，最小的可达 6.5 μm。微细铣削可以实现任意形状微三维结构的加工，生产率高，便于扩展功能，对于微机械的实用化开发很有价值。近来，日本已研制成功将各种切削技术整合在一起的便携式微型工厂，由微型车床、铣床、冲压机、搬运机械手、双指机械手及电路、控制装置等组成，可以像旅行箱一样推着走。

此外，还有 LIGA 技术，目前在微制造领域中发挥着越来越重要的作用。LIGA 是制版术 lithographie、电铸成形 galvanoformung 和注塑 abformung 三个字头缩写，它包括深层 X 光光刻、电铸成形和注塑成形三个主要工艺过程。

LIGA 技术自其发明以来在许多领域得到了应用，如小型磁力异步电动机、光纤连接器、加速度传感器、微型单色器、集成光学光束分裂器、微热交换器、微反应器、微型夹钳、微阀门、微泵、微型引信系统等。

微机械可以广泛地应用于工业、农业、国防、航空航天、航海、医学、生物、环境、家庭服务等多领域，如微型机器人、微传感器、微机构、微传动元器件、微仪器仪表、微控制器以及微型机器等。我国已经开展了微型直升机、微型传感器、微型泵、微型发动机和微陀螺等多项微机械器件的研究工作，应用前景广阔。

8.3 计算机集成制造系统

计算机集成制造（computer integrated manufacturing，CIM）的概念是由美国的 Joseph Harrington 博士在 1974 年出版的 *Computer Integrated Manufacturing* 一书中正式提出的。他从系统论和信息化的角度出发，提出了两个重要观点。一是系统观，企业生产经营的各个环节，从市场分析、产品开发、加工制造、管理、销售到售后服务，都应看成是一个整体，须用系统工程的观点和系统分析的方法来观察企业的生产经营问题；二是制造信息观，企业生产经营过程的实质是信息采集、传递、加工处理的过程，其最终产品是信息的物质表现。计算机集成制造是一种理念，基于这样的理念，借助于以计算机为核心的信息技术，将企业中各种与制造有关的技术系统集成起来，使企业得到整体优化，从而提高企业适应市场竞争的能力。从 20 世纪 80 年代初，这种先进理念开始受到制造领域的重视，并付诸实施。

8.3.1 计算机集成制造系统概述

1. CIM 和 CIMS 的定义

人们在研究和实践计算机集成制造的过程中，CIM 的概念在变化、完善和提高。我国在 1986 年开始实施旨在振兴高科技实力的国家 863 计划，863 计划 CIMS 主题中提出，CIM 是一种组织管理企业的新理念，它将传统的制造技术与现代信息技术、管理技术、自动化技术、系统工程技术等有机地结合，将企业生产全过程中有关人/机构、经营管理和技术三要素，及其信息流、物质流和能量流有机地集成并优化运行，以实现产品上市快（time）、质量高（quality）、成本低（cost）、服务好（service），从而使企业在市场竞争中取胜。

计算机集成制造系统(CIMS),则是基于 CIM 概念而组成的一种工程集成系统,是 CIM 的具体实现。

CIMS 的核心在于集成,不仅是综合集成企业内各生产环节的有关技术,如计算机辅助经营决策与生产管理技术(MIS、OA、MRP Ⅱ)、计算机辅助设计和分析技术(CAD、CAE、CAPP)、计算机辅助制造技术(CNC、DNC、FMC、FMS、CAM)、计算机辅助质量管理与控制技术等,更重要的是将被称之为 CIMS 三要素的企业内的人/机构、经营管理和技术的有效集成,这三个要素之间是相互作用、相互制约的。CIMS 三要素的集成如图 8.4 所示。

(1)经营管理与技术的集成

用技术支持经营,即利用计算机技术、自动化技术、制造技术以及信息技术等各种工程技术,支持企业达到预期的经营目标。

(2)人/机构与技术的集成

用技术支持人员工作,即利用各种工程技术支持企业中各类人员的工作,使之互相配合,协调一致,发挥最大的工作效率。

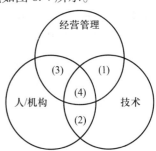

图 8.4 CIMS 三要素的集成

(3)人/机构与经营管理的集成

以机构/人员的协调工作支持经营活动,即通过人员素质的提高和组织机构的改进来支持企业的经营和管理。

(4)CIMS 三要素的综合集成

CIMS 三要素的综合集成使企业达到整体优化。

在 CIMS 集成的诸要素中,人的作用最为关键。企业经营思想的正确贯彻,首先要通过人来实现;先进技术能否发挥作用,真正改善经营,取得经济效益,归根结底也取决于人。从 20 世纪 70 年代至 90 年代初期,工业发达国家付出了极大努力,将制造业的系统观点、CIM 的概念和技术加以发展,并付诸实践,以期获得 CIMS 的潜在效益。但大多数实施 CIMS 的企业并未取得预期的效果。人们在生产实践中逐渐认识到,制造企业缺乏足够的合格工程师是一个重要的原因。CIMS 技术对于忽视人力资源要素造成的影响特别敏感,由此产生了制造系统运作的新观点,即培养 CIMS 企业的人的能力,进而开发出新的制造技术。这样 CIM 概念就开始从以技术为中心向以管理为中心转变。

2. CIMS 的发展阶段

从系统集成优化的角度,可将 CIMS 技术的发展划分为三个阶段:信息集成、过程集成和企业间集成。

(1)信息集成

CIMS 发展的初期主要研究信息集成,信息集成是为了实现企业中各个自动化孤岛之间的信息交换与共享,其主要内容:① 企业建模、系统设计方法、软件工具和规范;② 异构环境和子系统的信息集成。早期信息集成的实现方法主要通过局域网和数据库,近期多采用企业网、外联网、产品数据管理(PDM)、集成平台和框架技术。值得指出的是,基于面向对象技术、软构件技术和 WEB 技术的集成框架,已成为系统信息集成的重要支撑工具。

(2)过程集成

传统的产品开发模式采用串行产品开发流程,设计与加工生产是两个独立的功能部门,缺乏数字化产品定义、DFA/DFM 工具和产品数据管理,缺乏支持群组协同工作的计算机与网络环境。并行工程则较好地解决了这些问题，它组成多学科团队，尽可能多地将产品设计中的各个串行过程转变为并行过程，在早期设计阶段采用 CAX、DFX 工具考虑可制造性（DFM）、可装配性（DFA）和质量（DFQ），以减少返工，缩短开发时间。

（3）企业间集成

企业间集成优化是企业内、外部资源的优化利用，实现分散化网络化制造、敏捷制造，以适应知识经济、全球经济、全球制造的新形势。从管理的角度，企业间实现企业动态联盟（虚拟企业，virtual enterprise），形成扁平式企业的组织管理结构和"哑铃型企业"，克服"小而全""大而全"，实现产品型企业，增强新产品的设计开发能力和市场开拓能力，发挥人在系统中的重要作用。

企业间集成的关键技术包括信息集成技术、并行工程的关键技术、虚拟制造、支持敏捷工程的使能技术系统，基于网络（如 Internet/Intranet/Extranet）的敏捷制造以及资源优化（如 ERP、供应链、电子商务）等。

8.3.2　计算机集成制造系统的组成

从系统的功能角度考虑，CIMS 通常包含了一个制造企业的经营管理、设计、质量控制、制造四类主要功能，要使这四类功能有机地集成起来，还需要两个公共支撑系统，即计算机网络、分布式数据库，及指导集成运行的系统技术。因此，一般认为 CIMS 可由经营管理信息分系统（MIS）、技术信息分系统（TIS）、制造自动化分系统（MAS）、质量保证分系统（QIS）等功能分系统，以及计算机网络分系统、数据库管理分系统（NET&DB）两个支撑分系统组成，如图 8.5 所示。

需要说明的是，CIMS 的这种组成结构并不意味着任何一个企业在实施 CIMS 时都必须同时实现所有的六个分系统。由于每个企业原有的基础不同，各自所处的环境不同，因此应根据企业的具体需求和条件，在 CIM 思想指导下进行局部实施或分步实施，逐步延伸，最终实现 CIMS 的建设目标。

1. 经营管理信息分系统

经营管理信息分系统是将企业生产经营过程中产、供、销、人、财、物等进行统一管理的计算机应用系统，是 CIMS 的神经中枢，指挥与控制着 CIMS 其他各部分有条不紊地工作。经营管理信息分系统具有三方面的基本功能：

（1）信息处理

包括信息的收集、传输、加工和查询。

（2）事务管理

包括经营计划管理、物料管理、生产管理、财务管理、人力资源管理等。

（3）辅助决策

分析归纳现有信息，利用数学方法预测未来，提供企业经营管理过程中的辅助决策信息。

经营管理信息分系统的核心是制造资源计划 MRP Ⅱ。它能通过其功能模块，将企业内的各个管理环节有机地结合起来，在统一的数据环境下实现管理信息的集成，从而达到缩短产品生产周期、减少库存、降低流动资金、提高企业应变能力的目的。

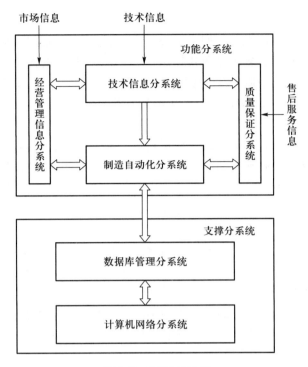

图 8.5 CIMS 的组成

2. 技术信息分系统

技术信息分系统用于计算机辅助产品设计、工艺设计、制造准备等工作。目的是使产品开发活动更高效、更优质地进行。它的主要功能模块有计算机辅助设计(CAD)、计算机辅助工程分析(CAE)、计算机辅助工艺过程设计(CAPP)、计算机辅助制造(CAM)、成组技术(GT)等。

CAD、CAPP、CAM 技术最初处于独立发展状态,相互间缺乏通信和联系。CIM 理念的提出和发展使 CAD、CAPP、CAM 集成技术得到快速的发展,并成为 CIMS 的重要性能指标。实现 3C 技术集成的途径可归纳为统一的产品定义和产品数据交换。

产品定义是用计算机语言对产品进行表达,以便进行信息交换,实现信息共享。由于产品的几何信息是表达产品的基本信息,所以对产品几何形状表达的研究一直受到重视,先后出现了线框造型、表面造型、实体造型等表达方法。但这些方法难以构造复杂零件的几何形状,且不能表达加工信息。此后又出现了特征造型。特征造型把参数化的基本体素定义为特征,用特征通过体素的拼合构造零件的几何形状。基于特征造型的产品模型能够表达工艺设计和产品制造所需的信息,是实现 CAD、CAPP、CAM 集成的一个有效途径。

产品数据交换是 CAD、CAPP、CAM 连接的接口,是实现 CAD、CAPP、CAM 集成的基础,人们对此进行了大量的研究,并提出了许多相关的数据交换标准。如美国 CAM-I 提出的初始化图形交换规范(initial graphics exchange specfication, IGES),国际标准化组织(ISO)制定的产品模型数据的交换标准(standard for the exchange of product model data, STEP)。IGES 能解决二维图样的信息共享;而 STEP 是以中性格式概括出一个在产品生命周期内具有完整性和集成性的计算机化的产品模型信息,它能完整地表示产品的数据,应用领域广泛。

3. 制造自动化分系统

制造自动化分系统由数控机床、加工中心、柔性制造单元或柔性制造系统、清洗机、测量机、运输小车、立体仓库、多级分布式控制(管理)计算机等设备及相应的支持软件组成。制造自动化分系统位于企业制造环境的底层，是直接完成制造活动的基本环节。它是 CIMS 的信息流和物料流的结合点，是 CIMS 最终产生经济效益的聚集地。

4. 质量保证分系统

质量保证分系统包括质量保证计划、质量检测、质量评价、控制与跟踪等功能。该系统保证从产品设计、制造、检测到后勤服务覆盖产品生命周期的各个阶段的质量，以实现产品高质量、低成本，提高企业竞争力的目的。它由质量计划子系统、质量检测管理子系统、质量分析评价子系统、质量信息综合管理与反馈控制子系统组成。

5. 数据库管理分系统

数据库管理分系统是 CIMS 的一个支撑分系统，它是 CIMS 信息集成的关键之一。在 CIMS 环境下的经营管理数据、工程技术数据、制造控制和质量保证等各类数据需要在一个结构合理的数据库系统内进行存储和调用，以满足各分系统信息的交换和共享，达到集成的目的。由于位于不同结点的计算机所处理的数据类型不同，因此集成的数据管理系统采用分布式异型数据库技术，通过互联的网络体系结构完成全局的数据调用和分布式的事务处理是一种有效的方法。

产品数据管理(PDM)是一种关键的使能技术，可用于支持各种项目的实施(包括 CIMS、并行工程和业务流重组等)。PDM 可看作是工程数据管理、工程文献管理、产品信息管理(PIM)、技术信息管理(TIM)等的一种通用扩展。

PDM 系统跟踪了设计、制造、加工以及产品维护、服务所需的大量数据和信息，这些信息包括了零件说明、BOM、配置(结构)、文档、CAD 文件和授权信息等。PDM 控制了所有与产品定义及管理相关的过程，包括授权及发布信息。

PDM 系统不仅面向设计，也面向管理，是设计和管理系统的桥梁和纽带。现行的 MRP Ⅱ 软件虽已发展到对企业的产、供、销、人、财、物等全面的信息管理，但其基本思想是解决市场竞争中产品资源的合理调配问题。而对现代企业管理而言，这一高度是不够的。现代企业大多是"哑铃型"结构，重点是设计和市场，产品在设计阶段的设计成本、财务成本、销售成本能得到及时反映，PDM 将扮演重要角色。

6. 计算机网络分系统

计算机网络分系统是 CIMS 的另一主要支撑技术，是 CIMS 重要的信息集成工具。它利用统一的通信协议，实现异种机互联、异构局域网络及多种网络互联。它以分布为手段，满足各功能分系统对网络支持的不同需求，支持资源共享、分布处理、分布数据库、分层递阶和实时控制。

依照企业覆盖地理范围的大小，有两种计算机网络可供 CIMS 采用：一种为局域网，另一种为广域网。目前，一般以局域网为主，如果工厂厂区的地理范围相当大，局域网可通过远程网进行互联。

随着市场竞争的加剧和信息技术的飞速发展，企业的 CIMS 已从内部的集成发展到更开放、范围更大的企业间的集成。如技术信息分系统，可以在因特网或其他广域网上进行异地联合设计；企业的经营、销售及服务可以是基于因特网的电子商务（EC）、供需链管理（supply chain management）；产品的加工、制造也可实现基于因特网的异地制造。这样，企业内、外部资源可以更充分地利用，有利于扩大竞争优势，快速响应市场。

    CIMS 在数据库管理分系统和计算机网络分系统的支持下，可实现各个功能分系统之间的通信，有效地保证全系统的功能集成。CIMS 各功能分系统之间的信息交换如图 8.6 所示。

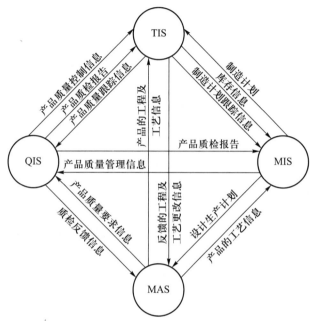

MIS—管理信息系统；TIS—技术信息系统；
MAS—制造自动化系统；QIS—质量保证系统

图 8.6　CIMS 各功能分系统之间的信息交换

8.4　智能制造技术

8.4.1　智能制造概述

    智能制造（intelligent manufacturing，IM）源于人工智能的研究。智能制造是一种由智能机器和人类专家共同组成的人机一体化智能系统，它在制造过程中能进行智能活动，诸如分析、推理、判断、构思和决策等。通过人与智能机器的合作，去扩大、延伸和部分地取代人类专家在制造过程中的脑力劳动，使制造自动化的概念更新，扩展到柔性化、智能化和高度集成化。

    智能制造是基于新一代信息技术，贯穿于产品、制造、服务全生命周期各个环节（见图 8.7），具有信息深度自感知、智慧优化自决策、精准控制自执行等功能的先进制造过程、系统与模式的总称。智能制造具有以智能工厂为载体、以关键制造环节智能化为核心、以端到端数据流为基础、以网络互联为支撑等特征，可有效缩短产品研制周期、降低运营成本、提高生产率、提升产品质量、降低资源消耗。

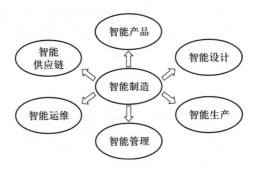

图 8.7　智能制造的主要内容

智能制造包含智能制造技术和智能制造系统。

智能制造技术（intelligent manufacturing technology，IMT）是在传感技术、网络技术、自动化技术以及人工智能的基础上，通过感知人机交互决策执行实现产品设计制造以及企业管理服务的全方位、多角度的智能化，是信息技术与制造技术的深度集合。智能制造是可持续发展的制造模式，以计算机信息处理与通信技术为基础，融入产品的设计开发与制造的整个生命周期，有效合理地利用有限的物质资源和能源，减少损耗与浪费，实现循环再利用。总之，智能制造技术符合全球制造发展的客观要求，是制造业发展的必然趋势。

智能制造系统（intelligent manufacturing system，IMS）是把机器智能融入包括人和资源形成的系统中，使制造活动能动态地适应需求和制造环境的变化，从而满足系统的优化目标。智能制造系统在产品制造过程的各个环节具有高度柔性及高度集成化，通过计算机和模拟人类专家的智能活动，进行分析、判断、推理、构思和决策，旨在取代或延伸制造环境中人的部分脑力劳动，并对人类专家的制造智能进行收集、存储、完善、共享、继承与发展。

8.4.2　智能制造发展历程

先进的计算机技术和制造技术向产品、工艺和系统的设计和管理人员提出了新的挑战，传统的设计和管理方法不能有效地解决现代制造系统中出现的问题，这就促使人们融合集成传统制造、计算机与人工智能等技术，发展出了一种新型的制造技术与系统，即智能制造技术与智能制造系统。智能制造正是在这一背景下产生的。

先进的制造装备离开了信息的输入就无法运转，信息流的通畅是制造的重要前提和必要条件，柔性制造系统（FMS）一旦被切断信息来源就会立刻停止工作。现代制造系统正在由原先的能量驱动型转变为信息驱动型，这就要求制造系统不但要具备柔性，而且还要具备智能，否则难以处理如此大量而复杂的信息。瞬息万变的市场需求和激烈竞争的复杂环境，也要求制造系统具有更高的灵活性、敏捷性和智能化。因此，智能制造越来越受到重视。

1989 年，日本提出智能制造系统，并于 1994 年启动了先进制造国际合作研究项目，包括了公司集成和全球制造、制造知识体系、分布智能系统控制及快速产品实现的分布智能系统技术等。1992 年，美国执行新技术政策，大力支持几种关键重大技术(critical technology)，包括信息技术和新的制造工艺，智能制造技术也在其中，美国政府希望借助此举改造传统工业并启动新产业。加拿大制定的 1994—1998 年发展战略计划，认为未来知识密集型产业是驱动全球经济和本国经济发展的基础，认为发展和应用智能系统至关重要，并将具体研究项目选择为智能计算机、人机界面、机械传感器、机器人控制、新装置及动态环境下的系统集成。欧洲联盟的信息技术相关研究有 ESPRIT 项目，该项目大力资助有市场潜力的信息技术。1994年又启动了新的研究项目，选择了 39 项核心技术，其中 3 项(信息技术、分子生物学和先进制造技术)均突出了智能制造的位置。

20 世纪 80 年代末，我国将"智能模拟"列为国家科技发展规划的主要课题，在专家系统、模式识别、机器人及汉语机器理解方面取得了一批成果。科学技术部也正式提出了"工业智能工程"，作为技术创新计划中创新能力建设的重要组成部分，智能制造是该项工程中的重要内容。

近年来，借助于物联网、人工智能、大数据、云计算等信息技术的发展，各个国家又将智能制造推向了新的高度。

1. 德国工业 4.0

德国政府在 2010 年发布的《德国 2020 高技术战略》中提出了十大未来项目，其中最重要的一项就是"工业 4.0"。2013 年 4 月，汉诺威工业博览会之后，德国"工业 4.0"工作组发表了《保障德国制造业的未来：关于实施"工业 4.0"战略的建议》，正式将"工业 4.0"提升为国家战略，旨在支持工业领域新一代革命性技术的研发与创新，德国政府为此投入达 2亿欧元。德国将制造业领域技术的发展进程用工业革命的 4 个阶段来表示(图 8.8)，"工业4.0"就是第四次工业革命。

2. 英国的"高值制造"

英国是第一次工业革命的起源国家，20 世纪 80 年代之后，英国逐渐向金融、数字创意等高端服务产业发展，制造业发展放缓。2008 年金融危机后，英国制造业开始回归。英国政府科学办公室在 2013 年 10 月推出了"英国工业 2050 计划"，被看作英国版的"工业 4.0"。"英国工业 2050 计划"提出，制造业并不是传统意义上的"制造之后再销售"，而是"服务再制造"(以生产为中心的价值链)。"高值制造"就是高附加值的制造，是一场制造业的革命，通过信息通信技术、新工具、新方法、新材料等与产品和生产网络的融合，极大地改变了产品的设计、制造甚至使用方式。

3. 美国的先进制造(再工业化)

为重塑美国制造业在全球的竞争优势，美国国家科学技术委员会于 2012 年 2 月正式发布了《先进制造业国家战略计划》，对未来的制造业发展进行了重新规划，依托新一代信息技术和新材料、新能源等创新技术，加快发展技术密集型先进制造业。美国政府提出了"再工业化"来重振美国制造业，重塑制造业全球竞争优势。

4. 中国制造 2025

面对欧美发达国家推行的"工业 4.0""高值制造""再工业化"等战略，以及我国制造业面临的诸多严峻问题，国务院于 2015 年 5 月 19 日发布了我国制造强国战略的第一个十年行

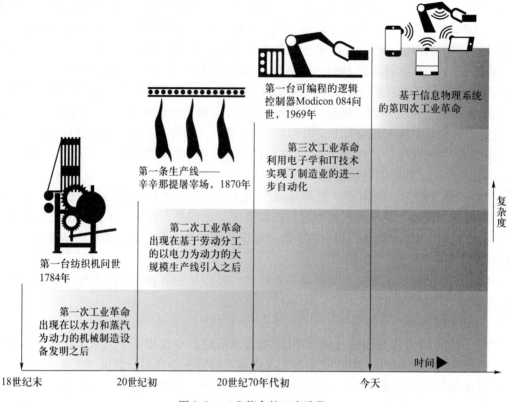

图 8.8　工业革命的四个阶段

动纲要《中国制造 2025》，旨在抢占技术发展的战略制高点，从根本上改变中国制造业"大而不强"的局面。

《中国制造 2025》的总体指导思想是，坚持走中国特色新型工业化道路，以促进制造业创新发展为主题，以提质增效为中心，以加快新一代信息技术与制造业融合为主线，以推进智能制造为主攻方向……《中国制造 2025》提出了通过"三步走"实现制造强国的战略目标：第一步，到 2025 年迈入制造强国行列；第二步，到 2035 年我国制造业整体达到世界制造强国阵营中等水平；第三步，到中华人民共和国成立一百年时，我国制造业大国地位更加巩固，综合实力进入世界制造强国前列。

简言之，《中国制造 2025》与德国的"工业 4.0"、美国的"先进制造"有不同之处，也有相同之处，其核心都是智能制造。美国利用先进的互联网优势以期整合全球工业资源。德国希望将传统工业向信息技术发展，保持其装备制造业的全球领先地位。我国则通过"互联网+工业"来促进制造业的转型升级，以期实现由制造业大国向制造业强国转变的宏伟目标。

我国专家对智能制造技术体系进行了细致的划分，主要包括智能制造装备技术、智能制造系统技术及智能制造服务技术，并做了中长期规划，列出了 2020 年—2030 年的整体目标，如图 8.9 所示。

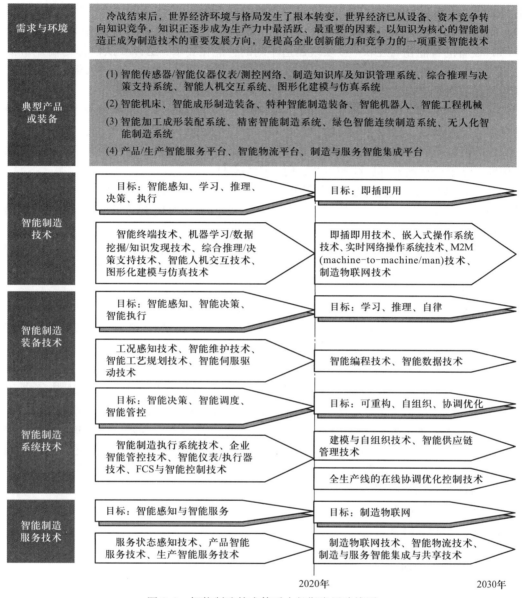

图 8.9　智能制造技术体系中长期发展路线图

8.4.3　智能车间

1. 智能车间概述

智能车间是通过物联网技术、自动化技术、网络技术及软件管理系统使数控自动化设备（含生产设备、检测设备、运输设备、机器人等所有设备）实现互联互通，达到感知状态（客户需求、生产状况、原材料、人员、设备、生产工艺、环境安全等信息），进行实时数据分析，从而实现自动决策和精确执行命令的自组织生产的车间。

智能车间融合了物联网技术、自动化技术以及先进的网络技术等，实现了产品全生命周期的智能化，具有自我收集、自我存储以及自我分析等特征。传统的生产管理已经不能满足智能车间的要求，在传统制造的基础上，智能车间需要引入新的特性，主要有以下几个方面：

（1）设备的智能化与互联。要实现制造车间的智能化要求，必须要从设备终端开始实行。通过将智能终端设备引入到车间生产现场中，并采用物联网技术，将各个终端设备互联互通，实现各种设备间的智能感知与互联，为最终实现智能制造奠定物理基础。

（2）更强的数据实时性。智能车间是一个高度自动化的现场，生产过程中产品的各种生产信息需要实时获取，分布于车间的智能设备保证了智能车间生产的自动化。如果生产线中某一工位的信息不能实时获取，现场数据不能及时反馈给管理层，管理层就不能及时做出决策或调度，不能合理地安排后续的生产，使生产率降低。

（3）生产管理的集成化。生产管理的集成不仅包括前端设备实时数据与后台管理系统关系数据的集成，还包括生产中各业务流程的集成，使各管理模块更易于维护，并能实现不同的管理系统的异构平台的可移植性。

（4）网络化的协同制造。智能制造结合了先进的网络技术，故智能车间的生产管理需要支持网络化的功能。通过网络，分布在不同地点的生产车间可以实现实时信息的互联及互通，协同完成全部的生产活动，使生产过程的管理更加敏捷化。

（5）数据的分析与反馈。智能车间的智能设备保证了生产数据的自动实时获取，此外还需要对数据进行实时分析、处理等操作，并将处理结果实时反馈给管理层，实现整个生产的闭环控制，为智能生产管理智能决策提供数据支持。

2. 智能车间功能与规划

数字化车间是集成装备信息管理、车间监控、产品设计和生产管理，实现装备自动化、加工自动化、信息自动化和管理简单化的信息集成制造系统。而智能车间是在数字化车间的基础上，融合物联网技术、自动化技术以及先进的网络技术发展起来的，对传统制造车间提出了更高的功能要求。2019 年江苏省工业和信息化厅在《关于做好 2019 年示范智能车间申报工作的通知》中提出，示范智能车间需要达到以下要求：

（1）智能装备广泛应用。
（2）车间设备互联互通。
（3）生产过程实时调度。
（4）物料实现自动配送。
（5）产品信息实现生产过程可追溯。
（6）车间环境实现智能管控。
（7）资源、能源消耗实现智能管控。
（8）车间网络系统实现安全可控。
（9）经济效益明显提升。
（10）车间作业安全实现智能管控。
（11）车间与车间外部实现联动协同。

8.4.4 智能工厂

1. 智能工厂概念

随着科学技术的发展，智能制造已成为当今制造业的主题。2013 年，德国"工业 4.0"

在全球范围内引发了新一轮的工业转型竞赛。其涉及两大主题：一是智能工厂，重点研究智能化生产系统及过程，以及网络化分布式生产设施的实现；二是智能生产，主要涉及整个企业的生产物流管理、人机互动以及增材制造在工业生产过程中的应用等。"中国制造2025"将智能制造列为五大工程之一，而智能工厂的建设已经成为当前工业企业发展的热点。

智能工厂是在数字化工厂的基础上，以互联网平台为基础，通过设备监控、数据传输、设备互联等手段组成智能制造网络，以高效地完成加工任务的一种新型制造模式。从组成上而言，智能工厂由多个智能车间或多条智能生产线组成，而智能生产线由多台生产设备或控制设备通过技术手段联网形成。在新技术革新的背景下，未来的智能工厂将逐渐形成以大数据、物联网等新一代技术为基础的生产全生命周期管理，强调生产系统的"智能化"。其与传统工厂存在较大的区别，具体如表 8.1 所示。

表 8.1 智能工厂与传统工厂的区别

区 别	传 统 工 厂	智 能 工 厂
制造系统	各系统模块间连接程度较低，信息传递效率较低	各模块系统无缝连接，构建一个完整的智能化生产系统
制造车间	绝大部分设备不能实现互联互通，部分制造单元自动化程度低	基于数字化、自动化以及智能化，实现设备与设备、设备与人、人与人互联互通
过程分析	大部分统计、检测、分析等工作依靠人工完成	实现数据采集和分析、信息流动、产品和设备检测自动化
虚拟仿真	仿真程度较低，侧重于在产品研发阶段，仿真技术与实体工厂关联性较低	虚拟仿真技术的使用从产品设计到生产制造再到销售等一直扩展到整个产品生命周期，与实体工厂相互映射
企业数据	数据多是静态数据，数据量较小，数据采集、分析、使用等响应较慢	数据来源多元化，数据量大，强调动态、静态数据的实时采集、分析、使用
经营模式	产品	产品+服务

对于制造企业而言，制造工厂是企业的核心组成，也是企业的基础。因此，针对工厂或生产车间开展智能化改造，形成智能工厂或智慧工厂，可以从基础上提高制造企业的智能化水平，具有较强的实际应用价值和研究意义。

2. 智能工厂的体系架构

随着制造业的发展，近年来针对智能制造和智能工厂的研究很多，其中以德国的工业4.0、美国的工业互联网、中国制造 2025 等为典型代表。目前，针对智能制造系统架构与参考模型的研究主要以各相关国际组织和各国家相关部门等为主，也有部分高校、实验室和企业等开展了相关的研究。

2015 年 4 月，德国工业 4.0 平台发布了工业 4.0 参考架构模型(reference architecture model industrie 4.0，RAMI 4.0)，如图 8.10 所示。该模型由全生命周期与价值流(life cycle and value stream)、层级结构(hierarchy levels)、系统级别(layers)三个维度组成。

2015 年 12 月，中国工业和信息化部与国家标准化管理委员会发布了应用于智能制造十大重点领域的智能制造系统架构(intelligent manufacturing system architecture，IMSA)，如图 8.11 所示。

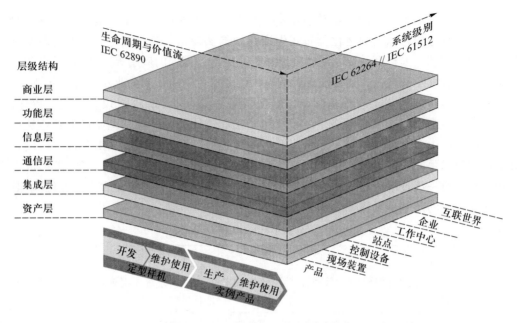

图 8.10 德国工业 4.0 参考架构模型

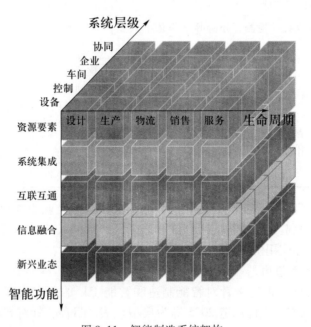

图 8.11 智能制造系统架构

该架构体系由生命周期、系统层级、智能功能三个维度组成。在生命周期维度上，包括了设计、生产、物流、销售、服务等活动，各项活动相互关联、相互影响。在系统层级维度上，分为了五层，强调装备智能化、互联网协议化以及网络扁平化，各个层级具体内容如表 8.2 所示。智能功能维度则包括了资源要素、系统集成、互联互通、信息融合和新兴业态等五层。

表 8.2 智能工厂制造体系架构系统层级

层　级	内　　容
设备层级	物理部分，包括机器、机械和装置、传感器、仪表仪器、条码、射频识别等，是物质技术基础
控制层级	包括可编程控制器(PLC)、数据采集与监控系统(SCADA)、分布式控制系统(DCS)和现场总线控制系统(FCS)等
车间层级	实现面向工厂/车间的生产管理，包括制造执行系统(MES)等
企业层级	实现面向企业的经营管理，包括企业资源计划系统(ERP)、产品生命周期管理系统(PLM)、供应链管理系统(SCM)和客户关系管理系统(CRM)等
协同层级	由产业链上不同企业通过互联网共享信息，实现协同研发、智能生产、精准物流和智能服务等

8.5 先进制造模式

8.5.1 先进制造模式概述

先进制造模式是以市场需求为驱动，以先进制造技术为基础，运用先进的制造管理理念，对制造系统进行设计、组织和运作的方式。先进制造模式以获取生产有效性为首要目标，以制造资源快速有效集成为基本原则，以人、组织、技术相互结合为实施途径，使制造系统变得精益、敏捷、优质和高效，以适应市场变化对时间、质量、成本、服务和环境提出的新要求。

在全球化趋势不断发展、创新进程极大加快的背景下，落后产能被淘汰，新型产业脱颖而出，成为引领新一轮经济增长的"引擎"。当前，企业应主动应用现代制造技术，调整优化产品结构，推动企业转型升级，转变经营发展方式。

现代制造技术与先进制造模式之间的关系如图 8.12 所示。

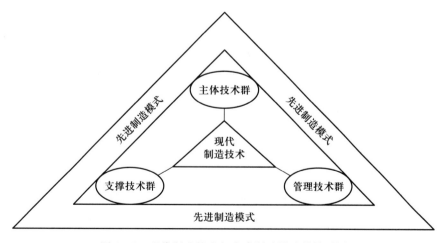

图 8.12 现代制造技术与先进制造模式的关系图

8.5.2 精益生产

1. 精益生产的产生和概念

丰田生产方式是日本工业竞争战略的重要组成部分,它反映了日本在重复性生产过程中的管理思想。丰田生产方式的指导思想是,通过生产过程整体优化,改进技术,理顺物流,杜绝超量生产,消除无效劳动与浪费,有效利用资源,降低成本,改善质量,达到用最少的投入实现最大产出的目的。

日本企业在国际市场上的成功,引起西方企业界的浓厚兴趣。西方企业家认为,日本在生产中所采用的方式是其在世界市场上竞争的基础。20 世纪 80 年代以来,西方一些国家很重视对丰田生产方式的研究,并将其应用于生产管理。

20 世纪 90 年代,美国麻省理工学院国际汽车项目研究小组对日本汽车工业生产方式做了大量的调查分析对比后认为,日本的丰田生产方式是最适合现代制造企业的一种生产组织管理形式,并提出了"精益生产"的新概念。

精益生产(lean production,LP)的含义目前还没有统一的认识,但其基本目标已经取得共识:就是适时适量地制造,通过持续不断地改进,消除生产过程中的一切浪费,以达到质量零缺陷,产品零库存的目标。

精益生产既不同于单件生产方式,也不同于大量生产方式。单件生产中,生产厂家使用的是高度熟练的工人和简单通用的工具,每次生产一种产品,这样的生产成本高,价格昂贵,大多数用户难以承受。大量生产使用专业领域十分狭窄的设计人员、非熟练和半熟练工人,采用昂贵的专业设备,大批量地生产标准产品。这种生产不仅设备成本高,需要许多缓冲环节,如额外的协作厂、额外的工人和场地,而且产品品种难有大的变化。精益生产综合了这两种生产方式的优点,既避免了前者的高成本,又避免了后者的僵化。它使用的工人是多面手,设备通用性好、自动化程度高,产品品种多样,能适应市场变化的需要。精益生产的基本思想非常简单:摒弃一切多余的,企业和用户不能直接用于产生附加价值的东西。因此,与大量生产相比,它的总投入大为减少,加工中出现的差错和废品大大减少,且库存也可减半。

精益生产在 20 世纪 70 年代末期被引入我国,长春第一汽车制造厂是最早引进精益生产方式的企业,当时实行计划经济,精益生产并未受到足够的重视。近年来,随着我国经济的迅猛发展,以及"中国制造 2025"行动纲要的发布,许多企业意识到了精益生产的重要性和发展前景,纷纷加以应用,取得了显著的效果。

2. 精益生产方式特征

精益生产方式综合了大量生产和单件生产方式的优点,又克服了两种方式的缺点,在内容与应用上具有下述特征:

(1) 在生产制造过程中,实行拉动式的准时生产,杜绝一切超前、超量制造。采用快换工装模具新技术,把单一品种生产线改造成多品种混流生产线,把小批次、大批量轮番生产改变为多批次、小批量生产,最大限度地降低在制品的储备,提高适应市场的能力。

(2) 在劳动力使用与组织上,强调一专多能,不断提高工人工作技能,并把工人组成作业小组，赋予相应的责任和权力。作业小组不仅要完成生产任务，而且要参与企业管理，并从事各种改进活动。

（3）在生产组织结构和协作关系上，精益生产方式一反大量生产方式追求纵向一体化的做法，把70%的零部件的设计和制造委托给协作厂进行，而主工厂集中精力抓主体件的设计和制造。

（4）在产品开发和生产准备上，精益生产克服了大量生产中由于分工过细所造成的信息传递慢、工作协调难、开发周期长的缺陷。采用"主查"制和"并行工程"的方法，按照市场需求及时开发新品种，以满足社会多元化的需要。

上述这些特征中突出体现了精益生产方式应用现代科技与管理成果，充分发挥人文管理思想达到尽善尽美效果的特点。精益生产的特征如图8.13所示。

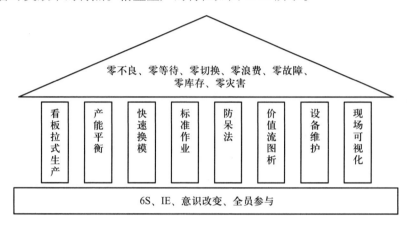

图 8.13　精益生产方式特征

精益生产方式的出现，极大丰富了生产管理理论，有效地提升了生产率。从目前情况看，这种生产方式已经越来越得到全球企业的认可，正成为各行业提高企业竞争力的必然选择，其不仅仅是与企业环境、文化以及管理方法高度融合的管理体系，也是生产管理理论与实践发展的新高度。

8.5.3　敏捷制造

敏捷制造是信息时代企业在不可预测和不断变化的市场竞争环境中，赖以生存和发展的技术基础。其特征是能对变化的市场和客户需求做出快速而准确的反应。敏捷制造代表了CIMS发展的最新阶段。它通过敏捷化企业组织、并行工程环境、全球计算机网络（或国家信息基础设施），在全球范围内实现企业间的动态联盟和虚拟制造，使全球化生产体系（或企业群）能迅速开发出新产品，响应市场，赢得竞争。

近年来，敏捷制造已经发展成为制造科学领域中的一种新模式。随着这一模式的不断发展和完善，其研究领域和使能技术的覆盖面也更为广泛，包括信息基础结构、并行工程、虚拟制造、虚拟企业、供应链、电子商务、企业流程再造、CAD、CAM、CAPP等。企业选择敏捷制造中适合自己的策略和技术，并进行有机的整合，就能从中受益。

452 第 8 章 现代制造技术

1. 敏捷制造产生的背景

进入 20 世纪 90 年代，产品更新换代加快，市场竞争加剧。仅仅依靠降低成本、提高产品质量难以赢得市场竞争，必须缩短产品开发周期。当时，美国汽车更新换代的速度比日本慢了一倍以上，速度成了美国制造商关注的重点。同时，20 世纪 70 年代到 80 年代，美国将制造业被列为"夕阳产业"不予以重视，一度成为美国经济严重衰退的重要因素之一。

为重新夺回美国制造业的世界领先地位，美国政府把制造业发展战略目标瞄向 21 世纪。理海大学邀请了美国国防部、工业界和学术界的代表，建立了以 13 家大公司为核心 100 多家公司参加的联合研究组，耗资 6 000 万美元，分析研究了美国工业界的 400 多篇报告，提出了"敏捷制造"（agile manufacturing）的概念。其基本思想是通过把动态灵活的虚拟组织结构（virtual organization）、先进的柔性生产技术和高素质的人员进行全方位的集成，从而使企业能够从容应对快速变化和不可预测的市场需求，以获得长期的经济效益。这是一种提高企业竞争力的全新制造组织模式。1990 年向社会半公开后，立即受到世界各国的重视。1992 年，美国政府将敏捷制造作为 21 世纪制造企业的发展战略目标。

2. 敏捷制造的内涵

敏捷性是指在不断变化、不可预测的经营环境中善于应变的能力。敏捷制造是指制造企业采用现代通信手段、通过快速配置各种资源（包括技术、管理和人），以有效和协调的方式响应用户需求，实现制造的敏捷性。敏捷制造依赖于各种现代技术和方法，而最具有代表性的是虚拟企业的组织方式和虚拟制造的开发手段。

虚拟企业，也称为动态联盟。市场环境快速变化，要求企业能够针对环境变化快速做出反应。而现在产品越来越复杂，一个企业已不可能快速、经济地独立开发和制造某些产品。因此，根据任务由一个公司的不同部门或不同公司按照资源、技术和人员的最优配置，快速组成临时企业（即虚拟企业），才有可能迅速完成既定目标。这种动态联盟型的虚拟企业组织方式可以降低企业风险，使生产能力前所未有地提高，从而缩短产品的上市时间，减少相关的开发工作量，降低生产成本。虚拟企业利用各方的资源优势，迅速响应用户需求，是 21 世纪生产方式——社会级集成的具体表现。

虚拟制造，也称虚拟产品开发。它综合运用仿真、建模、虚拟现实等技术，提供三维可视交互环境，从产品概念的产生到设计再到制造的全过程进行模拟实现，以期在真实制造之前预估产品的功能及可制造性，获取产品的实现方法，从而大大缩短产品的上市时间，降低产品开发、制造的成本。其组织方式是由从事产品设计、分析、仿真、制造和支持等方面的人员组成"虚拟"产品设计小组，通过网络合作并行工作。其应用过程是用数字形式"虚拟"地创造产品，即在计算机上建立产品数字模型，并在计算机上对这一模型产生的形式、配合和功能进行评审、修改，这样常常只需制作一次最终的实物原形，便可成功开发新产品。

虚拟企业与虚拟制造是敏捷制造区别于其他生产方式的显著特征。敏捷制造的精髓在于提高企业的应变能力，对于一个具体的应用，并不是必须具备这两方面内容才算敏捷制造，而应理解为提高企业响应能力的各种途径都是在向敏捷制造前进。

8.5.4 云制造

云制造（cloud manufacturing）是在"制造即服务"理念的基础上，借鉴了云计算思想发展起来的新概念。云制造是先进的信息技术、制造技术以及新兴物联网技术等交叉融合的产品，是制造即服务理念的体现。采取包括云计算在内的当代前沿信息技术，支持制造业在广泛的网络资源环境下，为高附加值、低成本的全球化制造提供服务。

目前，我国对云制造的研究正在进一步的深入之中。在云制造的运行机制方面，还需要探索制造资源共享的商业模式，推动机制等基本问题的研究；在基础理论方面，云制造的基本概念、内涵、体系、技术基础等基础理论仍需探讨；在实现的关键技术方面，为了实现云制造的理念和完善的商业模式，还需要探索其中的平台构建、运行管理等实现技术；而在应用实践方面，要开展若干云制造的试验试点。在云制造的推进中，要针对我国制造业发展面临的重大问题，以切实增加制造业及相关企业的经济、社会效益为目标，充分发挥信息化对制造业发展的支撑作用，探索以"制造即服务"为核心理念的云制造模式，整合制造资源，提供制造服务，提升制造业自主创新能力，调整优化制造产业结构，促进制造业可持续良性发展，迈向全球产业价值链高端。云制造模式如图8.14所示。

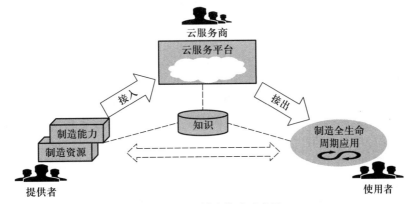

图 8.14 云制造模式示意图

8.5.5 绿色制造

1. 绿色制造的概念

绿色制造（green manufacturing，GM）又称环境意识制造（environmentally conscious manufacturing，ECM）、面向环境的制造、生态制造。它是一个综合考虑环境影响和资源效益的现代化制造模式，其目标是使产品从设计、制造、包装、运输、使用到报废处理的全寿命周期中，对环境的影响（副作用）最小，资源利用率最高，并使企业经济效益和社会效益协调优化。绿色制造模式如图8.15所示。

绿色制造模式是一个闭环系统，也是一种低熵的生产制造模式，即原料—工业生产—产品使用—报废—二次原料资源。在产品整个生命周期内，以系统集成的观点考虑产品环境属性，改变了原来末端处理的环境保护办法，从源头抓起并考虑产品的基本属性，使产品在满足环境目标要求的同时，保证应有的基本性能、使用寿命、质量等。

2. 绿色制造实现途径

（1）环境立法

环境立法，国家强制实施相关法律规范，保证企业按照自然的客观规律，特别是生态学

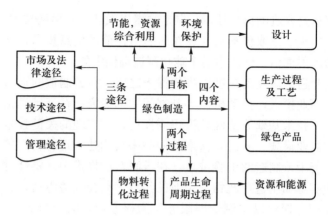

图 8.15　绿色制造模式示意图

规律开发、利用、保护和改善环境资源，保障经济社会的可持续发展，并用法制手段监督绿色制造的实施效果。

（2）注重技术研究

从技术上加强对产品全生命周期环境特性的研究，建立绿色产品的评价指标体系，优化工艺，更新设备。可从以下几方面研究实现绿色制造。

1）在产品设计阶段，通过选择绿色材料，设计易于拆卸和回收利用的产品结构，追求小型化（少用料）、多功能（一物多用）、可回收利用（减少废弃物和污染）；将产品绿色程度作为设计目标，设计对环境友好的产品。

2）在生产过程和工艺设计阶段，应选择减少或避免产生污染的清洁工艺技术，加强污染排放的末端治理技术。

3）产品本身除具有所要求的基本功能外，还应节省能源和资源，具有良好的环境性能，废弃后能回收利用，便于处理处置。

4）综合利用资源，合理利用自然资源，尽量减少或避免使用稀有的矿物材料和与生态环境密切相关的动植物资源。

（3）转变思想观念。从思想上转变观念，加强各环节的管理

绿色制造是可持续发展的必由之路。可持续发展思想不仅要求环境负荷低，具有良好的生态环境，而且要求能够实现资源的长期利用。因此，制造业必须改变现行的生产模式，改进能源和资源的使用方式，使经济与环境间保持相互协调。如何使制造业在不断满足人们物质和文化需求的同时，有效利用资源和能源，尽可能少环境污染已成为当前制造科学面临的重大问题。20世纪90年代以来，制造业的生产方式已由高效大量生产向低环境负荷的方向发展，绿色制造就是这样一种生产模式和理念，是实现可持续发展目标的最佳选择，是现代企业的必由之路。

思考题与习题

8.1　什么是快速成形制造技术？常用的工艺方法有哪些？

8.2　快速成形制造技术有哪些应用？主要应用在哪些领域？

8.3　什么是微机械制造技术？有哪些应用前景？

8.4　CIMS 是怎样定义的？

8.5　简述 CIMS 的组成及功能。

8.6　简述智能制造技术和智能制造系统的概念。

8.7　试说明智能制造的特征。

8.8　智能车间具有哪些新的特性？

8.9　举例说明智能工厂与传统工厂的区别。

8.10　何谓精益生产？精益生产模式的特点是什么？

8.11　什么是敏捷制造？

8.12　什么是云制造？如何实现云制造？

8.13　什么是绿色制造？从你所了解的制造企业现状，分析我国制造企业如何实现绿色制造。

参 考 文 献

[1] 吉卫喜. 机械制造技术基础 [M]. 2版. 北京：高等教育出版社，2015.

[2] 卢秉恒. 机械制造技术基础 [M]. 4版. 北京：机械工业出版社，2018.

[3] 刘英，袁绩乾，等. 机械制造技术基础：上下册 [M]. 2版. 北京：机械工业出版社，2008.

[4] 贾振元，等. 机械制造技术基础 [M]. 北京：科学出版社，2011.

[5] 陈锡渠，等. 金属切削原理与刀具 [M]. 北京：中国林业出版社，2006.

[6] 吴善元. 金属切削原理与刀具 [M]. 北京：机械工业出版社，1995.

[7] 陆剑中，等. 金属切削原理 [M]. 北京：机械工业出版社，1991.

[8] 王先逵. 机械制造工艺学 [M]. 2版. 北京：机械工业出版社，2013.

[9] 于骏一，夏卿，包善斐. 机械制造工艺学 [M]. 长春：吉林教育出版社，1986.

[10] 熊良山. 机械制造技术基础 [M]. 4版. 武汉：华中科技大学出版社，2020.

[11] 于骏一，邹青. 机械制造技术基础 [M]. 2版. 北京：机械工业出版社，2009.

[12] 关慧贞，冯辛安. 机械制造装备设计 [M]. 3版. 北京：机械工业出版社，2006.

[13] 许香谷，等. 金属切削原理与刀具 [M]. 重庆：重庆大学出版社，1992.

[14] 华茂发. 数控机床加工工艺 [M]. 北京：机械工业出版社，2000.

[15] 《实用数控加工技术》编委会. 实用数控加工技术 [M]. 北京：兵器工业出版社，1995.

[16] 孔庆华. 特种加工 [M]. 上海：同济大学出版社，1997.

[17] 刘晋春，等. 特种加工 [M]. 北京：机械工业出版社，1987.

[18] 张根保，等. 先进制造技术 [M]. 重庆：重庆大学出版社，1996.

[19] 陈日曜. 金属切削原理 [M]. 2版. 北京：机械工业出版社，2012.

[20] 郑善良. 磨削基础 [M]. 上海：上海科学技术出版社，1988.

[21] 李伯民，等. 实用磨削技术 [M]. 北京：机械工业出版社，1996.

[22] 吉卫喜. 现代制造技术与装备 [M]. 3版. 北京：高等教育出版社，2021.

[23] 陈庆生，等. 机械加工过程自动化 [M]. 贵阳：贵州科技出版社，1991.

[24] 王世清. 孔加工技术 [M]. 北京：石油工业出版社，1993.

[25] 王启平. 精密加工工艺学 [M]. 北京：哈尔滨工业大学出版社，1981.

[26] 张建民. 机电一体化原理与应用 [M]. 北京：国防工业出版社，1992.

[27] 张毅. 制造资源计划 MRP-Ⅱ 及其应用 [M]. 北京：清华大学出版社，2001.

[28] 陈启申. 制造资源计划基础 [M]. 北京：企业管理出版社，1997.

[29] 王振龙，等. 微细加工技术 [M]. 北京：国防工业出版社，2005.

[30] 孟少农. 机械加工工艺手册：第1卷 [M]. 北京：机械工业出版社，1991.

[31] 机械工程手册编辑委员会. 机械工程手册：第8卷 [M]. 北京：机械工业出版社，1982.

[32] 机械工程手册编辑委员会. 机械工程手册：第9卷 [M]. 北京：机械工业出版社，1982.

[33] 李培根，等. 智能制造概论 [M]. 北京：清华大学出版社，2021.

[34] 宾鸿赞. 先进制造技术 [M]. 武汉：华中科技大学出版社，2010.

[35] ABELLAN-NEBOT J V, ROMERO SUBIRÓN F. A review of machining monitoring systems based on artificial intelligence process models [J]. The International Journal of Advanced Manufacturing Technology, 2010, 47(1-4): 237-257.

[36] ILIYAS AHMAD M, YUSOF Y, et al. Machine monitoring system: a decade in review [J]. The International

Journal of Advanced Manufacturing Technology, 2020, 108(11-12): 3645-3659.

[37] 陈卫新. 面向中国制造 2025 的智能工厂 [M]. 北京：中国电力出版社, 2017.

[38] 邱亚玲. 机械制造技术基础 [M]. 2 版. 北京：机械工业出版社, 2014.

[39] 江平宇, 等. 数字化加工过程质量控制方法与技术 [M]. 北京：科学出版社, 2010.

[40] 王海燕, 张庆民. 质量分析与质量控制 [M]. 北京：电子工业出版社, 2015.

[41] 曾其勇, 等. 质量管理工程导论 [M]. 北京：中国质检出版社, 2018.

[42] 陈佳成, 姚立锋. 加工中心气动夹具设计 [J]. 电工电气, 2019, 5: 62-64.

[43] 张建新, 伍晓红. 柱塞泵缸体孔加工夹具设计 [J]. 农业装备技术, 2020, 46(1): 47-48.

[44] 陈智勇, 黄仲庸. 玉米铣刀专用夹具的设计 [J]. 组合机床与自动化加工技术, 2019(2): 97-99.

[45] 刘金武, 杨宗哲, 林旭阳, 等. 制动卡钳缸体 CNC 加工中心专用夹具定位方案分析 [J]. 制造技术与机床, 2017(9): 21-25.

[46] 周亚芳, 范有雄, 高淼, 等. 面向智能制造的工艺设计 [J]. 机械工程师, 2019(5): 109-111.

[47] 招润焯, 丁东红, 王凯, 等. 金属增减材混合制造研究进展 [J]. 电焊机, 2019, 49(7): 66-77.